W0269588

Rainer Schmidt

# Werkstoffverhalten in biologischen Systemen

Springer

*Berlin*
*Heidelberg*
*New York*
*Barcelona*
*Hongkong*
*London*
*Mailand*
*Paris*
*Singapur*
*Tokio*

Rainer Schmidt

# Werkstoffverhalten in biologischen Systemen

Grundlagen, Anwendungen, Schädigungsmechanismen, Werkstoffprüfung

Zweite Auflage

Mit 306 Abbildungen und 158 Tabellen

Springer

Prof. Dr. rer.nat. Dr. Ing.habil. Rainer Schmitt
Fachhochschule Jena
Fachbereich Werkstofftechnik
Tatzendpromenade 1b
07745 Jena

Die Deutsche Bibliothek - CIP-Einheitsaufnahme
**Schmidt, Rainer:**
Werkstoffverhalten in biologischen Systemen:
Grundlagen-Anwendungen- Schädigungsmechanismen-Werkstoffprüfung/Rainer Schmidt 2.Aufl.
Berlin; Heidelberg; NewYork; Barcelona; Hongkong; London; Mailand; Paris;Singapur; Tokio:
Springer, 1999
   (VDI-Buch)
   ISBN 978-3-540-65406-3

ISBN-13: 978-3-540-65406-3          e-ISBN-13: 978-3-642-60074-6
DOI: 10.1007/978-3-642-60074-6
ISBN 978-3-540-65406-3  Springer-Verlag Berlin Heidelberg New York



Einbandentwurf: Struve & Partner, Heidelberg
Satz: Reproduktionsfertige Vorlage durch Autor
SPIN: 10680690   68/3020 - 5 4 3 2 1 0 - Gedruckt auf säurefreiem Papier

# Vorwort

zur zweiten, völlig überarbeiteten deutschen Auflage

Die sprunghafte Entwicklung dieses interdisziplinären Forschungsgebietes und die aktuelle Bedeutung für die Bioverfahrenstechnik, Medizin und Mikroreaktortechnik erforderten eine Neubearbeitung des Buches.

Neben den vielen kleinen Änderungen aus Anregungen zur noch besseren Verständlichkeit sind in die Neubearbeitung folgende Schwerpunkte aufgenommen worden:

- Das Kapitel 2, die biologischen Grundlagen, wurde gestrafft und mit der Biomineralisiation ergänzt, einem grundlegenden Phänomen beim Einwachsen von Implantaten und für biomimetische Technologien.
- Das Kapitel 3 ist mit den technologischen Spezifika der sterilen Bioverfahrenstechnik erweitert worden, so daß das ehemalig eigenständige Kapitel entfallen konnte. Ich hoffe, daß hiermit die werkstofftechnischen Spezifika zusammenhängender dargestellt sind. Die Ergänzungen zum mechanischen Verhalten fester Körper wurden zur späteren Interpretation der Spannungsverläufe in Grenzflächen und der sich hieraus ableitenden Gestaltung von Implantatoberflächen aufgenommen.
- Im Kapitel 4 erfolgte eine völlige Überarbeitung der Theorie der Bioadhäsion.
- Im Kapitel 5 über Biofilme und Biofilmtechnologien wurden die zukunftsweisenden technologischen Trends der biomimetischen Technologien und die materialwissenschaftlichen Gemeinsamkeiten mit dem „tissue engineering" aufgenommen.
- Die Ergänzungen des Kapitels 6, dem Werkstoffeinsatz in der Bioverfahrenstechnik, betreffen vor allem Beschichtungen und deren oberflächenenergetische Beurteilung. Der Tabellenanhang vermittelt einen Überblick zu den eingesetzten Werkstoffen und deren Eigenschaften.
- Das Kapitel 7, die Biomaterialien, wurde straffer in die drei Werkstoffgruppen untergliedert, den metallischen, organischen und anorganisch/nichtmetallischen Materialien. Es war erforderlich das Kapitel zu erweitern, da sich in den letzten Jahren dieses Anwendungsgebiet sprunghaft verändert hat. Die Eigenschaften der wichtigsten Biomaterialien sind im Tabellenanhang übersichtlich zusammengestellt.
- Das Kapitel 8 zur Materialprüfung wurde mit neuesten Untersuchungen zur Charakterisierung der Adhäsion von Einzelzellen erweitert. Diese Methoden sind eine Grundlage zur technischen Anwendung bioadhäsiver Prinzipien und zur zukünftigen Gestaltung von Materialoberflächen, sei es hinsichtlich eines materialseitigen Antifoulings oder der Bioverträglichkeit.
- Das Kapitel 9, die Modellierung, ist hinsichtlich der Strukturvorstellungen für Biofilme und einem Ausblick zur Charakterisierung der Bioverträglichkeit mittels Fraktalen ergänzt worden.

Die Fülle an materialspezifischen Tabellen hätte die Lesbarkeit des Buches gestört, so daß diese in einem Anhang zusammengefaßt sind. Der Text enthält lediglich, das Verständnis fördernde Übersichtstabellen.

Auf dieser Auflage basiert die französische Ausgabe des Werkes. Beide Bücher unterscheiden sich nur darin, daß dort in einem zehnten Kapitel eine Vielzahl von Übungsaufgaben und Kontrollfragen gelöst werden. Die prüftechnisch relevanten Lösungen wurden deshalb im vorliegenden Buch in das jeweilige Kapitel integriert.

Der Autor und der Verlag hoffen, daß mit dieser Überarbeitung das Buch auf dem aktuellsten wissenschaftlichen Stand gehalten wird. Dem Verlag möchte ich für die entgenkommende und stets förderliche Zusammenarbeit danken.

Die Einbeziehung der auf der Bioadhäsion basierenden Technologien verbindet sich mit der Hoffnung, daß auf diesem interdisziplinären Gebiet möglicherweise bescheidene Impulse für neue Produktideen gegeben werden.

Halle (Saale), im Oktober 1998                    Rainer Schmidt

# Vorwort

zur französischen Auflage

Das Verhalten von Werkstoffen in biologischen Systemen ist eine Herausforderung an die Materialwissenschaften. Die Begriffe Biologie und Werkstoffe werden oftmals nur mit medizinischen Fragestellungen in Verbindung gebracht. Dieser Problemkreis ist aber viel breiter zu fassen. Er beinhaltet zwar die Biomaterialien und die Medizintechnik, aber auch die Steriltechnik und die biomimetischen Anwendungen in der Mikrosystemtechnik. Die physikalischen Grundlagen, dieser auf den ersten Blick völlig unterschiedlichen Industriezweige, sind nicht wesentlich voneinander verschieden.

Es ist die Bioadhäsion, die den gesamten Komplex der Sterilität und Hygiene beherrscht, und die Biokorrosion mit den Konsequenzen der Materialzerstörung und Toxizität. Anliegen des Buches ist es, ausgehend von diesen Grundlagen, die Spezifik des Materialeinsatzes und der Materialprüfung in der Bioverfahrenstechnik und der Medizin aufzuzeigen. Mir ist durchaus bewußt, daß jedes einzelne Kapitel einen separaten Band darstellt. Ich hoffe, daß es gelang, ein Dach über dieses naturwissenschaftlich und technisch äußerst interessante Arbeitsgebiet zu spannen. Dieses interdisziplinäre Forschungsgebiet setzt voraus, daß Physiker, Ingenieure, Biologen und Mediziner zusammenarbeiten. Möglicherweise ist es ein bescheidener Beitrag die gegenseitigen „Hemmschwellen" abzubauen.

Seit dem Erscheinen der ersten deutschen Auflage hat sich dieses Arbeitsgebiet sprunghaft weiterentwickelt. Dies betrifft sowohl die Biomaterialien und deren Charakterisierung als auch die biomimetischen Technologien. Unter Beibehaltung des Grundkonzeptes wurden die Schwerpunkte deshalb neu gelegt. Im Kapitel 8, zur Materialprüfung, spiegelt sich diese Komplexität nochmals wieder. Der abschließende Exkurs über die Möglichkeiten der Simulation bioadhäsiver Vorgänge möge einen kleinen Einblick in dieses materialwissenschaftlich interessante und für das Verständnis unerläßliche Gebiet vermitteln.

Mit der Auswahl der aufgenommenen Kontrollfragen und -aufgaben verbindet sich die Hoffnung, daß Ausschnitte dieses komplexen Forschungsgebietes vertiefend beleuchtet werden. Beiden Kapiteln zum spezifischen Materialeinsatz in der Bioverfahrenstechnik und der Medizin wurden detaillierte Tabellen mit den Werkstoffeigenschaften angefügt. Diese mögen für den praktisch Tätigen beim täglichen Gebrauch des Buches hilfreich sein.

In einem Buch spiegelt sich das Wissen vieler Kollegen wieder. Die vielfältigen Diskussionen im DECHEMA–Arbeitsausschuß „Mikrobielle Materialzerstörung", dem Centre of Biofilms in Bozeman MT und der Fachgemeinschaft „Steriltechnik" des Verbandes Deutscher Maschinen- und Anlagenbauer (VDMA) öffneten immer wieder den Blick auf eine andere Facette. Die medizinischen Anwendungen basieren vor allem auf den klinischen Kontakten innerhalb der Thüringer Arbeitsgemeinschaft „Biomaterial" und dem Projekt BIOREGIO Jena. Der Zusammenarbeit mit Herrn Dr.Leonhardt, Hans–Knöll–Institut für Naturstoff-Forschung Jena, sind die Aufnahmen mit den *E.coli* Bakterien zu verdanken.

Mein besonderer Dank gilt dem Herausgeber dieser Reihe Traité des Máteriaux, Herrn Prof.Dr.B.Ilschner, für die stets förderliche Unterstützung bei der Vorbereitung der Ausgabe. Desweiteren wäre ohne der unermüdlichen Übersetzungsarbeit von Frau Dipl.–Biol. L.Künzi diese Ausgabe nicht möglich gewesen. Nicht zuletzt sei die stets entgegenkommende und förderliche Zusammenarbeit mit dem Verlag Presses Polytechniques et Univ. Romandes Lausanne erwähnt.

Möge dieses Buch einen bescheidenen Beitrag zum möglicherweise fundamentalsten Wandel in den modernen Ingenieurdisziplinen leisten, der Hinwendung zur belebten Natur.


Halle (Saale), im März 1998                                            Rainer Schmidt

# Vorwort

zur ersten deutschen Auflage

Das Verhalten von Werkstoffen in biologischen Systemen stellt eine der zukünftigen Herausforderungen an die Materialwissenschaften dar. Oftmals bringt man dieses nur mit medizinischen Fragestellungen in Verbindung, wie Implantate oder künstliche Organe. Aber auch die Lebensmittel-, Bioverfahrens- und Umwelttechnik wird hiervon unmittelbar berührt. Wer vermutet eine Veränderung der wärmetechnischen Parameter einer Anlage durch Biofilme oder eine biologisch beeinflußte Korrosion von angeblich korrosionsbeständigen Werkstoffen.

Die ingenieurmäßige Bewertung setzt die Entwicklung und Standardisierung von Prüfverfahren voraus, eine Forderung, die erst ansatzweise gelöst ist. Man muß aber stets bedenken, daß sich die Natur nicht nach dem Willen eines Ingenieurs standardisieren läßt, sondern es gilt die Mechanismen zu erforschen und naturwissenschaftlich zu bewerten. Diesen Grundsatz zu beherzigen, ist gerade für die Wechselwirkungen zwischen Materialien und Zellen eine fundamentale Forderung.

Eine grundlegende Voraussetzung für das Verständnis ist die Kenntnis der bioadhäsiven Reaktionsabläufe. Trotz des epochalen Alters der Biofilmbildung, mit der bakteriellen Besiedelung von Oberflächengestein ist es eine der ersten Lebensformen auf unserem Planeten, sind die kinetischen Abläufe nahezu unbekannt. Nur eine interdisziplinäre Zusammenarbeit von Biologen, Physikern und Ingenieuren garantiert eine naturwissenschaftlich fundierte, kinetische Analyse. Die gegenwärtige "Hemmschwelle" zwischen den einzelnen Disziplinen ist leider in traditionellen Ausbildungsstrukturen begründet.

Mikroorganismen können die Oberfläche eines Katheters besiedeln und auf diesem in den Bauchraum wandern oder die Spaltkorrosion an einer Zahnwurzel forcieren. Die Frage nach der Beschaffenheit von sterilen Oberflächen ist nicht nur ein hygienisches Problem, sondern vorrangig der Festkörperoberfläche und deren fertigungstechnischer Veränderungen. Eine ähnliche Situation kann auch im technischen Bereich auftreten, sei es die Bereitstellung extrem reinen Wassers in der Pharma-Industrie, die Garantie der Produktqualität in der Milchwirtschaft oder die Veränderung der Parameter in wärmetechnischen Anlagen. Die grundlegenden Mechanismen unterscheiden sich nicht von denen in der Medizin. Es variieren "lediglich" die Zelleigenschaften, die teilweise unbekannte Mechanismen auslösen.

Im vorliegenden Buch werden ausgehend von den festkörperphysikalischen und zellulären Grundlagen die Phänomene der Bioadhäsion, die Interpretation der Adhäsionskräfte und von Biofilmen ausgehende korrosive Schädigungsmechanismen vorgestellt. Besondere Beachtung finden auch solche Fragen, wie die Anforderungen an eine biologisch orientierte Werkstoffprüfung und die Darstellung ungelöster Probleme. Das vorgestellte Einsatzgebiet der Werkstoffe und die auf diese wirkenden biologischen Einflußfaktoren erstrecken sich von der Bioverfahrenstechnik bis zu vergleichbaren Phänomenen in der Medizin.

Dieses Buch erhebt als Einführung nicht den Anspruch, über jedes Detail zu informieren. Es soll einen Einblick in das Werkstoffverhalten in biologischen Systemen geben, insbesondere zu den naturwissenschaftlichen Grundlagen, zur Werkstoffschädigung und -prüfung, vorgestellt an den bekannten Werkstoffgruppen.

Ohne die vielfältigen Anregungen im DECHEMA-Arbeitsausschuß "Mikrobielle Materialzerstörung" hätte dieses Buch nicht geschrieben werden können. Darüber hinaus erwuchs die Thematik in dieser Komplexität erst mit den Arbeiten in meinen ehemaligen Forschungsgruppen an der TH Köthen und PH Güstrow. Meinen ehemaligen Mitarbeitern gilt der besondere Dank. Die medizinischen Aspekte wurden durch vielfältige Diskussionen in der Thüringer Arbeitsgemeinschaft "Biomaterialien", einem Mitglied des EUREKA-Projektes "Biomaterials", gefördert. Vielfältige Literaturrecherchen, unterstützt von Herrn Dr.H.C.Flemming, Stuttgart, dem NMI Reutlingen und der BAM Berlin bildeten eine Basis für diese breit gefächerte Thematik..

Insbesondere möchte ich den Herren Prof.Dr.E.Heitz, DECHEMA, und Prof.Dr.G.Reiners, BAM, für die kritische Durchsicht und die Fülle von Vorschlägen bei der Abfassung des Manuskriptes danken.

Nicht zuletzt sei die stets entgegenkommende und förderliche Zusammenarbeit mit dem Verlag erwähnt, vertreten durch Fr.Dipl.-Ing.Z.Glaser und Herrn Dipl.-Geol.D.Sternkopf.

Möge dieses Buch einen bescheidenen Beitrag zum möglicherweise fundamentalsten Wandel der modernen Ingenieurdisziplinen leisten, der Hinwendung zur belebten Natur.


Halle, im Juni 1993                                        Rainer Schmidt

# Inhaltsverzeichnis

# 5 Biofilme und Biofilmtechnologie 189



# 6 Werkstoffe in der Bioverfahrenstechnik 235

# 1 Einleitung

Materialien in biologischen Systemen begegnen uns täglich. Sei es in einer Abwasserleitung, an einem in der Natur lagerndem Holzstückchen oder beim Zahnarzt. Infolge des Wechselspieles zwischen mikrobiologischen Vorgängen und atomaren Prozessen im und am Festkörper, unserem Werkstoff, ist der Gesamtprozeß mit all seinen Wechselwirkungen von so großer Vielfalt, daß nur Bruchstücke dieses Mosaiks annähernd bekannt sind.

Die zwei biologischen Forschungsrichtungen, Biotechnologie und Medizin, haben aus materialwissenschaftlicher Sicht mehr Gemeinsames als Trennendes. Eine Vielzahl festkörperphysikalischer Modellvorstellungen gilt für beide Anwendungen, wobei die Materialanforderungen oftmals identisch sind. Deshalb werden ausgehend von den physikalischen Grundlagen die Spezifika beider Disziplinen aufgezeigt. Die Vorstellung der wichtigsten Werkstoffgruppen und Einsatzfälle soll auch dem praktisch arbeitendem Biotechnologen, Mediziner und Materialwissenschaftler als Leitfaden dienen.

## 1.1
## Was sind biologische Systeme?

In der Natur finden wir zwei große Zellklassen, die Eukaryoten und Prokaryoten (Kap. 2), wobei wahrscheinlich anaerobe Prokaryoten (Atmung ohne Sauerstoff) im Verlauf der Evolution in die Eukaryoten integriert wurden (Mitochondrien). Diese in allen Details gegenwärtig noch nicht erforschte biologische Vielfalt mit allen Stoffwechselprodukten bildet das biologische System (Bild 1.1). Das Spektrum reicht von den einzelligen Mikroorganismen, die mit „unbewaffnetem" Auge nicht zu erkennen sind, bis zu den komplexen Zellsystemen der Säuger.

Das biologische System, dem ein Werkstoff ausgesetzt wird, ist somit die gesamte, unmittelbare natürliche Umgebung. Auch ein Stahlblech, gelagert an Luft, unterliegt biologischen Einflüssen. Aus materialwissenschaftlicher Sicht betrachtet man oftmals nur die nächste Umgebung, wie bei der Biokorrosion. Von viel größerem Interesse ist aber das Langzeitverhalten, somit auch der Einfluß weitreichender Effekte, häufig beeinflußt durch zelleigene Transportsysteme, wie den Kreislauf des Blutes oder der Lymphe.

Die kleinsten Zellen sind Bakterien (Tabelle 1.1). Der Einfluß dieser Organismen auf Werkstoffe ist äußerst vielfältig, aber nur schemenhaft bekannt. Neben der biokorrosiven Materialschädigung ist die Nutzung der Werkstoffoberfläche als Immobilisierungsort ein grundlegendes Problem. Mikroorganismen sind bei-

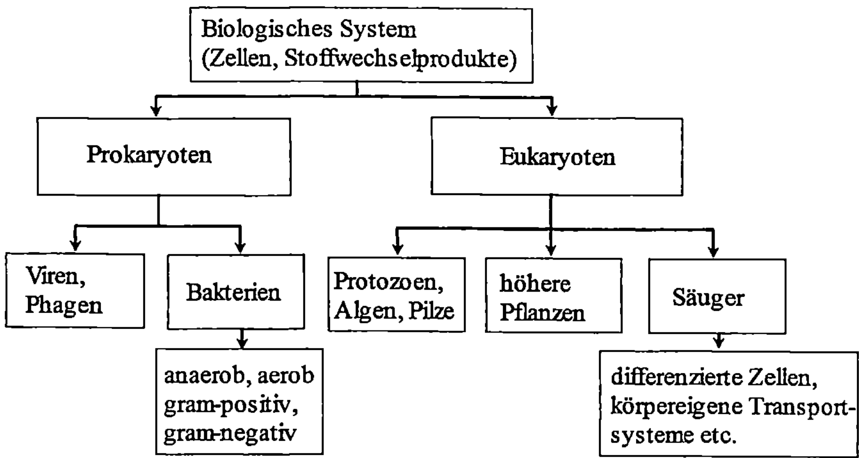

**Bild 1.1** Die Vielfalt des Begriffes „biologisches System"

spielsweise in der Lage ausgewählte Materialkomponenten abzubauen, wie Weichmacher in Kunststoffen. Dieses Phänomen ist eine Ursache für Versprödungen von Dichtungswerkstoffen im Abwasserbereich. Beim Recyclen (Schreddern) kann dieser Effekt durchaus von Nutzen sein, aber Vorsicht, diese Organismen dürfen nicht in das Nachfolgeprodukt eingeschleppt werden oder die Umgebung kontaminieren.

Flechten besiedeln Bauwerke und ihre Stoffwechselprodukte zerstören die Materialoberfläche. Ähnliche Phänomene beobachtet man auch an Lacken und Klebstoffen. Trotz einer Vielzahl von Bioziden (mikrobieller Korrosionsschutz), die das Wachstum dieser Organismen minimieren sollen, überleben Zellpopulationen. Biozide belasten aber Abwässer, so daß der Materialschutz zum Umweltproblem werden kann.

Mikroorganismen bilden auf Materialoberflächen Biofilme aus. Im Regelfall sind diese Filme erst in einem späten Wachstumszustand ohne mikroskopische Hilfsmittel sichtbar. Erinnert sei an den Bewuchs einer Schiffsaußenhaut oder der Sielhaut in Abwasserleitungen. Sie sind ein Konglomerat aus den im System lebenden Organismen, deren Stoffwechsel- und eventuellen Schädigungsprodukten.

**Tabelle 1.1** Größenvergleich von Zellen

| Zellart | Bakterien | Hefen | Pilze | Säugerzellen |
|---|---|---|---|---|
| Zelldurchmesser [μm] | 0,3 bis 3 | 3 bis 5 | $\approx 10$ | 10 bis 35 |

Bereits nach wenigen Minuten ist ein Werkstoff in wäßrigen Lösungen mit Proteinen überzogen, die als „Haftvermittler" für Zellen dienen können. Hierauf basiert ein Konzept zur Entwicklung bioaktiver Materialien.

Wärmeaustauscher sind wichtige technische Systeme. So befinden sich in sonnenbeheizten Häusern Kollektoren, die bei einer Kontamination des Wärmeträgers zuwachsen. Das gleiche Phänomen findet man auch in Kühltürmen oder Salzwasser-Aufbereitungsanlagen. Beim Einsatz von biologisch gewonnenem Wasserstoff, wofür Algen in Symbiose mit Bakterien leben, sind lichtdurchlässige Reaktorwände eine Voraussetzung. Ein Bewuchs führt zwangsläufig zur Absenkung des Wirkungsgrades.

Bei der Auswahl geeigneter Werkstoffe für Implantate oder künstliche Organe müssen aus physikalischer Sicht die gleichen Phänomene Berücksichtigung finden. Ein im Bauchraum verlegter Katheter kann durch Wachstumsprozesse, des sich auf ihm immer ausbildenden Biofilmes, unsteril werden. Ähnliche Mechanismen laufen beim Vordringen der Karies in den Zahnwurzelbereich ab. Es existieren Anwendungsfälle, wo ein Einwachsen des Implantates in das umgebende Gewebe ausdrücklich erwünscht ist, wie beim künstlichen Knochen oder einem Zahnimplantat. Wer wünscht aber schon das Überwachsen einer künstlichen Gelenkpfanne oder einer frisch implantierten Herzklappe. Dies sind Mechanismen, die sich auf den ersten Blick grundlegend von der Ausbildung eines Biofilmes unterscheiden, denen aber ähnliche biophysikalische Gesetzmäßigkeiten zugrunde liegen.

Diese Fragestellungen finden wir auch zur Gewährleistung von Reinstraum- und Hygienebedingungen wieder. So ist „biologisch reines (steriles)" Wasser eine Voraussetzung für die Pharmaindustrie. Aber auch mit Mikroorganismen aus dem Spülwasser besiedelte Chipmaterialien in der Mikroelektronik vereiteln alle Forderungen nach einer hohen Leistungsdichte (Kurzschluß).

In der Bioverfahrenstechnik werden Organismen als Produzenten gezielt eingesetzt, sei es suspendiert in der Lösung oder immobilisiert auf Trägerkörpern. Für gelöste Zellen sind die rheologischen Eigenschaften (Zellstreß) bedeutungsvoll, für immobilisierte die bioadhäsiven Wechselwirkungen.

Zu den schädigenden Organismen zählen auch höher organisierte Tiere, wie Nager und Insekten. Zernagte erdverlegte Elektroleitungen oder die Zerstörung von Holzbauwerken durch Termiten sind ein beredtes Beispiel hierfür. Die Lebensbedingungen dieser Organismen sollen im nachfolgenden nicht vorgestellt werden. Von Interesse können aber deren Exkrete sein.

Dieses ansatzweise vorgestellte, breitgefächerte Spektrum umfaßt den Begriff des „biologischen Systems". Beim Werkstoffeinsatz muß, wie in den klassischen Ingenieurdisziplinen, die Auswahl anhand der Einsatzbedingungen erfolgen. Das Hauptproblem besteht darin, daß der biologische Mikrokosmos und dessen Wechselwirkungen mit Materialien nahezu unbekannt sind.

Die Berechnung des mechanischen Spannungsfeldes in einem Bauteil ist im Vergleich zu den Problemen, die sich bezüglich dieser Wechselwirkungen ergeben, als erforscht anzusehen. Jeder Ingenieur kennt aber das Wagnis einer Spannungsanalyse in einem kompliziert geformten Verbundwerkstoff, so daß man die „weißen Flecken" nur erahnen kann.

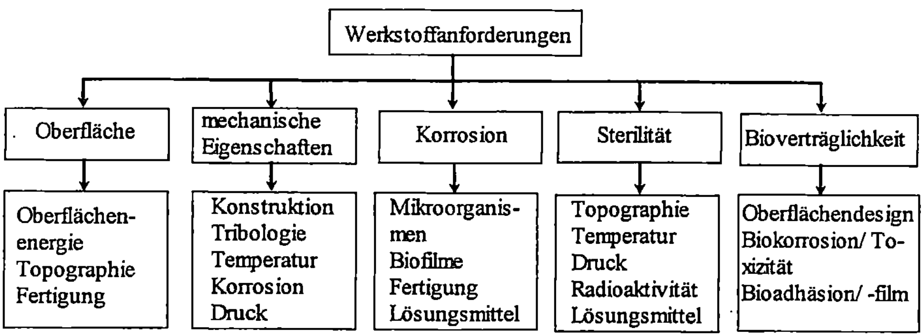


**Bild 1.2** Werkstoffanforderungen in der Medizin und Bioverfahrenstechnik

# 1.2
# Werkstoffanforderungen - Ein Überblick

Die Anforderungen an einen Werkstoff in einer biologischen Umgebung unterscheiden sich in vielen Kriterien nicht von denen, die man an eine Konstruktion stellt (Bild 1.2). Darüber hinaus gibt es Phänomene, wie die Bioverträglichkeit und -funktionalität, die völlig andersartige Reaktionen beschreiben. Im Vergleich zum klassischen Anlagenbau kommt dem „Design" der Werkstoffoberfläche eine viel größere Bedeutung zu.

Ein wichtiges Kriterium ist die mechanische Stabilität (Bild 1.3). Die Konstruktion einer bioverfahrenstechnischen Kolonne erfordert „lediglich" eine Dimensionierung nach ingenieurwissenschaftlichen Gesichtspunkten. Weitaus aufwendiger gestaltet sich die Berechnung spezieller Anlagenkomponenten, u.a. von Filtern. In Keramiken für die Ultrafiltration (Kap. 6) werden „Kanäle" im μm–Maßstab eingebracht. Die Druckverhältnisse in diesen Kapillaren dürfen nicht zur Zerstörung der Wandung führen oder solche Scherspannungen aufbauen, daß die Zellmembranen zerstört würden.

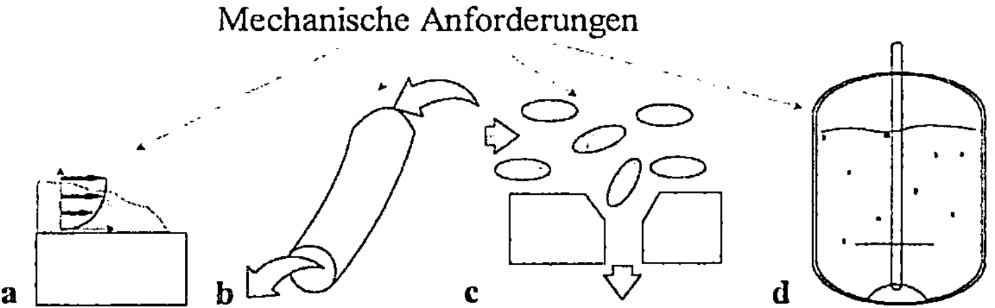


**Bild 1.3** Mechanische Anforderungen
a Scherfestigkeit/Rheologie (Biofilme), b Ermüdung (Blutgefäße, Schläuche, Dichtungen, Ventile), c Druck (Schläuche, Dichtungen, Filter), d Festigkeit (Fermentor, Pumpen, Rohre, Ventile, Implantate)

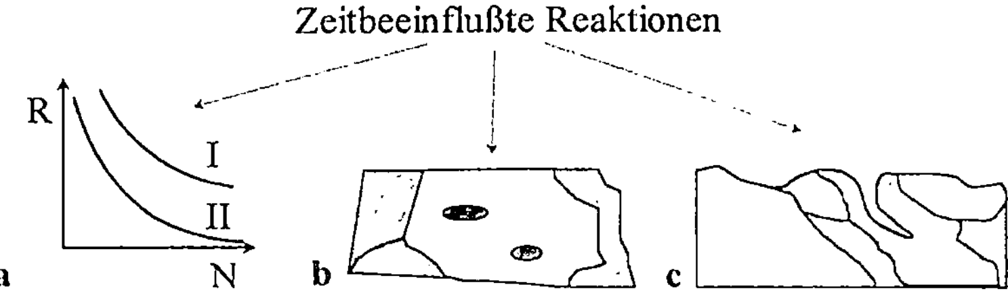


**Bild 1.4** Zeitbestimmte Reaktionen, die die mechanischen Eigenschaften beeinflussen
a mechanisches Verhalten (Versetzungsreaktionen, Korrosionsprozesse), b Strukturveränderungen (Versprödung, Phasenumwandlungen, Inhomogenitäten), c Fertigung (Verfestigung, Topographie, Risse, Poren), *I* ohne Korrosion, *II* mit Korrosion, *R* Spannung, *N* Zahl der Lastwechsel

Um ein Vielfaches komplexer sind die Spannungsverläufe in einem sich bewegenden künstlichen Knochen, einem Zahn beim Kauprozeß oder einem künstlichen Gefäß. Hier sind stochastische Einflußgrößen nicht mehr zu vernachlässigen. Dies gilt insbesondere für sich zeitlich verändernde Geometrien (Gefäßersatz, Herzklappen).

Auch Werkstoffschädigungen oder biologisch initiierte, strukturelle Umwandlungen können Veränderungen der mechanischen Eigenschaften hervorrufen (Bild 1.4). Aus dem Maschinenbau kennt man die Absenkung der Wöhler–Kurve zu niedrigeren Spannungswerten bei einer korrosiven Schädigung. Der gleiche Effekt ist zu beobachten, wenn Versprödungseffekte oder Strukturumwandlungen auftreten. Diese können u.a. durch Mikroorganismen hervorgerufen werden, denen der eingesetzte Werkstoff oder dessen Einzelkomponenten als „Nahrungsquelle" dienen. Hierbei handelt es sich im Regelfall um Langzeitphänomene, so daß derartige Erscheinungen für eine Schadensentwicklung besonders kritisch sind. „Schwachstellen" des Materials, wie Oberflächeninhomogenitäten oder fertigungstechnisch unbewußt veränderte Bereiche (Schweißen, Polieren), sind besonders gefährdet (Bild 1.5).

Unterschiede in der Konzentration des Sauerstoffs führen zur Ausbildung von Lokalelementen (Belüftungselement). Hierfür kennen wir das „Urlaubsbeispiel" der Wasserlinienkorrosion an Seebauten. Unter porösen Biofilmen, an den Filmkanten oder im Spalt einer Zahnkrone findet man diese Situation wieder. Liegen für Mikroorganismen günstige Lebensbedingungen an derartigen Lokalelementen vor, so können sie oder deren Stoffwechselprodukte die Elektroden depolarisieren oder sich an chemischen Reaktionen beteiligen. Im Regelfall erhöht sich die Korrosionsgeschwindigkeit [3.11]. Ursachen sind u.a. die Einbeziehung der Elektronen in die Adhäsionsmechanismen, pH–Wertveränderungen oder Komplexreaktionen.

Passivschichten können durch Fremddionen oder mechanische Einflüsse zerstört werden. Wenn genügend Sauerstoff vorhanden ist, repassivieren die Schichten sehr schnell, so daß es zu keinem Korrosionsschaden kommt. Im Gewebe müssen beispielsweise diese Bedingungen nicht mehr vorherrschen, so daß korrosionsbeständige Materialien plötzlich korrodieren können.

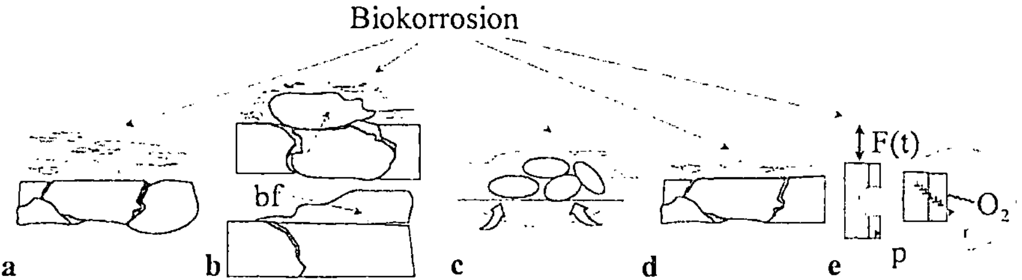


**Bild 1.5** Mögliche Korrosionserscheinungen
a Gefügefehler (Schweißen, Polieren, Einschlüsse), b Belüftungselement an und unter Biofilmen, c Reaktionen mit Stoffwechselprodukten (Chelatisierung, Komplexbildung, Depolarisation), d Herauslösen von Materialbestandteilen („Werkstoff als Kohlenstoffquelle", Versprödung), e Schädigung von Passivschichten ($Cl^-$–Ionen, Reibung, mangelhafte Repassivierung)

In der Petrolindustrie traten eine Vielzahl von Schadensfällen auf, in denen im Erdöl lebende sulfatreduzierende Bakterien schweflige Säure bildeten. Die eingesetzten höherfesten, niedrig legierten Baustähle korrodierten unter diesen „verschärften" Bedingungen. Entsprechende Phänomene fand man auch im Flugzeugbau, wo Pilzhyphen die Treibstoffsysteme verstopften [3.11].

Es gibt Algen- und Bakterienstämme, die in Symbiose Wasserstoff produzieren, eine alternative Energiequelle. Neben einer Vielzahl von Stoffwechselzwischenprodukten kann der Wasserstoff zu Eigenschaftsveränderungen führen, wie die Versprödung von Stählen zeigt.

Auch die bereits erwähnte „Nahrungsquelle Werkstoff" ist ein korrosiver Schädigungsmechanismus. Das bekannteste Phänomen dürfte das Herauslösen kohlenstoffhaltiger Weichmacher aus PVC sein, einhergehend mit einer zunehmenden Versprödung. Dieses für Dichtungswerkstoffe verheerende Verhalten ist bisher nicht geklärt.

Medizinprodukte und bioverfahrenstechnische Anlagen müssen sterilisierbar sein. Hierfür gibt es drei Verfahrensgruppen, eine thermische, eine chemische und eine radioaktive Sterilisation. In biotechnologischen Anlagen kombiniert man verschiedene Methoden miteinander. Die Forderung nach der Beständigkeit der Werkstoffe erscheint trivial. Abgesehen von Kunststoffen, deren Einsatz bei Anwendung einer Heißdampfsterilisation problematisch ist, steht mit den hochlegierten Stählen und Beschichtungen ein breites Materialspektrum zur Verfügung. Jede Sterilisation verändert aber die Oberflächeneigenschaften, die letztendlich die Wechselwirkungsmechanismen zwischen Zellen und Werkstoffen bestimmen (Bild 1.6) [1.1, 1.2]. Diese, die Bioadhäsion beeinflussende Phänomene, beginnt man gegenwärtig zu berücksichtigen.

Mögliche, biologisch initiierte Veränderungen der Materialstruktur werden vom Diffusionsverhalten in und über die Grenzflächen maßgeblich beeinflußt. Die Wirkung von Oberflächenstörstellen, wie Korn- und Phasengrenzen, Versetzungen oder atomaren Fehlstellen, ist nicht vernachlässigbar. Der Abtransport von gelösten Oberflächenteilchen beeinflussen direkt den Stoffwechsel der nächstbenachbarten Zellen. Viele Legierungselemente, wie Chrom, Kupfer und Nickel,

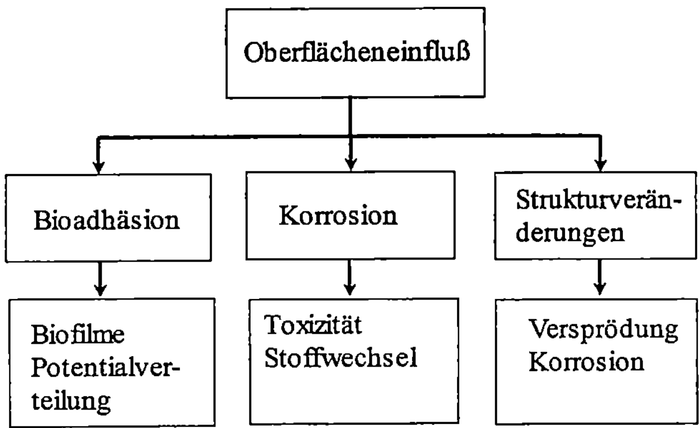



**Bild 1.6** Einfluß der Grenzfläche Festkörper/Zelle

sind für Organismen hochtoxisch und können zum Zelltod führen. Das nekrose
Gewebe in der Umgebung von falsch ausgewählten Implantaten ist hierfür ein beredtes Beispiel [1.1].

Die Bioadhäsion hängt direkt von den Eigenschaften der Materialoberfläche ab.
Neben der Topographie, die von der Fertigung (Schweißen, Polieren, Um- und Ur-
formen) und den mechanischen Belastungen (Ermüdung) bestimmt wird, sind die
Oberflächenstruktur und deren Bindungszustände von Bedeutung. Die Adhäsions-
kräfte, die u.a. von den elektrischen Wechselwirkungen zwischen der Mate-
rialoberfläche und den Organismen geprägt werden, sind zeitlich veränderlich.
Hierbei ist zu berücksichtigen, daß sich mit der Ansiedelung von Zellen auch die
Oberflächenenergien verändern.

Die sich ausbildenden Biofilme sind von der materialwissenschaftlichen Betrachtungsweise nicht zu trennen. Die bereits skizzierten Wechselwirkungen zwischen dem Festkörper und den Zellen bilden eine Symbiose, wobei solche komplexen Vorgänge, wie die Wärmeleitung oder die Diffusion im Biofilm, nicht zu
vernachlässigen sind. Darüber hinaus beeinflußt das rheologische Verhalten des
Filmes den Gesamtprozeß. So besteht ein eindeutiger Zusammenhang zwischen
der Viskosität und dem Diffusionskoeffizienten.

## 1.2.1
## Sterilität

Eine absolute Sterilität würde bedeuten, daß an der Oberfläche keine Mikroorganismen adhärieren könnten. Dies beinhaltet die Organismen–Diffusion an die
Materialoberfläche und den Adhäsionsprozeß selbst. Eine derartige Forderung ist
völlig utopisch, so daß man als Kriterium eine Besiedelungsrate wählen muß, die
eine mögliche Infektion der Umgebung ausschließt. Hygienische Anforderungen
sind dominant in der Medizin und Biotechnologie. Den Transportmöglichkeiten
von Organismen auf Werkstoffoberflächen, sei es durch eine Eigen- oder passive

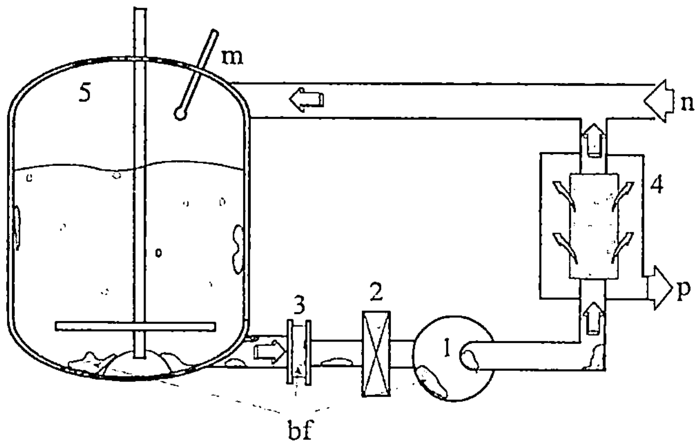

**Bild 1.7** Fermentorsystem und konstruktiv bedingte Problemstellen (Biofilmbildung)
*1* Pumpe, *2* Absperrsysteme, *3* Rohrverbindungen, *4* Filter, *5* Fermentor mit Einbauten, *bf* mögliche Biofilmbildung, *p* Produkt, *n* Nährlösung, *m* Meßsysteme

Bewegung (Rheologie), wie in einer zähviskosen Schleimschicht (Proteine), kommt eine zentrale Bedeutung zu. Beispielsweise „wandern" bakterielle Filme auf der Oberfläche eines Katheters in wenigen Tagen in den Einstichbereich.

Auch nach längerer Betriebszeit muß die Sterilisation an schwer zugänglichen Stellen noch garantiert werden können. Im turbulenten Grenzbereich einer Strömung kommt es bei einer thermischen Sterilisation zu Temperaturabsenkungen bzw. zur Unterversorgung mit Sterilisationsmitteln. Dies kann kurzfristig zur erneuten Bildung von Organismenkolonien führen, ein an Dichtungen beobachtetes Phänomen. Hierbei handelt es sich nicht um ein materialwissenschaftliches sondern ein konstruktives Problem. Das Bild 1.7 vermittelt einen Eindruck über die Vielzahl an möglichen Toträumen in einer biotechnologischen Anlage, die ebenfalls in Endoskopen auftreten.

Selbstredend müssen die eingesetzten Materialien beständig gegenüber den Sterilisationsverfahren und -mitteln sein. Mit den CrNiMo–Stählen stehen Werkstoffe zur Verfügung, die zumindest die Anforderungen hinsichtlich der Sterilisierbarkeit erfüllen. Wesentlich problematischer sind Korrosionserscheinungen, u.a. hervorgerufen durch Polier- und Fügefehler. So werden um in die Oberfläche einpolierte Fremdpartikel oder in fehlerhaften Schweißverbindungen Lokalelemente aufgebaut, die zum Lochfraß führen. Die sich bildenden Kavernen sind nicht mehr sterilisierbar und stellen ideale Wiederverkeimungsorte dar.

Die Sterilisation verändert die Oberflächeneigenschaften, somit auch die Adhäsionsbedingungen und die Wahrscheinlichkeit für eine Wiederverkeimung. Man versucht diese durch temporär wirkende, in den Oberflächen eingelagerte Biozide oder Antibiotika zu minimieren. Eine weitere Möglichkeit ist das Anlegen eines äußeren elektrischen Feldes, eine physikalische Antifouling–Maßnahme. Eine Kombination beider Verfahren wurde bisher nur für Langzeitkatheter im Labor erprobt.

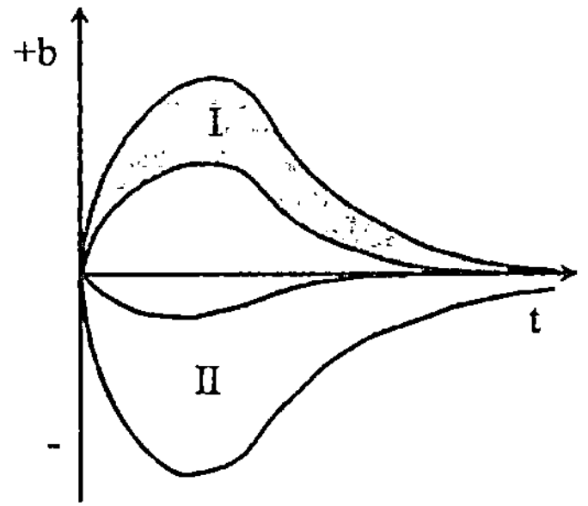

**Bild 1.8** Bioaktivität und Bioverträglichkeit [1.6]
*b* Bioaktivität (spezifische Einheiten, z.B. Proliferation, adhärierende Zellzahl, ATP–Gehalt), *t* Zeit, *I* bioverträglich (b > 0, b >>0 bioaktiv), *II* biounverträglich (b < 0), bioinert (b = 0)

## 1.2.2
## Biokompatibilität, Hämokompatiblität

Unter Biokompatibilität versteht man die Verträglichkeit zwischen einem technischen und biologischen System. Diese pauschale Erklärung wird in Abhängigkeit von der Betrachtungsweise, ob aus medizinischer oder naturwissenschaftlicher Sicht, unterschiedlich interpretiert.

Im Fall einer medizinischen Prämisse unterscheidet man eine Struktur- und eine Oberflächenkompatibilität. Die Strukturverträglichkeit beschreibt die Anpassung aller auf der Materialstruktur beruhenden Eigenschaften an das biologische System, wie die mechanischen Eigenschaften und hierüber die Form des Bauteiles. Dies beinhaltet auch, daß beim Einsatz von Verbundwerkstoffen die Spannungen an/in der Grenzfläche stetig verlaufen (Faserorientierung, Faserverhältnis). Demgegenüber charakterisiert die Oberflächenverträglichkeit eine Anpassung der Eigenschaften der Implantatoberfläche (topographisch, chemisch) an die der nächstbenachbarten Zellen. Das Ziel ist die Einstellung von spezifischen Wechselwirkungen, um erwünschte Grenzflächeneigenschaften einzustellen. Die Wissenslücken und Schwierigkeiten werden im Kapitel 4 aufgezeigt.

Diese Betrachtungsweise berücksichtigt nicht, daß die „inneren" und „äußeren" Eigenschaften eines Materials nicht voneinander zu trennen sind. Eine signifikante Größe, die die Werkstoffkomplexität zusammenhängend beschreibt, ist die Oberflächenenergie. Setzt man diese Kenngröße in einen Zusammenhang zur Reaktion

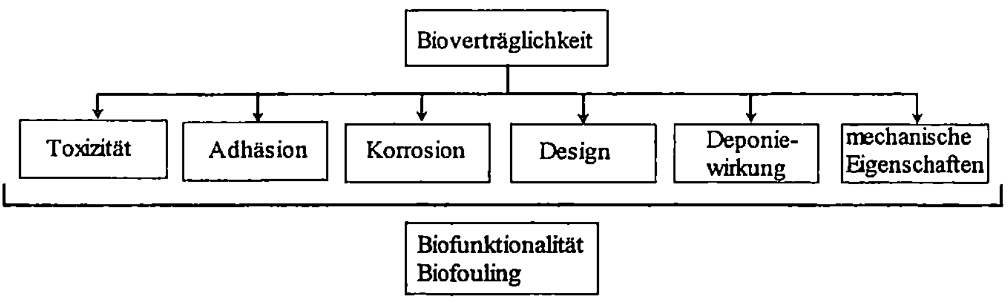

**Bild 1.9** Komponenten der Bioverträglichkeit

des biologischen Systems, so ist eine Unterteilung in biokompatible, bioinerte und biounverträgliche Werkstoffe möglich (Bild 1.8). Letztendlich ist dies nur die Zusammenfassung aller an der Grenzfläche ablaufenden Reaktionen und deren zelluläre Rückwirkung (Bild 1.9). Betrachtet man „nur" biokorrosive Reaktionen und die Wirkung der frei gesetzten Ionen, dann [1.8]

- setzen bioinerte Werkstoffe keinerlei toxische Substanzen frei, d.h. sie schädigen nicht das umgebende Gewebe, greifen aber auch nicht aktiv in die Grenzflächenprozesse ein.
- setzen biokompatible Werkstoffe Substanzen in nichttoxischen Dosen frei (*Reaktion* Bindegewebskapsel, schwache Fremdkörperreaktionen).
- setzen biounverträgliche Werkstoffe Ionen in toxischen Konzentrationen frei und/oder lösen über Antigene eine Immunreaktion aus (*Reaktion* Allergien, Fremdkörperreaktionen, Entzündungen, Nekrosen, Abstoßung).
- reagieren bioaktive Werkstoffe positiv mit der biologischen Umgebung, beispielsweise durch eine bevorzugte Adhäsion und Unterstützung des Zellwachstums.

Diese Nomenklatur wird auch in der Biotechnologie benutzt. Hier ist in jüngster Zeit die Mikroreaktortechnik in das Blickfeld gerückt. Deren Anwendung entscheidet sich an den Kenntnissen über die biokorrosiven und Adhäsionseigenschaften. In technischen Systemen hat man für den Begriff der Biounverträglichkeit den des „Biofouling" eingeführt. Hierunter versteht man die negative Veränderung von Anlagenparametern durch ein biologisches System, sei es die Verschlechterung der Wärmeleitung in Wärmeaustauschern durch Biofilme, die Biokorrosion oder die Erhöhung der Ausschußquote in der Mikroelektronik durch unsteriles Spülwasser beim Ätzen von Chips.

Die Hämokompatibilität oder Blutverträglichkeit beinhaltet alle bereits genannten Eigenschaften. Beim Blut handelt es sich um eine strömende Flüssigkeit, wobei ein Implantat die Strömungsverhältnisse nicht verändern sollte. Blutzellen sind scherempfindlich, so daß eventuell auftretende Scherspannungsänderungen deren Zerstörung herbeiführen können. Dies ist vorrangig ein Grenzflächenproblem. Darüber hinaus werden für ausgewählte Blutbestandteile spezifische Adhäsionseigenschaften gefordert, wobei zu bedenken ist, daß sich Zellen bei Annäherung an eine Festkörperoberfläche deformieren. Kann eine Zelle die Deformationsenergie nicht ausgleichen, dann zerreißt ihre Membran, u.a. genutzt zum Aufschluß von Proteinen aus dem Zellinneren.

## 1.2.3
## Biofunktionalität

Biofunktionalität heißt, daß Funktionen des biologischen Systems durch ein technisches ersetzt werden. Dies setzt voraus, daß die bereits vorgestellten Einzelreaktionen gezielt beeinflußt und zu einem Gesamtsystem zusammengefaßt werden können. Nur für einfachste Fragestellungen sind Lösungen bekannt, wie künstliche Gelenke und der Zahnersatz.

Ein wichtiges Kriterium ist die Lastübertragung zwischen dem Werkstoff und der biologischen Umgebung. Nach dem Hookeschen Gesetz treten bei unterschiedlichen Elastizitätsmoduln (Implantat, Zelle) Spannungsinhomogenitäten an der Grenzfläche auf. Der E–Modul von Materialien ist beispielsweise um ein Vielfaches größer als der des Hartgewebes (Knochen). Beim Einsatz von Keramiken versucht man über die Porosität beide Werte anzupassen. Die Erhöhung der Dauerfestigkeit durch eine Oberflächenverfestigung führt ebenfalls zu dessen Anstieg und damit zur Erhöhung der Spannungsdifferenz. Eine kritiklose Übertragung bewährter technischer Prinzipien muß somit in biologischen Systemen keinen Synergieeffekt hervorrufen. Dies zeigt sich auch bei einer verminderten Repassivierungsfähigkeit korrosionsstabiler Materialien, wie Titan, die zur Biounverträglichkeit führen kann.

Die Spannungsrichtung (Druck/Zug) beeinflußt ebenfalls das Zellverhalten. Zugspannungen favorisieren das Zellwachstum, Druckspannungen führen zum Zelltod. Man versucht deshalb den Schaft von Zahnimplantaten so zu gestalten, daß immer Zugspannungen auftreten.

Beim Gelenkersatz sollen die tribologischen Eigenschaften (Reibung, Verschleiß) denen des natürlichen Gelenkes entsprechen. Auf Grund der exzellenten Eigenschaften der Synovialflüssigkeit (Reibungskoeffizient natürliches Gelenk $\mu = 0{,}002$) gelingt dies ansatzweise nur für Paarungen zwischen „weichen" (Polymer) und „harten" (Keramik, Metalle) Materialien. Aber auch der Verschleißmechanismus (Abrasion, Kohäsion, tribochemische Reaktionen, Oberflächenermüdung) kann zu Funktionseinschränkungen führen. Entscheidend ist, daß keine Oberflächenveränderungen auftreten und Verschleißpartikel in die „weiche" Komponente eingebettet werden können. Hierfür erlangen Gradientenwerkstoffe eine immer größere Bedeutung.

Beim Kontakt mit Körperflüssigkeiten sollten sich die hydrodynamischen Eigenschaften nicht verändern. Natürliche Gefäßwände sind mit einem Epithel überzogen. Man versucht, gesundes Epithelgewebe auf ein natürliches Gefäß zu immobilisieren, einem bioadhäsiven Problem. Die Anregung erfolgt mittels bioenergetischer Prinzipien.

Neuere chirurgische Verfahren setzen an das Operationsfeld angepaßte medizinische Gerätesysteme und auf die Operationstechniken zugeschnittene Werkstoffe voraus, z.B. biologisch abbaubare Materialien für innere Nähte oder spritzfähige, selbst aushärtende Polymere. Bereits für Routineoperationen mit dem Endoskop stellt die Gewährleistung der Sterilität über mehrere Operationszyklen ein prinzipielles Problem dar, vorrangig aus der Konstruktion und dem Oberflächendesign erwachsend.

Die Biofunktionalität muß auch von den angewandten fertigungstechnischen Verfahren gewährleistet werden. Einzelne Implantatteile, wie der Kopf oder Schaft einer Endoprothese, unterliegen unterschiedlichen Anforderungen. Der Kopf muß verschleißfest sein und darf mit Gewebepartien nicht verwachsen. Demgegenüber ist das Einwachsen des Schaftes in Abhängigkeit von der Operationstechnik teilweise erwünscht, möglicherweise zum Durchwachsen neu gebildeter Blutgefäße zusätzlich porös gestaltet. Es müssen völlig verschiedenartige Werkstoffe miteinander gefügt werden, wie Keramiken und Metalle. Hierfür eignen sich nur noch Sonderschweißverfahren (Reib-, Diffusions-, Preßstumpfschweißen). Die Forderung nach der Biofunktionalität und Biokompatiblität gilt auch für diese Verbindungen.

# 1.3
# Anforderungen in der Umwelttechnik

Die Forderungen in der Umwelttechnik unterscheiden sich prinzipiell nicht von den bisher aufgezeigten, exemplarisch an einer Abwasserkolonne verdeutlicht (Bild 1.10). Die Abrasion an Düsen und Leitblechen seien nur erwähnt. Zur Erhöhung der Besiedelungsdichte werden die Mikroorganismen auf Trägerkörpern immobilisiert. Für diese Immobilisierungswerkstoffe gelten hinsichtlich der Bioverträglichkeit und -funktionalität die gleichen Bedingungen wie in der Medizin. Sie können ebenfalls als Nährstoffdepot dienen.

Einen Problemfall stellen Dichtungswerkstoffe dar. Diese werden besiedelt, sind schlecht sterilisierbar und können durch einen biokorrosiven Abbau der Weichmacher verspröden. Inwieweit die größere Zahl an freien Valenzen elektrische Wechselwirkungen für die Besiedelung initiieren und welche Rolle der Dipol–Charakter des Wassers spielt ist nicht geklärt.

Filtersysteme unterliegen spezifischen mechanischen Belastungen. Zellulose wird beispielsweise bevorzugt besiedelt, womit eine hieraus hergestellte Filterkerze schnell „verblockt". Hinsichtlich der hydrodynamischen Eigenschaften dürfen sich keine Scherspannungen aufbauen (Zellzerstörung).

Umwelttechnik bedeutet auch die Herstellung biologisch abbaubarer Verpakkungen. Hierbei handelt es sich oftmals um Papier–Kunststoff–Verbunde. Bisher sind nur Aerobier in der Lage Zellulose aufzuarbeiten. Ein Grund für nicht umgesetzte Papier/Pappe–Partien in tieferen Schichten von Mülldeponien. Inwieweit mikrobiell produzierte Bio–Kunststoffe (Polyhydroxybutyrat, *Alcaligenes eutrophus*) einen Ausweg aufzeigen, wird die Zukunft zeigen. Ähnliche Arbeiten laufen zur Entwicklung eines bioverträglichen Hautersatzes aus mikrobiell hergestellter Zellulose (*Acetobacter spec.*).

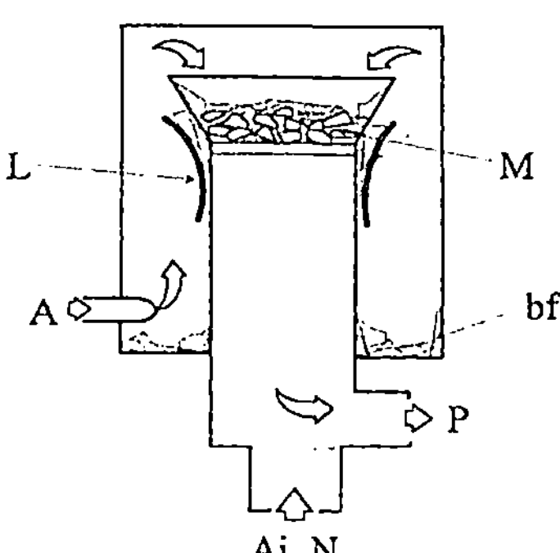


**Bild 1.10** Biologische Abwasserkolonne
*L* Leitblech, *A* Abwasser, *M* immobilisierte Mikroorganismen, *bf* Biofilm, *P* Produkt, *Ai* Luft, *N* Nährstoffe

Dieser Überblick soll das breite Spektrum an Einzelfragen verdeutlichen, die in den entsprechenden nachfolgenden Kapiteln ausführlich behandelt werden. Das Kernproblem ist die Forcierung biophysikalischer Grundlagenarbeiten zur Charakterisierung der Wechselbeziehungen und Reaktionen an der Grenzfläche, auch unter Einbeziehung nicht nur der nächsten Nachbarschaft. Obwohl es sich um ein in der Entwicklung befindliches Arbeitsgebiet handelt, werden Implantate und bioverfahrenstechnische Anlagen gebaut und eingesetzt. Wie in der bisherigen naturwissenschaftlichen und technischen Entwicklung bestimmt das „tria and error"–Verhalten oftmals den Alltag. Eines der ältesten Phänomene, die Bioadhäsion, und die von ihr ausgehenden Reaktionen, wartet auf seine Entschlüsselung.

## 1.4
## Historischer Überblick

Die Untersuchung des Verhaltens von Werkstoffen in biologischen Systemen ist untrennbar mit der Entwicklung der Mikrobiologie verbunden, begründet von Jenner (1749 bis 1823). Erst mit der Entwicklung der Mikroskopie war das Verhalten von Mikroorganismen studierbar.

Van Leuwenhoek zeichnete erstmalig Bilder von Organismen, die er auf Wasserproben aus der Regentonne beobachtete (Bild 1.11). Er kam 1683 auf eine noch viel skurilere Idee, indem er von seinen Zähnen etwas Belag abkratzte und unter dem Mikroskop untersuchte. Hierbei fand er noch viel kleinere Tierchen, als die aus der Regentonne. Sich dahinschleppende Stäbchen, pfeilschnelle Spiraltierchen und sich überschlagende Kugeln. Mit diesen Zeichnungen über die ersten lebenden Bakterien, die Leuwenhoek an die Royal Society in London einsandte, war er der erste, der lebende Bakterien beschrieb.

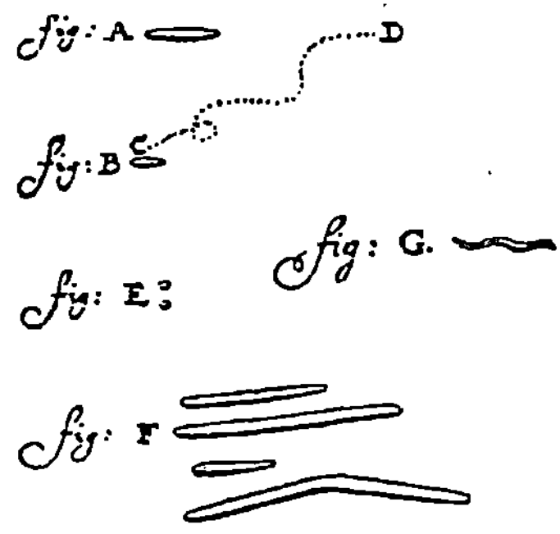


*„Levende dierkens" aus der Mundhöhle (Speichel) des Menschen*
*Die erste Zeichnung von Bakterien durch Leeuwenhoek 1683*

**Bild 1.11** Die „Tierchen" des Herrn van Leeuwenhoek [1.9]

Robert Hooke, der sich als Mitglied der Royal Society um neue Experimente zu kümmern hatte, wurde hiervon angeregt und untersuchte Schnitte an Flaschenkork mit seinem mehrlinsigen Mikroskop. Er entdeckte regelmäßig angeordnete Löcher und nannte diese Zellen. Beide ahnten nicht, daß auch die „Winzlinge" van Leuwenhoeks Zellen waren.

Als einer der Begründer der mikroskopischen Pflanzenanatomie ist der englische Botaniker Grew (1641 bis 1712) anzusehen. In diesen Jahren liegt die Geburtsstunde der Mikrobiologie.

Die Entwicklung des Mikroskopes und dessen Anwendung zur Untersuchung lebender Organismen erschloß neue Größenordnungen und Formen des Lebens. Doch über nahezu zwei Jahrhunderte ermöglichte es aufgrund des technischen Entwicklungsstandes keine Untersuchungen über das Wesen des Lebens. Hierzu zählt auch das Verhalten von Zellen in der Umgebung von festen Oberflächen.

Mit der Untersuchung der Feinstruktur der Zähne durch Purknye (1787 bis 1869), der hierzu das Mikrotom und Anfärbmethoden anwendete, und der Zellenlehre von Schwann (1810 bis 1882) und Schleiden (1804 bis 1881), die die Zellbildung und den Zellverbund beschrieben, war die biologische Basis gelegt. Die Beurteilung der Zellphysiologie in Wechselwirkung mit der „toten" Materie Werkstoff erlaubte erst Aussagen zur Bioverträglichkeit.

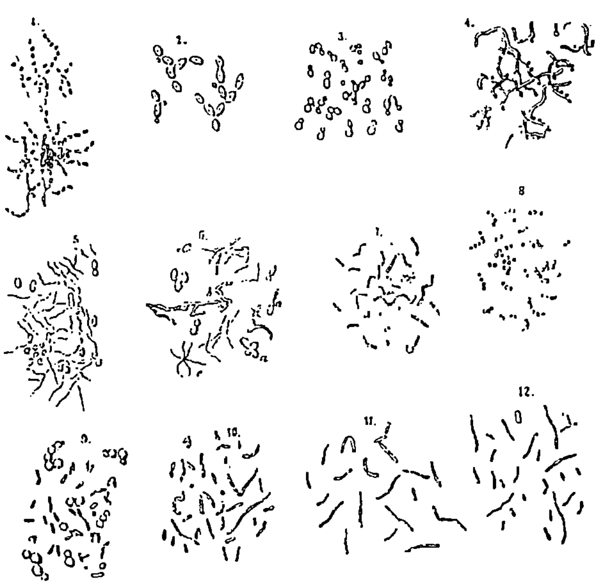

**Bild 1.12** Bakterien und Hefen nach Zeichnungen Pasteurs [1.13]
*1* Essigbakterien, *2, 3* Kahmhefen, *4* Bakterien der Bitterkrankheit der Weine, *5* Bakterien des Umschlagens der Weine, *6a* Bakterien der Weine, die nach der Gärung süß bleiben, *6b* Bakterien der Bitterkrankheit, *6c* Bakterien des Umschlagens, *7* Bakterien des Lindwerdens der Weißweine, *8* Bakterien, die den Harnstoff im Wein vergären, *9* Milchsäurebakterien, vermischt mit einigen Bierhefen, *10, 11, 12* Verschiedene Buttersäurebakterien

Die Untersuchungen von Semmelweis (1818 bis 1865) zum Kindbettfieber legten die Grundlagen der modernen Hygiene, die Beurteilung einer Infektion. Eine Infektion ist aber nichts anderes als die Übertragung von krankheitserregenden Mikroorganismen, auch über feste Oberflächen. Im Falle des Kindbettfiebers war die „feste" Oberfläche die Haut der Ärzte und Schwestern, zwar um ein Vielfaches komplexer als Stahl.

Pasteur (1822 bis 1895) (Bild 1.12) klärte das Verhalten der Hefe, wie deren Zellteilung, später durch Nägli (1817 bis 1891) allgemeiner formuliert, und den Zucker als Nahrungsquelle für den Gärungs–Stoffwechsel.

Im Zusammenhang mit der Untersuchung des Milzbranderregers formulierte Koch (1843 bis 1910) die Grundregel für mikrobiologische Arbeiten, das Kochsche Postulat:„Jeder Parasit muß in jedem Falle der Erkrankung anzutreffen sein. Er darf bei einer anderen Krankheit als zufälliger, noch nicht pathogener Schmarotzer vorkommen. Er muß endlich vom Körper vollkommen getrennt und in Reinkultur gezüchtet imstande sein, von neuem bei Versuchstieren die Krankheit zu erzeugen."

Mit der Untersuchung der immunbiologischen Prozesse, der Postulierung der Antikörper, durch Metschnikow (1845 bis 1916) und v.Behring (1854 bis 1917), bzw. später der Entdeckung der Immunglobuline durch Edelmann (geb. 1929) und Porter (geb. 1917), waren die Grundlagen für die Organtransplantation und Implantologie geschaffen.

Wir kennen aber auch das Phänomen der Antibiose, wobei Mikroorganismen Wirkstoffe produzieren, die das Wachstum anderer Mikroorganismen hemmen können. Fleming (1881 bis 1955) entdeckte diesen Sachverhalt beim Penicilin, damals aus Wildformen des Schimmelpilzes gewonnen, die auf Bouillon gezüchtet wurden.

Nicht nur natürliche Wirkstoffe können hemmend wirken, sondern auch Legierungselemente, wie Chrom, Nickel, Blei, Aluminium oder Kupfer. Diese hemmen das Zellwachstum derart, daß es zum Zusammenbruch des Zellstoffwechsels kommt (Toxizität). Hierbei übernehmen Korrosionsprozesse eine dominierende Rolle, die erst eine Freisetzung derartiger Fremdionen ermöglichen.

Mit der Untersuchung des Stoffwechselkreislaufes durch Liebig (1803 bis 1873) war ein tieferes Verständnis der Bedeutung des Stickstoffs und Phosphors für die Ernährung und das Zellwachstum gegeben. Ergänzt mit den Mechanismen der Atmung, erforscht durch Warburg (1883 bis 1970), war die biologische Seite der Grenzfläche Festkörper/Organismen erklärbar. Das heißt aber nicht, daß die Mechanismen für alle Zellen bekannt wären. Insbesondere die Komplexität des Mikroökosystems beginnt man erst jetzt langsam zu verstehen.

Die Kulturgeschichte der Menschheit ist unmittelbar mit dem Erkennen und der Verarbeitung metallischer Werkstoffe verknüpft, wobei das Angebot den Preis bestimmte oder Kriege auslöste [1.14]. Gold war ein „übliches" Metall der Antike zur Ausgestaltung von Räumen, gepaart mit Hölzern, Natursteinen und Glas, wie der sagenumwobene Palast des Königs Salomo zeigt [1.4]. Napoleon III. beehrte sich und seine Familie bei einem Gastmahl mit Aluminiumlöffeln, wobei die restliche Gesellschaft völlig verbittert mit „gewöhnlichen" Gold- und Silberlöffeln vorlieb nehmen mußte. Eisen ist für uns ein ganz gewöhnlicher Konstruktionswerkstoff. Es gab aber Zeiten, wo antike Kulturen Eisenstücke in Gold einrahmten. So berichtet James Cook, daß dieses Metall die begehrteste Handelsware für die Polynesier war [1.14].

Trotz des täglichen Einsatzes von Materialien begann die wissenschaftliche Werkstoffentwicklung erst Mitte des vergangenen Jahrhunderts mit der Untersuchung der chemischen Zusammensetzung der bekannten Legierungen, der Einführung technologischer Tests und Untersuchungen des Bruchgefüges. Aber bereits da Vinci und Galilei [1.5, 1.11] beschäftigten sich mit der Festigkeitsprüfung von Werkstoffen mittels eines Biegebalkens. Die Entwicklung des Thermoelementes (Chatelier 1887) eröffnete über die thermische Analyse eine Möglichkeit zur Aufnahme von Zustandsdiagrammen (Tammann 1903). Das Ende dieser Erkenntnisetappe stellen die röntgenographischen Untersuchungen M.v.Laues (1912) zur Struktur kristalliner Festkörper dar.

Zum Leidwesen der Ingenieure verändern sich die Werkstoffeigenschaften durch Korrosion („Zernagen"). So wurde zwischen 1820 und 1923 fast die Hälfte der eingesetzten Eisenwerkstoffe durch Rost zerstört [1.14]. Dies war besonders dadurch gravierend, da mit dem Bau der ersten eisernen Brücke (1778) und Wasserleitung (1788) dieses Problem in den Interessenkreis der Ingenieurwissenschaften rückte. So befürchtete man, daß die bizarre Konstruktion des Eiffelturmes den Belastungen nicht standhalten würde.

Das Problem der Korrosion war bereits in der Antike bekannt. Zur Zeit Herodots (5.Jh.v.Chr.) schützte man Eisenwerkstoffe durch Zinnbeschichtungen. In Indien gibt es seit 1600 Jahren eine Gesellschaft zum Kampf gegen die Korrosion. Diese war unter anderem am Bau der berühmten Sonnentempel beteiligt, die im Jahr 1024 von Mahmud zerstört wurden [1.3]. Trotz deren teilweiser Überflutung, sind keine Korrosionsschäden bekannt. Eine ähnliche Glanzleistung frühindischer Metallurgie stellt die 415 errichtete eiserne Säule in Delhi dar, errichtet zu Ehren von Tschendra Gupta II. Trotz des extremen Alters und der tropischen Umgebung ist diese heilige glückspendende Säule wahrscheinlich auf Grund ihrer extremen Reinheit korrosiv nicht geschädigt.

In der moderneren Technikgeschichte wird der Begriff „Korrosion" 1667 in den Philosophical Transactions erstmalig erwähnt [1.7]. Hierbei handelt es sich um eine Reisebeschreibung in die Karibik, wo man in einer Festung Jamaikas eiserne Kanonen vorfand, deren Oberfläche bienenwabenartig zerstört war. In den nächsten 150 Jahren beschrieb man eine Vielzahl von Korrosionsschäden, ohne die Mechanismen zu ergründen. Es ist das Zeitalter der klassischen Mechanik makroskopischer Körper, deren Prinzipien die ablaufenden atomaren Phänomene nach dem damaligen Verständnis nicht widerspiegeln. Man versuchte mittels empirischer Methoden, einen optimalen Werkstoffeinsatz zu ermöglichen. So wurde 1678 in den Philosophical Transactions die starke Schädigung von Silbermünzen durch mineralhaltige Wässer eines englischen Heilbades beschrieben. Erst Volta legte um 1800 eine Basis für die spätere chemische und elektrochemische Definition der Korrosion, wie sie noch am Ende der vierziger Jahre verwendet wurde [1.12]. Davyn wendete die Experimente seines Lehrers Volta auf praktische Aufgaben an, wie zur Entwicklung des kathodischen Korrosionsschutzes von Kupferblechen im Schiffbau durch Zinn-, Zink- oder Eisenstücke. Ein vollständiger

Schutz gelang ihm nicht, da Korrosionsschäden unter dem festhaftenden Bewuchs auftraten, einem Phänomen der Biokorrosion, wie wir heute wissen. Faraday schuf die elektrochemischen Grundlagen der Metallkorrosion. In den nachfolgenden Jahrzehnten wurde vorrangig die Meßtechnik vervollkommnet und man begann die ablaufenden kinetischen Mechanismen durch reaktionskinetische Beziehungen zu beschreiben.

In Verbindung mit biologischen Systemen nimmt das Titan („ewiges Material") eine herausragende Stellung ein. 1791 von Gregor in England als Titanoxid isoliert fand es aufgrund der schwierigen Herstellung zuerst nur in der oxidischen Form Verwendung in Farben und Bleichmitteln. Erst 1965 gelang es reines Titan herzustellen (A.E.van Arkel, J.H.de Boer), wobei man feststellte, daß die bisher immer beobachtete Sprödigkeit durch die Minimierung an Verunreinigungen einer Plastizität wich. Titan ist zwar 1,5 mal schwerer als Aluminium aber 6 mal fester, mit einer 2,5 mal höheren Streckgrenze als Eisen. Es gilt als extrem korrosionsbeständig, wobei auch nach zehnjähriger Lagerung in Seewassser keine korrosive Schädigung beobachtet werden konnte, vorausgesetzt die Oxidschichten werden nicht zerstört bzw. es steht genügend Sauerstoff zur Repassivierung zur Verfügung.

Die „handelsüblichen" Metalle, vorrangig Gold und später Silber, wurden bereits in der Antike als Zahnersatz verarbeitet, manchmal „gespickt" mit Zahnimitationen aus Elfenbein. Die Geburtsstunde der modernen Implantologie ist eng mit der Entwicklung der Stähle und später der Kunststoffe verknüpft.

Lister begann in der aseptischen Chirurgie (um 1860) Metalle einzusetzen, deren Routineeinsatz letztendlich an der Unsterilität der Implantate und den als Folgereaktion eintretenden Infektionen scheiterte. Erst um 1900 fanden Platten, Schrauben oder Nägel zur Fixation von Knochenbrüchen Verwendung. Viele dieser „Bauteile" brachen aus Unkenntnis der mechanischen Spannungsverläufe in den extrem dünnen Platten. Zu dieser Zeit erahnte man nur solche Phänomene, wie die Materialermüdung.

**Tabelle 1.2** Historischer Überblick über neuere metallische Biomaterialien

| Werkstoff | Legierung | eingesetzt seit | Einsatzgebiet |
|---|---|---|---|
| CrNi–Stähle | CrNi18.8 | 1919 | Zahnmedizin |
| | | 1926 | Orthopädie |
| CrNiMo–Stähle | CrNiMo18.10.2 | Mitte 30-er Jahre | Orthopädie |
| Co–Basis | CoCrMo–Guß | 1932 | Zahnmedizin |
| | | 1936 | Orthopädie |
| | CoCrWNi–Knetlegierungen | 1952 | Orthopädie |
| | CoCrNiMo–Knetlegierungen | 1970 | Orthopädie |
| Ti–Basis | Reintitan | 1951 | Orthopädie |
| Tantal | | 1938 | Orthopädie |

Die CrNi– und später CrNiMo–Stähle hatten verbesserte mechanische Eigenschaften und waren vor allem korrosionsbeständig, so daß mit dieser Werkstoffgruppe bis in die heutige Zeit ein verläßlicher Werkstoff für die Knochenchirurgie zur Verfügung steht (Tabelle 1.2).

Der Mut zur Anwendung von Polymeren als Implantatmaterial ist eng mit den Zwangserscheinungen des zweiten Weltkrieges verbunden. Man fand bei Piloten, daß PMMA–Stücken, eingesetzt als Plexiglas für Flugzeugkanzeln, keine Gewebereaktionen hervorriefen. PMMA ist bis in die heutige Zeit Hauptbestandteil des Knochenzementes, erstmalig Anfang der sechziger Jahre zur Befestigung von Endoprothesen eingesetzt.

# Literatur


[1.1]  Berkeley R.C.W., Lynch J.M., Melling J., Rutter R.P., Vincent B. (1982): Microbial Adhesion to Surfaces. Ellis Horwood, Chichester

[1.2]  Brill H., Sonntag H.G., Hrsgb. (1997): *Biokorrosion und Konservierung von Medizinprodukten und Arzneimitteln*. Gustav Fischer, Jena

[1.3]  Franz H.G. (1967): Hinduistische und islamische Kunst Indiens. E.A.Seemann, Leipzig

[1.4]  Freedman D.N., Robinson Th.L. (1990): Wunder und Rätsel der Heiligen Schrift. Verlag Das Beste, Stuttgart

[1.5]  Galilei G. (1987): Schriften–Briefe–Dokumente. Rütten & Loening, Berlin

[1.6]  Krawczynski J., Ondracek G. (1994): Biomaterials-A Research Concept. *in Special Meeting on Biomaterials*, ed. by I.Stamenkovic´, J.Krwaczynski, 8th SIMCER Intern. Symp.on Ceramics, Forschungszentrum Jülich

[1.7]  Leyerzapf H. (1985): Zur Bedeutung und Geschichte des Wortes „Korrosion". Werkstoffe und Korrosion 36, 88–96

[1.8]  Lin O.C.C., Chao E.Y.S., eds. (1986): *Perspectives on Biomaterials*. Materials Science Monographs, No.33, Elsevier, Taipeh

[1.9]  Mikulinski S.R. (1972): Geschichte der Biologie–Vom Altertum bis zum Beginn des 20. Jhdts. Nauka, Moskau

[1.10] Park J.B., Lakes R.S. (1992): Biomaterials. Plenum Press, New York

[1.11] Simonyi K. (1990): Kulturgeschichte der Physik. Urania Verlag, Leipzig Jena Berlin

[1.12] Uhlig H.H. (1948): The Corrosion Handbook. Glossary, New York London

[1.13] Unger H. (1952): Louis Pasteur–Bildnis eines Genies. Hamburg

[1.14] Venetzkij S.I. (1988): Erzählungen über Metalle. Deutscher Verlag für Grundstoffindustrie, Leipzig

# 2 Zellen und Zellverhalten

Zellen sind aus thermodynamischer Sicht offene Systeme. Es erfolgt ein ständiger Austausch von Energie und Stoffen mit ihrer Umgebung, wobei sich die zellulären Konzentrationen kaum verändern. Seitens der Funktionalität, reagieren sie über den Stoffwechsel auf innere und äußere Reize. Dies ermöglicht es ihnen, oftmals aktiver Reaktionspartner in bioadhäsiven Prozessen zu sein.

Eine „minimal ausgerüstete" Zelle (Bild 2.1.) besitzt folgende Merkmale [2.5];

- sie hat einen genetischen Informationsträger (DNA) und eine davon abgeleitete RNA zur Produktion von Proteinen (Prozeß a und b).
- ein Stoffwechsel versorgt sie mittels eines stoffabbauenden Vorganges (Katabolismus) mit Energie, womit ein Stoffaufbau (Anabolismus) erst ermöglicht wird (Prozeß c).
- sie ist von einer semipermeablen Membran umgeben, die einen kontrollierten Transport von der Umgebung in die Zelle ermöglicht aber den Zellinhalt vor der Umwelt abschirmt (Prozeß d).
- sie kann mittels Rezeptoren auf Umweltveränderungen reagieren.
- die genetischen Informationen neigen zur sprunghaften Veränderung (Mutation).
- eine Vielzahl von Zellen kann sich bewegen (Mobilität).

Die einfachste, heute existierende Zelle ist das leicht verformbare *Mycoplasma* mit einem Durchmesser von 0,3 µm. Auf Grund ihrer minimalen Abmessungen kann sie oftmals in einer Sterilfiltration nicht heraus gefiltert werden, so daß die Kulturen infiziert werden (Membran–Porendurchmesser ~ 0,2 µm).

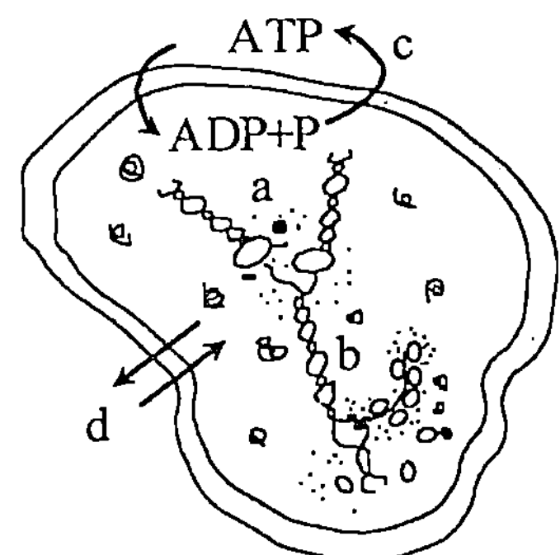


**Bild 2.1** Eine hypothetische Minimalzelle [2.2]

Der Informationsträger, die DNS, befindet sich im Zellkern. Abhängig davon, ob dieser von einer Membranhülle umschlossen wird oder nicht, unterscheidet man Eukaryoten (Algen, Flechten, Pilze, Protozoen, Säugerzellen) und Prokaryoten (Viren/Phagen, Bakterien).

# 2.1
# Prokaryoten

## 2.1.1
## Viren, Phagen

Der Begriff Virus heißt „filtrierbares Gift", womit ausgedrückt werden soll, daß diese ungehindert gebräuchliche Sterilfilter passieren können. Ihre Größe liegt zwischen < 1 bis 200 nm. Sie verfügen über keinen eigenen Stoffwechsel sondern sind obligat auf einen Wirt angewiesen. Als Erbmaterial enthalten sie DNA oder RNA, die in lebenden Zellen vervielfältigt werden (Vermehrung). Manche Viren (*Viren–Wirtszelle* Eukaryoten) kommen nur in Verbindung mit spezifischen Wirtszellen vor. Dies nutzt man beispielsweise in der Biomaterialforschung als indirekten Nachweis für die Existenz und Lebensfähigkeit von Säugerzellen. Über einen Gentransfer können defekte Phagen (*Phagen–Wirtszelle* Prokaryoten) zusätzliche Erbinformationen in eine Wirtszelle übertragen, womit diese neue Eigenschaften erhält (Transduktion). Dies kann die Unwirksamkeit von etablierten Nachweislinien bedingen.

## 2.1.2
## Bakterien

Ihre Größe variiert zwischen 0,2 und 10 µm mit einer Häufung um 1 µm. Ein Kubikzentimeter enthält somit $10^{12}$ Zellen, die einer aktiven Fläche von einem Quadratmeter entsprechen. Dies erklärt die hohen Stoffumsätze von Bakterienkulturen.

Die Morphologie ist nicht vielfältig (Bild 2.2). Die Zellen kommen als Einzelzellen (kugel-, stäbchen- oder spirillenförmig), aber auch als Tetraden, Pakete und Filamente vor. Darüber hinaus können sich Bakterien über eine Vielzahl von Mechanismen fortbewegen (Bild 2.3), die sie befähigen, Orte mit dem „üppigsten" Nahrungsangebot aufzusuchen.

Bakterien bilden Dauerformen aus. Sind diese hitze- und trockenresistent bezeichnet man sie als Endosporen. Diese Sporen (z.B. des *Bacillus thermophilius*) können auch unter extremsten thermischen Sterilisationsbedingungen überleben (Tabelle A6.1).

Die Physiologie vermittelt die Vielseitigkeit bakterieller Stoffwechsel. Auf Grund der vielfältigen Abbauwege sind natürlich in der Umwelt vorkommende Stoffe mikrobiell abbaubar. Dies gilt für Kunststoffe, sogenannte „Xenobiotika", nur im beschränktem Maße, was man beim „Design" biologisch abbaubarer Polymere berücksichtigen muß.

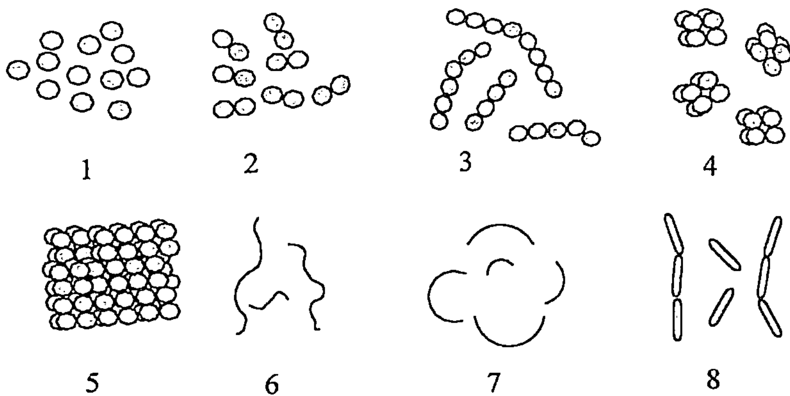

**Bild 2.2** Formen von Prokaryoten
*1* Mikrococcen, *2* Diplococcen, *3* Streptococcen, *4* Sarcinen, *5* Staphylococcen, *6* Spirillen, *7* Vibrionen, *8* Stäbchenbakterien

Mikrobielles Leben erfordert eine bestimmte Temperatur, die von −10°C bis ca. 105°C reicht (Tabelle 2.1). Im Schelfeis wurden Bakterien gefunden, die noch am Gefrierpunkt die Fähigkeit haben sich zu teilen. Mikroorganismen wies man für pH−Werte um 0 bis über 10 nach, so daß sie in acidophile (pH 0 bis 6), neutrophile (pH 6 bis 8) und alkaliphile (pH 8 bis 10) unterteilt werden.

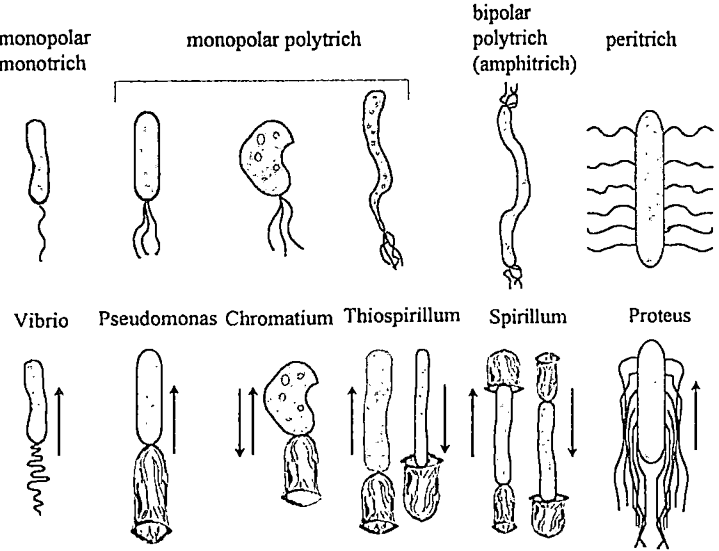


**Bild 2.3** Die wichtigsten Begeißelungs- und Fortbewegungstypen von Bakterien

**Tabelle 2.1** Einteilung der Bakterien nach ihren Temperaturgrenzen

| Bezeichnung | Temperaturgrenzen [°C] | | | Vertreter |
|---|---|---|---|---|
| | untere | obere | Optimum | |
| kryophil | −10 | 20 | < 20 | marine Leuchtbakterien, Eisenbakterien |
| mesophil | 5 | 45 | 20 bis 40 | pathogene Bakterien, *Methylococcus capsulatus* (Optimum) |
| thermophil | 45 | 105 | > 45 | Sporenbildner, *Methylococcus capsulatus* (Maximum) |

Bakterien, die in ihrer Atmung (Luft-) Sauerstoff verwerten können, bezeichnet man als aerob. Fakultativ aerob bedeutet, daß eine Atmung mit Sauerstoff, aber auch unter Sauerstoffmangel, z.B. durch Vergärung von Nährstoffen, möglich ist. Anaerobes Wachstum beschreibt die Möglichkeit, ohne Sauerstoff wachsen zu können, wie Desulfurikanten und Nitratreduzierer.

Die Vermehrung geschieht durch einfache Zellteilung, unter optimalen Bedingungen oftmals aller 20 bis 30 Minuten (*Escherichia coli*). Sie haben somit die Fähigkeit, sich an verändernde Nährstoff- und Umweltbedingungen in kürzester Zeit anzupassen (Evolution).

In einer Bakterienzelle (Bild 2.4) liegt das Chromosom als ein geschlossener Ring vor, wahrscheinlich an dem Punkt der Zellwand angeheftet, von dem die Zellteilung ausgeht. Die Plasmide (extrachromosomale DNA) enthalten bestimmte Zellinformationen, wie die Biozidresistenz. Das Cytoplasma ist ein gelartiges Kolloid, das neben Wasser (ca. 75%) Proteine, die RNA, Salze und Reservestoffe enthält. In osmotisch beständigen Formen existieren auch Ribosomen (60% RNA, 40% Proteine).

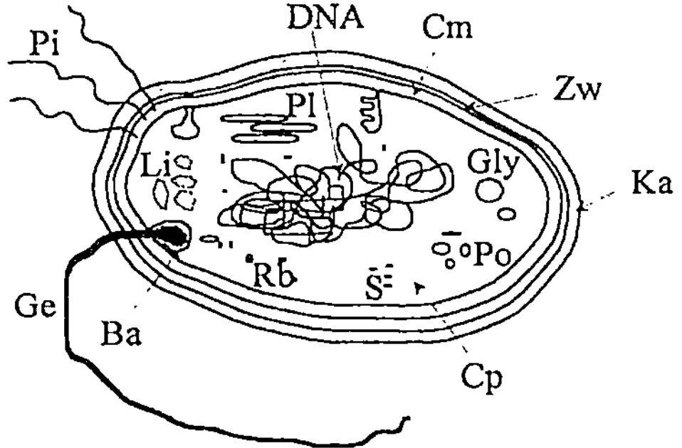


**Bild 2.4** Schematischer Schnitt durch eine Bakterienzelle [2.17]
*Zw* Zellwand, *Cm* Cytoplasmamembran, *Cp* Cytoplasma, *Ge* Geißel, *Ka* Kapsel, *Li* Lipidtropfen, *Rb* Ribosomen, *Gly* Glykogengranula, *Pl* Plasmid, *S* Schwefeleinschlüsse, *N(DNA)* Kern, *Po* Polyphosphatgranula, *Ba* Basalkörper

**Tabelle 2.2** Bakteriengruppen

| Archeabakterien | Eubakterien |
| --- | --- |
| methanogene Bakterien (Methanbildner) | Thermotoga |
| Halobakterien (phototroph, extrem halophil) | Flavobakterien |
| thermoacidophile und thermophile Bakterien | grüne photosynthetisierende Bakterien |
| (bis 105°C, z.B. in Tiefseegräben bei Vul- | photosynthetisierende Purpurbakterien |
| kanschlünden lebend) | gram–positive Bakterien |
| | Cyanobakterien (anaerob, phototroph, oxigen) |

Ein weiteres wichtiges Merkmal ist die Energiequelle. Handelt es sich um Licht, ist das Wachstum phototroph. Im Falle der Oxidation chemischer Verbindungen (chemotroph) unterscheidet man lithotroph (Oxidation anorganischer Verbindungen), organotroph (Oxidation organischer Verbindungen) und mixotroph (organische und anorganische Verbindungen) wachsende Bakterien. Nach der Kohlenstoffquelle sind sie in autotrophe (Zellkohlenstoff aus dem $CO_2$ der Luft) und heterotrophe (Zellkohlenstoff aus organischen Verbindungen) Organismen zu differenzieren.

Nur ein geringer Teil aller Bakterien ist bekannt und die Verwandtschaftsbeziehungen sind schwer feststellbar, so daß man eine künstliche Klassifikation verwendet. Erst mit der aufwendigen RNA–Sequenzierung war es möglich, ein natürliches phylogenetisches System aufzustellen, wobei man davon ausgeht, daß sich alle Bakterien aus einer gemeinsamen Urzelle durch Evolution entwickelt haben. Hiernach werden sie unterteilt in Eu- und Archeabakterien (Tabelle 2.2).

### *2.1.2.1*
### *Zellmembran*

Die Zellmembran trennt das Zellinnere von der extrazellulären, chemisch andersartig zusammengesetzten Umgebung und reguliert unter Nutzung der Energie aus dem Stoffwechsel den Stoffaustausch mit dieser (Fluidität, Semipermeabilität). Darüber hinaus gewährleistet sie mechanische Zell–Stabilität (Flexibilität, Stabilität). Ihre Hauptbestandteile sind Lipide an die Proteine gebunden sein können, die eine Vielzahl von Funktionen übernehmen, wie eine enzymatische und katalytische Spaltung, eine Rezeptorwirkung oder die Beteiligung an Adhäsionsprozessen.

In der bimolekularen Lipid–Schicht der Zellwand [2.1] unterscheidet man prinzipiell zwischen Speicher- und Strukturlipiden, wie dem amphibolaren Phospholipid Lecithin. Zur zweiten Gruppe gehören neben den Wachsen auch die Membranlipide. Lipide sind amphiphatische Moleküle. Sie enthalten somit eine polare (Kopf-) und eine unpolare (Schwanz-) Gruppe (Bild 2.5). Das sogenannte Kopf–Schwanz–Verhältnis, der HLB–Wert, ist ein Maß für eine mögliche Polarisierung.

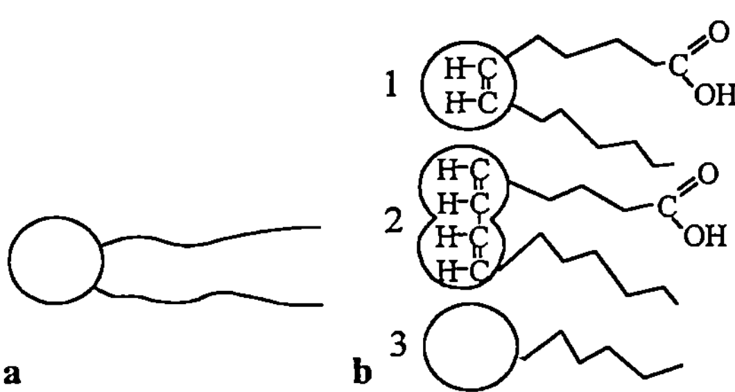

**Bild 2.5** Schematische Kopf–Schwanz–Darstellung [2.16]
a Diacyl–Lipide, b Monoacyl–Lipide, *1* Sphingo–Lipide (langkettiger Aminoalkohol), *2* Steroid, *3* nur eine Hydroxylgruppe verestert

Amphiphatische Moleküle sind oberflächenaktiv und ordnen sich bevorzugt an der Phasengrenze zu polaren Flüssigkeiten (Wasser) an. Hierbei reduzieren sie deren Grenzflächenenergie. Durch Variation des polaren Kopfes, u.a. über einen Austausch mit Kohlenhydraten, wird die Zelloberfläche in die Lage versetzt, charakteristische Eigenschaften auszuprägen, wie die Zell–Zell–Erkennung. So können spezifische Bestandteile in Heterosaccharidketten von Lektinen erkannt und gebunden werden. Diese Prozesse sind mit einer Adsorption der beteiligten Zellen verbunden.

Bei einem physiologischem pH–Wert sind die Phospholipide für die negative Oberflächenladung der Zellwand verantwortlich. Beispielsweise bildet das Cardiolipin ein Viertel der Zellmembran–Lipide von Bakterien. Hierbei sind die hydrophoben Gruppen nach innen und die polaren nach außen gerichtet [2.16]. Die Phospholipide haben pro Molekül zwei „Schwänze" und bilden in einer wäßrigen Umgebung Doppelschichten aus. Moleküle mit nur einem „Schwanz" können sich im Regelfall zu derartigen Schichten nicht zusammenlagern. Sie liegen in einer wäßrigen Lösung als monomeres Einzelmolekül vor. Oberhalb einer kritischen Konzentration aggregieren diese Monomere zu einem Cluster (Micelle, Bild 2.6), um den sich ein Assoziations–Dissoziations–Gleichgewicht einstellt (Monomer ↔ Cluster).

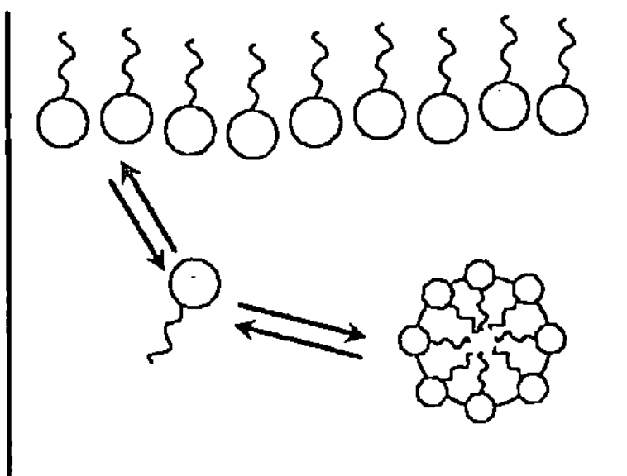

**Bild 2.6** Existenzformen eines Monomers im wäßrigen Puffer

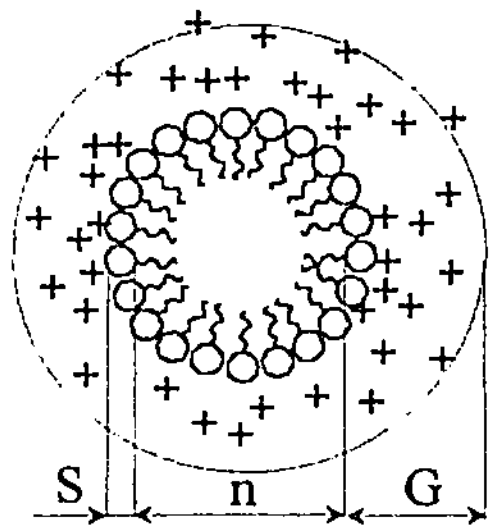


**Bild 2.7** Verteilung der Gegenionen (+) an einem ionischen Cluster (Micelle) im wäßrigen Puffer
G Goy–Chapmann–Doppelschicht (bis zu einigen Zehn nm), n Kern (1 bis 2 nm), S Stern–Schicht (wenige Zehntel nm)

Die polaren Gruppen ionischer Monomere oder von Phospholipiden können als stationäre Festionen betrachtet werden, die über die unpolaren „Schwänze" oder die Doppelschicht miteinander verknüpft sind. Ein Anteil der zur Ladungskompensation benötigten Kationen, wie $Na^+$, bewegt sich wieder in die umgebende Lösung. Die verbleibenden restlichen Ionen werden in die polaren Gruppen eingebunden und gleichen in der Stern–Schicht die Festladungen aus (Bild 2.7). Infolgedessen stellt sich ein Gleichgewicht zwischen der Abdiffusion und der elektrostatischen Anziehung ein [2.16]. Die Ladungsverteilung in der Stern–Schicht ist eine wesentliche Eingangsgröße in die Berechnungen zum Coulombeschen Anteil der Adhäsionsenergie (Kap. 4).

Eine weit größere Ausdehnung nimmt die Goy–Chapmann–Schicht ein. Das ist der Raum, in dem sich ein Gleichgewicht frei einstellen kann. Die Kationen bewegen sich in diesem Bereich isotrop, was zu einer Ladungsverteilung um die Zellmembran führt. In Simulationen zur Zelladhäsion darf man somit nicht von stationären Energieverteilungen ausgehen (Kap. 9), wobei aus bioenergetischer Sicht der Wasserstoff eine dominierende Stellung einnimmt. Die sich infolge von Bewegungsfluktuationen einstellende, asymmetrische Ladungsverteilung um die Zelle favorisiert ausgewählte Adhäsionsorte und Zellanordnungen.

Die Zellen können exopolymere Substanzen bilden (EPS), die oftmals als Kapselsubstanzen bezeichnet werden. Sie exkretieren diese EPS aus der Zelle in ihre Umgebung. Hierbei handelt es sich vorwiegend um Zucker, Lipide und Proteine, die teilweise kovalent oder ionisch an die äußere Membran gebunden sind. Diese Substanzen verleihen ihnen die Fähigkeit zu adsorbieren oder sich mit einer Schleimschicht zu umgeben, die u.a. eine wesentliche Rolle in biokorrosiven Reaktionen übernehmen. Auf dieser Eigenschaft basiert die auch in der Biomaterialforschung genutzte Serologie. Die gebildeten Zucker dienen hier als Oberflächen–Antigene, die spezifisch für einzelne Bakterienstämme sind und im Säuger durch Bildung von Antikörpern eine Immunantwort hervorrufen.

In der Zellwand eingebaute hydrophobe Proteine leiten insbesondere enzymatische Reaktionen ein, sind Rezeptoren, aber auch verantwortlich für kovalente Bindungsmechanismen mit zellfremden Teilchen. Einige Bakterien produzieren an der Oberfläche regelrecht Protein–Fibrinellen, die elektrostatische Wechselwirkungen mit Kationen eingehen können. Diese Proteinstränge sind in der Membran verankert (Bild 2.8).

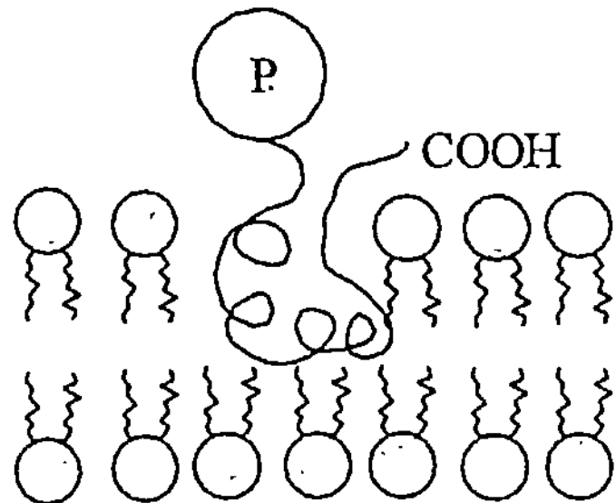

**Bild 2.8** Membranverankerung von Proteinen P

Der Peptidoglycananteil (PG) beeinflußt das Einfärbverhalten (Gramfärbung) der Membran. Die „Außenhaut" gram–positiver Organismen wird von einem Peptidoglycan–Polysaccharid–Komplex gebildet (Bild 2.9). Aus dieser dicken PG–Schicht kann ein mit verschiedenen Reagenzien erzeugtes farbiges Polymer mit Alkohol nicht ausgewaschen werden. Demgegen schließt eine äußere Membran die gram–negativen Bakterien ab, so daß der PG–Anteil nur ca. 10% beträgt und der Gram–Farbstoff heraus gelöst wird. In der Zellwand der Archeabakterien fehlt diese PG–Schicht mit völlig veränderte Reaktionen auf Antibiotika.

***Gram–positive Zellen*** enthalten neben den erwähnten Komplexen auch Proteine in der äußeren Schicht. Das Peptidoglycan bildet ca. 30 bis 50 % der Zellwand–Trockenmasse und wird strukturell aus einem Drei–dimensionalen Netzwerk aufgebaut, das die Zellwand stabilisiert [2.7, 2.15]. Der Vernetzungsgrad variiert von 20% (*Micrococcus luteus*) bis zu 75% (*Staphylococcus aureus*) [2.7, 2.19]. In Abhängigkeit vom Fehlordnungsgrad können große, an Rumpfgruppen des Peptidoglycans gebundene Makromoleküle (Phosphate, Polysaccharide) eingebaut werden, die zu Veränderungen in der äußeren Ladungsverteilung führen.

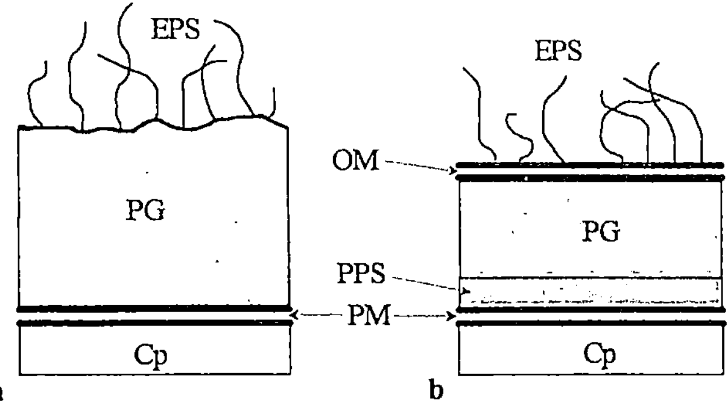


**Bild 2.9** Schematischer Schnitt durch eine gram–positive und eine gram–negative Zellwand
a gram–positive Bakterien, b gram–negative Bakterien, *EPS* extrazelluläre polymere Substanzen, *OM* äußere Membran, *PM* Plasmamembran, *PG* Peptidoglycan, *Cp* Cytoplasma, *PPS* periplasmatischer Raum

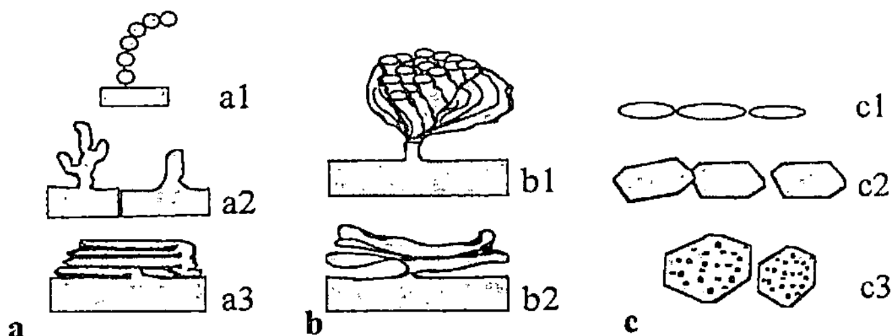

**Bild 2.10** Formen von Membranstrukturen
a photosynthetisierende Einheitsmembranen, *a1* vesikuläre Thylakoide, *a2* tubuläre Thylakoide, *a3* lammelare Thylakoide, b nichtphotosynthetisierende Einheitsmembranen, *b1* Mesosomen, *b2* Lamellen, c einschichtige Membranhüllen, *c1* Chlorosomen, *c2* Gasvesikeln, *c3* Carboxysomen

Eingelagerte neutrale Polysaccharide wirken teilweise als Antigen–Marker, die sich in der Zellwand bewegen und an deren Oberfläche anreichern können. Diese Polymere übernehmen im Anfangsstadium der Adhasion die gleiche Funktion, wie die später gebildeten extrazellulären Polymere (EPS). Die anionischen EPS–Moleküle, zu deren Bildung viele Bakterienarten befähigt sind, treten in Form einer Schleimschicht, als Kapseln, Mikrokapseln, Netzwerk oder Fibrinellen auf. Es sind häufig hydrophile Polypeptide oder Polysaccharide, wobei ihre Struktur durch Antikörper stabilisiert werden kann. Auf Umweltveränderungen reagieren die Organismen mit Variationen der äußeren Zellwandbestandteile. Eine Nahrungs- und Kohlenstoffbegrenzung oder Veränderung des pH–Wertes beschleunigt die EPS–Bildung.

Organismen sind in wäßrigen Lösungen bestrebt, die Geometrie (optimale Oberfläche) ihrer Zellmembran so zu gestalten, daß sie den jeweiligen energetischen Erfordernissen am Idealsten entspricht, z.B. die einer Materialoberfläche zugewandte Seite (s. Bild 2.16). Infolgedessen können sich auch Lamellen oder Röhren als Membranformen entwickeln (Bild 2.10), womit sich die Adhäsionsfläche und die Verteilungsfunktion der Oberflächenenergie verändert. Gram–positive Zellen bilden oftmals ein fein–filamentöses Netzwerk aus, das einen wesentlichen Beitrag zur Adhäsion leistet. Dieses unterscheidet sich aber vom Fibrin–Netz der gram–negativen Zellen.

***Gram–negative Zellen*** haben eine um ein Vielfaches komplexer aufgebaute Zellwand. Zwischen der äußeren und inneren Membran, die das Cytoplasma einschließt, befindet sich das Periplasma, das die Transportprozesse in das Zellinnere weitgehend beeinflußt. In ihm befinden sich u.a. hydrophile Enzyme, die für den Ionentransport über die Membran verantwortlich sind. Das Peptidoglycan, als ein Bestandteil des Periplasmas, entspricht in seiner Funktion und seinem Aufbau dem der gram–positiven Zellen.

Die äußere Zellmembran setzt sich aus Phospholipiden (20 bis 25%), Lipopolysacchariden, Polysacchariden (30%) und Proteinen (40 bis 50%) zusammen.

Hierbei bilden die Lipopolysaccharide und die Proteine die äußere Membranhälfte, die Phospholipide und Proteine die innere, so daß in dieser Doppelschicht eine asymmetrische Ladungsverteilung vorliegt.

Die äußere Zellmembran ist untypisch. Hier wirken die äußeren polymeren, hoch hydrophilen Fibrinellen als Barriere für hydrophobe Substanzen. Gram–negative Zellen reagieren somit kaum auf hydrophobe Komponenten, eine Konsequenz aus der Asymmetrie der äußeren Membran. In *Escherichia coli* liegt beispielsweise keine zufällige Verteilung der Proteine und Lipopolysaccharide in dieser Membran vor, sondern diese befinden sich konzentriert in Domänen. Derartige „Schleusen" dienen zum Substanztransport in das Zellinnere (s. Bild 2.15).

Gram–negative Zellen produzieren eine Vielzahl extrazellulärer, eng mit der Zelloberfläche rekombinierter Polymere. Beispielsweise bilden *Azotobacter vinelandii* und *Pseudomonas aeruginosa* irreversible Heteropolymere, welche die Zellen mit einem flexiblen Geflecht überziehen. In Streßsituationen produzieren diese Bakterien Flagellen, Fibrin und andere Indikatoren. Flagellen sind komplexe Polypeptidverbindungen zwischen der äußeren und inneren Membran, die Proteine (Flagellin) in die Umgebung exkretieren und die Zelle mit einem feinen Filament überziehen. Sex–Indikatoren sind bestimmte RNA– und DNA–Phagen, die in Zusammenarbeit mit Flagellen ihre Informationen über die Zellwand weiterleiten. Fibrin ist ein kurzkettiges Protein und bedeutungsvoll für die Bioadhäsion und bakterielle Aggregation [2.13]. Vergleichsweise ist das *Corynebacterium* das einzige gram–positive Bakterium, das ebenfalls Fibrin ausschüttet [2.13].

### 2.1.2.2
### *Energiequellen*

Zur Aufrechterhaltung aller Zellfunktionen, wie Vermehrung, Mutation, Bewegung oder Stoffaufnahme, muß Energie in der Zelle über chemische Umsetzungen erzeugt werden. Hierfür stehen nur zelleigene organische Substanzen zur Verfügung (Dissimilation). Die Energieerzeugung erfolgt über Stoffwechselketten oder das ATP–System (*ATP* Adenosintriphosphat, *ADP* Adenosindiphosphat). Diesen ATP–Mechanismus findet man u.a. in sulfatreduzierenden Bakterien, wobei das energiereiche ATP unter Energiegewinn in ADP und Phosphat aufgespalten wird (Bild 2.11). Zur Schließung des Kreislaufes nutzt die Zelle die Dissimilationsenergie, um das Phosphat wieder an das ADP anzuknüpfen. Die in der Dissimilation verbrauchten organischen zellulären Substanzen werden mittels der Assimilation (autotroph oder heterotroph) ersetzt.

*Atmung und Gärung* sind Energiequellen für die Dissimilation (Bild 2.12). Bei der Atmung wird Sauerstoff verbraucht und Kohlendioxid gebildet, ein aerober Prozeß. In der Gärung, die ohne Sauerstoffbeteiligung (obligat anaerob) abläuft, werden sauerstoffhaltige Verbindungen reduziert, wie Sulfate oder Nitrade. Eine Vielzahl von Bakterien kann sowohl oxidieren (aerob) als auch reduzieren (anerob), eine fakultativ anaerobe Reaktion. Der größte Wirkungsgrad liegt für die Atmung (aerob) vor, wo organische Substanzen vollständig zu anorganischen unter

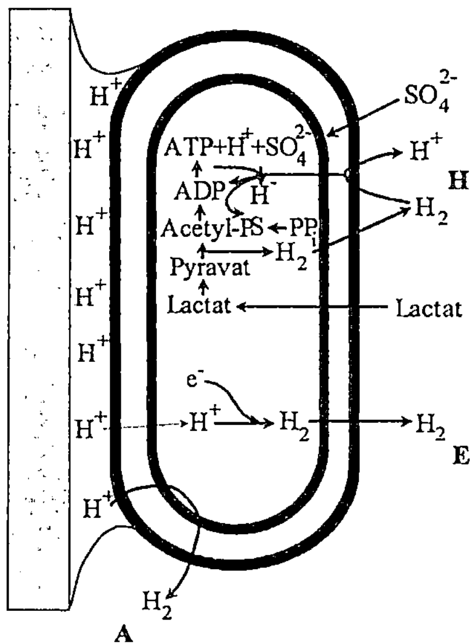


**Bild 2.11** Sulfatreduzierende Bakterienzelle an einer Festkörperoberfläche [2.21]
H Wasserstoffzyklus, E Energietransport (die Elektronen stammen aus dem Metabolismus der Zelle), A Adhäsion (Protonenentladung)

hohem Energiegewinn abgebaut werden. Demgegenüber erfolgt in der Gärung (anaerob) nur ein unvollständiger Abbau zu vergleichsweise noch energiereichen organischen Substanzen (Alkohol, Milchsäure) und eventuell, anteiligen anorganischen Stoffen.

Katalysatoren für Dissimilationsprozesse sind Enzyme, die größere Moleküle (Poly- und Disaccharide, Fette, Eiweiße) in kürzere (Monosaccharide, Fett- und Aminosäuren) spalten, wie das hydrolisierende Enzym Hydrolase. Neben Kohlenstoff benötigen Bakterien für ihren Stoffwechsel auch Wasserstoff, Phosphor, Schwefel und Stickstoff. Schwefel- und Phosphorquellen sind Sulfat und Phosphat. Der Stickstoff kann aus organischen oder anorganischen Stickstoffverbindungen herausgelöst werden. Die Oxidationsprodukte der Aerobier, wie $CO_2$ oder $Fe^{3+}$, sind teilweise Eingangsprodukte für den Stoffwechsel der Anaerobier. Sie leben miteinander in Symbiose, z.B. in Biofilmen, so daß die Erforschung mikrobieller Materialschädigungen oftmals unmöglich erscheint.

***Redoxpotential.*** Das Potential E der Dissimilations–Redoxreaktionen läßt sich ebenfalls zur Beschreibung des bakteriellen Wachstums nutzen. Die jeweilige Reaktionsrichtung (*endergon* Energiezufuhr, *exergon* Energiegewinn) hängt von den Oxidationsstufen der miteinander reagierenden Redoxsysteme ab. Eine exergone Reaktion (–E) läuft freiwillig von einer höheren ($H_2 \rightarrow 2H^+ + 2e^-$ Elektronendonator) zu einer niederen Oxidationsstufe ($O^{2-} \rightarrow \frac{1}{2}O_2 + 2e^-$ Elektronenakzeptor) ab, beispielsweise bei der ATP–Bildung. Entsprechend muß für eine endergone Reaktion (+E) Energie zugeführt werden. Bei Redoxpotentialen von 0 mV bis über –600 mV wachsen anaerobe Bakterien, z.B. $Fe^{3+}$–, $Mn^{4+}$–, Nitrat– und Sulfatreduzierer, fakultative Anaerobier wachsen von +300 mV bis −300 mV und Aerobierer ab +200 mV und höher.

In Analogie zur Normalspannungsreihe ordnet man die Redoxsysteme im Vergleich zu einem Standard–Potential. Wie in der elektrochemischen Spannungsreihe, wo ein unedleres Element (geht in Lösung) ein edleres aus seiner Lösung verdrängt, kann ein Redoxsystem mit negativerem Potential eines mit positiverem reduzieren und umgekehrt. In der Tabelle 2.3 sind die Redoxpotentiale für das System Wasserstoff/Sauerstoff und einige Stoffwechselreaktionen zusammengestellt. Ein „freiwilliger" Elektronentransport (exergone Reaktion) läuft vom kleineren zum größeren Potential ab. Die Elektronen wandern vom Wasserstoff zum Eisen, $\frac{1}{2}H_2+Fe^{3+}$ → $H^++Fe^{2+}$, d.h. das Eisen oxydiert den Wasserstoff, bzw. vom Eisen zum Sauerstoff, $2Fe^{2+}+\frac{1}{2}O_2$ → $2Fe^{3+}+O^{2-}$ (Tabelle 2.3). Das Redoxsystem $Fe^{2+}/Fe^{3+}$ ist somit Elektronenakzeptor gegenüber Wasserstoff und Elektronendonator gegenüber Sauerstoff. Aus dem Energievergleich für die Stoffwechselreaktionen folgt, daß erst dann eine Mangan- und Eisenreduktion erfolgen kann, wenn der Nitratvorrat in einem System verbraucht ist. Demgegenüber ist die Assimilation eine endergone Reaktion. In Zellen liegen keine Standardbedingungen vor, sondern diese verändern sich mit der Temperatur und der Konzentration. Der Wasserstoff- (Protonen) bzw. Elektronentransport spielt in biologischen Redoxsystemen eine fundamentale Rolle, so daß Änderungen des pH–Wertes auch Verschiebungen in der Reaktionsrichtung hervorrufen.

Anaerob sulfatreduzierende Bakterien (*Desulfovibrio species*) besitzen als ein Enzym die Hydrogenase. Die Dissimilation in der Zelle erfolgt durch das Lactat und einen Wasserstoff–Kreislauf, der von der Hydrogenase gesteuert wird. Diese, an Materialoberflächen adhärierenden Bakterien rufen ein Wasserstoffüberangebot hervor, das zur kathodischen Depolarisation führt, dem Beginn einer mikrobiellen Korrosionsreaktion.

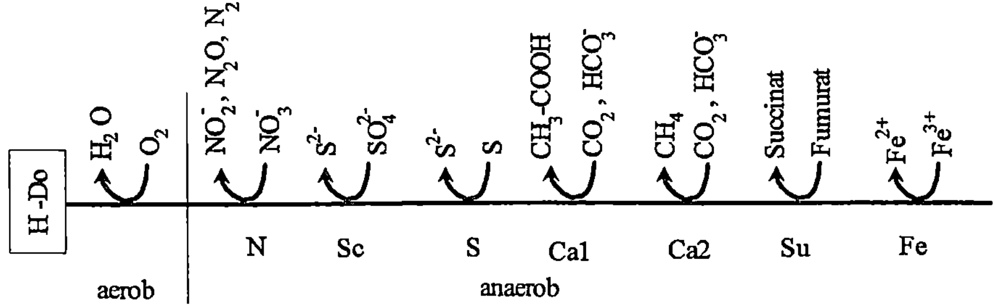


**Bild 2.12** Prozesse der Energiegewinnung unter aeroben und anaeroben Bedingungen
*H–Do* Wasserstoff–Donatoren (organisch oder anorganisch), *N* Nitrat–Atmung (aerob, fakultativ anaerob), *Sc* Sulfat–Atmung (obligat anaerob), *S* Schwefel–Atmung (fakultativ und obligat anaerob), *Ca1* Carbonat–Atmung (acetogene Bakterien), *Ca2* Carbonat–Atmung (methanogene Bakterien), *Fu* Fumarat–Atmung (succinogene Bakterien), *Fe* Eisen–Atmung)

**Tabelle 2.3** Redoxpotentiale für aerobe und anaerobe Atmung [2.4] und Reaktionen mit Wasserstoff [2.6]

| Reaktionen für aerobe und anaerobe Atmung [2.4] | E [mV] | Redoxsystem [2.6] | E [mV] |
|---|---|---|---|
| $NO_3^- \rightarrow NO_2^- \rightarrow N_2O \rightarrow N_2$ | < 400 | $H_2 \leftrightarrow 2H^+ + 2e^-$ | −420 |
| $NO_3^- \rightarrow NO_2^- \rightarrow NH_4^+$ | | $Fe^{2+} \leftrightarrow Fe^{3+} + e^-$ | 770 |
| $Mn^{4+} \rightarrow Mn^{2+}$ | < 400 | $O^{2-} \leftrightarrow \frac{1}{2} O_2 + 2 e^-$ | 810 |
| $Fe^{3+} \rightarrow Fe^{2+}$ | < 300 | $H_2O \leftrightarrow \frac{1}{2} O_2 + 2H^+ + 2e^-$ | 810 |
| $SO_4^{2-} \rightarrow H_2S$ | < 100 | | |
| Organ. $C \rightarrow H_2CO_2$ | < −100 | | |
| $H_2 + CO_2 \rightarrow CH_4$ | < −300 | | |

***Reaktionen auf Umweltveränderungen.*** Mikroorganismen sind erstaunlich anpassungsfähig (Tabelle 2.4). Es gelingt ihnen sowohl Schwankungen der Temperatur und des pH–Wertes auszugleichen als auch bei Nährstoffmangel zu „überwintern", sei es in Form von extrem resistenten Sporen oder durch Mutationen. Hierbei nimmt die Enzymaktivität, als der Zellkatalysator, eine zentrale Stellung ein. Sogar auf Biozide vermögen sie mittels Mutationen zu reagieren. Bakterien benötigen für ein minimales Wachstum minimalste Nährstoffmengen, so daß eine „Organismendiät" als Materialschutz nicht zum Erfolg führt. Prinzipiell gibt es für jede Situation einen „bakteriellen Spezialisten", sei es auf UV–Lampen, in Kobaltkanonen oder auf normalerweise hochtoxischen Oberflächen, wie Kupfer. Dieser Problemkreis dominiert die Gewährleistung der Sterilität (Reinsträume, Medizintechnik), wofür es nur unzureichend Prüftechniken und noch keine Materialentwicklungen gibt. Es existieren lediglich erste materialspezifische Vorstellungen für ein „bakteriengerechtes Design" von Werkstoffoberflächen (Kap. 4).

**Tabelle 2.4** Wirkung von physikalischen Schädigungen auf Zellen und Nährstoffminimum (Glucose–Einheiten) einiger Organismen

| Wirkung | Zellaktivität | Zellreaktion | Organismus | Bedarf [mg $l^{-1}$] |
|---|---|---|---|---|
| Temperatur | Enzyme, Membran | Strukturmodifikationen, stabilitätsregulierende Gene | *Escherichia coli*<br>*Pseudomona aeruginosa* | 0,04<br>0,025 |
| pH–Wert | Enzyme | $H^+$–Regulation | *Aeromonas hydrophila* | 0,01 |
| Wasser | Enzyme | Reduzierung der Wasseraktivität | | |
| Strahlenschädigung | DNA | DNA–Korrektur | | |

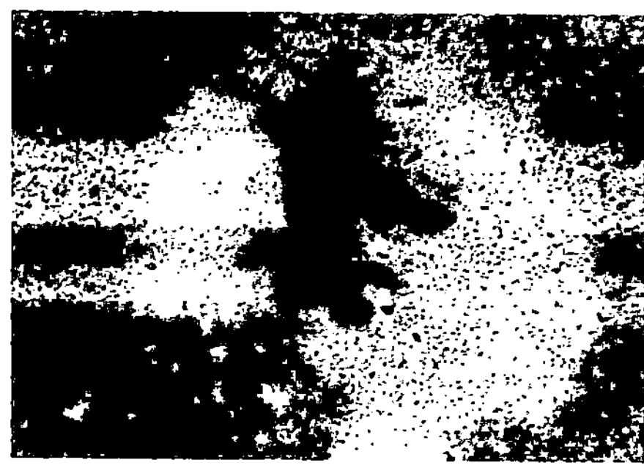

**Bild 2.13** Hefekolonie (*Saccharomyces cerevisiae*) auf einem zur Entmischung neigendem Natrium–Borosilikatglas

Mikroorganismen benötigen für ihr Wachstum eine Vielzahl von metallischen Spurenelementen, wie Mn, Fe, Cu, Zn, Cd, V, Cr, Co, Ni, Mo [2.18]. Die Hefe *Saccharomyces cerevisiae* nutzt beispielsweise $Mn^{2+}$, $Zn^{2+}$, $Co^{2+}$, $K^{2+}$, $Na^{2+}$ und $Cd^{2+}$ für ihre zellulären Systeme. Alle diese Komponenten sind Bestandteile unserer Materialien. Liegen diese Elemente an der Materialoberfläche in gelöster Form vor, treten Werkstoffschädigungen auf, wie sie u.a. bei zur Entmischung neigendem Geräteglas vermutet werden (Bild 2.13).

Im Falle eines Überangebotes an gelösten Metallionen kann eine toxische Wirkung auftreten, die Zellzerstörung (Nekrophie), im Biomaterialbereich als Metallose gefürchtet. Veränderungen des Ionengehaltes können in einem bestimmten Toleranzbereich Modifikationen im Stoffwechselkreislauf hervorrufen, wie bei *Aspergillus niger*.

### 2.1.2.3
### Transport über Zellmembranen

Der Transport über Zellmembranen wurde bereits 1899 von Overton an Pflanzenzellen untersucht, wobei Substanzen mit abnehmender Polarität eine höhere Permeationsrate aufwiesen. Dies führte zum Postulat, daß Zellen von einer Lipidschicht umgeben seien. Der Transport von Substanzen über die Membran kann passiv, erleichtert und aktiv erfolgen. Der passive, nicht katalytische Transport genügt den Diffusionsgesetzen mit den Teilreaktionen

- einer Diffusion in der wäßrigen Lösung zur Grenzfläche Wasser/Lipid.
- einer Diffusion durch die bipolare Schicht.
- einer Diffusion in das Cytoplasma (Zelle).

Polare Substanzen müssen mit einem großen Energieaufwand (Dehydrationsenergie) ihre Wasserhülle in der bipolaren Doppelschicht „abstreifen", womit ein Rücksprung in die wäßrige Phase verhältnismäßig unproblematisch ist. Demgegenüber befinden sich unpolare, lipophile Partikel bereits auf einem hohen Energieniveau, so daß sie beim Membrandurchtritt regelrecht in das „Energieloch" $E_p$–$E_D$ fallen (Bild 2.14). Rücksprünge in die wäßrige Umgebung sind nahezu auszuschließen. Die Aktivierungsenergien folgen einer Arrhenius–Darstellung.

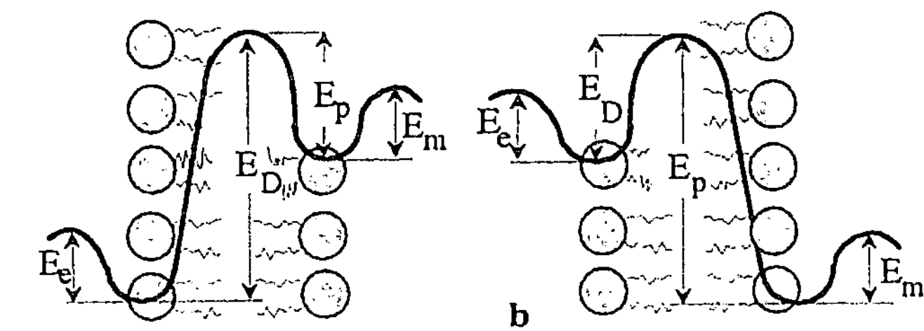



**Bild 2.14** Potentialverteilung beim Transport polarer (Zucker, Ionen, Aminosäuren) und unpolarer Substanzen (Oktan, unpolare Insektizide) über die Zellwand
a polare Substanzen, b unpolare Substanzen, $E_D$ Dehydrationsenergie, $E_e$ Diffusionsenergie in der Umgebung, $E_m$ Diffusionsenergie im Cytoplasma, $E_p$ Energie zum Durchtritt durch die bipolare Doppelschicht

Strukturell ist die bipolare Doppelschicht dichtest gepackt. Erst die kurzzeitige Bildung lokaler Hohlräume (Kinken) ermöglicht einen Substanztransport. Kleine hydrophile Moleküle (Wasser, Harnstoff) können sehr gut in diese Kinken eingebaut werden, so daß die Membranen nicht wasserfrei sind. Der Ionentransport erfolgt mittels spezifischer Transportelemente („carrier"), wie dem unpolaren Valinomycin, oder durch Bildung von Membranporen mit dem hydrophoben Gramidicin. Carrier transportieren Ionen, u.a. $K^{2+}$ und $Na^{2+}$, als Komplex, wohingegen diese ($K^{2+}$, $Li^{2+}$, $Na^{2+}$, $H^+$) durch Poren direkt bewegt werden können. Deshalb sind größere Kationen über Poren nicht transportabel. Je kleiner der effektive Teilchendurchmesser ist, umso größer wird die Transportgeschwindigkeit (Permeationsrate). Die Zellmembran wirkt wie ein Filter.

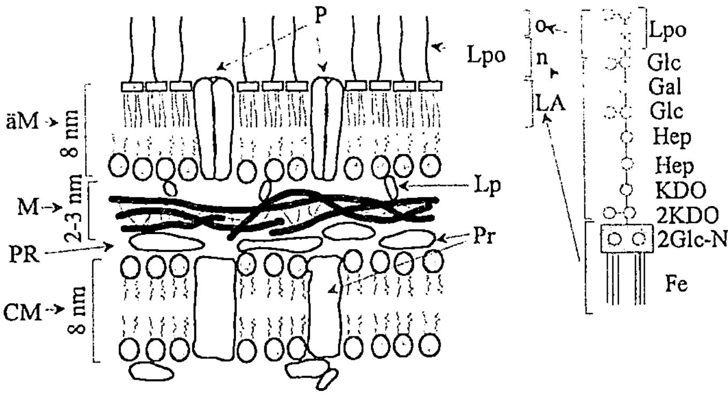



**Bild 2.15** Modell des Zellwandaufbaues eines gram–negativen Bakteriums [2.11]
*äM* äußere Membran, *M* Murein, *PR* periplasmatischer Raum, *CM* Cytoplasmamembran (Phospholipide), *P* Porine, *Lpo* Lipopolysaccharid, *Lp* Lipoprotein, *Pr* Proteine, *o* spezifische Seitenkette (hydrophil), *n* Kernzone, *LA* Lipid A, *Glc* Glucose, *Glc–N* Glucosamin, *Gal* Galactose, *Hep* Heptose, *KDO* 2–Keto–3–Desoxyoctonsäure, *Fe* Fettsäuren ($C_{12}$, $C_{14}$, $C_{16}$)

Beispielsweise wird bei gram-negativen Bakterien der Transport über spezifische und unspezifische Proteine organisiert, wie dem Porin, die in der Zellmembran eingelagert sind und Poren bilden (Bild 2.15). Diese Poren sind stabiler als das Gramicidin und werden unter anderem zum Transport von Nährstoffen, Ionen und Antiobiotika genutzt.

Die Überwindung der Dehydrationsschwelle $E_D$ mittels des Valinomycins (Debye–Frequenz ~ $10^4$ $s^{-1}$ [2.16]) läuft über eine Vielzahl von Teilschritten ab. Infolge der „gefrorenen" Doppelschicht funktioniert dieser Mechanismus nicht mehr bei tieferen Temperaturen, wohingegen der Porenmechanismus nahezu temperaturunabhängig ist.

Beim aktiven Transport wird ein Proton an das zu transportierende Molekül angekoppelt, so daß sich der Gesamtkomplex im $H^+$-Gradienten bewegt, vergleichbar mit der Lactose. Einige Aminosäuren benötigen hierfür $Na^{2+}$, wobei sich der $Na^{2+}$-Gradient durch den Austausch von $H^+$ mit $Na^{2+}$ aufbaut. Die hydrophilen Ionen sind „schwerfälliger" als gleich große neutrale Moleküle. Je lipophiler, d.h. je schlechter wasserlöslich und je besser fettlöslich ein Teilchen ist, desto beweglicher ist es über die Zellwand.

Die spezifischen Proteine der Transportsysteme können auch als Rezeptoren wirken, womit Bakterien befähigt sind, auf äußere Gradientenveränderungen zu reagieren. Beispielsweise kann sich *Escherichia coli* mittels seines Geißelapparates auf bestimmte gelöste Substanzen hin- (positive Chemotaxis) oder fortbewegen (negative Chemotaxis).

In Bereichen permanenter Unterversorgung besitzt die Zellwand die Fähigkeit, ihre Oberfläche zu vergrößern, z.B. mit der Bildung von Zitzen. Alle diskutierten Wechselwirkungen im Zusammenhang mit der Nährstoffaufnahme und dem Nährstofftransport (hydrophil/hydrophob, Ionengradienten) können hier zu spezifischen, adhäsiven Wechselwirkungen führen (Bild 2.16).

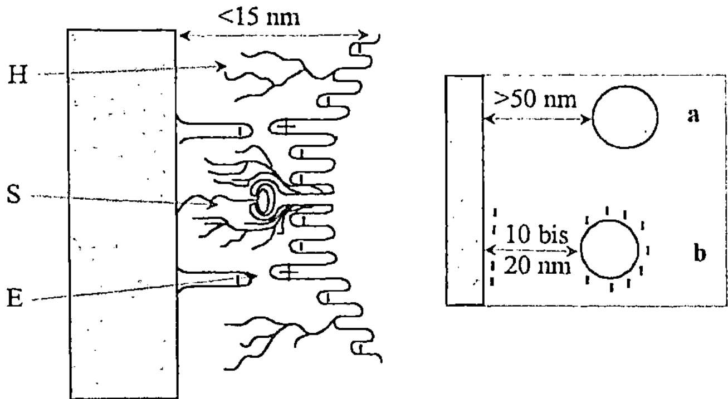


**Bild 2.16** Spezifische Wechselwirkungen zwischen einer Festkörperoberfläche und nächst benachbarten Zellen (< 15 nm)
a van der Waals Wechselwirkung, b van der Waals und elektrische Wechselwirkungen, *H* hydrophobe Gruppen, *S* spezifische Wechselwirkungen, *E* elektrische Wechselwirkungen

Bakterien haben im sauren Bereich (pH ~ 3) eine negative Netto-Oberflächenladung, woraus sich deren Bewegung im elektrischen Feld erklärt. Für gram-positive Zellen sind hierfür die Polypeptide, Polysaccharide und das Peptidoglycan verantwortlich und für gram-negative die Lipopolysaccharide und Proteine der äußeren Membran sowie die extrazellulären Polymere.

Eine Antwort auf die Frage, inwieweit Zellen hydrophob oder hydrophil sind, kann pauschal nicht gegeben werden. Geladene oder neutrale Proteine können hydrophil sein, wobei beide Formen in einer Zelle möglich sind (*Salmonella typhimurium*). Diese Eigenschaften hängen von den Umweltbedingungen und der Zellversorgung ab (*Streptococcus sangius*).

### *2.1.2.4*
### *Biomineralisation*

Ein zukünftiges Oberflächen-Design zur Entwicklung bioaktiver Materialien verlangt auch die Einbeziehung der Biomineralisation. Hierbei bilden sich anorganische Mineralien in Organismen [2.12], der Grundlage für die Calcifizierung beim Ausheilen eines Knochenbruches. Dieser Prozeß kann inner- und außerhalb (*Coccolithiderae* [2.23]) von Zellen ablaufen. Im Zellinneren bilden sich die Mineralien in Membran- oder Cytoplasma-Vesikeln, deren Habitus maßgeblich von der Wechselwirkung mit Proteinen bestimmt wird (Bild 2.17). Unkompliziert ist die Einkapselung des im Cytoplasma frei vorliegenden Ferritins in Lysosome [2.20]. Demgegenüber läuft die Apatit-Bildung im Knochen über verschiedene Proteinzustände ab, einer äußerst komplexen Reaktionskette [2.12].

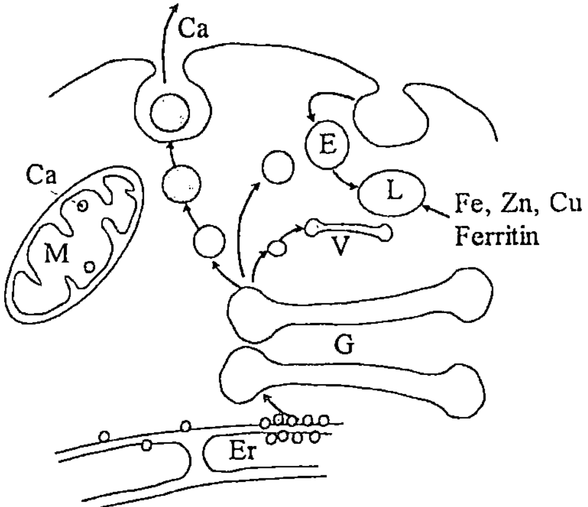


**Bild 2.17** Einbeziehung des Golgi–Apparates (Eukaryot) in die Kalcium–Mineralisation sowie die Bindung von Metallionen an Proteinen des Cytoplasmas und deren Einbindung in Lysosome [2.12]
*Er* endoplasmatisches Reticulum, *G* Golgi–Apparat, *L* Lysosom, *E* Endosom, *M* Mitochondrien, *V* gebildetes Vesikel

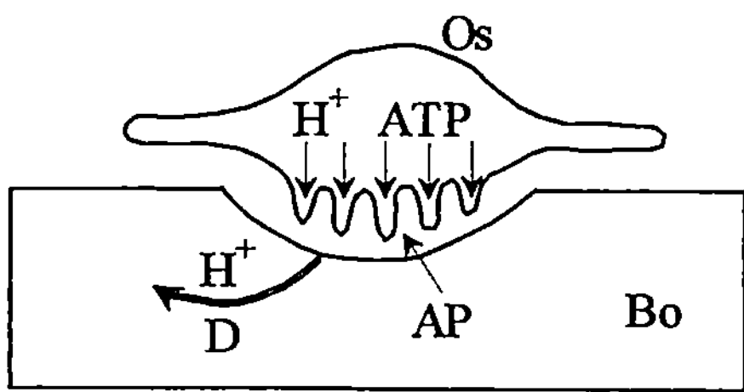


**Bild 2.18** Die Morphologie eines am Knochen adhärierenden Osteoblasten [2.12]
*D* Diffusion, *Bo* Knochen, *Os* Osteoblast, *AP* Phosphatase

Die Teilprozesse der Dentin–Bildung,

- eine Kollagen–Segregation mit einer Vorgabe der zukünftigen Knochenstruktur,
- eine Protein–Abscheidung am Kollagen–Netzwerk und eine spezifische Bindung an diesem sowie
- eine an der vorgeprägten Struktur (Kollagen–Netzwerk mit Proteinen) orientierte Kristallisation,

veranschaulichen die Einbeziehung der Proteine und deren Kristallisation in diesen Prozeß [2.20]. Diese Teilreaktionen werden von allen, die Kristallisation beeinflussenden Faktoren gesteuert, wie die Membranspannung (Krümmung) oder andere, durch Enzymaktivitäten aufgebaute Gradienten (elektrische, magnetische, chemische). Hierbei ist auch die Art und Weise ($H^+$, $Na^+$-Ionenpumpe) der Energieversorgung (ATP) der Vesikel bedeutungsvoll.

Die Komplexität zwischen Einleitung und Ablauf der Biomineralisation soll die Wechselwirkung von Osteoblasten mit Knochengewebe veranschaulichen (Bild 2.18). An der Kontaktfläche kommt es zur lokalen Adsorption begleitet von einer örtlichen Zellaktivierung (s. Bild 2.16). Möglicherweise liegt hier eine Protonen- und keine Natriumpumpe vor (Membran), womit das Osteocalcin aktiviert würde. Die Biomineralisation ist ein Baustein im Puzzle zur Gewährleistung der Biofunktionalität eines Implantates, sei es für das Knochenwachstum (Bild 2.18) oder die Dentinbildung auf Zähnen. Darüber hinaus werden vermutlich eine Vielzahl schwerwiegender Krankheitsbilder durch diese Prozesse beeinflußt, wie die Mineralisation von Kalcium und Phosphor an Arterienwänden oder die Bildung von Aluminosilikaten im Verlauf der Alzheimerschen Krankheit [2.12]. Die thermodynamische Beschreibung der Biomineralisation erfolgt gegenwärtig mit den gleichen Vorstellungen, wie sie in der Theorie der Phasenumwandlungen angewandt werden (Kap. 3).

### *2.1.2.5*
### *Methoden zum Nachweis von Mikroorganismen*

Im Kapitel 9 wird auf biomaterialspezifische Methoden ausführlich eingegangen, so daß nur ein Überblick gegeben werden soll (Tabelle 2.5). Die Techniken basieren auf der Physiologie der Organismen, wobei die Mikroskopie und Bestimmung der Gesamtzellzahl einen direkten Nachweis erlauben.

**Tabelle 2. 5** Nachweis von Mikroorganismen

| Verfahren | Nachweis |
|---|---|
| **allgemeine Methoden** | |
| stammspezifische Zellzahl | Antigen-/Antikörperreaktionen (Serologie) |
| Bypässe, Probestutzen, Meßkammern | Aufwuchs und Detektion von Mikroorganismen auf Materialien unter variierenden Umweltbedingungen |
| Exponierung | Testplatten, Prüfkörper etc. im Biotop, Analyse des Aufwuchses und von Materialveränderungen |
| Mikrokalorimetrie | Wärmetönung der aktiven Zellen |
| **Gesamtzellzahlbestimmung (Nachweis lebender und toter Zellen bzw. von Partikeln)** | |
| Lichtmikroskopie | Auszählen der Zellen (Hell- und Dunkelfeld) |
| Coulter–Counter | Änderung des elektrischen Widerstandes beim Durchfluß einer Zellsuspension durch eine Mikroöffnung |
| Durchflußcytometrie | Schwächung eines Laserstrahles beim Zelldurchfluß |
| Gesamtbiomasse | Protein, Stickstoff, ATP, Fettsäuren, Kohlenstoff, optische Dichte (auf mittlere Einzelzellzahlen extrapolierbar) |
| **Mikroskopie (Nachweis lebender und toter Zellen, meistens angefärbt)** | |
| (Stereo)–Lupe (10 bis 50 x) | Kolonien auf Agar |
| Lichtmikroskop (Hell-/Dunkelfeld, Phasenkontrast) (400 bis 1000 x) | Zellzahlbestimmung, mit Helber- oder Thomakammer lebende Zellen (bis 1000x), *Färbepräparate* Gramfärbung, Begeißelung, Fluoreszenz |
| konfugale Lasermikroskopie | Biofilmstrukturen, Nachweis adhärierender Zellen |
| Transmissionsmikroskop (bis 200000 x) | Oberflächenstrukturen von Zellen, Strukturelemente in Zellen, Feinstruktur von Enzymen (Ultradünnschnitte) |
| Rasterelektronenmikroskop (bis 100000 x) | Oberflächenstrukturen von Zellen und Exopolymeren, adhärierende Cluster |
| Atomkraftmikroskopie (bis 200000 x) | Oberflächenstrukturen von Zellen und Exopolymeren, Deformationsverhalten adhärierender Zellen |
| **Lebendzellzahl (Bestimmung der vermehrungsfähigen, aeroben und anaeroben Zellen)** | |
| Verdünnungsausstrich | Erzeugung von Einzelzell–Kolonien/Klonkultur |
| Verdünnungsreihe (bei hohen Zellzahlen) | homogenisierte Naturprobe in definierten Schritten verdünnen (z.B. 1/10) bis nur noch eine Zelle auf 100 ml Lösung verbleibt |
| Kochsche Plattentechnik | aus Verdünnungsreihe mehrere Platten parallel beimpfen, bebrüten und abschließend mikroskopisch auszählen |
| MPN–Technik | Technik wie Koch, aber mit selektiven Nährlösungen |
| Konzentrationstechnik (bei niedrigen Zellzahlen) | Anreicherung von Mikroorganismen durch Filtration oder Zentrifugation, anschließende Überführung/Bebrütung |

Die Lebendzellzahlbestimmung setzt im Regelfall eine Zwischenschaltung von Wachstumsvorgängen voraus, in denen die einzelnen Zellen soweit angereichert werden, daß sie detektierbar sind. Ein prinzipieller Fehler basiert auf der Auswahl der Nährmedien, die immer eine Selektion bedingen. In Schadensfalluntersuchungen kann nur ein Teil, der in einer Naturprobe enthaltenen Mikroorganismen, unter diesen Anreicherungsbedingungen tatsächlich wachsen. Die Komplexität natürlicher Standorte ist im Labor nur eingeschränkt nachvollziehbar.

In der Mikrokalorimetrie wird die Wärmetönung des Substratumsatzes gemessen. Das Signal ist sehr unspezifisch und erlaubt keine Aussagen über die tatsächlich vorhandenen Mikroorganismen. Diese Technik ermöglicht es, mit geringem Aufwand u.a. die Wirkung von Bioziden nachzuweisen.

Die unter bestimmten Umweltbedingungen (Temperatur, pH−Wert, Konzentration, Strömungsgeschwindigkeit) direkte Messung der sich zeitlich verändernden Zahl an adhärierenden Zellen und die sich mikroskopisch ausbildenden Zellstrukturen auf der Materialoberfläche ist ein sehr diffiziles Problem. Es gelingt gegenwärtig nur für kontrastreiche Bakterien bzw. Kulturen, in die spezifische detektierbare Proteine eingeschleust werden können, in−situ Messungen durchzuführen. Eine Voraussetzung hierfür ist, daß mit diesen genverändernden Proteinen keine Stoffwechselveränderungen einhergehen. Dieses Problem erwächst immer mit klassischen Einfärbmethoden. Die Ergebnisse bilden die Grundlage für reaktionskinetische Modellrechnungen oder Computersimulationen.

Die in der Tabelle 2.6 aufgeführten Bakterien sind biotechnologisch relevante Kulturen. Neben den Eigenschaften sind auch die Produkte angeführt.

**Tabelle 2.6** Technisch relevante Bakterien

| Bakterium | Eigenschaften | Verwendung |
| --- | --- | --- |
| *Methanosarcina barkeri* | gram−positiv oder gram−negativ, Stäbchen, Kokken, obligat anaerob | anaerobe Abwasserreinigung, Methan |
| *Acetobacter aceti* | gram−negativ, Stäbchen, begeißelt, säuretolerant, Schleimbildner, aerob | Essigsäure |
| *Lactobacillus species* | Gram−positiv, Stäbchen, homo- und heterofermentativ | Milchsäure |
| *Clostridium acetobutylium* | gram−positiv, Stäbchen, sporenbildend, anaerob | Butanol, Aceton, Buttersäure |
| *Pseudomonas aeruginosa* | gram−negativ, Stäbchen, polar begeißelt, aerob | Rhamnolipide |
| *Streptomyces tendae* | gram−positiv, Mycelbildner, Lufthyphen mit exogenen Sporen, aerob | Nikkomycin |
| *Escherichia coli* | gram−negativ, Stäbchen, fakultativ anaerob | „genetisches Arbeitstier" |
| *Bacillus amyloliquefaciens* | gram−positiv, Stäbchen | Exoenzyme, Amylase |
| *Zymomonas mobilis* | gram−negativ, Stäbchen, fakultativ anaerob | Ethanol |

## 2.2
## Eukaryoten

Die grundlegenden Unterschiede zu den Prokaryoten sind die von einer Doppel-membran umschlossene DNA (Zellkern), die Organellen, das sind kleine Bereiche im Cytoplasma mit speziellen Aufgaben, und das endoplasmatische Reticulum, einer Einstülpung der Cytoplasmamembran. Die Untergliederung der Zelle in einzelne Reaktionsräume erlaubt es ihr, unterschiedliche Reaktionen nebeneinander ablaufen zu lassen, ohne daß sich diese in ihrer Wirkung negativ beeinflussen. Die Vermehrung erfolgt über eine normale Zell- (Mitose) und eine Reifeteilung (Meiose). Die zellulären Bestandteile sind (Bild 2.19)

- der Zellkern, der alle Informationen enthält, die für die Funktion und Vermehrung erforderlich sind.
- die Mitochondrien als zelluläre „Kraftwerke", die sich selbst teilen können und die Zelle durch Dissimilation mit Energie versorgen. Energieintensive, somit auch stoffwechselintensive Zellen, z.B. der Leber, sind durch eine hohe Dichte an Mitochondrien gekennzeichnet.
- die Chloroplasten, die in pflanzlichen Zellen für die Photosynthese verantwortlich sind.
- das endoplastische Reticulum, ein von einer Membran eingeschlossenes Netz von Hohlräumen und Kanälen. Es ist die „Fabrik" für neue Membranbausteine (Proteine, Zucker, Lipide), die direkt im Cytoplasma zu inneren Membranen (Kern) oder indirekt mittels Vesikel unter Einbeziehung des Golgi–Apparates und von Lysosomen zur Plasmamembran transportiert werden.
- der Golgi–Apparat zur Synthese und zum Transport organischer Moleküle, vergleichbar mit einer „Postverteilungszentrale".
- das Cytoskelett, das die Form, Stabilität und Beweglichkeit der Zelle gewährleistet. Es ist auch für die Fixierung der Organellen in der Zelle verantwortlich und dient als Verankerungspunkt für den extrazellulären Bewegungsapparat (Cilien, Flagellen) sowie als intrazelluläres Transportsystem.
- die Plasmamembran, aufgebaut aus einer Lipid–Doppelschicht mit eingelagerten Proteinen, die oftmals die Membran durchdringen. Diese Doppelschicht ist hydrophob, somit eine Diffusionsbarriere für in Wasser gelöste Moleküle.
- die Vakuolen in Pflanzenzellen, die als Raumfüller und zur intrazellulären Verdauung dienen.
- die Lysosomen, von einer Membran umhüllte Bläschen („Vorratsbehälter" für Enzyme). Sie dienen zum Abbau zelleigener und von Fremdstoffen.

Die an und in der Zellmembran ablaufenden Reaktionen entsprechen denen, wie der Transport von Ionen oder Proteinen, die bereits für Prokaryoten diskutiert wurden. Auf Grund der Zellgröße der Eukaryoten (s. Tabelle 1.1), z.B. von Osteoblasten (s. Bild 8.5), werden die Zellwände bei Annäherung an eine Materialoberfläche um ein Vielfaches stärker verformt als Bakterien. Dies bedingt auch ein völlig andersartiges Adhäsionsverhalten (Kap. 4).

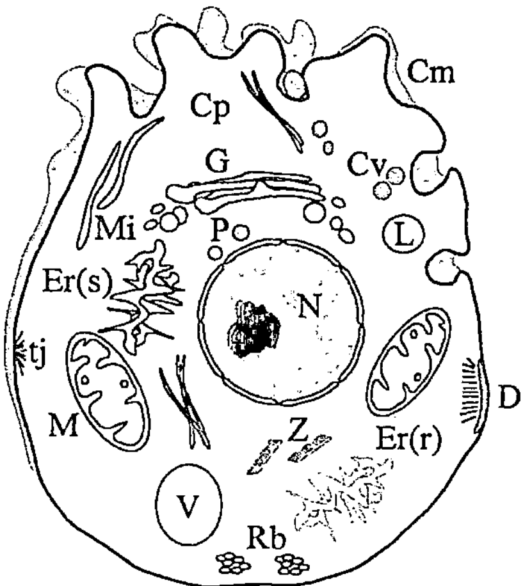


**Bild 2.19** Schematischer Schnitt durch eine Eukaryoten–Zelle [2.11]
*N* Zellkern mit Nucleolus, *Cp* Cytoplasma, *D* Desmosom (Zell–zu–Zell Verbindung), *L* Lysosom, *Mi* Mikrotubuli, *Cv* Vesikel, *V* Vakuole, *M* Mitochondrien, *Er(s)* glattes endoplasmatisches Reticulum, , *Er(r)* rauhes endoplasmatisches Reticulum *Rb* Ribosomen, *Cm* Cytoplasmamembran, *Z* Zentriolen, *G* Golgi–Apparat, *tj* „tight junctions" (Zell–zu–Zell Verbindung)

## 2.2.1
## Klassifizierung

Die einzelligen Eukaryoten werden in drei Gruppen unterteilt, die Algen, die Pilze und die Protozoen. Vielzeller sind Kolonien von einzelnen Zellen, die durch Brükken miteinander verbunden sind. Bei den Pflanzen werden diese von Cytoplasmabestandteilen, bei Säugerzellen durch eine extrazelluläre Matrix gebildet, das Epithel.

### *2.2.1.1*
### *Algen*

Die einzelnen Arten unterscheiden sich durch ihre Assimilationsfarb- und Reservestoffe. Die unterschiedlichen Farbstoffe ermöglichen eine Unterteilung in Blau-, Grün-, Braun- und Rotalgen, wobei die Flagellaten (*Volvox–Kolonie*) eine Untergruppe der Grünalgen sind. Viele Arten wachsen autotroph mit $CO_2$ als einziger Kohlenstoffquelle. Teilweise werden auch organische Verbindungen oder ganze Bakterien als „Kohlenstofflieferant" genutzt. Sie scheiden organische Substanzen und teilweise $NH_4$ aus, die zum Überleben anderer Organismen genutzt werden können (Symbiose). Werkstoffschädigungen treten durch Stoffwechselprodukte (Säuren) oder mit in Symbiose lebenden anderen Mikroorganismen auf. Einzelne Formen, u.a. Grünalgen, sind durch Schleimabsonderungen auf festen Oberflächen bewegungsfähig.

**Bild 2.20** Eine sich abschnürende Hefezelle (*Saccharomyces cerevisiae*)

### 2.2.1.2
### Pilze

Pilze sind überwiegend Bodenorganismen und niemals Photosynthetiker. Die Entwicklung verläuft von einer meist unbeweglichen Spore, über eine Hyphe (Einzelfaden) zum Mycel (Hyphengeflecht) und Fruchtkörper. Sie sind üblicherweise Saprophyten, teilweise auch Parasiten, d.h. sie ernähren sich von Überresten abgestorbener Lebewesen oder lebenden Organismen.

Industriell genutzte Pilze, wie die Fadenpilze *Aspergillus* und *Penicillium*, bilden in Abhängigkeit von den Stoffwechselaktivitäten u.a. Antibiotika, organische Säuren und Enzyme. Beispielsweise produziert *Aspergillus niger* bei normaler Nährstoffversorgung Oxalsäure $HOOC–COOH$, aber bei Begrenzung von Phosphat und Spurenelementen (Cu, Fe, Mn) Zitronensäure $CH_2(COOH)–COH–COOH–CH_2COOH$.

Die Morphologie von Hefen verändert sich mit dem Nährstoffangebot. Bei Unterversorgung, z.B. in großen Kolonien, bilden sie Ellipsen (*Halbachsen* a ~ 5 bis 30 µm, b ~ 1 bis 5 µm), ansonsten Kugeln. Ihre Vermehrung erfolgt über Sprossung und Teilung, wie das Bild 2.20 für Bäckerhefe veranschaulicht. Unter Streßbedingungen können sie sich auch über Sporen vermehren, einem Sterilitätsproblem in der Biotechnologie.

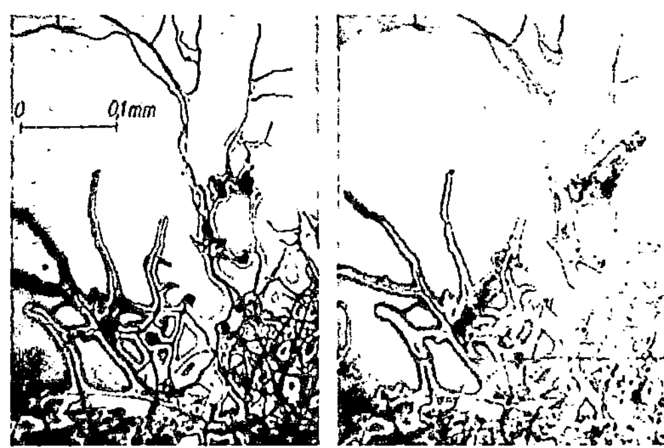


**Bild 2.21** Ätzspuren von Pilzen auf Gläsern [2.3]

Derzeitig stellen Hefen die wichtigsten Organismen zur Produktion von Alkohol und Glyzerin (*Saccharomyces species*) oder von Futtereiweißen (*Candida*) dar. Erinnert sei an das Bio–Produkt „Myco–Protein", ein aus dem Pilz *Fusarium* hergestelltes Eiweiß, dessen Mycelfäden zu „Fleischfasern" verwoben wurden, einem Bio–Steak. Werkstoffschädigungen sind häufig „Ätzungen" durch stoffwechselseitig gebildete organische Säuren (Bild 2.21) und eine Säure–Chelatisierung mit Kationen. Ausgeschiedene Schleime fördern zum einen die Biofilmbildung, schädigen aber auch Keramiken.

## 2.2.2
## Vielzeller

Alle Lebewesen sind aus Zellen aufgebaut, ob Ein- oder Vielzeller, wobei jede alle Eigenschaften des lebenden Systems besitzt. Sie wächst, sie vermehrt sich, sie tauscht mit ihrer Umgebung Substanzen aus und reagiert auf äußere Reize. Jede Einzelne ist für sich lebensfähig. Hierauf basiert die Möglichkeit, auch aus Vielzellern einzelne Zellen herauszulösen und zu kultivieren.

Bei Vielzellern existiert eine Arbeitsteilung, beispielsweise in Nerven, Drüsen- oder Bindegewebszellen. Hieraus resultiert die große Mannigfaltigkeit in der morphologischen Zellstruktur. Trotzdem gibt es ein einheitliches Bauprinzip, was im embryonalen Zustand am ehesten erkennbar ist. Erst bei der funktionellen Differenzierung wird der Bau der Zelle an die spezifischen Anforderungen angepaßt. Ein Vielzeller und jede einzelne Zelle in diesem durchläuft mehrere Entwicklungsphasen (Bild 2.22), und zwar

- eine progressive Phase, die in der Regel mit einer Zelle beginnt, woraus sich durch eine Serie von Zellteilungen der vielzellige Organismus entwickelt. Mit dem Wachstum geht eine Differenzierung der Zellen einher. Die progressive Phase ist mit der Geschlechtsreife abgeschlossen.
- eine stationäre Phase, gekennzeichnet durch die Fortpflanzung des Individiums, wobei Struktur und Funktion der einzelnen Bereiche des Zellhaufwerkes nahezu konstant bleiben.
- eine regressive Phase, charakterisiert durch eine zunehmende Alterung, die schließlich im Tod endet.
- den physiologischen Tod, der die Gesamtheit des Individiums betrifft.

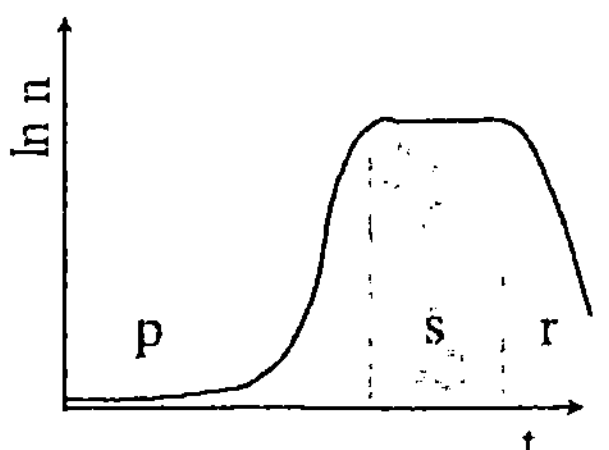


**Bild 2.22** Stadien des Zellwachstums
*n* Zellzahl, *t* Zeit, *p* progressive Phase, *s* stationäre Phase, *r* regressive Phase

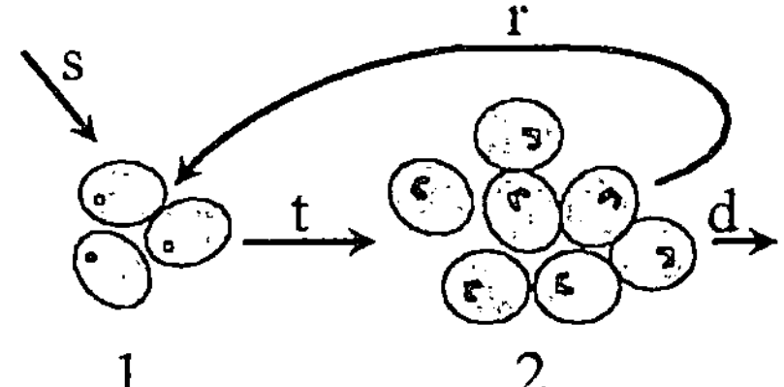


**Bild 2.23** Modellvorstellungen zum Rückkopplungsverhalten von normalen Zellen [2.5]
*1* teilungsfähige (generative) Stammzellen, *2* reife ausdifferenzierte Endzellen, *s* Stimulierung durch Hormone oder Zytokine, *r* Hemmung durch Chalone (negative Rückkopplung), *t* Zellteilung und Differenzierung, *d* Zelltod

Dieser Lebenszyklus kann durch äußere Einflüsse, wie toxische Spurenelemente von Implantaten oder medikamentöse Restbestände, verkürzt werden. „Großvolumige Zellhaufen" (Säuger) benötigen für den Gausaustausch zusätzliche Hohlräume, den Blutkreislauf, in dem sich wiederum Zellen befinden und transportiert werden. Das Individium ist somit in der Lage, über große Entfernungen für bestimmte Aufgaben spezialisierte Zellen zu bewegen, z.B. Blutkörperchen oder Identifizierungszellen des Immunsystems.

Zellen können normal oder abnorm wachsen. Die Bildung Drei–dimensionaler Zellhaufwerke definierter Form und Größe wird von den Stoffen in der Umgebung einer jeden einzelnen Zelle gesteuert. Die Informationsübertragung kann über größere Entfernungen erfolgen, beispielsweise den Hormonen im Blutkreislauf oder elektrischen Signalen des Nervensystems. Das Gesamtsystem ist somit über eine Rückkopplungssteuerung beschreibbar (Bild 2.23).

**Tabelle 2.7** Veränderungen in normalen Zellen, die zu Tumorzellen führen

| Ereignis | Mechanismus |
| --- | --- |
| Plasmamembran–Abnormitäten | • gesteigerter Transport von Metaboliten |
|  | • exzessive Pustelbildung der Membran |
|  | • erhöhte Mobilität der Membranproteine |
| Adhärenz–Abnormitäten | • Adhäsionsminimierung, abgerundete Morphologie |
|  | • Unfähigkeit der Aktinfilamente zur Organisation in gestreckten Fibrillen |
|  | • reduzierte äußere Beschichtung mit Fibronektin |
|  | • hohe Produktion von Plasminogenaktivatoren |
| Wachstums– und Teilungsabnormitäten | • Wachstum zu einer ungewöhnlich hohen Zelldichte |
|  | • erniedrigter Bedarf an Wachstumsfaktoren |
|  | • weniger anhaftungsbedürftig |
|  | • Immotilität, Fortsetzung der Proliferation |

**Tabelle 2.8** Gewebsarten des Menschen [2.22]

| Gewebeart | Charakteristika | Vertreter |
|---|---|---|
| labiles Gewebe | rasche Bildung und Abbau | Haut, Schleimhaut, Knochenmark |
| stabiles Gewebe | langsamer Zellumsatz | Muskeln, Leber |
| permanentes Gewebe | absterbende Zellen können nicht ersetzt werden | zentrales Nervensystem (Hirn, Rückenmark) |

Abnorme Zellen (Tumorzellen) genügen nicht mehr diesem Rückkopplungsprinzip, womit sie ihr „soziales Verhalten" im Zellverband verlieren. Diese Reaktion wird über viele Zwischenstufen ausgelöst. Abnormitäten können beispielsweise durch veränderte Adhäsionsbedingungen an der Zelloberfläche ausgelöst werden (Tabelle 2.7). Das künstlich in das Zellhaufwerk eingebrachte Werkstoffe (Implantate) diesen Mechanismus beeinflussen, kann man gegenwärtig nur vermuten (Kap. 7).

## 2.2.3
## Gewebe

Das Gewebe ist ein Verband gleichartiger, differenzierter Zellen mit einer spezifischen Leistung, wobei die Lebensdauer verschiedener Gewebezellen variiert (Tabelle 2.8).

### 2.2.3.1
### Binde- und Stützgewebe

Alle Zellen des Binde- und Stützgewebes (Tabelle 2.9) entwickeln sich aus dem embryonalen Bindegewebe, dem Mesenchym (Bild 2.24). Man unterscheidet zwischen ortsständigen (Fibroblasten, Fibrozyten) und freien beweglichen Bindegewebszellen (Makrophagen, Mastzellen, Leukozyten, Plasmazellen).

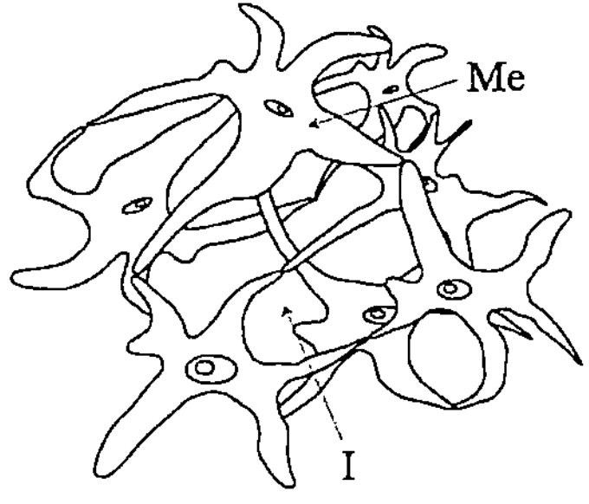


**Bild 2.24** Das Mesenchym, eine aufgelockerte Struktur mit Interzellularräumen (vergleichbar mit einem amorphen Körper)
*Me* Mesenchymzellen, *I* Interzellularräume

**Tabelle 2.9** Differenzierung der Mesynchemzellen

| durch direkte Differenzierung | | über die Zwischenstufe der hämatopoeti-schen Stammzellen | |
|---|---|---|---|
| | weitere Differenzierung | | weitere Differenzie-rung |
| Mesothelzellen<br>Endothelzellen<br>Osteoblasten<br>Osteoklasten<br>Chondroblasten<br>Fibroblasten<br>Fettzellen | Osteozyten<br>Chondrozyent | B–Zellen<br>T–Zellen<br>Erythrozyten<br>Megakaryozyten<br>Thrombozyten<br>Makrophagen<br>Monozyten<br>Granulozyten (eosi-nophile, basophile, neutrophile)<br>Mastzellen | Plasmazellen |

In jedem Bindegewebe befinden sich Fibroblasten, eine aktive Zellform mit intensiver Stoffwechseltätigkeit, und Fibrozyten, den reifen Zellen. In der Biokompatibilitätsprüfung gehören Tests mit Fibroblasten zur Standarduntersuchung. Bei der Zelldifferenzierung kann der interzellulare Raum mit Substanz ausgefüllt werden. Diese setzt sich beispielsweise beim Knorpel aus 60 bis 70 % Wasser, Kollagenfasern (ca. 20 bis 25 %) und Glucosaminoglycanen (ca. 20 bis 25 %) zusammen [2.10].

***Natürliche Wundheilung.*** Nach einer traumatischen Gewebszerstörung erfolgt die Wundheilung in folgenden Etappen (Bild 2.25).

- Der Gewebsriß füllt sich anfangs mit Blut, das gerinnt. Durch die neutralisierende Wirkung wird die akute Infektionsgefahr minimiert (a).
- Das Fibrin–Netzwerk des geronnenen Blutes bildet die Grundlage für das neue Epithelgewebe. Die Zellen der Blutgefäße wachsen wieder, begleitet von einer zunehmenden Aktivität der Fibroblasten. Die Epithelzellen verschließen die Wundoberfläche mit einer teilweise monolagigen Zellschicht (b).
- Die akute Infektionsgefahr wird langsam gebannt (nach ca. 3 Tagen) und die Makrophagen beginnen mit der „Aufarbeitung" der toten Zellen, wobei sich die Zellversorgung durch das sich bildende, neue mikroskopische Gefäßsystem gravierend verbessert. Die sich erhöhende Konzentration an Fibroblasten bewirkt eine verstärkte Kollagen–Ausscheidung (c).
- Die Wunde wird mit Granulationsgewebe (junges, gefäßreiches Bindegewebe) ausgefüllt, das Epithel bildet sich mit wachsendem Bindegewebe aus und neue Blutgefäße durchwachsen das „junge" Gewebe (d).

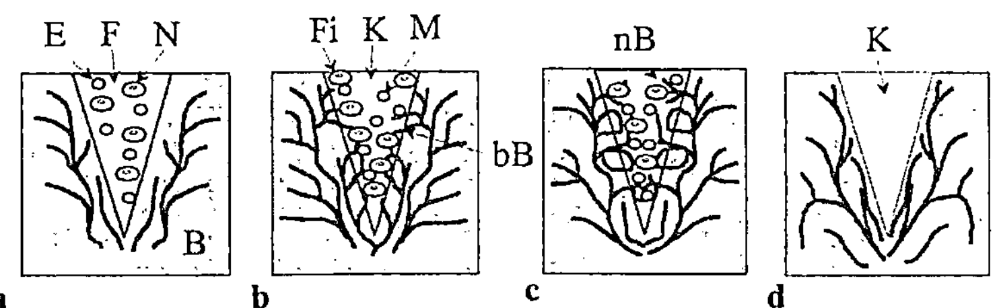



**Bild 2.25** Natürliche Wundheilung des Weichgewebes
a *B* zerstörte Blutgefäße, *F* Fibrin, *E* Erythrozyten, *N* Neutrophile, b *Fi* Fibroblasten, *M* Makrophagen, *K* Kollagen, *bB* sich bildende Blutgefäße, c *nB* neu gebildete Blutgefäße, d *K* Kollagen

### 2.2.3.2
### Knochengewebe

Das Knochengewebe hat eine strukturelle (mechanische) Funktion und dient als Kalzium- und Phosphatspeicher (Tabelle 2.10). Drei Teile stellen eine biologische Einheit dar, die Knochenhaut (Periost), die Knochensubstanz und das Knochenmark. Die Knochensubstanz bildet an der Oberfläche eine dicke Schicht (Kompakta), im Inneren ein feines schwammartiges Gerüst aus Knochenbälkchen (Spongiosa). Der Raum zwischen diesen Knochenbälkchen wird von Knochenmark ausgefüllt.

Bei der embryonalen Knochenbildung (desmale Ossifikation) bilden sich im Bindegewebe Mesenchymzellen, die sich zu Osteoblasten differenzieren. Die Knochenbälkchen entwickeln sich in der anschließenden Mineralisation. Dieses primäre Knochengewebe kann (sekundär) verstärkt und ausgebaut werden. Die weitere (chondrale) Ossifikation geht von den vorgebildeten Knorpeln aus. Während des Wachstums stellt die Epiphysenfuge eine Art Gelenk zwischen dem bereits verknöcherten Schaft (Diaphyse) und dem Knochenende (Epiphyse) dar. Diese verknöchert erst nach dem Wachstumsende. Nach der Kalzifizierung des Knorpels wachsen in die Hohlräume der ehemaligen Knorpelzellen Blutgefäße und undifferenzierte Zellen ein.

Die Knochenverkalkung erfolgt außerhalb der Zellen, wobei die Kollagenfasern als Orientierung für die Mineralisation dienen. Das anfänglich ausgeschiedene Kalziumphosphat wandelt sich zu (Knochen–) Hydroxylapaptit um.

*Knochenbruchheilung.* Die Osteogenese (Bild 2.26) wird durch einen anfänglichen Bluterguß im zerstörten Knochenbereich eingeleitet, womit vergleichbar zur Wundheilung im Weichgewebe, die Infektionsabwehr (u.a. Makrophagen) organisiert wird (a). Infolge Aktivierung der Osteoblasten im Periost bildet sich eine knorpelige Zwischenstufe (b). Im weiteren Verlauf beginnt der Aufbau einer knorpeligen Matrix (c), wobei diese neu gebildeten Gewebebereiche von unmineralisiertem Weichgewebe periodisch durchsetzt sind. Mit der abschließenden Kalzifizierung und dem Durchwachsen der Knorpelhohlräume mit Blutgefäßen ist die

**Tabelle 2.10** Aufbau, Zusammensetzung und Eigenschaften des Knochengewebes

| Morphologie | Entstehung (Ossifikation) | Histologie |
| --- | --- | --- |
| • Röhrenknochen (u.a. Unterarm, Oberschenkel, Finger)<br>• platte Knochen (u.a. Schädel, Becken)<br>• pneumatisierte Knochen (Warzenfortsatz) | • faserartig (Neugeborene)<br>• lamellar (*Wachstum* Fasern → Lamellen) | • Kompakta o. Kortikalis (*Belastungsänderung* Knochenumbau, ca. 80% des Knochens)<br>• Spongiosa (Netzwerk aus Plättchen und Röhrchen, ca. 20% des Knochens) |
| Zusammensetzung | mechanische Eigenschaften | Knochenzellen |
| • anorganische Substanz (*Apatit* carbonatreiche Form des Hydroxylapatits, Speicherung von Mg, Na, K, Cl, F)<br>• organische Substanz (Zellen, *organische Matrix* Kollagen und Proteine) | • anisotrop<br>• Kollagenfasern, Aufnahme von Zugkräften<br>• mineralische Anteile, Aufnahme von Druckkräften<br>• E–Modul (Kompakta) 12 bis 23,1 GPa [2.8] | • Osteoblasten (d ~ 20 μm), Knochenbildungszellen, beteiligt an der Fibrillenbildung<br>• Osteozyt (d ~ 20 bis 60 μm), ausgereifte Osteoblasten, „eingemauert" in kalzifizierte Knochengrundsubstanz<br>• Osteoklasten (d ~ 100 μm), Abbau mineralisierter Knochengrundsubstanz |

Neubildung abgeschlossen. Der unmineralisierte Gewebeanteil begrenzt beim normalen Knochenheilungsprozeß den ohne größere Formveränderungen überbrückbaren Bereich.

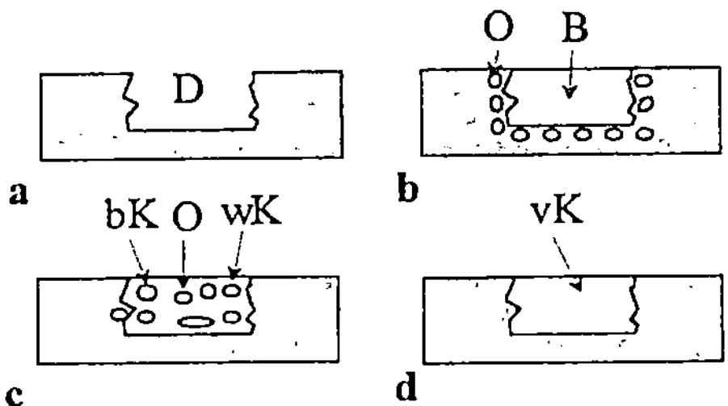


**Bild 2.26** Natürliche Knochenheilung
a *D* Defekt, b *O* Osteoblast, *B* Blutkuchen, c *bK* beginnende Knochenneubildung, *wK* weitere Knochenbildung, d *vK* vollständige Knochengeneration

### 2.2.3.3
### Blut

Blut ist eine wäßrige Suspension von Bindegewebszellen mit gelösten organischen und anorganischen Molekülen (Tabelle 2.11), die der zellulären Stoffversorgung und -entsorgung, dem Hormontransport und der Regulation der Körpertemperatur dient. Unter den Zellbestandteilen dominieren die Erythrozyten mit einer Lebenszeit von 105 bis 120 Tagen. Sie sind für den $O_2$-Transport und den $CO_2/O_2$-Austausch in der Lunge verantwortlich.

**Tabelle 2.11** Zusammensetzung des Bluplasmas und der Blutflüssigkeit

| Substanz | Blutplasma (55 bis 60%) Konzentration [g dl$^{-1}$] | Molekulargewicht |
|---|---|---|
| Wasser | 90 bis 92 | |
| *Proteine* | | |
| Serum Albumin | 3,3 bis 4 | 69.000 |
| Fibrinogen | 0,34 bis 043 | 340.000 |
| $\alpha_1$–Globulin | 0,31 bis 0,32 | 44.000 bis 200.000 |
| $\alpha_2$–Globulin | 0,48 bis 0,52 | 150.000 bis 300.000 |
| ß–Globulin | 0,78 bis 0,81 | 90.000 bis 1.300.000 |
| Γ–Globulin | 0,6 bis 0,74 | 160.000 bis 320.000 |
| *Kationen* | | |
| Natrium | 0,31 bis 0,34 | |
| Kalium | 0,016 bis 0,021 | |
| Calcium | 0,009 bis 0,011 | |
| Magnesium | 0,002 bis 0,003 | |
| *Anionen* | | |
| Chloride | 0,36 bis 0,39 | |
| Bicarbonate | 0,2 bis 0,24 | |
| Phosphate | 0,003 - 0,004 | |

| Zellen | Blutflüssigkeit (40 bis 45 %) Konzentration [Zellzahl mm$^{-3}$] | Normalform |
|---|---|---|
| Erythrozyten | $(4 \text{ bis } 6)10^6$ (45 v.H.) | bikonkave Scheibe (d ~ 7 µm) |
| Granulozyten | | sphärisch (d ~ 7 bis 22 µm) |
| • neutrophile | $(1,5 \text{ bis } 7,5)10^3$ (1 v.H.) | |
| • eosophile | $(0 \text{ bis } 4)10^3$ | |
| • basophile | $(o \text{ bis } 2)10^3$ | |
| Lymphozyten | $(1 \text{ bis } 4,5)10^3$ | |
| Monocyten | $(0 \text{ bis } 8)10^2$ | |
| Thrombozyten | $(250 \text{ bis } 500)10^3$ | rund oder oval (2 bis 4 µm) |

*d* Zelldurchmesser

Erythrozyten (rote Blutkörperchen) haben eine hoch deformierbare Zellmembran, die durch Scherspannungen schnell zerstört werden kann, eine hämolytische Anämie. Ein weiterer Schädigungsmechanismus ist eine frühzeitige Alterung.

Die Leukozyten (weiße Blutkörperchen) übernehmen im Immunsystem spezifische Infektionsabwehrfunktionen, spielen somit eine wichtige Rolle bei der infektiösen Wundheilung nach einer Implantation. Diese Zellen sind gegenüber mechanischen Streßerscheinungen bei weitem unanfälliger als Erythrozyten. Dichtgranulierte Zellen bezeichnet man als Granulozyten. Leukozyten nutzen das Blut vor allem als Transportmedium. Der größte Teil befindet sich im Gewebe, so daß sie für die Blutverträglichkeit keine größere Bedeutung haben.

Die Thrombozyten (Blutplättchen) sind kernlose Zellfragmente und bewirken die Aktivierung der Zelladhäsion an den Blutgefäßwänden, sowie die nachfolgende Aggregation und Granulose. Dies sind signifikante Ereignisse in der Blutgerinnung. Die Zellmembran ist sehr komplex und mit einer Vielzahl von Rezeptoren zur Wechselwirkung mit Plasmabestandteilen ausgerüstet.

Das Blutplasma ist ein komplexes Gemisch aus Proteinen, Anionen und Kationen. Durch spezifische Bindungsmechanismen werden Hormone, Vitamine und Spurenelemente transportiert, wie Kupfer am Ceruplasmin, wobei die Proteine (Immunglobuline) des Immunsystems und der Blutgerinnung wahrscheinlich für die Bioverträglichkeit (Hämokompatibilität) am bedeutungsvollsten sind.

## 2.3
## Immunsystem

Eine Schädigung des Gewebes kann durch körperfremde (Fremdsubstanzen, Bakterien) und körpereigene Stoffe (Mutationen) hervorgerufen werden. Dieses Verhalten ist völlig unabhängig davon, ob ein mechanisches Trauma, eine mikrobielle Infektion oder eine Schädigung einzelner Zellen des Verbandes (Mutationen) vorliegt. Ein unspezifischer (angeborener) Schutz gegen Fremdstoffe ist die Phagozytose durch Makrophagen und Leukozyten (Tabelle 2.12). Es erfolgt eine Hemmung der Entzündung und/oder eine Reparatur der zerstörten Zellen durch wachstumsfähige.

**Tabelle 2.12** Phagozytierende Zellen [2.9]

| Mikrophagen | Makrophagen |
| --- | --- |
| polymorphkernige neutrophile Leukozyten<br>eosinophile Leukozyten | Histiozyten (Bindegewebe)<br>Monozyten (Blut)<br>Mikroglia (ZNS)<br>Sinuswandzellen (Milz, Leber)<br>Retikulumzellen(Lymphknoten, Knochenmark) |

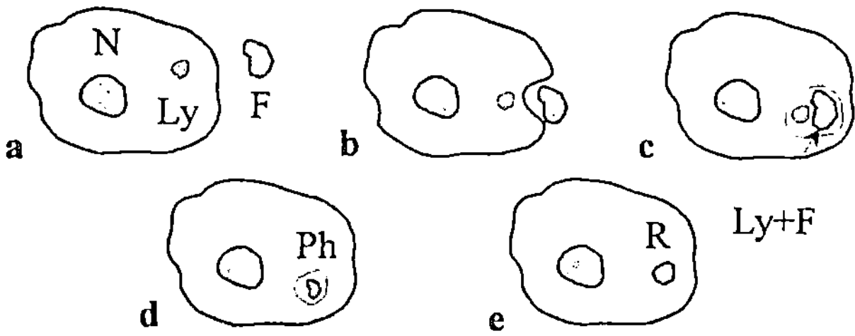


**Bild 2.27** Prozesse der Phagozytose
a Annäherung Zelle/Fremdkörper, *F* Fremdkörper, *N* Kern, b beginnende Umhüllung des Fremdkörpers, c Einschluß des Fremdkörpers im Lysosom, *Ly* Lysosom, d Abbau des Fremdkörpers, *Ph* Phagosom, e Phagozyte mit Restkörper, *R* Restkörper

Die Phagozytose kann auch über ein Komplement und Antikörper unterstützt werden (Immunphagozytose). Bei einer phagozytären Elimination der Zellwirkung von körperfremden Substanzen wird eine Immunantwort nicht ausgelöst. Bleiben jedoch Abbauprodukte zurück, kommt es zur Bildung von Antikörpern und sensibilisierten Lymphozyten, die zum Schutz des Zellverbandes spezifisch (erworben) mit den Antigenen reagieren. Antigene sind eine, die Immunantwort auslösende Substanz (Immunglobuline, sensibilisierte Lymphozyten), womit sie eine spezifische Reaktion bewirken. Im Ergebnis der Phagozytose werden die fremden Restbestandteile in den Antikörpern eingeschlossen (Bild 2.27). Voraussetzung für die Wirkung des Immunsystems ist die Funktion des Rezeptorsystems (T–Zellen). Diese „Wächter" (T–Zellen) bewegen sich über das Blutgefäßsystem (passiv) oder durch chemisch ausgelöste Prozesse (aktiv, Chemotaxis) im Organismus.

Implantate und deren Korrosionsprodukte stellen für das Immunsystem Fremdkörper dar. Die Gefahr einer eventuellen Überproduktion an Lymphozyten und deren Differenzierung, somit einer extremen Verschiebung des Gleichgewichtswertes, kann in der post–operativen Phase durch Immunsuppressiva vermindert werden. Problematisch wird eine Implantation dann, wenn ständige Fremdkörpersubstanzen vom Implantat in das Gewebe abgegeben werden, u.a. durch Korrosion oder Diffusion.

In der Umgebung eines Implantates anwesende Enzyme können eine Vielzahl von Reaktionen auslösen. Möglich ist eine enzymatisch bedingte Erhöhung der Wachstumsgeschwindigkeit von bakteriellen Fremdkörpern, wodurch das Immunsystem völlig überfordert sein kann. Aber bereits mit dem Implantat selbst können Bakterien in den geschädigten Zellbereich gelangen oder diese wandern vor dem Wundverschluß auf der Implantatoberfläche (Rheologie des Biofilmes) in den operativ zerstörten Bereich. Das letztere Phänomen wird u.a. bei Kathetern beobachtet. Wirken diese einzelnen Reaktionen über einen längeren Zeitraum, so kann von einer akuten Infektion eine chronische ausgehen. In derartig geschädigten Gewebsbereichen finden wir Fibroblasten, die mit der „Reparatur" des Gewebes beschäftigt sind, und eine hohe Konzentration an Leukozyten, die die Zellen des Abwehrsystems aktivieren, wie Makrophagen, Plasmazellen und Lymphozyten.

## 2.4
## Gewebereaktionen

Das Gewebe reagiert auf den Fremdkörper „Implantat" hauptsächlich mit Entzündungen und Allergien. Die einzelnen Reaktionsschritte (Phagozytose) wurden bereits bei der Charakterisierung des Immunsystems vorgestellt. Merkmale sind eine Rötung, eine örtliche Temperaturveränderung, eine Schwellung und der Schmerz. Hieran können auch spezifische, zur Antikörperbildung führende Lymphozyten beteiligt sein.

Fremdkörper lösen eine Reaktion aus, die zur Bildung eines Fremdkörpergranuloms führt (Bindegewebskapsel). Die Abmessungen dieser Kapsel sind für den Materialentwickler ein Kriterium für die Bioverträglichkeit (Kap. 7).

Allergien sind unerwünschte Immunreaktionen, die zur Schädigung des wirtseigenen Gewebes führen. Diese Überempfindlichkeit kann angeboren oder erworben sein. Ein Allergieauslöser sind auch erstmalige Irritationen auf geringe Reize (mechanisch, chemisch). Für Allergien können

- Antigene mit denen der Körper früher schon in Kontakt getreten ist (Heuschnupfen),
- Wechselwirkungen zwischen Antigenen (Bluttransfusion),
- Immunkomplexreaktionen und
- Überempfindlichkeiten durch sensibilisierte Lymphozyten (Kontaktallergie auf Metalle)

verantwortlich sein.

Für den Materialwissenschaftler sind zwei Faktoren von Interesse (Kap. 7), zum einen, eine mögliche korrosive Freisetzungsrate von Metallionen und die sich hieraus ergebenden allergenen Gewebsreaktion, und andererseits die Oberflächengestaltung, um Gewebsirritationen zu vermeiden.

## 2.5
## Toxizität

Die toxische Wirkung einer Substanz hängt nicht nur von ihrer Toxizität sondern auch von ihrer Konzentration ab. Toxische Substanzen in geringen Dosen können durchaus eine heilende Wirkung haben, wie das Digitoxin. Gifte höchster Toxizität sind biologischen Ursprungs, wie Pflanzen- und Schlangengifte oder bakterielle Toxine. Die populistische Grundregel, das alles chemische umweltschädlich sei, trifft nur dann zu, wenn diese kritischen Konzentrationen überschritten werden. Beispielsweise ist Gülle ein Naturprodukt, das durchaus sinnvoll in den biologischen Kreislauf paßt. Nur bei einer Massentierhaltung wird es zum Umweltgift. Man unterschiedet Natur- und Fremdstoffe, wobei die letzteren Stoffe sind,

- die in der Natur nicht vorkommen (Pestizide).
- die in unnatürlich hohen Konzentrationen auftreten (z.B. Eutrophierung von Gewässern).
- die sich am falschen Platz befinden (hohe Salzkonzentrationen in Gewässern).

Fremdstoffe können nur dann einen toxischen Effekt auslösen, wenn ihr Abbau länger dauert als der Transport zu einem Zielpunkt, an dem die noch vorhandenen Konzentrationen keine Schädigungen mehr hervorrufen können. Oftmals ist die Beseitigung von Fremdstoffen um ein Vielfaches schwieriger als deren Einleitung in ein biologisches System (*Reinstraumtechnik* Kontaminationen, *Implantat* Metallose).

Der Abbau toxischer Stoffe setzt optimale zelluläre Wachstumsbedingungen voraus ($O_2$, Licht, pH–Wert, Temperatur). So sind methylotrophe Bakterien, wie *Pseudomonas* und *Hyphomicrobium* Stämme, in der Lage, $C_1$–Verbindungen (ohne C–C–Bindungen) als Kohlenstoffquelle zu nutzen. Infolge der hohen Toxizität der einzelnen Verbindungen (Tabelle 2.13) werden nur geringe Mengen toleriert. Beim mikrobiellen Korrosionsschutz ist die toxische, nach Möglichkeit Langzeitwirkung erwünscht (Kap. 5).

**Tabelle 2.13** Umweltrelevante $C_1$–Verbindungen

| Verbindung | Merkmale |
| --- | --- |
| Methan ($CH_4$) | Endprodukt anaerober Prozesse, Treibhauseffekt |
| Methanol ($CH_3OH$) | von methanotrophen Bakterien freigesetzt |
| Formaldehyd ($HCHO$) | Verbrennung, Desinfektionsmittel, bakterielle Oxidation |
| Formiat ($HCOO^-$) | Stoffwechselprodukt, pflanzliches und tierisches Gewebe |
| Kohlendioxd ($CO_2$) | Stoffwechselprodukt, Treibhauseffekt |
| Kohlenmonoxid ($CO$) | Atmungsprodukt, Verbrennung, hochtoxisch |
| Cyanid ($CN$) | hochtoxisch, Industriechemikalie, natürlich gebildet (Pflanzen, Bakterien, Pilze) |
| Thiocyanat ($CNJS^-$) | Naturprodukt von Mikroorganismen, Tieren, Pflanzen |
| Dimethylether $CH_3OCH_3$ | durch methanotrophe Bakterien aus Methan gebildet |
| Dimethylamin ($CH_3)_2NH$ | Stickstoffverbindung, Exkretion |
| Kohlenstoffdisulfid ($CS_2$) | Quelle des atmosphärischen $SO_2$ |
| Harnstoff $CO(NH_2)_2$ | Exkretionsprodukt |
| Methylarsene ($CH_3)_3As$ | Produkt von Mikroorganismen, toxisch, anaerobes Abbauprodukt |
| Carbonylsulfid $COS$ | toxisch, Leberschäden |
| Methylchlorid ($CH_3Cl$) | Desinfektionsmittel |
| Tetramethylammonium-salze ($CH_3)_4N^x$ | Nervengas |
| Phosgen ($COCl_2$) | Nervengas |

**Tabelle 2.14** In–vitro Biokompatibilität [2.14]

| Toxizitätstests (screening tests) | Reaktionstests (response tests) |
|---|---|
| *Ergebnis* Zellen leben oder sterben ab (Zyto-, Histo- und Hämotoxizität) | *Ergebnis* Zellen unter verschiedenen Reaktionen (Zellen: Blut, Gewebe, Immunsystem, Karzigonese) |
| Kriterium | biounverträglich → bioverträglich |
| Wachstum/Zelldichte | sterben ab → vermehren sich |
| Morphologie | sphärisch → ausgebreitet |
| Adhäsion | schwach → stark |
| Benetzung | schlecht → gut |
| Stoffwechselprodukte | verändert → unverändert |

# 2.6
# Tests mit Eukaryoten (Biokompatibilität)

In der Biomaterialforschung unterscheidet man drei, prinzipiell voneinander abweichende Prüfmethoden, die in–vitro Tests mit isolierten Zellen, z.B. in der Petrischale, die in–vivo Tests, im Tier, und klinische Studien am Menschen (Kap. 8). Im Regelfall sind die Zellaktivitäten von in–vitro und in–vivo Untersuchungen miteinander nicht vergleichbar. Somit unterscheiden sich die Ergebnisse grundlegend, beispielsweise von Adhäsionsexperimenten. Zur Zeit versucht man zur Minimierung der Tierexperimente intensivst in–vitro Tests zu entwickeln, die Testimplantationen in Tieren simulieren. Korrosionsuntersuchungen an Dentallegierungen zeigten, daß es gegenwärtig nicht gelingt, die biologische Situation in einer Testkultur zu simulieren. Derselbe Problemkreis besteht auch in der Biotechnologie und bei der Untersuchung mikrobieller Korrosionsreaktionen (Kap. 3 und 8). In–vitro Untersuchungen sind als erste Teststufe unerläßlich, aber sie erlauben keine definitive Aussage über die Bioverträglichkeit eines Materials.

Die bereits für Prokaryoten vorgestellten Nachweisverfahren werden prinzipiell auch für Eukaryoten angewandt (Tabelle 2.14). Die Methoden zur Bestimmung der adhärierenden Zellen sind direkt mit denen für Prokaryoten vergleichbar (Tabelle 2.5, Kap. 8). So ist beispielsweise die Proliferation ein wichtiges Kriterium zur Beurteilung der Karzigonität eines Materials (Bild 2.28). In diesem Testverfahren werden die Materialproben in Batch–Kulturen (Kap.8) besiedelt und die Art und Weise der sich ausbildenden Strukturen mikroskopisch beurteilt. Hiermit ist es möglich, eine Vorbeurteilung des möglichen Einwachsverhalten von Biomaterialien vorzunehmen. Insbesondere bei Materialentwicklungen kann der Einfluß der Materialstruktur, u.a. der Porosität, oder möglicher Oberflächenstrukturierungen verhältnismäßig schnell abgeschätzt werden.

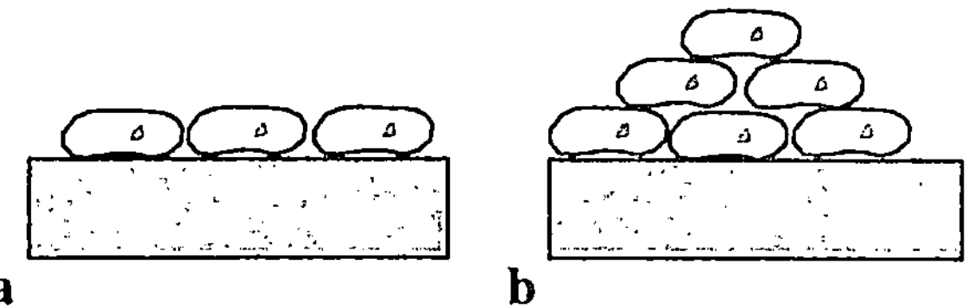

**Bild 2.28** Teilungsverhalten (Proliferation) von normalen und Tumorzellen
a normales Wachstum (monolagig), b abnormes Wachstum

Mit dieser Vorauswahl kann das Tierexperiment und dessen Ergebnis, wie die Auswertung der Bindegewebskapsel, nicht ersetzt aber dessen Umfang reduziert werden. Trotz aller langwierigen Untersuchungen bis zur Zulassung eines Biomaterials treten auf Grund der individuellen Unterschiede zwischen den einzelnen Spezies Schadensfälle auf. Dies liegt zum einen an der Komplexität der Prozesse und dem mangelnden Verständnis über die ablaufenden Reaktionen, andererseits an einer oftmals fehlenden interdisziplinären Zusammenarbeit.

## Literatur

[2.1]   Alberts B. (1983) Molecular Biology of the Cell. Garland, New York

[2.2]   Alberts B., Bray D., Lewis J., Raff M., Roberts K., Watson J.D. (1986): Molekularbiologie der Zelle. Verlag Chemie, Weinheim

[2.3]   Becker G. (1974): Organismen und Werkstoffe. H.Boldt, Boppard

[2.4]   Bumb F., Schweisfurth R. (1981): Zusammenfassende Darstellung der Kenntnisse über Crenothrix polyspora. Hochschulsammlung Naturwissenschaft, Biologie, Bd.15, Hochschulverlag, Freiburg

[2.5]   Chmiel H., Hrsgb. (1991): *Bioprozeßtechnik*. Bd. 1 und 2, Gustav Fischer, Stuttgart

[2.6]   Enzyklopädie „Leben" (1976), Bibliographisches Institut, Leipzig

[2.7]   Ghuysen J.M. (1977): Biosynthesis and Assembly of Bacterial Cell Walls, in *Cell Surface Reviews*, eds. by G.Poste, G.L.Nicholson, Vol.4, Elsevier, North–Holland, Amsterdam

[2.8]   Hastings G.W., Ducheyne P., eds. (1984): *Natural and Living Biomaterials*. CRC Press, Boca Rota

[2.9]   Humphrey J.C., White R.G. (1971): Kurzes Lehrbuch der Immunologie. Georg Thieme, Stuttgart

[2.10]Junqueira L.C., Carneiro J. (1986): Histologie–Lehrbuch der Zytologie, Histologie und mikroskopischen Anatomie des Menschen. Springer, Berlin Heidelberg

[2.11] Kleinig H., Sitte P. (1986): Zellbiologie. Gustav Fischer, Stuttgart

[2.12] Mann S., Webb J., Williams R.J.P. (1989): Biomineralization. Verlag Chemie, Weinheim

[2.13]Pearce W.A., Buchanan T.M. (1980): Structure and Cell–Membrane–Binding Properties of Bacterial Fimbriae, *in Bacterial Adherence*, ed. by E.C.Beachey, Chapmann & Hall, London

[2.14]Pizzoferratto A., Ciapetti G., Stea S., Cenni E., Arciola C.R., Granchi D., Savariono L. (1994): Cell Culture Methods for Testing Biocompatibility. Clinical Materials. 15, 173

[2.15]Rogers H.J., Perkins H.R., Ward J.B. (1980): Microbial Cell Walls and Membranes. Chapmann & Hall, London

[2.16]Sandermann H. (1983): Membranbiochemie. Springer, Berlin Heidelberg New York Tokio

[2.17] Schlegel H.G. (1985): Allgemeine Mikrobiologie. Georg Thieme, Stuttgart

[2.18] Sikyta B. (1983): Methods in Industrial Microbiology. Ellis Horwood, New York

[2.19] Tipper D.J., Wright A. (1979): The Structure and Biosynthesis of Bacterial Cell Walls, in *The Bacteria–A Treatise on Structure and Function*, eds. by C.Gunsalus, J.R.Sokatch, L.N.Ornston, Vol.7, Academic Press, New York

[2.20] Westbroek P., De Jong E., eds. (1983): *Biomineralization and Metal Accumulation.* D.Reidel Pub., Dordrecht

[2.21] Williams R.E., Ziomek ER., Martin W.G. (1985): Surface Stimulated Increases in Hydrogenase Production by Sulfate–Reducing–Bacteria–Consequences in Corrosion, in *Biologically Induced Corrosion*, ed. by S.C.Dexter, NACE–8, Gaithersburg, pp.184–192

[2.22] Wintermantel E., Ha S.W. (1996): Biokompatible Werkstoffe und Bauweisen. Springer, Berlin Heidelberg

[2.23] Veis A., ed. (1981): The Chemistry and Biology of Mineralised Connective Tissues. Elsevier, New York

# 3 Materialwissenschaftliche Grundlagen

Das Verhalten eines Werkstoffes wird durch dessen Struktur und die in bzw. an ihm ablaufenden Reaktionen maßgeblich bestimmt. Wichtige, Nachfolgereaktionen (mechanisches Verhalten, Korrosion, Ausscheidungen etc.) bestimmende Formen sind Versetzungsreaktionen, Phasenumwandlungen und die Bioadhäsion. Einer der reaktionsbestimmenden Faktoren ist die Diffusion, somit die Zeit.

Oberflächenreaktionen erfordern die Betrachtung des Gesamtsystems Werkstoff/Umgebung. In Verbindung mit organischen Zellen bedeutet dies, den Festkörper und die biochemischen Abläufe als Ganzes auf atomarer Ebene zu beschreiben. Bereits die gezielte Vorhersage „nur" des Werkstoffverhaltens ist für technische Legierungen nicht möglich. Um ein Vielfaches komplexer ist die Einbeziehung einer biologischen Umgebung in die Reaktionsabläufe. Dieses, insbesondere den Biomaterialeinsatz bestimmende Verhalten ist bisher noch nicht einmal in seinen Grundzügen bekannt.

Eine technische Anlage durchläuft eine Vielzahl fertigungstechnologischer Arbeitsschritte, die immer von Strukturveränderungen begleitet sind. Sei es das Schweißen, mit allen metallurgischen Unwägbarkeiten, das Polieren, mit einer Fülle von mikrobiell „nutzbaren" Effekten, oder das Beschichten mit metallurgischen Problemen in der Übergangsschicht und der Beschichtung selbst. Der Einsatz von Werkstoffen, insbesondere in den „lautlosen" biologischen Systemen, verlangt eine präzise materialwissenschaftliche Interpretation.

## 3.1
## Struktur und Fehlstellen

Beim Abkühlen einer Schmelze sind zwei flüssig/fest–Übergänge möglich, der amorphe und kristalline (Bild 3.1). Für Kristalle tritt beim Erreichen der Schmelztemperatur $T_S$ ein Sprung in der Enthalpiefunktion $G = f(T)$ auf. Demgegenüber ist der Übergang beim amorphen Festkörper stetig. Es existiert ein viskoser Übergangsbereich, begrenzt von der Schmelz- ($T_S$) und Glastemperatur ($T_g$).

Führt man einen Ordnungsparameter P ein, der die Abweichung vom idealen Gitter beschreibt, so tendiert dieser mit zunehmenden kristallinen Anteilen gegen den Grenzwert Eins (Bild 3.2). Die amorphe Struktur ist durch eine zufällige Belegung von Plätzen gekennzeichnet, wobei in den strukturellen Bauelementen ein Ordnungsprinzip vorherrscht (Nahordnung).

In kristallinen Strukturen wird der Grenzfall des Idealkristalls (P = 1), in dem sich die Atome wohlgeordnet auf den entsprechenden Plätzen des jeweiligen Strukturtyps befinden, in Praxi nie erreicht. Realkristalle enthalten immer Störungen, die Fehlstellen. Kunststoffe sind strukturell zwischen den kristallinen und

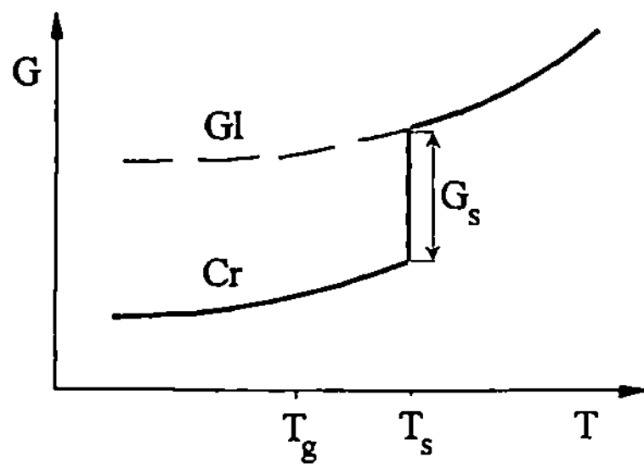

**Bild 3.1** Änderung der freien Enthalpie G mit der Temperatur T für einen kristallinen und amorphen Festkörper
$T_S$ Schmelztemperatur, $T_g$ Glastemperatur, $Cr$ Kristall, $Gl$ Glas (amorph), $G_S$ Schmelzenthalpie,

amorphen Körpern einzuordnen, wegen dieses Übergangscharakters oftmals als teilkristallin bezeichnet. Der amorphe Zustand ist thermodynamisch instabiler als der kristalline, technisch genutzt zur Herstellung von Glaskeramiken.

Die Struktur eines Festkörpers beeinflußt dessen Oberflächentopographie. Materialien mit einem großen freien Volumen, wie gesinterte, haben eine größere Oberflächenrauhigkeit als fehlstellenfreie. Ein realer Festkörper enthält immer Strukturfehler (Bild 3.3). In Abhängigkeit von ihrer Dimensionalität unterscheidet man Null-, Ein-, Zwei- und Drei–dimensionale Baufehler (Tabelle 3.1). Ihre Abmessungen reichen von atomaren Dimensionen (0,1 bis 0,5 nm), den Punktfehlstellen, bis zu makroskopisch sichtbaren (mm bis cm). Nur Punktdefekte sind thermodynamisch stabil, so daß sie im Gleichgewicht eindeutig durch die intensiven Zustandsgrößen (Druck, Temperatur) bestimmt sind. Demgegenüber hängt die Konzentration und Verteilung aller anderen Fehlstellen von der Art und Weise ihrer Entstehung ab. Gerade die höherdimensionalen Strukturfehler beeinflussen die Bioadhäsion, so daß der gesamte Prozeß der Halbzeugherstellung und Fertigung in die Betrachtungen miteinbezogen werden muß.

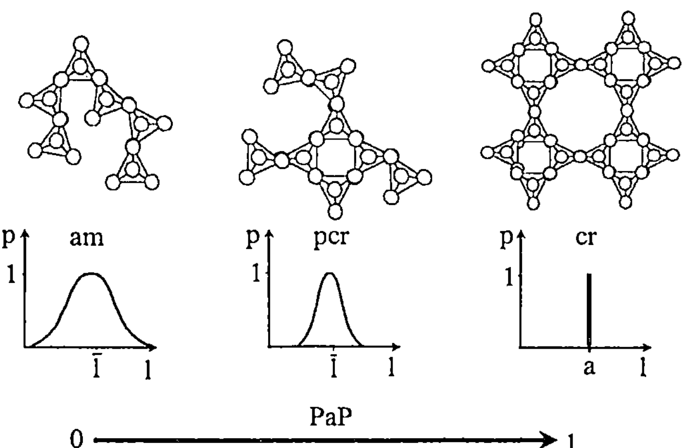

**Bild 3.2** Übergang amorph/kristallin als Funktion des Ordnungsparameters P
$l$ charakteristischer Abstand zwischen den „Hohlräumen" im Glas, $a$ Gitterkonstante, $p$ Wahrscheinlichkeit für einen repräsentativen Strukturabstand, $PaP$ Ordnungsparameter P, $am$ amorph, $pcr$ teilkristallin, $cr$ kristallin

**Tabelle 3.1** Arten der Fehlstellen und deren Bedeutung für die Bioadhäsion

| Fehlstelle | Skizze | Bedeutung | D [m] |
|---|---|---|---|
| 0–dimensionale (Punktdefekte) *Sch* Schottky–Defekt, *Fr* Frenkel–Defekt, *V* Leerstelle, *Fa* Fremdatom | | Oberflächeneigenschaften und -reaktionen Topographie Diffusion | $10^{-10}$ |
| 1–dimensionale (Stufen $\perp$ - und Schraubenversetzungen $\otimes$) | | Topographie Oberflächenenergie mechanische Eigenschaften Keimbildungsplätze Diffusion | $10^{-4}$ bis $10^{-9}$ |
| 2–dimensionale Klein- (*Legb*) und Großwinkelkorngrenze (*Hegb*) | | Ausscheidungen Oberflächenenergie Diffusion Topographie mechanisches Verhalten | $10^{-1}$ bis $10^{-8}$ |
| 3–dimensionale (Risse, Poren, Lunker) | | Sterilität Topographie Oberflächenenergie mechanische Eigenschaften | $10^{0}$ bis $10^{-4}$ |
| elektronische | Donator, Akzeptor | elektrische Eigenschaften Verteilung der elektrischen Oberflächenladungen | $10^{-14}$ |

*D* Abmessungen der Fehlstellen

## 3.1.1
## Nulldimensionale Fehlstellen (Punktdefekte)

Punktdefekte sind thermisch aktivierte Fehlstellen und Partner in Diffusions- und Grenzflächenreaktionen. Laufen diese Reaktionen in Oberflächennähe ab, dann bewirken sie topographische Veränderungen und inhomogene Elementeverteilungen, wovon auch die Zelladhäsion beeinflußt wird. Bei der Bildung von n Leerstellen verändert sich die Energie des Festkörpers (N mögliche Gitterplätze) um

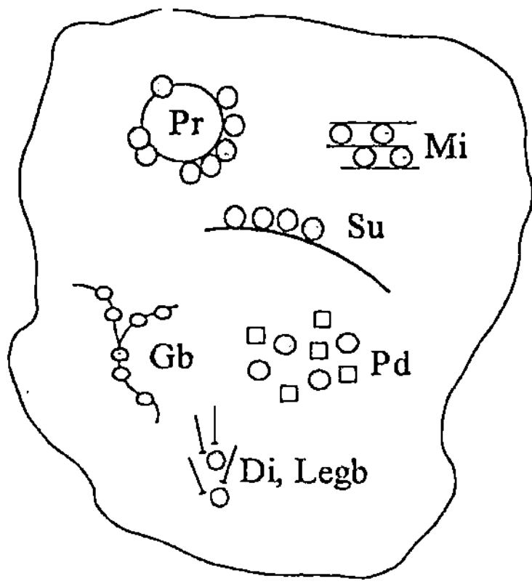


**Bild 3.3** Mögliche Baufehler (Fehlstellen) eines realen Festkörpers
*Pr* Ausscheidungen, *Mi* Stapelfehler, *Su* innere und äussere Oberflächen, *Gb* Korngrenzen, *Pd* Punktdefekte, *Di* Versetzungen, *Legb* Kleinwinkelkorngrenzen

$$\Delta G = n \cdot E_o + k \cdot T \cdot \left\{ N \cdot \ln \frac{N-n}{N} - n \cdot \ln \frac{N-n}{n} \right\} \tag{3.1}$$

$c = (N/n)\exp(-E/kT)$ Leerstellenkonzentration

In den statistisch verteilten Hohlräumen des amorphen ionischen Netzwerkes können Kationen eingebaut werden, u.a. $Na^+$, $K^+$, $Li^+$, $Ca^{2+}$. Vergleicht man dieses gestörte Netzwerk mit einem realen kristallinen Körper, dann sind diese Fremdionen als Punktfehlstellen interpretierbar. Die hervorgerufenen Netzwerkdeformationen bewirken ein Aufbrechen von Bindungen zwischen den netzwerkbildenden Gruppen. Die so entstehenden freien Bindungen dienen zur Kompensation der Ladung der implantierten Kationen. Der Dipol Kation–freie Bindung ist mit einem Ion–Leerstellen–Komplex vergleichbar. Neben Deformationen des Netzwerkes treten somit auch Schwankungen in der Oberflächenenergieverteilung auf.

In Ionenkristallen und Metalloxiden bilden sich Schottky–Fehlstellen durch Diffusion von Ionenpaaren des Gitters (la) an die Oberfläche (su)

$$\left( M^{2+} - O^{2-} \right)_{la} \rightarrow M + O + \left( M^{2+} - O^{2-} \right)_{su} \tag{3.2}$$

Die Reaktionskonstante $K_{M-O} = \exp(-E_{M-O}/kT)$ ist von der Aktivierungsenergie $E_{M-O}$ zur Bildung der Leerstellen–Paare abhängig. Diese beträgt für Oxide (BeO, MgO, CaO) ca. 6 eV, so daß die Bildung intrinsischer Leerstellen–Paaren in Keramiken nahezu auszuschließen ist. Unter Beteiligung von Fremdionen ($Na^+$, $K^+$, $Ca^{2+}$) können sich aber bereits bei tieferen Temperaturen (extrinsische) Schottky–Paare bilden, z.B. in Gläsern. Diese Fehlstellen beeinflussen die elektrischen Oberflächeneigenschaften und alle Nachfolgereaktionen, wie die Passivität oder die Coulombeschen Anteile der Bioadhäsion.

Kunststoffe befinden sich in ihren Eigenschaften zwischen beiden Werkstoffgruppen, wobei der ionische Anteil überwiegt. Elektronische Fehlstellen (Donator, Akzeptor) sind Bereiche mit Elektronenüberschuß oder -mangel. Dies ist gleichbedeutend mit Schwankungen in der Elektronendichte und der Verteilung der elektrischen Anteile der Oberflächenenergie.

## 3.1.2
## Eindimensionale Fehlstellen (Versetzungen)

Stufen- und Schraubenversetzungen sind eine linienförmige Störung, charakterisiert durch die Richtung ihrer Versetzungslinie und den Burgers–Vektor. Versetzungslinien enden an Oberflächen, mikroskopisch als Grübchen zu erkennen, die für Oberflächenreaktionen prädestiniert sind. Die Versetzungsumgebung ist weitreichend deformiert, wobei für eine Stufenversetzung die Verformungsenergie

$$E_\perp = \frac{G \cdot b^2}{4 \cdot \pi \cdot v} \left( \ln \frac{r}{r_0} - \frac{r^2 - r_0^2}{r^2 + r_0^2} \right) \tag{3.3}$$

$G$ Gleitmodul, $v$ Poisson–Zahl, $r$ Ortskoordinate, $b$ Burgersvektor

und für eine Schraubenversetzung

$$E_\otimes = \frac{G \cdot b^2}{4 \cdot \pi} \ln \left( \frac{r}{r_0^2} \right) \tag{3.3a}$$

beträgt.

In diesem mechanischen Wechselwirkungsfeld wird die Diffusion längs der Spannungstrajektorien begünstigt, so daß sich Teilchen bevorzugt im Zugspannungsbereich ansammeln (Driftdiffusion). Es kommt zur Ausbildung einer Atomwolke um den Versetzungskern (Cottrell–Wolke), die im Volumen Verfestigungseffekte und in Oberflächennähe Rauhigkeits- und Potentialveränderungen hervorruft. Über diesen idealen Transportweg „Versetzungskern" können gelöste Oberflächenionen, beispielsweise Wasserstoff aus einem mikrobiellen Korrosionsprozeß, „schnell" in das Volumen diffundieren.

## 3.1.3
## Zweidimensionale Fehlstellen (Korn- und Phasengrenzen)

Korn- und Phasengrenzen vermitteln Orientierungs-, Struktur- und Konzentrationsunterschiede. Diese Baufehler sind aufgrund ihrer geometrischen Abmessungen (großes freies Volumen) ideale Transportwege. Darüber hinaus beeinflussen sie eine Vielzahl von Festkörperreaktionen, wie die Karbidbildung an Korngrenzen hochlegierter CrNi–Stähle, die zum Durchbruch der Passivschicht führt (Kornzerfall).

Korngrenzen gleichen Orientierungsunterschiede aus, wobei sich beide Arten (Klein- und Großwinkelkorngrenzen) in ihrem freien Volumen und der Energie unterscheiden. Kleinwinkelkorngrenzen sind eine Anhäufung von Versetzungen. Nach der Versetzungstheorie beträgt ihre Energie

$$\gamma = -\left[ \frac{G \cdot b}{4 \cdot \pi \cdot \ln(1 - v)} \right] \Theta \cdot (\ln \alpha - \ln \Theta) \tag{3.4}$$

$h = b\Theta$ Versetzungsabstand, $\Theta$ Desorientierungswinkel

Die Energie einer Großwinkelkorngrenze wird mit einem Oberflächenenergiekonzept beschrieben (Bild 3.5). An Oberflächen endende Korngrenzen sind potentielle Angriffspunkte für Mikroorganismen. Im Vergleich zu Korngrenzen verändern sich an Phasengrenzen neben der Orientierung, auch die Struktur und die chemische Zusammensetzung. Die Unterschiede in den Gitterkonstanten werden durch Versetzungen in der Phasengrenze vermittelt (semikohärent), bzw. die Gitterfehlpassung ist so groß (inkohärent), daß die Struktur, der einer Großwinkelkorngrenze ähnelt. Der dritte mögliche Fall ist die strukturelle Übereinstimmung zwischen beiden Phasen (kohärent). Die Grenzflächenenergie nimmt von der inkohärenten, über die semikohärente zur kohärenten Phasengrenze ab.

### 3.1.4
### Dreidimensionale Fehlstellen

Dreidimensionale Baufehler sind Poren, Lunker, makroskopische Einschlüsse oder Risse. Derartige Bereiche sind ideale Orte zur Bildung von Organismenkolonien. Hier liegen oftmals Strömungsverhältnisse vor, durch die in Fehlstellen hineingespülte Organismen nicht mehr abtransportiert werden können. Darüber hinaus bewirken Temperatur- und Konzentrationsgradienten ein Überleben während der Sterilisation. Diese Fehler sind häufig fertigungstechnisch bedingt.

## 3.2
## Oberflächen

Oberflächenatome befinden sich auf einem höheren energetischen Niveau als Volumenatome. Die Gesamtenergie eines Körpers mit einer sphärischen Oberfläche ($r$ Radius) beträgt $E_{su} = 4\pi r^2 \gamma$ ($\gamma$ Oberflächenenergie). Mit dem Gesamtvolumen ($n$ Anzahl der Atome, $\Omega$ Atomvolumen) $n\Omega = 4\pi r^3/3$ folgt das chemische Potential zu

$$\mu = \frac{dE_{su}}{dn} = \frac{8\cdot\pi\cdot r\cdot\gamma\cdot dr}{\left(4\cdot\pi\cdot r^2\right)\cdot dr} = \frac{2\cdot\Omega\cdot\gamma}{r} \tag{3.5}$$

Kleine Teilchen sind wegen ihres größeren chemischen Potentials reaktiver. Darüber hinaus ist das Potential von Atomen einer konvexen Oberfläche ($r > 0$) größer als das einer konkaven ($r < 0$). An einer ideal ebenen Fläche wäre es gleich Null (Bild 3.4), so daß diese Oberfläche ohne andere Wechselwirkungsanteile nicht reaktiv ist.

Die Oberflächenenergie $\gamma_{12} = \gamma_{32} + \gamma_{31}\cos\Theta$ definiert man mit dem (Kräfte)–Gleichgewicht an einem auf einer festen Fläche liegendem Tropfen (Bild 3.5). Für einen sehr dünnen Film ($\Theta = 0$, ideal hydrophil) gilt $\gamma_{12} = \gamma_{32} + \gamma_{31}$ bzw. für einen sphärischen Tropfen ($\Theta = 180°$, ideal hydrophob) $\gamma_{12} = \gamma_{32} - \gamma_{31}$. Die Größe $\gamma$ ist ein Kriterium zur Beurteilung der Bedingungen beim Kontakt eines Clusters mit einer Festkörperoberfläche. Sie wird zur Interpretation der Ausbreitung eines Flußmittels aber auch zur Beschreibung der Bioadhäsion, letztendlich der Bioverträglichkeit, angewendet.

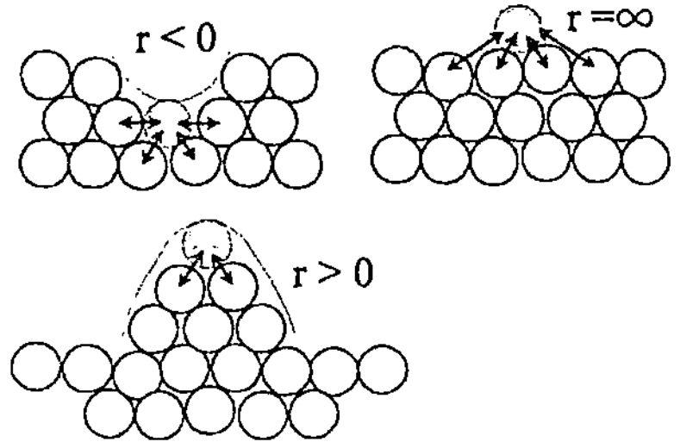

**Bild 3. 4** Atome an konkaven, konvexen und ideal ebenen Oberflächen

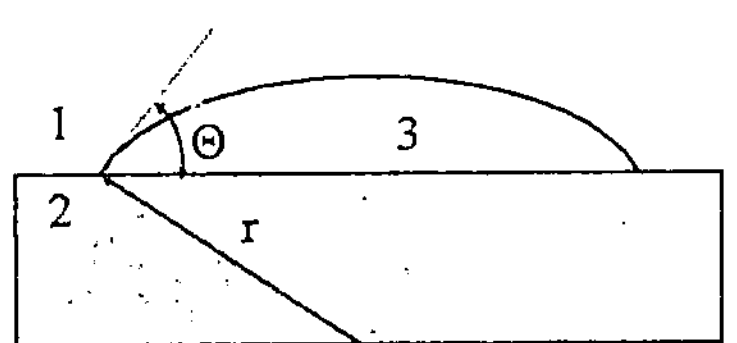

**Bild 3.5** Spannungsgleichgewicht an einem liegenden Tropfen (3) auf einer festen Oberfläche (2)
*1* Umgebung, $\Theta$ Benetzungswinkel

# 3.3
# Zustandsschaubilder

Zustandsschaubilder sind eine bildliche Darstellung der auftretenden Phasen und Verbindungen in Abhängigkeit von den thermodynamischen Größen (T, c, p, V). Im Bild 3.6 sind wichtige Grundformen dargestellt. Das Schaubild 3.6a entspricht einer völligen Mischbarkeit im flüssigen und festen Zustand, z.B. AuAg oder CuNi. Dieses einfachste System zeigt anschaulich die Kristallseigerung, ein beim Abkühlen einer Schmelze immer ablaufender Prozeß (Bild 3.6c). Seigerungen sind Konzentrationsunterschiede im Festkörper, hier eine Konsequenz der unterschiedlichen Löslichkeiten im flüssigen und festen Zustand. Im Biomaterialbereich beeinflussen sie das Korrosions- und Verformungsverhalten.

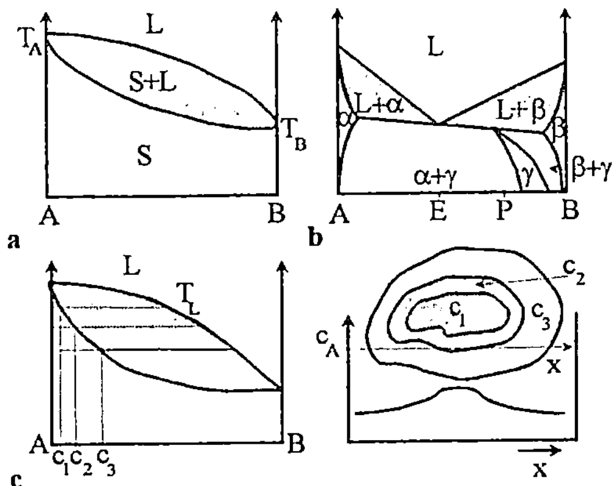

**Bild 3.6** Grundtypen von Zustandsdiagrammen
*L* Schmelze, *S* Festkörper, $\alpha$, $\beta$, $\gamma$ Mischkristalle, *E* Eutektikum, *P* Peritektikum, *TL* Liquiduslinie, $c_A$ Konzentration der Komponente A im Mischkristall S

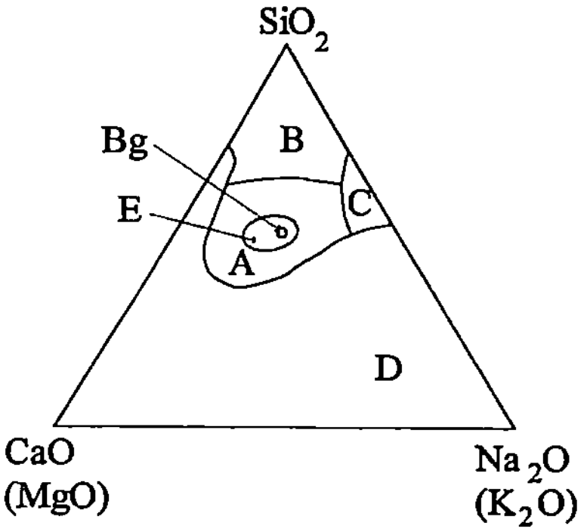


**Bild 3.7** Bioaktives Vierstoffsystem $P_2O_5$–$SiO_2$–$Na_2O$–CaO mit konstantem $P_2O$–Gehalt
*A* bioaktiver Bereich (Knochenverbindung in 30 Tagen), *B, D, reines SiO₂* bioinert, *C* resorbierbar, *E* zur Zeit für Biomaterialien genutztes Legierungsspektrum, *Bg* Bioglas

Eine Legierung hat ihre niedrigste Schmelztemperatur im Eutektikum (das Wohlgeordnete). Aus der Schmelze L bildet sich ein Kristallgemisch mit den beiden Mischkristallen $\alpha+\beta$ ( $L \xrightarrow{T_E, c_E} \alpha + \beta$ ). Zur Minimierung der Schmelztemperatur versucht man, mit Legierungen um den eutektischen Punkt zu arbeiten. Demgegenüber ist das Peritektikum (das Herumgebaute) eine „verdeckte" Mischungslücke mit der Reaktion $L + \alpha \xrightarrow{T_P, c_P} \gamma$. Die Bildung der $\gamma$–Mischkristall beginnt an der Oberfläche der $\alpha$–Kristalle.

Ein ternäres System zerlegt man „scheibchenweise" in viele binäre. Es ist äusserst schwierig, aus diesen Einzeldiagrammen einen Überblick über die Legierungseigenschaften zu erhalten. Deshalb wählt man oftmals eine Dreiecksdarstellung, die auch für Vierstoffsysteme mit einer konstanten Komponente anwendbar ist (Bild 3.7).

# 3.4
# Diffusionsphänomene

Zur Beschreibung einer Reaktion gilt es die Frage zu beantworten: „Welche Zeit benötigt eine bestimmte Anzahl von Teilchen, um sich von einem Ort des Systems zu einem anderen zu bewegen?" Die Lösung dieses Problems setzt Kenntnisse über die Struktur und deren Veränderung während des Bewegungsablaufes voraus. Die Diffusion kann in einem Festkörper, aber auch einem Biofilm, einer Elektrolytlösung oder einem Gas ablaufen, wobei deren Richtung vom Gradienten des chemischen Potentials bestimmt wird. Darüber hinaus beeinflussen auch andere Felder die sich bewegenden Teilchen, wie mechanische, thermische oder elektrische, die „Drifteffekte" hervorrufen. Hierauf basiert u.a. eine Teilreaktion eines elektrischen „Antifoulingschutzschildes" für Materialoberflächen.

Die kontinuumsmechanische Beschreibung mit den Fickschen Gesetzen [3.3, 3.20, 3.7] bildet die Grundlage für eine makroskopische quantitative Behandlung diffusionsgesteuerter Reaktionen. Derartige Diffusionsmodelle gelten nicht mehr in der Umgebung von Clustern mit atomaren Abmessungen. Hier sind zur Beschreibung der zeitlichen Abläufe statistische Verfahren anzuwenden, wie die Monte–Carlo–Methode [3.19].

## 3.4.1
## Diffusionsmechanismen

Prinzipiell kann die Diffusion im Volumen oder an Fehlstellen ablaufen (Bild 3.8). Strukturfehler im Festkörper sind Leerstellen, Versetzungen oder Korn- und Phasengrenzen. In Biofilmen können es eingelagerte Zellcluster oder Bereiche unterschiedlicher Dichte und Konzentration und in Flüssigkeiten Druck- und Temperaturunterschiede sein.

Die Aufenthaltsorte von Teilchen sind strukturabhängig. In Kristallen befinden sie sich auf regulären (Basis) oder irregulären Plätzen (Zwischengitter) und/oder an Fehlstellen. In amorphen Materialien sind diese Plätze statistisch verteilt, wobei durchaus eine Schwarmbildung auftreten kann (Bild 3.2), wie in Flüssigkeiten und Gläsern (Netzwerktheorie). Moderne Strukturvorstellungen für amorphe Materialien gehen von Clustern aus (Clusterhypothese), die einen höheren Ordnungsgrad gegenüber der Umgebung (Netzwerk) aufweisen. Diese Vorstellungen sind auch auf Biofilme übertragbar.

Die Einbeziehung nicht besetzter Plätze des regulären Gitters, wie Leerstellen, erhöht die Beweglichkeit arteigener Teilchen um ein Vielfaches. Die Bewegung (Selbstdiffusion) ist in diesem Fall der Leerstellenbewegung entgegen gerichtet, wobei die Sprungwahrscheinlichkeit von der Leerstellenkonzentration direkt abhängt. Dieser Mechanismus herrscht in dichtest gepackten Systemen vor.

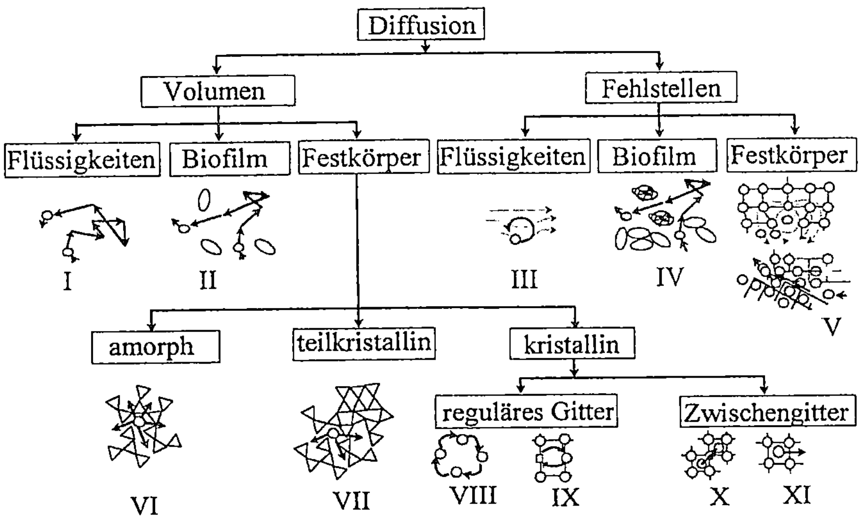


**Bild 3.8** Mögliche Diffusionsmechanismen

*I, II* Brownsche Bewegung, *III* in Grenzschichten, *IV* gewichtete Brownsche Bewegung (*Hindernisse* Zellcluster, Proteine, Partikel), *V* in Fehlstellen (Versetzungen, Korngrenzen), *VI* Brownsche bewegung im Netzwerk, *VII* gewichtete Brownsche Bewegung im Netzwerk (kristalline Bereiche), *VIII* Ringtausch (Cu), *IX* über Austausch mit Leerstellen, *X* Zwischengitterstoß, *XI* Zwischengitter

In Flüssigkeiten bewegen sich Teilchen völlig statistisch (isotrop). Infolge von Dichteschwankungen, beispielsweise durch Organismencluster, kann sich ein anisotropes Verhalten (Clusterhypothese) einstellen. Biofilme werden als zähviskose Flüssigkeit beschrieben. Aus Messungen der Sauerstoffdiffusion müßte für diese aber die Clusterhypothese favorisiert werden. Mit stochastischen Struktursimulationen unter Einbeziehung von Diffusionsmessungen versucht man, Strukturen von Biofilmen nachzubilden (Kap. 9).

## 3.4.2
## Diffusionsgesetze

Ein Konzentrationsunterschied dn im Volumen $V = A \cdot dx$ wird mittels einer Teilchenbewegung ausgeglichen (Bild 3.9). Unter Wirkung des Konzentrationsgradienten dn/dx entwickelt sich ein lokaler Teilchenstrom $J = -D_c A \cdot dn/dx$ ($j = J/A$ Stromdichte), der proportional zur Probenfläche A ist. Hierbei beschreibt der chemische Diffusionskoeffizient $D_c$ den „spezifischen Widerstand" des Stoffes gegenüber einer Teilchenbewegung. Diese Vorstellungen sind rein phänomenologisch.

Führt man als treibende Kraft das chemische Potential $\mu$ und zur Beschreibung der Beweglichkeit von miteinander wechselwirkenden Teilchen die Transportkoeffizienten $L_{ik}$ ein, wobei für diese die Onsagersche Reziprozitätsbedingung gilt $L_{ik} = L_{ki}$, dann lauten die Diffusionsgleichungen für ein einphasiges n–komponentiges System

$$J_1 = -L_{11}\frac{d\mu_1}{dx} - L_{12}\frac{d\mu_2}{dx} - ... - L_{1n}\frac{d\mu_n}{dx}$$

$$J_2 = -L_{21}\frac{d\mu}{dx} - L_{22}\frac{d\mu_2}{dx} - ... - L_{2n}\frac{d\mu_n}{dx}$$

$$\cdot$$

$$J_n = -L_{n1}\frac{d\mu_n}{dx} - L_{n2}\frac{d\mu_2}{dx} - ... - L_{nn}\frac{d\mu_n}{dx}$$

$$(3.6)$$

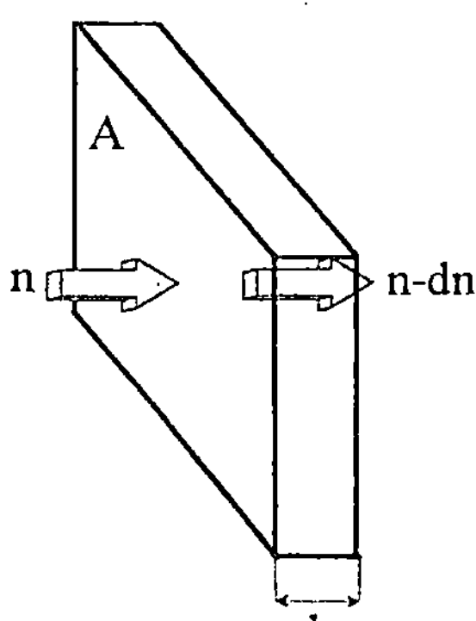


**Bild 3.9** Phänomenologische Beschreibung der Diffusion
*n* Zahl der Teilchen am Ort x, *A* Fläche, *n–dn* Zahl der Teilchen am Ort x+dx

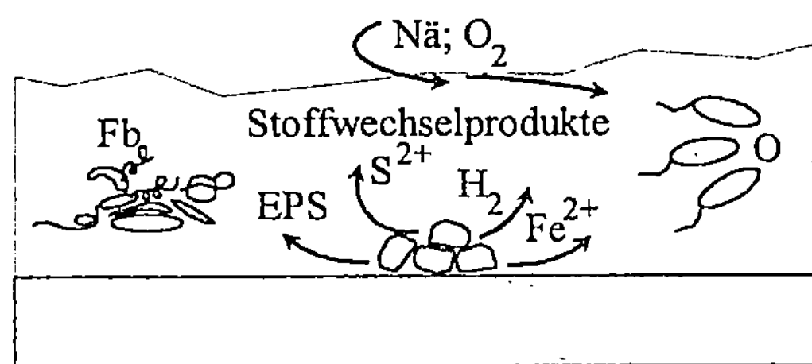


**Bild 3.10** Diffusion in Biofilmen
*Nä* Nährstoffe, *O₂* Sauerstoff, *Fb* Filmbestandteile, *O* Organismen, *EPS* extrazelluläre Polysaccharide

Die Diagonalelemente $L_{ii}$ der Matrix **L** beschreiben die Beweglichkeit der „Reinstsorten". Oftmals sind die Wechselwirkungen nicht bekannt, so daß nur der wechselwirkungsfreie Fall ($L_{ik} = 0$) behandelt werden kann. Vereinfachend gilt jetzt für die i–te Komponente

$$J_i = -L_{ii}\, d\mu_i/dx \tag{3.7}$$

In Biofilmen ist diese Unabhängigkeit nicht mehr gewährleistet. Hier beeinflussen sich die verschiedenen Komponenten gegenseitig, wie der Sauerstoff, die Nährsubstanzen, die Stoffwechselprodukte oder die Organismen (Bild 3.10). Die analytische Behandlung scheitert hier an den Transportkoeffizienten $L_{ik}$ in Abhängigkeit von der Filmstruktur.

Unter Berückichtigung des chemischen Potentials ($\mu = \mu_0 + kT \ln a$, $k$ Boltzmann–Konstante, $T$ Temperatur, $a$ Aktivität) folgt aus der Beziehung (3.7)

$$J_i = -L_{ii} \cdot k \cdot T \frac{d \ln a_i}{dx} = -D_{ci} \frac{dc_i}{dx} \tag{3.8}$$

Die Teilchenbewegung ist beendet, wenn der Gradient des chemischen Potentials Null ist ($d\mu/dx = 0$). Allgemein stimmt diese Bedingung mit der technisch angewandten ($dc/dx = 0$) nicht überein, da nur in ideal verdünnten Lösungen die Konzentration c gleich dem chemischen Potential $\mu$ ($a = c$) ist. In diesem Fall ($a = c$) ist der partielle chemische Diffusionskoeffizient $D_{ci}$ unabhängig von der Konzentration und gleich dem Komponenten–Diffusionskoeffizienten $D_i$. Mit der Beziehung $d\mu = (kT/c)\, dc$ folgt unter Anwendung der Gleichungen (3.7) und (3.8)

$$J_i = \frac{D_i\, c_i}{k\ T} \tag{3.9}$$

bzw. für den Teilchenfluß

$$J_i = -\frac{D_i\ c_i}{k\ T} \frac{d\mu_i}{dx} \tag{3.10}$$

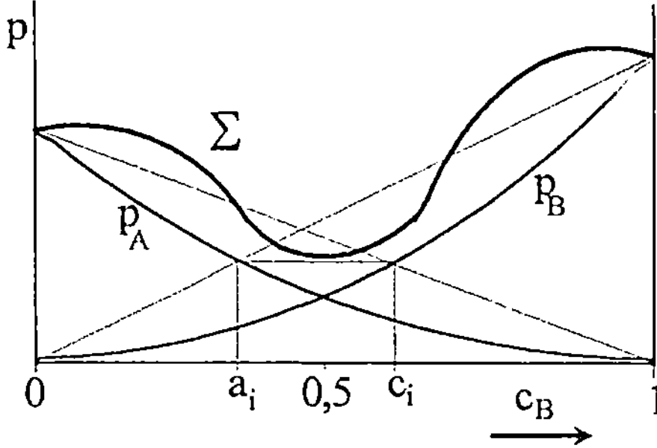


**Bild 3.11** Druck–Konzentrations–Diagramm für einen realen Mischkristall
$p_A$ Druckverlauf der Komponente A, $p_B$ Druckverlauf der Komponente B, $c_B$ Konzentration von B, $a$ Aktivität, $c_i$ aktuelle Konzentration von B, , $\Sigma = p_A + p_B$ Summenkurve

Mit dem Aktivitätskoeffizienten $\Phi = a/c$ erhält man den thermodynamischen Faktor (d lna/d lnc),

$$D_{ci} = D_i \frac{d\ln a_i}{d\ln c_i} = D_i (1 + \frac{d\ln \Phi_i}{d\ln c_i}) \qquad (3.11)$$

der den chemischen $D_{ci}$ mit dem Komponenten–Diffusionskoeffizienten $D_i$ verbindet. Die Aktivität a ist ein Maß für die Abweichung der regulären Lösung von der idealen. Sie ist als ein Korrekturfaktor des wechselwirkungsfreien idealen Modells an die Realität aufzufassen (Bild 3.11). Man setzt voraus, daß die thermodynamischen Zusammenhänge für beide Lösungen (regulär, ideal) bekannt sind. Dies gilt im Regelfall für feste Lösungen. „Zustandsdiagramme" für Biofilme wurden bisher nicht aufgestellt, so daß Diffusionsrechnungen in mikrobiellen Filmen nur auf idealen (wechselwirkungsfreien) Modellen basieren. Für eine ideal verdünnte Lösung ($\mu = kT$ lnc) und einem konstanten Aktivitätskoeffizienten $\Phi$ gilt das Erste Ficksche Gesetz

$$J_i = -D_i \frac{dc_i}{dx} \qquad (3.12)$$

Das Zweite Ficksche Gesetz ergibt sich aus der zeitlichen Änderung der lokalen Konzentrationen $\partial c/\partial t = \{J(x)-J(x+dx)/dx\}$

$$\frac{\partial c_i}{\partial t} = D_{ci} \frac{d^2}{dx^2}(c_i) \qquad (3.13)$$

Allgemein ist die Konzentrationsänderung richtungs- und der Diffusionskoeffizient konzentrationsabhänig, so daß

$$\frac{\partial c_i}{\partial t} = \nabla(D_{ci}\nabla c_i) \qquad (3.14)$$

*Nabla–Operator* $\nabla = \partial/\partial x + \partial/\partial y + \partial/\partial z$

gilt. Die einfachste Lösung (D = const.)

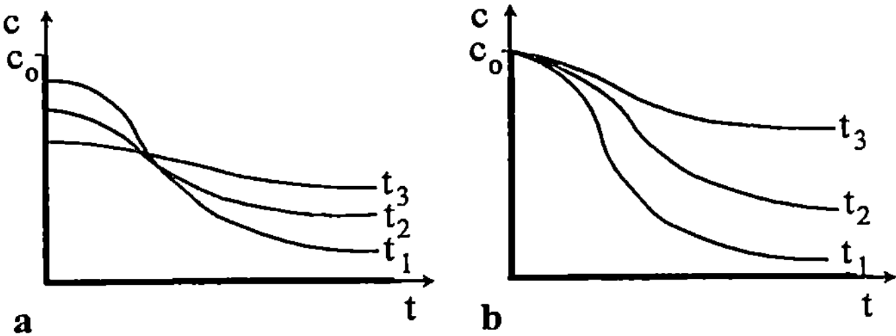

**Bild 3.12** Lösungen der Diffusionsgleichung ($t_1 < t_2 < t_3$)
a Ausgleich einer einmaligen Konzentration $c_o$ im Halbraum $\{0, \infty\}$, b Ausgleich einer konstanten Konzentration $c_o$ im Halbraum $\{0, \infty\}$, $t$ Zeit

$$c(x,t) = \frac{c_o}{\sqrt{\pi \cdot D \cdot t}} \exp\left(\frac{-x^2}{4 \cdot D \cdot t}\right) \tag{3.15}$$

beschreibt die zeitliche Veränderung einer einmalig vorhandenen Konzentration $c_o$ auf dem Rand (Bild 3.12a) mit der Ausdehnung $x = 2(Dt)^{1/2}$ des Diffusionsgebietes. Für eine ständig Teilchen abgebende Quelle (Bild 3.12b) gilt mit der Fehlerfunktion $\mathrm{Erfc}\left(\dfrac{x}{4 \cdot D \cdot t}\right) = 1 - \dfrac{2}{\sqrt{\pi}} \int\limits_0^{x/2\sqrt{d \cdot t}} \exp(-z^2)\, dz$ die Lösung

$$\frac{c(x,t) - c_g}{c_o - c_g} = \mathrm{Erfc}\left(\frac{x}{\sqrt{4 \cdot D \cdot t}}\right) \tag{3.16}$$

Wie bereits erwähnt, können elektrische, mechanische oder thermische Felder die Richtung der sich bewegenden Teilchen und somit die kinetischen Abläufe grundlegend verändern. Führt man zur Beschreibung dieser Wechselwirkungen das Potential U ein, dann folgt für das Zweite Ficksche Gesetz (3.14) der Ausdruck

$$\frac{\partial c_i}{\partial t} = \nabla\left(D_{ci}\nabla c_i + \frac{D_{ci}}{k}\frac{c_i}{T}\nabla U\right) \tag{3.17}$$

Für ein thermisches Feld gilt das Potential $U = (Q/T)\,\mathrm{grad}T$ ($Q$ „Transportwärme"), wonach sich schwerere Elemente am kalten und leichtere am warmen Ende einer Probe ansammeln. Thermische Drifteffekte sind in Biofilmen durchaus vorstellbar, in denen aufgrund ihrer Konsistenz immer Temperaturgradienten auftreten. Darüber hinaus durchziehen eine Vielzahl von Poren und Kanälen die Filme, die zur „Schornsteinwirkung" (Konvektion) führen, und letztendlich sind die im Film lebenden Organismen selbst Wärmequellen.

Im Falle elektrischer Felder ($\mathrm{grad}U = ZeE$) muß das chemische durch das elektrochemische Potential ($\mu + Ze\Phi$) ersetzt werden ($Z$ Kernladung, $e$ Ladung, $\Phi$ Potential des Feldes $E = d\Phi/dx$). Infolge der Oberflächenladung von Mikroorganis-

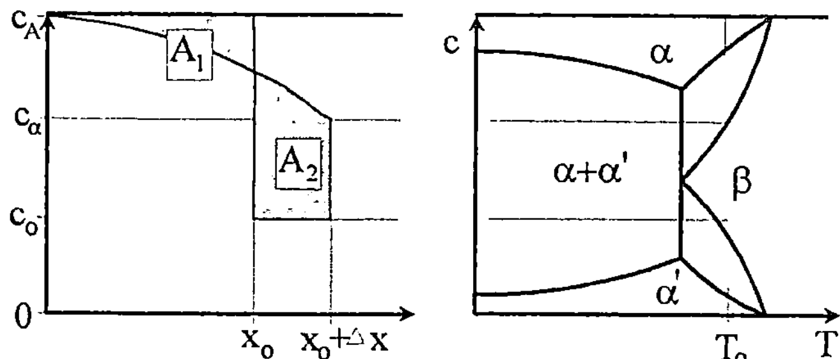

**Bild 3.13** Konzentrationsprofil an einer sich bewegenden Phasengrenze α/ß

$c$ Konzentration, $x$ Ortskoordinate, $T$ Temperatur, $T_o$ aktuelle Temperatur, *Bedingung* $A_1 = A_2$

men sind elektrisch indizierte Driftbewegungen durchaus bedeutungsvoll. Eine experimentell genutzte Möglichkeit ist die Elektrophorese oder der Versuch, Zellen in einem elektrischen Fremdfeld von einer Festkörperoberfläche fortzubewegen (Antifouling). Es ist aber auch möglich, diese regelrecht im elektrischen Feld auf Oberflächen wandern zu lassen (gezielte Bioadhäsion).

In mehrphasigen Systemen treten an den Phasengrenzen Konzentrationssprünge auf (Bild 3.13). Die phänomenologischen Diffusionsgesetze gelten nur für eine Phase. Mit der Kontinuitätsbedingung $m_{\text{links der Grenze}} = m_{\text{rechts der Grenze}}$ ist eine Verknüpfung möglich, so daß unter der Annahme, daß die in der Phase I herantransportierten Teilchen auch vollständig und ohne Zeitverzögerung in der Phase II abtransportiert werden, sich die Kontinuitätsgleichung

$$(c_\alpha - c_o)\frac{d\hat{x}}{dt} = -D_\alpha \frac{\partial c_\alpha}{\partial x} \tag{3.18}$$

ergibt. Dieser Zusammenhang erlaubt es ebenfalls, Wachstumsprozesse mikrobieller Cluster zu beschreiben [3.19].

## 3.4.3
## Der Diffusionskoeffizient

Der Diffusionskoeffizient ist eine materialspezifische Größe, die von der Konzentration, der Struktur und der Temperatur abhängt. Wechseln die Teilchen mit der Wahrscheinlichkeit $\Gamma$ ihre Plätze, dann gilt die Flußgleichung $J = -p_g(n_+ - n_-)$ ($n_+$ positive und $n_-$ negative Sprungrichtung). Die Wahrscheinlichkeit $p_g = 1/g$ beschreibt im Kristall die gleichverteilte Auswahl eines Sprunges aus $g$ möglichen Richtungen (ebenes, kubisch primitives Gitter $p_g = 1/4$). Weicht die Struktur von der kristallinen ab, wie für Gläser, dann muß der Erwartungswert der entsprechenden, die Struktur beschreibenden Verteilung angewandt werden (Bild 3.14). Aus einem Vergleich mit dem ersten Fickschen Gesetz (Gleichung 3.12) folgt unter Berücksichtigung der Teilchendichte $dc/dx = (n_+ - n_-)/a^2$ der Diffusionskoeffizient zu $D = p_g a^2 \Gamma$ ($a$ Sprunglänge).

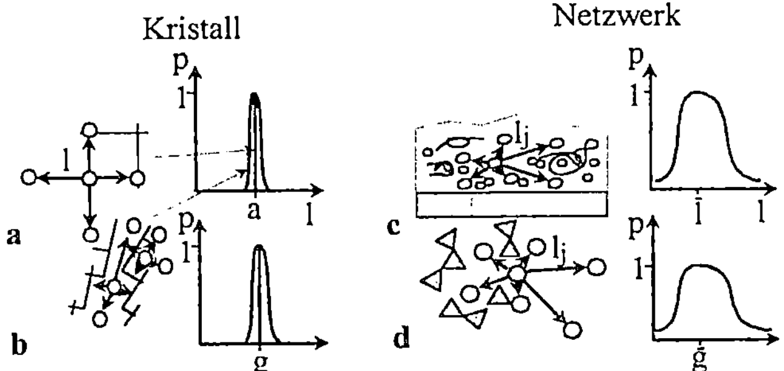


Netzwerk mit ausgeschlossenen Bereichen

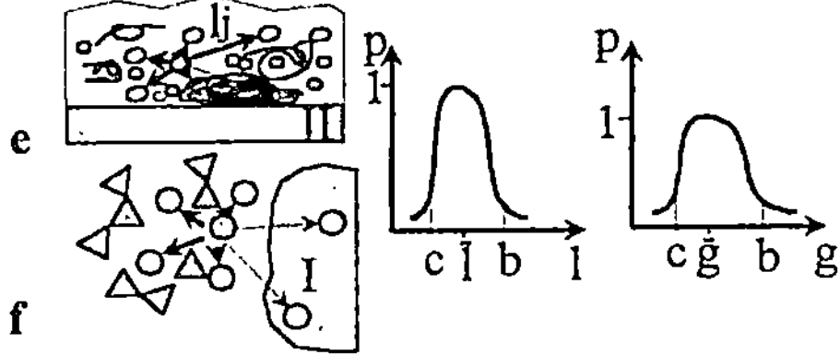


**Bild 3.14** Wahrscheinlichkeitsverteilung p(l) für unterschiedliche Strukturen
a Idealkristall, b Korngrenze, c Biofilm, d Glas, e Biofilm mit verdichteten Bereichen, f Glas mit
veränderten Diffusionsbedingungen, *I* Kristallite oder entmischte Bereiche im Glas, *II* Geröll
oder mit Schleim verdichtete Organismencluster im Biofilm, *l* Sprunglänge, *g* Zahl der Sprungrichtungen, *a* Gitterkonstante, *c* untere Grenze, *b* obere Grenze, *p* Wahrscheinlichkeit

Die Teilchen schwingen mit der Frequenz $v$ ($v_o \approx 10^{13}$ s$^{-1}$) in ihrem Ruhepunkt.
Diese Oszillationen hängen von der Teilchenmasse m und der treibenden Kraft F'
ab $\{v = (F'/2\pi^2 m)^{1/2}\}$. Im Mittel bewegen sich die Atome aber nur mit der Wahrscheinlichkeit $p_{th} \approx \exp(-\Delta G/kT)$ von einem Platz zum benachbarten (Bild 3.15),
wobei die Wanderungsentropie S strukturelle Veränderungen während des Sprunges (Gitterdeformationen) beschreibt. Für die Sprungwahrscheinlichkeit folgt somit (G = E–TS)

$$\Gamma = g \cdot v \cdot \exp\left(-\frac{E}{k \cdot T}\right) \cdot \exp\left(\frac{S}{k}\right) \tag{3.19}$$

Faßt man die temperaturunabhängigen Größen zur Diffusionskonstanten zusammen $D_o = g p_g a^2 v \exp(S/k)$, dann folgt der Diffusionskoeffizient in seiner bekannten
Form

$$D = D_o \cdot \exp\left(-\frac{E}{k \cdot T}\right) \tag{3.20}$$

Mitels der Arrhenius–Darstellung (E/k)(1/T) = $\ln D_o - \ln D$ ergibt sich aus Diffu-
sionsexperimenten die Aktivierungsenergie E und die Entropie S.

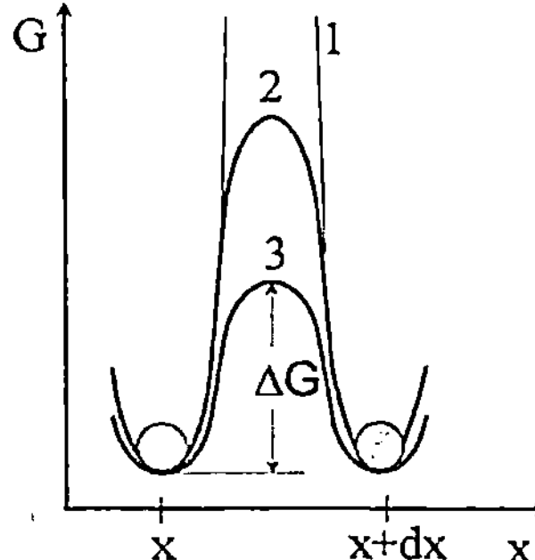

**Bild 3.15** Von einem Teilchen zu überwindender Potential-
berg bei Ausführung eines Sprunges
*1* „undurchdringliche" Hindernisse (Zellen, Festbestandteile),
*2* störungsfreie Matrix, *3* in und an Fehlstellen, $\Delta G$ Aktivie-
rungsenthalpie, *x* Weg, $D_{Korngrenze} > D_{Versetzung} > D_{Volumen}$

Eine charakteristische Größe zur Beurteilung von Flüssigkeiten ist die Viskosität $\eta$ {$F = \eta A(dv/dx)$}, die als eine materialspezifische Konstante den Zusammenhang zwischen der Scherkraft F und dem Geschwindigkeitsgradienten dv/dx
beschreibt. Mit der Einsteinschen Beziehung $D = BkT$ ($B = \Delta v/F$ Beweglichkeit)
folgt der Diffusionskoeffizient D in einer viskosen Flüssigkeit zu

$$D = \frac{k \cdot T \cdot \Delta v}{F} = \frac{k \cdot T \cdot dx}{\eta \cdot A} \qquad (3.21)$$

bzw. für eine sich in einer Flüssigkeit bewegenden Kugel mit der halben Oberfläche $A = 2\pi r^2$ und der „charakteristischen" Länge $dx = 2r/3$

$$D = \frac{k \cdot T}{3 \cdot \pi \cdot \eta \cdot r} \qquad (3.22)$$

Aus Unkenntnis der Strukturbeziehungen und wegen des hohen Wasseranteiles
wendet man diesen isotropen Koeffizienten im allgemeinen auch für Biofilme an.

# 3.5
# Keimbildung und Umwandlungen

Zwei Reaktionen bestimmen das Umwandlungsverhalten, die Bildung von Phasen
und Ausscheidungen (Bild 3.16). Eine Phase hat eine charakteristische Struktur
und chemische Zusammensetzung, z.B. Ferrit oder Austenit im Eisen, entmischte
Bereiche in Gläsern oder Zellcluster in Biofilmen. Diese Mechanismen laufen
bevorzugt an Orten mit einer Übersättigung ab. Prinzipiell werden drei Etappen
durchlaufen, die Keimbildung, das Wachstum und eine mögliche Vergröberung
(Bild 3.17). Die geometrischen Merkmale sind das Verhältnis f des umge-
wandelten Volumens zum Restvolumen und der Durchmesser d der neu gebildeten
Phase. Ein Vergleich mit der Entwicklung biologischer Cluster zeigt, daß die ersten drei Stufen, die Keimbildung, das Wachstum und das Zusammenlagern von
kleinen und großen Clustern, vergleichbar mit einer Vergröberung, auch hier zu
beobachten sind (Bild 3.18).

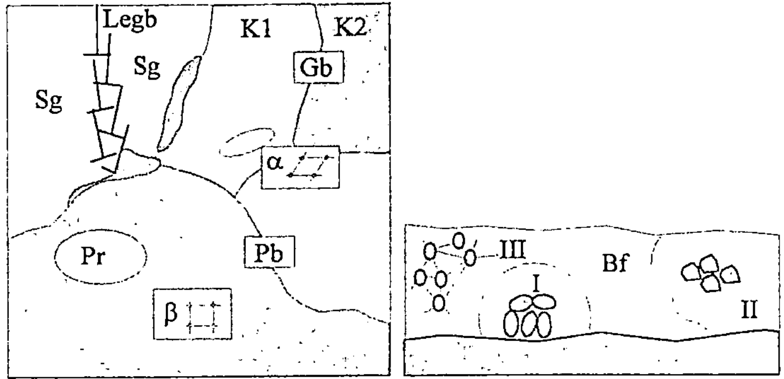

**Bild 3.16** Phase und Ausscheidung
*K1, K2* Korn 1 und 2, *Sg* Subkorn, *Legb* Kleinwinkelkorngrenze, *Pr* Ausscheidung, *Pb* Phasengrenze, *α, β* Phasen, *Bf* Biofilm, *I* adhärierender Zellcluster, *II* Cluster im Biofilm (vergleichbar mit Ausscheidung, Phase), *III* Verteilung freier Biofilmbestandteile und Hohlräume (vergleichbar mit Struktur)

Kinetikkurven von Clustern aus lebender Materie zeigen nach der log–Phase ein Plateau. Hier werden eventuell absterbende Zellen durch neue ersetzt, so daß die Lebendkeimzahl konstant ist. In diesem Bereich sind Besiedelungsexperimente für kinetische Untersuchungen durchzuführen. Irgendwann beendet der natürliche Lebensrhythmus die Existenz des Zellclusters, er stirbt ab. Der zeitliche Verlauf der beiden letzten Etappen hängt im wesentlichen von der Versorgung jeder einzelnen Zelle (Teilungsfähigkeit) ab. Dieser Prozeß wird u.a. durch die Diffusion über die Zellmembran und im Biofilm gesteuert.

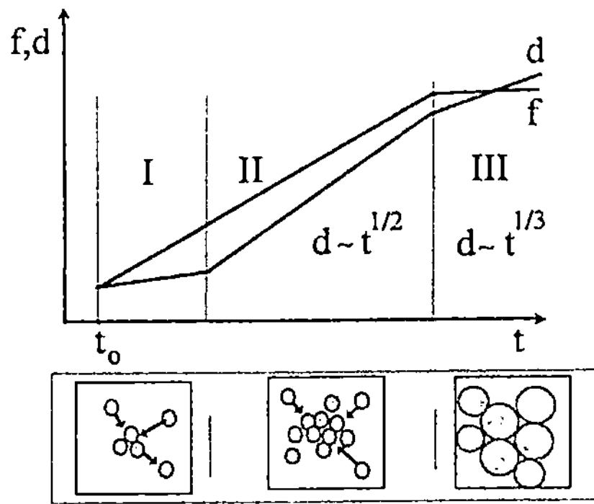

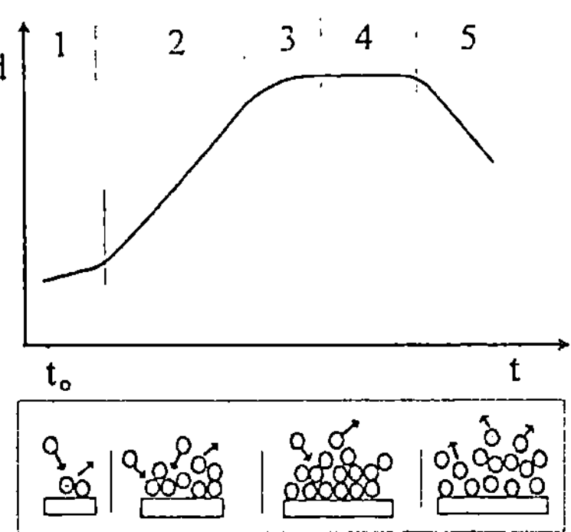

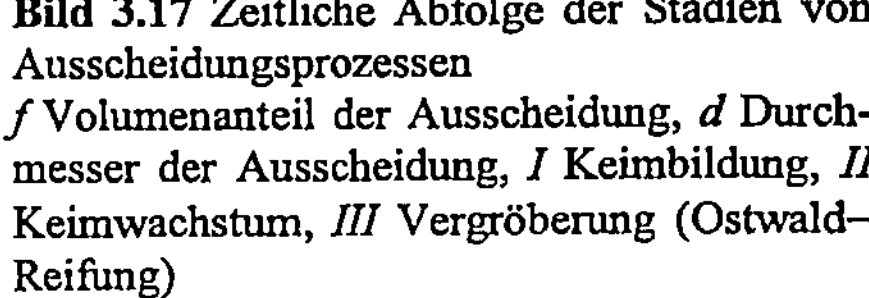

**Bild 3.17** Zeitliche Abfolge der Stadien von Ausscheidungsprozessen
*f* Volumenanteil der Ausscheidung, *d* Durchmesser der Ausscheidung, *I* Keimbildung, *II* Keimwachstum, *III* Vergröberung (Ostwald–Reifung)

**Bild 3.18** Lebenszyklus biologischer Cluster
*d* Clusterdurchmesser, *t* Zeit, *1* reversible Zusammenlagerung von Zellen (lag–Phase), *2* irreversibles Wachstum eines Clusters (log–Phase), *3* Zusammenlagerung kleiner und großer Zellcluster, *4* absterbende Zellzahl im Cluster ist gleich der neugebildeten, *5* Absterben des Clusters und Tod

## 3.5.1
## Homogene und Heterogene Umwandlungen

Eine Umwandlung verläuft homogen (spinodale Entmischung) oder heterogen (Bild 3.19). Bei einer homogenen Reaktion treten anfänglich kleine Konzentrationsschwankungen auf, die mittels einer „Bergauf"–Diffusion verstärkt werden. Diese Reaktion läuft innerhalb der Spinodalen ab, wobei in diesem Bereich der thermodynamische Faktor (Gleichung 3.11) negativ ist.

Heterogene, thermisch aktivierte Reaktionen sind diffusionsgesteuert. Einen „Sonderfall" stellen athermische Prozesse (martensitische Umwandlungen) dar, in denen durch Schiebungen und Drehungen Umklappvorgänge eingeleitet werden. In der Biomaterialforschung haben gesteuerte Martensitumwandlungen (reversible Legierungen) für „memory"–Legierungen Bedeutung erlangt.

Die Bildung von biologischen Clustern kann mit dem Schema der thermisch aktivierten, heterogenen Reaktionen verglichen werden. Die nachfolgenden Vorstellungen zur Keimbildung und zum Keimwachstum sind prinzipiell auch auf biologische Objekte übertragbar. Bisher wurde angenommen, daß sich die Organismen nicht selbst bewegen können, beispielsweise durch eine Begeißelung oder ein Flimmerepithel. Geht man davon aus, daß der Stoffwechsel die treibende Kraft für eine Bewegung der Mikroorganismen ist, dann gelten diese Betrachtungen auch für solche ausgewählten Spezies. Der Konzentrationsgradient ist hier proportional dem Nährstoffgefälle.

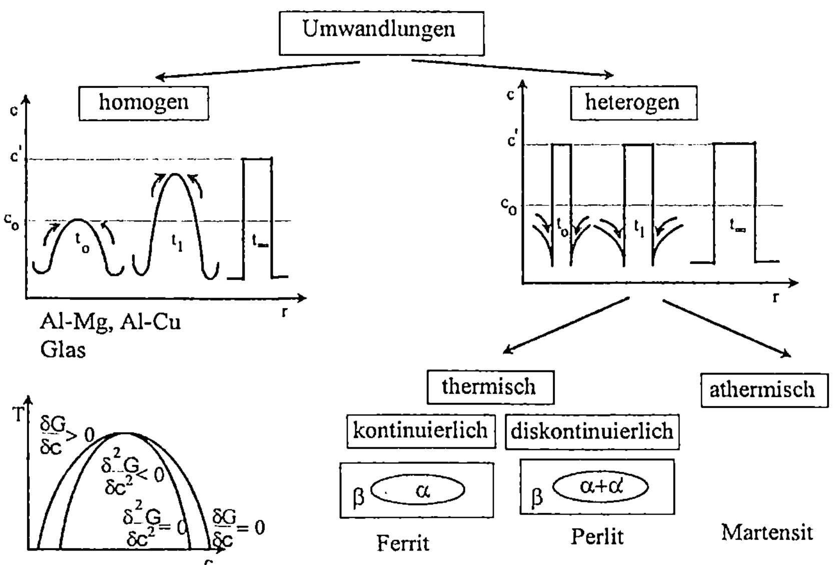


**Bild 3.19** Mechanismen der Phasenumwandlung

$T$ Temperatur, $c$ Konzentration, $c_0$ Ausgangskonzentration, $c = c_\infty$ Gleichgewichtskonzentration, $G$ Enthalpie, $r$ Radius, $\partial G/\partial c = 0$ Löslichkeitslinie ($\partial G/\partial c = 0$, stabil, heterogene Umwandlung), $\partial^2 G/\partial c^2 = 0$ Spinodale ($\partial^2 G/\partial c^2 < 0$, labil, homogene Umwandlung), *metastabiler Bereich* zwischen Löslichkeitslinie und Spinodale (Vorgänge nicht geklärt), $t$ Zeit

## 3.5.2
## Homogene Keimbildung

Die Enthalpieänderung (Bild 3.20)

$$G(r) = -\frac{4 \cdot \pi \cdot r^3}{3} \Delta g_V + 4 \cdot \pi \cdot r^2 \tag{3.23}$$

beschreibt die homogene Bildung (ohne Fehlstellen) eines sphärischen Keimes ($r$ Radius), wobei $\Delta g_V$ der Enthalpiegewinn pro Volumeneinheit beim Übergang von der alten zur neuen Phase und $\sigma$ die Oberflächenenergie des Keimes sind. Beim Keim kritischer Größe $r_c = 2\sigma/\Delta g_V$ durchläuft die Funktion G(r) ein Maximum

$$G(r_c) = A = \frac{16 \cdot \pi \cdot \sigma^3}{3 \cdot \Delta g_V^2} \tag{3.24}$$

$A$ Keimbildungsarbeit

Der kritische Radius $r_c$ beschreibt den Übergang von der Keimbildung zum Keimwachstum. Während der Bildung muß ständig Energie (Keimbildungsarbeit) zugeführt werden, wohingegen das Wachstum unter Energiegewinn abläuft. Müssen an der Grenze zwischen der alten und neuen Phase keine Verschiebungen durch Strukturunterschiede ausgeglichen werden (kohärent), dann strebt die Oberflächenenergie $\sigma$ gegen Null. Der Keim wächst spontan (Bild 3.20).

Mit der Übersättigung $\beta = (2\sigma\Omega)/(kTr_c)$ ($\Omega$ Atomvolumen) und der Keimbildungshäufigkeit $I = I_o \exp(-A/kT)$ folgt, daß erst ab einer bestimmten kritischen Konzentration $\beta_c$ eine Keimbildung stattfinden kann (Bild 3.21). Dieser Effekt wird u.a. zur Ausflockung in biologischen Lösungen genutzt.

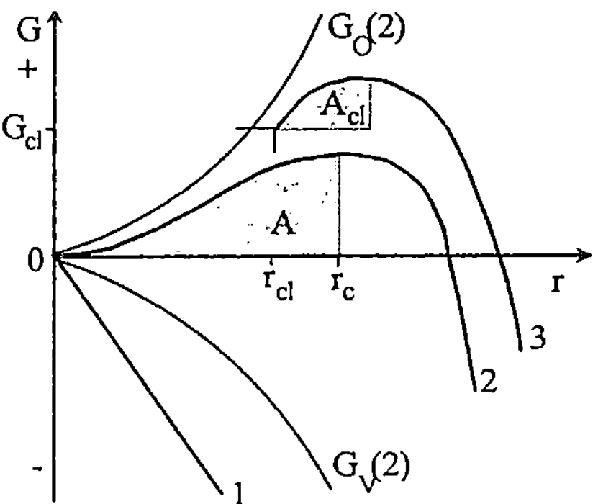


**Bild 3.20** Änderung der Enthalpie G bei der Bildung eines sphärischen Keimes
$r$ Keimradius, $r_c$ kritischer Keimradius, $A$ Keimbildungsarbeit, $\Sigma G_i = G_o + G_V$, $G_o = 4\pi r^2 \sigma$ Enthalpieänderung zur Bildung der Keimoberfläche, $G_V = 4\pi r^3 \Delta g/3$ Enthalpiegewinn durch Bildung der neuen Phase, $1$ kohärenter Übergang (spontan), $2$ homogene, nichtkohärente Keimbildung, $3$ Keimbildung an Leerstellencluster, $r_{cl}$ Radius eines Clusters von Leerstellen, $G_{cl}$ Energie des Leerstellenclusters, $A_{cl} = A - G_{cl}$ heterogene Keimbildungsarbeit

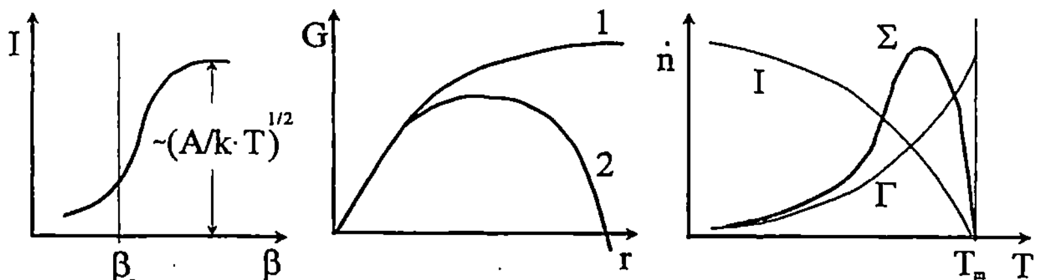

**Bild 3.21** Kritische Übersättigung ß_c zur Einleitung eines Keimbildungsprozesses, Veränderung der Funktion G = f(r) mit der Übersättigung [3.1] und Keimbildungsgeschwindigkeit dn/dt = I Γ
*1* ungesättigte Lösung, *2* gesättigte Lösung

Die Keimbildungsgeschwindigkeit

$$\dot{n} \approx I \cdot \Gamma = A^* \{I_o \cdot \exp(-A/k \cdot T)\} \{g \cdot v \cdot \exp(-E/k \cdot T)(S/k)\} \qquad (3.25)$$

einer diffusionsgesteuerten Reaktion ist der Häufigkeit I und der Diffusionswahrscheinlichkeit Γ proportional. Mit abnehmender Temperatur beginnt der thermodynamische „Zwang" zur Keimbildung gegenüber der Diffusion zu dominieren.

### 3.5.3
### Heterogene Keimbildung

Läuft der Keimbildungsprozeß unter Beteiligung von Fehlstellen ab, so wird die aufzubringende Keimbildungsarbeit A des homogenen Falles um den Enthalpieanteil $G_F$ der Fehlstelle reduziert. Die Keimbildungshäufigkeit I (Gleichung 3.25) ist im Vergleich zur fehlstellenfreien Reaktion um ein Vielfaches größer. In der Tabelle 3.2. sind die aufzuwendenden Energien für ausgewählte heterogene Keimbildungsfälle aufgeführt. Prinzipiell gelten diese Überlegungen auch für Mikroorganismen, die in Übereinstimmung mit der Kossel–Stranski–Theorie bevorzugt Kanten gegenüber Flächen besiedeln.

Beim Aufwachsen eines Keimes auf einer Fläche (Tabelle 3.2) wirkt nur der tangentiale Anteil der Oberflächenenergie $\sigma_{1/a}$, wobei die Gleichgewichtsbedingung

$$\sigma_{\alpha s} = \sigma_{\beta s} + \sigma_{\alpha\beta} \cdot \cos \Theta \qquad (3.26)$$

gilt. Unter hydrostatische Bedingungen, z.B. in einem Kontinuum, wird die Keimbildungsarbeit $A = (\sigma_{\beta s}O_{\beta s}+\sigma_{\alpha\beta}O_{\alpha\beta}-\sigma_{\alpha/s}O_{\alpha/s})/3$ um den Energiebetrag der Grenzfläche $\sigma_{\alpha/s}O_{\alpha/s}$ reduziert und hängt im betrachteten Fall vom sich ausbildenden Benetzungswinkel $\Theta$ ab. Eine besonders große Reduzierung der Keimbildungsarbeit tritt in Ecken auf. Der Fall 4, das Aufwachsen von Zellen auf Fremdkörpern, ist für die Immobilisierung bedeutungsvoll. Ein Cluster wächst spontan, hier einstellbar mit der Oberflächenkrümmung, wenn die Fehlstellenenergie gleich oder größer der homogenen Keimbildungsarbeit ist.

**Tabelle 3.2** Ausgewählte Fälle der heterogenen Keimbildung [3.19]

| Fall | energetische Beziehungen |
| --- | --- |
| Keim auf einer Oberfläche s 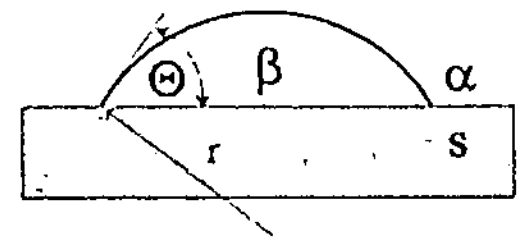 | *Bedingung* $\sigma_{\alpha s} = \sigma_{\beta s} + \sigma_{\alpha\beta}\cos\Theta$ <br><br> $\Delta G_c = \dfrac{4}{3}\dfrac{\pi(\sigma_{\alpha\beta})^3}{\Delta g_V^2}\left(2 - 3\cdot\cos\Theta + \cos^3\Theta\right)$ |
| Keim in einer Oberfläche 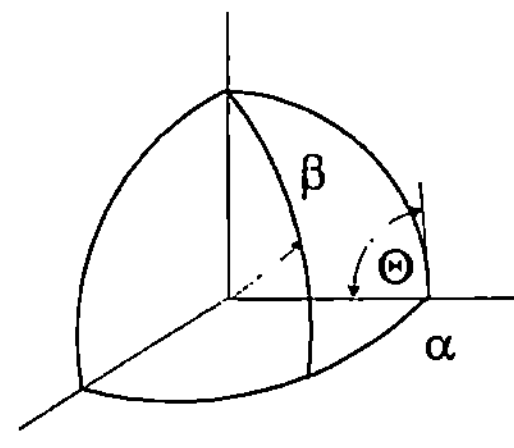 | *Bedingung* $\sigma_{\alpha\alpha} = 2\cdot\sigma_{\alpha\beta}\cos\Theta$ <br><br> *inkohärent* $\Delta G_c = \dfrac{8}{3}\dfrac{\pi(\sigma_{\alpha\beta})^3}{\Delta g_V^2}\left(2 - 3\cdot\cos\Theta + \cos^3\Theta\right)$ <br><br> *kohärent* $\Delta G_c = \dfrac{16}{3}\dfrac{\pi(\sigma_{\alpha\beta})^3}{\Delta g_V^2}$ |
| Keim in einer Ecke | $\Delta G_c = f(\Theta)\dfrac{16}{3}\dfrac{\pi(\sigma_{\alpha\beta})^3}{\Delta g_V^2}$ <br><br> $f(\Theta) = \left(\dfrac{3\pi}{2}\right)2\left\{\begin{array}{l}\pi - 2\cdot\arcsin\left(\dfrac{\mathrm{cosec}\,\Theta}{2}\right) \\[4pt] +\dfrac{\cos^2\Theta}{3}\left(4\cdot\sin^2\Theta - 1\right)^{1/2} \\[4pt] -\arccos\left(\dfrac{\cot\Theta}{\sqrt{3}}\right)\cos\Theta\cdot\left(3 - \cos^2\Theta\right)\end{array}\right\}$ |
| Keim auf einem bereits gebildetem Cluster | $\Delta G_c = \dfrac{r_c^3\,\Delta g_V(\alpha)\sigma}{2}$ <br><br> $\Delta g_V(\alpha) = \dfrac{4}{3}\left(2 - 3\cdot\cos\gamma + \cos^3\gamma\right)$ |

Ein Vergleich der Keimbildungsarbeit in Abhängigkeit vom Benetzungswinkel $\Theta$ zeigt, daß diese für einen halbkugelförmigen Keim ($\Theta = 90°$) von der „fremden" Oberfläche nicht reduziert wird (Bild 3.22). Der Keim wird verzerrungsfrei geschnitten. Bisher wurde die Oberflächenenergie als konzentrationsunabhängig vorausgesetzt. Dichte- und Volumenschwankungen bewirken aber Fluktuationen in der Verteilung der Oberflächenenergie. Dies bedeutet, daß sich die Keimbildungshäufigkeit örtlich verändert.

Mikroorganismen exkretieren Stoffwechselprodukte, wie Schleime, die den Zusammenhalt des Clusters fördern. Diese Reaktion ist mit einer zusätzlich wirkenden Bindungsenergie erklärbar. Formal handelt es sich um ein Beispiel einer heterogenen Keimbildung, in dem auch ein spontanes Wachstum eines bakteriellen Haufwerkes möglich ist.

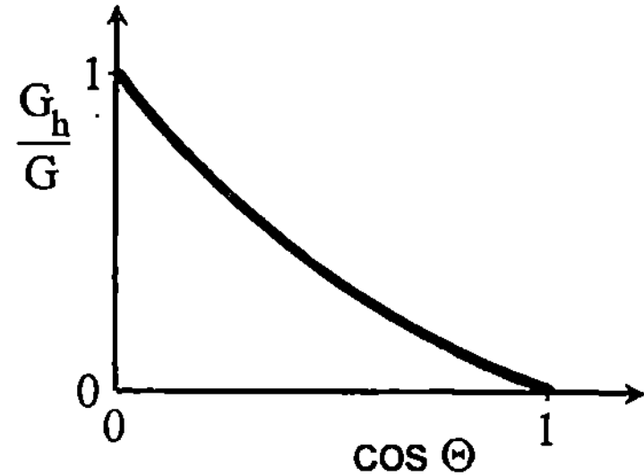

**Bild 3.22** Enthalpieverhältnis einer heterogenen ($G_h$) zur homogenen (G) Keimbildung

$\Theta$ Benetzungswinkel, *heterogenes Modell* Tropfen auf einer Platte

## 3.5.4
## Wachstumsprozesse

Wachstumsvorgänge werden von zwei Prozessen bestimmt, der Diffusion zum sich bildenden Cluster und den Reaktionen an der Phasengrenze. Die für den Umbau an der Grenze benötigte Zeit ist oftmals vernachlässigbar klein gegenüber der Diffusionszeit. Die experimentell gefundene Avrami–Gleichung beschreibt das Volumenverhältnis der neuen zur alten Phase $f = 1-\exp(-K^*t^n)$ und kann gut an die für Umwandlungsreaktionen typische S–Kurve angepaßt werden. Die Konstante $K^*$ $\{\propto \exp(-E^*/kT)\}$ ist ein die Keimbildung und das Keimwachstum charakterisierender Parameter. Der Exponent n hängt von allen, die neue Phase beeinflussenden Faktoren ab, z.B. der Form (n = 4 für Kugeln).

Interpretiert man das Kornwachstum als eine diffusionsgesteuerte Korngrenzenbewegung, so folgt mit der Nernst–Einstein–Gleichung $v = dr/dt = DF/kT$ und dem chemischen Potential $\mu = 2V\sigma/r$ ($V = 4\pi r^3/3$ Kornvolumen) als treibende Kraft ($F = \mu/d$, $d = 2r$) das Wachstumsgesetz

$$v = \frac{dr}{dt} = \frac{D \cdot 2 \cdot V \cdot \sigma}{d \cdot k \cdot T \cdot r} \tag{3.27}$$

Eine auch für Biomaterialien interessante Anwendung gesteuerter Keimbildungs- und Wachstumsprozesse ist die Kristallisation von Gläsern (Glaskeramik).

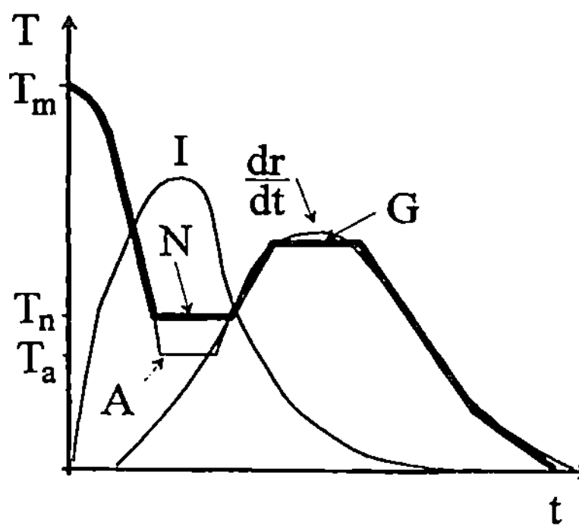


**Bild 3.23** Kristallisation von Gläsern

$T_m$ Schmelztemperatur, $T_a$ „annealing"–Temperatur ($\approx T_g$), $T_n$ Keimbildungstemperatur, $N$ maximale Keimbildungsrate, $G$ maximales Wachstum, $A$ Übergang fest/viskos, $I$ Keimbildungswahrscheinlichkeit, *dr/dt* Wachstumsgeschwindigkeit, $t$ Zeit

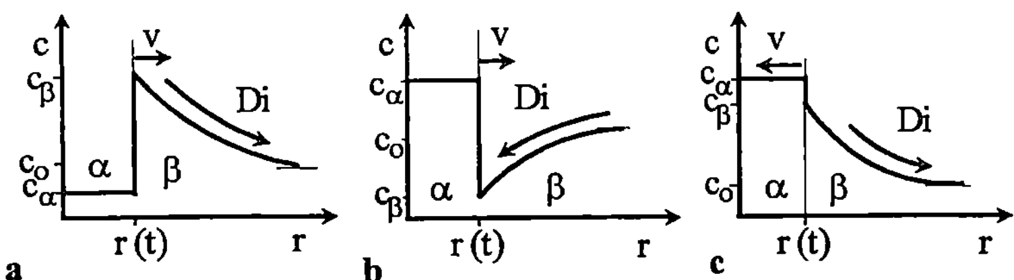

**Bild 3.24** Konzentrationsverläufe für Ausscheidungs- (a, b) und Zerfallsreaktionen (c)
a $c_\alpha < c_\beta$, b $c_\alpha > c_\beta$, c $c_\alpha > c_\beta$, $c_o$ Gleichgewichtskonzentration, $c_\alpha$ Konzentration der $\alpha$–Phase, $c_\beta$ Konzentration der $\beta$–Phase $Di$ Diffusionsrichtung, $v = dr/dt$ Wachstumsgeschwindigkeit, $r(t)$ Ort der Phasengrenze zur Zeit t

Das Bild 3.23 verdeutlicht die technologischen Stufen. Der thermodynamisch instabile Zustand „Glas" wird bis zur Temperatur der höchsten Keimbildungsgeschwindigkeit abgekühlt, dort für einige Stunden gehalten und anschließend zur Forcierung des Keimwachstums wieder erwärmt. Das Ergebnis ist ein partiell kristalliner Zustand, mit mechanischen Eigenschaften, die eine maschinelle Bearbeitung erlauben. Oftmals wird die Keimbildungsgeschwindigkeit durch Keimbildner erhöht, wie Gold-, Silber-, Kupfer- oder Eisenionen.

Im Bild 3.24 sind die möglichen Richtungen des diffusionsgesteuerten Wachstums eines Clusters in Abhängigkeit von den Konzentrationsbedingungen dargestellt. Ist die Löslichkeit der neuen Phase ($c_\alpha$) geringer gegenüber der alten ($c_\beta$), so erfolgt nur dann ein Wachstum, wenn die Konzentrationsdifferenz $\Delta c = c_\alpha - c_\beta$ in die alte Phase abtransportiert werden kann (z.B. $\gamma/\alpha$–Umwandlung im Eisen). Entsprechend gilt für eine Zerfallsreaktion die Bedingung $c_\alpha > c_\beta$, z.B. für den Zerfall des Zementits. Für eine Ausscheidung mit dem Konzentrationsverhältnis $c_\alpha > c_\beta$ ist die Wachstumsgeschwindigkeit $dr/dt \approx \Delta\mu = \mu(c_\alpha) - \mu(c_\beta)$ proportional der Differenz der chemischen Potentiale $\mu = kT \ln c$. Die Phasengrenzenbewegung wird vom Transport der Teilchen zur neuen Phase bestimmt.

Für miteinander wechselwirkende Ausscheidungen ist das Diffusionsgebiet eingeschränkt. Zum Zeitpunkt der Berührung der Diffusionshöfe treten Fluktuationen auf, die in der Randbedingung dc/dr nicht mehr erfaßt werden. Die Berücksichtigung benachbarter Diffusionshöfe führt zu kleineren Wachstumsgeschwindigkeiten gegenüber dem wechselwirkungsfreien Modell [3.19].

### 3.5.5
### Wachstum biologischer Cluster

Die obigen Wachstumsvorstellungen sind auch auf biologische Systeme anwendbar (Bild 3.25). Liegen wachstumshemmende Stoffe vor, u.a. aus zellulären Reaktionen, dann müssen diese als Voraussetzung eines Wachstum in die Lösung abtransportiert werden. Dies ist das Modell einer begrenzten Löslichkeit ($c_\alpha < c_\beta$, Fall a). Das diffusionsgesteuerte Wachstum mikrobieller Cluster ist mit einer erhöhten Konzentration ($c_\alpha > c_\beta$) im sich neu bildenden Phase vergleichbar, so daß sich bei Anlagerung von Organismen die Konzentration in unmittelbarer Nachbarschaft des Clusters vermindert. Dieser Konzentrationsgradient bewirkt eine Diffusion der Zellen aus der Lösung in Richtung der wachsenden Kolonie (Bild 3.25b).

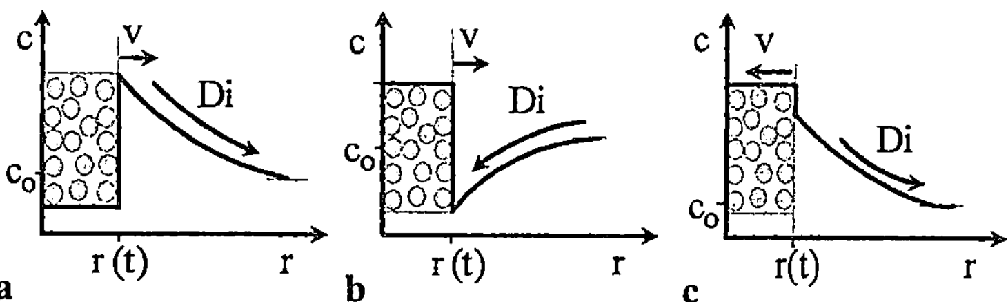


**Bild 3.25** Clustermodelle für Mikroorganismen
**a** mit Stoffwechselprodukten, **b** Bildung eines Zellclusters, **c** Zerfall eines Zellclusters, $c_o$ Gleichgewichtskonzentration, *r(t)* Ort der Clustergrenze zur Zeit t, $v$ = dr/dt Wachstumsgeschwindigkeit, *Di* Diffusionsrichtung

Bezieht man das Clusterwachstums auf den Transport von Nährstoffen, so wird an dem Ort, wo eine höhere Organismendichte im Vergleich zur Lösung vorliegt, auch eine höhere Nährstoffkonzentration benötigt. Zur Vermeidung einer Unterversorgung im Cluster muß dieser ständig aus der Umgebung versorgt werden (Fall b). Beim Zerfall biologischer Cluster liegt am Zerfallsort ein Überangebot an Organismen vor, aber nicht an Nährstoffen. Die Zellen bewegen sich in die Lösung, das Zerfallsmodell (Fall c). Im Regelfall werden mehrere Mechanismen auftreten. Wie in der Festkörperphysik ist es auch hier möglich, Modelle miteinander zu verknüpfen.

Diese Gegenüberstellung materialwissenschaftlicher und biologischer Anwendungen verdeutlicht, daß die seit langem für feste Lösungen bekannten Modellvorstellungen auch auf Organismen übertragbar sind. Bereits die Lösung lnr = At, des auf der Nernst–Einstein–Gleichung basierenden Wachstumsgesetzes (Gleichung 3.27) $v$ = dr/dt = $4\pi D\sigma r(3kT)^{-1}$ = Ar beschreibt Experimente mit *E.coli* Bakterien in der Form $(\ln 3n\Omega - \ln 4\pi)(\ln n - \ln n_0)$ = 3At ($n\Omega = 4\pi r^3/3$, $\Omega$ Volumen eines Bakteriums, $n$ Anzahl der adhärierenden Bakterien, Bild 6.23). Diese Lösung gilt aber nicht für den Anfangsprozeß, ein aus Modellrechnungen hinlänglich bekanntes Problem [3.19].

Um ein Vielfaches problematischer und komplexer ist die Bestimmung der Enthalpien und Potentialverläufe. Erinnert sei an die komplizierten Mechanismen des Ionenaustausches über Zellwände (Kap. 2), die aber letztendlich die Konzentrationen im Cluster beeinflussen (Kap. 9).

# 3.6
# Sintern

Beim Sintern wird ein feinkörniges Pulver bei höheren Temperaturen {$\approx$ (0,5 bis 0,8)$T_m$, $T_m$ Schmelztemperatur [K]} unter Druck verformt. Diese Technologie erlaubt es, komplizierteste Formen aus den „exotischsten" Materialien herzustellen, vorausgesetzt, es tritt keine Korrosion zwischen den einzelnen Pulverpartikeln auf. Die Energie einer konvexen Oberfläche ist größer gegenüber der einer konkaven (Bild 3.4). Hieraus resultiert eine Teilchenbewegung im Pulver und von Atomen der Kornoberflächen, die als ein Parameter das „Verschweißen" der sich berüh-

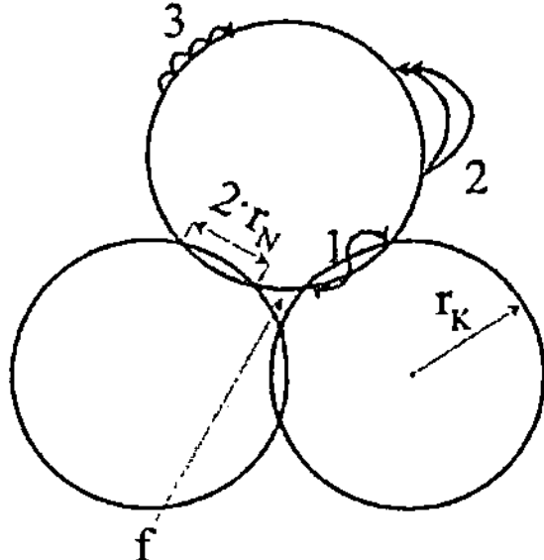



**Bild 3.26** Sintern von Kugeln und mögliche Massentransportmechanismen
*1* Volumendiffusion, *2* Kondensation, *3* Oberflächendiffusion, *f* freies Volumen ≈ Porosität

renden Flächen $(A_N \approx r_N^3)$ beeinflußt (Bild 3.26). Der Radius $(r_N)^n = K^+(r_K)^m t$ hängt somit von der Zeit und dem Kornradius $r_K$ ab. Die Größe $K^+$ ist eine temperaturabhängige Konstante und die Werte von n und m werden durch die, den Sinterprozeß dominierenden Transportmechanismen bestimmt (Tabelle 3.3).

Die beim Sintern auftretende Materialschrumpfung

$$\Delta V \approx \left(r_N / r_K\right)^2 = \left(K^+\right)^{2/n} \cdot \left(r_K\right)^{2(m-n)/n} \cdot t^{2/n} \tag{3.28}$$

hängt vom Verhältnis der „verschweißten" Fläche zum Kornvolumen $V_K$ ab. Eine weitere Kenngröße ist die Porosität P (Bild 3.26). Sie ist umgekehrt proportional zur Dichte ρ und ein wichtiges Kriterium zur Beurteilung der Bioverträglichkeit.

**Tabelle 3.3** Parameter n und m für verschiedene Sintermechanismen [3.17]

| Transportmechanismus | n | m |
|---|---|---|
| Volumendiffusion | 5 | 2 |
| Korngrenzendiffusion | 6 | 3 |
| Oberflächendiffusion | 7 | 3 |
| viskoses Fließen | 2 | 1 |
| Kondensation | 3 | 1 |

# 3.7
# Korrosion

Die Korrosion ist eine Grenzflächenreaktion des Werkstoffes mit seiner Umgebung, wobei eine meßbare Veränderung (Korrosionserscheinung) an diesem bewirkt werden muß und es zur Beeinträchtigung (Korrosionsschaden) des Bauteiles oder des ganzen Systems kommen kann [3.15]. Die Mechanismen sind chemischer, elektrochemischer oder festkörperphysikalischer Natur. Die zentrale Stellung des Schadens hat Bedeutung für den Korrosionsschutz. Es geht hierbei nicht um die generelle Verhinderung von Korrosionsreaktionen, sondern „nur" um die Schadensvermeidung. Mit der Einbeziehung der Umgebung in den Korrosionsschaden müssen eine Vielzahl neuer Faktoren Berücksichtigung finden. Ein durch Rost verunreinigtes Wasser kann ein korrosiver Schaden sein. Sichtbare Schädigungen sind verhältnismäßig einfach zu handhaben. Problematisch ist die Schadenserkennung bei Beteiligung von Mikroorganismen.

## 3.7.1
## Phänomenologie der Korrosion

Prinzipiell unterscheidet man zwei Erscheinungsformen der Korrosion, den gleichmäßigen und den ungleichmäßigen Abtrag (Bild 3.27). Bei einer gleichmässigen korrosiven Schädigung ist die Korrosionsgeschwindigkeit an jedem Punkt der Oberfläche im Mittel gleich. Dies setzt voraus, daß die Reaktion homogen verläuft und keine medienseitigen Konzentrationsgradienten auftreten. Der örtlich begrenzte, ungleichmäßige korrosive Abtrag ist um ein Vielfaches gefährlicher. Die Materialschädigung erfolgt hier punktuell. Dies ist die häufigste Erscheinungsform, wobei Konzentrationsschwankungen im Elektrolyten, inhomogene Materialzustände und die Beteiligung von Mikroorganismen der Reaktionsausgangspunkt sein können..

Lochfraß tritt vorrangig in Verbindung mit örtlich geschädigten Deckschichten auf. Die Reaktion läuft nur im und am korrosiv entstandenen Krater ab, so daß eine große, örtlich begrenzte Elektronendichte vorliegt (große Korrosionsgeschwindigkeit). Diesen Mechanismus beobachtet man u.a. bei Streuströmen, in Verbindung mit Biofilmen, porösen Oxidschichten verschiedener Aluminiumwerkstoffe und bei Anwesenheit von Chloridionen an Passivschichten hochlegierter Stähle.

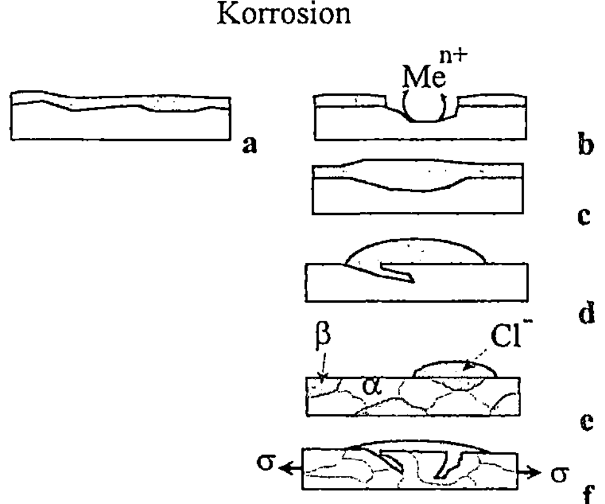


**Bild 3.27** Erscheinungsformen der Korrosion
a gleichmäßige Schädigung (atmosphärische Korrosion des Eisens, Taupunktkorrosion, Rauchgaskorrosion, Hochtemperaturkorrosion), b–f ungleichmäßige Schädigung, b Lochfraß (Kondenswasser, Erosion, Kavitation, Tribologie, Biokorrosion), c Muldenkorrosion, d Spaltkorrosion (Belüftungselement, Kontaktkorrosion, Filigrankorrosion, Biokorrosion), e selektive Korrosion (Entzinkung, Kornzerfall hochlegierter Stähle, Biokorrosion), f infolge mechanischer Belastungen (Spannungsriß- und Schwingungsrißkorrosion), α, β Phasen, σ Spannung

Die Voraussetzungen für die Muldenkorrosion entsprechen denen des Lochfraßes, wobei eine Mulde um ein Vielfaches flacher gegenüber den obigen Kratern ist. Beispiele hierfür sind sich ausbildende Mulden unter Wassertröpfchen (Schwitzwasser- und Stillstandskorrosion) oder bei Berührung von Festkörpern (Berührungskorrosion). Im Zusammenwirken mit einer mechanischen Belastung, einer Erosion, einer Kavitation oder durch tribologisch herausgelöste Oberflächenpartikel treten kombinierte Mechanismen auf.

Spaltkorrosion wird durch weitreichende Konzentrationsschwankungen (Konzentrationselement) im Elektrolyten verursacht, wie des Sauerstoffs in Rissen oder Spalten (Zahnimplantate), und große elektrische Potentialdifferenzen (Kontaktkorrosion).

Die selektive Korrosion tritt in mehrphasigen Legierungen auf. Infolge einer unterschiedlichen elektrochemischen Wertigkeit der einzelnen Phasen können sich Potentialdifferenzen zwischen den einzelnen Gefügebestandteilen ausbilden, wie zwischen $\alpha$– und ß–Messing (Entzinkung). Die elektrochemisch negativere Phase (ß–Messing) wird hierbei aus dem Gefügeverband anodisch herausgelöst.

Den interkristallinen Mechanismus beobachtet man bevorzugt an Korn- und Phasengrenzen. Die Randbereiche dieser Grenzen sind hoch reaktiv, so daß die Reaktionsprodukte Unterschiede im elektrochemischen Potential verstärken. Die Grenzen werden regelrecht aufgelöst, wie in hochlegierten Cr–Stählen durch Absenkung der Passivierungskonzentration infolge von Cr–Karbidausscheidungen beim Schweißen.

Plastische Verformungen bewirken in Festkörpern den Aufbau von Gleitsystemen, womit sich das chemische Potential örtlich verändert. Hierdurch können Korrosionsreaktionen eingeleitet werden, die letztendlich zur Rißentstehung führen. Eine statische Beanspruchung bewirkt vorrangig Veränderungen in der Korngrenze (interkristalline Korrosion), wohingegen eine dynamische den Aufbau von persistenten Gleitbändern mit einer nachgeschalteten, transkristallinen korrosiven Schädigung hervorruft.

In Natura sind eine Vielzahl von möglichen Reaktionen miteinander verknüpft. Die Erscheinungsform ist dann nur noch eine bildliche Interpretation, ohne gezielte Aussagen über den Mechanismus treffen zu können. Insbesondere bei Beteiligung von Mikroorganismen, deren Idendifikation bereits Probleme bereitet, vorausgesetzt man vermutet überhaupt deren Beteiligung an der Reaktion, ist eine Interpretation oftmals nur unter den schwierigsten Bedingungen möglich.

## 3.7.2
## Korrosionsmechanismen

Die Korrosion kann durch chemische, elektrochemische und festkörperphysikalische Reaktionsmechanismen ausgelöst werden (Bild 3.28). Ein chemisches Reaktionsschema ist die bereits erwähnte, gleichmäßige Korrosion durch Bildung von Oxidschichten. Hierbei sind die Grenzflächen Oxid/Metall und Oxid/Gas mögliche Reaktionsorte. Im ersten Fall ist die Diffusionsgeschwindigkeit des Sauerstoffs durch die Schicht reaktionsbestimmend, z.B. Titan. Beim zweiten Typ steuert die Diffusion, der an der Grenzfläche Oxid/Metall in Lösung gegangenen Metallionen, den Prozeß. Das Wachstum der Oxidschicht erfolgt hier an der Grenzfläche Oxid/Gas, wie beim Verzundern von Stahl.

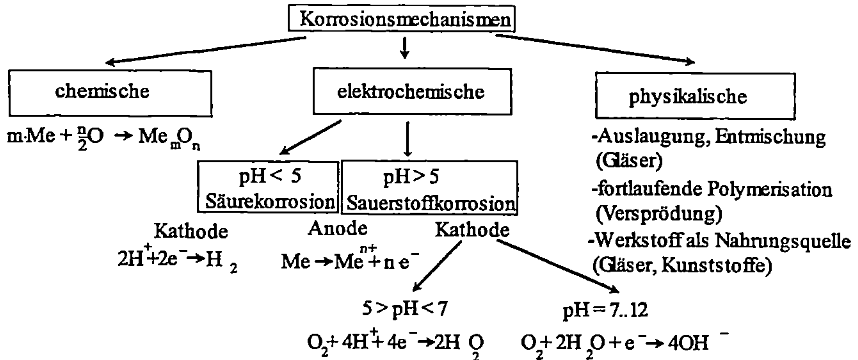


**Bild 3.28** Korrosionsmechanismen

Weitaus häufiger treten elektrochemische Korrosionsreaktionen auf, wobei man in Abhängigkeit vom pH−Wert den Sauerstofftyp und die Säurekorrosion unterscheidet. Im sauren Bereich muß für eine Entgasung des Systems gesorgt werden, ansonsten kommt es zu Wasserstoffansammlungen, wie in Warmwassersystemen. Rost tritt nur in einer neutralen oder alkalischen Umgebung auf (Sauerstofftyp).

Festkörperphysikalisch bedingte Korrosionsmechanismen basieren auf einer Veränderung der Werkstoffoberfläche durch Phänomene, die den beiden oberen Mechanismen nicht zugeordnet werden können. Erwähnenswert sind Auslaugungsprozesse an Glasoberflächen, die auf Diffusionsprozessen der herausgelösten Oberflächenionen beruhen. Hierzu kann man auch die Aufnahme von Ionen durch Mikroorganismen aus Werkstoffoberflächen zählen (Werkstoff als „Nahrungsquelle").

### 3.7.2.1
### Elektrochemische Grundlagen

Die Voraussetzungen zur Ausbildung eines elektrochemischen Korrosionselementes ist die Existenz von zwei, miteinander elektrisch leitend verbundenen Elektroden, deren Potentiale $\mu$ voneinander abweichen, und eines leitfähigen Elektrolyten (Bild 3.29). Chemische Reaktionen laufen nur an den Elektroden und im Elektrolyten ab. In den Zellelementen dominieren elektrische Leitungsvorgänge, beschrieben durch das elektrische Potential $\Phi$. Für das Gesamtpotential gilt

$$\Delta G_0 = \mu - \mu_0 = z \cdot \Im \cdot \Phi \tag{3.29}$$

$z$ Ladungszahl eines Ions, $\Im = 96{,}5$ [C Mol$^{-1}$] Faraday−Konstante, $\mu$ chemisches Potential

Hierbei ist die Gesamtzellspannung $U = \Sigma g_i$ die Summe der Galvani−Spannungen $g^{I,II} = \Phi^I - \Phi^{II}$ zwischen den Einzelelementen (I, II).

In der Zelle laufen eine Vielzahl von Einzelreaktionen ab, wie die Diffusion der Ladungsträger, Reaktionen an den Elektrodenoberflächen oder der Einbau von im Elektrolyten gelösten Metallionen in das Elektrodengitter. Nach dem Faraday−schen Gesetz $m = \Im q$ ergibt sich für die Korrosionsgeschwindigkeit $v_{Kor}$

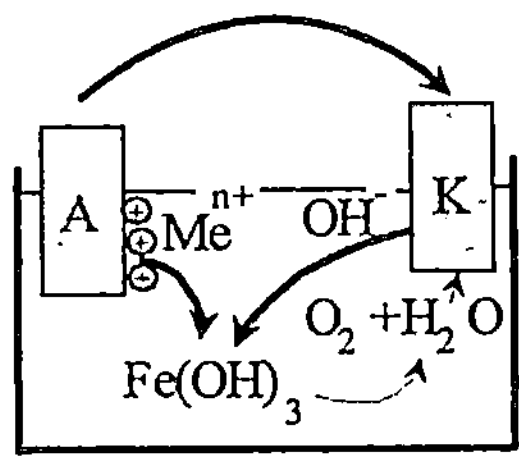


**Bild 3.29** Korrosionselement

$$V_{Kor} = \frac{\Delta m}{\Delta t} = \frac{I \cdot t \cdot M}{z \cdot \mathfrak{F}} \tag{3.30}$$

$m$ Masse der Reaktionsprodukte, $q$ elektrische Ladung, $M$ Molmasse

Faßt man beide Elektroden (*Anode* Oxidation Me $\rightarrow$ Me$^+$+e$^-$, *Kathode* Reduktion Me$^+$+e$^-$ $\rightarrow$ Me) als Halbzellen auf, so gilt im Gleichgewicht (I = 0) für den Anoden- (I$_+$, I > 0) und Kathodenstrom (I$_-$, I < 0) I$_0$ = I$_+$ = I$_-$.

Für einen gehemmten Ladungsträgeraustausch ist die Stromdichte I$_0$ sehr klein. Die Einstellung des Gleichgewichtes verzögert sich oder findet nicht statt, u.a. beim Eisen, Nickel oder Chrom. Eine Ursache hierfür ist der Aufbau einer elektrischen Doppelschicht an den Elektroden (Bild 3.30). Die Ladungsträger müssen sich an der Grenzfläche Elektrode/Elektrolyt durch diese Grenzschicht „hindurchzwängen". Die aufzubringende Arbeit W$_{el}$ ist proportional dem elektrischen Potential $\Phi$ = lim W$_{el}$/dq und bestimmt über das chemische Potential die Reaktionsgeschwindigkeit (Gleichung 3.29). Eine thermische Auflockerung dieser Schicht bewirkt eine Reduzierung der hemmenden Wirkung, so daß die Diffusion der Ladungsträger im Elektrolyten zur geschwindigkeitsbestimmenden Reaktion wird. Diese Doppelschichten sind auch von immanenter Bedeutung für die elektrischen Wechselwirkungen zwischen Zellen und Werkstofffoberflächen (Kap. 4).

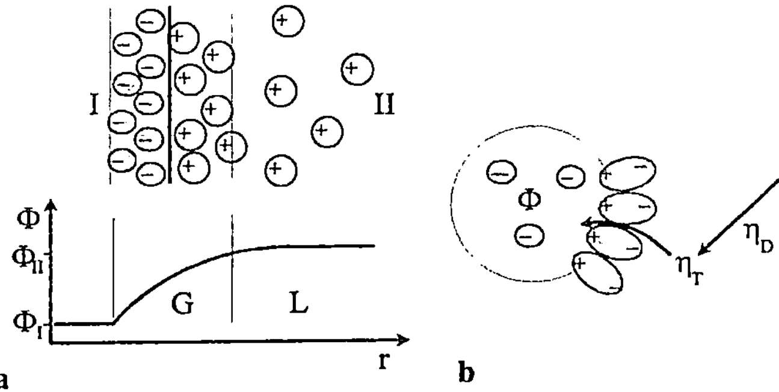


**Bild 3.30** Ladungsdoppelschicht mit unterschiedlicher thermischer Auflockerung und Dipolschicht an einer Elektrode
a Doppelschicht, b Überspannungen an einer Dipolschicht, *I* Elektrode, *II* Elektrolyt, $\Phi$ Potential, *r* Abstand, *s* Grenzschicht, *d* isotrope Bedingungen, $\eta$ Überspannung

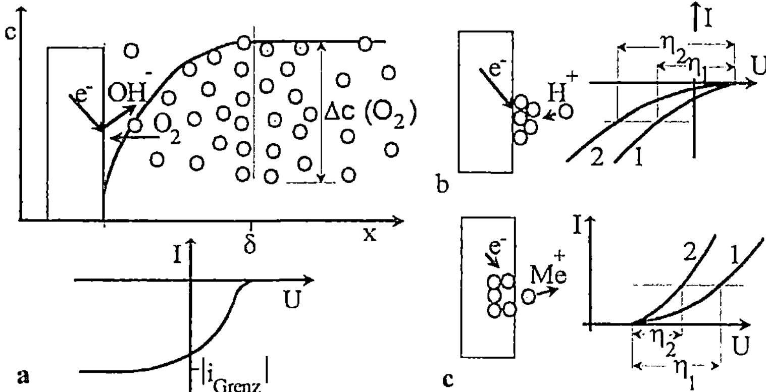


**Bild 3.31** Mögliche Überspannungen und die zugehörigen Stromdichte–Potential–Zweige
a Diffusionsüberspannung (Kathode), b Durchtrittsüberspannung (Kathode), c Durchtrittsüberspannung (Anode), $I$ Strom, $U$ Potential, $c$ Konzentration, $x$ Ort, $\eta$ Überspannung, $Me$ Metallionen, $\delta$ Grenzschichtdicke

Die Polarisation $P = U_I-U_o$ einer Elektrode ist deren positive (anodische Teilreaktion) oder negative (kathodische Teilreaktion) Abweichung vom stromlos gemessenen Ruhepotential $U_o$ (Bild 3.32). In der elektrochemischen Meßtechnik polarisiert man zwangsweise eine Elektrode durch Anlegen einer äußeren Fremdspannung (Kap. 8). Hiermit ist es möglich, die an ihr und im Elektrolyten ablaufenden Reaktionen zu analysieren.

Die Abweichung des Ist–Potentials $U_{H(I)}$ vom Gleichgewichtspotential $U_o$ bezeichnet man als Überspannung $\eta = U_{H(I)}-U_o = \eta_D+\eta_T+\eta_R+\eta_K$. Hierfür gibt es im Wesentlichen zwei Ursachen (Bild 3.31);

- der Ladungsträgertransport im Grenzbereich Elektrode/Elektrolyt ist gehemmt, wofür eine Doppelschicht (Durchtrittsüberspannung $\eta_T$), mögliche Elektrodenreaktionen ($\eta_R$) oder Einbauprozesse in das Kristallgitter der Elektrode ($\eta_K$) verantwortlich sein können.

- der Stofftransport im Elektrolyten zur Elektrode oder von dieser fort wird behindert ($\eta_D$ Diffusionsüberspannung). Für die Ionenbewegung im Elektrolyten ergibt sich nach dem Ersten Fickschen Gesetz (Gleichung 3.12) eine Ladungsträgermenge in der Grenzschicht von $j = -z\Im D(c-c_o)/\delta$ ($\delta$ Grenzschichtdicke) bzw. bei einer sofortigen Entladung der Ionen an der Elektrode $j_{Grenz} = -z\Im D/\delta$ ($c_o = 0$). Mit der Nernstschen Gleichung $\mu = \mu_o+C\ln a$ ($a$ Aktivität) folgen die Elektrodenpotentiale im Gleichgewicht $U_{eq} = U_o+kT(z\Im)^{-1}\ln c$ und an der Grenzfläche $U = U_o+(kT/z\Im)\ln c_o/c$, woraus sich für die Diffusionsüberspannung der Ausdruck $\eta_D = U-U_{eq} = (kT/z\Im)\ln(c_o/c)$ ergibt.

Diese Überspannungen verändern sich bei Anwesenheit von Bakterien und deren Stoffwechselprodukten, wie Proteinen oder Polysacchariden.

Schaltet man ein zu untersuchendes Metall als polarisierbare Elektrode, dann ist es möglich, den anodischen und kathodischen Zweig „durchzufahren" (Kap. 8, Außenschaltung). Das Ergebnis ist die Stromdichte–Potential–Kurve, in der die Potentiale gegen den sich im Gleichgewicht einstellenden Strom dargestellt sind

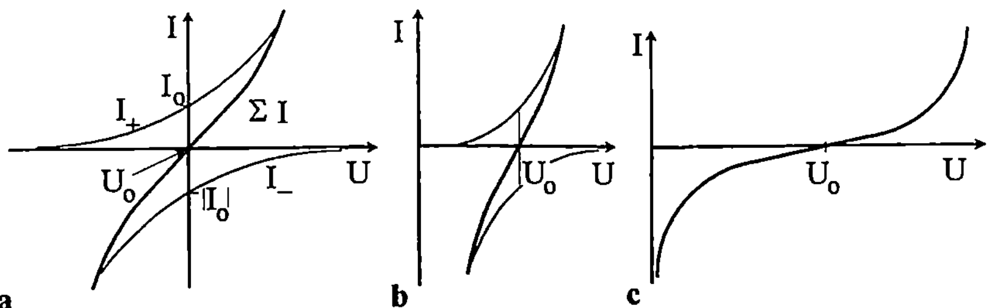

**Bild 3.32** Stromdichte–Potential–Kurve (a) und Einfluß der Elektrodenreaktionen (b)
a Stromdichte–Potential–Kurve für eine durchtrittsgehemmte Reaktion, b schnelle Elektrodenreaktionen, c langsame Elektrodenreaktionen, $I_+$ anodische Teilstromdichte, $I_-$ kathodische Teilstromdichte, $I_o$ Austauschstromdichte, $U_o$ Gleichgewichtspotential, $I = \Sigma I$ Gesamtstromdichte

(Bild 3.32). Aus dieser Kurve ist der sich im Gleichgewicht einstellende Korrosionsstrom direkt bestimmbar, so daß mit dem Faradayschen Gesetz eine Abschätzung der Korrosionsgeschwindigkeit möglich ist (Gleichung 3.30). Eine große Stromstärke entspricht einer schnellen Elektrodenreaktion.

Elektrochemische Reaktionen können thermisch und/oder elektrisch aktiviert werden. Ist der Ladungsdurchtritt in der Doppelschicht die geschwindigkeitsbestimmende Reaktion, dann gelten für die anodischen und kathodischen Teilströme $I_A = I_o \exp(\alpha z \Im \eta / kT)$ bzw. $I_K = -I_o \exp\{-(1-\alpha) z \Im \eta / kT\}$ ($\alpha$ Durchtrittsfaktor). Aus dem Gesamtstrom $I = I_A + I_K$ folgt mit der Abkürzung $B = z\Im/kT$ und dem Reihenansatz $e^\eta = 1+\eta$ die Gleichung

$$I = I_o \cdot B \cdot \eta \tag{3.31}$$

bzw. in Analogie zum Ohmschen Gesetz $(U = RI)$ $\eta = I/BI_o$. Der Term

$$b = \frac{1}{B \cdot I_o} = \frac{k \cdot T}{z \cdot \Im \cdot I_o} \tag{3.32}$$

wird als Polarisationswiderstand bezeichnet. Aus dem Tangentenanstieg im Ruhepotential $\Delta I/\Delta \eta = BI_o$ kann der nicht meßbare Austauschstrom $I_o$ bzw. der Korrosionsstrom $I_{Korr}$ berechnet werden (Bild 3.33).

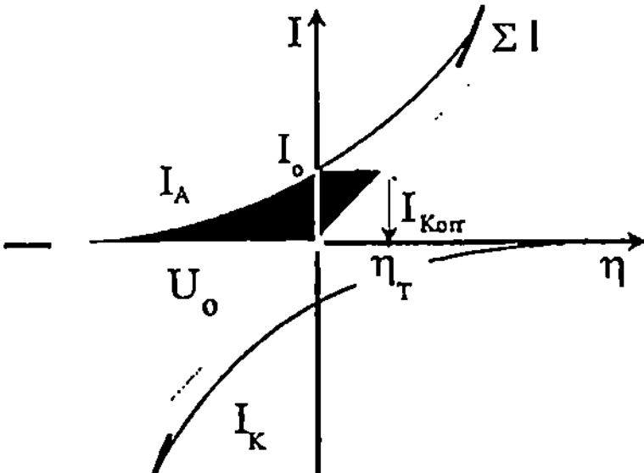

**Bild 3.33** Tangente im Ruhepotential und Berechnung des Korrosionsstromes $I_{Korr}$
$I_A$ Anodenstrom, $I_K$ Kathodenstrom, $\eta$ Potential

Bei einer starken anodischen Polarisation ist $I = I_A$, so daß $I = I_o \exp(\alpha z \Im \eta / kT)$ bzw. $I/I_o = \exp(\alpha B \eta)$ gilt. Der Gesamtstrom $\beta_A = \alpha z \Im \eta \, (2{,}3kT)^{-1}(2{,}3\ln x)$ ergibt sich hiermit zu

$$\log I = \frac{1}{\beta_A}\eta + \log I_o \tag{3.33}$$

Entsprechend gilt für eine große kathodische Polarisation $(I = I_K)$

$$\log I = -\frac{1}{\beta_K}\eta + \log I_o \tag{3.34}$$

Die Tafel–Gleichung

$$\eta = \pm \beta \cdot \log \frac{I}{I_o} \tag{3.35}$$

ermöglicht die Ermittlung der Austausch- und Korrosionsströme (Bild 3.34). Diese Gleichungen gelten nur dann, wenn an der Kathode eine Reduktion abläuft, z.B. $2H^+ + 2e^- \rightarrow H_2$, und keine Nachfolgereaktionen auftreten, wie die Elektrodenbelegung mit einem unlöslichen Reaktionsprodukt.

Die Polarisation der Gesamtzelle setzt sich aus der Gesamtüberspannung und einem Ohmschen Spannungsanteil

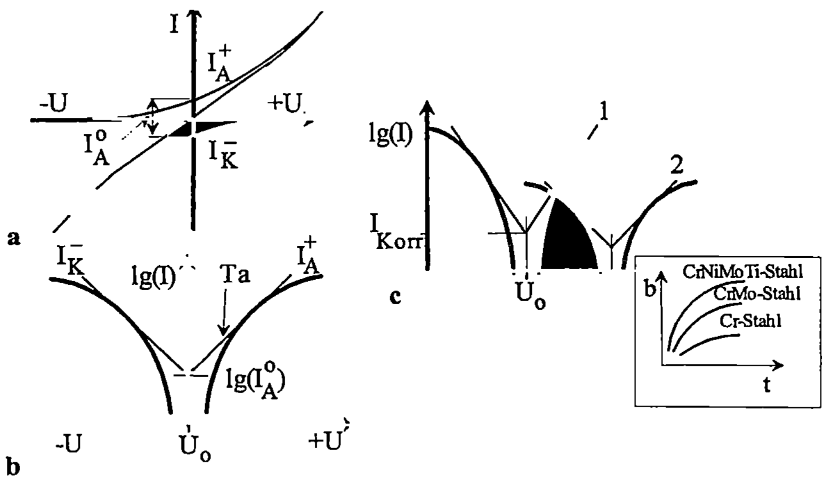


**Bild 3.34** Ermittlung der Austauschstromdichte für eine durchtrittsgehemmte Reaktion
**a** Strom–Dichte–Potential–Kurve, **b** zugehörige halblogarithmische Darstellung, **c** Inhibitoreinfluß, *1* ohne Inhibitor, *2* mit Inhibitor, *b* $= f(t)$ Inhibitoreinfluß auf den Polarisationswiderstand für verschiedene Stähle, $T_a$ Tafel–Gerade, *b* Polarisationswiderstand, *t* Zeit, $I_K$ Kathodenstrom, $I_A$ Anodenstrom, $I_{Korr}$ Korrosionsstrom, $U_o$ Gleichgewichtspotential, $I^o_A$ Stromdichte im Gleichgewichtsfall

$$\eta = U_I - U_o = \sum_i \eta_i + \sum_j I \cdot R_j \tag{3.36}$$

zusammen. Im Gleichgewicht tritt als Polarisation nur der Ohmsche Anteil mit dem Innenwiderstand R der Zelle auf. Dieser ist in experimentellen Untersuchungen ein systematischer Fehler und kann durch verschiedene Methoden kompensiert werden [3.15, 3.12] (Kap. 8, Haber–Lugginsche–Kapillare).

Bei der Depolarisation einer Elektrode wird durch äußere Einflüsse die Polarisation verändert. Dieser Prozeß bewirkt eine Verschiebung hin zu einer der beiden Teilreaktionen, begleitet von einer erhöhten Ionenbeweglichkeit. Depolarisierende Prozesse sind

- die Verringerung der Konzentrationsüberspannung, u.a. durch eine Bewegung der Lösung (Diffusion und Reaktion).
- die Erhöhung der Konzentration der Reaktionspartner, gleichbedeutend mit einer Zunahme der Diffusionsgeschwindigkeit.
- die Verringerung der Durchtritts- und Diffusionsüberspannung durch Erhöhung der Leitfähigkeit oder Entfernen von Deckschichten.
- das Ersetzen einer Teilreaktion mit hoher Polarisation durch eine mit einer niedrigeren, wie der Wechsel von einer kathodischen Wasserstoffabscheidung zur Sauerstoffreduktion.
- die Einbeziehung von Protonen aus dem mikrobiellen Stoffwechsel, z.B. von sulfatreduzierenden Bakterien. Die Organismen sind nicht die korrosive Initialzündung sondern erst nach deren Einleitung der „Katalysator".

### 3.7.2.2
### *Passivität*

Trotz vorhandener Potentialunterschiede werden metallische Oberflächen oftmals korrosiv nicht geschädigt, z.B. Eisen in Salpetersäure. Dieses, auf Deckschichtbildungen beruhende Phänomen bezeichnet man als Passivität. In Abhängigkeit von der Elektronenleitfähigkeit der Passivschicht unterscheidet man schlecht (Al, Ti, Nb, Ta) und gut elektronenleitende Schichten (Fe, Cr). In der ersten Gruppe existieren dickere, teilweise sogar sichtbare Passivschichten und eine entsprechend verminderte Leitfähigkeit gegenüber dem nichtpassivierten Basismaterial.

Der anodische Zweig eines passivierbaren Metalls unterteilt sich in drei Bereiche, einen aktiven, passiven und transpassiven (Bild 3.35). Im aktiv–passiven Übergangsbereich kommt es zur Passivschichtbildung, womit sich der Übergangswiderstand erhöht, gleichbedeutend mit einem Spannungsabfall des Basismaterials (Anode). Im passiven Bereich muß der anodische Reststrom durch ein Oxydationsmittel im Elektrolyten kompensiert werden. Schlecht elektronenleitende Schichten sind von Anfang an passiv.

Fremdionen und/oder Materialinhomogenitäten verändern die Durchbruchspotentiale. Beispielsweise sind die Chrom–Passivschichten der hochlegierten Stähle bei Anwesenheit von Chloridionen gefährdet. Das Durchbruchspotential ist ein wichtiges Kriterium zur Beurteilung der Bioverträglichkeit aus korrosiver Sicht. Ein weiterer Schädigungsmechanismus ist das „Aufreißen" der Passivschicht durch Versetzungsbänder infolge mechanischer Verformungen (Bild 3.36). Diese Situation ist u.a. beim „Entwurf" eines Implantates zu berücksichtigen (Kap. 7).

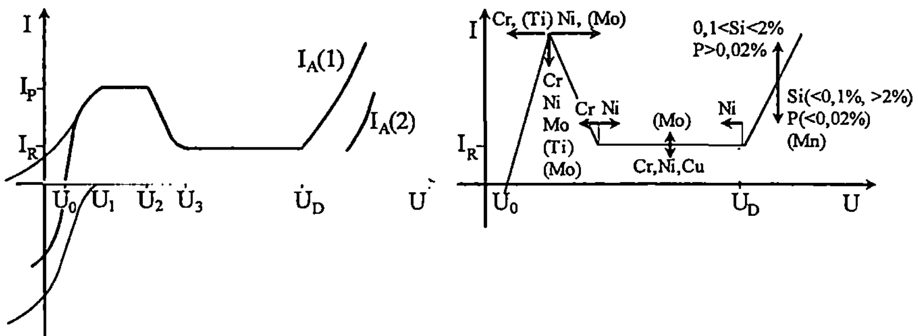

**Bild 3.35** Stationäre Stromdichte–Potential–Kurve eines passivierbaren Metalls (1) und eines Metalles mit natürlicher Passivität (2) sowie der Einfluß von Legierungselementen auf die Passivierungskurve (anodischer Zweig)
$U_o$ Ruhepotential, $U_2$ Passivierungspotential (bis $U_2$ aktiver Bereich, Me $\rightarrow$ Me$^{n+}$+ne$^-$), $U_3$ Aktivierungspotential ($U_3$ bis $U_D$ passiver Bereich), $U_D$ Durchbruchspotential (U > $U_D$ transpassiver Bereich, m > n, Me$^{n+}$ $\rightarrow$ Me$^{m+}$+(m–n)e$^-$), $I_P$ Passivierungsstrom, $I_R$ passiver Reststrom

Diese (potentio-) statischen Untersuchungen erlauben keine Rückschlüsse auf die Repassivierungsrate, die aber für die Langzeitstabilität von entscheidender Bedeutung ist. Insbesondere Materialien, die unter Sauerstoffentzug eingesetzt werden, wie Implantate, ist zur Gewährleistung der Korrosionsstabilität eine schnelle Repassivierung geschädigter Oxidschichten unabdingbar. Die elektrochemische Beurteilung des Repassivierungsverhaltens erfolgt mit (potentio-) dynamischen Untersuchungen, in denen das Polarisationspotential der Elektrode nach einer bestimmten Zeitfunktion durchgefahren wird. Die Passivschicht repassiviert nicht stabil, wenn das Repassivierungspotential größer als das Ruhepotential ist (Bild 3.37). Der Durchbruch einer Passivschicht ist phänomenologisch ein Lochfraß, gekennzeichnet durch einen Materialabtrag an kleinen Oberflächenbereichen (Bild 3.38). Nach der Flächenregel (kleine Anode/große Kathode $\cong$ große $I_{Korr}$, große Anode/kleine Kathode $\cong$ kleine $I_{Korr}$) ist die Korrosionsgeschwindigkeit oftmals sehr groß.

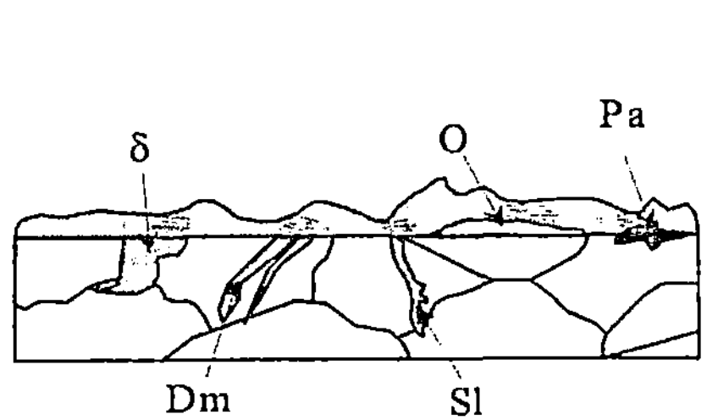

**Bild 3.36** Materialinhomogenitäten und Passivschichten

$\delta$ $\delta$–Ferrit, *Dm* Verformungsmartensit, *Sl* Sulfidzeilen, *O* Oxide, *Pa* Schleifpartikel

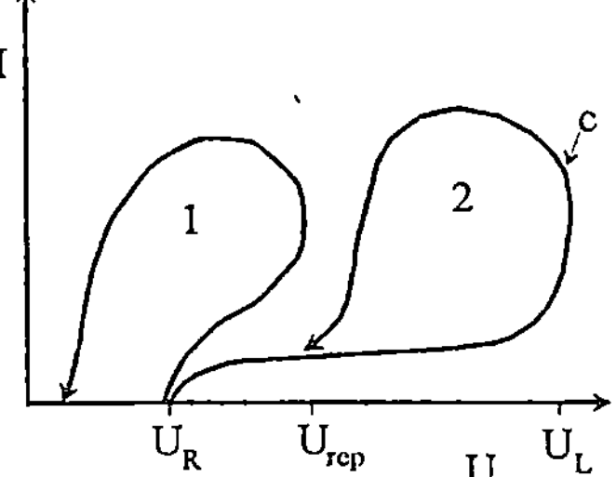

**Bild 3.37** I–U–Schaubild zur Repassivierung
*1* repassivierungsfähig, *2* nicht repassivierungsfähig, $U_R$ Ruhepotential, $U_{rep}$ Repassivierungspotential, $U_L$ Lochbildungspotential, *c* Wechsel der Polarisationsrichtung

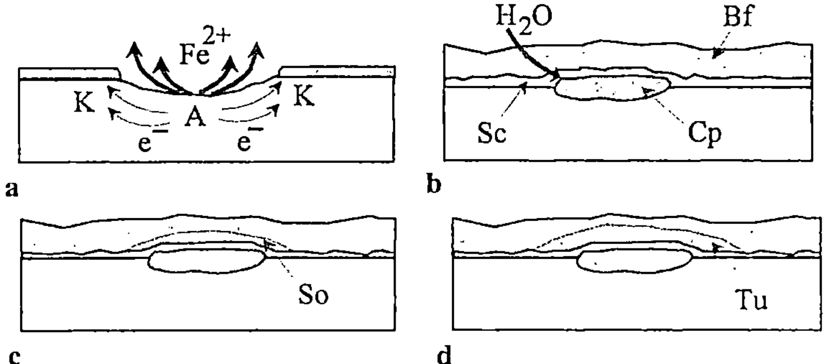


**Bild 3.38** Lochfraß–Mechanismen an einer geschädigten Oxidschicht und Korrosionsentwicklung unter einer organischen Beschichtung
**a** geschädigte Oxidschicht, **b–d** Korrosionsmechanismus unter einer Ölschicht kontaminiert mit sulfatreduzierenden Bakterien (SRB), **b** Anfangsphase (aktive Korrosion), *Sc* sekundäre Korrosionsprodukte ($Fe_2CO_3$, $FeS_2$, $Fe_2O_3$), *Cp* Korrosionsprodukt, *Bf* Ablagerung (Biofilm), **c** sekundäre Phase (aktive Korrosion, hohe Konzentration an SRB und FeS im Korrosionsprodukt), *So* beginnende Oxidschichtbildung aus Korrosionsprodukten, **d** tertiäre Phase (inaktive Korrosion, hohe Konzentration an SRB und Fe–Sulfiden im Korrosionsprodukt), *Tu* Tuberkel mit fester oxidischer Oberfläche

### 3.7.2.3
### *Elektrochemische Mikroelemente*

Ursache sind heterogene Mikrogefüge, die zur Ausbildung von galvanischen Elementen im Werkstoff führen, so daß elektrochemisch unedlere Gefügebestandteile (negativeres Potential U) selektiv herausgelöst werden (selektive Korrosion). Typische Beispiele sind die interkristalline Korrosion an geglühten Al–Legierungen, in denen sich das anodisch wirkende $Al_3Mg_9$ oder das kathodisch wirkende $Al_2Cu$ (AlCu–Legierungen) bildet sowie die Entzinkung des Messings (Bild 3.27, *Kathode* Cu–reiche α–Phase, *Anode* Zn–reiche β–Phase). Ein ähnliches Verhalten beobachtet man beim korrosiven Kornzerfall hochlegierter Stähle infolge einer Chromkarbidbildung an den Korngrenzen, häufig nach Schweißungen.

Ein Mikroelement kann auch durch Fremdströme aufgebaut werden. Die Elektronen im elektrochemischen Element bewegen sich von der Anode zur Kathode (Bild 3.29), womit sich am Eintrittspunkt eines Fremdfeldes eine Anode ausbildet. Die Ursache für elektrische Streuströme sind vielfältigster Natur. Das Spektrum reicht von nicht abgeschirmten elektrischen Leitungen oder Verbindungen bis zum Korrosionsschutz selbst (kathodischer Schutz mit Fremdströmen).

### 3.7.2.4
### *Konzentrationselement (Belüftungselement)*

Kann ein örtlicher Unterschied im Sauerstoffgehalt durch Diffusion nicht schnell ausgeglichen werden, dann bildet sich am Ort mit der niedrigeren Konzentration eine Anode und mit der höheren eine Kathode (Bild 3.39). Die Ursache ist eine Depolarisation der Anode infolge einer Sauerstoffdiffusion im Elektrolyten. Besonders kritisch sind Spalten (Spaltkorrosion), in denen ein Konzentrationsaus-

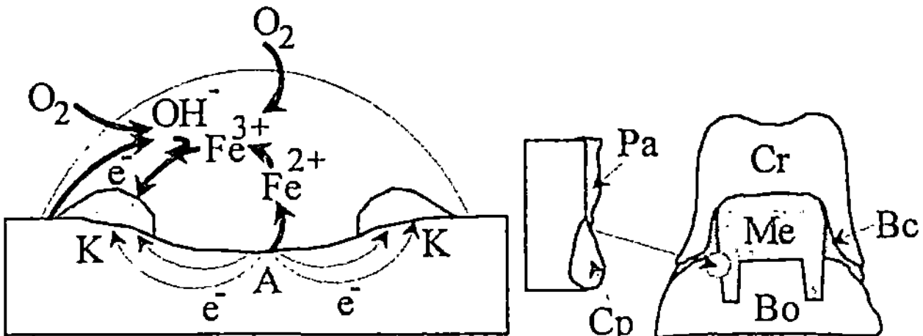

**Bild 3.39** Evans—Tropfenelement als Modellversuch zum Belüftungselement und Spaltkorrosion an einer Zahnkrone durch Zerstörung des Knochenzementes
*Kathode* $O_2+2H_2O+4e^- \rightarrow 4OH^-$, *Anode* $Fe \rightarrow Fe^{2+}+2e^-$, $4Fe^{2+}+O_2+2H_2O \rightarrow 4Fe^{3+}+4OH^-$, $Fe^{3+}+3OH^- \rightarrow Fe(OH)_3$, *Pa* Passivschicht, *Cp* Korrosionsprodukt, *Cr* Zahnkrone (z.B. Keramik), *Me* Metallunterbau (passiv), *Bo* Knochen, *Bc* Knochenzement, *A* Anode, *K* Kathode

gleich nur sehr begrenzt stattfindet. Dieses Problem beobachtet man an Zahnimplantaten oder am Grund von Poren und unter Fußpunkten von Kolonien aus Algen, Muscheln oder höheren Organismen (Bild 3.40a).

Sich ausbildende aerobe und anaerobe Zonen bauen auch in Biofilmen ein Sauerstoffkonzentrationsgefälle auf. Darüber hinaus bilden abgestorbene Zellen oder Schleimabsonderungen (*Pseudomonas*) organische Schichten auf Materialoberflächen, die zur Ausbildung von Konzentrationsgradienten führen. Die ablaufenden elektrochemischen Reaktionen, letztendlich ein Lochfraß, entsprechen den bereits beschriebenen unter einem Wassertropfen (Bild 3.39).

Im anaeroben Bereich fördern mögliche Partikel mit einer hohen Schwefelkonzentration die Korrosion (Bild 3.40b). Mit steigender Temperatur erhöht sich die Diffusionsgeschwindigkeit im Elektrolyten, gleichbedeutend mit einer Reduzierung der Diffusionsüberspannung und einem Anwachsen des Anodenstromes. Desweiteren führt eine mikrobiell bedingte Verschiebung des pH—Wertes in den sauren Bereich (pH ≤ 5) zur Beschleunigung der Anodenreaktion. Die Zunahme der Wasserstoffionenkonzentration, die zu atomaren Wasserstoff reduziert werden $2H^++2e^- \rightarrow H_2$, kann die mikrobielle Aktivität verändern. Diese werden zum einen für die Adhäsion benötigt (Bild 2.16), können aber auch in den Stoffwechselkreislauf miteinbezogen werden (Bild 2.11).

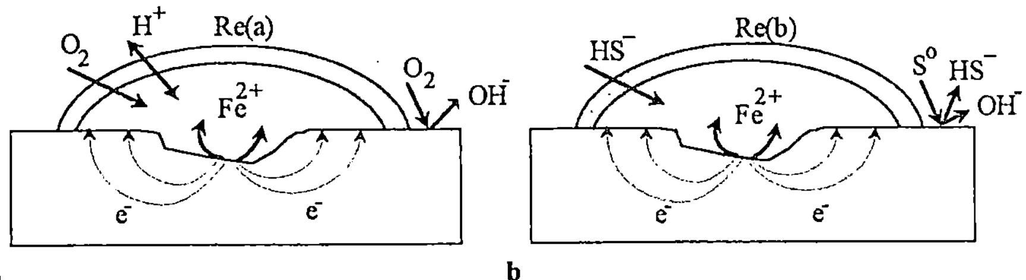

**Bild 3.40** Aerobes und Anaerobes Konzentrationselement unter Einbeziehung sulfatreduzierender Bakterien
a aerobe Reaktion, *Anode* $Fe \rightarrow Fe^{2+}+2e^-$, *Kathode* $O_2+H_2O+ 4e^- \rightarrow 4OH^-$, *Re (a)* Reaktion in der Tuberkelhülle $2 Fe^{2+}+\frac{1}{2}O_2+5H_2O \rightarrow 2Fe(OH)_3+4H^+$ b anaerobe Reaktion, *Anode* $Fe \rightarrow Fe^{2+}+2e^-$, *Kathode* $S^0+H_2O+2e^- \rightarrow HS^-+OH^-$, *Re (b)* Reaktion in der Tuberkelhülle $Fe^{2+}+HS^- \rightarrow FeS+H^+$

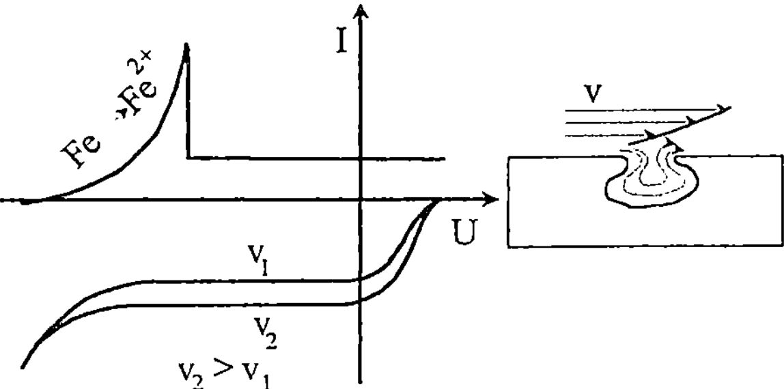


**Bild 3.41** I–U–Diagramm in Abhängigkeit von der Strömungsgeschwindigkeit und phänomenologische Verhältnisse in einer Pore
$v$ Strömungsgeschwindigkeit, $I$ Strom, $U$ Potential

## 3.7.3
## Korrosion und mechanisches Verhalten

Mit zunehmender Strömungsgeschwindigkeit verändert sich das Sauerstoffangebot an der Materialoberfläche und der Kathodenzweig im Stromdichte–Potential–Diagramm verschiebt sich zu niedrigeren Stromstärken, gleichbedeutend mit einer Erhöhung der Korrosionsgeschwindigkeit (Bild 3.41). Eine Erhöhung der Strömungsgeschwindigkeit kann auch in einer laminaren Strömung auftreten, z.B. in Poren infolge eines Lochfraßes oder einer fehlerhaften Schweißung.

Oberflächen dynamisch beanspruchter Bauteile können lokal kaltverschweißen. Die anschließende Zerstörung dieser Verbindung führt zur verstärkten Repassivierung. Die sich neu bildenden, spröden Passivschichten werden anschließend durch Reibung „zerbröselt". Dieses Phänomen der Reibkorrosion tritt häufig in Verbindung mit anderen, mechanisch indizierten Korrosionsmechanismen auf.

Kritische Elektrolyten schädigen Passivschichten örtlich (Tabelle 3.4). Die Schadstelle kann sich vergrößern, wenn zusätzlich mechanische Spannungen auftreten, u.a. infolge einer fehlerhaften Wärmebehandlung (Eigenspannungen). Die schnell wachsenden Risse repassivieren dann nicht mehr an der Oberfläche. Derartige Mechanismen werden mit zunehmender Dehngeschwindigkeit früher aktiviert, so daß sich die lokale Metallauflösung erhöht (Bild 3.42).

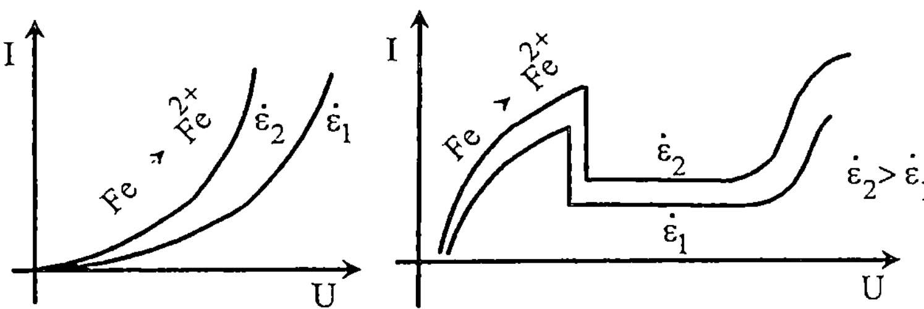


**Bild 3.42** Einfluß der Dehngeschwindigkeit auf die Anodenreaktion einer sich auflösenden und einer passivierden Elektrode

**Tabelle 3.4** Kritische Systeme für eine Spannungs- und Schwingungsrißkorrosion

| Material | Medium |
| --- | --- |
| unlegierter Stahl | heiße NaOH– und Ca(NO₃)₂–Lösungen |
| hochfeste Stähle | Wasser |
| hochlegierte, nichtrostende Stähle | heiße Chlorid-, Bromid- und Iodidlösungen, Salzwasser |
| Messing | Ammoniumsalzlösungen, Ammoniak, Amine |
| Titanwerkstoffe | rauchende HNO₃, Methanol–HCl–Gemische |
| Aluminiumlegierungen | NaCL–Lösungen, Meerwasser, verunreinigte feuchte Luft |
| Goldlegierungen | FeCl₃–Lösungen, Essigsäure–Salz–Lösungen |

An der Rißflanke und im Rißgrund ist die Leerstellen und Versetzungsdichte so groß, daß eine Vielzahl von Transportwegen für kathodisch gebildeten Wasserstoff in den plastisch verformten Rißgrund existieren. Eine mögliche Repassivierung wird durch die Fließprozesse an der Rißoberfläche verhindert. Wasserstoff minimiert u.a. die Duktilität von Stahl, Titan oder Zirkonium, so daß diese Materialien mit zunehmendem Wasserstoffangebot im Rißgrund verspröden (Wasserstoffversprödung). Der Riß wächst sehr schnell bei einer gleichzeitigen Favorisierung der Spaltkorrosion. Darüber hinaus reduziert sich die Anodenfläche im Verhältnis zur Kathodenfläche (Flächenregel), gleichbedeutend mit einer Erhöhung der Korrosionsgeschwindigkeit. Diese Komplexität (Bild 3.43) an Wechselwirkungen und miteinander gekoppelten Reaktionen wird bei Anwesenheit von Mikroorganismen noch verschärft.

Korrosionsreaktionen in wäßrigen Lösungen sind diffusionsgesteuerte Mechanismen. Liegt eine dynamische Bauteilbelastung unter Korrosion vor, dann sind die ablaufenden Reaktionen während der experimentellen Bestimmung der Wöhlerkurve zeitabhängig. Derartige Experimente, z.B. die Prüfung einer Endoprothese, müssen deshalb bei realen Frequenzen (keine Zeitrafferversuche) durchgeführt werden. Die Belastbarkeit eines Bauteiles sinkt infolge einer korrosiven Schädigung dramatisch (Bild 3.44a).

Für passive Materialien ist entscheidend, inwieweit die Oxidschichten sich repassivieren können (Cl⁻–Ionen, O₂–Angebot). Bereits im „off–shore" Bereich stellt die Nachbildung des Elektrolyten „Seewasser" ein Problem dar. Demgegenüber sind die Verhältnisse im Implantatbereich vollständig ungelöst. Der „Ersatzelektrolyt physiologische Kochsalzlösung" spiegelt die Komplexität an einer Endoprothese oder einem Zahnimplantat äußerst unzureichend wieder. Mit zunehmender Kompensation des Korrosionsstromes durch einen kathodischen Schutzstrom wird die Korrosionsgeschwindigkeit minimiert (Bild 3.44b).

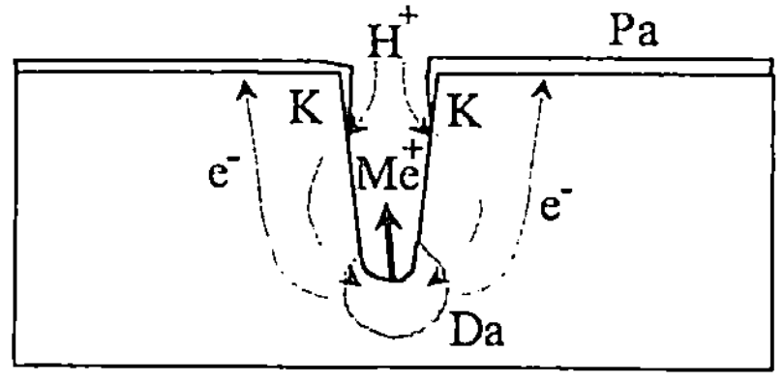


**Bild 3.43** Wasserstoffinduzierte Spannungsrißkorrosion
*Da* plastisch verformter Rißgrund (Anode), *Pa* Passivschicht, *K* Kathode

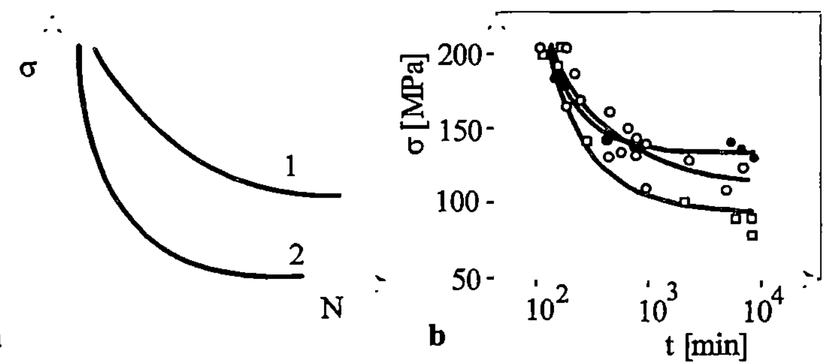



**Bild 3.44** Abhängigkeit der Wöhlerkurve vom Korrosionseinfluß und Ergebnisse eines Spannungskorrosionstests an einem austenitischen Stahl [3.22]
a prinzipielle Abhängigkeit der Wöhlerkurve, $\sigma$ Spannungsamplitude, $N$ Anzahl der Lastwechsel, $1$ an Luft, $2$ unter korrosiven Bedingungen, b austenitischer Stahl, *Testlösung* 42%—ige MgCl₂ Lösung, o elektrolytisch poliert, kathodisch geschützt, Schutzstromstärke 0,5 [mA cm$^{-2}$], □ kathodisch geschützt, Schutzstromstärke 2,5 [mA cm$^{-2}$], • kathodisch geschützt, Schutzstromstärke 0,5 [mA cm$^{-2}$]

## 3.7.4
## Mikrobielle Korrosion

Organismen schädigen auf die vielfältigste Art und Weise (Tabelle 3.5) Werkstoffe. Neben direkten Veränderungen des elektrochemischen Systems, z.B. durch den Verbrauch von Sauerstoff oder die Entaktivierung von Inhibitoren, rufen auch Stoffwechselprodukte Materialschädigungen hervor, wie das Anätzen von Glasoberflächen durch organische Säuren (Pilze), die Nutzung von Materialkomponenten als Energiequelle (Wasserstoff, Kohlenstoff) und die Beeinflussung der Struktur (Entmischungsvorgänge in Gläsern). Eine industrielle Bedeutung erwuchs für die Ölindustrie mit der Aufklärung von Korrosionserscheinungen, die bei Anwesenheit von sulfatreduzierenden Bakterien auftreten [3.21]. Hierbei entsteht u.a. Schwefelsäure, die die höherfesten unlegierten Stähle korrosiv schädigt, vor allem Schweißnähte. Aber auch hochlegierte Stähle, insbesondere der δ–Ferrit

**Tabelle 3.5** Werkstoffschädigungen durch Mikroorganismen

| Phänomen | Schädigung |
| --- | --- |
| Beeinflussung des Korrosions-systems | Konzentrationselement, pH—Wert Veränderungen, Depolarisation, Inaktivierung von Inhibitoren, Bindung von Metallionen, Abbau von Schutzschichten |
| Stoffwechselreaktionen | organische und anorganische Säuren, pH—Wert Veränderungen, Komplexbildung, Versprödungseffekte (H₂), Phasenumwandlungen |
| Energiequelle „Werkstoff" | Kohlenstoffquelle, Depolarisation, Abbau von Inhibitoren und Weichmachern, Phasenumwandlungen |
| Biofilmwirkung | Konzentrationselement, Salzbildung, Stoffwechselprodukte |

sind gegenüber einer biokorrosiven Schädigung nicht resistent [3.5]. Darüber hinaus kennt man mikrobielle Korrosionsschäden des Kupfers und seiner Legierungen [3.16]. Hier sind sulfatreduzierende Bakterien und *Pseudomonas spec.* die auslösenden Mikroorganismen, wobei das Koloniewachstum von der herausgelösten Kupferionenkonzentration abhängt (Biozidwirkung).

Bisher beobachtete man lediglich an Tantal, Titan und Zirkonium keine Korrosionsschäden [3.5]. Die Ursache ist in der guten chemischen Beständigkeit der oxidischen Deckschichten zu sehen, vorausgesetzt eine ausreichende Konzentration an Oxidationsmitteln ist zur Repassivierung von Schichtschädigungen vorhanden. Dieser Zustand kann schon durch schwache Oxidationsmittel erreicht werden. Einige nichtoxydierende Säuren, wie Salz-, Schwefel-, Phosphor- und Flußsäure, sowie organische Säuren, u.a. Oxalsäure, schädigen Titan, so daß auch diese Materialien nicht als universell anzusehen sind. Der Einsatz von unsterilisierten Elektrolyten, z.B. Frischwasser, läßt die Kontamination mit Mikroorganismen immer vermuten [3.8, 3.11]. Eine biokorrosive Schädigung ist besonders für Elektrolyttemperaturen $\leq$ 65 bis 70° C zu erwarten, der oberen Vitalitätsgrenze für thermophile Organismen (Tabelle 2.1).

Häufig ist die biokorrosive Schädigungsform ein Lochfraß oder eine Spaltkorrosion. Die bisher bekannten mikrobiellen Korrosionsreaktionen basieren auf

- einer Einbindung des Elektronenflusses in den mikrobiellen Stoffwechsel.
- einer bakteriellen Sulfatreduktion.
- einer mikrobiellen Säureproduktion.
- einer Metallreduzierung durch Bakterien und Algen.
- einer Bildung von Konzentrationselementen (aerobe und anaerobe Zonen in Biofilmen).
- einer Existenz extrazellulärer polymerer Substanzen (EPS).
- einem Zelltod.

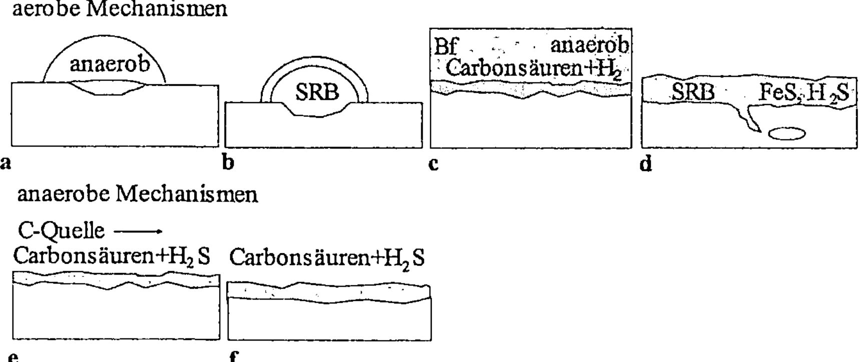


**Bild 3.45** Mikrobielle Korrosionsmechanismen
a lokale Schädigung durch Aerobier und/oder Sulfatreduzierer, b Lochfraß durch Belüftungselemente unter mikrobiellen Tuberkeln (*Pseudomonas, Gallionelle,* Sulfatreduzierer), c Schädigung durch Sulfatreduzierer, *Bf* Biofilm, d Flächen- oder Muldenkorrosion durch Sulfatreduzierer, mögliche Wasserstoffversprödung (Poren, Risse), e Schädigung durch fakultativ anaerob gärende Mikroorganismen, f Flächen- oder Muldenkorrosion, organische Säuren- und Komplexbildner

Eine detaillierte Beschreibung der gegenwärtigen Vorstellungen zur Biokorrosion wird in [3.5, 3.6, 3.9, 3.11, 3.13] gegeben. Das Bild 3.45 vermittelt einen Einblick in die phänomenologische Vielfalt.

### 3.7.4.1
### Depolarisation durch Mikroorganismen

An den Reaktionen ist auf irgendeine Art und Weise immer der Wasserstoff, in allen seinen möglichen Formen, beteiligt. Bei Anwesenheit von sulfatreduzierenden Bakterien kommt es im Schwefelkreislauf zu einer kathodischen Reduktion von Protonen zu molekularem Wasserstoff, der im Gesamtkreislauf wieder eingebunden wird (Bild 3.46). Neben diesen mikrobiellen Erscheinungen kann der Wasserstoff selbst den Werkstoff und eventuelle Deckschichten (Oxide) schädigen (Bild 3.43).

### 3.7.4.2
### Sulfatreduzierende Bakterien (SRB)

Sulfatreduzierende Bakterien existieren bereits seit Milliarden von Jahren als Komponenten von mikrobiellen, sedimentösen Matten. Innerhalb des Schwefelkreislaufes gewinnen diese Bakterien im anaeroben Bereich Energie durch Reduktion des Schwefels, die Sulfatatmung (Bild 2.12). Als Energiequellen dienen C–Verbindungen und Wasserstoff. Das Merkmal einer anaeroben Reaktion unter Beteiligung der SRB ist Schwefelwasserstoff. Ideale Lebensbedingungen mit einem großen Toleranzbereich für die Temperatur und den pH–Wert sind eine anaerobe Situation, hinlänglich vorhandene Sulfatmengen und organische Kohlenstoffquellen.

Auch unter aeroben Bedingungen ist eine „Überwinterung" möglich, wobei die SRB ihren Stoffwechsel sofort in anaeroben Nischen aktivieren können. Diese Situation liegt in wachsenden Biofilmen oder in Verbindung mit sauerstoffverbrauchenden Organismen vor, wie unter $FE(OH)_3$–Partikeln, die von *Gallionella spec.* aufgebaut werden können. Für biokorrosive Untersuchungen sind diese Organismen mit „Markierungs"–Bakterien vergleichbar, ähnlich *Escherichia coli* für eine fäkale Kontamination.

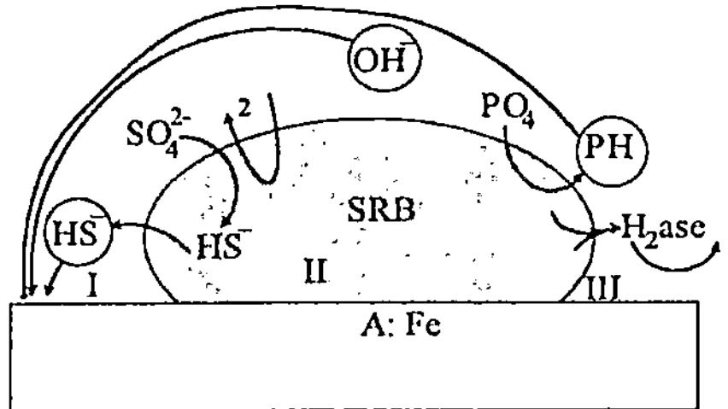


**Bild 3.46** Einbindung sulfatreduzierender Bakterien (SRB) in den Korrosionsmechanismus
*I* chemische Korrosion durch Sulfide, Hydroxide, Phosphine, *II* elektrochemische Korrosion im galvanischen Element Fe/FeS, *III* enzymatische Depassivierung, *H₂ase* Hydrogenase, *A* Anode

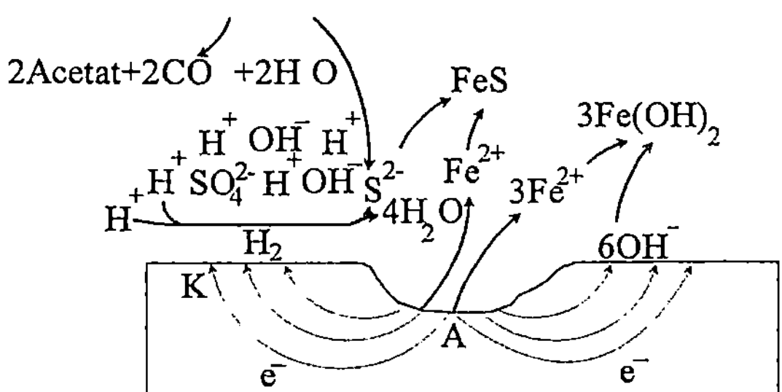



**Bild 3.47** Klassische Vorstellung zur Sulfatreduktion [3.11]

Anfangs nahm man bei der durch diese Bakterien beeinflußten Korrosion eine kathodische Depolarisation an [3.11]. Diese ist die Konsequenz einer Reduzierung der Überspannung an der Kathode infolge der Reduktion von Sulfationen zu Schwefelionen, wobei der Wasserstoff in Wasser umgewandelt wird. Letztendlich wird die Wasserstoffkonzentration an der Kathode abgesenkt (Bild 3.47). Eine Favorisierung des Prozesses erfolgt durch eine Oxidation des Wasserstoffs zu Protonen mittels der bakteriellen Hydrogenase.

In späteren Betrachtungen [3.11] wurde die Produktion von Sulfid durch die sulfatreduzierenden Bakterien $H_2S+2e^- \rightarrow H_2+S^{2-}$ und die Ausbildung eines Fe–Sulfidfilmes $Fe+S^{2-} \rightarrow FeS+2e^-$, der eine kathodische Wirkung gegenüber dem Grundwerkstoff hat, in die Modellvorstellungen miteinbezogen (Bild 3.48). Das Eisensulfid, das die anodische Teilreaktion beschleunigt, ist jedoch keine „Dauer"–Kathode. Die Reaktionsgeschwindigkeit hängt primär von der Wasserstoffumwandlung durch die bakterielle Hydrogenase ab.

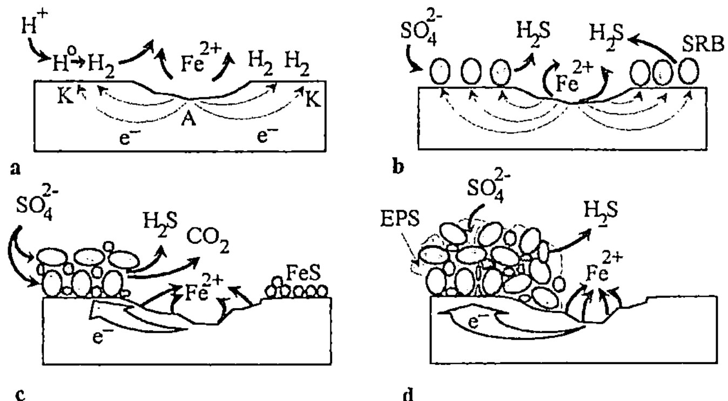



**Bild 3.48** Korrosion durch sulfatreduzierende Bakterien [3.4]
a existierendes Lokalelement, begrenzt durch kathodische und anodischeDepolarisation, b Kolonie aus sulfatreduzierenden Bakterien (SRB), ansteigende Elektronendichte, Sulfid depolarisiert die Anode, c FeS–Ausscheidungen im Biofilm und an der Metalloberfläche, ansteigender Elektronenfluß, d große Kathodenfläche, sehr großer Elektronenfluß, Lochfraß

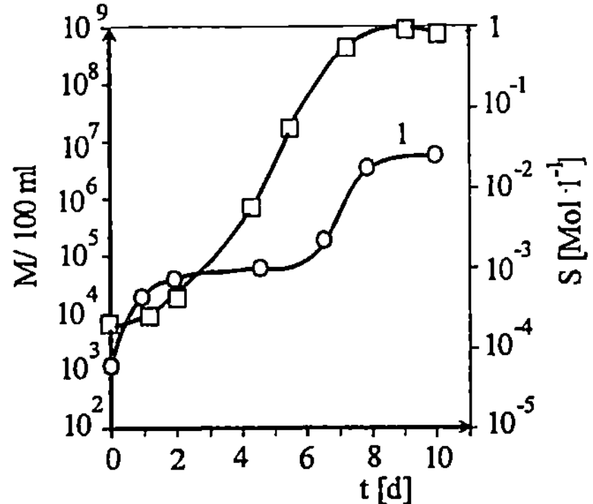

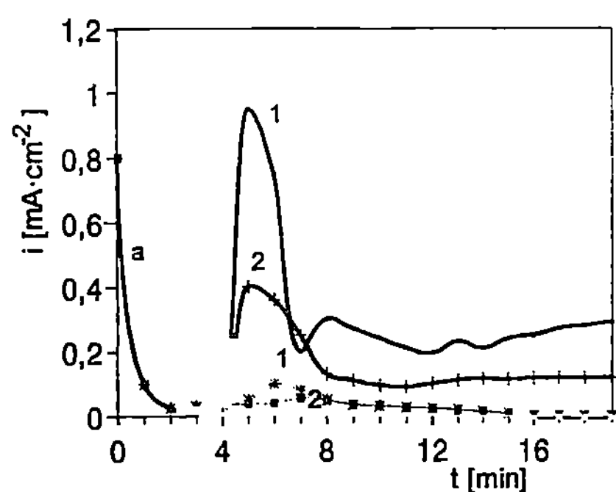

**Bild 3.49** Zahl der sulfatreduzierten Bakterien und Sulfidkonzentration in Abhängigkeit von der Zeit [3.4]

$M$ Zahl der Mikroorganismen/100 ml Lösung, *Kurve 1* Sulfidkonzentration S [Mol l$^{-1}$]

**Bild 3.50** Spannungsdurchbruch in einer Phosphat–Borat–Lösung für unterschiedliche Passivierungspotentiale [3.4]

*volle Linie* Passivierungspotential −0,64 [V], *unterbrochene Linie* Passivierungspotential 0,2 [V], *a* ohne Sulfid, *1* Puffer+1,6·10$^{-2}$ [M] Na$_2$S, *2* Puffer+0,8·10$^{-3}$ [M] Na$_2$S

Die dritte Komponente in diesem System ist die Reaktion H$_2$S+e$^-$ → HS$^-$+½H$_2$. Obwohl auch hier die kathodische Wirkung des Eisensulfids angenommen wird, ist wahrscheinlich die Bildung des Schwefelwasserstoffs die geschwindigkeitsbestimmende Reaktion. Die Hydrogenase würde eine sekundäre, aber wichtige Rolle bei der Oxidation des Wasserstoffs übernehmen.

Die Korrosion wird primär nicht von den Mikroorganismen eingeleitet, sondern von einem „klassischen" Korrosionselement. Erst nach der verhältnismäßig schnellen Ausbildung eines mit SRB angereicherten Biofilmes, der am Filmgrund mit zunehmender Schichtdicke an Sauerstoff verarmt, und der Fähigkeit, der im anaeroben Bereich aktivierten Bakterien den Wasserstoff in ihrer Hydrogenase zu nutzen, erhöht sich die Korrosionsgeschwindigkeit. Jetzt favorisiert die Einbeziehung der Elektronen aus der Korrosionsreaktion die Stoffwechselgeschwindigkeit, wobei die neu gebildeten organischen Verbindungen (Sulfat, Sulfid) die Situation noch verschärfen.

In biokorrosiven Prozessen befinden sich ca. 10$^9$ Organismen auf einem Quadratzentimeter, die einer effektiven Fläche von annähernd 100 cm$^2$ entsprechen. Würden sich alle Bakterien im Kontakt mit Eisensulfid befinden, so stiege die Kathodenfläche um mehrere Größenordnungen an. Die Reaktionsbegrenzung stellt somit die Sulfidausbeute dar, die nicht beliebig zu steigern ist. Sie pegelt sich im stationären Fall auf einen Wert um 10$^{-2}$ bis 10$^{-3}$ Mol l$^{-1}$ ein (Bild 3.49).

Zur Untersuchung des Sulfideinflusses auf das Passivierungsverhalten des Weicheisens (Passivierungspotential −0,64 V [3.4]) wurde der Elektrolyt (0,1[M] KH$_2$PO$_4$+0,05[M] Na$_2$B$_4$O$_7$, pH 8) mit einer Natriumsulfid–Lösung (Na$_2$S·9H$_2$O) beaufschlagt [3.4]. Das Ergebnis verdeutlicht die immense Gefährdung der Passivschicht (Bild 3.50). Bereits nach ca. 5 bis 6 Minuten kam es zum elektrochemischen Durchbruch der Schicht.

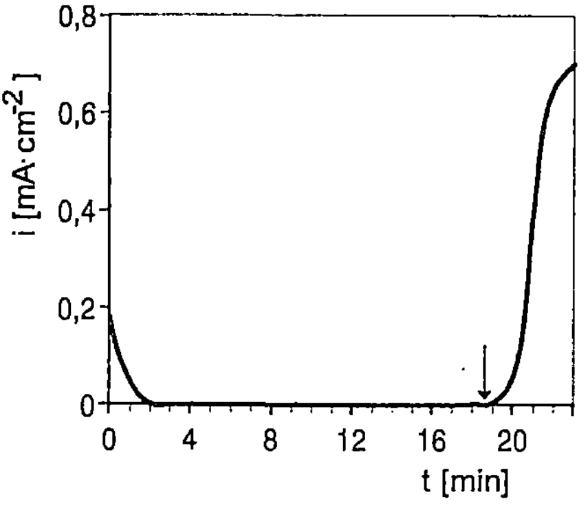

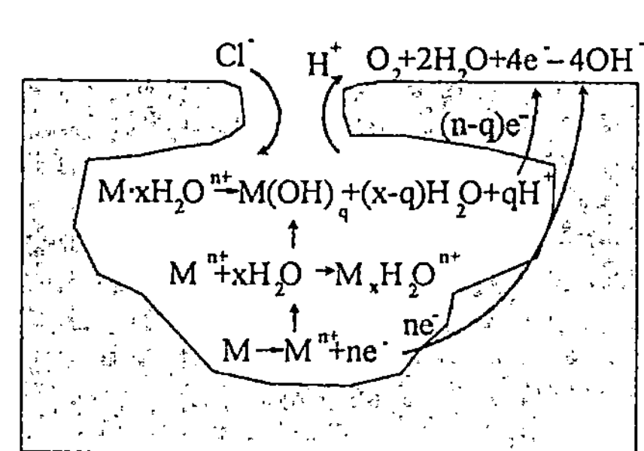



**Bild 3.51** Spannungsdurchbruch bei einem konstanten Passivierungspotential (−0,62 [V]) nach der Zugabe von 10 ml SRB–Kultur [3.4]
→ Kulturzugabe

**Bild 3.52** Beim „Wachstum" einer Pore ablaufende elektrochemische Reaktionen [3.4]

Setzt man künstlichem Seewasser SRB–Kulturen zu, so kommt es bereits nach wenigen Minuten zum Durchbruch der Passivschicht (Bild 3.51). Es wird vermutet, daß ein anodischer Schichtdurchbruch den ersten korrosiven Reaktionsschritt darstellt. Das Durchbruchspotential hängt neben den Eigenschaften der Passivschicht auch von der Konsistenz des Biofilmes und der Elementeverteilung in ihm ab. Die SRB steuern danach „nur" noch den Prozeß über ihren Stoffwechsel. Potentialfluktuationen (−40 bis +90 µV), wie sie im Seewasser bei Anwesenheit von *Desulfovibrio* beobachtet werden [3.4], beschleunigen diese Reaktion.

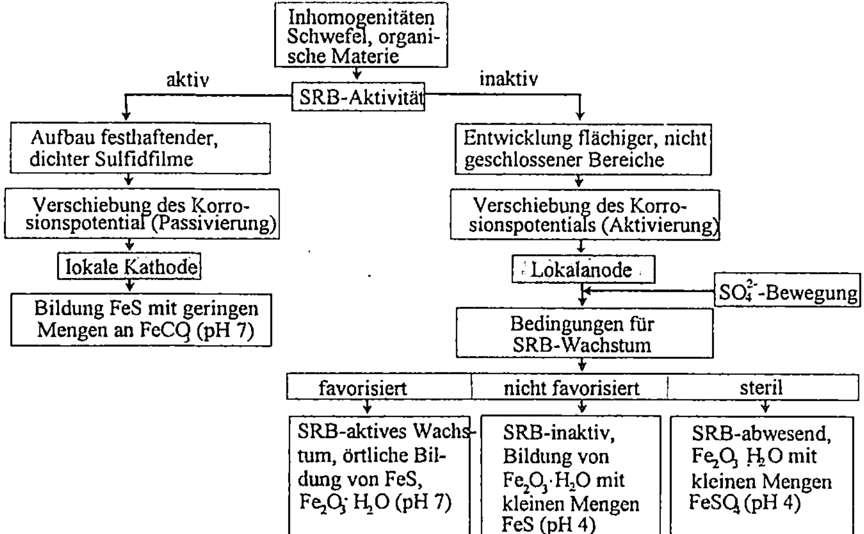



**Bild 3.53** Rolle der sulfatreduzierenden Bakterien bei der Korrosion erdvergrabener Rohre [3.4]

Chloridionen sind in natürlichen Lösungen allgegenwärtig und können in Poren zur Hydrolyse führen (Bild 3.52). Darüber hinaus erhöht sich die Konzentration der Chloridionen bei Anwesenheit von *Gallionella*, *Sphaerotilus* und/oder *Pseudomonas*. Diese Spezies bewirken eine Verschiebung des Gleichgewichtes in Richtung der Metallionen ($Fe^{3+}$, $Mn^{4+}$).

Nicht zu vernachlässigen ist die Wechselwirkung von SRB mit anderen Organismen. So bewirkt *Vibrio anguillarum* durch die Ausbildung von dichten Oberflächenfilmen keine mikrobielle Korrosion [3.4]. In Symbiose mit SRB siedelt sich *Vibrio anguillarum* im Film an, wobei sich die Korrosionsgeschwindigkeit dramatisch erhöht [3.4]. Das Bild 3.53 verdeutlicht nochmals den Einfluß der SRB–Aktivität auf die Eisensulfidbildung und den Korrosionsverlauf, wobei geschlossene Sulfidfilme passivierend wirken können.

### 3.7.4.3
### Schwefeloxidierende Bakterien

Schwefeloxidierende Bakterien gewinnen ihre Energie durch Oxidation reduzierter Schwefelverbindungen, wie Schwefelwasserstoff ($H_2S$), Polyschwefelwasserstoff ($H_2S_n$) und Thiosulfat ($S_2O_3^{2-}$), zu Sulfat ($SO_4^{2-}$) oder elementaren Schwefel ($S^0$). Die wichtigsten Vertreter der schwefeloxidierenden Bakterien sind *Thiobacillus* (gram-negativ, begeißelt), *Sulfolobus* und *Thiomicrospira*. Die bakterielle Oxidation von Schwefelionen ($S^{2-}$) oder elementaren Schwefel zu Sulfationen, bzw. Schwefelsäure, stellt einen wichtigen Teilschritt im Reaktionsmechanismus dar (Bild 3.54).

Bei der Oxidation der Schwefelverbindungen

$$2H_2S_n+(3n+1)O_2+2(n-1)H_2O \rightarrow 2nSO_4^{2-}+4nH^+$$
$$2S+3O_2+2H_2O \rightarrow 2SO_4^{2-}+4H^+$$
$$S_2O_3^{2-}+2O_2+H_2O \rightarrow 2SO_4^{2-}+2H^+$$
$$2S_nO_6^{2-}+(3n-5)O_2+2(n-1)H_2O \rightarrow 2nSO_4^{2-}+4(n-1)H^+$$

entstehen Wasserstoffionen, die zur Absenkung des pH–Wertes führen. Thiobakterien sind säuretolerant bis acidophil (10%ige $H_2SO_4$), wie der Vertreter *T.thiooxidans*.

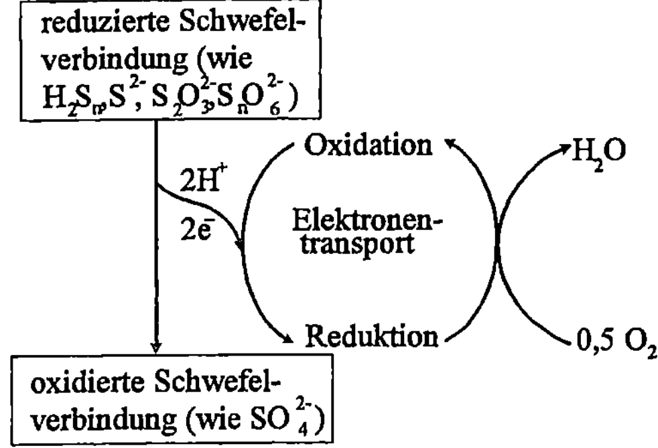


**Bild 3.54** Aerobe Schwefel-Oxidation durch *Thiobacillus*

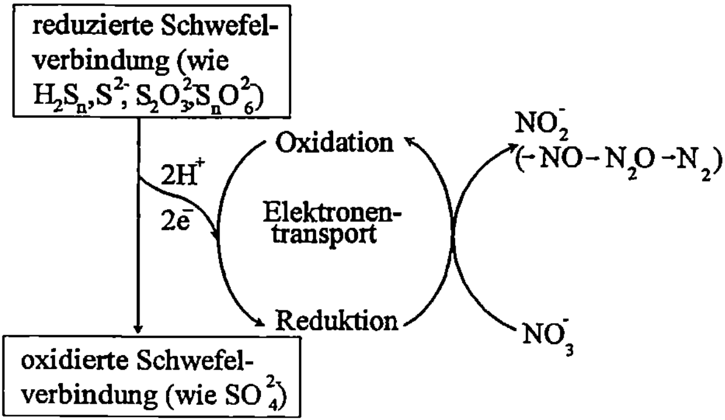


**Bild 3.55** Anaerobe Schwefeloxidation durch *Thiobacillus*

Nahezu alle metallischen Werkstoffe korrodieren unter derartigen Bedingungen. Diese Bakterien schließen eine Lücke im Schwefelkreislauf unter aeroben Bedingungen. Sie sind für die sauren, metallhaltigen Sickerwässer in Bergwerken verantwortlich. Unter anaeroben Bedingungen oxidieren sie (*T.denitrificans*) die Schwefelionen aus dem Schwefelwasserstoff $S^{2-} \rightarrow 2e^-+S^0$ zu elementaren Schwefel, wobei Nitrationen reduziert werden (Bild 3.55). Der Schwefel lagert sich feinverteilt auf der Werkstoffoberfläche ab. Die Aggressivität ist im Regelfall schwach im Vergleich zur Schwefelsäure. Technisch werden die schwefeloxidierenden Bakterien u.a. zur Mobilisierung des Schwefels in sulfidischen Mineralien angewandt, z.B. mit *T.ferrooxidans* in der bakteriellen Erzlaugung.

### 3.7.4.4
### *Eisenoxidierende Bakterien*

In eisenhaltigen Lösungen beschleunigen diese Bakterien die Oxidation des Eisens zu $Fe^{3+}$–Ionen {$Fe^{2+} \rightarrow Fe^{3+}+e^-$, $Fe^{3+}+3OH^- \rightarrow Fe(OH)_3$}, wie *Thiobacillus ferrooxidans*, *Spharotilus*, aber auch *Gallionella ferruginea* und *Leptothrix ochracea*. Die Verschiebung in Richtung kathodische Teilreaktion beschleunigt den Korrosionsprozeß, so daß phänomenologisch Lochfraß oder Muldenkorrosion auftritt. In Verbindung mit Chloridionen an hochlegierten Stählen kommt es zum Durchbruch der Passivschicht mit dem Erscheinungsbild des Lochfraßes.

### 3.7.4.5
### *Säureschädigung*

Der biologisch indizierte Säureangriff stellt meistens eine Werkstoffbeanspruchung dar, die bei der Konzipierung der Anlagen nicht berücksichtigt wird. So reagieren Eisenwerkstoffe besonders empfindlich auf organische Säuren die Bakterien in ihrem Atmungszyklus produzieren. Mit der Bildung von Schwefelsäure durch schwefeloxidierende Bakterien und Schwefelwasserstoff im anaeroben Bereich wurden zwei Möglichkeiten bereits aufgezeigt.

Heterotrophe Bakterien, Algen, Flechten und Pilze scheiden organische Säuren aus, die neben dem Säureangriff auch die Chelatisierung von Kationen bewirken können. Das elektrochemische Gleichgewicht verschiebt sich in Richtung der anodischen Teilreaktion.

Bakterielle Schleime, bestehend aus Proteinen und Polysacchariden, bewirken die Ausbildung von Konzentrationselementen und Veränderungen des Elektrolyten (pH–Wertverschiebung, Salzbildung). Auch Pilze, Flechten und Algen vermögen derartige Schleime auszubilden.

### 3.7.4.6
### *Extrazelluläre Polysaccharide (EPS)*

Die Organismen bilden extrazelluläre Polysaccharidketten, die filamentös die Werkstoffoberfläche überziehen und den Biofilm durchwachsen. Diese Ketten verändern zwangsläufig die Filmstruktur in Oberflächennähe und somit auch den Diffusionskoeffizienten der Elektrolytionen. Die Untersuchung der strukturabhängigen Eigenschaften des Biofilmes ist zukünftig zur Klärung derartiger Phänomene unabdingbar, wie dessen rheologisches Verhalten, sein Wärmeleitvermögen und die in ihm ablaufenden Diffusionsphänomene.

Die EPS binden Wasser, das auf der Werkstoffoberfläche fixiert wird. Dies kann als sekundäre Reaktion zur Ausbildung von zusätzlichen Konzentrationselementen führen. An den Polysacchariden reichern sich Metallionen (Cu, Mn, Fe) an, die eine Verschiebung der anodischen Teilreaktion bewirken.

Die EPS verändern auch die Wirkung von Korrosionsinhibitoren und/oder Bioziden. Die Variation der Eigenschaften des Elektrolyten nach Zusetzen von Inhibitoren, u.a. die Minimierung dessen Leitfähigkeit, kann durch „Auffressen" der Inhibitoren durch die Mikroorganismen teilweise oder gänzlich wieder aufgehoben werden. Ein entsprechendes Verhalten wird auch für eventuell eingebrachte Biozide beobachtet, die eine oder mehrere Organismenarten im Prozeß kontrollieren sollen.

### 3.7.5
### Korrosion metallischer Implantate

Die Korrosionsbeständigkeit ist eine Grundvoraussetzung für die Bioverträglichkeit (Bild 1.9). Die dominierende Werkstoffgruppe für Implantate sind immer noch die Metalle, so daß nachfolgend nur der biokorrosive Problemkreis dieser Materialien betrachtet werden soll. Die Schädigungen der anderen Materialgruppen (Kunststoffe, Gläser, Keramiken) werden bei deren Behandlung diskutiert (Kap. 7). Korrosionsbeständige Metalle sind passiv, wobei u.a. hochlegierte Stähle, Kobalt-, Palladium- und Gold–Basislegierungen in der Medizin genutzt werden. Entscheidend für den Einsatz als Langzeitimplantat ist die Beständigkeit der Passivschicht (Fremdionen, Verformungen) und deren Repassivierungsfähigkeit. Alle elektrochemischen Erörterungen hierzu gelten auch für metallische Implantate, unabhägig von ihrer Verwendung. Vorausgesetzt es liegen keine Fertigungsfehler vor (Gießen, Wärmebehandlung, Deformationen), dann ist das Hauptproblem in dem mangelhaften Erkentnisstand über die „Vorort"–Bedingungen zu sehen. Die Materialauswahl beschränkt sich deshalb, auch aus Gründen der verschärften Haftung für Medizinprodukte, auf die bekannten, aber unzähligen Legierungen.

**Tabelle 3.6** „Künstliche" Speichel für Korrosionsprüfungen von metallischen Dentallegierungen

| Speichel | Zusammensetzung |
| --- | --- |
| DIN 13927 | 0,1 m Milchsäure, 0,1 m NaCl, in aqua dest. (pH = 2,3) |
| CEN/ISO | 0,7 g l$^{-1}$ NaCl, 0,26 g l$^{-1}$ Na$_2$HPO$_4$, 0,33 g l$^{-1}$ KSCN, 0,2 g l$^{-1}$ K$_2$HPO$_4$, 1,5 g l$^{-1}$ NaHCO$_3$, 1,2 g l$^{-1}$ KCl in aqua dest. |
| Tani und Zucchi | 0,7 g l$^{-1}$ NaCl, 0,2 g l$^{-1}$ K$_2$HPO$_4$, 0,26 g l$^{-1}$ Na$_2$HPO$_4$, 0,33 g l$^{-1}$ KSCN, 1,5 g l$^{-1}$ NaHCO$_3$, 1,2 g l$^{-1}$ KCl, 0,13 g l$^{-1}$ Harnstoff in aqua dest. |
| Goehlich u.Mitarb. | 1,5 g l$^{-1}$ KCl, 1,5 g l$^{-1}$ NaHCO$_3$, 0,5 g l$^{-1}$ Na$_2$HPO$_4$·2H$_2$O, 0,5 g l$^{-1}$ KSCN, 0,9 g l$^{-1}$ Milchsäure in aqua dest., pH = 5,2 bis 5,4 |
| Ringer–Lösung | 8,6 g l$^{-1}$ NaCl, 0,3 g l$^{-1}$ KCL, 0,33 g l$^{-1}$ CaCl$_2$·H$_2$O in aqua dest. |
| Fusayama | 0,4 g l$^{-1}$ NaCl, 0,4 g l$^{-1}$ KCl, 0,795 g l$^{-1}$ CaCl$_2$·2H$_2$O, 0,69 g l$^{-1}$ Na$_2$HPO$_4$·2H$_2$O, 0,005 g l$^{-1}$ Na$_2$S·9H$_2$O, 1 g l$^{-1}$ Harnstoff in aqua dest. |

Die Korrosionsbeständigkeit untersucht man mit potentiostatischen und -dynamischen Methoden sowie der Impedanzspektroskopie, wobei eine realistische Nachbildung des Elektrolyten ein Hauptproblem darstellt (Kap. 8). Beispielsweise bemüht man sich, zur Prüfung von Dentallegierungen einen künstlichen Speichel bereitzustellen, der eine einheitliche Prüfung und Beurteilung der Korrosionsbeständigkeit (Bioverträglichkeit) erlaubt.

Die gegenwärtige Vielzahl an „künstlichen" Speicheln (Tabelle 3.6) erlaubt keine vergleichenden Untersuchungen. Allen Elektrolyten ist lediglich gemeinsam, daß sie die Passivschicht schädigende Chloridionen enthalten. In neueren Experimenten versucht man, das biologische System „Mund", den Elektrolyten, im Biofermentor mit *Streptococcen* oder *Staphylococcen* Kolonien nachzubilden. Eine eventuelle Plaque–Bildung wird durch Proteinzugaben simuliert. Die elektrochemischen Ergebnisse in diesen, realitätsnaheren Elektrolyten verweisen auf Korrosionsschäden, die mit einem „künstlichen" Speichel nicht zu beobachten sind. Als ein Bewertungskriterium wird das potentiostatisch gemessene Durchbruchspotential U$_D$ angewandt (Bild 3.56). Infolge des unterschiedlichen Repassivierungsverhaltens der einzelnen Legierungen ist eine eindeutige Zuordnung zum pH–Wert nicht möglich.

Zur Bewertung der Bioverträglichkeit versucht man Korrelationen zwischen dem Durchbruchspotential und dem Einwachsverhalten herzustellen. Eine Größe ist die Dicke der fibrosen Kapsel um ein einwachsendes Implantat. Je niedriger das Durchbruchspotential, umso korrosionsanfälliger ist die Legierung. Eine hohe Konzentration an korrosiv frei gesetzten Ionen läßt eine schlechte Bioverträglichkeit, d.h. eine verstärkte Kapselausbildung, erwarten. Dieser Trend ist für Dentallegierungen im Tierexperiment nachgewiesen worden (Bild 3.57). Korrosionsun-

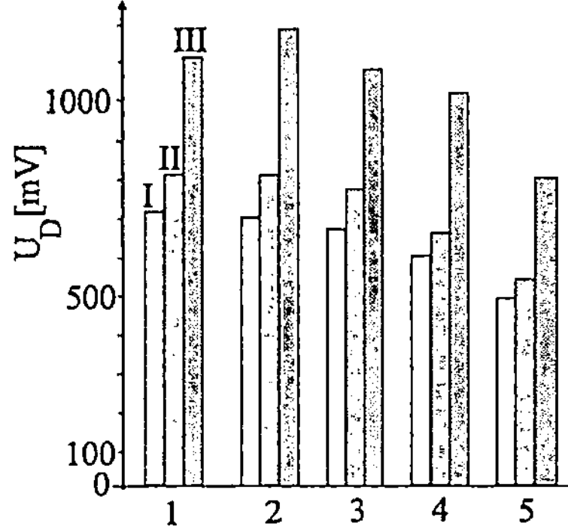

**Bild 3.56** Durchbruchspotentiale $U_D$ von Edelmetallegierungen für unterschiedliche Elektrolyten
*I* 5%-ige NaCl–Lösung (pH = 6,4), *II* Speichel nach DIN 13927 (pH = 2,3), *III* natürlicher Nüchternspeichel (pH = 7,1), *1* AuPt, *2* AuPtPd, *3* AuAgPt, *4* PdAu, *5* PdCuGa,

tersuchungen erlauben, trotz aller Probleme, eine Interpretation der zu erwartenden Bioverträglichkeit, so daß der tierexperimentelle Aufwand reduzierbar ist.

## 3.7.6
## Korrosionsschutz

Der Korrosionsschutz kann aktiv oder passiv erfolgen (Bild 3.58). Beim aktiven Schutz wird in den elektrochemischen Mechanismus direkt eingegriffen, sei es durch Veränderung der Reaktionen an den Elektroden, im Elektrolyten oder an der elektrischen Verbindung. Der passive Schutz umfaßt alle Arten von Beschichtungen, die Überwachung und die produktionsbegleitenden Maßnahmen.

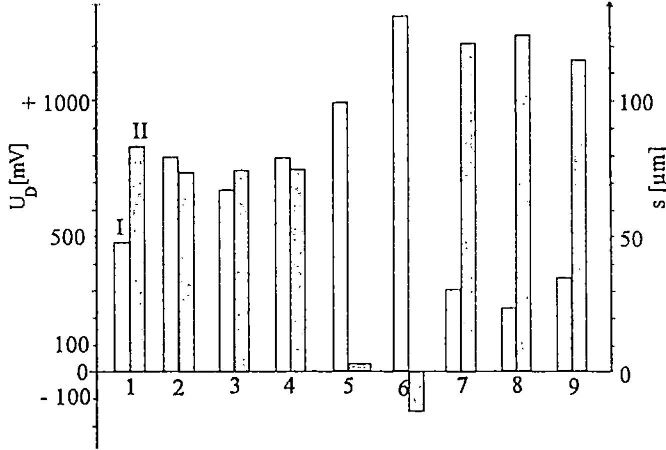

**Bild 3.57** Dicke der Bindegewebekapsel (Kaninchen) um Implantate und die zugehörigen Durchbruchspotentiale für verschiedene Dentallegierungen
*I* Bindegewebekapsel, *II* Durchbruchspotentiale, *Elektrolyt* 5%–ige NaCl–Lösung, *s* Dicke der Kapsel, pH = 6,4, $U_D$ Durchbruchspotential, *1* Remanium CD (Co65Cr28Mo4LaCe), *2* Vitallium (Co61Cr31Mo6), *3* Remanium 380 (Co64Cr29Mo4N), *4* Wirobond (Co63Cr31Mo3), *5* Remanium CS (Ni59Cr26Mo11), *6* Wiron (Ni70Cr16Mo6), *7* Nb, *8* Ta, *9* Ti

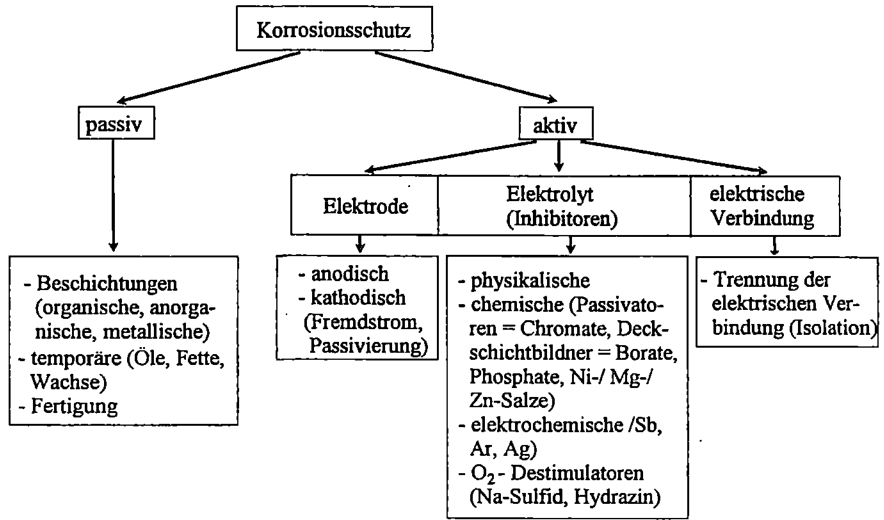



**Bild 3.58** Korrosionsschutz

Eine vollständige Unterbrechung (Isolation) der elektrischen Verbindung zwischen den Elektroden ist nur für ausgewählte Fälle der Kontaktkorrosion möglich, z.B. beim Vernieten ausgehärteter Al–Schiffsaufbauten auf einem Stahlrumpf.

Dem Elektrolyten setzt man Inhibitoren mit dem Ziel einer Erhöhung der Übergangsspannung an der Grenzfläche Metall/Elektrolyt zu. Physikalischen und chemischen Inhibitoren ist gemeinsam, daß sie eine Deckschicht an aktiven Stellen oder auf der gesamten Oberfläche bilden. Diese wirken teilweise biozidär, wie Chromate und Hg–Verbindungen. In einer ruhenden Flüssigkeit verteilen sich die Inhibitoren nur ungleichmäßig. Bei der Elektrolytbewegung ist darauf zu achten, daß keine Erosionserscheinungen auftreten bzw. die sich aufbauenden Schutzschichten in ihrer Entwicklung nicht gestört oder aufgerissen werden.

Beim kathodischen Korrosionsschutz verschiebt man das Arbeitspotential zu negativeren Potentialwerten (Bild 3.59). Prinzipiell kann dies mittels einer Schutzanode oder durch einen, dem Korrosionsstrom entgegen gerichteten Fremdstrom gleichen Betrages erfolgen. Beim letzteren Verfahren sind Streuströme zu vermeiden, die zur Ausbildung neuer Korrosionselemente führen können. Derartige Ströme können aus einem Schutzverfahren resultieren, aber auch fremdindiziert sein, wie von erdverlegten Elektrokabeln, oder sie sind eine Folge unterschiedlich bedeckter Oberflächen, u.a. durch Biofilme. Opferanoden sind elektrochemisch negativer als das zu schützende Material und ihre Reichweite sowie Lebensdauer ist zwangsläufig begrenzt.

Im Falle eines anodischen Schutzverfahrens verschiebt man das Potential zu positiveren Werten. Für ein nicht passivierbares Metall würde sich die Korrosionsgeschwindigkeit erhöhen, ansonsten tritt bei Spannungen oberhalb des Flade–Potentials ($U_3$, Bild 3.35) eine merkliche Verlangsamung der Anodenreaktion auf. Diese Potentialverschiebung kann durch einen Fremdstrom oder Legierungselemente (Passivschicht) erreicht werden.

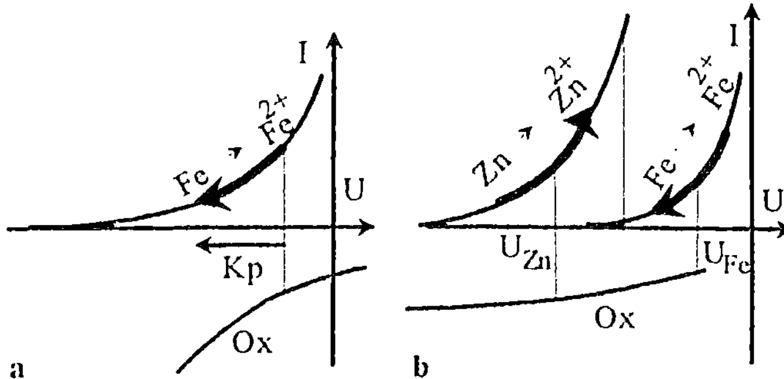


**Bild 3.59** Stromdichte–Potential–Diagramme für den kathodischen Korrosionsschutz
a mit Fremdeinspeisung, *Kp* kathodische Polarisationsrichtung, b Opferanode, *Schutzanode* Zink, *Ox* Kathodenzweig (Oxidation), $U_{Zn}$ Gleichgewichtspotential der Schutzanode, $U_{Fe}$ Gleichgewichtspotential des zu schützenden Materials

*Mikrobieller Korrosionsschutz.* Für einen wirksamen biokorrosiven Schutz müssen detaillierte Kenntnisse über die ablaufenden Mechanismen vorausgesetzt werden. Auf Grund deren Unkenntnis beschränken sich die technischen Gegenmaßnahmen oftmals nur im Einsatz von Bioziden. Phänomenologisch bewirkt die mikrobielle Korrosion einen Lochfraß, eine Muldenkorrosion oder eine Schädigung innerer Oberflächen. Darüber hinaus können Hohlräume mit mikrobiell produzierten Gasen, z.B. Wasserstoff, gefüllt werden oder Korrosionspartner liegen in Reinstform vor, wie Schwefel. Mikroorganismen beteiligen sich an einer Korrosionsreaktion durch

- die Ausbildung aerober und anaerober Bereiche.
- den Verbrauch von Sauerstoff und kathodisch gebildetem Wasserstoff mit einer depolarisierenden Wirkung (SRB).
- die Zerstörung von Schutzschichten.
- den Abbau von Inhibitoren oder die Veränderung der anodischen und kathodischen Teilreaktionen.
- die Veränderung der Metallionenkonzentration über die EPS, das Mikroökosystem oder die Stoffwechselprodukte ($H_2S$).
- die Bildung von Konzentrationselementen.
- die Produktion von korrosiven Metaboliten, wie organischen Säuren.

Der einfachste mikrobielle Korrosionsschutz wäre die Entfernung aller Nährstoffe aus der Lösung. Diese unrealistische Vorstellung scheitert an den Minimalmengen die Mikroorganismen zum „Überwintern" benötigen, u.a. in Form von Sporen. Beim Reinigen von Anlagen sind Biofilme grundsätzlich zu entfernen, was oftmals nur mit mechanischen Mitteln möglich ist. Hierbei ist darauf zu achten, das Schutzschichten nicht angegriffen oder zerstört werden.

Die Minimierung des Sauerstoffgehaltes der Lösung hemmt das Wachstum von aerophilen Organismen, wie den eisen- und schwefeloxidierenden Bakterien oder Schleimbildnern. Die Konsequenzen aus einer möglichen Anwesenheit von anaerophilen ist aber zu bedenken. Die Absenkung der Sauerstoffkonzentration minimiert die Gefahr der Ausbildung von Belüftungselementen. Dieser Vorteil kann durch Stoffwechselprodukte, wie Eisensulfid, wieder beseitigt werden.

**Tabelle 3.7** Eigenschaften von Bioziden und Einsatzfälle

| | Eigenschaft |
|---|---|
| allgemeine Forderungen an Biozide | breites Wirkungsspektrum, schnelle und irreversible Inaktivierung, temperaturunabhängig, in organische Substanzen einbaubar, nicht toxisch gegenüber der Umwelt, keine Korrosionswirkung, einfach handhabbar, gut abbaubar, stabil in Lösungen |
| Anwendungen | Farben, Papier, Textilien<br>Kühlmittel, Bohröle, Ölprodukte<br>Adhäsive, Wasser<br>Kunststoffe, Gummi, Hölzer |

Partikelablagerungen führen immer zur Ausbildung von Konzentrationselementen. Darüber hinaus können an Oberflächen anhaftende Fremdteilchen als Verankerungspunkte für Mikroorganismen dienen. Die regelmäßige Reinigung und Vorfiltration der Lösungsmittel ist somit eine Grundvoraussetzung eines mikrobiellen Korrosionsschutzes.

Korrosionsinhibitoren minimieren die Ionenbeweglichkeit, so daß sich die Diffusionsüberspannung im Elektrolyten erhöht. Inhibitoren wirken teilweise auch biozidär, wie Chromate als oxidische Deckschicht, Phosphate, Borate und Nickelsalze als Überzug, Antimon, Quecksilber und Arsen als Ionenaustauscher sowie Natriumsulfid und Hydrazin zur Sauerstoffreduzierung. Biozidär wirkende Substanzen sind Umweltgifte, teilweise hochtoxisch, u.a. Chrom, Arsen oder Quecksilber.

Sulfatreduzierende Bakterien bilden in aeroben Wässern Mikro–Ökosysteme mit anderen Aerobiern, u.a. *Gallionella*, die für Bakterien (SRB) erst einen aneroben Bereich infolge des Verbrauches von Sauerstoff aufbauen. Die Sauerstoffreduzierung über Inhibitoren bewirkt eine zeitweilige Störung dieses Mikrosystems, begleitet von einer Reduzierung der Korrosionsgeschwindigkeit. Es ist aber zu bedenken, daß auch chemisch gebundener Sauerstoff, u.a. im Sulfat oder Nitrat, mikrobiell verwertbar ist.

Beim Einsatz von Bioziden wird angestrebt, das Mikroökosystem in seiner Funktionsweise derart einzuschränken, daß Korrosionsreaktionen auszuschließen sind. Einige Eigenschaften eines idealen Biozids und Einsatzfälle sind in der Tabelle 3.7 zusammengestellt. Der Einsatz von Bioziden verlangt solche Konzentrationen, daß die Wirkstoffe nicht vollständig aufgebraucht werden (Sicherheitsüberschuß). Diese müssen für das Gesamtsystem verträglich sein (Zusammensetzung, pH–Wert, Temperatur), wobei eine Schockdosierung am Wirkungsvollsten ist. Die Wirkung von Bioziden auf Biofilme wird durch die Filmstruktur und die hiervon beeinflußten physikalischen Eigenschaften (Diffusion, Rheologie) beeinflußt.

In medizinischen Anwendungen verbieten sich aus Gründen der Bioverträglichkeit die „chemischen" Methoden des mikrobiellen Korrosionsschutzes. Dort dominieren ingenieurmäßige Maßnahmen, wie ein homogener und korrosionsbeständiger Werkstoff, ein homogener Spannungsverlauf und keine Fertigungsfehler. Diesen Forderungen stehen oftmals die Tradition und Esthetik gegenüber, z.B. im Dentalbereich. Hier findet man in einem Elektrolyten (Mund) eine Fülle von

Werkstoffpaarungen (Zahnfüllungen, Prothetik), die teilweise eine Korrosion regelrecht herausfordern.

## 3.8
## Mechanisches Verhalten

Die Frage: „Warum ein Implantat nicht bricht?" ist essentiell. Deren Beantwortung setzt Kenntnisse über die mechanischen Eigenschaften voraus, die eng mit der Struktur verknüpft sind. Letztendlich muß man den Spannungs- und Verschiebungszustand berechnen. Die Elastizitätstheorie geht von der Gültigkeit des Hookeschen Gesetzes aus, d.h. nach Entlastung ist eine bleibende Verformung nicht mehr zu beobachten. Demgegenüber sind bei einer plastischen Verformung die Gitterdeformationen irreversibel, die Grundlage für eine bildsame Formgebung.

Belastet man einen Zugstab mit der Normalkraft F dann wirken in einer Schnittebene eine normale und eine tangentiale Kraftkomponente (Bild 3.60), bzw. eine Normal- ($\sigma$) und eine Schubspannung ($\tau$). Die materialspezifischen Kennwerte sind mit zwei Experimenten bestimmbar, dem Zug-/Druck- und dem Torsionsversuch. Die Schiebungen im Volumen mißt man im Zugversuch als Dehnungen $\varepsilon = \Delta l/l_0$ und im Torsionsversuch als Verdrillungen $\gamma = r\,d\varphi/dz$. Infolge der Volumenkonstanz ruft eine Längsdehnung immer eine Querdehnung hervor $\varepsilon_y = -\nu\varepsilon_x$ ($\nu$ Poisson–Zahl).

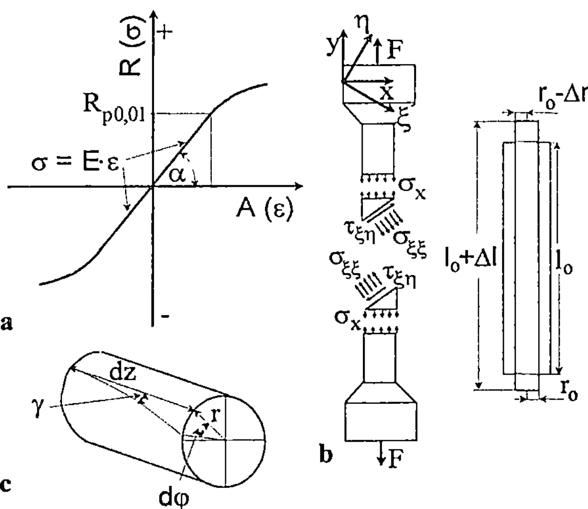


**Bild 3.60** Zug-/Druckversuch, Spannungsverteilung in der Schnittebene eines Zugstabes und zylindrische Torsion
a Zugversuch, $E$ = tan $\alpha$ Elastizitätsmodul, $R_{po,o1}$ Elastizitätsgrenze (0,01% bleibende Dehnung),
b Spannungsverteilung, $F$ Belastungskraft, $\xi\eta$ in die Schnittebene transformiertes Koordinatensystem, $l_o$ Ausgangslänge, $\Delta l$ Verlängerung infolge Verformung, c Torsion

Das Materialverhalten im elastischen Zug-/Druckbereich ist linear, dem Gültigkeitsbereich des Hookeschen Gesetzes $\sigma = E\varepsilon$ ($E$ Elastizitätsmodul). Im Falle einer räumlichen Belastung beträgt die Verschiebung der Quaderkanten eines Volumenelementes $\varepsilon_x = \varepsilon_x(\sigma_x) + \varepsilon_x(\sigma_y) + \varepsilon_x(\sigma_z)$, $\varepsilon_y = \varepsilon_y(\sigma_x) + \varepsilon_x(\sigma_y) + \varepsilon_y(\sigma_z)$, und $\varepsilon_z = \varepsilon_z(\sigma_x) + \varepsilon_z(\sigma_y) + \varepsilon_z(\sigma_z)$. Hieraus folgt mit der Summe $\varepsilon_x + \varepsilon_y + \varepsilon_z = (1-2\nu)(\sigma_x + \sigma_y + \sigma_z)E^{-1}$ aller Dehnungen das Cauchysche Elastizitätsgesetz

$$\sigma_x = \frac{E}{1+\nu}\left[\varepsilon_x + \frac{\nu}{1-2\cdot\nu}\left(\varepsilon_x + \varepsilon_y + \varepsilon_z\right)\right]$$

$$\sigma_y = \frac{E}{1+\nu}\left[\varepsilon_y + \frac{\nu}{1-2\cdot\nu}\left(\varepsilon_x + \varepsilon_y + \varepsilon_z\right)\right] \qquad (3.37)$$

$$\sigma_z = \frac{E}{1+\nu}\left[\varepsilon_z + \frac{\nu}{1-2\cdot\nu}\left(\varepsilon_x + \varepsilon_y + \varepsilon_z\right)\right]$$

Die kubische Dehnung $e = (dV^* - dV)/dV = \varepsilon_x + \varepsilon_y + \varepsilon_z$ ($dV^*$ mittlere Volumenänderung) nimmt für allseitig gleiche Zugspannungen $\sigma_x = \sigma_y = \sigma_z = \sigma$ die Form

$$e = \frac{dV^* - dV}{dV} = \frac{3(1 - 2\cdot\nu)}{E}\sigma \qquad (3.38)$$

an. Erfahrungsgemäß kann die Volumenänderung nicht negativ und für allseitig gleiche Druckspannungen nicht positiv sein, so daß $1 - 2\nu > 0$ gilt. Die Querdehnungszahl liegt somit im Intervall $0 < \nu < 0{,}5$. Für $\nu = 0{,}5$ ist die Volumenänderung gleich Null, d.h. der Werkstoff ist inkompressibel.

Im Falle einer „reinen" Torsionsbeanspruchung (nur Drehmoment) gilt mit dem Gleit- oder Schubelastizitätsmodul $G = E\{2(1+\nu)\}^{1/2}$ das Schubspannungsgesetz

$$\tau_{xy} = G\cdot\gamma_{xy}. \qquad (3.39)$$

Mit dem Mohrschen Spannungskreis sind die Spannungen in den Hauptachsen berechenbar. Der Elastizitätsmodul ist richtungsabhängig und im allgemeinen Fall ein Tensor vierter Stufe, dessen Elemente aus Experimenten nicht vollständig ermittelt werden können. Normalerweise sind Metalle als isotrop anzusehen. Für Verbundwerkstoffe oder andere anisotrope Materialien, z.B. kaltverfestigte oder texturierte, gilt diese Voraussetzung nicht mehr. Hier versucht man Modellgesetze zu finden, die es erlauben, das Hookesche Gesetz mit einem auf ein isotropes Modell relativierten Elastizitätsmodul $E_c$ anzuwenden.

Für Verbundmaterialien sind zwei Grenzfälle möglich (Bild 3.61a), eine Faserorientierung in Spannungsrichtung (Parallelschaltung) und quer zu dieser (Reihenschaltung). Die hierfür geltenden Modellgesetze sind in der Tabelle 3.8 aufgeführt. Berechnet man aus den winkelabhängigen Spannungsanteilen die zugehörigen Werte des Moduls $E_c$, dann findet man eine Abhängigkeit vom Orientie-

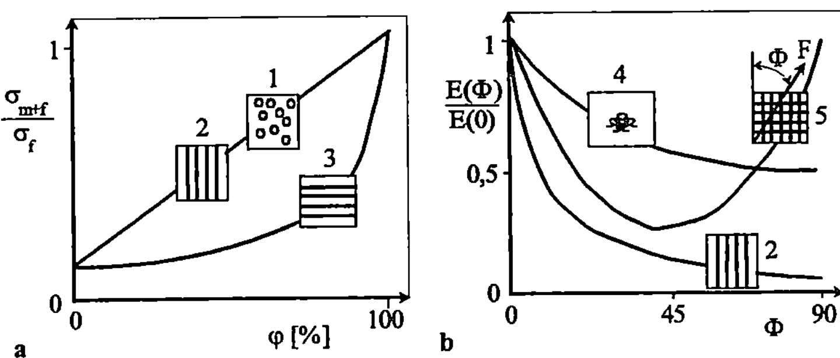

**Bild 3.61** Modellvorstellungen für Verbundmaterialien und Komposite sowie die Winkelabhängigkeit des relativierten Elastizitätsmoduls $E_c$

a Modellvorstellungen, $\varphi$ Volumenanteil der Faser/Partikel, $\sigma_{m+f}$ Spannung im Verbund, $\sigma_f$ Spannung in der Faser, *1* Komposit, *2* Endlosfaser 0° ausgerichtet (Parallelschaltung), *3* Endlosfaser 90° ausgerichtet (Reihenschaltung), b Modul $E_c$, *4* Gestrick, *5* 1x1 Gewebe, *F* Kraft

rungswinkel $\phi$ (Bild 3.61b). Für das Einwachsverhalten von Implantaten aus Verbundmaterialien ist dies gravierend, da man Zugspannungen an der Materialoberfläche anstrebt (Kap. 7).

**Tabelle 3.8** Relativer Elastizitätsmodul für Faserverbundmaterialien und Komposite

| Fall (Bild 3.61a) | Bedingung | relativer E–Modul |
| --- | --- | --- |
| Komposite (sphärisch) | $\sigma_c = \varphi \cdot \sigma_f + (1-\varphi)\sigma_m$ | $E_c = \varphi \cdot E_p + (1-\varphi)E_m$ |
| Parallelschaltung | $\sigma_c = \varphi \cdot \sigma_f + (1-\varphi)\sigma_m$<br>$\varepsilon_c = \varepsilon_f = \varepsilon_m$ | $E_c = \varphi \cdot E_f + (1-\varphi)E_m$ |
| Reihenschaltung | $\sigma_c = \sigma_f = \sigma_m$ , $\varepsilon_c = \varepsilon_f + \varepsilon_m$ | $E_c = \dfrac{E_m}{(1-\varphi)+\varphi \cdot E_m/E_f}$ |
| 0°/90°–Laminat | *Kettrichtung*<br>$\sigma_{0°} = k_{0°}\sigma_f\left[\varphi+(1-\varphi)\dfrac{E_m}{E_f}\right]$<br>$\approx k_{0°}\sigma_f\varphi$<br>*Schußrichtung*<br>$\sigma_{90°} = k_{90°}\sigma_f\left[\varphi+(1-\varphi)\dfrac{E_m}{E_f}\right]$<br>$\approx k_{90°}\sigma_f\varphi$ | $E_{0°} = k_{0°}\left[\varphi E_f +(1-\varphi)E_m\right]$<br>$\approx k_{0°}E_f\varphi$<br><br>$E_{90°} = k_{90°}\left[\varphi E_f +(1-\varphi)E_m\right]$<br>$\approx k_{90°}E_f\varphi$ |

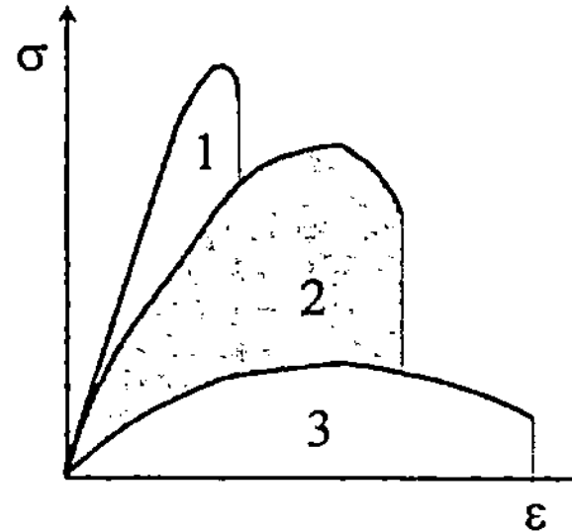

**Bild 3.62** Bruchzähigkeit, das Integral unter der Spannungs–Dehnungs–Kurve
*1* spröde, *2* zäh, *3* duktil

Zur Beurteilung des Bruchverhaltens definiert man die Zähigkeit als die Arbeit,

$$A = \int_{\varepsilon_o}^{\varepsilon_r} \sigma \cdot d\varepsilon \tag{3.40}$$

die für die Gesamtverformung aufzubringen ist. Zähe Materialien können bis zum Bruch eine größere Energie aufnehmen als spröde (Bild 3.62). Für Osteosynthese–Materialien strebt man eine große Bruchzähigkeit an, wohingegen Duktilität für künstliche Gefäße gefordert wird.

Um ein Vielfaches komplexer sind einwachsende Implantate. Zur Minimierung der Spannungen in der Grenzfläche Gewebe/Implantat sollten die Verschiebungen $u(l)= \partial A_d/\partial F$ rechts und links gleich sein. Für einen geraden Stab gilt die Formänderungsarbeit $A_d = \int F^2(EA_o)^{-1}dx$ bzw. die Verschiebung $\partial A_d/\partial F = \int F(EA_o)^{-1}dx$. Neben den Querschnitten $A_o$, die die Trägheitsmomente bestimmen, sind die Elastitzitätsmoduln des Implantates und des Gewebes für die Einhaltung der Bedingung entscheidend. Deren Werte dürfen nicht wesentlich voneinander abweichen. Für Massivimplantate kann diese Forderung nicht erfüllt werden (Tabelle 3.9). Ein möglicher Ausweg ist eine „Öffnung" des Volumens (Keramik, Kap. 7).

**Tabelle 3.9** Elastizitäts–Moduln von Implantmaterialien

| Material | E [N mm$^{-2}$] |
| --- | --- |
| rein Titan (Vollmaterial) | 105 000 |
| TiTa30 (Vollmaterial) | 80.000 |
| TiTa30, Pulver 200 bis 317 µm, 17% Porosität | 56.200 |
| TiTa30 Pulver, 315 bis 400 µm, 28 % Porosität | 35.000 |
| FeCrNiMo (316 L) | 210.000 |
| Al$_2$O$_3$ | 380.000 |
| ZrO$_2$ | 170.000 |
| PMMA | 25.000 |
| Knochen–Kortikalis | ca. 20.000 |

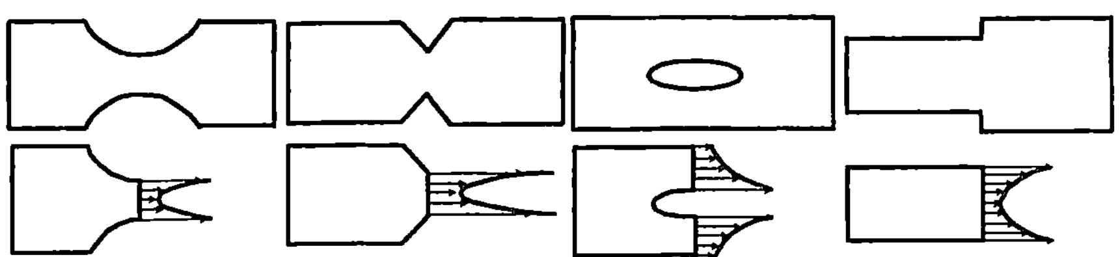

**Bild 3.63** Spannungsverlauf an Querschnittsveränderungen durch Verwölbung

Bei einer sprunghaften Änderung der Geometrie bleiben die Querschnitte nicht mehr eben und verwölben sich. Die Spannungsverteilungen in diesen Zonen weisen Spannungsspitzen mit dem Maximalwert $\sigma_{Max}$ auf, die um ein Vielfaches über dem Spannungswert $\sigma_0 = F/A_0$ liegen (Bild 3.63). Zur Beschreibung der Spitzenwerte führt man den Kerbfaktor $\chi = \sigma_{Max}/\sigma_0 \geq 1$ ein. Große Querschnittsveränderungen waren ein Grund für Brüche der ersten metallischen Implantate, die als Osteosynthese–Material eingesetzt wurden. Die niedrigen Zugfestigkeiten der damaligen Stähle (um 1910) konnten die Spannungsüberhöhungen an den Bohrungen, die zum Verschrauben im Knochen dienen, nicht kompensieren. Die Situation wurde dadurch verschärft, daß diese Bauteile in ihren Querschnitten extrem geschwächt werden müssen, um mechanische Schädigungen des umgebenden Gewebes auszuschließen.

Im plastischen Verformungsbereich gilt das Potenzgesetz $\sigma_p = K^* \varepsilon^n$ ($K^*$ Spannungs–Aushärtungs–Koeffizient). Vor Beginn der Brucheinschnürung erhöht sich bei Metallen der Verformungswiderstand, sie werden härter. Dieser Effekt, die Kaltverfestigung, kann auch durch eine plastische Oberflächenverformung erreicht werden, z.B. mit Sand- oder Kugelstrahlen. Wendet man diese Methode zur Verfestigung der Oberfläche von Implantaten an, dann gilt es neben den Spannungsübergängen zum Gewebe auch die erhöhte Korrosionsneigung zu beachten (inhomogene Gefüge). Für manche Werkstoffe folgt die Formänderung nicht sofort der Belastung, der Werkstoff kriecht.

## 3.8.1
## Berührungsspannungen

Kräfte zwischen sich berührenden Oberflächen werden durch Flächenkräfte übertragen. Wirkt die zu übertragende Kraft F im Schwerpunkt der Übertragungsfläche A, dann ruft sie in dieser die mittlere Druckspannung $\sigma = F/A$ hervor (Bild 3.64). Bei Implantaten kann man diese Bedingung nur für Hartgewebe annehmen. Berührungskräfte bauen sich auch bei der Kraftübertragung in gekrümmten Flächen auf. Zellen wachsen unter Zugspannungen und werden bei Druckspannungen abgebaut, so daß die Berührungsspannungen letztendlich über das Einwachsverhalten und somit die Bioverträglichkeit mitentscheiden. Diese Spannungsverteilung hängt vom Material und der Paßgenauigkeit zwischen dem Implantat und Gewebe ab.

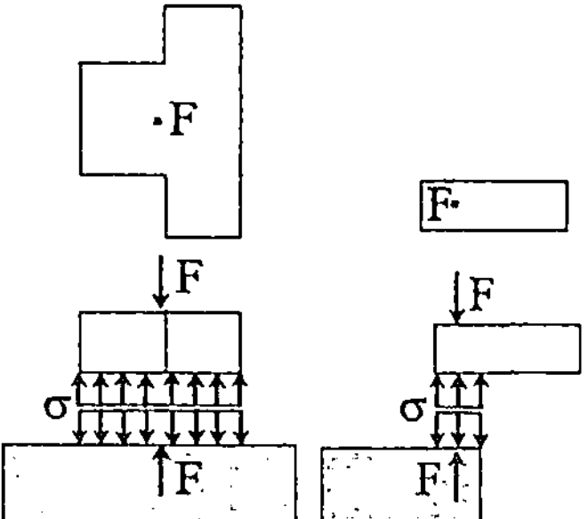

**Bild 3.64** Berührungsspannungen $\sigma$ für eine im Schwerpunkt angreifende Kraft F

## 3.8.2
## Dynamische Belastung

Normalerweise wird ein Bauteil, also auch ein Implantat, nicht statisch sondern dynamisch beansprucht. Beispielsweise unterliegt ein Hüftgelenk jährlich $4{\times}10^6$ Lastwechseln (Tabelle 3.10). Eine Schwellbelastung liegt vor, wenn auch statische Kräfte wirken (Bild 3.65). Das Ergebnis von Wöhlerversuchen ist die Lastspielzahl N (*Versuchszeit* $T = N/\tau$, $\tau$ Schwingfrequenz), die bei einer bestimmten Spannungsamplitude $\sigma_a$ benötigt wird, um einen Bruch auszulösen. Erfolgt bis zu einer festgelegten Grenzlastspielzahl $N_{Grenz}$ keine Schädigung, dann spricht man von einer Dauerfestigkeit. Tritt bereits eine Schädigung im Bereich $N < N_{Grenz}$ ein, handelt es sich um eine Zeitstandfestigkeit. Langzeitimplantate sind auf Dauerfestigkeit zu dimensionieren, wobei korrosive Schädigungen (Bild 3.44) und zeitlich veränderliche Momente und Dehnungen zu berücksichtigen sind.

Die im Maschinenbau üblichen Dauerfestigkeitsschaubilder, wie das Smith–Diagramm, haben sich für Implantate noch nicht durchgesetzt. Diese Feststellung gilt auch für eine bruchmechanische Bewertung, die eine Messung der Rißfortschrittsgeschwindigkeit da/dt voraussssetzt (*a* Rißlänge). Hier werden in den Spannungsbegriff $\{K = \sigma_a(af\pi)^{1/2}$ K–Faktor$\}$ mit dem Rißgeometriefaktor f auch Spannungsüberhöhungen aufgenommen. Sein Wert hängt von der Geometrie des Bauteiles, der Rißform, möglichen Nebenrissen und Wechselwirkungen mit der freien Oberfläche ab.

**Tabelle 3.10** Belastung eines Hüftgelenkes

| Aktivität | maximale Kraft [N] | Zyklen/Jahr |
|---|---|---|
| Wandern | 107 bis 4852 | $7{,}4{\times}10^3$ |
| Sitzen | 173 | $7{,}6{\times}10^4$ |
| Undifferenziert | < 210 | $9{,}1{\times}10^5$ |
| Normales Laufen | 210 | $2{,}5{\times}10^6$ |
| Jogging | 630 | $6{,}4{\times}10^3$ |

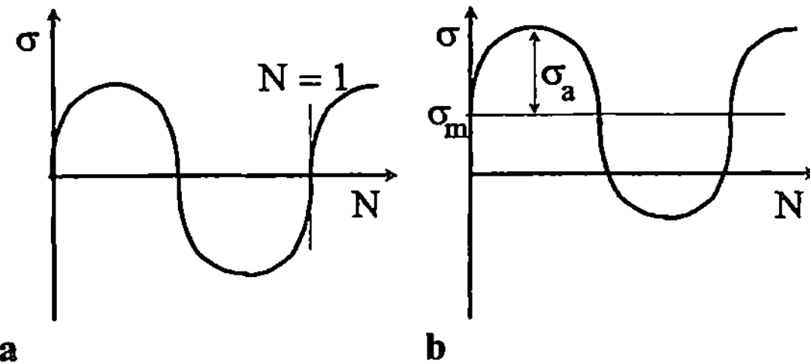



**Bild 3.65** Wechsel- und Schwellbelastung
a Wechselbelastung, b Schwellbelastung, $\sigma_a$ Spannungsamplitude, $\sigma_m$ Mittelspannung–statische Belastung, $\sigma_o = \sigma_m + \sigma_a$ Oberspannung, $\sigma_u = \sigma_m - \sigma_a$ Unterspannung, $R = \sigma_u/\sigma_o$ Spannungsintensitätsfaktor, R = 1 nur statische Belastung–Zugversuch, R = −1 Wechselbeanspruchung

Der Spannungsintensitätsfaktor K muß beim Wirken zusätzlicher mechanischer Spannungen, wie um einen Vickers–Eindruck, mit den Term $K^* = \beta_r Fa^{-3/2} = K K^*$ erweitert werden. Der Parameter $\beta_r$ bestimmt sich aus dem elastisch/plastischen Deformationsfeld am Rißgrund.

### 3.8.3
### Viskoelastizität

Viskoelastische Materialien, wie Polymere, haben einen sich zeitlich verändernden Elastizitätsmodul $E(t) = \sigma/\varepsilon(t)$. Für das Temperaturverhältnis $T/T_G < 1$ ähneln die Eigenschaften denen der Gläser (Bild 3.1, $T_g$ Transformationstemperatur). Oberhalb 1,5 $T_g$ dominiert das viskose Fließen $\tau = \eta(d\gamma/dt)$ ($d\gamma/dt$ Schergeschwindigkeit). Im Temperaturbereich zwischen beiden Grenzfällen versucht man mit Modellen, die Hookesche (Feder) und Newtonsche Elemente (Dämpfer) enthalten, das Materialverhalten zu beschreiben (Bild 3.67). Die beiden bekanntesten sind das Maxwell– $\{\varepsilon = \varepsilon_H + \varepsilon_N,$ *Lösung* $\sigma/\sigma_o = \exp(-Et/\eta)\}$ und das Voigt–Modell $\{\varepsilon = \varepsilon_H = \varepsilon_N,$ *Lösung* $\varepsilon(t) = \varepsilon_o \exp(-Et/\eta)\}$.

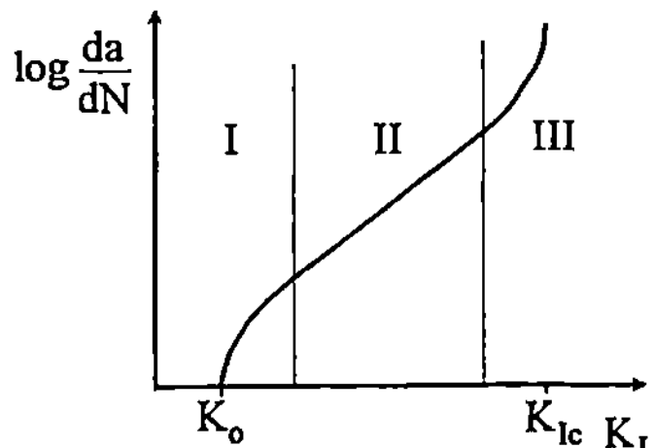



**Bild 3.66** Rißwachstumsgeschwindigkeit da/dN als Funktion des Spannungsintensitätsfaktors K
a Rißlänge, N Zahl der Lastwechsel, $K_o$ bruchmechanische Dauerfestigkeit, $K < K_o$ kein Rißwachstum, $K > K_o$ Rißwachstum, $K > K_{Ic}$ Versagen, *I* Rißkeimbildung (Versetzungsbewegung), *II* stabiles Rißwachstum (Paris–Erdogan–Gleichung), *III* instabiles Rißwachstum

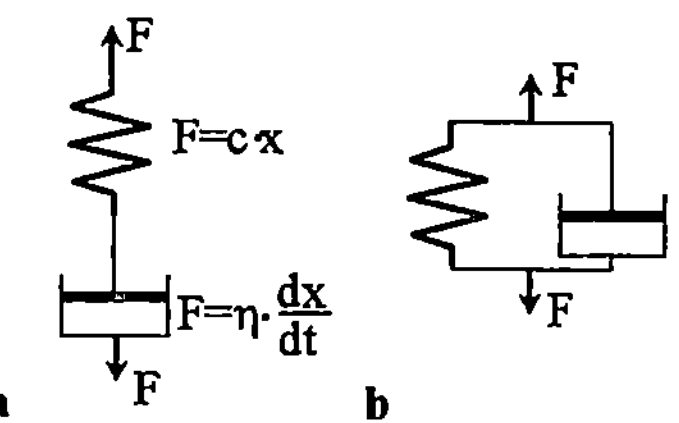


**Bild 3.67** Modelle zur Beschreibung des viskoelastischen Verhaltens
a Maxwell–Modell, b Voigt–Modell

# 3.9
# Fertigungstechnologische Einflüsse

In jedem technologischen Schritt und späterer Produktionsstufe beeinflußt man zwangsläufig die Materialstruktur und -eigenschaften. In der Bioverfahrens- und Medizintechnik kann dies bedeuten, daß sich mögliche Grenzflächenreaktionen vollständig verändern.

## 3.9.1
## Schweißen

Die hohen örtlichen Temperaturen beim Schweißen bewirken extreme Aufheiz- (bis zu $1000 \ Ks^{-1}$) und Abkühlgeschwindigkeiten (mehrere $100 \ Ks^{-1}$), die mit der Temperaturführung einer „klasssischen" Wärmebehandlung nicht mehr vergleichbar sind. Die Verweilzeiten im Temperaturmaximum liegen im Bereich einer Sekunde, so daß sich eine vollständige, dem Zustandsdiagramm entsprechende Gefügeumwandlung und Homogenisierung nicht einstellen kann. Infolge

- der großen Aufheiz- und Abkühlgeschwindigkeiten treten hohe Eigenspannungen auf, die durch eine nicht vollständige Phasenumwandlung oder Auflösung von Ausscheidungen noch verstärkt werden können.
- der kurzzeitigen Maximaltemperaturen bilden sich Gefügestrukturen mit einem groben Korn.
- der großen Abkühlgeschwindigkeiten laufen oftmals athermische Umwandlungen ab, gekennzeichnet durch Härtespitzen.

Die während der Erwärmung und Abkühlung ablaufenden Festkörperreaktionen werden vom Zeit–Temperatur–Verlauf bestimmt (Bild 3.68). Diese Funktion charakterisiert somit eindeutig das jeweilige Schweißverfahren. Beim Übergang vom konventionellen Gas- oder Elektroschweißen zu Hochleistungsschweißverfahren tritt eine extreme Verkürzung der Prozeßzeiten ein, einhergehend mit einer Reduzierung des Wärmeeintrages und der Wärmeeinflußzone. Für kaltverfestigte Werkstoffe strebt man diese kleinen Zonen an, um den durch Rekristallisation entfestigten Bereich zu minimieren.

**Tabelle 3.11** Wärmeeinflußzone (WEZ) von Schweißverbindungen

| Werkstoff | Gefüge | Metallurgie |
|---|---|---|
| umwandlungsfrei (Ni, Al, Cu) | Ei · gpu · WEZ | • WEZ = f(Q)<br>• kontinuierlicher Übergang des mittleren Kornradius<br>• Gasaufnahme, thermische Verformungen (Verzug, Eigenspannungen) |
| kaltverfestigt | $R_a$ · WEZ | • $\varphi \gg \varphi_{cr}$ ; $T > T_R$ rekristallisiert<br>• $\varphi \approx \varphi_{cr}$; $T > T_R$ Grobkorn |
| ausscheidungsgehärtet | pr · WEZ | • Auflösung und erneute GP–Zonenbildung (inhomogene Verteilung)<br>• heterogene Ausscheidungen (Risse, Korrosion) |
| hochreaktiv (Ti, Ta, Mo, Zr) | gpu (embr) · WEZ | • $T > 350°C$ Gasaufnahme (Versprödung)<br>• Schutzgas, Vakuum |
| Stahl | Ms · $P(T \sim A_{c1})$ · WEZ | • Martensit (c < 0,2 % Kohlenstoff, schweißbar, c > 0,2 % , Vorwärmen, Wärmenachbehandlung) |

$Q$ beim Schweißen eingebrachte Wärmemenge, abhängig vom Schweißverfahren, den Schweißdaten und der Nahtform, $T$ Temperatur, $T_R$ Rekristallisationstemperatur, $\varphi$ Verformungsgrad, $\varphi_{cr}$ kritischer (Mindest-) Verformungsgrad beim Rekristallisationsglühen, $GP$–Zone Guinier–Preston–Zone in ausgehärteten Al–Legierungen, $R_a$ mittlere Rauhigkeit, $A_{c1}$ $A_{c1}$–Temperatur des Kohlenstoffstahles (723°C), $Ms$ Martensit, $P$ Perlit, $WEZ$ von der Wärmemenge Q abhängige Wärmeeinflußzone, $Ei$ Einbrand, $gpu$ Gasaufnahme aus der Umgebung, $pr$ sich in der Wärmeeinflußzone bildende Ausscheidungen, $embr$ Versprödung durch Gasaufnahme, $Ms$ Martensit, $P$ Perlit

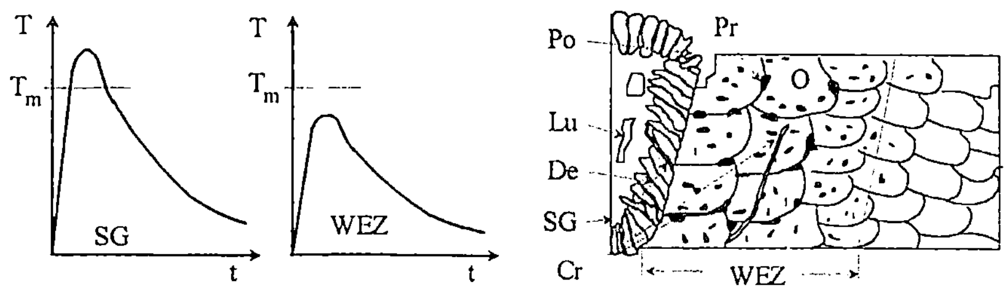

**Bild 3.68** Temperaturverteilung im Schweißgut und der Wärmeeinflußzone einer Schweißverbindung
*SG* Schweißgut, *WEZ* Wärmeeinflußzone, $T_s$ Schmelztemperatur, *Po* Poren, *Pr* Ausscheidungen, *O* Kornvergröberung (Ostwald–Reifung), *Lu* Lunker, *De* Dendriten, *Cr* Risse

In der Tabelle 3.11 ist ein Überblick über die metallurgischen Abläufe in Abhängigkeit vom Werkstofftyp gegeben. Beispielsweise neigen die umwandlungsfreien austenitischen Stähle zur Gasaufnahme begleitet von einer Porenbildung. Bei der Anlagensterilisation sind diese Fehlstellen Problembereiche, wie Untersuchungen an fehlerhaft geschweißten, austenitischen Molkereibehältern zeigten.

Technologische Probleme bilden neben den Zündansatzstellen, wo infolge der hohen Leistungsdichte extrem große Abkühlgeschwindigkeiten auftreten, die zu ·Schrumpfrissen führen, die hohe Gaslöslichkeit des flüssigen Schweißgutes und der große Inhomogenitätsgrad der Legierungselemente. Die Gaslöslichkeit führt u.a. zur Aufnahme von Wasserstoff, der für Versprödungseffekte verantwortlich sein kann. Eine inhomogene Verteilung von Legierungselementen bewirkt elektrochemische Potentialdifferenzen, die neben der Korrosion auch die Wechselwirkungskräfte zwischen Mikroorganismen und dem Festkörper beeinflussen.

Heißrisse entstehen im Temperaturbereich zwischen Liquidus- und Soliduslinie und verlaufen interkristallin. Demgegenüber hängt die Bildung transkristalliner Kaltrisse vom Eigenspannungszustand der Wärmeeinflußzone ab, bestimmt von Aufhärtungen, mechanischen Spannungen und Versprödungseffekten.

Das Verschweißen unterschiedlicher Materialien führt zur Phasenbildung nach der Legierungslehre (Tabelle 3.12). In Verbindungen, wie zwischen Metallen und Keramiken oder anderen anorganischen Materialien, können Entmischungsvorgänge infolge einer Umverteilung der Legierungselemente ablaufen. Diese Prozesse sind eng mit Veränderungen der Oberflächenigenschaften (Rauhigkeit, Energie) gekoppelt.

Geschweißte Oberflächen weisen eine größere Rauhigkeit gegenüber dem Grundwerkstoff auf. Im Bereich des Schweißgutes resultiert dies aus der Porosität infolge einer Gasaufnahme, der Bewegung des flüssigen Schweißgutes (Lichtbogen) und dessen Schrumpfung beim Erstarren. Demgegenüber vergröbert das Gefüge in der Wärmeeinflußzone, einhergehend mit einer Zunahme der Oberflächenrauhigkeit. Es wird zwar prinzipiell erst nach dem Schweißen poliert, so daß Rauhigkeitsveränderungen ausgeglichen werden, aber die Wahrscheinlichkeit für das Auftreten von Polierfehlern und Veränderungen der Oberflächenenergie erhöht sich.

**Tabelle3.12** Schweißgut in Abhängigkeit vom Legierungstyp

| Schaubild | Gefüge | Eigenschaften |
|---|---|---|

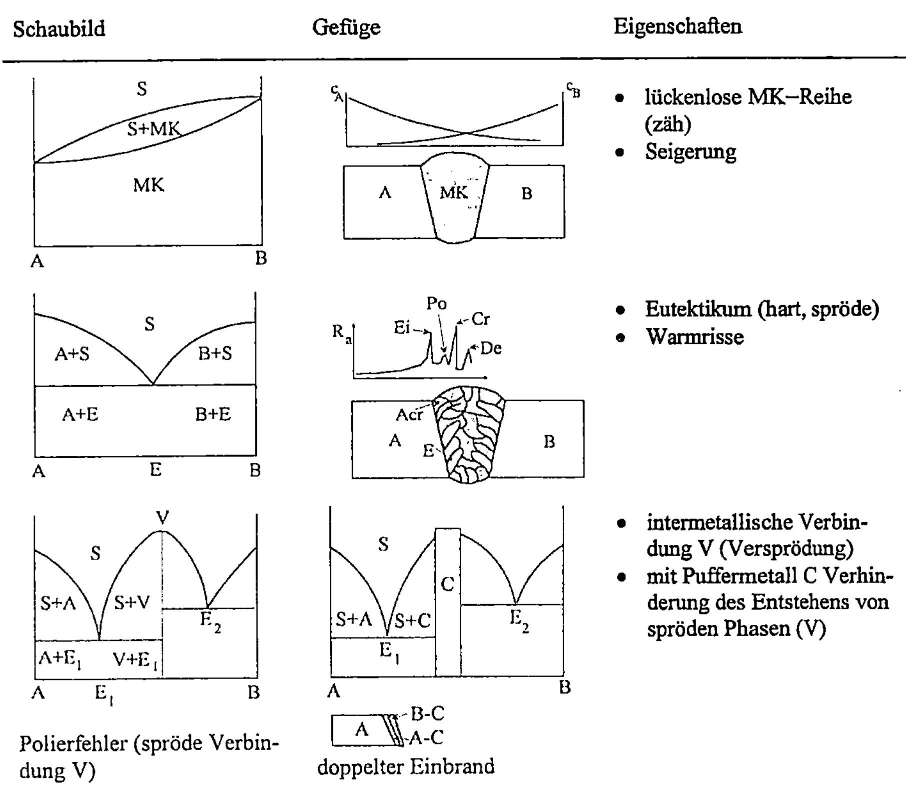



Polierfehler (spröde Verbindung V)

doppelter Einbrand

---

*MK* Mischkristall, *S* Schmelze, *E* Eutektikum, *V* intermetallische Verbindung, *A*, *B* Reinstkomponenten, *c* Konzentration, *Acr* A–reicher Mischkristall, *Po* Pore, *Ei* Einbrand, *Cr* Riß, *De* Dendrit, $R_a$ mittlere Rauhigkeit

Großvolumige Korrosionsgrübchen in der Wärmeeinflußzone sind kein seltener Schadensfall. Für diesen Mechanismus muß der primäre Ausgangspunkt keine Korrosionsreaktionen sein. Es gibt bekannte Schadensfälle, in denen die Durchwärmung der Fermentorbleche beim Anschweißen von Außenstützen genügte, um eine Chromkarbidbildung an den Korngrenzen über die gesamte Blechdicke einzuleiten. Diese unfreiwillig miterwärmten Bereiche beim Schweißen austenitischer Dickbleche neigen wegen mangelnden Chromgehaltes, d.h. einer instabilen Chrom–Passivschicht, zum Lochfraß (Bild 3.69). Der Ausgangspunkt sind somit keine Mikroorganismen sondern Gefügeveränderungen infolge technologischer Fehler. Ein wirksamer Korrosionsschutz setzt die Anwendung von Schweißverfahren und Werkstoffen voraus, die diese metallurgischen Gefahren minimieren, wie das WIG-, Elektronenstrahl- oder Laserschweißen für stabilisierte austenitische Stähle.

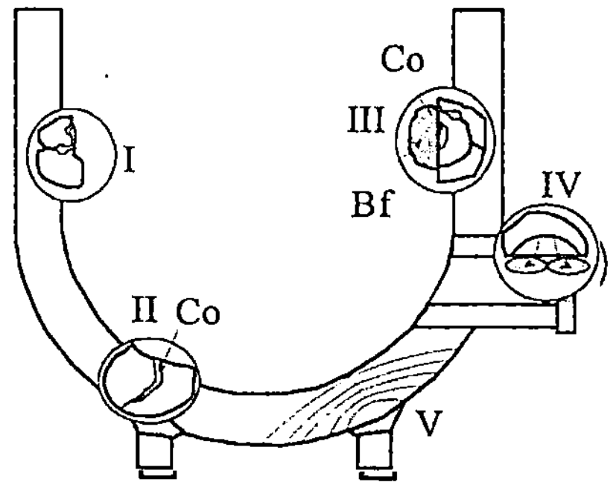

**Bild 3.69** Mögliche Schäden in Fermentoren aus hochlegiertem Stahl
*I* Oberflächeneinschlüsse, u.a. einpolierte Schleifpartikel oder harte Oberflächenpartikel, *II* Korrosion infolge von Gefügeveränderungen, wie Cr–Karbidbildung in der WEZ, Phasenumwandlungen und Ausscheidungen, *III* Reaktionen an und unter Biofilmen, z.B. Konzentrationselement sowie biokorrosive Mechanismen, *IV* Werkstoff als „mikrobielle Nahrungsquelle", wie Weichmacher in Dichtungen oder Ionen aus Gläsern, *V* fehlerhafte Technologie, z.B. ein weitreichendes Wärmefeld aus einer Schweißung, *Co* Korrosionsprodukte, *Bf* Biofilm

## 3.9.2
## Polieren

In der Bioverfahrens-, Lebensmittel- und Medizintechnik werden an die Oberflächenqualität erhebliche Anforderungen gestellt. Ein unabänderlich letzter technologischer Schritt ist das Polieren der Reaktoroberflächen, als eine Voraussetzung zur Garantie der Anlagensterilität (Kap. 4). Hierbei sind aber auch Strömungseffekte nicht zu vernachlässigen, die eine vom Grad der Politur (Oberflächenrauhigkeit) abhängige Besiedelungsrate bewirken können (Colebrook–Gleichung 4.65). Eine „nahezu ideal ebene", hochglanzpolierte Fläche muß hinsichtlich der Sterilität nicht die idealste sein (Bild 3.70).

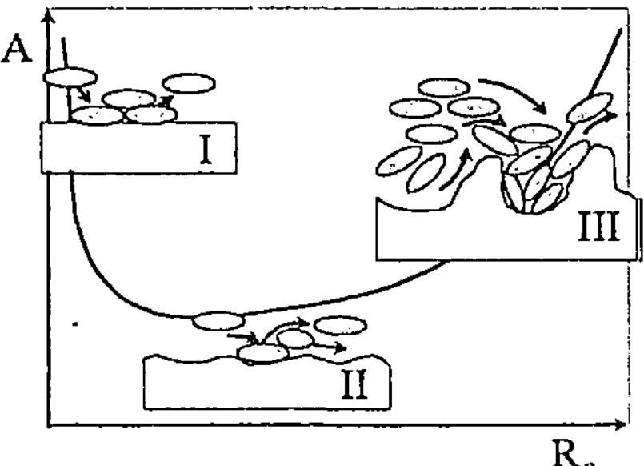

**Bild 3.70** Prinzipielle Abhängigkeit der mit *Saccharomyces cerevisiae* besiedelten Fläche A von der mittleren Rauhigkeit $R_a$ (vgl. Bild 4.46)
*I* große Auflagefläche, *II* Minimierung der Auflagefläche durch Rauhigkeit, *III* tiefe Täler

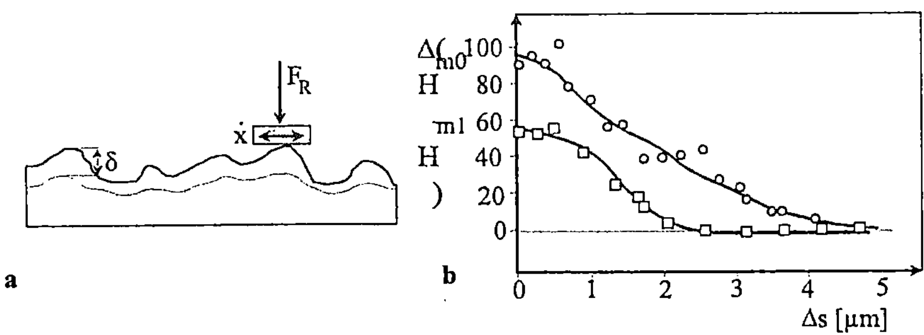



**Bild 3.71** Abhängigkeit der Verformungsschicht vom Polierverfahren und Mikrohärteverlauf in der Randschicht des Stahles X8CrNiTi18.10

a Verformungsschicht, b Mikrohärte, o naßgeschliffen, □ elektrolytisch naßgeschliffen, $H_{m1}$ Mikrohärte (Belastungskraft 1 [N]), $H_{m0}$ Mikrohärte im verformungslosen Grundzustand, $\Delta s$ Polierabtrag, $\vartheta$ Verformungsschicht

Zum Polieren wendet man zwei Verfahren an, das mechanische und elektrochemische. Beiden Methoden ist gemeinsam, daß eine Reibkraft $F_R$ aufgebracht werden muß (Bild 3.71), welche die Dicke der erzeugten Deformationszone bestimmt. Dem Vorteil geringerer Kräfte $F_R$ beim elektrochemischen (korrosiven) Abtrag steht der Nachteil des Anätzens der Korngrenzen gegenüber.

Oberflächenfehlstellen, wie nichtmetallische Einschlüsse, Riefen oder Gefügeinhomogenitäten bewirken eine unterschiedliche Verteilung der Härte. Beim Polieren ruft dies Schwankungen des Deformationsbereiches hervor, letztendlich der Oberflächenenergie. Mikroskopische Fehlstellen, wie Endpunkte von Versetzungen, Korn und Phasengrenzen oder Mikrorisse, sind Bereiche in die Partikel einpoliert werden können und die beim Elektropolieren einem verstärkten korrosiven Abtrag unterliegen. Die Auswirkungen sind Ätzgrübchen. Es ist zu vermuten, daß die Bioadhäsion durch den Poliervorgang beeinflußt wird, sei es über hydrodynamische Einflüsse (Rauhigkeit) oder Variationen der Oberflächenenergie. Der Einfluß von Legierungselementen zeigt sich u.a. an hochlegierten Ti– und Nb–Stählen. Infolge des hohen Nitrid- und Karbidgehaltes wird kein Hochglanz erzielt, da man diese harten Bestandteile nur unvollständig abarbeiten kann. Darüber hinaus nehmen mit zunehmendem Verunreinigungsgrad die materialabhängigen Polierfehler zu, wie Kommas, Wischer und Kometen (Bild 3.72).

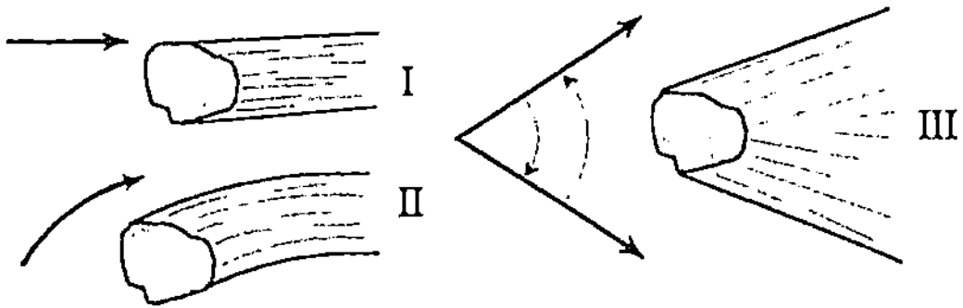



**Bild 3.72** Die Polierfehler
*I* Wischer, *II* Komma, *III* Komet

### 3.9.3
### Beschichtungen

An eine Oberfläche werden oftmals sich widersprechende Anforderungen gestellt, wie Verschleißfestigkeit und Duktilität. Beim Einsatz in biologischen Systemen muß man im allgemeinen

- die Biofunktionalität (bioinert, bioaktiv, toxisch),
- die Beständigkeit gegenüber Biokorrosion,
- die Beeinflussung der Adhäsionsbedingungen,
- die tribologischen Eigenschaften und
- die mechanische Stabilität

berücksichtigen.


**Tabelle 3.13** Oberflächentechnologien

| Verfahren | Arten | Anwendungen |
|---|---|---|
| PVD (Physikalische Gasphasenab-scheidung) Ionenplattieren | Bedampfen Sputtern | pC–Filme n.MS, rS dS, aD, K |
| CVD (Chemische Gasphasenab-scheidung) | thermisches CVD plasmaaktiviertes CVD photonenaktiviertes CVD laserinduziertes CVD | K, rS pC–Filme n.MS, dS aD |
| Plasmapolymerisation | | DP, K, dS |
| Chemische Abscheidung | stromlos, Verdrängungsreaktion, Homogene Präzipation, Sprühpy-rolyse, Chromatieren, Phosphatie-ren | K, aD |
| Thermische Spritzverfahren | Flamme, Explosion, Lichtbogen, Plasma, Plasma im Vakuum | K, aD |
| Auftragsschweißen | Flamme, Lichtbogen, Strom-wärme, Plasma, Laser | K |
| Plattieren | Plattieren, Gieß-, Walz-, Explosi-ons-, Punkt-, Reibplattierung, alu-minothermisches Plattieren | K |
| Elektrochemische Abscheidung | kathodische Abscheidung, anodi-sche Abscheidung, Elektrophorese | K, aD |
| Abscheidung aus metallischer Schmelze | Schmelztauchen, Rascherstarrung | K |
| Abscheidung organischer Überzüge | mechanisch, thermisch, Spritzver-fahren | K |

*pC* pyrolithischer Kohlenstoff, *DP* Depotpharmaka, *K* Korrosionsschutz, *n.MS* neurologische Mikrosonden, *rS* reibungsarme Schichten, *dS* dekorative Schichten, *maD* aktive Dünnschichtelemente (Sonden)

**Tabelle 3.14** Schichtdicken s für verschiedene Oberflächentechnologien [3.10]

| Verfahren | s [$\mu$m] |
| --- | --- |
| Bedampfen | $10^{-2}$ bis $10^{2}$ |
| Ionenplattieren | $< 10^{-2}$ bis 50 |
| CVD | $10^{-1}$ bis $10^{2}$ |
| Plasmaplattieren | $10^{-1}$ bis $10^{2}$ |
| galvanisch Verchromen | $10^{-1}$ bis $10^{3}$ |
| Vernickeln | 5 bis $10^{3}$ |
| Al-Hartoxid | 50 bis 150 |
| Chromatieren | 0,5 bis 50 |
| Flammspritzen | $10^{2}$ bis $10^{3}$ |
| Detonationsspritzen | 80 bis 500 |
| Plasmaspritzen | 80 bis $10^{4}$ |
| Auftragsschweißen | $10^{3}$ bis $5\cdot10^{4}$ |
| Walzplattieren | $10^{3}$ bis $5\cdot10^{4}$ |
| Schmelztauchen | 5 bis 100 |
| Nitrieren | 10 bis $10^{3}$ |
| Ionenimplantation | 0,05 bis 0,5 |

Zur Gewährleistung dieser Eigenschaften setzt man immer häufiger Werkstoffbeschichtungen ein (Tabelle 3.13). In diesen wird

- das Schichtmaterial in Form von Atomen, Ionen oder Molekülen aufgebracht, u.a. PVD, CVD, elektrochemische und chemische Abscheidung und Plasmapolymerisation.
- die Beschichtung in Form von flüssigen oder festen, makroskopischen Partikeln ($> 10$ $\mu$m) ausgeführt, wie Emaillieren, Abscheiden, Spritzen oder Schweißen.
- ein kompaktes Material auf den Grundwerkstoff plattiert.
- ein organisches Material als Beschichtungsmaterial verwendet.

In Abhängigkeit vom angewendeten Verfahren variiert die Schichtdicke von $10^{-5}$ bis $\approx 50$ mm (Tabelle 3.14). Die sich ausbildende Schichtstruktur kann amorph (Email), kristallin (Plattierungen) oder teilkristallin (Kunststoffe) sein. Allen Beschichtungssystemen ist gemeinsam, daß sie auf dem Substrat fest haften, ihre thermischen Eigenschaften sich nicht groß von denen des Grundwerkstoffes unterscheiden sollten und das sie solche spezifischen Anforderungen, wie Porenfreiheit und Korrosionsbeständigkeit, erfüllen. Die Qualität einer Beschichtung hängt somit von den Werkstoffpaarungen, dem Aufbau der Verbindungszone, der Schichtstruktur (Herstellung) und der Vorbehandlung des Substrates ab.

### *3.9.3.1*
### *Oxidische Beschichtungen*

Vorrangig in der Bioverfahrenstechnik und Umwelttechnik eingesetzte oxidische Beschichtungswerkstoffe sind Email– und Steinzeug–Auskleidungen, die äußerst beständig gegenüber korrosiven Schädigungsmechanismen sind. Oxidische Werkstoffe sind hart, gewährleisten somit einen hohen Verschleißschutz, aber auch gleichzeitig spröde. Die Haftfestigkeit erfolgt durch Verhakungen der Beschichtung mit dem Grundwerkstoff. Thermisch erzeugte Spannungen (unterschiedlicher Ausdehnungskoeffizient, thermische Sterilisation) und örtliche mechanische Belastungen (Einbauten, Anschlüsse) können zur regionalen Zerstörung der Beschichtung führen. Die Konsequenz wäre ein Lochfraß.

Zur Herstellung von Email–Schichten wendet man zum einen die elektrophoretische Abscheidung aus einer Aufschlämmung der oxidischen Partikeln mit einem organischen Lösungsmittel an (Naßemaillierung). Damit erzielt man eine gleichmäßige Schichtdicke und eine gute Kantenbelegung. In einem nachfolgenden Schritt wird die Emailpulverschicht eingebrannt. Eine zweite Möglichkeit besteht im thermischen Aufspritzen des Pulvers (Trockenemaillierung) mit einem nachgeschalteten Ausheizen. Entscheidende Kriterien aus Sicht der Biofilmbildung und Anlagensterilität sind die geringen Oberflächenrauhigkeiten und -energien (hydrophil) der Emaillierung und deren Porenfreiheit nach dem Tempern.

Steinzeugauskleidungen oder Umhüllungen sind ein oftmals angewendeter Korrosionsschutz für erdverlegte Rohrsysteme. Beim äußeren Korrosionsschutz (Umhüllung) ist das Kriterium die Bodenaggressivität. Hier sind mikrobiell produzierte Säuren zu beachten, beispielsweise durch sulfatreduzierende Bakterien. Zum Einsatz kommen Zementmörtel, bzw. faserverstärkte Zementmörtel mit einer höheren Festigkeit, insbesondere gegenüber schlagartiger Belastung. Zum Korrosionsschutz innerhalb der Rohre, wie in duktilen Gußeisenrohren, verwendet man im neutralen Bereich (pH > 6,5) Zementmörtelauskleidungen. In einer hochverdichteten Form entsprechen diese auch den Hygienevorschriften der Trinkwasserverordnung [3.18]. Liegt der Verdacht des Auftretens einer biogenen Schwefelsäurekorrosion nahe, wie in Freispiegelleitungen, sind Auskleidungen mit Tonerdezementen bis zu einem pH–Wert von pH = 1,3 beständig [3.18]. Der technische Einsatz beschränkt sich auf den Bereich pH = 4,5 bis 10 in fließenden Medien. Für noch kleinere pH–Werte (pH < 4,5) finden nur noch Mörtel auf Kunstharzbasis Verwendung.

### *3.9.3.2*
### *Metallische Beschichtungen*

Eine der einfachsten Möglichkeiten zum Aufbringen metallischer Beschichtungen stellt das Auftragsschweißen dar, wobei auf das billigere oder besser zu verarbeitende Substrat eine Schicht aufgeschweißt wird, die den an die Oberfläche gestellten Anforderungen genügt, wie eine Verschleiß- und Korrosionsbeständigkeit mit CrC– oder NiMoTiCr–Elektroden.

Zum einen wendet man das Verfahren zur Regeneration von verschlissenen Bauteilen (Panzerung) und andererseits in der Halbzeugfertigung zur Beschichtung von Blechen, Rohren und Krümmern an. Hier ist insbesondere das Innenplattieren bei entsprechenden Brennerabmessungen problemlos ausführbar. In der chemischen Industrie und Umwelttechnik setzt man gepanzerte Bauteile vorrangig für stark abrasiv belastete Anlagenkomponenten ein, wie Umlenkbleche und Düsen des Begasungssystems in großen Abwasseraufbereitungsanlagen (Turmreaktoren). Hier werden feststoffhaltige und luftübersättigte Abwässer mit einer großen Strömungsgeschwindigkeit durchgesetzt. In BIOHOCH–Reaktoren (Kap. 6) bestehen diese aus hoch chrom- und wolframhaltigen Kobaltbasis–Gußlegierungen.

Beim Walzplattieren wird auf das ebene Blech der Trägerwerkstoff aufgelegt und fixiert, wobei häufig elektrolytisch abgeschiedene Ni–Zwischenschichten als Haftvermittler verwendet werden. Zur Vermeidung von Oxidationen beim Erwärmen auf die Plastifizierungstemperatur verpackt man diese Pakete in Knopfblechen oder verschweißt sie in Distanzrahmen. Der eigentliche Plattierungsvorgang ist eine Preßschweißung (Walzen, Sprengladungen, Ziehen). Die Dicke der Plattierung liegt zwischen 10 und 80 mm, wobei oberhalb 50 mm eine Auftragsschweißung ökonomischer ist. Als Plattierungswerkstoffe kommen hochlegierte Stähle, Titan, NiMoCr–Legierungen etc. zum Einsatz.

Die Sprengplattierung beruht auf der Erzeugung von sich schnell fortpflanzenden Druckwellen durch Zünden einer Sprengladung auf dem Auflagemetall. Im Gegensatz zur ebenen Bindungszone beim Walzplattieren bildet sich eine wellige Verbindungszone aus, da die Werkstoffoberflächen infolge der hohen Drücke zu fließen beginnen. Diese Oberflächenverformung bedingt ein höheres Haftvermögen gegenüber Walzplattierungen, wobei die maximale Dicke der Beschichtung ca. 25 mm beträgt.

Ein- und doppelseitig eingesetzte Plattierungsmaterialien im Chemieanlagenbau und der Umwelttechnik (Rauchgaswäscher, Rückkühler) sind hochlegierte CrNi–Stähle, korrosionsbeständige Hastelloy–Legierungen (NiMo16Cr16Ti) oder die Sondermetalle Molybdän, Tantal, Titan und Zirkonium. Diese Sonderwerkstoffe weisen in einer Vielzahl von Medien eine außerordentlich große Korrosionsbeständigkeit auf (Tabelle 3.15), sind aber sehr empfindlich gegenüber Wasserstoff (Versprödung).

**Tabelle 3.15** Korrosionsverhalten von Titan, Tantal und Zirkonium [3.10]

| Elektrolyt | c [Masse-%] | T [°C] | Abtragungsrate [mm a$^{-1}$] | | |
|---|---|---|---|---|---|
| | | | Ti | Zr | Ta |
| HCl | 5 | 20 | < 0,05 | < 0,05 | < 0,001 |
| (belüftet) | 15 | 35 | 2,4 | < 0,08 | < 0,001 |
| | 37 | 35 | 15,0 | < 0,08 | < 0,001 |
| $H_2SO_4$ | 10 | 35 | 1,2 | < 0,05 | < 0,001 |
| (belüftet) | 40 | 35 | 8,5 | < 0,05 | < 0,001 |
| NaOH | 10 | 100 | < 0,05 | < 0,05 | 1,0 |
| | 40 | 80 | < 0,1 | < 0,001 | unbeständig |
| $HNO_3$ | | | pyrophore Reaktionen | | beständig |
| (rot rauchend) | | | möglich | | |
| HF | 0,001 | alle | unbeständig | | |

$c$ Konzentration, $T$ Temperatur

### 3.9.3.3
### Plasmaverfahren

Bei der Plasmapolymerisation werden mittels einer elektrischen Gasentladung aus einem Monomerdampf organische oder anorganische Polymerisate auf der zu beschichtenden Oberfläche niedergeschlagen. Hierbei muß die Substrattemperatur nicht erhöht werden und man erzielt durch die Wirkung der energiereichen Plasmapartikel Schichten mit [3.2]

- einer gute Haftfähigkeit (Ionenbombardement).
- einer nahezu vollständig vernetzten Struktur (abriebfest, korrosionsbeständig).
- einer gleichmäßigen Adsorption und Polymerisation.

Plasmapolymerisierte Schichten sind reiner als sonst übliche Polymerisate (u.a. Verunreinigung mit Katalysatoren), da sie direkt aus dem destillierten Dampf abgeschieden werden. Durch Plasmapolymerisation auf Implantate aus Metallen und Kunststoffen aufgebrachte Schichten von nur wenigen µm Dicke bewirken eine verbesserte Bioverträglichekit gegenüber den sonst angewandten Polymerisationsschichten. Als Beschichtungswerkstoffe werden u.a. Äthylen, Vinylfluorid, Acrylonitril, Trifluoräthylen, Tetrafluoräthylen und Vinylchlorid verwendet. Hiermit sind auch antithrombogen wirkende Filme herstellbar.

Mit der Plasmapolymerisation ist die Permeabilität von Kunststoffschichten veränderbar, eine Möglichkeit, die man u.a. zum gezielten Aufbau von Diffusionsbarrieren in Pharmakakapseln nutzt. So gelingt es die Abgaberate von Pilocarpin–Hydrochlorid um eine Größenordnung zu senken und über ein bis zwei Tage konstant zu halten, wenn eine 0,25 µm dicke $C_2F_4$–Schicht im Plasma auf der Kapsel abgeschieden wird.

Beim PECVD–Verfahren werden plasmagestützt chemische Beschichtungen aus einem Reaktionsgasgemisch (Druck $\approx$ 10 bis 1000 Pa) abgeschieden, wobei Substrattemperaturen von 500 bis 700°C anzuwenden sind. Im Interesse einer guten Haftung strebt man einen kontinuierlichen Übergang vom Substrat- zum Schichtmaterial an. Ein Vorteil des CVD–Verfahrens ist darin zu sehen, daß kompliziert geformte Körper allseitig beschichtet werden können. In Abhängigkeit von der Temperaturverteilung an der Substratoberfläche und der Strömung im Reaktorraum gelingt es, die Kristallite in definierten Wachstumsrichtungen auf der Oberfläche abzuscheiden, wie beim pyrolithischen Graphit. Zur Erzielung der geforderten mechanischen Festigkeit und Korrosionsbeständigkeit sind feinkörnige Strukturen mit hoher Dichte und glatter Oberfläche anzustreben, die eine CVD–Reaktion mit hoher Übersättigung und niedrigen Temperaturen voraussetzt.

Metallische CVD–Beschichtungen genügen im Regelfall diesen mechanischen Anforderungen, auch in der niedergeschlagenen Form. Hingegen sind Karbide, Nitride, Boride und Silizide sehr spröde. Im Falle geringer Materialdicken ($\leq$ 10 µm) kann man diese Werkstoffe aber auch größeren Belastungen aussetzen, ohne die Elastizitätsgrenze zu überschreiten. Hiermit erreichen die harten, verschleißfesten Oberflächen auch die geforderte Duktilität.

Für medizinische Anwendungen ist der pyrolithische Kohlenstoff von Interesse, der aus Acetylen bei $\approx 1100°C$ abgeschieden wird und isotrope dichte Schichten bildet. Dieser Werkstoff ist gegenüber höheren Zellen bioinert, so daß er häufig für Implantatbeschichtungen Anwendung findet.

Inwieweit korrosionsbeständige und verschleißfeste Werkstoffe, insbesondere für den Hüftgelenkersatz, an Bedeutung gewinnen werden, müssen zukünftige, zelluläre Untersuchungen zeigen. Mit den Korrosionsschutzschichten aus TiC, TiN, NbC, und $Cr_7C_3$ stehen Verbindungen zur Verfügung, die im allgemeinen korrosionsbeständiger als hochlegierte Stähle sind. Darüber hinaus verwendet man in der chemischen Verfahrenstechnik Tantalschichten als Innenbeschichtung von Rohren, Hohlkörpern und Ventilen. Es liegen aber keine Aussagen zur Zelladhäsion vor. Man kennt lediglich von mit Bornitirid teilweise beschicheteten Starlinsen die Tendenz zur Aktivierung des Zellwachstums.

Mittels der Ionenimplantation „schießt" man energiereiche Ionen in die Randzone von Materialien ein, so daß gezielte Dotierungen (Mikroelektronik) oder Oberflächenvergütungen von Metallen, Keramiken und Kunststoffen möglich sind. Dotierungen mit definierten elektrischen Eigenschaften sind auch für die gezielte Beeinflussung der Zelladhäsion von grundsätzlicher Bedeutung. Neben einer Aktivierung des Zellwachstums (Implantat) wird an Aufgaben zur oberflächenseitigen Sterilität gearbeitet (materialspezifisches Antifouling).

Mit diesem Verfahren lassen sich Randschichten bis zu 1 µm Dicke als Oberflächenlegierung und -verbindung herstellen, die kristallin, amorph oder teilkristallin sein können. Infolge der niedrigen Oberflächentemperaturen (20 bis 200°C) treten kaum Veränderungen der Abmessungen und der Oberflächenrauhigkeit auf. Zur Verschleißminderung bei Stählen, Chrom- und Titanlegierungen wendet man u.a. Stickstoff, Bor- oder Kombination von Titan- und Kohlenstoffionen an. Keramiken können im Oberflächenbereich amorphisiert und durch den Aufbau von Druckspannungen anrißbeständiger ausgeführt werden.

Das Ionenstrahlmischen erlaubt auch schwierige Metall–Keramik–Verbindungen herzustellen, wie Hüftgelenke. Darüber hinaus besteht die Möglichkeit, solche Kenngrößen wie die Festigkeit, Gasdurchlässigkeit und Leitfähigkeit von Kunststoffen (u.a. Teflon) zu modifizieren. Gegenwärtig wendet man dieses Verfahren in der Medizintechnik zur Erhöhung der Oberflächenverschleißfestigkeit von Titanimplantaten (künstliche Gelenke) und zur Amorphisierung von Keramiken (künstlicher Knochen) an. Insbesondere in Verbindung mit abrasiv belasteten Bauteilen (Ventilen, Düsen etc.) und der Metallisierung von Kunststoffen (Sensorik) eröffnen sich neue Anwednungsmöglichkeiten in der Bioverfahrenstechnik und Medizin.

In PVD–Prozessen werden Atome oder Molekülgruppen aus der Gas- oder Dampfphase auf ein Substrat in Schichtdicken von 1 bis 10 µm abgeschieden. In Abhängigkeit von der Verdampfungsart unterscheidet man Aufdampfen, Ionenplattieren, Arc–Verfahren und Kathodenzerstäubung. Bei den ersten drei Verfahren wird das Beschichtungsmaterial durch Einbringen thermischer Energie verdampft, wohingegen man beim Kathodenzerstäuben die Teilchen durch Stoßprozesse (auftreffende Edelgasionen) aus der Oberfläche des Beschichtungsmaterials (Target) herausschlägt. Häufigste Anwendungen sind TiN–Beschichtungen, einerseits zur Dekoration, andererseits als Verschleißschutzschicht. Die gegenwärtige Tendenz weist in Richtung von Mehrphasen- (TiCN, TiAlN etc.) oder Mehrlagenbeschichtungen.

Der Hauptvorteil dieses Verfahrens liegt in der verhältnismäßig niedrigen Substrattemperatur (300 bis 600°C) und der Vielfalt der abscheidbaren Stoffe und Verbindungen. Demgegenüber ist in der geradlinigen Bewegung während der Beschichtung ein Hauptnachteil zu sehen, da beliebig geformte Körper nur durch eine 3D Bewegung des Werkstückes oder die Verwendung von mehreren Verdampfungsquellen beschichtbar sind.

Beim Ionenplattieren werden durch Energie- und Impulsübertragungen am Substrat Stoßkaskaden erzeugt, so daß man Schichten mit verbesserter Haftfestigkeit und Struktur bei Depositionsraten von $\leq 25\ \mu m\ min^{-1}$ erzeugt. Die ablaufenden Prozeßsschritte sind

- eine Zerstäubung der schwächer gebundenen Oberflächenanteile des Substrates.
- infolge der Stoßkaskaden Störungen der Kristallstruktur und Erhöhung der Fehlstellenanteile, die bis zur Amorphisierung der Randschichten führen können.
- eine Erhöhung der Oberflächentemperatur als Konsequenz der auftreffenden Teilchen.
- Veränderungen der Oberflächentopographie durch unterschiedliche Sputterraten.
- Variationen in der stöchiometrischen Zusammensetzung durch Sputterraten und Diffusionsbedingungen.
- die Implantation von Gasionen, wobei die neutralisierten Ionen unter Bildung einer Störstelle in das Substrat eingebaut werden.

Als Hartstoffschicht verwendet man häufig Titannitrid (Dicke 1 bis 6 $\mu m$) und zunehmend auch TiC, $TiC_xN_y$, CrN, TaN und $W_xN_y$. Der wesentliche Vorteil beim Beschichten von Stählen sind Arbeitstemperaturen unterhalb der dritten Anlaßstufe (< 550 °C) bei großen Oberflächenhärten ($\geq 2 \cdot 10^4\ N\ mm^{-2}$), gleichmäßigen und dichten Schichtstrukturen, geringer Wärmeleitfähigkeit, hoher Korrosionsbeständigkeit und guten Gleiteigenschaften. In der medizinischen Anwendung werden insbesondere chirurgische Instrumente durch die Beschichtung mit Kohlenstoff und Titan gegenüber korrosiven Schädigungen geschützt. Interessante Phänome zeigen sich auch bei der bakteriellen Belagbildung auf Zahnimplantaten, wobei Ansammlungen von Verunreinigungen in der Beschichtung zur Ausbildung von Lokalelementen führen.

### 3.9.3.4
### Thermisches Spritzen

Beim thermischen Spritzen kann man Werkstücke mit Metallen, Keramiken, Cermets und Sonderwerkstoffen beschichten, wobei das Flamm-, das Plasma-, das Detonations- und das Vakuumplasmaspritzen zur Anwendung kommen. Verfahrensvorteile sind

- eine nur geringfügige Erwärmung des Werkstückes, so daß auch Bauteile mit einem niedrigen Schmelzpunkt (Al, Sn, Zn) und Kunststoffe beschichtbar sind.
- eine Beschichtung ausgewählter Oberflächenbereiche, womit lokale Stellen mit einer hohen Oberflächenbeanspruchung gezielt geschützt werden können.
- Depositionsraten, die um zwei Größenordnungen über denen der PVD– und CVD–Verfahren liegen.

Diesen Vorteilen stehen

- eine poröse Schicht, die erst durch Nachbehandlung (Schmelzen, Imprägnieren) verdichtet werden kann und eine Rauhtiefe von 5 bis 30 μm aufweist,
- eine geringere Festigkeit der Beschichtung gegenüber dem kompakten Ausgangsmaterial und
- eine relativ geringe Haftfestigkeit

als Nachteile gegenüber.

Eine verfahrenstechnische Möglichkeit zur Reduzierung der Porosität bildet der Einsatz des Plasma- oder Vakuumplasmaspritzens, wobei für das letztere Verfahren eine Schichtdichte erreicht wird, die der des kompakten Ausgangsmaterials sehr nahe kommt. In ausgewählten Anwendungen kann eine bestimmte Porosität erwünscht sein, wie zur Aufnahme von Schmiermitteln oder als Verankerungspunkte für aufwachsende Zellkolonien. Als Werkstoffe setzt man bei einer abrasiven Beanspruchung, wie für Laufflächen von Lippendichtringen, $Cr_2O_3$–Schichten ein, die bei einer möglichen korrosiven Schädigung mit ($Cr_2O_3$+$TiO_2$) oder ($W_2C$+Co)–Beschichtungen ausgetauscht werden.

Eine interessante Technologie erwächst mit der Fertigung ganzer Bauteile durch Plasmaspritzen, indem auf eine Negativform das zu formende Teil unter Berücksichtigung kompliziertester Hohlräume aufgespritzt wird. In der Medizin führt man mit diesem Verfahren Oberflächenstrukturierungen auf Implantaten aus, u.a. durch Aufspritzen von Ti– oder $Al_2O_3$–Schichten.

### 3.9.3.5
### *Kunststoffüberzüge*

Die Haftfestigkeit von Kunststoffüberzügen wird wahrscheinlich „nur" durch mechanische Verhakungen in der Werkstoffoberfläche bewirkt, wobei bestimmte Haftvermittler, wie der Einbau aktiver Bindungsgruppen durch Sputtern in die Substratoberfläche, eine höhere Haftfestigkeit ermöglichen. Kunststoffe werden vorrangig zum Korrosionsschutz eingesetzt. Hier steht mit der bekannten Palette ein breites Anwendungsspektrum zur Verfügung (Kap. 6 und 7). Problematisch wird deren Einsatz nur im Falle einer thermischen Sterilisation.

So setzt man in den BIOHOCH–Reaktoren selbstvulkanisierende Gummi- oder heißaufgetragene Epoxidharzbeschichtungen ein (Kap. 6). Eine weitere Möglichkeit für auf Baustellen ausvulkanisierende Gummierungen stellt der Halogenbutyl- und Chloroprenkautschuk dar, der u.a. in Waschtürmen von Rauchgasanlagen

Einsatz findet (T ≈ 80°C). Für selbsttragende Konstruktionen erwiesen sich GF–Vinylesterharze bei extrem sauren Adsorptionslösungen (pH ≈ 1) von Rauchgaswaschanlagen (Extraktion mit $Na_2SO_3$–Lösung) als einsatzfähig. In Rohrwärmeaustauschern haben sich warmaushärtende Phenolformaldehyd–Epoxid–Harze bewährt.

Der Kunststoff muß eine entsprechende Haftfestigkeit aufweisen und zur Vermeidung von Unterrostungen eine Diffusionssperre (Unterrostungen) bilden. Neben Harzen und daraus hergestellten Faserverbunden findet u.a. Polyethylen Verwendung. Das Hauptanwendungsgebiet liegt in der Umwelttechnik, Chemischen Industrie und Energietechnik. Wärmeaustauscher und andere Systeme im Kühlkreislauf von Kraftwerken bewachsen vorrangig mit Algen, womit deren Wirkungsgrad vermindert wird (Kap. 5). Ein häufig eingesetztes Biozid ist Ozon, wogegen Polyethylen beständig ist [3.14]. Die gleichen Phänomene können auch in Kunststoffleitungen des Trinkwassersystems auftreten, so daß neben der Korrosionsbeständigkeit, sicherlich eines der ersten Hauptaugenmerke, auch die Möglichkeit einer Bioadhäsion (Wasserhygiene) zu berücksichtigen ist. Mit der Vielzahl freier Oberflächenvalenzen bietet diese Werkstoffgruppe eine Fülle an Adhäsionsplätzen gegenüber den Metallen.

## Literatur


[3.1] Becker R. (1985): Theorie der Wärme, Heidelberger Taschenbücher, 3. Auflg., Bd. 10, Springer, Berlin Heidelberg

[3.2] Broszeit E., Grün R., Hartmann R., Hieber K., König U., Rie K.T., Wolf G.K. (1990): Plasmagestützte Verfahren der Oberflächentechnik. Dtsche Ges.f.Oberflächt. (DGO), Düsseldorf

[3.4] Costerton J.W., Boivin J.: Microbially Influenced Corrosion. in Mittelman, M.W., Geesey, G.G., eds. (1987): *Biological fouling of industrial water systems*. Water Micro Associates, San Diego

[3.3] Crank C. (1986): Mathematics of Diffusion. Oxford Univ. Press, Glasgow

[3.5] Dexter S.C., ed. (1986): Biologically Induced Corrosion. NACE–8, National Assoc. of Corrosion Engineers, Houston

[3.6] Dowling N.J., Mittleman M.W., Danko J.C. (1991): Microbially influenced corrosion and biodeterioration. Centers for Materials Processing, Perkins Hall

[3.7] Ganguly J. (1991): Diffusion, Atomic Ordering, and Mass Transport. Springer, Berlin New York

[3.8] Gounot A.M., Gaboriau–Soubrier C., Quioc B. (1990): Biocorrosion in fresh water. Mater. Tech. (Paris) 78, 49

[3.9] Guezennec J. (1990): Biocorrosion–Characteristics and Mechanics. Mater.Tech.(Paris) 78, p.3

[3.10] Haefer R.A. (1987): Oberflächen- und Dünnschichttechnologien, Teil I, Springer, Berlin Heidelberg New York London Paris Tokyo

[3.11] Heitz E., Flemming H.G., Sand W., eds. (1996): *Microbially Influenced Corrosion of Materials*. Springer, Berlin Heidelberg

[3.12] Heitz E., Henkhaus R., Rahmel A. (1992): Corrosion Science–An Experimental Approach. Ellis Horwood, Chichester

[3.13] Heitz E., Mercer A.D., Sand W., eds. (1992): *Microbiological degradation of materials and methods of protection*. Europ.Fed. of Corrosion, The Institute of Materials, London

[3.14]Hoffmann H. (1990): Werkstoffeinsatz in chemischen Aufbereitungsanlagen von Kraftwerken. VDI–Ber., Düsseldorf, No. 773, 125–141

[3.15] Kaesche H. (1990): Die Korrosion der Metalle, 3.Auflg., Springer, Berlin New York

[3.16]Little B.J., Wagner P.A., Jones J.M., McNeil M.B. (1990): Microbiologically influenced corrosion in copper and nickel seawater piping systems. Stennis Space Center, AD–A229874/3/XAB

[3.17] Ohrig M. (1995): Engineering Materials Science. Academic Press, San Diego

[3.18]Rammelsberg J. (1990): Abwasserkanäle aus duktilem Gußeisen. VDI–Ber., Düsseldorf, No. 773, 51–71

[3.19]Schmidt R. (1991): Ausscheidungsphänomene in Werkstoffen–Eine Einführung in die mathematische Modellierung. Deutscher Verlag für Grundstoffindustrie, Leipzig

[3.20] Shewmon P.G. (1963): Diffusion in Solids. McGraw–Hill, New York

[3.21]Surinach, P.P. (1987): A new concept of treating surfaces exposed to oilfield water. Society of Petroleum Engineers, SPE 16262

[3.22]Yagasaki, T., Kimura, Y., Kunio, T. (1985): Effects of cathodic reduction treatment on the SCC ausceptibility of austenitic stainless steel. IMMB, Xi'an-China, Oct. 21–24

# 4 Festkörperoberflächen und Adhäsion

Auf Schritt und Tritt begegnen uns adhäsive Phänomene, seien es Klebverbindungen, an festen Wänden anhaftende Flüssigkeiten oder Oberflächenverschmutzungen. In Verbindung mit biologischen Systemen spricht man von der Bioadhäsion, die ein grundlegendes physikalisches Problem beim Einsatz von Werkstoffen in biologischen Systemen ist. Hierzu zählt nicht nur die Zelladhäsion an Werkstoffoberflächen, sondern auch an Knochen, Gefäßen und Blutbestandteilen. Die gegenwärtigen physikalischen Interpretationen ähneln sich in allen Anwendungsfällen, ebenfalls die Meßmethoden (s. Kap. 8) [4.18–4.20].

Die Vermutung, daß die Bioadhäsion eine Voraussetzung zur Entwicklung des Urlebens war, basiert auf unserem heutigen Kenntnistand zur Immobilisierung. Die Rheologie adhärierender Organismenkolonien beginnt man erst jetzt zu beachten, einem Grundproblem der Sterilität und Hygiene.

Die Klärung der physikalischen Mechanismen der Bioadhäsion ist in der Biotechnologie bereits eine Grundaufgabe, in der Medizin rückt sie langsam in den Mittelpunkt des Interesses. Dieses resultiert unter anderem aus der Gewährleistung der Sterilität (minimalinvasive Instrumente, Langzeitkatheter, Biomaterialien), der Charakterisierung der Bioverträglichkeit (Bioaktivität an Grenzflächen, Biokorrosion, Toxizität), des intrakorporalen Wirkstofftransportes oder der Reaktionsstabilität in Mikroreaktorsystemen (Medizintechnik, molekulare Biotechnologie). Man vergißt aber oftmals, daß mikroskopische Veränderungen an Materialoberflächen mit dem heutigen Wissensstand nicht prognostizierbar sind.

## 4.1 Adhäsion

Bereits die Beantwortung der Frage:'Was ist Bioadhäsion?' löst Erklärungsprobleme aus. Aus energetischer Sicht ist es eine Interpretation für die Arbeit, die zum Trennen zweier Oberflächen (Zelle/Festkörper, Zelle/Zelle) aufgebracht werden muß, der Adhäsionsenergie. Auf dieser Aussage des Energieerhaltungssatzes basieren alle Überlegungen und Messungen zur Zelladhäsion (Kap. 8).

Die wirkenden Energieanteile unterscheiden sich prinzipiell für einen selektiven und einen zufälligen Prozeß, so daß man eine spezifische und eine unspezifische Adhäsion unterscheidet (Tabelle 4.1). Eine spezifische Adhäsion liegt vor, wenn mehr als eine Gruppe von benachbarten, miteinander wechselwirkenden Paaren existiert. Es tritt eine selektive, aber nicht zufällige Anlagerung von Zellen an Oberflächen auf, wie im Falle einer toxischen Toleranz oder beim Zusammenwirken mit anderen Stoffwechselprodukten und Mikroorganismen. Beispiele hierfür sind

- die Wirkung des extrazellulären Oberflächen–Makromoleküls Adhesin, einer DNA–Sequenz. Die Bildung dieses Proteins erfolgt durch eine Genregulation, die durch Informationen aus der Zellumgebung ausgelöst wird. Es ist u.a. für die Hämokompatibilität bedeutungsvoll.
- die Toleranz einzelner Zellen gegenüber toxischen Stoffen, die sich am Adhäsionsort befinden. Hierdurch werden einzelne Spezies bevorzugt, so daß eine selektive Zellakkumulation erfolgt.
- „blocking" Moleküle, die eine mögliche Zelladhäsion verhindern. Die Anzahl der Adhäsionsplätze wird hierdurch reduziert. Derartige Moleküle können Monomere oder Oligomere sein, die nicht mit extrazellulären Polysacchariden wechselwirken.
- der Loch–Schlüssel–Mechanismus, der u.a. im Falle einer Protein/Polymer–Wechselwirkung auftritt. Hier gibt es spezifische Gruppen, mit denen eine Bindung nur eigegangen werden kann. Infolge der Begrenzung der möglichen Partner, die miteinander wechselwirken können, treten für andere Gruppen Blockierungseffekte auf.

**Tabelle 4.1** Adhäsionsmerkmale und Beispiele

| spezifische Adhäsion | nichtspezifische Adhäsion |
| --- | --- |
| Adhesin (DNA–Sequenz, gebildet unter Informationsrückwirkungen mit der Zellumgebung) | Fibrin und extrazelluläre Polymere (EPS) als „Koppelstellen" |
| Toleranz einzelner Zellen gegenüber toxischen Stoffen (selektive Zell–Akkumulation) | Fluktuationen in der Oberflächenladung |
| „blocking" Moleküle (Reduzierung der Adhäsionsplätze) | Denaturierungseffekte des organischen Films (Biofilm) |
| Loch–Schlüssel–Mechanismus (Protein/Polymer–Wechselwirkungen) | ionische Vermittler oder Blocker |
| Reversibilität | Zelldeformationen (Veränderung der Auflagefläche und Oberflächenenergie) |

| | |
| --- | --- |
| | Merkmale |

| | |
| --- | --- |
| • selektiv | • nicht selektiv |
| • nicht zufällig | • durch zufällige Schwankungen (Chaos) nicht deterministisch vorhersehbare Reaktionsrichtungen |
| • eindeutig beschreibbar | |
| • starke Wechselwirkungsenergien | |
| • u.a. genutzt für Immobilisierung | • in dieser Komplexität nicht beschreibbar |
| | • starke und schwache Wechselwirkungen |
| | • häufigste Form der Adhäsion |

Die jeweiligen spezifischen Mechanismen sind durch typische Merkmale gekennzeichnet, so daß eine Identifizierung einzelner Adhäsionsmechanismen einfacher erscheint. Prinzipiell kann jeder spezifischen Reaktion eine typische Adsorptions–Isotherme zugeordnet werden.

Im Falle einer nichtspezifischen Adhäsion sind bevorzugte Schemata nicht zu erkennen. Hier wirken verschiedene, zeitlich veränderliche Phänomene, so daß sich eine Selektion der Einzelmechanismen ungleich schwieriger gestaltet. Darüber hinaus können zell- und umweltspezifische Reaktionen diesen Prozeß entscheidend beeinflussen, seien es extrazelluläre Polymere, Schwankungen in den Ladungsverteilungen (Sterilisationseinfluß, Korrosion), „blocking" Stellen (gleich- und gegenpolige Ladungen) oder plastische Zelldeformationen (Streßsituationen). Aus diesen Gründen ist es verhältnismäßig schwierig, die wirkenden Einzelmechanismen zu identifizieren. Mögliche Wechselwirkungen können ionisch, dipolar, hydrophob/hydrophil oder Kombinationen aus diesen (*Vibrio cholerae*) sein.

Die jeweils vorherrschende Bindung wird durch die Produkte der Zelloberfläche bestimmt, wie Lipide, Cholesterol, Glucoproteine, Polymere oder andere zell- und umweltspezifische Proteine. Beispiele für diesen Mechanismus sind

- das Fibrin und die extrazellulären Polymere (EPS), die „Koppelstellen" zwischen den Zellen und der Werkstoffoberfläche darstellen.
- eventuelle Schwankungen in der Oberflächenladung, u.a. hervorgerufen durch molekulare Beschichtungen.
- Veränderungen in der Zusammensetzung des Molekülfilmes durch Denaturierungseffekte.
- „Inseln" positiver Ladung zwischen negativ geladenen Bereichen, die Blockierungseffekte bewirken oder die Bindung favorisieren, wie Protonen.
- plastische Deformationen der Zellen, womit sich deren Auflagefläche, Oberflächenenergie und Stoffwechsel verändert.

Bei dieser nichtspezifischen Adhäsion spielen die Makromoleküle an der Zelloberfläche eine dominierende Rolle. Die Zahl und Ladungsstärke schwankt von Fall zu Fall, so daß die Adhäsionskräfte zeitlich und örtlich veränderlich sind, ein spezifischer Mechanismus aber nicht bevorzugt wird. Eine eindeutige Zuordnung zu einem Reaktionstyp ist nicht möglich. Die nachfolgenden thermodynamischen Überlegungen gelten prinzipiell für beide Adhäsionsmechanismen. Eine anwendungsbezogene Interpretation erscheint nur noch mittels Computersimulationen erfolgversprechend (s. Kap. 9), wofür z.B. die Thermodynamik der Adhäsion die Potentiale liefert.

## 4.1.1
### Zeiteinfluß

Die Adhäsion ist ein diffusionsgesteuerter Prozeß, so daß die zur Verfügung stehende Reaktionszeit dominant ist. Zum einen müssen Zellen transportiert werden, eine zeit- und konzentrationsabhängige Reaktion. Hierfür gelten alle Überlegungen (Temperatur, Viskosität, pH–Wert, Konzentration, Struktur), wie sie bereits für die Diffusion vorgestellt wurden (Kap. 3). Darüber hinaus sind auch die biologischen Reaktionen zeitbestimmt, wie

- die bakterielle Bildung der extrazellulären Polymere (EPS).
- der Übergang vom reversiblen zum irreversiblen Clusterzustand, wofür unter Beteiligung der gebildeten EPS die Reaktionsgleichung
  Zelle → reversibler Cluster → extrazelluläre Polymere → irreversibler Cluster
  gilt.
- die Bewegung von Polymermolekülen über die Zelloberfläche an den Adhäsionsort.
- die Produktion von extrazellulären (bakteriellen) Schleimen, welche die Viskosität verändern und die Kontaktfläche vergrößern („Klebstoffe").
- das „Aufspülen" von hydrophilen Polymeren auf ursprünglich hydrophobe Zelloberflächen, womit letztendlich eine Adhäsion bewirkt wird. Diese Methode setzt man gezielt für hämokompatible Materialien ein. So wird Zellulose durch Wasserstoffbindungen zusammengehalten, wobei die Substitution hydrophober Zellulose eine Reduzierung der Wasserstoffbindungen und somit auch der Adhäsionsenergie hervorruft.
- sequentielle Veränderungen, u.a. durch Zerstörung bakterieller Zelloberflächenpolymere durch enzymatische Sekrete.

Adhäsionsexperimente setzen somit voraus, daß die biologischen Reaktionen ungehemmt ablaufen können, womit sich Zeitrafferversuche von selbst verbieten.

## 4.1.2
## Äußere Einflüsse

Alle die Zellaktivität beeinflussenden äußeren Faktoren können auch auf die Adhäsion zurückwirken, z.B.

- mögliche Gradienten des pH–Wertes. Diese lösen einen zellulären Anpassungsmechanismus aus („überwintern"). Eine zunehmende Versauerung führt bei Bakterien zur Ausbildung einer erweiterten Schleimhülle, die eine zusätzliche Adhäsionskomponente sein kann. Es ist aber auch möglich, daß sich bewegungsfähige Zellen an Orte mit einem pH–Wert bewegen, der ihrem Lebensoptimum näher kommt. Dies kann mit einer Verschiebung der Besiedelungsorte verbunden sein.
- das Licht, als eine Hauptenergiequelle für den Stoffwechsel. Gradienten in der Lichtintensität rufen mit dem pH–Wert vergleichbare Effekte hervor. Darüber hinaus bewirken große Intensitätsschwankungen über längere Zeiträume Milieuverschiebungen.
- elektrische Felder, die einerseits Drifteffekte in der Bewegung der elektrisch geladenen Zellen hervorrufen. Zum anderen beeinflussen sie die Transportprozesse über die Zellmembran (Kap. 2), wobei ein größerer Ionenaustausch die Zellspannung erhöht. Für große Zellen bedeutet dies eine Verringerung der me-

chanischen Verformbarkeit, gleichbedeutend mit einer Reduzierung der Adhäsionskräfte. Anpassungsfähige Organismen, wie Bakterien, können aber auch mit einer Stoffwechselaktivierung und Proteinausschüttung reagieren (verstärkte Adhäsion).

- Gradienten in der Nährstoffversorgung, wobei eine „Unterernährung" der Zellen einen „Überwinterungseffekt" initiiert. Bewegliche Zellen suchen einen Weg zu neuen Nahrungsquellen, wandern somit im System. Eine totale Mangelversorgung, beispielsweise unter dicken Biofilmen, führt letztendlich zum Zelltod, so daß sich große Zellklumpen aus dem Filmverband lösen können.

- die Wasserstruktur und aus dem Dipolcharakter resultierende elektrische Wechselwirkungen. Die Wassermoleküle, mit einer großen Wahrscheinlichkeit die Protonen, können als ein „elektrischer Vermittler" zwischen der negativ geladenen Zellwand und dem ersten Proteinfilm („conditioning" Film) auf dem Werkstoff wirken (Kap. 5).

- Veränderungen der Membranspannung infolge der Adhäsion selbst oder der Oberflächentopographie (Zelldeformationen) einhergehend mit einer Rückwirkung auf die Membranpermeabilität (s. Bild 2.14) und letztendlich den Stoffwechsel.

Idealerweise müßte in zeitlich veränderlichen Adhäsionsmessungen der gesamte zelluläre Reaktionsablauf mitberücksichtigt werden, auch genetische Veränderungen. Dieses Problem ist seitens der instrumentalisierten Überwachung in seiner vollständigen Komplexität bisher nicht gelöst.

Es gelingt Indikatoren des Reaktionsverhaltens, wie den pH−Wert oder die Sauerstoffkonzentration, in mesoskopischen Dimensionen zu messen. Eine zeitliche und örtliche Beschreibung der Adhäsion ist auf Grund der Vielfalt der Mikroorganismen und der nur für ausgewählte Bakterien bekannten Mikroökologie der gebildeten Konsortien um ein Vielfaches komplexer und lediglich für ausgewählte Spezies ansatzweise möglich.

## 4.1.3
## Elektrostatische Einflüsse

Experimentell nur schwer erfaßbare Effekte sind mikroskopisch wirkende elektrostatische Wechselwirkungen und deren Fluktuationen. Diese können beim Clusteraufbau solche Phänomene hervorrufen, wie die Rotation ungebundener Zellen über einen bereits gebildeten Cluster, vergleichbar mit einer Dipolbewegung. Die Beschreibung beinhaltet solche Teilreaktionen, wie

- die Ladungsverteilung zwischen Zellen und Oberflächen. Ein bisher nicht gelöstes Problem sind Aussagen über die Verteilung und die Anteile der Teilladungen am Adhäsionsprozeß. Darüber hinaus können Ladungsschwankungen über der Zelloberfläche auftreten, eine Konsequenz örtlich verschiedener Ladungsdichten der Zellmembran infolge Schwankungen in der Membranpermeation. Diese Membrandiffusion wird u.a. durch das Nahrungsangebot und mögliche äußere Felder beeinflußt. So können Zellen bei einer Unterversorgung, wie in

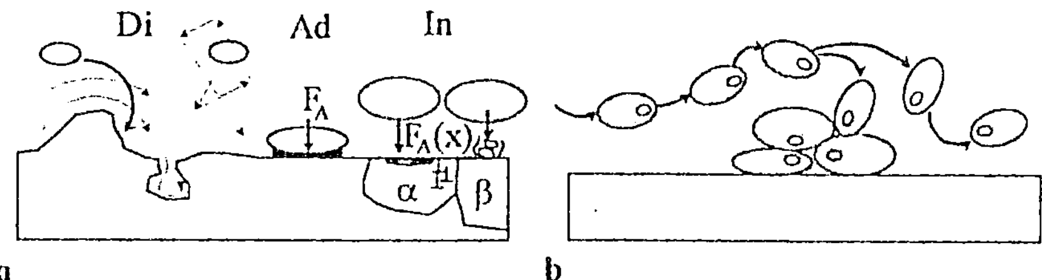


**Bild 4.1** Mögliche Wechselwirkungen von Zellen mit festen Oberflächen (a) und Rotation über einen Zellcluster (b)
*Di* Diffusion „freier" Teilchen, *Ad* adhärierende Zellen, *In* elektrische und spezifische Wechselwirkungen, $F_A(x)$ Adhäsionskraft, $\alpha$, $\beta$ Phasen

nächster Nachbarschaft zu Festkörperoberflächen, zur Vergrößerung ihrer Oberfläche Zitzen ausbilden. Gleichzeitig kommt es zu Verschiebungen der Oberflächenladung (Bild 2.16).

- die extrazellulären Polymere, die die gesamte Zelloberfläche überziehen können. Hieraus resultieren zusätzliche elektrostatische Wechselwirkungskräfte, die zum einen mit der Oberfläche, die bereits biologisch beschichtet sein kann (Proteine), in Wechselwirkung treten, aber auch mit den noch freien Zellen. Das Feld um Proteine ist richtungsabhängig, somit auch die sich entwickelnde Filmstruktur.

- die Aufspaltung extrazellulärer Proteine in Teile mit einer unterschiedlichen Struktur und Kettenlänge, wobei der Gesamtkomplex polar oder unpolar sein kann. Dieser Effekt, der in oberflächennahen Bereichen (Zellabstand < 10 nm) beobachtet wird, ist ein zusätzlicher Beitrag zu asymmetrischen Ladungsverteilungen.

Die quantitative Beschreibung dieser, die Adhäsion und Clusterstruktur mitbestimmenden Phänomene wirft viele ungelöste Fragen auf. Neben dem nahezu unerforschten mikrobiellen Ökosystem ist die physikalische Interpretation bisher nur ansatzweise möglich.

## 4.2
## Adhäsionsmechanismen

Drei Phänomene bestimmen die Zelladhäsion an Festkörperoberflächen (Bild 4.1),

- die Wechselwirkungen zwischen den „freien" Zellen und ihrer nächstbenachbarten Umgebung,
- die Transportmechanismen und
- die Energieverteilung in und um bereits gebildete Cluster.

Die örtlich und zeitlich dominanten Wechselwirkungsanteile hängen vom Zellabstand zur Materialoberfläche und den Veränderungen an/in der Zelloberfläche ab.

Für die Adhäsionskraft $F_A(x,t)$ gilt in einem konstanten Volumen mit der Gibbs-schen freien Enthalpie $G(x,t) = E(x,t)-S(x,t)T+p(x,t)V$ ($E$ innere Energie, $p$ Druck) die Beziehung

$$F_A(x,t) = -\frac{d\,G(x,t)}{dx} \tag{4.1}$$

Nachfolgend wird vorausgesetzt, daß sich die Entropie S während des Reaktionsablaufes nicht verändert. Strukturveränderungen, wie die Aufspaltung von EPS–Ketten oder Fluktuationen in deren Anordnung, bleiben somit unberücksichtigt. Diese Mechanismen sind nicht bekannt, so daß hierfür auch keine Entropieansätze vorliegen. Es ist überlegenswert, inwieweit die stochastischen Monte–Carlo–Simulationen (Kap. 9) zur Aufstellung derartiger Beziehungen Anwendung finden könnten.

## 4.2.1
## Thermodynamische Grundlagen der Adhäsion

Prinzipiell unterscheidet man drei Arten primärer Wechselwirkungskräfte [4.18]

- elektrostatische (Coulomb), wie zwischen Ionen, Dipolen oder Quadropolen. Diese Kraft

$$F_{Col} = \frac{Q_1 \cdot Q_2}{4 \cdot \pi \cdot \varepsilon_0 \cdot \varepsilon \cdot r^2} = \frac{z_1 \cdot z_2 \cdot e^2}{4 \cdot \pi \cdot \varepsilon_0 \cdot \varepsilon \cdot r^2} \tag{4.2}$$

$Q_i$ Ladungen, $z_i$ Ionenvalenz, $r$ Abstand, $e$ Elementarladung, $\varepsilon_0$, $\varepsilon$ Dielektrizitätskonstante im Vakuum und Medium

ist zwischen ungleichpoligen Ionen anziehend und weitreichend.
- Polarisationskräfte, z.B. zwischen Atomen und einem elektrischen Feld mit einem resultierenden Dipolmoment, und
- quantenmechanische, wie in der kovalenten oder chemischen Bindung. Sie ist kurzreichweitig (100 bis 300 kT) und führt zur Delokalisierung von Elektronen.

Diese sogenannten primären Kräfte beschreiben nicht die Wechselwirkungen zwischen mikroskopischen und makroskopischen Köpern, z.B. der Gravitation. Man charakterisiert sie durch die Lifschitz–van der Waals Kräfte $F_A$, die sich aus folgenden Anteilen zusammensetzen und in der Tabelle 4.2 aufgeführt sind

- den Dispersionskräften, die von interatomaren bis zu großen Entfernungen (> 10 nm) wirken. Sie sind abstoßend oder anziehend und werden von benachbarten Körpern beeinflußt. Es gilt nicht das Superpositionsprinzip.
- den verzögernden Kräften, die über große Entfernungen wirken ($10^{-8}$ m).
- den orientierenden Kräften, z.B. aus Dipol/Dipol Wechselwirkungen, die zur Rotation führen.

- den Induktionskräften (Debye), die zur Korrektur der orientierenden Kräfte eingeführt wurden und ebenfalls eine Rotation hervorrufen.

In der Realität findet die Adhäsion zwischen makroskopischen Körpern statt. Hamaker [4.13] nahm die Gültigkeit des Superpositionsprinzips an, d.h. es wirken nur konservative Kräfte (wegunabhängig), und addierte anfangs die Dispersionskräfte. Damit $G_A^D \approx -B_{1,2} r^{-6}$ gilt, führte er in allen Gleichungen eine gemeinsame Konstante ein

$$A_{1/2} = A_H = r^2 \cdot N_1 \cdot N_2 \cdot B_{1,2} \tag{4.3}$$

$N_1$, $N_2$ Zahl der Moleküle pro Volumeneinheit im Material 1 bzw. 2, $r$ Entfernung, $B_{1,2}$ Koeffizient von $r^{-6}$ in $(G_A)_{1/2}$ der Tabelle 4.2

**Tabelle 4.2** Van der Waals Wechselwirkungsenergien zwischen mikroskopischen Körpern [4.15]

| Art | Wechselwirkungsenergie $G_A$ |
|---|---|
| **Dispersionsenergie** gleichartige Teilchen | $\left(G_A^D\right)_{1/1} = -\dfrac{3}{4}\left[\dfrac{1}{\left(4\cdot\pi\cdot\varepsilon_o\right)^2}\right]\left(\dfrac{I}{r^6}\right)$ |
| ungleichartige Teilchen | $\left(G_A^D\right)_{1/2} = -\dfrac{3}{2}\left[\dfrac{1}{\left(4\cdot\pi\cdot\varepsilon_o\right)^2}\right]\left(\dfrac{I_1\cdot I_2}{I_1+I_2}\right)\left(\dfrac{\alpha_1\cdot\alpha_2}{r^6}\right)$ |
| **verzögernde Kraft** gleichartige Teilchen | $\left(G_A^R\right)_{1/1} = -\dfrac{23}{8\cdot\pi^2}\left[\dfrac{1}{\left(4\cdot\pi\cdot\varepsilon_o\right)^2}\right]\left(\dfrac{\alpha_2}{r^6}\right)\left(\dfrac{\hbar\cdot c}{r}\right)$ |
| ungleichartige Teilchen | $\left(G_A^R\right)_{1/2} = -\dfrac{23}{8\cdot\pi^2}\left[\dfrac{1}{\left(4\cdot\pi\cdot\varepsilon_o\right)^2}\right]\left(\dfrac{\alpha_1\cdot\alpha_2}{r^6}\right)\left(\dfrac{\hbar\cdot c}{r}\right)$ |
| **orientierende Kräfte (Keesom)** Dipol/Dipol (Rotation) $k\cdot T \rangle \dfrac{\mu_{D,1}\cdot\mu_{D,2}}{4\cdot\pi\cdot\varepsilon_o\cdot r^3}$ | $G_A^o = -\dfrac{2}{3}\left[\dfrac{1}{\left(4\cdot\pi\cdot\varepsilon_o\right)^2}\right]\left(\dfrac{u_{D,1}^2\cdot u_{D,2}^2}{k\cdot T\cdot r^6}\right)$ |
| **Induktion (Debye)** Dipol/induzierter Dipol (Rotation) | $\left(G_A^I\right)_{p/p} = -\left[\dfrac{1}{\left(4\cdot\pi\cdot\varepsilon_o\right)^2}\right]\left(\dfrac{\alpha_1\cdot u_{D,1}^2+\alpha_2\cdot u_{D,2}^2}{r^6}\right)$ |
| Dipol/unpolare Teilchen (Rotation) | $\left(G_A^I\right)_{p/np} = -\left[\dfrac{1}{\left(4\cdot\pi\cdot\varepsilon_o\right)^2}\right]\left(\dfrac{\alpha_2\cdot u_{D,1}^2}{r^6}\right)$ |

$c$ Lichtgeschwindigkeit, $\hbar$ Plancksches Wirkungsquantum, $I$ Ionisierungskonstante, $\mu_D$ Dipolmoment, $\alpha$ Polarisierung, $u = \alpha E$ Dipolmoment, $E$ Feld, $I$ Ionisierungspotential

**Tabelle 4.3** Hamaker–Konstanten [4.15]

| System | $A_{1/2}\ 10^{-20}\ [J]$ |
| --- | --- |
| Wasser | 3,7 bis 4,0 |
| Oxide | 10 |
| Kohlenstoff (kristallin) | 50 |
| Polystyren | 6,6 bis 7,9 |
| PVC | 7,8 |
| PTFE | 3,8 |
| Quartz | 6,5 |
| $CaF_2$ | 7,2 |
| Metalle (Au, Ag, Cu) | 30 bis 50 |

In einer weiter entwickelten Form enthält die Hamaker–Konstante alle Anteile der Wechselwirkungskräfte

$$A_{1/2} = \left(A_D\right)_{1/2} + \left(A_o\right)_{1/2} + \left(A_1\right)_{1/2} + \left(A_R\right)_{1/2} + X \tag{4.4}$$

$X$ weitere, nicht definierte Anteile

deren Wert für kondensierte Phasen näherungsweise zwischen 4 bis 40 liegt (Tabelle 4.3). In der Tabelle 4.4 sind für verschiedene Modellvorstellungen die van der Waals–Kräfte und entsprechenden Wechselwirkungsenergien zusammengestellt.

Lifschitz [4.9, 4.17] berechnete die van der Waals Kräfte auf der Grundlage eines rotationssymmetrischen elektromagnetischen Feldes um zwei Körper, woraus die Hamaker–Konstante zu

$$A_H = A_{1/2} = \frac{\hbar \cdot \tilde{\omega}}{4 \cdot \pi} \tag{4.5}$$

$\hbar \cdot \tilde{\omega}$ = Lifschitz–van der Waals Konstante

folgt.

### 4.2.1.1
### Adhäsionsarbeit

Nach den mechanistischen Vorstellungen des Bildes 4.2 beträgt die Adhäsionsarbeit, die Dupré–Gleichung [4.8]

$$W_{adh} = F_1 + F_2 - F_{12} \tag{4.6}$$

$F_i$ Oberflächenkräfte

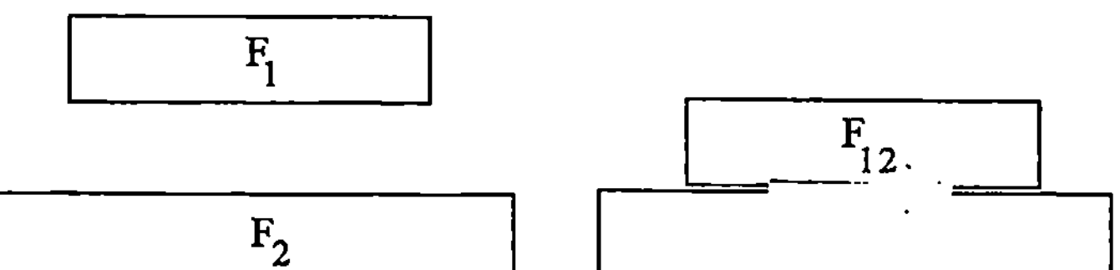



**Bild 4.2** Vorstellungen für die Adhäsion

**Tabelle 4.4** Van der Waals Kräfte zwischen makroskopischen Körpern [4.15]

| Anordnung | Kraft | Energie $G_A = -\int F_A\,dx$ | Modell |
|---|---|---|---|
| Atom/Atom | $F_A = \dfrac{6 \cdot C}{x^7}$ | $G_A = -\dfrac{C}{x^6}$ | |
| Atom/Platte | $F_A = \dfrac{\pi \cdot C \cdot \rho}{2 \cdot x^3}$ | $G_A = -\dfrac{\pi \cdot C \cdot \rho}{6 \cdot x^2}$ | |
| Kugel/Kugel | $F_A = \dfrac{A_H}{6 \cdot x^2}\dfrac{R_1 \cdot R_2}{R_1 + R_2}$ <br> für $R_1 = R_2 = R$ <br> $F_A = \dfrac{A_H \cdot R}{12 \cdot x^2}$ | $G_A = -\dfrac{A_H}{6 \cdot x}\dfrac{R_1 \cdot R_2}{R_1 + R_2}$ <br> <br> $G_A = -\dfrac{A_H \cdot R}{12 \cdot x}$ | |
| Kugel/Platte | $F_A = \dfrac{A_H \cdot R}{6 \cdot x^2}$ | $G_A = -\dfrac{A_H \cdot R}{6 \cdot x}$ | |
| zwei Zylinder | $F_A = \dfrac{A_H \cdot L}{8\sqrt{2} \cdot x}\left(\dfrac{R_1 \cdot R_2}{R_1 + R_2}\right)^{1/2}$ <br><br> $F_A = \dfrac{A_H \sqrt{R_1 \cdot R_2}}{6 \cdot x^2}$ | $G_A = \dfrac{A_H \cdot L}{12 \cdot x^{3/2}\sqrt{2}}\left(\dfrac{R_1 \cdot R_2}{R_1 + R_2}\right)^{1/2}$ <br><br> $G_A = -\dfrac{A_H \sqrt{R_1 \cdot R_2}}{6 \cdot x}$ | |
| Platte/Platte | $F_A = \dfrac{A_H}{6 \cdot \pi \cdot x^3}$ | $G_A = -\dfrac{A_H}{12 \cdot \pi \cdot x^2}$ | |

Für die Einzelkräfte verwendet man meistens die Oberflächenspannung $\gamma_i$. Nimmt man beispielsweise an, daß eine Platte von einer Platte getrennt werden soll und nur van der Waals–Kräfte wirken (Bild 4.2), dann gilt für den Aufbau der beiden neuen Flächen (Platte/Platte Modell, s. Tabelle 4.4)

$$G_A = -\int_{x_o}^{\infty} F_A\, dx = -\iiint \frac{\gamma_1 + \gamma_2 - \gamma_{12}}{A_o} dz dy dx = \gamma_1 + \gamma_2 - \gamma_{12} = \frac{A_{1/2}}{12 \cdot \pi \cdot x_o^2} \tag{4.7}$$

$x_o$ Gleichgewichtsabstand, $A_o = \iint dz dy$ Adhäsionsfläche

Entsprechend ergibt sich für das Kugel/Platte Modell mit der van der Waals–Kraft (s. Tabelle 4.4) und der projizierten Fläche $2\pi R$ der Ausdruck

$$F_A = \frac{A_{1/2} \cdot R}{6 \cdot x^2} = 2 \cdot \pi \cdot R\left(\gamma_1 + \gamma_2 - \gamma_{12}\right) \tag{4.8}$$

Für gleiche, nicht adhärierende Materialien ($\gamma_1 = \gamma_2 = \gamma$, $\gamma_{12} = 0$) folgt die Kraft im Gleichgewicht zu

$$F_A = F_o = 4 \cdot \pi \cdot R \cdot \gamma \tag{4.9}$$

### *4.2.1.2*
### *Deformationen*

Bisher wurden ausschließlich undeformierbare Kugeln betrachtet. Verformt man diese während der Adhäsion elastisch auf einer Oberfläche (Bild 4.3), dann ergibt sich nach der Hertzschen Theorie der Radius der Kontaktfläche zu [4.18]

$$a_o = \left(\frac{3 \cdot R \cdot F_o}{4 \cdot E^{\bullet}}\right)^{1/3} \tag{4.10}$$

$E^{\bullet} = \dfrac{E_1}{1 - v_1^2} + \dfrac{E_2}{1 - v_2^2}$  mittlerer Elastizitätsmodul

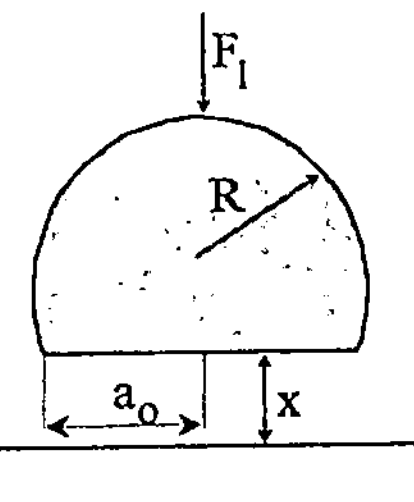


**Bild 4.3** Elastische Deformation einer Kugel beim Aufdrücken auf eine Platte ($F_o = F_1$)

**Tabelle 4.5** Van der Waals–Kräfte nach den Theorien von Derjaguin–Muller–Toporov (DMT) [4.7] und Johnson–Kendall–Roberts (JKR) [4.16]

|  | DMT | JKR |
|---|---|---|
| Gleichgewichts–Adhäsions-kraft $F_o$ | $4 \cdot \pi \cdot R \cdot \gamma$ | $3 \cdot \pi \cdot R \cdot \gamma$ |
| Kontaktradius $a_o$ (Gleichung 4.10) | $\left[ 6 \cdot \pi \cdot R^2 \cdot \gamma \left( \dfrac{1-\nu^2}{E} \right) \right]^{1/3}$ | $\left[ \dfrac{9 \cdot \pi \cdot R^2 \cdot \gamma}{2} \left( \dfrac{1-\nu^2}{E} \right) \right]^{1/3}$ |

*Annahme* gleiche Materialien ($\nu_1 = \nu_2 = \nu$, $E_1 = E_2 = E$)

Die Gleichgewichtskräfte $F_o$, somit auch die Radien $a_o$, weichen für die verschiedenen Theorien, die zur Berechnung der van der Waals–Kräfte angewandt werden, voneinander ab (Tabelle 4.5). Darüber hinaus gilt für eine viskoelastische Kugel (Gummi) die Hertzsche Voraussetzung (Elastizität) nur noch begrenzt, so daß der Kontaktradius die Form [4.16]

$$a_o = \frac{3}{4} \left( \frac{1-\nu^2}{E} \right) R \left[ F_o + 3 \cdot \pi \cdot \gamma + \sqrt{(3 \cdot \pi \cdot \gamma)^2 + 6 \cdot \pi \cdot R \cdot \gamma \cdot F_o} \right] \tag{4.11}$$

annimmt.

Welches Modell gilt wann? Die DMT–Theorie ($\mu < 1$) ist für kleine und harte Teilchen bzw. Materialien mit einer niedrigen spezifischen Adhäsionsenergie erfüllt, ansonsten gilt die JKR–Theorie ($\mu > 1$). Diese Bedingungen beschreibt der Parameter [4.23]

$$\mu = \frac{32}{3 \cdot \pi} \left[ \frac{2 \cdot R \cdot (\Delta\gamma)^2}{\pi \cdot E^* \cdot x_o^3} \right]^{1/3} \tag{4.12}$$

Näherungsweise kann man den Deformationseinfluß durch eine Summation mit der Radienkorrektur $\Delta R = a_o^2/2Rx$ $\{G = G(R) + G(\Delta R)\}$ berücksichtigen, so daß sich beispielsweise für das Kugel/Platte Modell (s. Tabelle 4.4)

$$G_A = -\frac{A \cdot R}{6 \cdot x} \left( 1 + \frac{a_o^2}{2 \cdot R \cdot x} \right) \tag{4.13}$$

ergibt.

Ist die Zelle in sich deformierbar, wie im Falle einer flüssigkeitsgefüllten Blase, so wird die in ihr „gespeicherte" elastische Energie bei der Deformation als Wärme an die Umgebung abgegeben. Gelingt es der Zelle nicht, den erhöhten

Energiebetrag (*Kugel/Platte Modell* $G_A(\Delta R) = |(A/12x^2)(3RF_o/4E')^{2/3}|$) durch biochemische Reaktionen auszugleichen, dann wird sie zerstört. Insbesondere über die, von der Oberflächenrauheit abhängige Verformung $F/E \propto \varepsilon$ ist eine Zellzerstörung bewußt initiierbar. Dies ist eine Vorstellung für Materialoberflächen mit gezielt eingestellten Antifoulingeigenschaften. Nach diesem mechanistischen Bild kann man in Abhängigkeit von der Kontaktfläche eine Zellzerstörung (großes $a_o$) oder eine Anregung des Zellstoffwechsels (kleines $a_o$) hervorrufen. Das letztere Phänomen wird u.a. im Biomaterialbereich zur Verbesserung des Einwachsverhaltens genutzt.

### 4.2.1.3
### Donator–Akzeptor–Modell (Säure/Base)

Die bisher beschriebenen Wechselwirkungen spiegeln nicht die kurzreichweitigen molekularen wieder, wobei die Anteile

$$G = G_{es} + G_{po} + G_{ex} + G_{et} + G_{Mix} \tag{4.14}$$

*es* elektrostatisch, *po* Polarisation, *ex* Austausch, *ct* Ladungsveränderung, *mix* gekoppelte Terme höherer Ordnung

wirken. Es handelt sich um Energien, die seitens ihres Charakters zwischen einer chemischen (kovalent) und einer physikalischen (van der Waals) Bindung stehen, somit eine elektrostatische Wechselwirkung mit sich überlappenden Orbitalen charakterisieren. Die Beschreibung erfolgt mit einem Donator–Akzeptor–Modell bzw. in Anlehnung an die Chemie auch als Säure–Base–Modell bezeichnet.

Im allgemeinen beschreibt die Gleichung A+:B $\rightarrow$ A:B (Säure/Base Komplex) eine Säure(A)–Base(B)–Reaktion. Zur Berechnung der Enthalpie [4.18]

$$-\Delta H^{A-B} = E_A \cdot E_B + C_A \cdot C_B \tag{4.15}$$

$E_i$ elektrostatischer Anteil, $C_i$ kovalenter Bindungsanteil

stellt man beide Wechselwirkungsanteile in ein Verhältnis zueinander, die Suszeptibilitäten und die Anteile aus der kovalenten Bindung. Hiermit ergibt sich die Enthalpie für eine Adhäsion zu

$$G_A^{A-B} = -f \cdot n^{A-B} \cdot \Delta H^{A-B} \tag{4.16}$$

*f* Korrekturfaktor zwischen Helmholtzscher (H) und Gibbsscher freier Enthalpie (G), *n* adsorbierter Volumenanteil [MolFlächeneinheit$^{-1}$]

Mit dem Dispersionsanteil $G^D_{1/2} = (G^D_{1/1} + G^D_{2/2})^{1/2} = (\gamma^P_1 + \gamma^P_2)^{1/2}$ kann die Lifschitz–van der Waals Komponente $G_A$ zu $G_A = G^D_A + G_A^{A-B} = (\gamma^P_1 + \gamma^P_2)^{1/2} + G_A^{A-B}$ bestimmt werden [4.10]. Nach der Dupré Gleichung $-\Delta G_{A,ij} = \gamma_i + \gamma_j - \gamma_{ij}$ (s. Gleichung 4.6) gilt somit für ein Säure–Base–Modell [4.18]

**Tabelle 4.6** Gültigkeit der Energieanteile für verschiedene Modellkonzepte [4.18]

| Nr. | Bedingungen | Gültigkeit |
|---|---|---|
| I | 1 und 2 apolar | $\gamma_{ij} = \gamma_{ij}^{LW}$ |
| II | eine Komponenete apolar, eine monopolar | $\gamma_{ij}^{AB} = 0$ |
| III | eine apolar, die ander bipolar | $\Delta G_{ij}^{A} = -2\sqrt{\gamma_i^{LW} \cdot \gamma_j^{AB}}$ |
| IV | 1 und 2 monopolar (gleichpolig) | $\Delta G_{ij}^{A} = -2\sqrt{\gamma_i^{LW} \cdot \gamma_j^{LW}} - N_s \cdot \varepsilon_{ij}^{AB}$ |
| V | 1 monopolar (ungleichpolig) | $\gamma_{ij} = \left(\sqrt{\gamma_i^{LW}} - \sqrt{\gamma_j^{LW}}\right)^2 - N_s \cdot \varepsilon_{ij}^{AB}$ |
|  | 2 monopolar (ungleichpolig) | $\gamma_{ij}^{AB} = -N_s \cdot \varepsilon_{ij}^{AB}$ |
| VI | 1 monopolar, die andere bipolar | $\Delta G_{ij}^{A} = -2\sqrt{\gamma_i^{LW} \cdot \gamma_j^{LW}} - N_s \cdot \varepsilon_{ij}^{AB}$ |
|  | monopolar, die andere bipolar | $\gamma_{ij}^{AB} = -N_s \cdot \varepsilon_{ij}^{AB} + \gamma_j^{AB}$ |
| VII | 1 bipolar | $\Delta G_{ij}^{A} = -2\sqrt{\gamma_i^{LW} \cdot \gamma_j^{LW}} - N_s \cdot \varepsilon_{ij}^{AB}$ |
|  | 2 bipolar | $\gamma_{ij}^{AB} = -N_s \cdot \varepsilon_{ij}^{AB} + \gamma_j^{AB} + \gamma_j^{AB}$ |

$$\gamma_{ij}^{AB} = \left(\sqrt{\gamma_i^{AB}} - \sqrt{\gamma_j^{AB}}\right)^2 \tag{4.17}$$

bzw. nach dem van der Waals (Lewis) und Säure–Base Konzept

$$\gamma_{ij} = \left(\sqrt{\gamma_{A,i}} - \sqrt{\gamma_{A,j}}\right)^2 + \left(\sqrt{\gamma_i^{AB}} - \sqrt{\gamma_j^{AB}}\right)^2 \tag{4.17a}$$

Hieraus folgt [4.18]

$$\gamma_i \cdot \left(1 + \cos\Theta_{ij}\right) = 2\sqrt{\gamma_{A,i} \cdot \gamma_{A,j}} + 2\sqrt{\gamma_i^{D} \cdot \gamma_j^{D}} + 2\sqrt{\gamma_i^{nD} \cdot \gamma_j^{nD}} \tag{4.18}$$

In der Tabelle 4.6 sind für verschiedene, miteinander reagierende Gruppen die Energieanteile aufgeführt. Mit diesem Konzept einer kurzreichweitigen Wechselwirkung versuchte man die unmittelbare „Verschweißung" von Bakterien an Oberflächen zu beschreiben (s. Tabelle 4.14).

## 4.2.2
## Wäßrige Lösungen

Der entscheidende Unterschied zwischen einem Festkörper und einer wäßrigen Lösung ist die Ausbildung einer elektrischen Doppelschicht (Bild 4.4) in Flüssigkeiten. Die Eigenschaften dieser Schicht hängen von den gelösten Ionen und der Ladung der Materialoberfläche ab, wobei Kationen, wie $Ca^{2+}$, eine geschlossene Deckschicht auf einer anionischen Oberfläche bilden können (Helmholtz–Schicht). Für schwächere Ionen lockert sich diese kationische Schicht ($H^+$, $Na^+$) auf und es kommt zur Ausbildung einer diffusen elektrischen Doppelschicht.

Das chemische Potential

$$\mu = z \cdot e \cdot \psi + k \cdot T \cdot \log \rho \tag{4.19}$$

$z$ Ionenvalenz, $e$ Elementarladung, $\Psi$ elektrostatisches Potential, $\rho$ Dichte

eines gelösten Ions wird von der Boltzmann–Verteilung $\rho = \rho_o \exp(-ze\Psi/kT)$ beschrieben, wobei die Poisson–Gleichung $ze\rho = -\varepsilon\varepsilon_0(d^2\Psi/dx^2)$ die Ladungsverteilung bestimmt. Es folgt

$$\frac{d^2\psi}{dx^2} = -\frac{z \cdot e \cdot \rho}{\varepsilon \cdot \varepsilon_0} = -\left(\frac{z \cdot e \cdot \rho_o}{\varepsilon \cdot \varepsilon_0}\right)^{-z \cdot e \cdot \psi / k \cdot T} \tag{4.20}$$

$E = \partial\Psi/\partial x$ elektrisches Feld

wobei die Oberflächenladung

$$\sigma = -\int_0^{D/2} z \cdot e \cdot \rho \, dx = \varepsilon \cdot \varepsilon_0 \int_0^{D/2} \left(\frac{d^2\psi}{dx^2}\right) dx = \varepsilon \cdot \varepsilon_0 \left(\frac{d\psi}{dx}\right)_{D/2=s} = \varepsilon \cdot \varepsilon_0 \cdot E_s \tag{4.21}$$

unabhängig vom Plattenabstand (2D) ist.

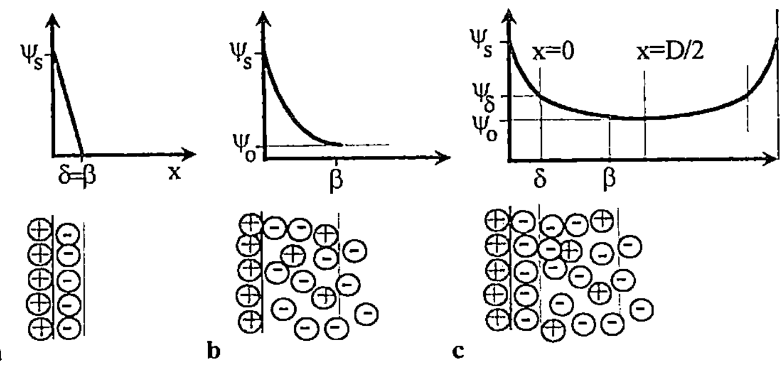


**Bild 4.4** Modelle für die elektrische Doppelschicht
a Helmholtz (geschlossene Schicht), b Gouy–Chapmann (diffuse Schicht), c Stern (geschlossen an der Oberfläche, diffus zur Lösung), $\psi_S$ Oberflächenpotential, $\psi_o$ Gleichgewichtspotential, $\Psi_\delta = \sigma\delta/\varepsilon_\delta\varepsilon_0$ Potential beim Übergang geschlossen/diffus, $\beta$ Ausdehnung der gesamten Grenzschicht = Debye–Länge (Gleichung 4.33)

Für die Verteilung der Ionen

$$\frac{d\rho}{dx} = -\frac{z \cdot e \cdot \rho_o}{k \cdot T} e^{-z \cdot e \cdot \psi/k \cdot T} \left(\frac{d\psi}{dx}\right) = \frac{\varepsilon \cdot \varepsilon_o}{2k \cdot T} \frac{d}{dx} \left(\frac{d\psi}{dx}\right)^2 \tag{4.22}$$

gilt im Volumen

$$\rho - \rho_o = \int_0^x d\rho = \frac{\varepsilon \cdot \varepsilon_o}{2k \cdot T} \left(\frac{d\psi}{dx}\right)^2 \tag{4.23}$$

bzw. an der Oberfläche

$$\rho_s = \rho_o + \frac{\sigma^2}{2 \cdot \varepsilon \cdot \varepsilon_o \cdot k \cdot T} \tag{4.24}$$

Eine Lösung der Poisson–Boltzmann–Gleichung (4.20) ist

$$\psi = \frac{k \cdot T}{z \cdot e} \log\left(\cos^2 K \cdot x\right) \tag{4.25}$$

woraus sich mit der Konstanten $K^2 = (ze)^2 \rho_o / 2\varepsilon\varepsilon_o kT$

$$e^{-z \cdot e \cdot \psi / k \cdot T} = 1/\cos^2 K \cdot x \tag{4.25a}$$

das Konzentrationsprofil der gelösten Ionen zu

$$\frac{\rho_x}{\rho_o} = \exp\left(-\frac{z \cdot e \cdot \psi}{k \cdot T}\right) = \frac{1}{\cos^2 K \cdot x} \tag{4.26}$$

ergibt.

Zur Berechnung der Wechselwirkung mit der Doppelschicht muß man den (abstoßenden) Lösungsdruck irgendeines Ions $(\partial P/\partial x)_{x,T} = \rho(\partial\mu/\partial x)_{x,T}$ bestimmen. Mit dem chemischen Potential (Gleichung 4.19) gilt für diesen [4.15]

$$P_x = -\int_{x'=D/2}^{x'=\infty} \left[z \cdot e \cdot \rho\left(\frac{d\psi}{dx}\right)_x dx' + k \cdot T\, d\rho_x\right] \tag{4.27}$$

Mit der Poisson–Gleichung $P_x(D) = kT[\rho_o(D) - \rho_o(\infty)]$ folgt unter Berücksichtigung des Gleichgewichtswertes $[\rho_o(\infty) = 0]$ für den Druck die Beziehung $P_x(D) = kT\rho_o(D)$. Setzt man die Oberflächenkonzentration $\rho_s$ (Gleichung 4.24) und die Konstante $K^2$ (Gleichung 4.25) ein, dann folgt

$$P(D) = k \cdot T \cdot \rho_o(D) \frac{\rho_s(D) - \sigma^2}{2 \cdot \varepsilon \cdot \varepsilon_o \cdot k \cdot T} = k \cdot T[\rho_s(D) - \rho_s(\infty)] \tag{4.28}$$

bzw.

$$P = k \cdot T \cdot \rho_o = 2 \cdot \varepsilon \cdot \varepsilon_o \left( \frac{k \cdot T}{z \cdot e} \right)^2 K^2 \tag{4.28a}$$

Für dicke Schichten gilt die Langmuir–Gleichung [4.15]

$$P = \frac{2 \cdot \varepsilon \cdot \varepsilon_0}{D^2} \left( \frac{\pi \cdot k \cdot T}{z \cdot e} \right)^{1/2} \tag{4.29}$$

u.a. für dicke Wasserfilme auf Glasoberflächen (*Filmmitte* x = D/2). Liegen gelöste Kationen und Anionen vor, dann erhält man durch Superposition über alle Ionen der Oberfläche (Gleichung 4.24) die Graham–Gleichung [4.15]

$$\sum_i \rho_{oi} = \sum_i \rho_{\infty i} + \frac{\sigma^2}{2 \cdot \varepsilon \cdot \varepsilon_o \cdot k \cdot T} \tag{4.30}$$

und mit der Gleichung (4.21)

$$\sum_i \rho_{xi} = \sum_i \rho_{\infty i} + \frac{\varepsilon \cdot \varepsilon_o}{2 \cdot k \cdot T} \left( \frac{d\psi}{dx} \right)_x^2 \tag{4.31}$$

Für einen 1:1 Elektrolyten, z.B. NaCl, und unter Berücksichtigung des Zusammenhanges $d\Psi/dx = (8kT\rho_{\infty i}/\varepsilon\varepsilon_o)^{1/2}\sinh(e\Psi_x/2kT)$ ergibt sich die Lösung der Gleichung (4.31) mit $\gamma^* = \tanh(e\Psi_s/4kT)$ zu

$$\psi_x = \frac{2 \cdot k \cdot T}{e} \log\left[ \frac{1 + \gamma \cdot e^{-\kappa \cdot x}}{1 - \gamma \cdot e^{-\kappa \cdot x}} \right] \approx \frac{4 \cdot k \cdot T}{e} \gamma^* \cdot e^{-\kappa \cdot x} \tag{4.32}$$

Diese, die Gouy–Chapmann–Theorie beschreibende Lösung gilt für starke Oberflächenpotentiale (> 25 mV) [4.15]. Für schwache Potentiale reduziert sie sich auf die Debye–Hückel–Theorie mit der Gleichung $\Psi_x \approx \Psi_s \exp(-\kappa x)$ ($\sigma = \varepsilon\varepsilon_0\kappa\Psi_s$) und der charakteristischen Länge

$$\beta = \kappa^{-1} = \left( \sum \frac{\rho_{\infty i} \cdot e^2 \cdot z_i^2}{\varepsilon \cdot \varepsilon_o \cdot k \cdot T} \right)^{-1/2} \tag{4.33}$$

**Tabelle 4.7** Charakteristische Werte für die Länge ß (Wasser, $\varepsilon = 78{,}2$, 25°C)

| $\rho$ [mM] | Elektrolyt | $\beta = 1/\kappa$ [nm] | Beispiel |
|---|---|---|---|
| $10^{-4}$ | 1:1 | 30,4 | NaCl |
| 1 | | 9,6 | |
| $10^2$ | | 0,96 | |
| $10^3$ | | 0,304 | |
| $10^3$ | 2:1 oder 1:2 | 0,176 | $CaCl_2$ oder Na2SO4 |
| $10^3$ | 2:2 | 0,152 | $MgSO_4$ |
| $10^3$ | | 960 | Wasser (pH = 7) |

Die Debye–Länge $\beta$ beschreibt die Dicke der diffusen elektrischen Grenzschicht (Bild 4.4), wofür in der Tabelle 4.7 typische Werte aufgeführt sind. Mikroorganismen, die elektrisch negativ geladen sind, bilden gemeinsam mit anwesenden Kationen eine diffuse Doppelschicht aus. Mit zunehmender Ionenstärke verdichtet sich die Schicht, ein Phänomen, das u.a. auch bei der bakteriellen Adhäsion im Mund in Anwesenheit von $Ca^{2+}$ Ionen beobachtet wird [4.21].

Der Druck in der Doppelschicht beträgt

$$P_x(D) - P_x(\infty) = -\frac{1}{2}\varepsilon \cdot \varepsilon_0 \left[ \left(\frac{d\psi}{dx}\right)^2_{x(D)} - \left(\frac{d\psi}{dx}\right)^2_{x(\infty)} \right]$$
$$+ k \cdot T\left[ \sum_i \rho_{xi}(D) - \sum_i \rho_{xi}(\infty) \right] \tag{4.34}$$

so daß mit der Gleichung (4.31) für einen 1:1 Elektrolyten (*Kation* $P_c = e^{-e\Psi m/kT} - 1$, *Anion* $P_a = e^{+e\Psi m/kT} - 1$)

$$P = k \cdot T \cdot \rho_\infty \left[ P_c + P_a \right] \approx e^2 \cdot \psi_m^2 \cdot \rho_\infty / k \cdot T \tag{4.35}$$

$$\Psi_0 = \Psi_m = \Psi_{x=D/2}$$

folgt. Berücksichtigt man die Beziehung $\Psi_m = (8kT\gamma/e)e^{-\kappa D/2}$ (Gleichung 4.32), so kann die Gleichung (4.35) für ebene Oberflächen zu

$$P = 64 \cdot k \cdot T \cdot \rho_\infty \cdot \gamma^2 \cdot e^{-\kappa \cdot D} \tag{4.36}$$

bestimmt werden, woraus man die Wechselwirkungsenergie $G = \int P\, dD$ mit der Doppelschicht

$$G_{dl} = \frac{64 \cdot k \cdot T \cdot \rho_\infty \cdot \gamma^2}{\kappa} e^{-\kappa \cdot D} \tag{4.37}$$

**Tabelle 4.8** Wechselwirkungsenergien mit der Doppelschicht [4.15]

| Modell | Oberflächenpotential | Energie $G_{dl}$ |
|--------|----------------------|------------------|
| Platte/Platte | stark ($> 25$ mV) | $G_{dl} = \dfrac{64 \cdot k \cdot T \cdot \rho_\infty \cdot \gamma^2}{\kappa} e^{-\kappa \cdot D}$ |
| Kugel/Kugel ($F = \pi R W$) | | $G_{dl} = \dfrac{64 \cdot \pi \cdot k \cdot T \cdot R \cdot \rho_\infty \cdot \gamma^2}{\kappa^2} e^{-\kappa \cdot D}$ |
| Platte/Platte | schwach ($< 25$ mV) | $G_{dl} \approx 2 \cdot \varepsilon \cdot \varepsilon_0 \cdot \kappa^2 \cdot \psi_s^2 \cdot e^{-\kappa \cdot D} =$ <br> $= 2 \cdot \sigma^2 \cdot e^{-\kappa \cdot D} / \kappa \cdot \varepsilon \cdot \varepsilon_0$ |
| Kugel/Kugel | | $G_{dl} \approx 2 \cdot \pi \cdot R \cdot \varepsilon \cdot \varepsilon_0 \cdot \psi_s^2 \cdot e^{-\kappa \cdot D} =$ <br> $= 2 \cdot \pi \cdot R \cdot \sigma^2 \cdot e^{-\kappa \cdot D} / \kappa^2 \cdot \varepsilon \cdot \varepsilon_0$ |

erhält. Für zwei ausgewählte Modelle und Potentiale sind in der Tabelle 4.8 die Energien $G_{dl}$ aufgeführt.

*DLVO–Theorie.* Diese Theorie nach Derjaguin, Landau, Verway und Overbeek beschreibt die Wechselwirkung zwischen gelösten Ionen und einer elektrischen Doppelschicht. Die Energie $G_{DLVO}$ (Bild 4.5) setzt sich aus einer anziehend wirkenden van der Waals–Komponente (Tabelle 4.4, $x = D/2$) und den oben diskutierten elektrostatischen Anteilen (Tabelle 4.8) zusammen. Beispielsweise gilt für zwei Kugeln

$$G_{DLVO} = G_{dl} + G_A = \frac{64 \cdot \pi \cdot k \cdot T \cdot R \cdot \rho_\infty \cdot \gamma^2}{\kappa^2} e^{-\kappa \cdot D} - \frac{A_H \cdot R}{6 \cdot D} \tag{4.38}$$

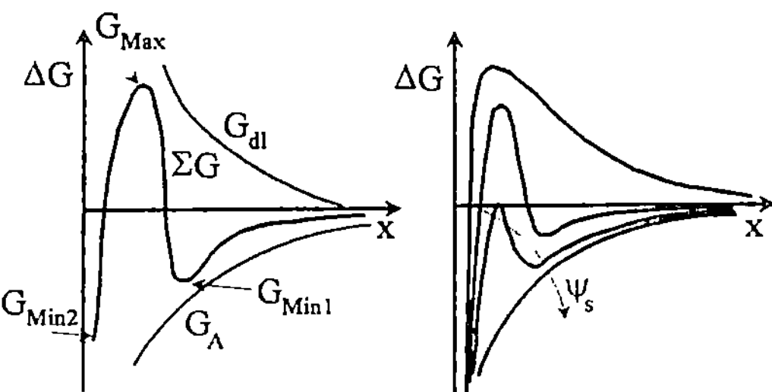


**Bild 4.5** Schematischer Energieverlauf nach der DLVO–Theorie und Einfluß des Oberflächenpotentials
$G_{dl}$ abstoßend wirkender Energieanteil aus der Doppelschicht, $G_A$ anziehend wirkender van der Waals–Anteil, $G_{Max}$ Energiebarriere, $G_{Min1}$ sekundäres Minimum, $G_{Min2}$ primäres Minimum, $\psi_s$ Oberflächenpotential, $\rightarrow$ Erhöhung von $\psi_s$

**Tabelle 4.9** Kritische Konzentrationen

| Oberflächenpotential | kritische Konzentration | Elektrolyt | $\rho_\infty$ [M] |
|---|---|---|---|
| $\gamma = 1$ <br> ($\psi_0 > 100$ mV) | $\rho_\infty \propto 1/z^6$ <br><br> $z^6 \cdot \rho_\infty \propto \varepsilon^3 \cdot T^5 \cdot \gamma^4 / A^2$ | 1:1 <br> 2:2 <br> 3:3 | 1 <br> 1/64 <br> 1/729 |
| $\gamma \propto z \cdot \psi_0 / T$ <br> ($\psi_0 < 25$ mV) | $\rho_\infty \propto 1/z^2$ <br><br> $z^2 \cdot \rho_\infty \propto \varepsilon^3 \cdot T \cdot \psi_0^4 / A^2$ | | |

Für die kritische Konzentration (Übergang zur spontanen Adhäsion) müssen die Bedingungen dG/dD = 0 und G = 0 erfüllt sein. Aus der ersten folgt $\kappa x = 1$ und aus der zweiten $\kappa^2/\rho_\infty = 384\pi k T \gamma^2 e^{-\kappa D}/A_H$. Das Potentialminimum $G_{Min1}$ liegt somit bei der Debye–Länge $\beta$. Beide Ergebnisse können umgewandelt werden in $\kappa^3/\rho_\infty = 786\pi k T \gamma^2 e^{-1}/A_H$ bzw. $\kappa^6/\rho^2_\infty \propto (T\gamma^2/A_H)^2$, woraus sich mit $\kappa^2 \propto \rho_\infty z^2/\varepsilon T$ die Beziehung $z^6 \rho_\infty \propto \varepsilon^3 T^5 \gamma^4 / A^2_H$ ergibt. Die Größe $z^6 \rho_\infty$ ist dann konstant, wenn auch $\gamma$ ($\gamma = 1$) konstant ist. Dies gilt nur für große Oberflächenpotentiale (Gleichung 4.32, $\psi_0 > 100$ mV). Diese kritischen Konzentrationen sind für starke und schwache Oberflächenpotentiale in der Tabelle 4.9 zusammengestellt.

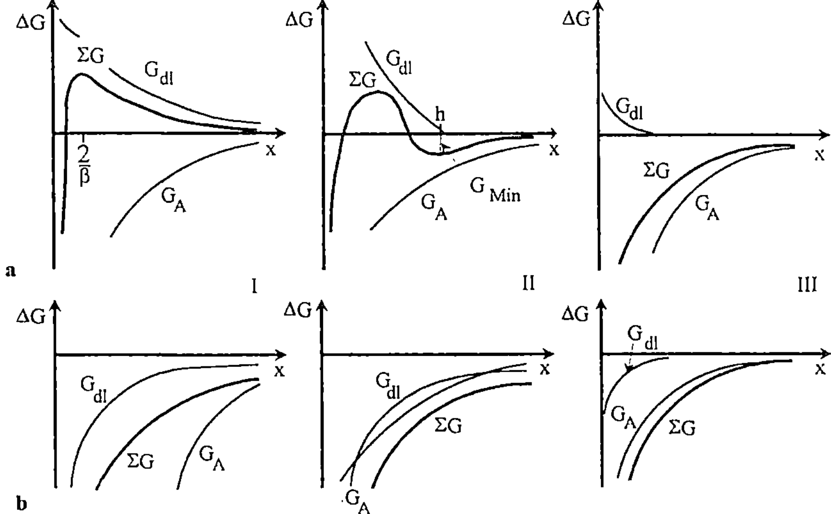


**Bild 4.6** Freie Enthalpie G als Funktion des Abstandes x zwischen einer Kugel und einer elektrischen Doppelschicht (Platte) in Abhängigkeit von der Konzentration
a gleichpolige Ionen, b ungleichpolige Ionen, *I* niedrige Konzentration, *II* mittlere Konzentration, *III* hohe Konzentration, $G_{dl}$ Enthalpie der Doppelschicht, $G_A$ van der Waals–Enthalpie, x Entfernung von der Oberfläche, $G_{Min}$ sekundäres Minimum

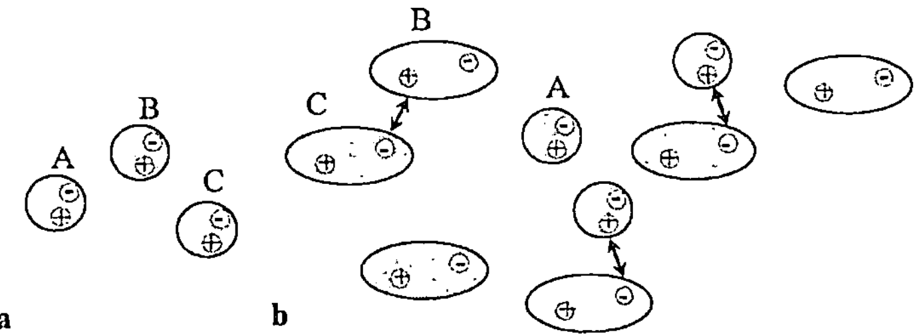

**Bild 4.7** Fluktuationen der Elektronenverteilung infolge Ladungsverschiebungen in Zellen
a ohne Ladungsfluktuationen (van der Waals, s. Tabelle 4.2), b mit Ladungsverschiebungen in
den Zellen bzw. Zellmembranen (bisher keine Theorie, aber entscheidend für die Adhäsion), *A*,
*B, C* Zellen

Der Enthalpieverlauf G(x) (Gleichung 4.38) erlaubt eine Aussage darüber, ob
und in welchem Abstand eine adhäsive Wechselwirkung stattfindet (Bild 4.6). Für
gleichpolige Ionen liegt eine abstoßende elektrische Wechselwirkung mit der
Doppelschicht vor (Bild 4.6a), wofür die obigen Diskussionen gelten. Mit zunehmender Konzentration verdichtet sich die Schicht und ihre Dicke nimmt ab (Gleichung 4.33). Gleichzeitig wird das elektrostatische Potential $\psi$ größer, so daß für
hohe Konzentrationen eine spontane Adhäsion auftritt. Dieses Phänomen liegt
auch für mittlere Konzentrationen beim Extremwert $G_{min}$ vor. Nähert man ein
Teilchen an eine Oberfläche an, dann können am Ort h für mittlere Konzentrationen Aggregationen auftreten. Ein engerer Kontakt (x < h) ist nur dann möglich,
wenn die Energie $G_{Max}$ (Bild 4.5) zugeführt wird. Dieses Sättigungsprinzip nutzt
man beispielsweise in der Biotechnologie zur gesteuerten Ausflockung aus biologischen Lösungen. Die Adhäsion ist immer spontan und irreversibel für ungleichpolige Ionen, wobei sich die Adhäsionskraft $F_A$ proportional mit der Ionenkonzentration erhöht (Gleichung 4.33).

Für Bakterien und Säugerzellen ist das Oberflächenpotential nicht mehr gleichverteilt. Es treten Ladungsfluktuationen bei Annäherung von Zellen an Zellen
(Bild 4.7) oder an Oberflächen auf (Bild 2.16), wie die positiv geladenen *Trypa-
nasomas spec.* im Blut [4.21] oder die in beiden Ladungszuständen auftretenden
*Vibrio cholerae* zeigen.

### 4.2.3
### Effekte durch Makromoleküle

Die Adhäsionseigenschaften von Zellen werden maßgeblich von Makromolekülen
(neutrale Polymere, Polyelektrolyte) beeinflußt. Diese sind in biologischen Systemen in einer großen Vielzahl vorhanden, u.a. als dicke Schichten um Mikroorganismen oder in der Lösung selbst.

Der hauptsächlichste Effekt ist die Erhöhung der Viskosität und somit die Veränderung der hydrodynamischen Eigenschaften der Lösung. Bei einer hohen Konzentration an Makromolekülen kann man auch Flockungserscheinungen in der Lö-

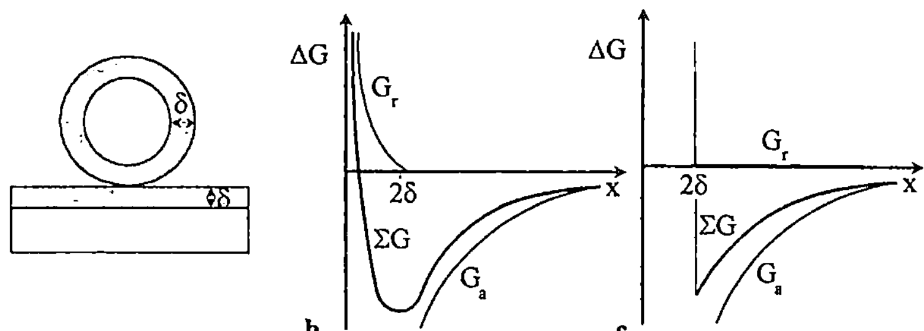

**Bild 4.8** Enthalpieverlauf für ungeladene, sich nicht durchdringende Polymere
a Modell, b Enthalpieverlauf für „weiche" Oberflächen ($G_r = (A^*/r^n)$, $n \ll \infty$), c Enthalpieverlauf für „harte" Oberflächen ($G_r = (A^*/r^n)$, $n \to \infty$), $G_r$ abstoßendes Potential, $G_a$ anziehendes Potential (z.B. Johnson–Potential $G_a = -(B^*/r^n)$, $n = 6$), $\delta$ Dicke der Molekülschicht

sung beobachten, die bis zur Sedimentation führen. Makromoleküle auf Zell- und Festkörperoberflächen können in Abhängigkeit von ihren elektrischen Eigenschaften die Enthalpie beeinflussen.

Durchdringen sich die Molekülschichten nicht, dann kann abhängig von den Polymereigenschaften eine „harte" oder „weiche" abstoßende Energie wirken (Bild 4.8). Die Paar–Potential–Funktion ist im Regelfall ein Lennard–Jones–Potential

$$G(x) = \frac{A^*}{x^{12}} - \frac{B^*}{x^6} = 4 \cdot \varepsilon \left[ \left( \frac{2 \cdot \delta}{x} \right)^{12} - \left( \frac{2 \cdot \delta}{x} \right)^6 \right] \tag{4.39}$$

$A^*$, $B^*$ Konstanten

wie wir es auch von den Metallen kennen.

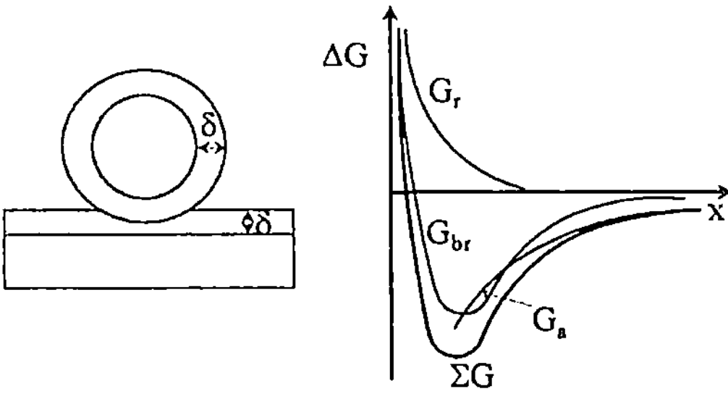

**Bild 4.9** Enthalpieverlauf für geladene, sich durchdringende Polymerschichten
$G_r$ abstoßendes Potential, $G_a$ anziehendes Potential, $G_{br}$ zusätzlich wirkende Energien infolge Brückenbildungen in der Polymerschicht, $\delta$ Schichtdicke, *Modellvorstellung* Superpositionsprinzip

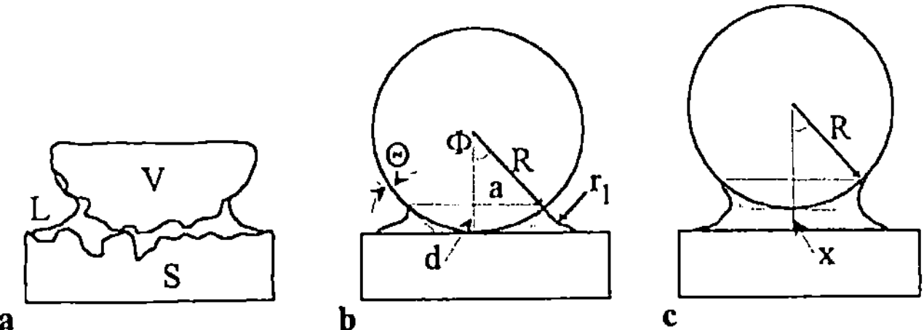

**Bild 4.10** Kapillarwirkung an Festkörperoberflächen
a reale Oberflächen, b direkt aufliegend (ideal glatt), c Flüssigkeitsfilm unter der Kugel, $L$ Flüssigkeit, $S$ Oberfläche, $V$ Kugel

Für sich durchdringende Makromolekülschichten ($h < 2\delta$) wirkt ein zusätzlicher Enthalpieanteil $G_{br}$ (Bild 4.9). Das Energieminimum ($G_{Min} \leq 100\ kT$) wird in die Polymerschicht verlagert und führt zu einer starken irreversiblen Adhäsion. Diese Wirkung wird bei Anwesenheit anderer kationischer Vermittler, wie $Mg^{2+}$ oder $Ca^{2+}$, noch verstärkt. In der Biotechnologie nutzt man diese Erscheinung zur Immobilisierung.

### 4.2.4
### Kapillarwirkung

Festkörperoberflächen sind immer rauh, so daß sich anlagernde Wassermoleküle eine Kapillarwirkung hervorrufen (Bild 4.10). Mit der Gleichgewichtsbeziehung [4.15]

$$\left(\frac{1}{r_1}+\frac{1}{R}\right)^{-1} = r_K = \frac{\gamma \cdot v}{k \cdot T \cdot \log(p/p_\infty)} \tag{4.40}$$

$p_\infty$ Gleichgewichtsdruck, $V$ Molvolumen

und dem Druck $p = r_K \gamma \propto \gamma/r_1$, $r_2 \gg r_1$ im Film folgt die zusätzliche Adhäsionskraft $F_{ca} = p\pi x^2 = 2\pi R d(\gamma_L/r_1)$ mit $\pi a^2 \propto 2\pi R d$ infolge der Kapillarwirkung bzw. für kleine Winkel $\phi$ ($d \approx 2 r_1 \cos\Theta$) zu

$$F_{ca} \approx 4 \cdot \pi \cdot R \cdot \gamma_L \cdot \cos\Theta \tag{4.41}$$

Im Flüssigkeitsfilm (Fall c) wirkt die Gesamtenergie (kleine $\phi$, $\gamma_{SL} = \gamma_{SV} - \gamma_L \cos\Theta$) $G_{cf} = 2G_{SL} - G_{SV} = 2\pi R^2 \sin^2\Phi(\gamma_{SL} - \gamma_{SV}) = -2\pi R^{20}\Phi^2\gamma_L\cos\Theta$ mit der Adhäsionskraft $F_{cf} = -dG_{cf}/dx = 4\pi R^2\Phi(d\Phi/dx)\gamma_L\cos\Theta$. Das Differential $d\Phi/dx$ bestimmt sich für ein konstantes Filmvolumen $V \approx \pi R^2(x+d)\sin^2\Phi - (\pi R^3/3)(1-\cos\Phi)^2(2+\cos\Phi) \propto \pi R^2 x\Phi^2 + \pi R^2\Phi^4/4$ und kleine Winkel $\Phi$ zu $d\Phi/dx = 1/(R\Phi + 2x/\Phi)$, so daß sich für die anziehende Kraft die Beziehung

$$F_{cf} = \frac{4 \cdot \pi \cdot R \cdot \gamma_L \cdot \cos \Theta}{1 + x/d} \tag{4.42}$$

ergibt. Der Grenzwert für $x = 0$ ergibt als Maximalkraft den Ausdruck (4.41).

Derartige Filme können auch bakterielle Schleimschichten sein, wobei dieser anziehende Energieanteil über alle anderen Komponenten (van der Waals, Brükken) dominieren kann und eine spontane Adhäsion bewirkt. Für einen direkten fest/fest Kontakt würde $F_{s/s} = 4\pi R(\gamma_{SL} + \gamma_L \cos\Theta) = 4\pi R \gamma_{SV}$ gelten.

## 4.2.5
## Hydrophilie, Hydrophobie

In Verbindung mit Wassermolekülen treten beide Effekte auf, die in einer geschlossenen Theorie nicht dargestellt werden können. Es handelt sich um äußerst komplexe Prozesse, in die die Wasserstruktur miteinbezogen werden muß. Die Wechselwirkung wird von elektrostatischen und Dispersions–Kräften hervorgerufen, die voneinander unabhängig und langreichweitig sind. Infolgedessen ist es nicht erlaubt, die einzelnen Energieanteile zu addieren, so daß das Superpositionsprinzip nicht gilt.

Gleichpolige Wechselwirkungen wirken vorrangig abstoßend (Bild 4.6a). Zwischen hydrophoben und hydrophilen Substanzen überwiegen aber die ungleichpoligen Energieanteile, so daß eine größere Adhäsionswahrscheinlichkeit vorliegt. Mikroorganismen sind häufig hydrophil. Hieraus erklärt sich ihre stärkere Adsorption an hydrophoben Oberflächen (Teflon) gegenüber hydrophilen (sauberes Glas).

### *4.2.5.1*
### *Hydrophilie*

Hydrophile Substanzen sind wasserlöslich, die schneller in Kontakt mit Wassser treten können als andere, womit dieser hykroskopische Effekt hervorgerufen wird. Beispiele sind u.a. DNA, $Li^+$, $Mg^{2+}$, $Ca^{2+}$, Zucker, Alkohol und Sulphate, alle für Zellen lebenswichtige Substanzen.

Sie wirken desorientierend auf Wassermoleküle. Beispielsweise beobachtet man bei der Micellenbildung hydrophober Substanzen, wie Alkane, daß sich beim Einbau hydrophiler Kopfgruppen die kritische Konzentration $\rho_{crit} \propto \exp(-\alpha)$ bzw. $\rho_{crit} \propto \exp(-4\pi r^2 \gamma/kT)$ erhöht. Dies ist eine Konsequenz der „unordentlichen" Wirkung mit zunehmender Hydrophilie, gleichbedeutend mit einer Reduzierung der Oberflächenenergie.

Mit dem Einbau polarer Gruppen erhöht sich die Zahl der Adhäsionsplätze. Hiermit gelingt es, eine hydrophile Oberfläche mittels einer hydrophoben abzudecken, die danach mit hydrophilen Proteinen (Fibrinogen, Albumin) oder Zellen wieder „beschichtet" werden kann. Das Bild 4.11 zeigt eine mögliche Ausführung dieser Technik, die man u.a. in der Biomaterialforschung und der molekularen Biotechnologie anzuwenden versucht.

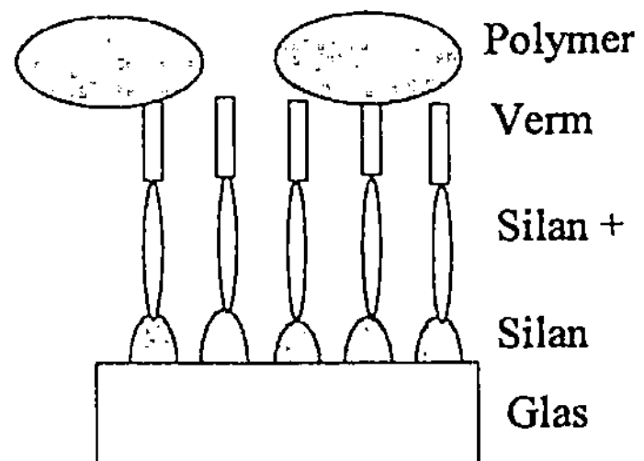



**Bild 4.11** Oberfläche mit hydrophilen und hydrophoben Domänen [4.22]
*Polymer* hydrophobes Polymer, *Verm* Vermittler (Glutaldehyde), *Silan+* Silane mit reaktiven Gruppen, *Silan* hydrophobe Silane, *Glas* hydrophiles Glas

### 4.2.5.2
### Hydrophobie

Die hydrophobe Wechselwirkung ist ungewöhnlich stark und mit den kontinuumstheoretischen Überlegungen zur Adhäsion nicht mehr erklärbar. Es ist keine Bindung sondern eine Wechselwirkung, die zur Umordnung der Wassermoleküle führt. Aus Messungen an gekrümmten Oberflächen fand man die „empirische" Gesetzmäßigkeit $\Delta G \approx -20z$ [kJmol$^{-1}$] ($z$ Entfernung von der Oberfläche in nm) [4.15]. Die Hydrophobie spielt eine zentrale Rolle bei Oberflächenphänomenen, wie der Micellenbildung, beim Transport über biologische Membranen und für die Eigenschaften von Proteinen.

# 4.3
# Diffusionsspannung (Zeta–Potential)

In einer elektrischen Doppelschicht liegen keine scharfen Grenzen zwischen den einzelnen Ionengruppen vor, so daß sich das chemische Potential stetig und nicht sprunghaft ändert (Bild 4.12). Ein Gradient des chemischen Potentials $\mu$ bedeutet aber immer, daß eine Diffusion stattfindet (Gleichung 3.10).

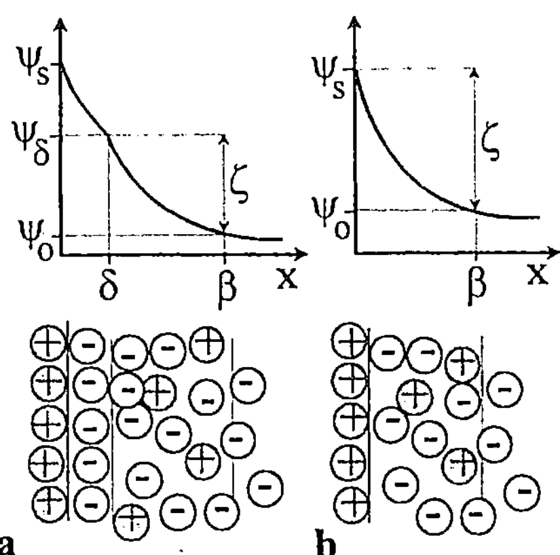

**Bild 4.12** Zeta–Potential
a Stern–Schicht, b Gouy–Chapmann– Schicht (s. Bild 4.4), $\zeta$ Zeta–Potential, $\beta$ Debye–Länge, $\delta$ Dicke der geschlossenen Grenzschicht

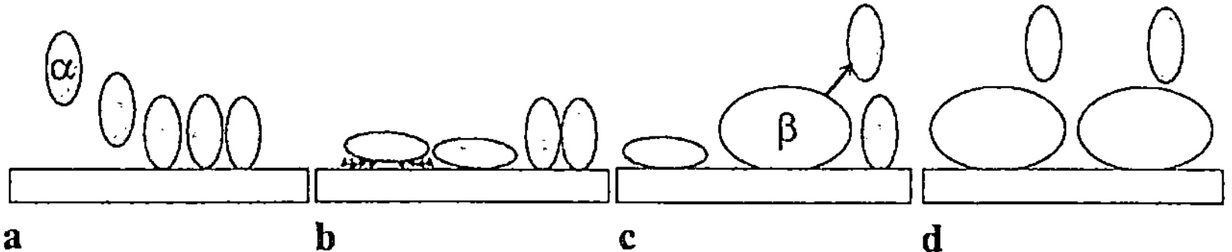

**Bild 4.13** Ein sich umgruppierender Proteinfilm mit zunehmender Konzentration an irreversiblen Proteinen (β) gegenüber anfänglich dominierenden, reversiblen Proteinen (α)
a Anlagerung reversibel adhärierender Proteine, b Stabilisierung des reversiblen Filmes, c Einbau irreversibel adhärierender Proteine in den α–Film, d Aufbau des β–Filmes und Verdrängung der α–Proteine, α Proteine mit der kleineren Adhäsionswahrscheinlichkeit, β Proteine mit einer um ein Vielfaches größeren Adhäsionswahrscheinlichkeit als α

Die einzelnen Ionensorten haben eine unterschiedliche Beweglichkeit B, wobei die schnelleren versuchen den langsameren vorauszueilen. Infolge der Wechselwirkung zwischen den einzelnen Komponenten, werden die beweglicheren von den unbeweglicheren abgebremst. Diese Ionenbewegung ruft eine Veränderung der inneren Potentiale hervor, extern als (Galvani-) Spannung gemessen. In Abhängigkeit davon, welche Sorte die Diffusion in der Doppelschicht maßgeblich beeinflußt, kann die Diffusionsspannung (Zeta–Potential)

$$U_D = \zeta = g_I - g_{II} = \frac{B_+ - B_-}{B_+ + B_-} \frac{k \cdot T}{z \cdot \Im} \ln \frac{a_{II}}{a_I} \qquad (4.43)$$

$a$ Aktivität, $\Im$ Faraday–Konstante, $g$ Galvani–Spannung

positiv oder negativ sein. Es gilt

• $\zeta < 0$ für eine Dominanz der anionischen Komponenten $B_-$ und
• $\zeta > 0$ für eine Dominanz der kationischen Komponenten $B_+$.

Das Zeta–Potential beschreibt die zeitliche Veränderung der Doppelschicht. Letztendlich ist es ein Maß für die aktuellen Konzentrationsverhältnisse, die auch die Schichtstruktur bestimmen. Mit zunehmender Ionenkonzentration ρ nimmt die Ionenbeweglichkeit (Kap. 3.4) und das Zeta–Potential ab. Für fest gebundene Schichten, d.h. adsorbierte Cluster, tendiert das Potential gegen Null. Es liefert somit indirekt auch Informationen zur Aggregationskinetik und möglichen Reaktionsveränderungen, wie Umgruppierungen in Proteinfilmen (Bild 4.13). Die Informationen aus dem $\zeta$–Potential sind untrennbar mit der Bioverträglichkeit verbunden und es wird als ein Kriterium angewendet. In der Tabelle 4.10 sind die Zeta–Potentiale einzelner Mikroorganismen gegenüber verschiedenen Werkstoffoberflächen zusammengestellt.

Säugerzellen (≈ –100 mV), Mikroorganismen und Mitochondrien (≈ –200 mV) haben ein negatives Oberflächenpotential [4.14], so daß bei Dominanz dieser anionischen Gruppen das Zeta–Potential immer negativ ist (Tabelle 4.10). Die

**Tabelle 4.10** Zeta–Potentiale im Kalium–Phosphat–Puffer (pH = 7) [4.26]

| Organismus | c [mM] | $\zeta$ [mV] | Material |
| --- | --- | --- | --- |
| *Streptococcus spec.* | | -20 bis -40 | |
| *Streptococcus sangius* | 10 | -20 | FEP |
| | 10 | -38 | Glas |
| | 80 | →0 | FEP |
| | 80 | →0 | Glas |
| *Streptococcus mitis* | 0,2 | -48 | PMMA |
| | 20 | -34 | PMMA |
| | 500 | 4 | PMMA |
| *Streptococcus sanguis* | 0,2 | -50 | PMMA |
| | 20 | -24 | PMMA |
| | 500 | 0 | PMMA |
| *Streptococcus mutans* | 0,2 | -66 | PMMA |
| | 20 | -31 | PMMA |
| | 500 | 0 | PMMA |

$c$ Konzentration, $\zeta$ Zeta–Potential

Diffusion über die Zellmembran (Kap. 2.1.2.3) beeinflußt direkt das elektrische Feld um diese „biologischen Ionen". Infolgedessen kann sich das Zeta–Potential vom bakteriell typischen, negativen Wert zu einem positiven verändern. Jetzt dominiert die Kationendiffusion zur Zellmembran.

Im Bild 4.14 sind für die zwei, Biofouling verursachenden Mikroorganismen *Streptococcus thermophilius* und *Leuconostoc mesenteroides* die Zeta–Potentiale dargestellt. In einer wäßrigen Lösung (niedrige $K^+$–Ionenkonzentration) zeigen beide Bakterien einen äquivalenten Potentialverlauf, wobei im neutralen Bereich die höchste Diffusionsgeschwindigkeit der Anionen beobachtet wird. Mit abnehmenden pH–Wert kompensieren die Wasserstoffionen in einem immer stärkeren

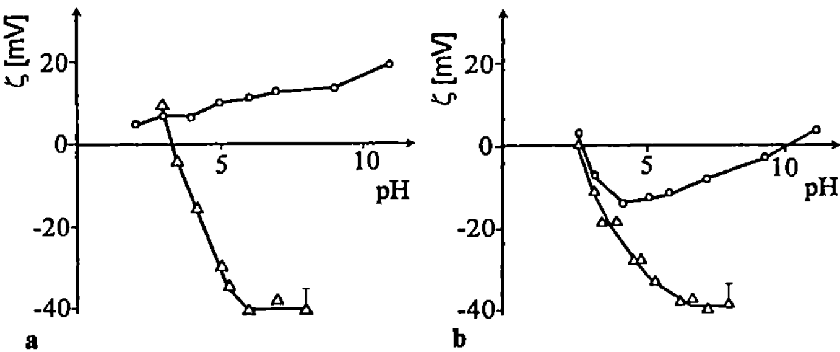

**Bild 4.14** Zeta–Potentiale zweier Bakterienstämme im Wasser und einer Pufferlösung [4.3]
**a** *Streptococcus thermophilius*, **b** *Leuconostoc mesenteroides*, Δ Wasser, o 10 [mM] Kalium–Phosphat–Puffer

Maße die Anionen der Lösung, so daß das Zeta–Potential zu positiveren Werten tendiert. Demgegenüber weichen die Potentialverläufe in der Pufferlösung voneinander ab. Das Bakterium *S.thermophilius* nimmt vermutlich unabhängig vom pH–Wert bevorzugt Kaliumionen aus der Lösung auf, d.h. es dominiert die Diffusion von Kationen zu den Bakterien. Eine Erhöhung des pH–Wertes (um pH = 7) kompensiert die Zelle mit einer erhöhten Anionenaufnahme, was zum Kationenüberschuß in der Lösung führt. Hieraus erklärt sich die Zunahme des $\zeta$–Potentials für *Leuconostoc mesenteroides* ab pH Werten um fünf. Diese Steuerung über die Membrandiffusion gewährleistet z.B. den schmalen Schwankungsbereich des pH–Wertes (7,35 bis 7,45) im Menschen.

Das Zeta–Potential hängt von allen die Diffusion beeinflussenden Größen ab (Kap. 3.4). Ersetzt man die Beweglichkeit $(B_++B_-)$ durch die Leitfähigkeit $\lambda = \Im(B_++B_-)$ und spaltet den Gleichgewichtswert $\lambda_\infty$ in einen Relaxations- $\lambda_{rel}$ und einen elektrophoretischen Anteil $\lambda_{elec}$ auf, dann gilt $\lambda = \lambda_\infty - \lambda_{rel} - \lambda_{elec}$. Der Term $\lambda_{elec} = (C_{elec}/\eta\varepsilon^{1/2}T^{1/2})\rho^{1/2}$ ($C_{elec}$ Konstante, $\eta$ Viskosität) beschreibt alle auf der Diffusion in der Doppelschicht basierenden Prozesse. Mit der Aktivität $\ln a = -(1/kT)(Nz^2e^2/8\pi\varepsilon_0\varepsilon\beta) - \ln\rho$ ($\beta$ Debye–Länge) und der elektrophoretischen Beweglichkeit $\Omega = B_+ - B_-$ ergibt sich die Gleichung (4.43) zu

$$\zeta = \frac{\Omega\cdot\eta\left[A - B\cdot\varepsilon\cdot\ln\rho\right]}{C\cdot\sqrt{\varepsilon}} \tag{4.44}$$

$A,B,C$ = f$(N,z,\varepsilon_0,T,r_w,\lambda_\infty,\lambda_{rel},k$ als konstant vorausgesetzte Größen

Diese Vielzahl an Vereinfachungen verdeutlicht die Problematik elektrophoretischer Messungen.

# 4.4
# Adsorptions–Isotherme

Bisher wurden „nur" Einzelzellen und makroskopische Flächen betrachtet. Wird die Oberfläche langsam besiedelt, so treten laterale Wechselwirkungen zwischen den Teilchen auf. Eine Möglichkeit diese Verhältnisse darzustellen, bietet die Adsorptions–Isotherme $\Pi = K^*c_\infty^{1/n}$ mit der Konstanten $K^*$ und dem Adsorptionskoeffizienten n (Bild 4.15). Diese beschreibt das Verhältnis $\Pi$ der durch Adsorption belegten Oberfläche zur Gesamtfläche als Funktion der Gleichgewichtskonzentration $c_\infty$. Die maximale Belegung der Oberfläche ($\Pi = 1$) findet im Regelfall nicht statt.

Ohne Energiezufuhr tritt für Oberflächen gleicher Ladung eine irreversible Adhäsion nur bei hohen Ionenkonzentrationen auf, wobei sich dieser Effekt mit zunehmender Sättigung verstärkt (Bild 4.15a). Mit abnehmender Konzentration sinkt die Wahrscheinlichkeit für eine Besiedelung (Bild 4.6a). Die Adsorptionsisothermen (Bild 4.15b) veranschaulichen ebenfalls, daß für ungleichpolige Ladungen immer eine Adhäsion stattfindet (Bild 4.6b). Im Falle niedrigerer Konzentra-

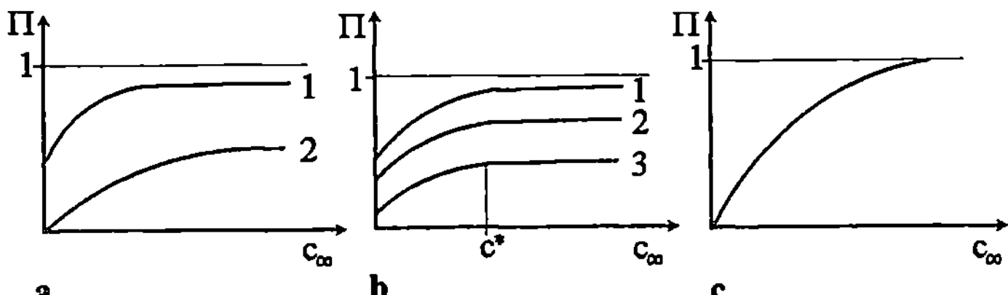

**Bild 4.15** Adsorptionsisotherme für eine gleichpolige (a), ungleichpolige (b) und mit einer Makromolekülschicht überzogenen Oberfläche (c)

*1* hohe Konzentration ($> 10^{-1}$ [Moldm$^{-3}$]), *2* mittlere Konzentration, *3* niedrige Konzentration ($< 10^{-4}$ [Moldm$^{-3}$]), $c^*$ Sättigungskonzentration, $\Pi = A_{adh}/A_o$, $A_{adh}$ durch Adsorption belegte Fläche, $A_o$ Gesamtfläche, $c_\infty$ Gleichgewichtskonzentration

tionen erfolgt aber keine vollständige Belegung der Materialoberfläche. Es gibt einen Sättigungswert $c^*$, der den Beginn des Gleichgewichtszustandes zwischen einer reversiblen und irreversiblen Adhäsion charakterisiert. Der Fall (a) wird u.a. bei der Adhäsion von Bakterien auf Polystyren und die Situation (b) für *Streptococcus faecium* auf Glas beobachtet.

Die Adhäsion ist an einer Oberfläche, die mit einer irreversibel adsorbierenden Makromolekülschicht überzogen ist, erst nach Besiedelung der Gesamtfläche beendet. Die Adsorptionsisotherme ist vom Langmuirschen Typ (Bild 4.15c), d.h. es ist eine maximale Oberflächenbesiedelung ($\Pi = 1$) möglich (irreversible Adsorptionsisotherme).

# 4.5
# Oberflächenenergie

Beim Trennen eines Körpers verändert sich die Energie um den Betrag $U_{ij} = -2\gamma_{ij}$ bzw. $U_{ij} = \sigma_{ij} + O_s$. Im Fall $i \neq j$ spricht man von einer Adhäsion und für $i = j$ von Kohäsion. Die Energie $\gamma_{ij}$ der getrennten Oberfläche setzt sich aus einer latenten Bildungswärme $Q_s$, die zum Aufrechterhalten einer konstanten Oberflächentemperatur aufgebracht werden muß, und der mechanisch aufzubringenden Spaltenergie $\sigma_{ij} = \sigma_{Max} a/2E$ ($\sigma_{Max}$ Zugspannung, $E$ Elastizitätsmodul, $a$ Gitterkonstante) zusammen. Mit der Beziehung $H = dU/dA$ besteht ein direkter Zusammenhang zur Härte H.

Die Oberflächenenergie $\gamma$ bestimmt die makroskopische Tropfenform und welchen Deformationen er unterliegt. Nach dem Bild 4.16 gilt für die Gesamtenergie des Systems $G_t = \gamma_{23}(A_1 + A_2) - G_{12}A_2$, woraus sich die Gleichgewichtsbeziehung $\gamma_{23}(dA_1 + dA_2) - G_{12}dA_2 = 0$ ergibt. Unter Berücksichtigung des Energiegleichgewichtes $\gamma_{23}(1 + \cos\Theta) = G_{12} = \gamma_{13} + \gamma_{23} - \gamma_{12}$ an einem Tropfen konstanten Volumens ($\cos\Theta = dA_1/dA_2$) folgt ($\Theta = \Theta_o$) die Young–Gleichung

$$\gamma_{13} - \gamma_{23} \cdot \cos\Theta = \gamma_{12} \qquad (4.45)$$

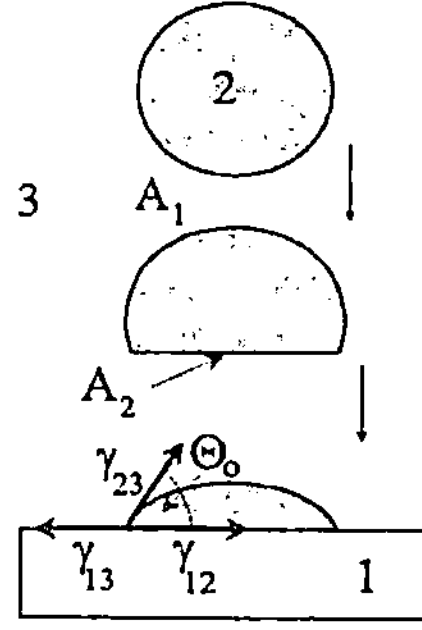

**Bild 4.16** Prozeßschritte zur Adhäsion
*1* Oberfläche, *2* Tropfen (Zelle), *3* Umgebung, $A_1$ freie, nicht an der Adhäsion beteiligte Oberfläche, $A_2$ Adhäsionsfläche, $\gamma$ Oberflächenenergie

und die Young–Dupré–Gleichung

$$G_{12} = \gamma_{23} \cdot \left(1 + \cos\Theta_0\right) \tag{4.45a}$$

Eine Adhäsion findet dann statt, wenn die Arbeit $G_{12}$ kleiner Null ist. Die energetischen Beziehungen entsprechen denen der heterogenen Keimbildung (s. Tabelle 3.2). Das Bild 4.17 zeigt Möglichkeiten für eine Hysteres des Winkels $\Theta$, z.B. Verformungen des Tropfens, chemische Reaktionen oder die Oberflächenrauhigkeit. Diese Phänomene sind eines der Probleme zur Interpretation von Oberflächenenergien.

Die Adhäsion wird von zwei Anteilen bestimmt, einem dispersen (van der Waals) und einem nicht–dispersen (Dipol/Dipol, Hydrophilie etc.), so daß für die Gesamtenergie $G_t = G^d + G^{nd}$ bzw. $\gamma_t = \gamma^d + \gamma^{nd}$ geschrieben werden kann. Für den dispersen Anteil gilt [4.18]

$$G_{12}^d = 2\left(\gamma_{13}^d \cdot \gamma_{23}^d\right)^{1/2} \tag{4.46}$$

woraus mit der Young–Dupré–Gleichung (4.45a) und der Annahme $\gamma_{13} = \gamma_{23}$ (nur ein Film) die Beziehungen

$$\gamma_{23} \cdot \cos\Theta = -\gamma_{23} + 2 \cdot \gamma_{12}^d \tag{4.47}$$

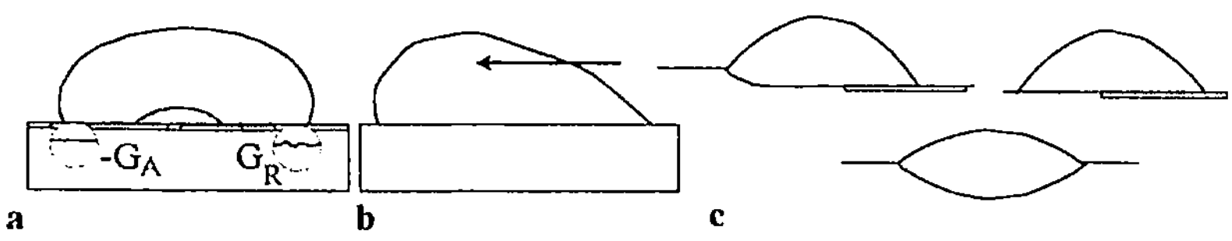


**Bild 4.17** Möglichkeiten der Hysterese während der Adhäsion
**a** glatte und rauhe Oberfläche, **b** Tropfenverformung, **c** an Kanten, unterschiedlichen Phasen in der Oberfläche und in Grenzschichten, $G_A$ van der Waals (ideal glatt), $G_R$ Enthalpieveränderung infolge einer Rauhigkeit

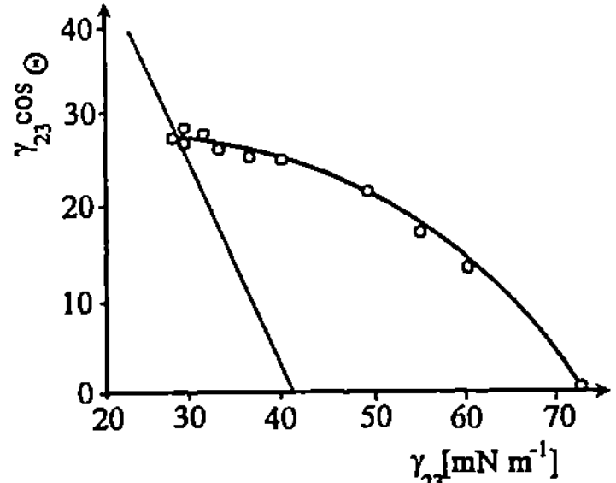

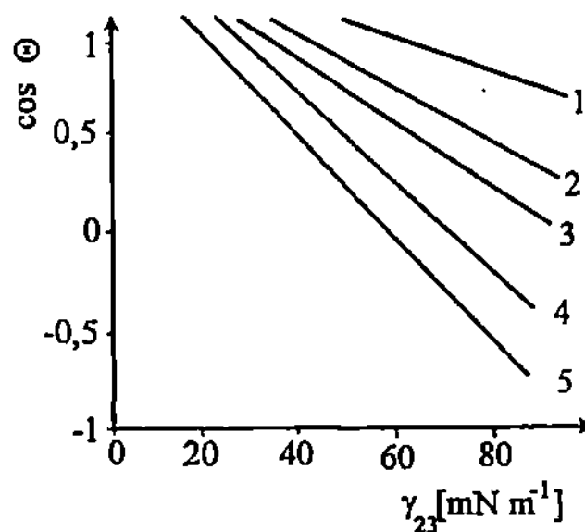

**Bild 4.18** Vergleich der Funktion (4.47) mit experimentellen Untersuchungen [4.11]
— Gleichung (4.47), o Experiment

**Bild 4.19** Benetzungswinkel $\Theta$ in Abhängigkeit von der Oberflächenenergie $\gamma_{23}$
*1* Glas, *2* Zelluloseacetat, *3* Silikon, *4* Vaseline, *5* Teflon

und

$$\cos \Theta = -1 + 2 \cdot \gamma_{12}^{d} \, \frac{\gamma_{12}^{d}}{\gamma_{23}} \tag{4.47a}$$

folgen. Die Gleichung (4.47) ist eine Gerade mit dem Anstieg Eins und dem Achsenabschnitt $2\gamma_{12}$.

Experimentelle Ergebnisse (Bild 4.18) weichen von dieser theoretischen, auf Dispersionskräften basierenden Darstellung ab. Aus einem Vergleich mit einer Testflüssigkeit (Bild 4.19) kann man mittels Kontaktwinkelmessungen die Größe $\gamma^{d}_{12}$ bestimmen. Mögliche Gründe der Abweichung zwischen den theoretischen und experimentellen Werten sind die vernachlässigten nicht–dispersen Energien $G^{nd}$. Mit dem Ansatz $G_{12}^{nd} = 2 \cdot \left(\gamma_{13}^{nd} \cdot \gamma_{23}^{nd}\right)^{1/2}$ und der Adhäsionsenergie $G_{12} = G_{12}^{d} + G_{12}^{nd}$ folgt unter Berücksichtigung der Säure–Base–Wechselwirkung (Gleichung 4.16)

**Tabelle 4.11** Oberflächenenergien ausgewählter Flüssigkeiten [4.18]

| Testflüssigkeit | $\gamma$ [mJ m$^{-2}$] | $\gamma^{d}$ (unpolar) [mJ m$^{-2}$] | $\gamma^{nd}$ (polar) [mJ m$^{-2}$] |
|---|---|---|---|
| Wasser | 72,8 | 21,8 | 51,0 |
| Glycerol | 63,4 | 37,0 | 26,4 |
| Formamid | 59,2 | 39,5 | 18,7 |
| Methylenjodid | 50,8 | 48,5 | 2,3 |
| Trichlororbiphenyl | 45,3 | 44,0 | 1,3 |
| $\alpha$–Bromnaphthalen | 44,6 | 44,6 | 0,0 |
| Tricresylphosphat | 40,9 | 39,2 | 1,7 |
| n–Hexadecan | 27,6 | 27,6 | 0,0 |

$$G_A^{A-B} = G_{12} - 2 \cdot \left(\gamma_{13}^d \cdot \gamma_{23}^d\right)^{1/2} = \gamma_{23} \cdot \left(1 + \cos \Theta\right) - 2 \cdot \left(\gamma_{13}^d \cdot \gamma_{23}^d\right)^{1/2} \tag{4.48}$$

und für zwei homologe Testreihen

$$0,5 \cdot \gamma_{23}^{(1)} \cdot (1 + \cos \Theta^{(1)}) = \left(\gamma_{13}^d \cdot \gamma_{23}^{(1)d}\right)^{1/2} + \left(\gamma_{13}^{nd} \cdot \gamma_{23}^{(1)nd}\right)^{1/2} \tag{4.49}$$

bzw.

$$0,5 \cdot \gamma_{23}^{(2)} \cdot (1 + \cos \Theta^{(2)}) = \left(\gamma_{13}^d \cdot \gamma_{23}^{(2)d}\right)^{1/2} + \left(\gamma_{13}^{nd} \cdot \gamma_{23}^{(2)nd}\right)^{1/2} \tag{4.50}$$

**Tabelle 4.12** Oberflächenenergien $\gamma$ und Kontaktwinkel $\Theta$ für verschiedene Oberflächen und Stämme

| Material | Stamm/Lösung | $\Theta$ [°] | $\gamma$ [mJm$^{-2}$] | Lit. |
|---|---|---|---|---|
| PTFE | Zahnstein | | 20 | 4.4 |
| PMMA | | | 56 | 4.4 |
| Glas | | | 120 | 4.4 |
| Knochen | | | 85 | 4.4 |
| Dentin | Wasser | 45,3 | | 4.12 |
| | | 50 | | 4.4 |
| Dentin* | | 43 | | 4.4 |
| FEP | | 106 | | 4.25 |
| PP | | 101 | | 4.25 |
| PMMA | | 69 | | 4.25 |
| Glas | | 15 | | 4.25 |
| Dentin* | | 31 | | 4.4 |
| Dentin | α–Bromnaphthalen | 16,8 | | 4.12 |
| | | 23 | | 4.20 |
| FEP | | 71 | | 4.20 |
| PP | | 47 | | 4.20 |
| PMMA | | 21 | | 4.20 |
| Glas | | 22 | | 4.20 |
| Dentin | Dimethylsulfoxid | 29 | | 4.4 |
| Dentin* | | 25 | | 4.4 |
| PMMA | *Streptococcus mitis* | | 35 | 4.20 |
| | *Streptococcus sanguis* | | 99 | 4.20 |
| | *Streptococcus mutans* | | 117 | 4.20 |
| Glas | Kalium–Phosphat–Puffer | | 109 | 4.4 |
| PMMA | pH = 7 | | 53 | 4.4 |
| PTFE | | | 20 | 4.4 |
| *Streptococcus mitis* | | | 37 | 4.4 |
| *Streptococcus sanguis* | | | 95 | 4.4 |
| *Streptococcus mutans* | | | 117 | 4.4 |

*Dentin** Dentin mit adsorbierten Proteinen

**Tabelle 4.13** Theoretische Adhäsionsenergien $G_{12}$ [mJm$^{-2}$] für *Streptococcus thermophilius* und *Leuconostic mesenteroides* adsorbiert auf verschiedenen Oberflächen [4.25]

| FEP | PP | Material PMMA | Glas | Gleichung | Stamm |
|---|---|---|---|---|---|
| -8,6 | -8,7 | -7,5 | -0,5 | 4.46 | *Streptococcus thermophilius* |
| -17,7 | -21,1 | -16,5 | -6,8 | 4.48 | |
| 21,7 | 19,8 | 7 | -9,8 | 4.52 | |
| -23,5 | -11,8 | 9,9 | 13,7 | 4.18 | |
| -4,1 | -4 | -4 | -0,3 | 4.46 | *Leuconostic mesenteroides* |
| -14,5 | -17,3 | -13,6 | -5,6 | 4.48 | |
| 25,1 | 23,8 | 8,7 | -10,8 | 4.52 | |
| -20,8 | -7,5 | 17,2 | 15,3 | 4.18 | |

Kalium–Phosphat–Puffer, pH = 7

Hiermit können bei bekannten dispersen (unpolaren) Anteilen die nicht–dispersen (polaren) bestimmt werden. In der Tabelle 4.11 sind für ausgewählte Testflüssigkeiten und in der Tabelle 4.12 für Materialien und Stämme die Oberflächenenergien zusammengestellt.

Zur Interpretation struktureller Veränderungen wurde das Verhältnis [4.11]

$$\Phi = \frac{G_{12}^{a}}{G_{1}^{c} \cdot G_{2}^{c}} = \Phi_{st} \cdot \Phi_{\varepsilon} \tag{4.51}$$

zwischen der Adhäsionsenergie $G^{a}$ und den Kohäsionsenergien $G^{c}$ eingeführt. Mit der Annahme, daß alle anderen Energieanteile gegenüber den van der Waalsschen dominieren, setzt sich das Verhältnis aus einem strukturbeeinflußten $\Phi_{st}$ und einem elektrischen Term $\Phi_{\varepsilon}$ zusammen, so daß sich

$$\cos \Theta = 2 \cdot \Phi \cdot \left( \frac{\gamma_{13}}{\gamma_{23}} \right)^{1/2} - 1 \tag{4.52}$$

$$\Phi = 2 \left[ \frac{d_{1} \cdot d_{2}}{(\gamma_{1}/\gamma_{2})^{1/2} d_{1} + (\gamma_{2}/\gamma_{1})^{1/2} d_{2}} + \frac{p_{1} \cdot p_{2}}{(\gamma_{1}/\gamma_{2})^{1/2} p_{1} + (\gamma_{2}/\gamma_{1})^{1/2} p_{1}} \right], \ d = \gamma^{d}/\gamma_{12}, \ p = \gamma^{nd}/\gamma_{12}, \ p{+}d = 1$$

ergibt.

Ein Vergleich der Ergebnisse dieser einzelnen Theorien

- nur Dispersionskräfte (Gleichung 4.46),
- disperse und nicht–disperse Kräfte (Gleichung 4.48),
- dem Energievergleich zwischen Adhäsion und Kohäsion (Gleichung 4.52) und
- dem Lewis–Säure–Base–Modell (Gleichung 4.18)

**Tabelle 4.14** Oberflächenenergien ausgewählter Materialien (Tabelle 4.13) [4.25]

| Energie-anteile [mJ m$^{-2}$] | Material | | | | Lösung | Modell |
|---|---|---|---|---|---|---|
| | FEP | PP | PMMA | Glas | | |
| $\gamma_{12}$ | 19,1 | 22,2 | 42,2 | 70,6 | Wasser | Gleichung 4.46 |
| | 20 | 22,6 | 37,4 | 57 | Formamid | |
| | 21,6 | 33,4 | 43,5 | 40,5 | Dijodmethan | |
| | 21,4 | 31,9 | 41,2 | 40,9 | $\alpha$–Bromonaphtalen | |
| $\gamma_{12}^{d}$ | 18,3 | 29,5 | 39,2 | 37,1 | *Streptococcus ther-* | Gleichung 4.48 |
| $\gamma_{12}^{nd}$ | 0,7 | 0,2 | 6,6 | 33,2 | *mophilius, Leucono-* | |
| $\gamma_{12}$ | 19 | 29,7 | 45,8 | 70,3 | *stic mesenteroides* | |

zeigt gravierende Unterschiede (Tabelle 4.13).

Beide Theorien, in denen die dispersen (van der Waals) Kräfte berücksichtigt werden, ergeben übereinstimmend mit der Thermodynamik (Gleichung 4.6) negative Energiewerte, d.h. anziehende Kräfte. Darüber hinaus nimmt die Adhäsionsenergie mit zunehmender Hydrophilie ab, was man auch in Besiedelungsexperimenten beobachtet (Tabelle 4.15). Ein hydrophiler Werkstoff ist durch eine hohe Oberflächenergie und große polare (nicht–disperse) Anteile charakterisiert (Tabellen 4.12 und 4.14). Das van der Waals–Kräfte vernachlässigende Modell aus dem Vergleich zwischen der Adhäsion und Kohäsion (Gleichung 4.52) gilt nur für Systeme mit einem großen polaren Anteil (Tabelle 4.14), den hydrophilen Materialien. Entsprechend dominiert im Lewis–Säure–Base–Modell (Gleichung 4.18) der unpolare Energieanteil, so daß hiermit Systeme mit starken polaren Anteilen nicht realistisch widergespiegelt werden.

Die Berechnung der Oberflächenenergien setzt somit ein bestimmtes theoretisches Konzept voraus. In den Berechnungen finden die Wechselwirkungen zwischen den Zellen und Veränderungen der Zellwand (Ionentransport) keine Berücksichtigung, die die freie Energie ebenfalls beeinflussen. Zur Erklärung der Adhäsion von Zellen an Festkörperoberflächen ist es unerläßlich, Modellansätze zu entwickeln, die über die Vorstellungen der Adhäsion in stark verdünnten wäßrigen Lösungen hinausgehen. Hier können auch stochastische Modellsimulationen zur Zelladhäsion mit fiktiven freien Modellenergien einen nicht zu unterschätzenden Beitrag leisten (Kap. 9).

Unter Nutzung der Adhäsionsenergien kann man näherungsweise die Hamaker–Konstante berechnen (s. Tabelle 4.4). Setzt man voraus, daß der Biofilm plattenförmig ist, dann gilt $G_{12} = -[A_H/12\pi(h_{min})^2]$. Die Größe $h_{min}$ ist ein atomarer Abstand in der Größenordnung von 0,15 bis 0,18 nm.

Entsprechend dem Verlauf der Adsorptionsisothermen findet man auch in Besiedelungsexperimenten eine Sättigungsteilchenzahl $n_s$ (Bild 4.20), dem Gleichgewicht zwischen der Adsorption und Desorption. Diese Teilchenzahl $n_s$ ist proportional zur Adhäsionsenergie, so daß vereinfachend der empirische Zusammen-

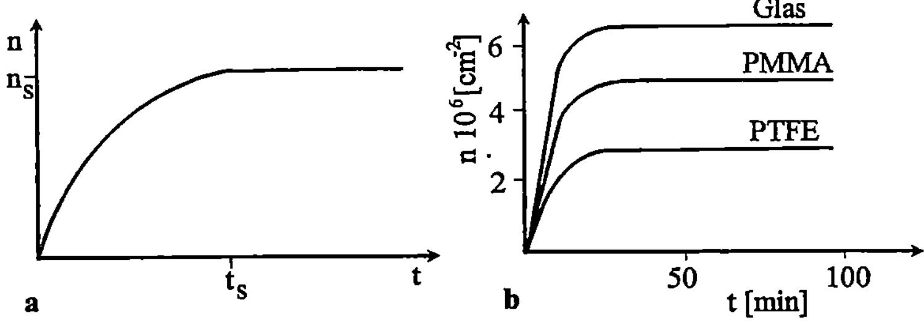



**Bild 4.20** Teilchenzahl auf festen Oberflächen und Ergebnisse für *Streptococcus mutans* [4.4]
a prinzipieller Verlauf einer Adsorptionsisothermen in Besiedelungsexperimenten, b Zehlzahl-
messungen mit *Streptococcus mutans* auf verschiedenen Materialien, $n$ adsorbierte Zellzahl, $t$
Besiedelungszeit, $t_s$ Sättigungszeit, $n_s$ Sättigungszellzahl

hang $n_s = bG_{12} + a_o$ postuliert werden kann [4.4]. In der Tabelle 4.15 sind für
*Streptococcus* Stämme die experimentell bestimmten Sättigungszellzahlen und
hieraus berechneten Parameter b und $a_o$ der Geraden aufgeführt.

**Tabelle 4.15** Ergebnisse von Besiedelungsexperimenten mit oralen *Streptococcus* Bakterien

| Stamm | $b \times 10^2$ $[m\,J^{-1}]$ | $a_o \times 10^6$ $[cm^{-2}]$ | r | Material | $\tau$ [min] | $n_s \times 10^6$ $[cm^{-2}]$ | Lit. |
|---|---|---|---|---|---|---|---|
| *S.mitis* | | | | Glas | 1 | 0,9 | 4.4 |
| | | | | PMMA | 13 | 1,4 | 4.4 |
| | | | | PTFE | 15 | 2,3 | 4.4 |
| | -0,006 | 1,11 | 0,93 | | | | 4.26 |
| *S.sanguis* | | | | Glas | 5 | 0,9 | 4.4 |
| | | | | PMMA | 10 | 1,3 | 4.4 |
| | | | | PTFE | 6 | 0,5 | 4.4 |
| | -0,157 | 6,32 | 0,98 | | | | 4.26 |
| *S.mutans* | | | | Glas | 5 | 6,7 | 4.4 |
| | | | | PMMA | 5 | 4,8 | 4.4 |
| | | | | PTFE | 5 | 3,2 | 4.4 |
| | -0,424 | 12,61 | 0,97 | | | | 4.26 |
| *S.thermophilius* | | | | FEP | | < 0,1 | 4.25 |
| | | | | PP | | 1,5 | 4.25 |
| | | | | PMMA | | 4,6 | 4.25 |
| | | | | Glas | | 4,3 | 4.25 |
| *S.mesenteroides* | | | | FEP | | 2,5 | 4.25 |
| | | | | PP | | 1,7 | 4.25 |
| | | | | PMMA | | 1,8 | 4.25 |
| | | | | Glas | | 1,1 | 4.25 |

$n_s$ Sättigungsteilchenzahl, $\tau$ Sättigungszeit für $n_s$, r Korrelationskoeffizient zur Bestimmung von
a und b wurde über die Ergebnisse auf FEP, Zelluloseacetat und Glas gemittelt, $a_o$ Achsenabschnitt, b Anstieg

Der Trend einer geringen Besiedelung mit zunehmender Hydrophilie ist aus diesen Experimenten und denen im Kapitel 8 (Werkstoffprüfung) noch vorzustellenden prinzipiell erkennbar. Der Stamm *S.mutans* verdeutlicht aber den Problemkreis biologischer Experimente. Nicht jede Zelle hat die gleichen Oberflächeneigenschaften. Insbesondere bei *S.mutans* und *S.thermophilius* ist mit einem höheren Anteil an extrazellulären hydrophoben Proteinen zu rechnen, so daß es zu einer verstärkten Wechselwirkung mit den hydrophilen Materialoberflächen kommt.

## 4.6
## Elektrostatische Einflüsse

Neben den bisher erörterten dispersen und nicht–dispersen Energieanteilen wirken auch elektrostatische Kräfte. Jeder kennt das beliebte physikalische Experiment mit elektrostatisch aufgeladenen Latexkügelchen, die an Oberflächen anhaften. Hier wirkt für ein Kugel/Platte–Modell (Bild 4.21), wobei aus Gleichgewichtsgründen die untere Halbebene mitberücksichtigt wird, die Coulombesche Kraft (Gleichung 4.2, r = 2R)

$$F_{Col} = \frac{Q_{sp} \cdot Q_{pl}}{16 \cdot \pi \cdot \varepsilon_0 \cdot R^2} \qquad (4.53)$$

Unter Berücksichtigung des van der Waalsschen Anteiles (Tabelle 4.4) folgt für die Gesamtkraft

$$F_t = F_{Col} + F_A = \frac{\alpha \cdot Q_{sp} \cdot Q_{pl}}{16 \cdot \pi \cdot \varepsilon_0 \cdot R^2} + \frac{A_H \cdot R}{6 \cdot h_{min}^2} \qquad (4.54)$$

wobei der Korrekturfaktor $\alpha$ den nicht direkten Kontakt der Kugel mit der Oberfläche berücksichtigt, wie er in der van der Waalsschen Theorie angenommen wird. Durch Integration nach dR (s. Gleichung 4.1) erhält man die Wechselwirkungsenergie

$$G_{12} = \pm \frac{\alpha \cdot Q_{sp} \cdot Q_{pl}}{16 \cdot \pi \cdot \varepsilon_0 \cdot R} - \frac{A_H \cdot R}{6 \cdot h_{min}} \qquad (4.55)$$

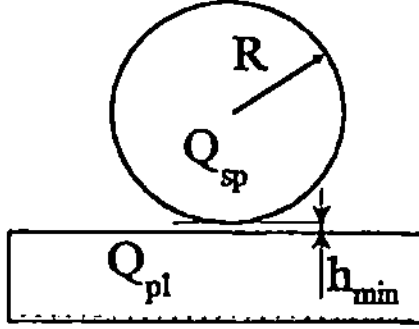


**Bild 4.21** Coulombesche Wechselwirkung (Kugel/Platte–Modell)
*sp* Kugel, *pl* Platte, *Q* Ladung, *h_min* Mindestabstand

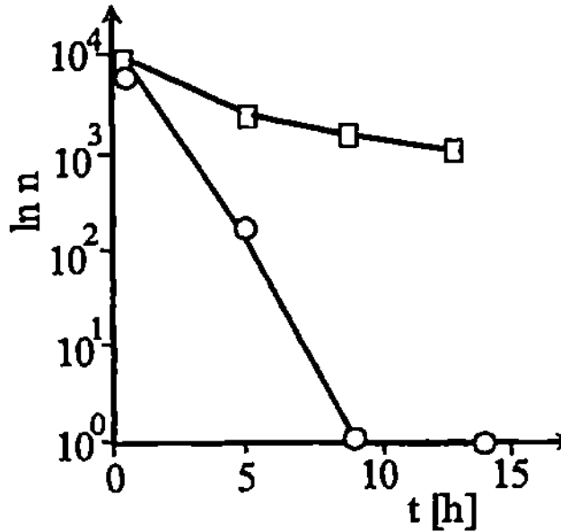

**Bild 4.22** Biozidäre Wirkung eines angelegten elektrischen Feldes [4.1]

$n$ adsorbierte Zellzahl, $t$ Besiedelungszeit, □ mit Antibiotika, o mit Antibiotika und einem elektrischem Feld $i = 1,5^{x}10^{-1}$ [Am$^{-2}$]

Je nach Vorzeichen der beiden Oberflächenladungen ($Q_{sp}$, $Q_{pl}$) ist der elektrostatische Anteil anziehend (ungleichpolig) oder abstoßend (gleichpolig). Hierauf aufbauend arbeitet man an Antifoulingkonzepten zur Gewährleistung einer Langzeitsterilität, beispielsweise von Kathetern. Für die hierfür aufzuwendenden Ladungsmenge ($Q = 4\pi\varepsilon_{o}RU = It$)

$$Q_{pl} \geq \frac{A_H R^2 16\pi\varepsilon_{o}\varepsilon}{6h_{Min}\alpha Q_{sp}} \qquad (4.55a)$$

bzw. Stromdichte

$$i_{pl} = \frac{I_{pl}}{A_{sp}} = \frac{4\varepsilon_{sp}A}{6\pi h_{Min}\alpha tU_{sp}R} \qquad (4.55b)$$

*für Zellen* $A_H = 10^{-19}$ [J], $R = 1$ [µm], $h_{Min} = 0,1$ [nm], $\varepsilon_{o} = 8,854\text{x}10^{-12}$ [C$^2$J$^{-1}$m$^{-1}$], $\varepsilon_{sp} \approx 80$, $U_{sp} \approx$ (−)100 [mV], $\alpha = 1+(h_{Min}/R) \approx 1$, $D \approx 5,5\text{x}10^{-13}$ [m$^2$s$^{-1}$], *Diffusionsweg* $x = R$, *Diffusionszeit* $t \approx R^2/D \approx 1,8$ [s]

wird ein Betrag von $i_{pl} \approx 10^{-1}$ [Am$^{-2}$] abgeschätzt. Für Systeme mit nur einem Bakterium ist die Funktionalität nachgewiesen (Bild 4.22). Der gleiche Effekt kann auch durch den Einbau polarer Gruppen in Materialoberflächen erzielt werden. Problematisch ist die Anwesenheit von Proteinen, deren Ausrichtung im elektromagnetischen Feld und adsorbierende Wirkung als polare Gruppe.

Auf einen Dipol D mit dem Dipolmoment $p = 4\pi R^3\varepsilon fE(t)$, wobei für die Größe $f = \{\sigma_p - \sigma_1 + i\omega(\varepsilon_p - \varepsilon_1)\}/\{\sigma_p + 2\sigma_1 + i\omega(\varepsilon_p + 2\varepsilon_1)\}$ gilt, wirkt im elektrischen Feld E die Kraft

$$\vec{F}_{Di} = \mathrm{grad}\left(\vec{p}\cdot\vec{E}\right) \qquad (4.56)$$

Für in Oberflächen implantierte polare Gruppen oder Poren in Membranen ergibt sich das im Bild 4.23 dargestellte Isopotentialfeld.

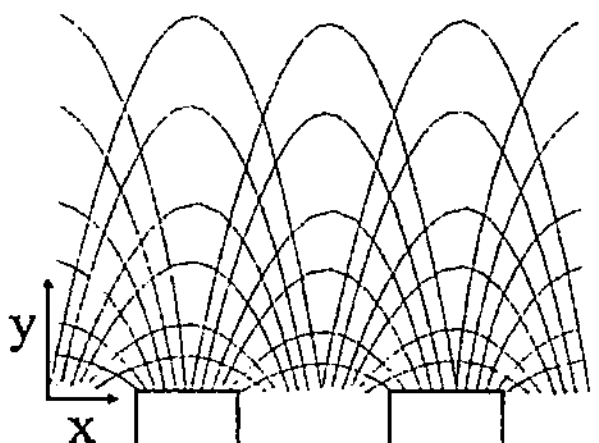



**Bild 4.23** Isopotentialfeld an einem Gitter

Die resultierenden Kräfte erhält man durch Integration des Maxwellschen Spannungstensors (n Normalenrichtung)

$$\vec{F} = \int_A \varepsilon \cdot \left[ \vec{E} \cdot \vec{E}_n - \frac{\vec{E}^2}{2} \vec{e}_n \right] dA \tag{4.57}$$

und

$$F_x = \frac{A}{4} \left\langle \left( \varepsilon_p - \xi \cdot \varepsilon_1 \right) E_x^* \cdot E_y + \left( \varepsilon_p - \xi^* \cdot \varepsilon_1 \right) E_y^* \cdot E_x \right\rangle_x \tag{4.57a}$$

$$F_y = \frac{A}{4} \left\langle \left( \varepsilon_{pl} - \varepsilon_p \right) E_x^* \cdot E_x + \left( \varepsilon_p - \xi \cdot \xi^* \cdot \varepsilon_1 \right) E_y^* \cdot E_y \right\rangle_x \tag{4.57b}$$

$()^*$ konjugiert komplex, $\langle\rangle$ gemittelt über x, $p$ Teilchen, $l$ Umgebung, $\xi = (\sigma_p + i\omega\varepsilon_p / \sigma_1 + i\omega\varepsilon_1)$, *Bedingung* $\omega^2(\varepsilon_p - \varepsilon_1)(\varepsilon_p + 2\varepsilon_1) + (\sigma_p - \sigma_1)(\sigma_p + 2\sigma_1) < 0$

Die Zellen bewegen sich (Rotation) gemäß der Resultierenden von $F_x$ und $F_y$ im Potentialfeld. Sie wandern im Falle von Poren durch die „Löcher" (Bild 4.24a) oder in einem elektrischen Feld regelrecht gegen die Strömung (Bild 4.24b).

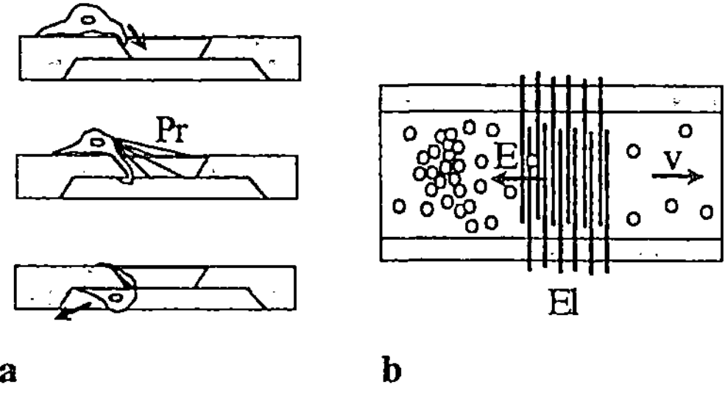



a                    b

**Bild 4.24** Wandern von Fibroblasten im elektrischen Feld, durch eine geätzte Pore [4.2] und gegen eine Strömung
a Umwandern eines Porenrandes, wobei Streßproteine die Bewegung unterstützen, b Bewegung gegen die Strömung, *E* elektrische Feldrichtung, *Pr* im elektrischen Feld ausgerichtete extrazelluläre (Streß-) Proteine, *v* Strömungsgeschwindigkeit, *El* Elektroden

Die Bewegung von Zellen oder zellulären Bestandteilen (Vakuolen) im elektrischen Feld kann zukünftig die vielfältigsten Anwendungen finden, u.a. als Biomotor (Zellrotation), als biologischer Leiter oder Schalter (Vakuolenbewegung). Phänomenologisch sind diese Erscheinungen auch mit der Driftdiffusionsgleichung (Gleichung 3.17) beschreibbar. Darüber hinaus beeinflussen Felder die Bewegung extrazellulärer Proteine und führen zur Zellfixierung, beispielsweise von Fibroblasten an Festkörperoberflächen. Hiermit ist eine Möglichkeit zur Entwicklung von „monolayern" aus Säugerzellen auf Biomaterialoberflächen gegeben [4.2].

# 4.7
# Teilchentransport

Der Transport von Zellen an Festkörperoberflächen kann mittels elektrostatischer Wechselwirkungen, Diffusionsprozessen und Strömungen erfolgen (Bild 4.25). Nachfolgend sollen die grundlegenden Mechanismen für die beiden letzten Phänomene vorgestellt werden.

Neben der isotropen Diffusion, die nahezu auszuschließen ist, beeinflussen eine Fülle von Drifteffekten die Zellbewegung, wie Gradienten der Viskosität, der Temperatur und des Druckes. Darüber hinaus können aber auch zellspezifische Stoffe (Lock- und Schreckstoffe) bestimmte Richtungen favorisieren. Bei Kenntnis der entsprechenden Verteilungen der Anisotropien sind derartige Phänomene mit der Driftdiffusionsgleichung (Gleichung 3.17) prinzipiell beschreibbar. In Praxi führen jedoch nur noch Computersimulationen zu verwertbaren Aussagen.

In Strömungen können sehr große Druck- und Geschwindigkeitsunterschiede auftreten, die letztendlich als Wirbel energetisch ausgeglichen werden. Hierbei handelt es sich aus physikalischer Sicht um extrem wirkende Drifteffekte. Die Zellen werden regelrecht im Potentialfeld der Strömung „fortgerissen".

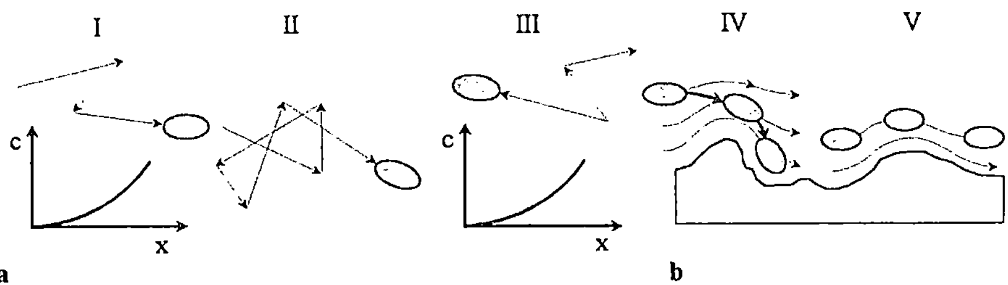



**Bild 4.25** Teilchenbewegung in Flüssigkeiten
a Diffusion im Gradienten des chemischen Potentials, *I* Lockstoff, z.B. Nährstoffe (Bewegung zum Ort höherer Konzentration des Lockstoffes), *II* isotrope Diffusion, *III* Schreckstoff, z.B. Biozide („Flucht" vor hohen Konzentrationen), b Zellbewegung in einer Strömung, *IV* „Driftbewegung" in einer Strömung, z.B. durch Verdichtung der Stromlinien an Oberflächenrauhigkeiten (Bewegung in der Druckdifferenz) oder im Extremfall durch Turbulenzen, *V* Bewegung in einer laminaren Strömung, *c* Konzentration, *x* Ortskoordinate

## 4.7.1
## Hydrodynamische Einflüsse

Die Strömungsbedingungen in der Lösung beeinflussen in einem erheblichen Maß die Teilchenbewegung zur Oberfläche oder von dieser fort. Werden die Zellen bevorzugt an die Oberfläche transportiert, so wird der Abstand zwischen den Zellen und der Oberfläche derart minimiert, daß die adhäsiven Wechselwirkungskräfte vorherrschen. Befinden sich nich adhärierende Zellen an der Oberfläche, z.B. abgestorbene oder nur schwach adsorbierte, so werden diese wieder in die Lösung zurücktransportiert. Die Strömungsverhältnisse bestimmen über extrem weitreichende Entfernungen die Zellbewegung, somit das zeitliche Verhalten der Zelladsorption bzw. -desorption. Die Zellablösung kann eine Folge großer Schubspannungen in der oberflächennahen Grenzschicht sein.

In einer laminaren Strömung (Bild 4.26) treten keine Verdichtungen der Stromlinien über den Rohrquerschnitt auf, womit auch eine Wirbelbildung ausgeschlossen ist. Die Bedingungen gelten nicht mehr in der Grenzschicht $\delta$, die gesondert behandelt wird. Entscheidungskriterien über das mögliche Auftreten einer laminaren oder turbulenten Strömung sind die Reynolds–Zahl

$$Re = \frac{v \cdot l}{\upsilon} \tag{4.58}$$

$v$ Strömungsgeschwindigkeit, $\upsilon = \eta/\rho$ kinematische Zähigkeit, $l$ charakteristische Länge

und die Froudesche–Zahl F

$$F = \frac{v^2}{g \cdot l} \tag{4.59}$$

Die charakteristische Länge 1 ist bei einer angeströmten Platte gleich deren Länge (1 = L) und beim durchströmten Rohr gleich dem Rohrdurchmesser (1 = 2R).

In einer laminaren Strömung vermindert sich infolge der Reibung im oberflächennahen Bereich, der Grenzschicht, die Strömungsgeschwindigkeit. Nach dem Impulssatz wirkt an der Oberfläche die Schubspannung $\tau = 2\eta v_o/\delta$. Ist die Scher-

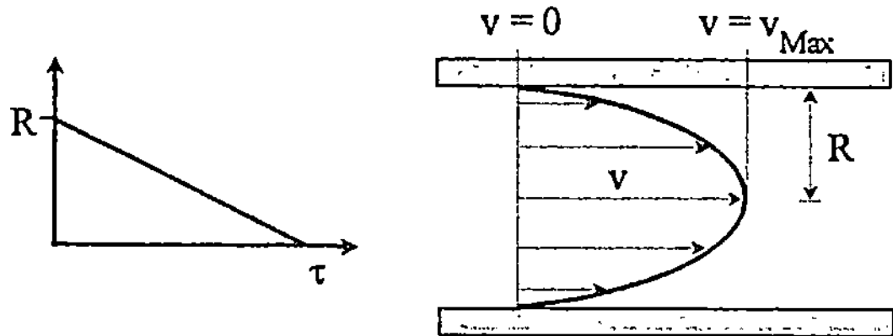


**Bild 4.26** Laminare Rohrströmung
$R$ Rohrradius, $\tau$ Schubspannung, $v$ Fließgeschwindigkeit

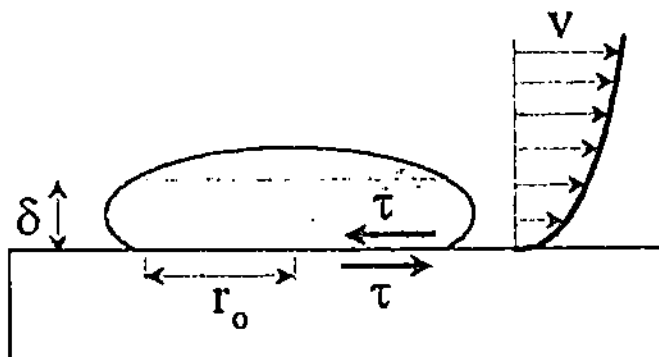



**Bild 4.27** Abscheren einer Zelle in einer turbulenten Grenzschicht

$\tau$ Schubspannung, $\delta$ Grenzschichtdicke, $r_o$ Radius der Adhäsionsfläche, $v$ Fließgeschwindigkeit

kraft $F_\tau = A\tau$ größer als die Adhäsionskraft werden auch in einer laminaren Strömung die Zellen von der Festkörperoberfläche abgerissen (Bild 4.27). Mit zunehmender Strömungsgeschwindigkeit erhöht sich die Zahl der abgescherten Zellen. Diese Strömungsverhältnisse treten nur an einer ideal polierten, ebenen Oberfläche auf.

Scherkräfte rufen auch Zelldeformationen hervor, die von diesen ausgeglichen werden müssen. Eine mögliche Reaktion auf diesen mechanischen Streß ist die Bildung von extrazellulären Polymeren. Höher organisierte Zellen können mechanische Deformationen nur in einem sehr begrenzten Bereich tolerieren, womit an Oberflächen adsorbierte besonders gefährdet sind. Zur Zellkultivierung hält man diese deshalb im allgemeinen in der Lösung dispers verteilt.

Mit zunehmender Viskosität erhöht sich die Scherspannung und die Grenzschichtdicke $\delta = C(\upsilon x/v_o)^{1/2}$. Die Ausbildung extrazellulärer Produkte beeinflußt die Viskosität der biologischen Lösung. In Abhängigkeit von der Zellaktivität steigt die Scherbelastung der oberflächennahen Organismen an, wobei sich gleichzeitig dieser Randbereich ($\delta$) erweitert. Parallel hierzu vermindert sich die Reynolds–Zahl, womit laminar/turbulente Übergangsbereiche zur laminaren Strömung tendieren. Dieses Wechselspiel ermöglicht gewisse Selbstreinigungseffekte.

Für ein Rohr verläuft nach dem Hagen–Poiseuilleschen Gesetz das Geschwindigkeitsprofil

$$v_z = \frac{(p_o - p_l) \cdot R^2}{4 \cdot \eta \cdot l}\left[1 - \left(\frac{r}{R}\right)^2\right] \tag{4.60}$$

$p$ Druck, $\eta$ Viskosität, $l$ Länge, $R$ Rohrradius, $r$ Ort

parabolisch (Bild 4.26) mit einer maximalen Schubspannung an der Rohrwandung. Demgegenüber verändert sich an einer gekrümmten Oberfläche der Druck über die Bogenlänge der Fläche (Bild 4.28). Das Geschwindigkeitsprofil in der Grenzschicht $\delta$ wird jetzt durch den Druckgradienten dp/dx bestimmt. Der Ausgleich auf die Reduzierung der Strömungsgeschwindigkeit in Wandnähe erfolgt über ein Druckgefälle in Strömungsrichtung, wobei außerhalb der Grenzschicht ein Druckanstieg auftritt. Diese rückwirkende Strömung drängt sich zwischen Wand und Außenströmung, infolgedessen sich die laminare Grenzschicht von der Grenzfläche ablöst. Es entsteht ein Wirbel und die Ausdehnung $\delta_T$ dieser turbulenten Grenzschicht beträgt [4.24]

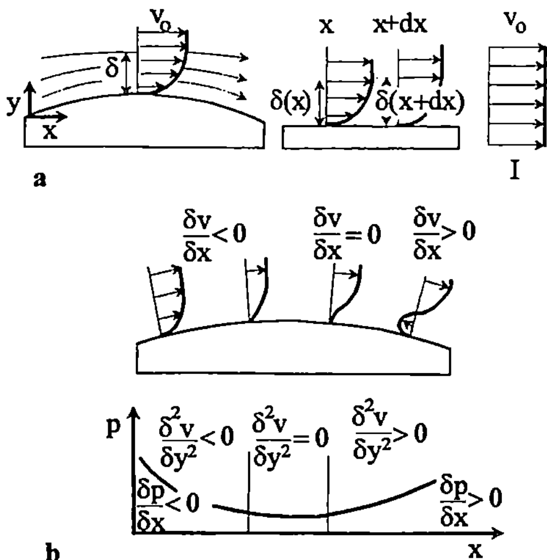



**Bild 4.28** Druckverlauf und Wirbelbildung an einer gekrümmten Oberfläche
**a** laminare Strömung, **b** turbulente Strömung (Abreißen der Strömung und Wirbelbildung), *I* „freie" Strömung, *v* Strömungsgeschwindigkeit, *δ* Grenzschichtdicke, *p* Druck

$$\delta_T = \delta_T(x) = 0{,}37 \left( \frac{\upsilon}{v_0 \cdot x} \right)^{1/5} \tag{4.61}$$

mit der Schubspannung

$$\tau = 0{,}0225 \cdot \rho \cdot v^2 \left( \frac{\upsilon}{v_0 \cdot \delta} \right)^{1/4} \tag{4.62}$$

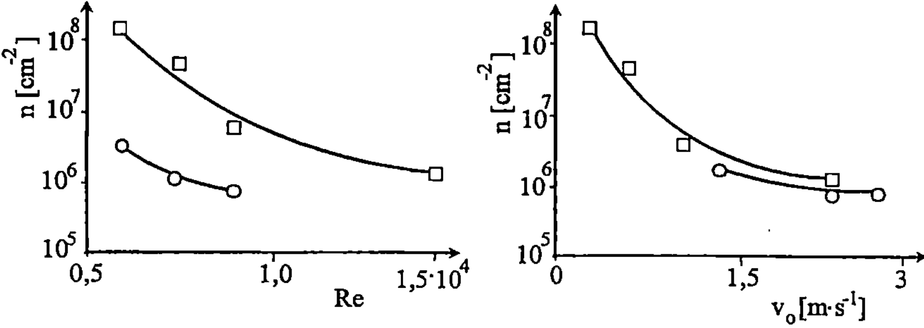



**Bild 4.29** Besiedelungsrate (*Pseudomonas aeruginosa*) für eine Strömung in zwei Rohren mit unterschiedlichem Durchmesser
□ D = 76 mm, o D = 38 mm, *D* Rohrdurchmesser, *n* Zahl der adsorbierten Bakterien pro Quadratzentimeter, *Re* Reynolds–Zahl, $v_o$ mittlere Strömungsgeschwindigkeit

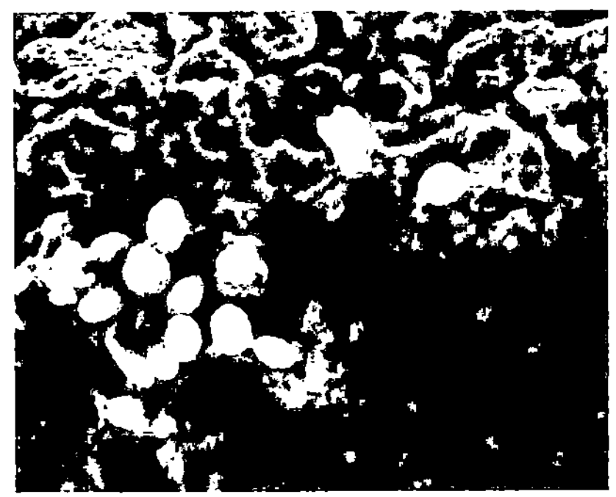

**Bild 4.30** Bevorzugte Besiedelung von Oberflächentälern hochlegierter Stähle mit *Saccharomyces cerevisiae*

Mit steigender Reynolds–Zahl Re bzw. Strömungsgeschwindigkeit verändert sich die Grenzschicht von einer laminaren zu einer turbulenten begleitet von deren Ausdehnung. Gleichzeitig erhöht sich in der Schicht die Schubspannung. Für Zellkolonien bedeutet dies eine zunehmende mechanische Belastung, die zu deren Ablösung führen kann (Bild 4.29). Die Reynolds–Zahl ist eine experimentell zu bestimmende Größe, für die z.B. in Rohren Re < 2100 gilt.

Die Werkstoffoberfläche ähnelt einer „Aneinanderreihung" von mehr oder weniger stark gekrümmten Flächen, womit im mikroskopischen Bereich mit Wirbelbildungen in den Oberflächentälern zu rechnen ist (s. Bild 4.25). Bereits an laminar angeströmten Flächen tritt dieser Effekt auf, so daß sich Zellen bevorzugt in Oberflächentälern ansiedeln (Bild 4.30).

Mit zunehmender Oberflächenrauhigkeit erhöhen sich die Druckunterschiede zwischen der laminaren Umgebungsströmung und der in Grenzflächennähe, einem Phänomen, das zur verstärkten Wirbelbildung führt. Mit Wirbeln geht die Ausbildung von „Totwasser"–Bereichen einher, in denen die Scherkräfte gegen ein Minimum streben. Dieses Wechselspiel, das theoretisch nicht mehr erfaßbar ist, bestimmt aus hydrodynamischer Sicht den An- und Abtransport von Zellen. Es kommt zu weitreichenderen Störungen (Impulsaustausch) als denen, die „nur" Oberflächenrauhigkeiten hervorrufen (Bild 4.31). Diese hydraulischen Rauhigkeiten stellen eine Störung im mechanischen Potentialfeld der Strömung dar und favorisieren eine vom Konzentrationsgradienten abweichende Diffusion (Drifteffekte). Die Wirkung der turbulenten Strömungserscheinungen wird hiermit auf weitreichendere Volumenbereiche ausgedehnt. Hydraulische Rauhigkeiten sind stochastischer Natur.

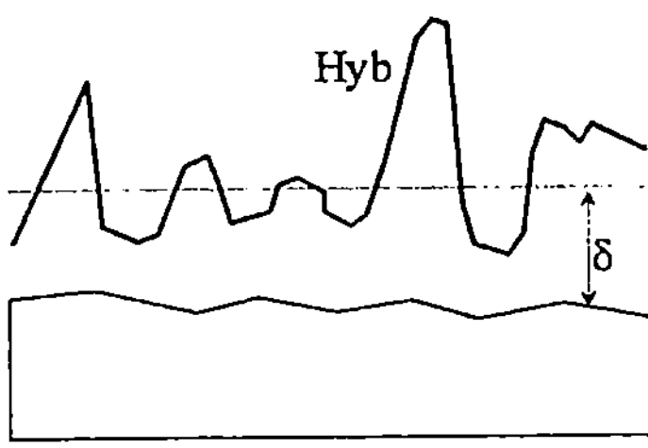


**Bild 4.31** Turbulente Grenzschicht δ und hydraulische Grenzfläche (Hyb)

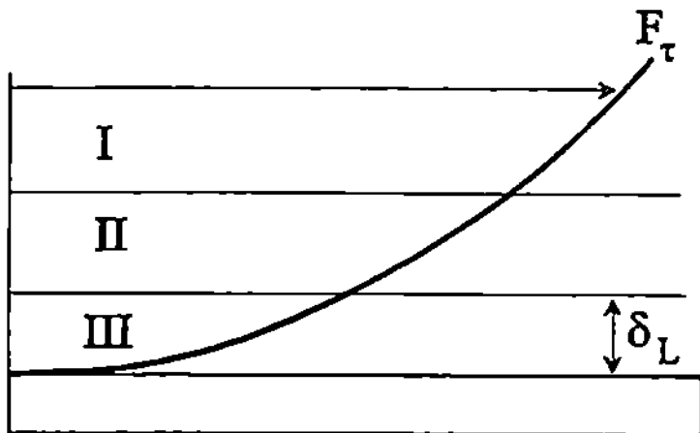


**Bild 4.32** Laminare Grenzschicht $\delta_L$ in einer turbulenten Rohrströmung
*I* turbulenter Bereich, *II* Übergangsbereich, *III* viskoser Grenzbereich, $F_\tau$ Scherkraft

Bisher wurde eine laminare Umgebungsströmung angenommen, die im Regelfall nur für sehr kleine Strömungsgeschwindigkeiten gilt oder mittels spezieller technischer Einbauten (Gitter) erzielt wird. Bei einer turbulenten Strömung vermindern die Reibungskräfte zwischen der Flüssigkeit und der Wand die Geschwindigkeit der Strömung. Es sind hierfür drei Bereiche zu unterscheiden, das turbulente Strömungsvolumen, ein Übergangsbereich mit verminderter Strömungsgeschwindigkeit, in dem aber die turbulenten Anteile dominieren, und die Grenzschicht $\delta_L$ mit vorrangig laminaren Strömungsanteilen (Bild 4.32). Nach Schlichting [4.24] gilt für die Grenzschichtdicke

$$\delta_L = \frac{10 \cdot D}{Re} \left(\frac{f}{2}\right)^{-0,5} \tag{4.63}$$

Der Reibungsfaktor $f = [(F_\tau/A)(W_{kin}/V)]$ beschreibt das Verhältnis, der die Strömung abbremsenden Kraft $F_\tau$ zu ihrer kinetischen Energie $W_{kin}$. Mit der Schubspannung $\tau = F_\tau/A$ ($\tau \propto \Delta p$, $A = \pi R^2$) an der Grenzfläche und der Energie $W_{kin} = mv^2/2$ pro Volumen ($m = \rho V = AL$) ergibt sich die Größe f zu

$$f = \frac{2 \cdot F_\tau \cdot V}{m \cdot v^2 \cdot A} = \frac{2 \cdot \tau}{\rho \cdot v^2} = \frac{R \cdot \Delta p}{L \cdot \rho \cdot v^2} = \frac{C}{Re^n} \tag{4.64}$$

*C, n* Konstanten

Wirbelbildungen an der Grenzfläche reduzieren die Scherspannung $\tau$ und führen zum Abreißen der Strömung. Für die Zelladhäsion bedeutet dies eine größere Transportgeschwindigkeit von Organismen an die Werkstoffoberfläche und im Totwasserbereich eine Minimierung der Scherkräfte, die eine Ablösung bewirken könnten. Auch in der Grenzschicht $\delta_L$ führen Wirbel zur bevorzugten Anlagerung von Mikroorganismen.

Der Reibungsfaktor f ist für laminare Strömungen am größten (Bild 4.33). Im turbulenten Bereich erhöht sich dieser mit zunehmender Oberflächenrauhigkeit. An hydraulisch glatten Oberflächen wirken somit nur kleine Schubspannungen, so daß der hydrodynamisch bedingte Selbstreinigungseffekt minimiert wird. Diesen Zusammenhang zwischen dem Reibungsfaktor f und der Oberflächenrauhigkeit $R_a$ beschreibt die Colebrook–Gleichung [4.5]

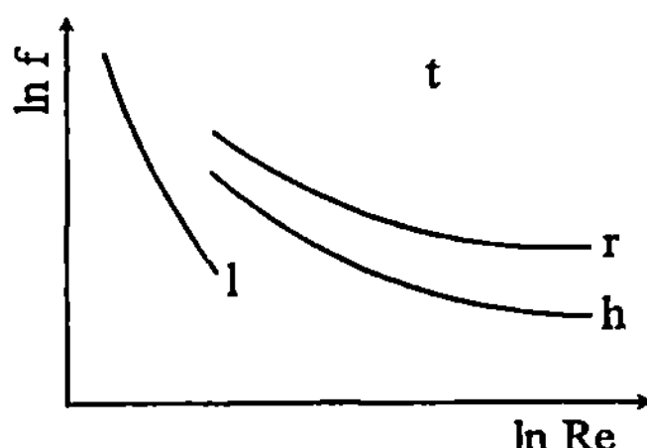

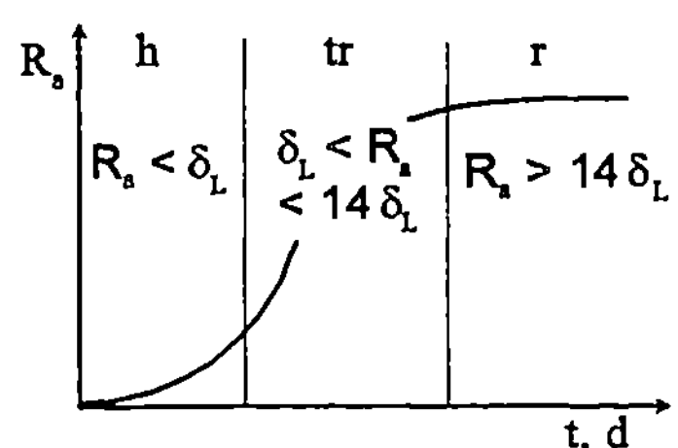

**Bild 4.33** Reibungsfaktor f als Funktion der Reynolds–Zahl Re

*l* laminar, *h* hydraulisch glatt, *r* rauh, *t* turbulent

**Bild 4.34** Veränderung der mittleren Rauhigkeit $R_a$ der Biofilmoberfläche mit wachsendem Film

*t* Zeit, *d* Biofilmdicke, *h* hydraulisch glatt, *tr* Übergangsbereich, *r* rauh

$$(f)^{-0,5} = -4 \cdot \log\left(\frac{R_a}{2 \cdot R} + \frac{4,67}{Re\sqrt{f}}\right) + 2,28 \tag{4.65}$$

Das Wechselspiel zwischen der Rauhigkeit und Strömung hat einen dominierenden Einfluß auf das Dickenwachstum von Biofilmen. In Untersuchungen mit *Pseudomonas aeruginosa* [4.28] zeigte sich eine Zunahme der Rauhigkeit $R_a$ der Biofilmoberfläche mit wachsender Filmdicke (Bild 4.34). Der Einfluß auf den Reibungsfaktor f wird erst dann dominant, wenn der Film dicker als die Grenzschicht $\delta_L$ ist (Bild 4.35). Dieses Phänomen resultiert aus einer zunehmenden Druck- und Schubspannungsdifferenz mit wachsenden $R_a$–Werten. Die abnehmende Strömungsgeschwindigkeit fördert die Besiedelung bei einer zunehmenden Abschälrate infolge der erhöhten Schubspannungen. Diese Aufrauhungseffekte zeigen sehr deutlich die REM–Bilder eines sich entwickelnden Hefefilmes auf einem CrNiMo–Stahl (Kap. 8).

Die Konsistenz des Biofilmes, somit auch seines Oberflächenprofiles, hängt von der sich einstellenden Dichte während der Zelladhäsion ab. Letztendlich ist es

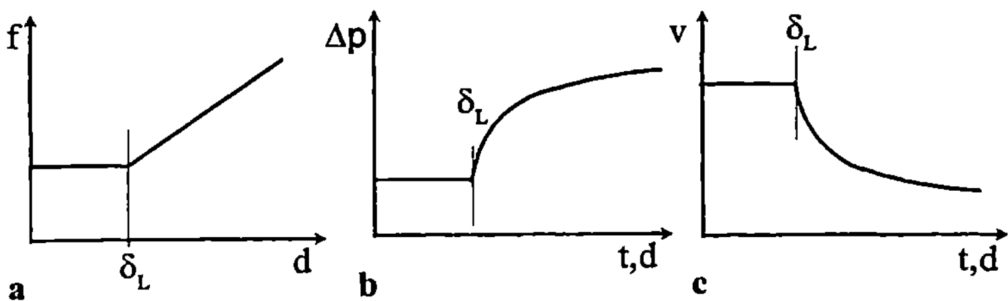

**Bild 4.35** Der Reibungsfaktor als Funktion der Biofilmdicke, des Druckes und der Fließgeschwindigkeit

a f als Funktion von d, b f als Funktion von p, c f als Funktiom von v, *f* Reibungsfaktor, *d* Biofilmdicke, *p* Druck, *v* Strömungsgeschwindigkeit in Nähe der Biofilmoberfläche, *t* Zeit, $\delta_L$ laminare Grenzschichtdicke

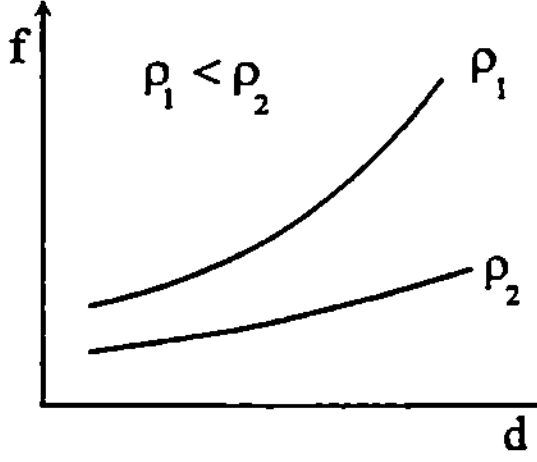

**Bild 4.36** Der Reibungsfaktor als Funktion der Biofilmdicke
$f$ Reibungsfaktor, $d$ Biofilmdicke, $\rho$ Filmdichte

ein Effekt aus der sich aufbauenden Biofilmstruktur. Die Untersuchungen mit *Pseudomonas aeruginosa* zeigten [4.28], daß sich mit zunehmender Dichte ein dichtgepackterer Film entwickelt, gleichbedeutend mit einer Abnahme der Oberflächenrauhigkeit durch fehlende Hohlräume im Film. Entsprechend nimmt auch der Reibungskoeffizient f ab (Bild 4.36).

Die strömungsbedingten Adhäsionseinflüsse werden ebenfalls von der Zellkonzentration in der Lösung beeinflußt. Bei der Besiedelung von festen Oberflächen mit Albumin wurde erst ab einer bestimmten Konzentration eine signifikante Zunahme der anfänglich (sofort) adsorbierten Teilchenzahl $n_0$ (Tabelle 4.16) beobachtet. Mit steigender Strömungsgeschwindigkeit erhöht sich die Zellkonzentration pro Zeiteinheit, so daß eine größere Zellzahl für die Adhäsion zur Verfügung steht (Bild 4.37a).

Interessant ist das Phänomen der Sättigungsteilchenzahl $n_s$. Für niedrige Konzentrationen wächst diese mit der Strömungsgeschwindigkeit, eine Konsequenz aus dem erhöhten Zelltransport an die Oberfläche (Bild 4.37b). In diesem Fall liegt keine Übersättigung an Zellen vor, so daß der sich ausbildende dünne, aber dichte Proteinfilm hydrodynamisch nicht abgeschält werden kann. Demgegenüber bildet sich bei einem freien ungehinderten Wachstum (hohe Lösungskonzentration) ein anfänglich aufgelockerter Film, der im Laufe der Reaktionszeit bis zur Einstellung des Gleichgewichtes zwischen der Adsorption und Desorption abgeschält wird. Dieser Trend ist unabhängig von den adhäsiven Wechselwirkungen, die nur einen Einfluß auf die quantitativen Werte ausüben. So wird das hydrophobe PTFE von Albumin viel stärker besiedelt als das hydrophile Glas.

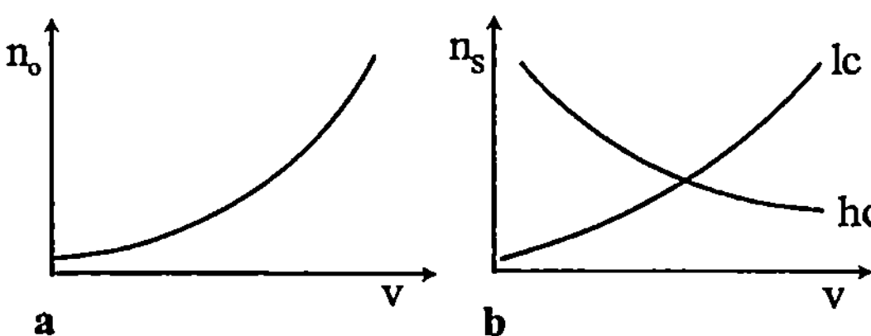

**Bild 4.37** Proteinfilmbildung in Abhängigkeit von der Strömungsgeschwindigkeit
a Strömung und Proteinfilmbildung, b Sättigungszellzahl und Strömung, $n_0$ „Erst"–Besiedelungszellzahl (t → 0), $n_s$ Sättigungszellzahl (t →∞), *hc* hohe Konzentration, *lc* niedrige Konzentration, $v$ Strömungsgeschwindigkeit

**Tabelle 4.16** Adsorptionsdaten von radioaktiv markiertem Albumin auf Festkörperoberflächen [4.27]

| Material | $v$ [mls$^{-1}$] | $c$ [mgml$^{-1}$] | $n_0$ [cm$^{-2}$s$^{-1}$] | $n_s$ [cm$^{-2}$s$^{-1}$] |
|---|---|---|---|---|
| PTFE | 0,27 | 0,03 | – | 220 |
|  |  | 0,3 | 3,2 | 511 |
|  |  | 3,0 | 4,4 | 4042 |
|  | 2,7 | 0,03 | – | 283 |
|  |  | 0,3 | 1,6 | 410 |
|  |  | 3,0 | 5,5 | 1239 |
|  | 3,0 | 0,03 | 1,6 | 513 |
|  |  | 0,3 | 2,8 | 457 |
|  |  | 3,0 | 5,8 | 714 |
| PMMA | 0,27 | 0,03 | – | 192 |
|  |  | 0,3 | 2,4 | 133 |
|  |  | 3,0 | 4,6 | 2927 |
|  | 2,7 | 0,03 | – | 249 |
|  |  | 0,3 | 1,4 | 293 |
|  |  | 3,0 | 5,4 | 955 |
|  | 3,0 | 0,03 | 0,5 | 285 |
|  |  | 0,3 | 2,0 | 329 |
|  |  | 3,0 | 5,4 | 439 |
| Glas | 0,27 | 0,03 | – | 79 |
|  |  | 0,3 | 1,0 | 236 |
|  |  | 3,0 | 0,9 | 2624 |
|  | 2,7 | 0,03 | – | 98 |
|  |  | 0,3 | 0,6 | 370 |
|  |  | 3,0 | – | 775 |
|  | 3 | 0,03 | 0,1 | 163 |
|  |  | 0,3 | 0,5 | 519 |
|  |  | 3,0 | 2,0 | 516 |

$v$ Strömungsgeschwindigkeit, $c$ Konzentration, $n_0$ Erstbesiedelungsrate, $n_s$ Sättigungsrate, *Bedingung* Zellzahl $\propto$ Besiedelungsfläche, $n = A/t$, $A$ Besiedelungsfläche, $t$ Zeit

Bisher kann dieser Zusammenhang zwischen der Clusterstruktur, den wirkenden Strukturkräften und der sich einstellenden Filmdichte nur qalitativ beschrieben werden. Hier verspricht man sich von Computersimulationen eine verbesserte Auklärung der Phänomene (Kap. 9).

In porösen Materialien, z.B. ein mit Glaskörpern gefülltes Rohr (Festbettreaktor), ist neben der Reynolds–Zahl Re die Permeabilität $k^* = C^*\eta/g$ ($C^*$ Konstante) eine weitere Kenngröße. Die Strömungsgeschwindigkeit $v_P = v(A/A_{eff})$ vermindert sich beim Durchfluß durch ein poröses System um das Flächenverhältnis $1/\alpha = A/A_{eff}$ ($\alpha$ Porosität, Bild 4.38). Der Reibungsfaktor [4.6]

$$f_p = 150\frac{1-\alpha}{Re} + 1,75 \qquad (4.66)$$

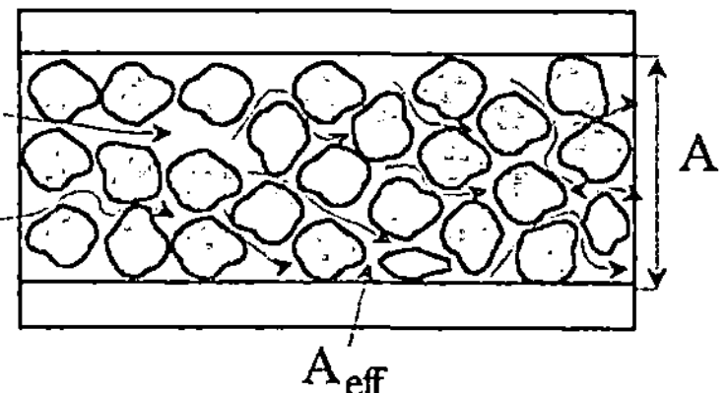

**Bild 4.38** Stromlinienverlauf in porösen Materialien
$A$ Rohrquerschnitt, $A_{eff}$ effektiver Querschnitt

beschreibt auch in porösen Systemen den Anteil der kinetischen Energie, der als Scherkraft zur Ablösung an der Grenzfläche bereitsteht. Entsprechend beobachtet man auch einen Übergang vom laminaren zum turbulenten Zustand (Bild 4.39).

Mit zunehmender Biofilmdicke nimmt die Permeabilität $k^*$ zwangsläufig ab (Bild 4.40). Das freie Volumen des porösen Systems, meßbar über den Druckabfall der zur Besiedelung eingesetzten biologischen Lösung, ist somit umgekehrt proportional zur sich bildenden Biomasse.

## 4.7.2
## Diffusion in der Lösung

Die Phänomenologie der Diffusion wurde bereits ausführlich im Kapitel 3 beschrieben. Für nicht selbst bewegungsfähige Zellen ist in einer laminaren Strömung der Diffusionskoeffizient $D = kT/3\eta r$ mit der Stooke–Einsteinschen Beziehung gegeben (s. Gleichung 3.22), woraus für mittlere Zelldaten ($d \approx 1\ \mu m$, $T \approx 30°C$) ein Wert von $D \approx 5{,}5 \cdot 10^{-13}\ [m^2 s^{-1}]$ folgt.

Biologische Lösungen sind zähviskose Flüssigkeiten, für die nicht mehr die von einer Brownschen Bewegung ausgehende Stookesche Beziehung gilt. Es existieren u.a. Dichteschwankungen in den Lösungen, womit ein Nicht–Brownscher Diffusionskoeffizient $D_{nB} = v_D[1/3(1-\cos\alpha)]$ ($v_D$ Diffusionsgeschwindigkeit, $l$ mittlere strukturabhängige Sprunglänge, $\alpha$ mittlerer strukturabhängiger Richtungswinkel) eingeführt werden muß, der diese Drifteffekte berücksichtigt. Es ergeben sich theoretische Diffusionskoeffizienten von $(0{,}4\ \text{bis}\ 5{,}6) \cdot 10^{-9}\ [m^2 s^{-1}]$.

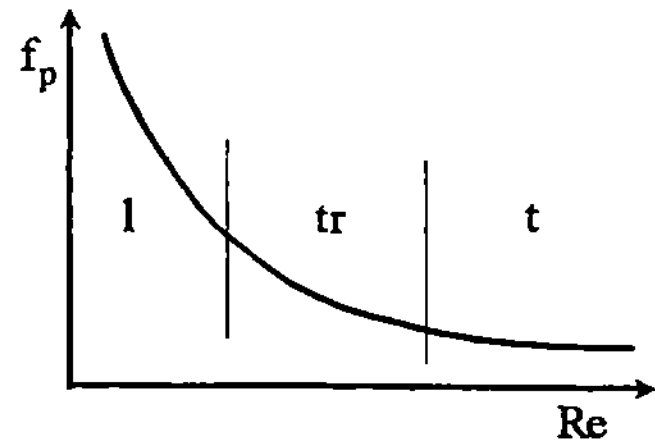


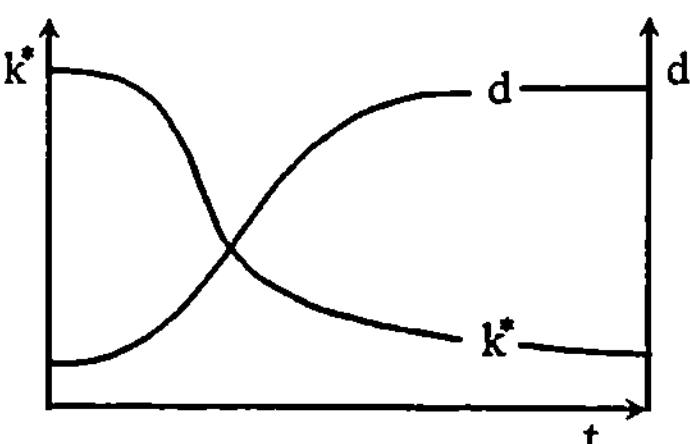


**Bild 4.39** Reibungsfaktor $f_p$ in Abhängigkeit von der Reynolds Zahl Re für poröse Materialien [4.6]
$l$ laminar, $tr$ Übergangsbereich, $t$ turbulent

**Bild 4.40** Zeitliche Abhängigkeit der Permeabilität $k^*$ von der Biofilmdicke d [4.6]
$t$ Zeit

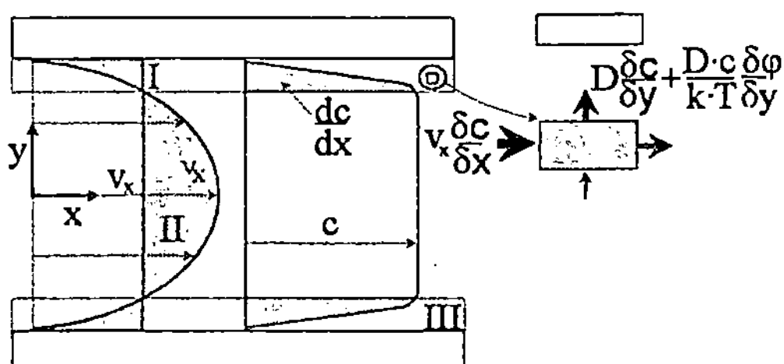


**Bild 4.41** Massentransport in einem flüssigkeitsdurchströmten Rohr
*I* geringe Konvektion, *II* große Konvektion, *III* Diffusionsgrenzschicht, *D* Diffusionskoeffizient, *v* Fließgeschwindigkeit, *c* Konzentration, *φ* Potential

Für *Pseudomonas aeruginosa* wurden z.B. Diffusionsgeschwindigkeiten um $v_D \approx 0{,}558 \cdot 10^{-8}$ [$m^2 s^{-1}$] bei einer mittleren Weglänge von 50 bis 85 µm gemessen [4.6], womit ein Wert für $D_{nB}$ um (2 bis 3)$\cdot 10^{-9}$ $m^2 s^{-1}$ folgt. In biologischen Lösungen sind Abweichungen vom idealen (Brownschen) von (2 bis 3) Größenordnungen möglich.

In einer Lösung sind die wichtigsten makroskopischen Drifteffekte die Sedimentation (ruhende Flüssigkeit) und die Konvektion (bewegte Flüssigkeit). Für den ersten Fall gibt die Péclet–Zahl $Pe = v_s L/D$ ($v_s$ Sedimentations- oder Fließgeschwindigkeit, *L* Suspensionshöhe, *D* Diffusionskoeffizient) das Verhältnis der Gravitationsbewegung zur Diffusionsbewegung an. Mit der Annahme, daß alle in die Diffusions–Grenzschicht $\delta_D$ diffundierten Zellen auch sofort adsorbiert werden, gilt die Massenbilanz

$$-\frac{D \cdot \partial \Omega}{k \cdot T \cdot \partial x} c = D \frac{\partial c}{\partial x} \qquad x \geq \delta_D \qquad (4.67)$$

wobei das Wechselwirkungspotential $\Omega$ alle wirkenden Anisotropien beschreibt (Bild 4.41). Im Bereich der Grenzschicht $\delta_D$ folgt für einen konzentrationsunabhängigen Diffusionskoeffizienten die Driftgleichung (Gleichung 3.17)

$$j = D \frac{\partial c}{\partial x} + \frac{D \cdot c}{k \cdot T} \frac{\partial \Omega}{\partial x} \qquad x < \delta_D \qquad (4.68)$$

bzw. für eine konvektiv beeinflußte Diffusion

$$v_y \frac{\partial c}{\partial y} + v_x \frac{\partial c}{\partial x} = \frac{\partial}{\partial y} \left( D \frac{\partial c}{\partial y} + \frac{D \cdot c}{k \cdot T} \frac{\partial \Omega}{\partial y} \right) \qquad (4.68a)$$

Die Diffusions–Grenzschicht (Diffusionsbarriere) muß nicht mit der hydrodynamischen Grenzschicht übereinstimmen. Es handelt sich um einen Bereich mit großen Konzentrationsgradienten. Dieser ist gleich dem hydrodynamischen Be-

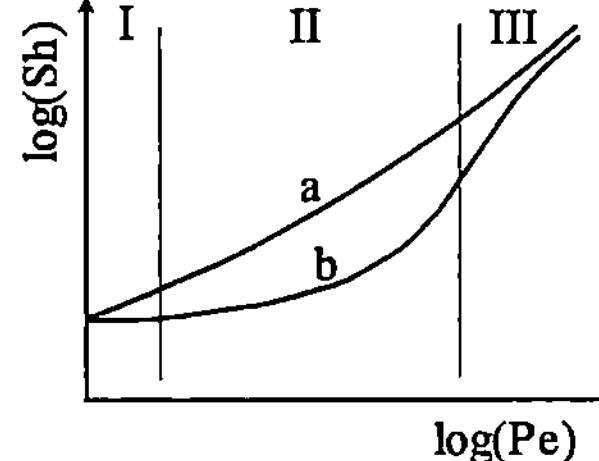

**Bild 4.42** Drei Bereiche für den Massentransport in einer bewegten Flüssigkeit

*a* ohne Potentialbarriere, *b* mit Potentialbarriere, *I* Adhäsion vorrangig infolge Diffusion, *II* wachsender Einfluß der Potentialbarriere, *III* Adhäsion bestimmt von der Potentialbarriere, *Sh* Sherwood Zahl, *Pe* Péclet–Zahl

reich, wenn der Gradient nur infolge von Strömungseinflüssen aufgebaut wird und am Ort $x = \delta$ die Massenbilanz (4.67) erfüllt ist.

Führt man die vereinfachende Beziehung $j = k(c_{Volumen} - c_{Oberfläche})$ für den Teilchenstrom ein ($Sh = kL/D$ Sherwood–Zahl, $k = D/\delta_D$), so besteht die Möglichkeit, Eingangsgrößen für die Adhäsionskinetik zu bestimmen. Aus der graphischen Darstellung der Sherwood– und Péclet–Zahl kann man beurteilen, ob eine Diffusionsgrenzschicht existiert (Bild 4.42). Für große Grenzschichtdicken ist eine hohe Potentialbarriere zu überwinden (großes D), wobei mit zunehmender Fließgeschwindigkeit dieser Effekt verwischt wird.

In Experimenten muß zur Gewährleistung einer Besiedelung über die gesamte Probenlänge vor der Meßzelle (s. Bild 8.17) eine Vorlaufstrecke eingehalten werden. Die Zellen werden durch Driftdiffusion an die Oberfläche transportiert, so daß mit $j_{oD} = (DcE_D)/(kTx) = (C^*DcRe\rho v^2 \pi b^2 \delta)/(2kTx)$ für diese Strecke ein Betrag von $x = [(C^*CDRe\pi b^2)/(2kT)]^2$ folgt, wobei folgende Beziehungen und Grössen $Re = vl/\upsilon = \rho vl/\eta$, $\delta = C(\upsilon x/v)^{1/2}$, $C \approx 5{,}8$ (für Wasser), $\upsilon = \eta/\rho$ sowie $j_{oD} = vc$ gelten. Beispielsweise berechnet sich für eine 10×10 mm große Probe eine Anströmstrecke von $x \approx 1{,}6$ cm (Re $\approx 1$, *berechnet aus Re* $v = 10^{-4}$ [ms$^{-1}$], *für Streptococcus* $D \approx 5{,}5 \times 10^{-9}$ [cm$^2$s$^{-1}$], $T = 300$ [K], $C \approx 5{,}8$, $\rho \approx 1$ [gcm$^{-3}$], *für Wasser* (20°C) $\eta \approx 1$ [mPas], *Flüssigkeitshöhe über der Probe* $b = 10^{-4}$ [m], *angenommen* $C^* \approx 1$). Suspensionen mit hohen Zelldichten sind nicht mehr mit den Eigenschaften des Wassers charakterisierbar. Diese Abschätzung verdeutlicht die Risiken in Besiedelungsexperimenten, die Eigenschaften der Suspension und die Geometrie des Meßsystems.

# 4.8
# Oberflächen

Für die Interpretation des topographischen Einflusses der Materialoberfläche auf bioadhäsive Vorgänge wäre im Idealfall die Kenntnis des 3D–Bildes wünschenswert. Das Problem ist nicht in der Meßtechnik zu sehen (Kap. 8), sondern erwächst aus fehlenden Kenngrößen zur räumlichen Berschreibung einer Oberfläche. Mit fraktalen Strukturbeschreibungen eröffnen sich zukünftige Möglichkeiten einer Oberflächencharakterisierung (Kap. 9). Über das Wechselspiel zwischen der Oberflächenrauhigkeit und den sich ausbildenden Strömungsverhältnissen wurde

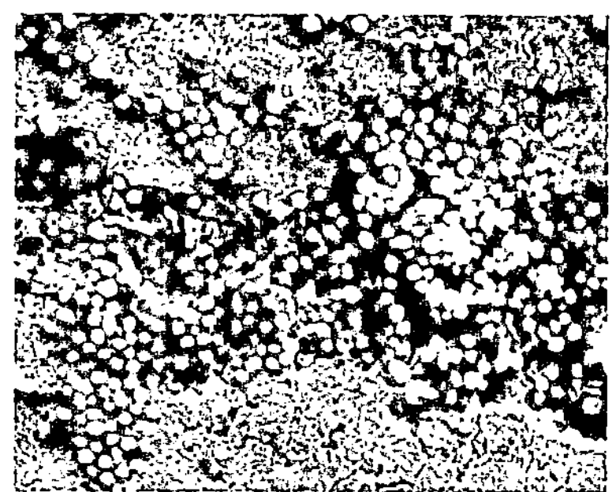

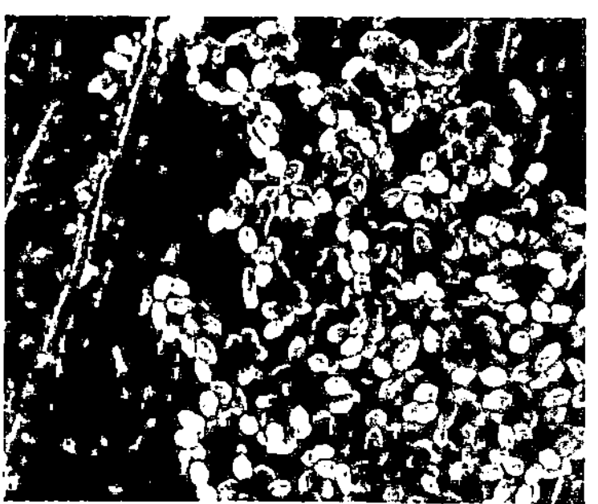

**Bild 4.43** Ein aus einem Oberflächental eines geätzten hochlegierten Stahlbleches herauswachsender *Saccharomyces cerevisiae* Film

**Bild 4.44** Eine *Saccharomyces cerevisiae* Kolonie auf einem hochlegiertem Stahlblech mit Riefen

bereits berichtet (Kap. 4.7). In tiefen und schmalen Oberflächentälern ist verstärkt mit einer Wirbelbildung zu rechnen, wodurch es zur bevorzugten Adhäsion im Talgrund kommt. Der Biofilm wächst aus dem Tal heraus und überzieht erst danach die „Berge" (Bild 4.43). Mit zunehmendem Abstand zwischen diesen, interpretierbar als eine Wellenlänge, wird die Wahrscheinlichkeit für das Auftreten von Wirbeln verringert und es erfolgt eine gleichmäßigere Besiedelung (Bild 4.44).

In Abhängigkeit von der Zellgröße kann auch das Oberflächenprofil einen Einfluß auf die Adhäsionsfläche ausüben (Bild 4.45). Es sind durchaus Formen denkbar, bei denen trotz einer großen Rauhtiefe die Zellen nur auf den Bergspitzen aufliegen, die Fläche also extrem minimiert wird. Eine stabile Filmbildung ist nicht mehr möglich. Es ist somit eine minimale Besiedelungsrate über ein ausgewogenes Verhältnis zwischen der Adhäsionsfläche und dem Oberflächenprofil einstellbar (Bild 4.46). Dieser Mechanismus

Topographie → Hydrodynamik → Wechselwirkungsenergien → Besiedelung

ist in seiner Vielgestaltigkeit bisher nicht erforscht. Die Topographie bedingt stochastische Einflüsse auf Besiedelungsergebnisse, die phänomenologisch nicht mehr beschreibbar sind. So setzt man zur Berechnung der Oberflächenenergie eine ideal glatte Flächen voraus ($R_a$ → 0), wobei sich in Abhängigkeit vom Oberflächenprofil die Energiekomponenten verändern (Bild 4.47). Im Zusammenhang mit dem Grenzflächenenergiekonzept (Kap. 1.2) zur Beurteilung der Bioverträglichkeit bekommen derartige Modellvorstellungen eine neue Wichtung.

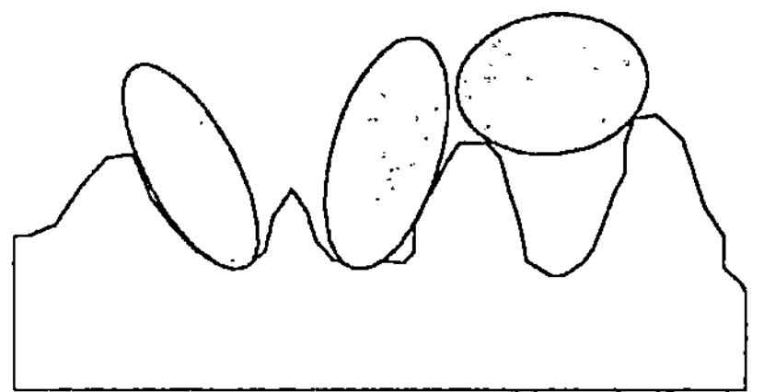

**Bild 4.45** Mögliche Anordnung von Organismen auf rauhen Oberflächen

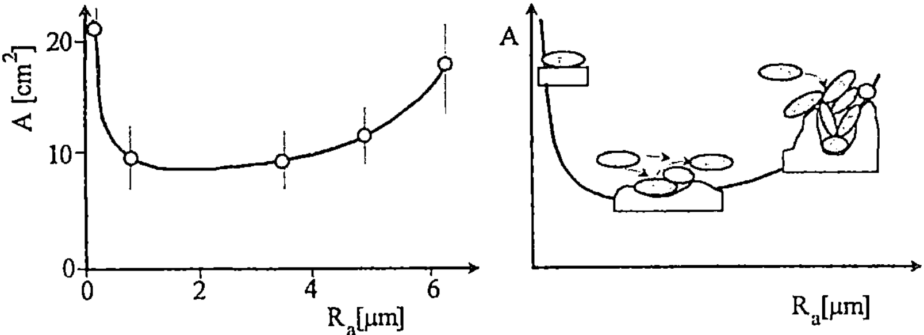

**Bild 4.46** Abhängigkeit der Besiedelungsfläche A von der mittleren Rauhigkeit $R_a$
*Material* CrNiMo–Stahl, *Saccharomyces cerevisiae*

Den Einfluß einer Oberflächenstrukturierung zeigen Experimente mit *Pseudomonas species* an elektronen- und chemisch geätzten Siliziumeinkristallen. Die unterschiedlichen Ätzstrukturen bewirken völlig andersartige Besiedelungsmuster (Bild 4.48). Es ist nicht geklärt, ob es sich hierbei um Veränderungen der Oberflächenenergien oder hydrodynamische Effekte während der Besiedelung im Bypaß handelt.

Für eine zukünftige Biofilmtechnologie und Mikroreaktortechnik ist es bedeutungsvoll zu wissen, wie groß die Spannungen in der Zellmembran infolge der Zellverformung seitens der Materialtopographie sind, z.B. von *Escherichia coli* auf einer CrNiMo–Stahloberfläche (Bild 4.49a–b). Das Wechselspiel zwischen den biophysikalischen Veränderungen der Zellmembran und der Adhäsion, beispielsweise infolge dieses mechanischen Stresses (Verformungen), entscheidet mit über eine gezielte Beeinflussung von Materialoberflächen. Hierzu zählen auch fraktale Modellvorstellungen zur Beschreibung sich entwickelnder Clusterstrukturen auf Oberflächen (Kap. 9).

Besiedelungsexperimente mit *Escherichia coli* auf SIRAN–Körpern verdeutlichen den Einfluß der Strömungsverhältnisse (Topographie) und von kationischen Vermittlerionen in der Kulturlösung auf die Adhäsion (Bild 4.49c–d). Ein wesentlicher Vorteil derartiger Trägerkörper ist die Porendoppel–Struktur der Oberfläche (Mikro- und Makroporen).

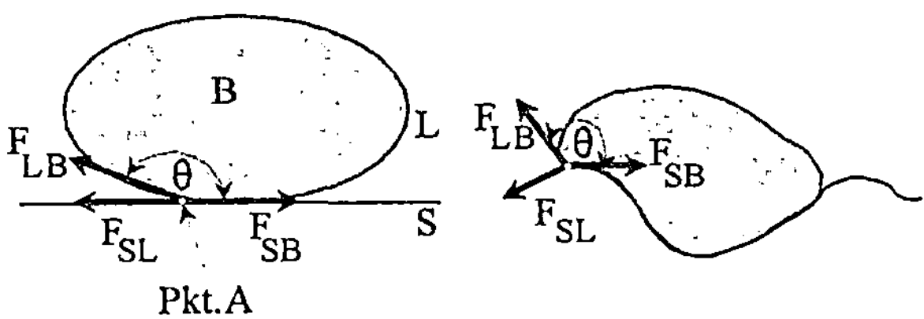

**Bild 4.47** Oberflächenenergie am ruhenden Tropfen für eine glatte und eine rauhe Oberfläche
*B* Bakterium, *L* Flüssigkeit, *S* Festkörper, *F* Kraftkomponente, $F_{LB}$ Kraft zwischen Flüssigkeit und Bakterium etc., *A* Auflagepunkt

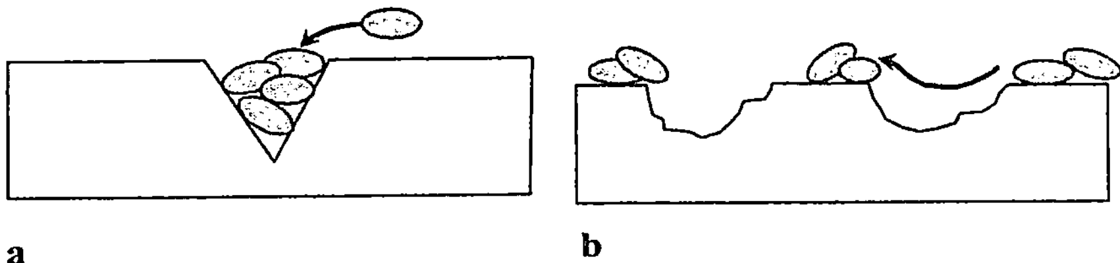

**Bild 4.48** Besiedelung von Siliziumeinkristallen mit unterschiedlich geätzten Oberflächen
a Ionenstrahl geätzt, b chemisch geätzt

Es treten zwei charakteristische Adhäsionsverläufe auf, eine ständig wachsende (exponentielle) Besiedelungsdichte für polyanionisch modifizierte Oberflächen (Bild 4.50a) und die mehr oder weniger ausgeprägte Ausbildung von einem oder mehreren Zwischenplateaus bei polykationisch beschichteten Oberflächen der Tropfkörper (Bild 4.50b).

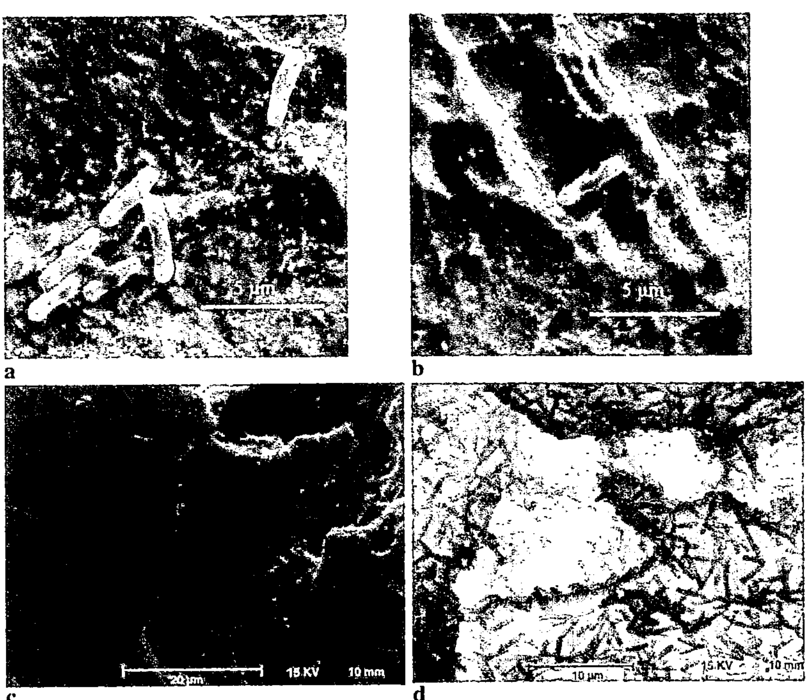

**Bild 4.49** *Escherichia coli* auf einem CrNiMo–Stahl und einem polykationisch beschichteten SIRAN–Tropfkörper
a beginnende Koloniebildung auf einer CrNiMo–Stahloberfläche, b „orientierte" Adhäsion an einem „Berghang", c früher Zustand auf SIRAN, d Blick in eine besiedelte SIRAN–Pore (invers)
*SIRAN* poröser Glaswerkstoff, *Porendurchmesser* 60 bis 300 µm, *Porenvolumen* 55 bis 60 %.

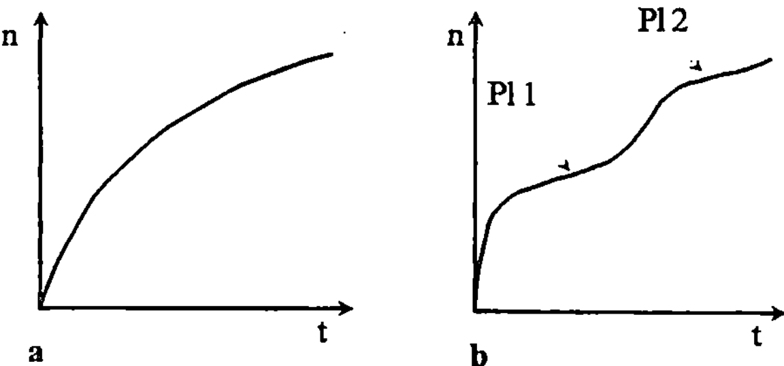

**Bild 4.50** Zeitliche Änderung der adsorbierten Zellzahl von *Escherichia coli* für unterschiedlich beschichtete SIRAN–Kugeln
a polyanonische Beschichtung, b polykationische Beschichtung, *Pl* Plateau

Die Wechselwirkung von *Escherichia coli* mit Festkörperoberflächen erfolgt über artspezifische Heteropolysaccharide der äußeren Membran. Für anionische Modifizierungen ist die Wechselwirkung zwischen den Partnern prinzipiell gleichpolig (Zellmembran und Modifizierung negativ). Kationische Vermittler wechselwirken sofort mit der äußeren Zellwand und bedecken diese vollständig. Die jetzt vorliegenden ungleichpoligen Bedingungen führen zur spontanen Adhäsion (s. Bild 4.6b).

Bei einer kationischen Oberflächenmodifizierung liegt eine ungleichpolige Wechselwirkung vor, so daß sich in kürzester Zeit eine monolagige (negative) Organismenschicht ausbildet (Bild 4.51). Dies geschieht bevorzugt an Oberflächenorten (Poren) mit stark überhöhten Zellkonzentrationen (Strömung). Der nachfolgende Reaktionsverlauf wird von den energetischen Verhältnissen zwischen der bereits adsorbierten monolagigen Schicht und den „freien" Zellen bestimmt. Bei hohen Konzentrationen adhärieren auch gleichpolige Partikel, was im Bild 4.6a bereits verdeutlicht wurde. Derartige Konzentrationsüberhöhungen können durch die Strömung in den Poren aufgebaut werden, wobei es in tiefer liegenden kleineren Poren zuerst zur Einstellung der kritischen Konzentration kommt. Auf diese Art und Weise beschichten sich die Poren von innen heraus, den Plateuas in den Kinetikkurven.

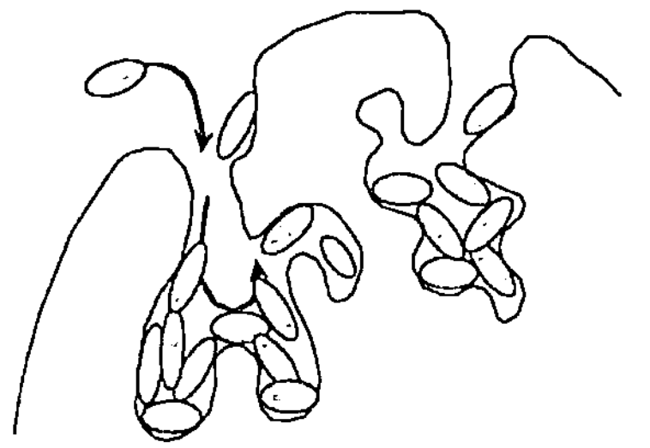

**Bild 4.51** Interpretation der Immobilisierung in porösen Körpern

# Literatur


[4.1]  Blenkinsopp, S.A., Anderson, C.P., Ellis, B.D., Lam, K., Costerton, J.W., Khoury, A.E. (1991): *Electrical enhancement of biocide effectiveness against bacterial biofilms*. 4th Intern.IGT Symp., Colorado Springs

[4.2]  Bongrand, P., Claesson, P.M., Curtis, A.S.G., eds. (1994): *Studying Cell Adhesion*. Springer, Berlin Heidelberg New York

[4.3]  Busscher. H.J., Bellon–Fontaine, M.N., Mozes, N., van der Mei, H.C., Sjollema, J., Léonhard, A.J., Rouxhet, P.G., Cerf, O. (1990): J.Microbiol.Methods 12, 101

[4.4]  Busscher, H.J., Uyen, H.M.W., Jongebloed, W.L., van Dijk, L.J. (1989): *Adhesional aspects of dental calculus formation*. Rec.Adv.in Study of the Dental Calculus, Oxford University Press, Oxford, pp.87-95

[4.5]  Colebrook, C.F. (1939): J.Inst.Civil Engrs. 11, 133

[4.6]  Cunningham, A.B., Characklis, W.G., Crawford, D. (1987): *Modeling microbial fouling in porous media*. Proc.Nation.Wat.Well Conf., Denver

[4.7]  Derjagunin, B.V., Muller, V.M., Toporrov, Yu.P. (1975): *Effect of contact deformations on the adhesion of particles*. J.Colloid Interface Sci. 53, 314

[4.8]  Dupré, A. (1869): Théorie Méchanique de La Chaleur. Gauthier–Villars, Paris

[4.9]  Dzyaloshinski, I.E., Lifshitz, E.M., Pitaevskii, L.P. (1961): *The general theory of van der Waals forces*. Adv.Pys. 10, 165

[4.10]Fowkes, F.M. (1987): *Role of acid–base interfacial bonding in adhesion*. J.Adhes.Sci. Technol. 1, 7

[4.11] Girifalco, L.A., Good, R.J. (1957): J.of Physical Chemistry 61, 904

[4.12] Glantz, P.O. (1969): Odontologisk Revy 20, pp.5–124

[4.13] Hamacker, H.C. (1937): Physica 4, 1058

[4.14] Heinz, E. (1986): Bioelektrische Potentiale–Ursprung und Funktion. Steiner, Stuttgart

[4.15]Israelachvili, J. (1992): Intermolecular&Surface Forces. Academic Press, London San Diego

[4.16]Johnson, K.L., Kendall, K., Roberts, A.D. (1971): *Surface energy and the contact of elastic solids*. Proc.Roy.Soc. London, Ser.A 324, 301

[4.17]Krupp, H. (1972): *Particle adhesion, theory and experiment*. Adv.Colloid Interface Sci. 3, p.137

[4.18] Lee, L.H. (1991): Fundamentals of Adhesion. Plenum Press, New York London

[4.19] Manly, R.S. (1970): Adhesion in Biological Systems. Academic Press, New York London

[4.20]Marshall, K.C., ed. (1984): *Microbial Adhesion and Aggregation*. Dahlem Konferenz, Life Science Research Report No.31, Springer, Berlin Heidelberg New York Tokyo

[4.21]Melling, J., Rutter, P.R., Vincent, B., eds. (1980): *Microbial Adhesion to Surfaces*. Ellis Horwood, Chichester

[4.22]Missirlis, Y.F., Lemm, W. (1991): Modern Aspects of Protein Adsoprtion on Biomaterials. Kluwer Academic Publishers, Dordrecht

[4.23]Muller, V.M., Derjaguin, B.V., Toporov, Yu.P. (1983*)*: *On two methods of calculation of the force of sticking on an elastic sphere to a rigid plane*. Colloids and Surfaces 7, 251

[4.24] Schlichting, H., 6th ed. (1968): Boundary Layer Theory. Mc Graw Hill, New York

[4.25]Uyen, M., Busscher, H.J., Weerkamp, A.H., Arends, J. (1985): FEMS Microbiol.Letters 30, 103

[4.26]Uyen, H.M.W., van der Mei, H.C., Weerkamp, A.H., Busscher, H.J. (1989): Biomat., Art. Cells, Art. Org. 17, 385

[4.27]Uyen, H.M.W., Schakenraad, J.M., Sjollema, J., Noordmans, J., Jongebloed, W.L., Stokroos, I., Busscher, H.J. (1990): J.of Biomedical Mater.Res. 24, 1599

[4.28]Zever, N. (1979): Biofilm Development and Associated Energy Lones in Water Conducts. Thesis, Rice University, Houston

# 5 Biofilme und Biofilmtechnologie

Das zentrale Problem beim Einsatz von Werkstoffen in biologischen Systemen ist die Ansiedelung von Zellen und deren Stoffwechselprodukten auf Festkörperoberflächen. Erst hiervon gehen alle nachfolgenden Reaktionen aus, wie die Biokorrosion, das Zuwachsen von Abwasserleitungen und von Kühlsystemen, die Besiedelung meerestechnischer Anlagen oder eine sich im Laufe der Zeit einstellende Unsterilität an Kathetern, Implantaten und medizinischen Geräten.

Neben der primären Stabilität des Werkstoffes gegenüber der biologischen Umgebung (pH–Wert, Produkte, eingesetzte Zellen) sind vor allem sekundär eingeleitete Korrosionsreaktionen bedeutungsvoll. Das erste Szenario entspricht einer falschen Werkstoffauswahl, ist somit bei einer sorgfältigen Systemanalyse lösbar. Um ein Vielfaches komplexer ist der zweite Fall. Infolge der teilweise völligen Unkenntnis der ablaufenden Reaktionen an der Grenzfläche Festkörper/biologische Umgebung können Reaktions- und Zwischenprodukte auftreten, die zur Schädigung der Festkörperoberfläche und Freisetzung von toxischen Legierungselementen führen.

Ausgangspunkt dieser Reaktionsabläufe sind Biofilme. Die Klärung der Adhäsionsmechanismen und des sich aus einem ersten Zellhaufen entwickelnden Biofilmes, sowie die Reaktionen und Transportmechanismen an und in ihm, sind die Voraussetzungen zur Interpretation der beobachteten Werkstoff- und Zellschädigungen. Erst eine Entschlüsselung dieser Phänomene ermöglicht die Entwicklung zielgerichteter Testverfahren, die das festkörperphysikalische und biologische Verhalten in einem umfassenderen Sinne beschreiben. Diese Herausforderung ist vergleichbar mit den ersten Schritten zur Untersuchung des mechanischen Werkstoffverhaltens, begonnen von da Vinci, aber bis heute in letzter Konsequenz nicht geklärt, wie eine theoretische Lebensdauervorhersage. Die ökologischen Anforderungen unserer Zeit verlangen aber eine größere Beachtung dieser Problematik, seien es biologisch abbaubare Werkstoffe oder Aspekte im Rahmen der Bioverfahrenstechnik, der Wärmetechnik und der Hygiene.

## 5.1
## Biofilme

Biofilme sind eine der ältesten Lebensformen (über 3,5 Mrd. Jahre) auf der Erde. Mikroorganismen waren wahrscheinlich die ersten Bewohner auf unserem Planeten. Auf Grund der sehr langen Evolutionsperiode muß man davon ausgehen, daß sie unter allen nur möglichen Umgebungsbedingungen leben können, zumindest in Symbiose wird ein Überleben immer möglich sein.

Was sind Biofilme? Prinzipiell ist es die Lebensform von Mikroorganismen, die sich auf Grenzflächen angesiedelt haben. In der Natur hatten und haben Biofilme eine grundsätzliche Bedeutung, so daß wir sie im Boden, auf Gesteinsoberflächen (Stromatolite), in Sedimenten, auf Schwimmschichten (Wachsüberzüge auf Blättern, Anhäufung von Bakterien und Akkumulation von hydrophilen Stoffen im Grenzbereich Wasser/Luft) und auf der Oberfläche lebender Organismen (Haut, Schleimhäute) finden.

Infolge des engen Zusammenwirkens mehrerer Organismen besitzen Biofilme bestimmte Merkmale, wie

- die Nähe zum Festkörper,
- eine relativ hohe Volumenkonzentration,
- eine lange Verweilzeit benachbarter Zellen zueinander,
- ein instationäres Verhalten, womit sich die Bedingungen im Film ständig verändern,
- eine unterschiedliche Natur der beteiligten Mikroorganismen,
- ein Mikroökosystem unter Beteiligung aller Organismen, wobei diese positiv, u.a. durch Bildung von Nährstoffen, Vitaminen und Enzymen zur Spaltung von Makromolekülen, und negativ, wie durch die Produktion von Säuren (Thiobazillen) oder lytischen Enzymen (Cyanobakterien), miteinander wechselwirken können und
- eine große räumliche Heterogenität (Konzentrationsunterschiede), u.a. der Temperatur, des pH−Wertes, der Sauerstoff-, Nährstoff- und Substratkonzentrationen aber auch von Bioziden und Stoffwechselprodukten.

In Biofilmen sind alle möglichen mikrobiellen Vertreter anzutreffen, so daß sich seine Existenz über ein breites Milieuspektrum erstreckt (Tabelle A5.1). Ein wichtiger Filmbestandteil sind die organischen extrazellulären Polymere (EPS). Biofilme können als ein organisches Polymergel mit eingeschlossenen lebenden Organismen angesehen werden. Nach dieser „Definition" sind sie in ihrem mechanischen und rheologischen Verhalten als zähviskose Flüssigkeit interpretierbar, so daß die Viskosität einer der wichtigsten Kennwerte ist.

In Abhängigkeit von den Entstehungsbedingungen kann die Filmstruktur aufgelockert oder verdichtet sein. Beispielsweise erfolgt eine Verdichtung des Filmes mit zunehmender Strömungsgeschwindigkeit. Bei gleichbleibender Masse wird er dünner und seine Dichte erhöht sich (Tabelle 5.1). Einen ähnlichen Effekt findet man mit zunehmendem hydrostatischen Druck (Wasserhöhe) über dem sich entwickelnden Film, wobei bereits einzelne Filmschichten zur Verdichtung führen können (Bild 5.1). Die aerobe Oberflächenschicht ist um ein Vielfaches aufgelockerter gegenüber der Filmbasis (Grenzfläche Film/Festkörper). Im Biofilm selbst existieren aufgrund der Konfigurationsunterschiede auch Dichteunterschiede. Neben diesen physikalisch bedingten Dichteänderungen hängen diese in erster Linie vom mikrobiologischen Milieu ab (Tabelle A5.2).

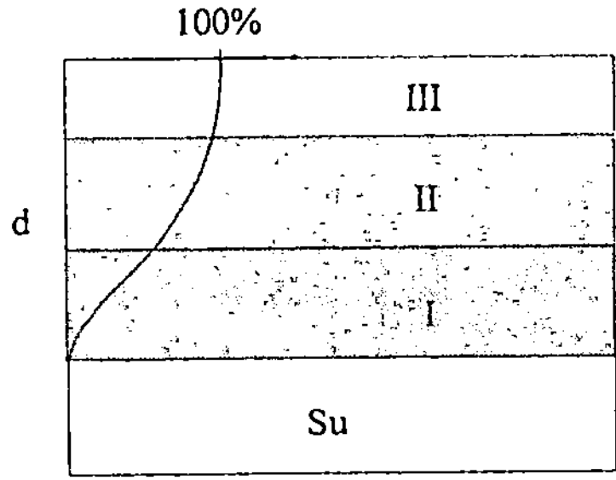


**Bild 5.1** Schematischer Aufbau eines Biofilmes
*Su* Materialoberfläche, *d* Biofilmdicke, *I* anaerobe Schicht (*Gärung* $H_2$+organische Säuren+ $SO_4^{2-} \rightarrow$ Sulfid+$H_2O$), *II* Zwischenschicht ($O_2$–Atmung und Gärung, heterotrophe Fermentation), *III* aerobe Oberflächenschicht (aerobe Bakterien, Oxidation organischer Substanzen mit $O_2$ zu Abbauprodukten)

Die Hauptbestandteile eines Biofilmes (Tabelle A5.3) sind verdampfungsfähige Substanzen. In aufgeschlämmten Biomassen erhöht sich zwangsläufig der verdampfungsfähige Filmanteil, wobei der Wasseranteil unzweifelhaft von der Filmentstehung und dessen Struktur abhängt.

In Rohren verändert sich mit der Entfernung auch die Konzentration der einzelnen Substanzen, die letztendlich auf die Lebensbedingungen der Mikroorganismen rückwirken. Zu Beginn dominieren aerobe Prozesse. Mit zunehmender Entfernung vom Wassereintritt nimmt die Sauerstoffkonzentration ab und es können nur noch Mikroorganismen mit einer anaeroben Atmung überleben, zuerst die Stickstoffatmung, an welche sich die Sulfatreduktion und die Schwefelatmung anschließt (s. Bild 2.12). Es treten nicht nur Gradienten über die Filmdicke sondern auch in dessen Längsrichtung auf (Bild 5.2). In Versuchsanlagen gelingt es im Regelfall nicht diese natürlichen Dimensionen nachzubilden. Der natürliche und der Laborbiofilm unterscheiden sich somit in ihrer Konsistenz und den biologischen Abläufen in und an ihm. Wir begegnen hier wieder dem generellen Problem des Vergleichs von Modellergebnissen mit natürlichen Prozessen.

Infolge der filamentösen Filmoberflächen wird deren Profil entscheidend von den Strömungsbedingungen beeinflußt. Im allgemeinen ist die Rauhigkeit größer

**Tabelle 5.1** Abhängigkeit der Biofilmdichte von der Filmdicke [5.5]

| | Dicke des Filmabschnittes [μm] | Abstand von der Grenzfläche Wasser/Film [μm] | Dichte [kgm$^{-3}$] |
|---|---|---|---|
| Oberflächenfilm | 400 | 0 bis 400 | 37 |
| Zwischenfilm | 200 | 400 bis 600 | 98 |
| Basisfilm | 130 | 600 bis 430 | 102 |

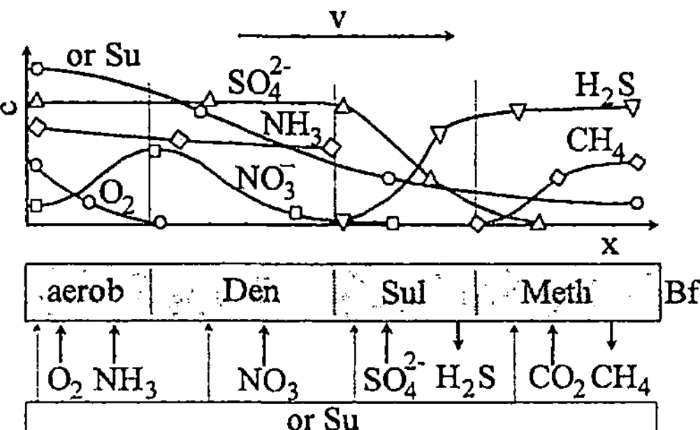


**Bild 5.2** Mögliche, mikrobiell beeinflußte Veränderungen der chemischen Elemente und der Redox–Bedingungen in einem Biofilm

$v$ Fließrichtung, $c$ Konzentration, $x$ Entfernung, *orSu* Organische Substanzen, *Bf* Biofilm, *aerob* aerobe Zone, *Den* Denitrifikation, *Sul* Sulfatreduzierer, *Meth* Methanogenese

als die von Festkörperoberflächen. Darüber hinaus bewirken Druckgradienten mit zunehmender Filmdicke eine Oberflächenaufrauhung. Diese prinzipiellen Regeln beschreiben nicht die großen Unterschiede in Abhängigkeit von der Filmstruktur und deren Zusammensetzung. So können „feste" Filme an ihrer Oberfläche viel schwieriger deformiert werden als aufgelockerte. Hier spielt u.a. der EPS–Anteil als biologischer „Filmklebstoff" eine wesentliche Rolle.

## 5.1.1
## Biofilmbildung

Die Voraussetzungen zur Bildung von Biofilmen sind

- eine Grenzfläche, die besiedelt werden kann,
- eine wäßrige Lösung, als Transportmittel und Adhäsionspartner,
- Nährstoffe und
- Mikroorganismen, insbesondere Bakterien.

Die zeitliche Entwicklung eines Biofilmes kann in vier Prozeßabschnitte unterteilt werden (Bild 5.3),

- einer reversiblen Inkubationsphase (*I* Bilder 5.3a und 5.3b), in der ausgehend von einem „conditioning"–Film (gelöste Proteine) eine erste reversible Adhäsion erfolgt. Die sich bildenden Zellcluster sind durch ihre Größe oder organische Polymere noch nicht ausreichend stabilisiert, so daß sie teilweise wieder zerfallen. Organische Makromoleküle sind Polysaccharide (sauer), Huminstoffe (sauer), Proteine, Glycoproteine und sonstige gelöste Stoffe.
Die Desorption kann eine Folge von Scherkräften in der Grenzschicht, aber auch von biologischen (Stoffwechselveränderungen), chemischen (pH–Wertveränderungen) und physikalischen Faktoren (Transporteinflüsse) sein.

- einer stabilen irreversiblen (log-) Wachstumsphase (*II* Bilder 5.3c und 5.3d), in der die Transportrate und die Konzentration an organischen Polymeren so groß ist, daß ein stabiles Clusterwachstum erfolgt. Hierbei wächst der Biofilm nicht nur infolge gelöster Zellen in der wäßrigen biologischen Lösung, sondern auch mittels mikrobieller Metabolismen. Ein Bestandteil sind die extrazellulären polymeren Substanzen (EPS), die den Film wie ein Klebstoff zusammenhalten.
- einer Gleichgewichtsphase (*III* Bilder 5.3d und 5.3e), in der die adsorbierte Zellrate der Desorptionsrate entspricht.
  Zellen unterliegen einem natürlichen Lebensrhythmus. Sie sterben irgendwann einmal ab. Handelt es sich um Oberflächenzellen, so werden diese aus dem Filmverband herausgelöst (Scherkräfte) und abtransportiert. Ist die Adsorptions- gleich der Desorptionsrate, bildet sich ein Plateau aus. Beim Einwachsen eines Implantates ist diese Phase anzustreben. Die Versorgung der Basiszellen und der Abbau möglicher Gradienten im Zellhaufwerk, das sich um den Fremdkörper neu bildet, kann durch spezifische Legierungselemente in der Implantatoberfläche erreicht werden.
- einem Absterben ganzer Zellbereiche (*IV* Bilder 5.3 e und 5.3f), die durch Adhäsion nicht mehr ersetzt werden, der Film beginnt zu zerfallen. Hier überwiegt aus den verschiedensten Gründen, wie Nahrungsmangel, mechanischen Scherwirkungen, destabilisierende Gasbildung, Einwirkung von Bioziden oder Insektenlarven, die Totesrate gegenüber der Ansiedelung.
- eine großflächige Ablösung (Abrasion) kann auch dann erfolgen, wenn untere Biofilmschichten nicht mehr ausreichend versorgt werden und der strukturelle Filmzusammenhalt nicht die auf diesem Filmabschnitt wirkenden Scherkräfte aus der Strömung ausgleichen kann. Das ist ein Diffusionsproblem innerhalb des Filmes selbst und ein mögliches evolutionäres.

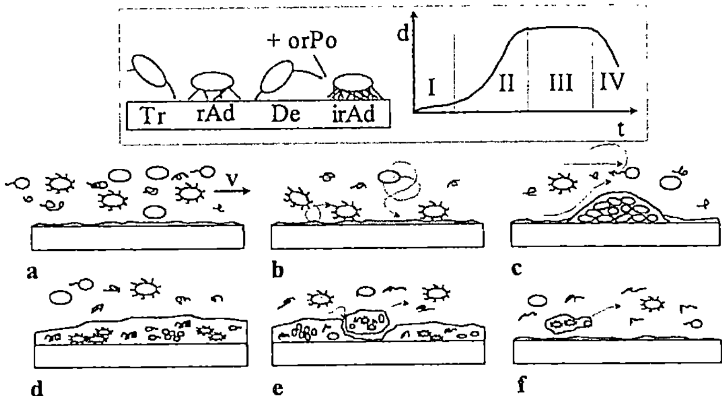


**Bild 5.3** Vorgänge bei der mikrobiellen Adsorption und zeitliche Entwicklung eines Biofilmes a–f oben erläuterte Prozeßschritte zur Biofilmbildung, *orPo* organische Polymere, *Tr* Transport, *rAd* reversible Adhäsion, *De* Desorption, *irAd* irreversible Adhäsion, *t* Zeit, *v* Fließrichtung, *d* Biofilmdicke

**Tabelle 5.2** Parameter des „conditioning"–Filmes [5.5]

| Werkstoff | Masse [mgm$^{-2}$] | Filmbildung Zeit [min] | Dicke [µm] |
|---|---|---|---|
| hochlegierter Stahl in Seewasser | 0,8 | 15 | |
| Glas | 15 | wenige Minuten | |
| Platin in Seewasser | | 600 | 0,01 bis 0,08 |

Die kinetischen Abläufe sind mit denen der Ausscheidungsbildung vergleichbar und werden auch für biologische Cluster angewandt (Kap. 9). Der erste adsorbierte Proteinfilm kann bereits nach wenigen Minuten die Werkstoffoberfläche überziehen (Tabelle 5.2). Die Adhäsionsenergie ist jetzt die Summe aus beiden Teilenergien (ohne Film und Film/Zellen). Ein dicker Proteinfilm kann alle mikroskopischen Ladungsfluktuationen an der Materialoberfläche überdecken. Die Zelladhäsion würde dann nur noch auf der Wechselwirkung zwischen den Proteinen, den gelösten Zellen und eventuellen Fremdionen beruhen. Bisher ist nicht geklärt, inwieweit er sich geschlossen ausbildet. Somit liegen auch keine Informationen darüber vor, ob eine Adhäsion bevorzugt mit dem „conditioning"–Film oder den unbedeckten Oberflächenbereichen stattfindet. Wahrscheinlich liegt ein „Druckknopfmechanismus" vor, der in Abhängigkeit vom Zelltyp an beiden Bereichen ablaufen kann. Mittels elektronenmikroskopischer Methoden, gepaart mit dem Nachweis von zellspezifisch ausgeschiedenen Proteinen, versucht man, diese „Druckknöpfe" zu orten (Kap. 8).

Die unterschiedlichen Adhäsionszeiten für den hochlegierten Chromstahl und Platin (Tabelle 5.2) können auf der unterschiedlichen Elektronenstruktur der jeweiligen Oxidschichten basieren (Kap. 3.7.2, Passivität). Die gut elektronenleitenden Chromschichten lassen einen größeren kovalenten Bindungsanteil erwarten (Kap. 4.2.1).

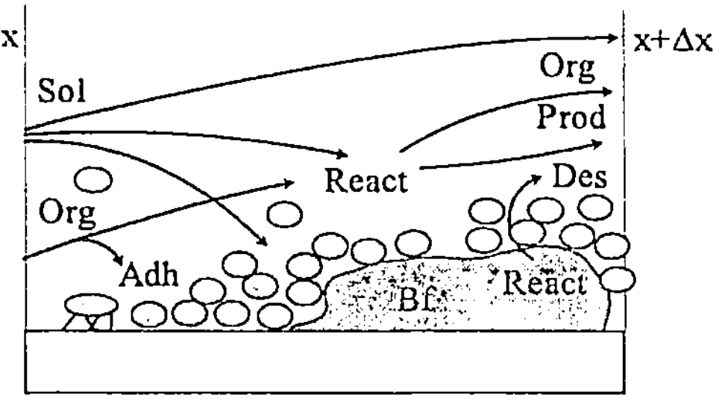


**Bild 5.4** An der Biofilmbildung beteiligte Prozesse
*x, x+Δx* Orte, *Org* Organismen, *Adh* Adhäsion, *Des* Desorption, *Bf* Biofilm, *React* Reaktionen, *Sol* Lösung, *Prod* Produkt

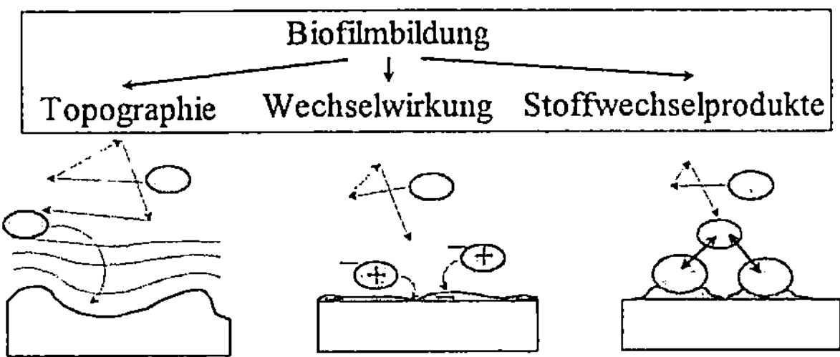

**Bild 5.5** Schematische Darstellung der Komponenten der Biofilmbildung

Die Biofilmentwicklung kann nicht lösgelöst von den Prozessen in der biologischen Lösung betrachtet werden (Bild 5.4). Die physikalischen (Hydrodynamik, Diffusion) und biologischen Bedingungen (biochemische Umwandlungen, Nahrungssituation) beeinflussen direkt die zur Besiedelung verfügbaren Zellen. Nur bei Erfassung dieses Gesamtsystems, ist ein weiterer Durchbruch, hin zu einer biologisch orientierten Werkstofforschung zu erwarten. Die bakteriell bedingte Nichtsterilität basiert auf den gleichen Mechanismen. Hier kann ein aktives Wandern des Filmes (Rheologie) diesen Prozeß forcieren.

Die Zelladhäsion wird von drei Prozessen bestimmt, dem Zelltransport an die Oberfläche, den Wechselwirkungen und zusätzlichen energetischen Komponenten infolge von Stoffwechselprodukten (Bild 5.5). Die energetischen Beziehungen wurden bereits im Kapitel 4 vorgestellt, so daß nachfolgend lediglich die extrazellulären Substanzen und die Oberflächengeometrie betrachtet werden sollen.

### 5.1.1.1
### *Extrazelluläre Polymere Substanzen (EPS)*

Der „Klebstoff" für die Erstbesiedelung von Organismen auf Festkörperoberflächen, die spätere Garantie für den Filmzusammenhalt und ein wichtiger, die Filmstruktur aufbauender Bestandteil sind extrazelluläre Substanzen (EPS). Hierbei handelt es sich um spezifische oder unspezifische Proteine und Polysaccharide, die charakteristisch für einen Stamm sind.

Unspezifische EPS sind meist einfacher aufgebaute Polymere, wie Homopolysaccharide (Dextran, Fructan, Fructose, Alginat). Organische Säuren enthalten elektrisch geladene (R–COOH/R–COO)–Gruppen, womit u.a. Metallionen in Schwimmschichten gebunden werden.

Bakteriell produzierte EPS, wie Polysaccharide, haben oftmals große Molekulargewichte und Kettenlängen ($\approx 10^5$ Moleküle). Prinzipiell könnte jedes Makromolekül eine Bindung eingehen, aber die Wahrscheinlichkeit hierfür beträgt nur 0,3 bis 0,6 [5.4], so daß schätzungsweise (3 bis 6)$\cdot 10^4$ Moleküle an einer Festkörperoberfläche gebunden sind. Dies erklärt auch die hohe Beständigkeit des „conditioning"–Filmes gegenüber einer „Abschälung" (Desorption).

Diese Substanzen (EPS) sind nicht material- sondern stammspezifisch. So wurden Werkstoffe mit einer hohen Oberflächenenergie, wie Titan, Aluminium, Neu-

silber (CuNiMn) und hochlegierter Stahl, mit großen Glycoprotein–Ketten überzogen [5.2, 5.29], wohingegen man auf Platin die Polymere organischer Säuren
fand [5.17]. Diese EPS–Schichten sind nicht statisch. Auf Polyethylen konnte ein
ständiger Austausch im Molekülfilm beobachtet werden. So wurden adsorbierte
Proteine ständig mit den nichtadsorbierten in der Lösung ausgetauscht.

Darüber hinaus kann sich die Zusammensetzung mit wachsendem Film verändern, z.B. an Metalloberflächen im Seewasser. Hier werden frühzeitig adsorbierte
Polymermoleküle mit wachsendem Film wieder desorbiert und durch andersartige
Polymergruppen ersetzt. Mit wachsendem Molekulargewicht der Polymergruppen
nimmt deren Bindungsstärke zu, so daß sie Moleküle niedrigeren Molekulargewichtes von ihrem Platz verdrängen können (s. Bild 4.13).

Die extrazellulären Polymere (EPS) enthalten viele hydrophile Restgruppen, so
daß sie die Hydrophobizität von Oberflächen abschwächen [5.17]. Hierauf basiert
auch die Hydrophilität von Biofilmen. Die negativ geladenen Polymere schirmen
die Oberflächenladung des Werkstoffes ab (Supperposition der Energieanteile).
Eine negative Oberflächenenergie wird verstärkt, eine positive geschwächt. So
erfahren Werkstoffe mit einer hohen positiven Oberflächenenergie (70 mNm$^{-1}$)
eine größere Schwächung gegenüber Materialien mit einer niedrigeren Energie
($\approx$ 20 mNm$^{-1}$) [5.2]. Dies ist die Folge einer höheren anfänglichen Adsorptions-
rate. „Saubere" Oberflächen mit großen Energieunterschieden zeigen nach dem
Überzug mit Proteinen gleiche Adhäsionscharakteristiken gegenüber Bakterien
[5.2]. Der Aufbau eines Biofilmes wird wahrscheinlich hauptsächlich von dem
anfänglichen EPS–Überzug („conditioning"–Film) bestimmt. So fördert Silikonöl
die Desorption von adsorptionsfähigen Zellen, was durch einen Proteinfilm kompensiert werden kann [5.2].

Es gibt aber auch Fälle, wo EPS–Überzüge die bakterielle Adhäsion behindern.
Man [5.9] fand für *Pseudomonas spec.* eine Minimierung der Adhäsionsrate durch
einen Überzug mit Albumin, Gelatin, Fibrinogen und Pepsin. Die hemmende Wirkung des Albumins fand auch Meadows [5.20], wohingegen er eine beschleunigte
Adsorption bei Kasein- und Gelatineüberzügen beobachtete. Es gibt somit Indikatoren, daß für bestimmte Stämme auch eine bevorzugte Adhäsion an „sauberen"
Oberflächen gegenüber den mit EPS überzogenen auftreten kann.

Dieses Wechselspiel zwischen Materialoberflächen, Polymeren und Zellen ist
bisher nur für spezifische Stämme und Bedingungen empirisch analysiert worden.
Es fehlen Modellvorstellungen, die diese Komplexität ansatzweise widerspiegeln
(Kap. 9). Robb [5.26] versuchte deshalb, diese Prozesse zu systematisieren und
stellte folgende Merkmale zusammen:

- Polymere werden infolge ihrer großen Kettenlänge irreversibel adsorbiert, obwohl ein „freies" Molekül nur eine geringe Adhäsionskraft aufbringt. Dies befähigt Polymere zur Bildung von freien Ketten und Kapseln auf Festkörperoberflächen.

- Bakterien, die im allgemeinen negativ geladen sind, können ohne spezifischen
  biochemischen Mechanismus, unter Nutzung dieser Polymere, mit einer negativ
  geladenen Oberfläche eine Bindung eingehen (Kopf-Schwanz-Gruppen, s.

Bild 2.5). Die Adsorptionsgeschwindigkeit wird bei gleichpaarigen Ladungen lediglich reduziert.

- extrazelluläre Proteine bilden bei einer Adsorption zwischen negativ geladenen Bakterien und negativ geladenen Oberflächen positive Brücken, d.h. sie übernehmen die Funktion eines Vermittlerions. Darüber hinaus spielen sie eine wichtige Rolle für die Adsorption an hydrophoben Oberflächen.
- die Adsorption wird von der Ionenstärke der geladenen Polymere beeinflußt.
- kleine Moleküle und andere Polymere können die Adsorption von Makromolekülen auf der Festkörperoberfläche verhindern, wobei eine Bindung über die EPS erfolgt.
- die Adhäsionskraft wächst mit der Zeit, vermutlich ein Effekt aus Konzentrationsveränderungen infolge des viskosen Fließens von Zellen auf festen Oberflächen.

Die EPS beeinflussen somit im allumfassenden Sinne das Reaktionsgeschehen in Biofilmen und die Adhäsion (Tabelle 5.3).

### 5.1.1.2
### Geometrie und Beweglichkeit

Die Zusammenhänge zwischen der Oberflächentopographie und der Adhäsionsenergie wurden bereits im Kapitel 4 vorgestellt, insbesondere die Bedeutung der Grenzschichten. Hierbei sind Gravitationseffekte für Bakterien von untergeordneter Bedeutung, da infolge ihrer Kleinheit die Sedimentationsgeschwindigkeit sehr gering ist. Erst Bakteriencluster unterliegen mit zunehmender Größe derartigen Effekten, insbesondere bei Ausflockungen.

**Tabelle 5.3** Bedeutung der extrazellulären Substanzen (EPS)

| Eigenschaft | Merkmale |
| --- | --- |
| Adhäsion | erster Kontakt mit Festkörperoberflächen<br>Polymerbrücken („biologischer Klebstoff" für Biofilme)<br>mögliche Beteiligung an der Desorption von Festkörperoberflächen |
| Biofilm | Bildung der Filmmatrix und Prägung der Filmstruktur(Gel)<br>Diffusionsbarriere (Drifteffekte)<br>vermittelt Bindung zwischen Zellen und Oberfläche |
| Oberflächenaktivität | Veränderung der Hydrophilie/Hydrophobie von Oberflächen<br>Bindung von Fremdionen<br>beeinflussen der Aggregation (Ausflockung)<br>Reduzierung der Biozidwirkung (Abbinden biozidär wirkender Ionen)<br>Erhöhung der Rauhigkeit der Grenzfläche Film/Lösung |

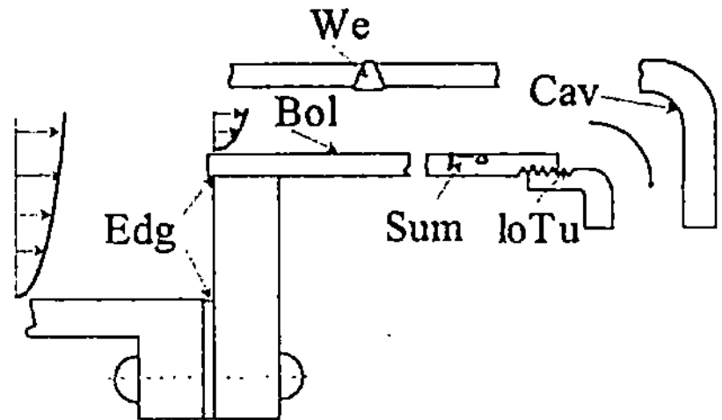


**Bild 5.6** Geometrisch bedingte Totwasserbereiche in technischen Anlagen (Orte bevorzugter Besiedelung)
*Edg* Ecken/Kanten, *We* Schweißnähte (Gefüge, Einbrand), *Bol* Grenzschicht, *Sum* Oberflächenfehler (Risse, Poren, Einschlüsse), *loTu* lokale Turbulenzen (Gewinde, Einbauten), *Cav* Kavitation

Das Bild 5.6 veranschaulicht bauliche Notwendigkeiten in einer bioverfahrenstechnischen Anlage. Ecken und Schweißnähte sind in Rohrsystemen nicht zu vermeiden, obwohl man in den Vorschriften für steriltechnische Anlagen hierauf Bezug nimmt. Darüber hinaus gibt es Gewindeansätze und in gezogenen Rohrkrümmern tritt im plastisch verformten Bereich zwangsläufig eine Erhöhung der Oberflächenrauhigkeit auf. Den gleichen Effekt findet man auch bei dynamischen Ermüdungserscheinungen, den Extrusionen bzw. Intrusionen. Alle diese Stellen sind prädestiniert zur Ausbildung großer Grenzschichten und von Organismenclustern.

Interessante Strömungseffekte zeigen sich auch an porösen Materialien. Hier nimmt die Biofilmwachstumsrate mit zunehmender Entfernung durch das Material ab, wobei in Abhängigkeit von der Druckverteilung an den einzelnen Körnern Adsorptions- und Desorptionsbereiche unterschieden werden können (Bild 5.7). Die angeströmte Kornseite bewächst schneller und dichter als die dem Staupunkt abgewandte (Wirbelbildung).

Die Besiedelung von *Escherichia coli* an porösen Glaskörpern (s. Bild 4.50) kann als ein Modellversuch für natürliche Sandkörner angesehen werden. Man findet hier ähnliche Effekte (Bild 5.8), wie eine Besiedelung mit Mikroorganismen

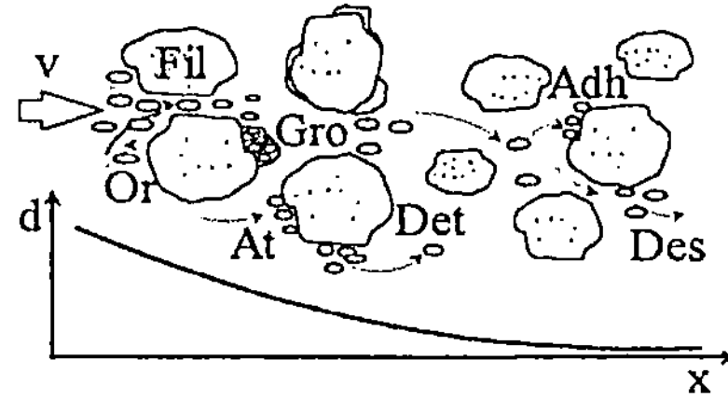


**Bild 5.7** Biofilmbildung in porösen Medien und Abhängigkeit der Filmdicke d vom Fließweg x
*v* Fließrichtung, *d* Biofilmdicke, *x* Entfernung, *Or* gelöste Organismen, *Fil* Filtration, *Gro* Zellclusterwachstum, *At* Anlagerung, *Det* Abscheren, *Adh* Adhäsion, *Des* Desorption

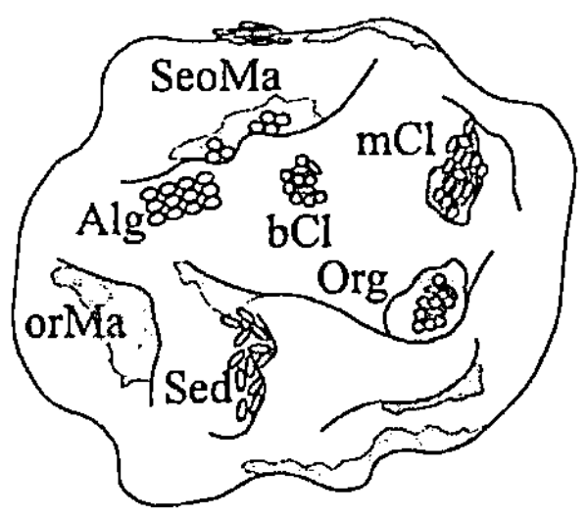

**Bild 5.8** Mikroflora auf einem Sandkorn im Meerwasser
*SeoMa* Schwebstoffe eingebettet in organisches Material, *mCl*
gemischte Kolonie (Bakterien, Schwebstoffe, Algen), *Alg*
blaugrüne Algen, *orMa* organisches Material in Aushöhlungen, *Sed* Schwebstoffe, *bCl* Bakterienkolonie, *Org* Bakterien-
kolonien und organisches Material in Aushöhlungen

in Bereichen einer starken Wirbelbildung (Höhlen, Poren), das Aufwachsen von
selbst festhaftenden Organismen (Algen) in Mikrorissen und -poren, eine infolge
der EPS–Wirkung und der Oberflächenrauhigkeit bedingte Ansiedelung von Bak-
terienkolonien sowie Kolonien aus in Symbiose lebenden Organismen, u.a. Algen
und Bakterien. Für diese gemischten Kolonien erwächst die Frage; ‚Wer war zuerst da?'

## 5.1.2
## Technische Nutzung von Biofilmen

Beim Arbeiten mit lebenden Organismen bilden sich immer Biofilme. Taucht man
ein Material in Wasser ein, dann bleibt an dessen Oberfläche ein organismenrei-
cher Film (Kahmhaut) haften. Die Wasseroberfläche (Neuston) wird von immen-
sen Stoffmengen durchquert, wo sich u.a. oberflächenaktive Stoffe, Gasblasen,
Mikroorganismen, Einzeller, Flagellen, Eier und Larven ansammeln. Darüber
hinaus findet man dort eine Vielzahl von Verbindungen, wie Kohlenwasserstoffe,
Ester, Sterole, Glyzerine, Lipide, Proteine, Huminstoffe und Polysaccharide, die
Schwer-metalle binden können.

Natürlich gebildete Biofilme sind aktive, sich selbst organisierende Systeme
und verhältnismäßig unempfindlich gegenüber Kontaminationen, einem Problem
in Kühlwassersystemen. Trotz Biozideinsatzes muß man hier immer eine Wiederverkeimung und Neubesiedelung erwarten. Technisch angewendete künstliche
Filme sind demgegenüber passiv, d.h. sie müssen zu ihrer Aufrechterhaltung mit
den für den Stoffwechsel erforderlichen Substanzen versorgt werden. Sie sind
anfällig gegenüber Kontaminationen.

Biofilme werden technisch hauptsächlich zur Abwasser- und Abluftreinigung,
als immobilisierte Zellen in der biotechnologischen Produktion, zur Analytik in
Biosensoren und in der Medizin genutzt. Hierbei wird die Filmdicke von allen
bereits erörterten Faktoren bestimmt, wie das Wachstum der aktiven Biomasse, der
Absterberate, der Akkumulation von inertem Material, der Bildung von EPS und
Huminstoffen, der Deposition und Flockung von Zellclustern, der Erosion und
dem Abschälen der Filmoberfläche.

Bei der technischen Nutzung laufen eine Vielzahl von Prozessen im Biofilm ab,
u.a. die Nitrifikation und Denitrifikation, die Sulfatreduktion, Fermentation und
Methanogenese, womit das Hauptproblem die Optimierung dieser Prozesse ist.

**Bild 5.9** Fibrinstränge auf der Oberfläche einer künstlichen Herzklappe [5.10]
Die Stränge sind durch den Blutstrom eingerollt und in der Oberfläche inkorporiert.

Neben den „klassischen" biologischen Kenngrößen, Sauerstoff, Stickstoff, Phosphor, pH–Wert und Temperatur, gilt es insbesondere die substanzspezifischen Werte zu erfassen. Dies sind vorrangig Spurenelemente, Proteine und eventuelle Stoffwechselprodukte.

In der Medizin können Biofilme erwünscht sein, sei es auf der Haut, auf Schleimhäuten oder im Darm. Andererseits sind bakterielle Beläge, wie sie bereits Leuwenhoek (s. Bild 1.11) auf Zähnen untersuchte, für die Karies verantwortlich. Diese Prozesse der Zahn–Plaquebildung versucht man mit bioadhäsiven Vorstellungen zu interpretieren.

Biofilme können sich aber auch nach längerem Gebrauch auf vormals sterilen, künstlichen Organen bilden, wobei die Frage nach der Möglichkeit, oder besser der Unmöglichkeit einer absoluten Sterilität gestellt werden muß. Eindrucksvolle Beispiele hierfür sind die Besiedelung von künstlichen Herzklappen mit Huminstoffen (Bild 5.9), die letztendlich zur Thrombusbildung führen können, oder das Wandern von infektiösen Filmen auf Langzeitkathetern in das umgebende Gewebe.

### 5.1.2.1
### Abwasser und Sielhaut

In Abwassersystemen bildet sich eine Sielhaut aus, die eine Mischpopulation von Mikroorganismen und Bakterien, deren extrazellulären Stoffwechselprodukten und darin eingeschlossenen Fremdstoffen ist. Dieser Film formiert sich vor allem in der Wasserwechselzone, wobei sich schwerere Elemente als Sediment am Kanalgrund absetzen (Bild 5.10).

In diesem Abwasserbiofilm werden vorrangig von den extrazellulären Substanzen (EPS) Metallionen in der Filmmatrix eingebunden. Es kommt zu deren Anreicherung in der Sielhaut beziehungsweise im Klärschlamm (Tabelle 5.4). Darüber hinaus werden auch Hydroxide und Sulfide fixiert, so daß zusätzliche Schwermetall–Fällungsreaktionen mit Fe–, Mn– und Al–Hydroxiden ablaufen, die zu einer weiteren Erhöhung der Schwermetallionenkonzentrationen führen können. Auf mögliche biokorrosive Reaktionen ist bereits ausführlich im Kapitel 3.7.4 eingegangen worden.

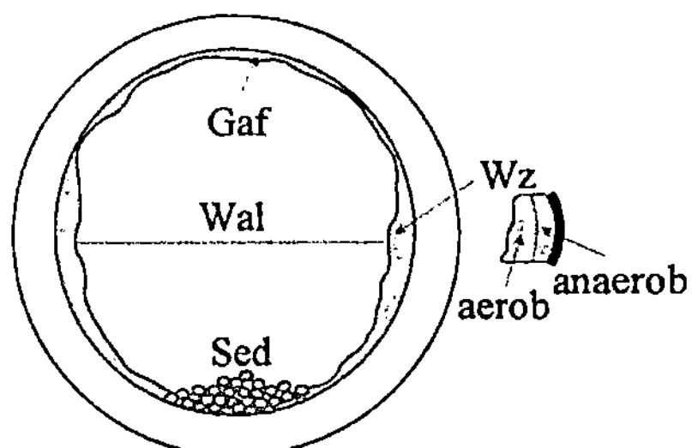


**Bild 5.10** Sielhaut im Abwasserkanal
*Gaf* Gasraumsielhaut, *Wal* Wasserspiegel, *Sed* Sedimente, *Wz* Wasserwechselzone, *aerob* aerober Filmbereich, *anaerob* anaerober Filmbereich

Neben den sauren Abwässern, unter anderem bedingt durch Haushaltsreinigungsmittel, bewirken auch Reaktionen im Biofilm die Bildung organischer Säuren, wie Milch-, Essig- und Buttersäure. Derartige biologische Reaktionen können insbesondere an Fettabscheidern beobachtet werden, wo die Abwasserinhaltsstoffe zur Ausbildung besonders konsistenter Biofilme beitragen.

Die in Abwassersystemen zum Einsatz kommenden Werkstoffe, z.B. Beton, Stahl und Gußeisen, erfordern deshalb einen Korrosionsschutz gegenüber Säurekorrosion. Kunststoffrohre müssen gegenüber diesen Säuren chemisch beständig sein, wobei die Abwassertemperatur zu beachten ist. Demgegenüber sind Steinzeugrohre bei allen zu erwartenden Abwässern korrosionsbeständig, außer beim Auftreten von Flußsäure.

Für Dichtungswerkstoffe ist die Beständigkeit der Elastomerdichtungen zu prüfen. In Verbindung mit ungelösten Lösungsmitteln sind diese bei längerer Einwirkungszeit nicht mehr beständig, so daß mögliche Schädigungen nach Reinigungsprozessen auftreten können. Die verwendeten Dichtungen werden im Regelfall (biologisch gereinigtes Abwasser, Faulschlamm) biologisch nicht zerstört [5.27]. Es wurden aber Schadensfälle beim Einsatz von Zwei–Komponenten–Dichtstoffen auf Polysulfidbasis in Dehnungsfugen von Kläranlagen und begehbaren Rohrsystemen beobachtet [5.27]. Korrosionsschutzauskleidungen in Rohrsystemen sind neben Steinzeug, vor allem Kunststoffe (PVC, PE, GFK) und verfüllte Harze.

Mit einem anaeroben biogenen Korrosionsmechanismus (Kap. 3), u.a. durch *Thiobacillus thiooxidans* hervorgerufen, muß man in Abwassersystemen immer rechnen. Hierbei ist das den Werkstoff schädigende Stoffwechselprodukt die Schwefelsäure, wobei die Bildung anaerober Bereiche in Druckleitungen und in Kanälen mit längeren Fließzeiten immer gegeben ist. Die $H_2S$–Bindung wird in organisch angereicherten Abwässern (Tierhaltung, Lebensmitteltechnik, teilweise Hauskläranlagen) und bei höheren Abwassertemperaturen gefördert, ein Problem in Ländern des Mittelmeerraumes. Bei derartig biologisch bedingten Prozessen stellt aber die $H_2S$–Konzentration ein Nachweisproblem dar. Hierbei handelt es sich um Größenordnungen von ein bis fünf [$mgl^{-1}$], so daß eine biologisch bedingte Schwefelsäurekorrosion meist erst nach Schadenseintritt erkannt wird.

**Tabelle 5.4** Anreicherungsfaktoren für Schwermetalle [5.24]

| | Schwermetallanreicherungsfaktor $\cdot 10^2$ | | | | |
| | Cd | Cu | Ni | Pb | Zn |
|---|---|---|---|---|---|
| **Klärschlamm** | | | | | |
| Koppe (1982) | 40 | 10 | 20 | 50 | 30 |
| Bischofsberger (1981) | 37 bis 190 | 29 bis 115 | 18 bis 43 | 36 bis 188 | 43 bis 114 |
| Gutekunst und Hahn (1986) | 22 bis 81 | 6 bis 20 | 16 bis 28 | 26 bis 29 | 12 bis 20 |
| **Sielhaut** | | | | | |
| Gutekunst und Hahn (1986) | 56 bis 260 | 45 bis 70 | 39 bis 48 | 25 bis 90 | 56 bis 58 |

Eine weitere Möglichkeit des Korrosionsschutzes gegenüber extrem sauren Wässern (biogene Schwefelsäureproduktion) bietet die Auskleidung mit Tonerdezement, vorrangig im Trinkwasserbereich angewandt. Untersuchungen an duktilen Gußrohren mit Auskleidungen aus Tonerdezementmörtel zeigten eine größere Beständigkeit gegenüber der biogenen Schwefelsäureschädigung als Hochofen- und Portlandzementmörtel [5.25]. Dise Tonerdezementmörtel können auch bei pH–Werten kleiner als 4,5 eingesetzt werden, wobei sich hierfür harz- oder quarzgefüllte Polyethylenbeschichtungen besonders bewährt haben [5.25].

### 5.1.2.2
### *Abwasserreinigungsanlagen*

Gezielt wachsende Biofilme in Abwasseranlagen, mit denen Reinigungsprozesse durchgeführt werden, sind Extremfälle einer Immobilisierung, z.B. im Aufwachsverfahren. Zur Gewährleistung von Reinigungseffekten muß die aktive Oberfläche ein Maximum einnehmen, wobei der Biofilm

- fest fixiert,
- künstlich immobilisiert und
- mindestens ein Biomasse produzierender Organismus in ihm enthalten

sein muß.

In mit Abwässern betriebenen Biofilmreaktoren reichern sich im Film Schwermetalle an, äquivalent zur Sielhaut. So beobachtete man [5.33] bei der Denitrifikation eines industriellen Abwassers (N und $NO^{3-}$, 120 [$gm^{-3}$]) mit *Pseudomonas aeruginosa*, immobilisiert auf PVC–Chips, eine Schwermetallkonzentration von annähernd 5 [$gm^{-3}$]. Fixierte Biofilme wachsen natürlich oder künstlich initiiert an den Oberflächen des Reaktorsystems aerob auf, wofür Festbettreaktoren, rotierende Scheiben und Schwebebettreaktoren Anwendung finden (Bild 5.11).

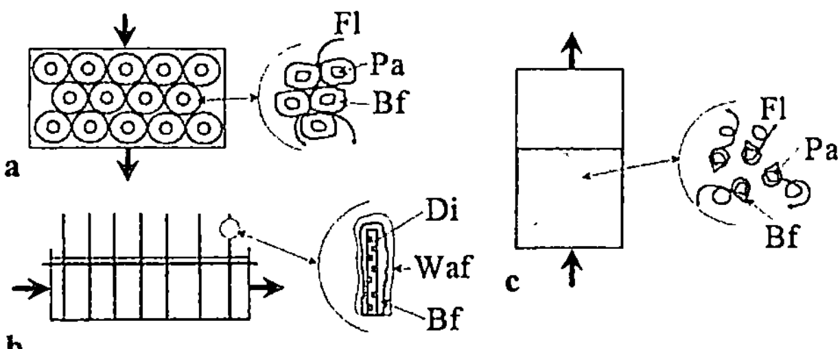



**Bild 5.11** Schematische Darstellung Biomasse produzierender Fermentoren
a Festbettreaktor, *Fl* Flüssigkeitsbewegung, *Pa* Partikel für Immobilisierung (Kies, Glas, Keramik, Holz etc.), *Bf* aufgewachsener Biofilm, b Rotationsreaktor, *Di* perforierte Scheibe, *Waf* Wasserfilm, c Wirbelschichtreaktor

Im Festbettreaktor wird der Biofilm auf Trägermaterialien immobilisiert, u.a. Granitkies, Kalkstein, Holzspäne, Torf, PVC, höherfestes Polypropylen und Polyethylen. Das Aufwachsen der Zellen erfolgt nach den Prinzipien der Biofilmbildung in porösen Materialien (Bild 5.7). Zur Gewährleistung der biologischen Abläufe (Sauerstoffversorgung) muß eine bestimmte Strömungsgeschwindigkeit eingehalten werden. Da das Abwasser dem Bioreaktor über Sprenglersysteme zugeführt wird und durch das Festbett „hindurchsickert", ist ein wohl proportioniertes Verhältnis des freien Volumens zum Gesamtvolumen anzustreben. Mit Kunststoffen erzielt man ein Hohlraumvolumen von 93 bis 95 %. Eine erste Anwendung von Festbettreaktoren war die Essigsäureproduktion durch Besiedelung von Buchenholzspänen mit Essigsäurebakterien, ein bereits 1827 entwickeltes Verfahren.

Rotierende Scheiben gewährleisten eine ständige Durchmischung des Abwassers, so daß Inhomogenitäten in der Komponentenverteilung vermindert werden. Man erreicht eine bessere Durchlüftung, infolgedessen aerobe Reaktionen, wie die Kohlenstoffoxidation und die Nitrifikation, unterstützt werden. Vergleicht man diesen Prozeß mit den wirkenden Adhäsionsenergien (Kap. 4), so muß man die Rotationsgeschwindigkeit derart wählen, daß der aufgewachsene Film nicht abreißt. Die Umfangsgeschwindigkeiten liegen in der Größenordnung von $0{,}3\ \mathrm{ms}^{-1}$. Als Scheibenwerkstoffe finden höherfeste Kunststoffe (Polypropylen, Polyethylen) Verwendung, wobei diese zur Gewährleistung einer größeren Adhäsionsfläche häufig als Gitter ausgebildet werden. In hochkonzentrierten Abwässern ist die Sauerstofftransferrate nicht mehr nur durch die Rotationsgeschwindigkeit einstellbar, so daß ein Wechsel aerob/anaerob stattfinden kann. In dieser Situation ist das System zusätzlich zu belüften.

Schwebebettreaktoren können im aeroben (Kohlenstoffoxidation, Nitrifikation) und anaeroben (Methanogenese) Bereich gefahren werden. Die Durchmesser der suspendierten Teilchen betragen 0,2 bis 2 mm. Als Werkstoffe für die Partikel finden u.a. Quarzsand, Anthrazit, Nylon und Polypropylen Verwendung. Hierbei handelt es sich um poröse Materialien, so daß für die Biofilmbildung die Strömungsverteilung um die Einzelpartikel maßgeblich ist.

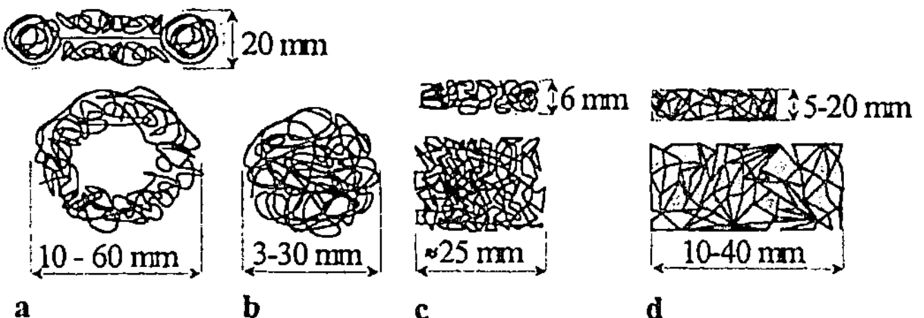


**Bild 5.12** Den Bewuchs mit Biomasse fördernde Körper
a Torus, b Kugeln (z.B. geknüllte Stahldrähte), c Matten, d poröse Oberflächen

Bei fixierten Biofilmen auf massiven Partikeln ist die Filmdicke im allgemeinen nicht kontrollierbar. Deshalb wurden beim „Biomassefördernden–Teilchen–System" (BSP) Bewuchskörper mit einem zufälligen Drei–dimensionalen Aufbau gewählt (Bild 5.12). Die eingesetzten Werkstoffe sind Polyesterfäden, Polypropylengitter, hochlegierte Stahldrähte und Glas- oder Keramikteilchen, wobei die Mikroorganismen an der Oberfläche adhärieren und miteinander aggregieren (s. Bild 4.50).

Hält man die Körper zueinander in Bewegung, beispielsweise mittels der Abwasserströmung, so wird sich jedes Teilchen im Gleichgewichtszustand mit einer im Mittel gleichmäßigen Biomasse überziehen, die von der Teilchenform abhängt (Tabelle 5.5). Hierbei ist zu beachten, daß es eine kritische Packungsdichte der eingesetzten Besiedelungskörper gibt, u.a. 8000 Toroidenm$^{-3}$ [5.5]. Mit ansteigender Partikeldichte tritt eine Verklumpung ein, die zur Erhöhung der Durchflußgeschwindigkeit und somit zur Minimierung der Bewuchsrate führt.

Poröse Werkstoffe, wie Keramiken, erfüllen diese Forderungen bereits von Natur aus. Die anzustrebenden mittleren Porendurchmesser betragen ca. 3 µm bei einer Porosität größer als 50 %. Neben der klassischen Anwendung, der Abwasser-

**Tabelle 5.5** Eigenschaften von Biomasse fördernden Teilchen [5.8]

| Werkstoff | Abm [mm] | $\rho$ [kgm$^{-3}$] | P [%] | BSP–$\rho$ [kgm$^{-3}$] sauber | BSP–$\rho$ [kgm$^{-3}$] mit Biomasse |
|---|---|---|---|---|---|
| Edelstahlkugeln | d = 6 | 7700 | 80 | 2340 | 2420 |
| Polypropylen–Torus | $d_a$ = 53 $d_i$ = 20 | 900 | 90 | 990 | 1080 |
| Polyesterschaum | Kubus 10*10*2 | 1200 | 1020 | 1020 | 1110 |
| verfilztePolypropylen–Nadeln | Kubus 25*25*6 | 900 | 990 | 990 | 1090 |

$d$ Durchmesser, $d_a$ Außendurchmesser, $d_i$ Innendurchmesser, $\rho$ Materialdichte, P Porosität, *Abm* typische Abmessungen, *BSP–$\rho$* BSP–Teilchendichte

serbehandlung (z.B. Methanbakterien), finden wird diese Körper auch in der biotechnologischen pharmazeutischen Industrie, u.a. zur Immobilisierung von *Streptococcen* oder *E.coli*. Hierbei ist immer eine Optimierung zwischen Porendurchmesser, Porenvolumen, Porosität und Strömungsgeschwindigkeit erforderlich (s. Bild 4.52).

### 5.1.2.3
### Ausgewählte Verfahren

Nachfolgend sollen ausgewählte biotechnologische Anwendungen vorgestellt werden. Die Materialanforderungen ergeben sich aus den biologisch gewonnenen Produkten, den Sterilisationsmaßnahmen und dem Milieu für die optimale Lebensweise der Mikroorganismen.

### 5.1.2.4
### Essigsäureproduktion

Die mikrobielle Produktion von Essigsäure dürfte eine der ältesten biotechnologischen Anwendungen sein. Die Grundlage stellt die mikrobielle Oxidation von Ethanol dar, wobei *Acetobacter spec.* auf Holzspänen immobilisiert werden. Ein anderes Bakterium, der *Lactobazillus*, verwandelte vor ca. 150 Jahren ganze Weinernten in Frankreich zu einer sauren Flüssigkeit, durchtränkt mit Milchsäure. Hier dominierten die Milchsäurebakterien gegenüber den Hefen, die Zucker zu Alkohol umwandeln. Das Verdienst Pasteurs war es, diesen Mechanismus zu identifizieren und eine Gegenmaßnahme zu entwickeln, die thermische Sterilisation. Es müssen aber auch die Lebensrhythmen unterbrochen werden, u.a. mittels einer entsprechenden Vorbehandlung (Schwefeln) der hölzernem Weinfässer, einer nahezu idealen Besiedelungsoberfläche. Diese klassischen Sterilisationsverfahren haben ihre Bedeutung heute noch nicht verloren.

### 5.1.2.5
### Mikrobielles Erzleaching

Die Herauslösung von Kupfer aus sauren Lösungen ist bereits seit Jahrhunderten bekannt, der Grund für die sauren Wässer in Bergwerken. Heutzutage sind es ca. 10 bis 20 % der amerikanischen Kupferproduktion, die auf diese Art und Weise gewonnen werden. Darüber hinaus „fördert" man mikrobiell Uran, Silber, Kobalt, Nickel und Gold oder entschwefelt Kohle.

Meistens oxidieren die eingesetzten Stämme (Tabelle A5.7) die entsprechenden Metallsulfide. Hierbei werden metallische Begleiter, wie Eisen, mikrobiell zu Produkten oxidiert, die das gewünschte Metall enthalten, das in einem sekundären Prozeß herausgelöst wird. Diese Reaktionen laufen oftmals im sauren Milieu ab. Beispielsweise oxidieren *Thiobacillus spec.* Eisen in ein leicht lösliches Salz, das Eisensulfat, das wiederum mit Kupfersulfit zu Kupfersulfat reagiert, aus dem letztendlich Kupfer ausgefällt werden kann. Hierbei spielt die Schwefelbilanz, als eine mögliche Prozeßbegrenzung, eine nicht zu vernachlässigende Rolle. Neben der Eisenoxidation ($Fe^{2+} \rightarrow Fe^{3+}$) kann *Thiobacillus ferrooxidans* auch Uran als Energiequelle nutzen ($U^{IV} \rightarrow U^{VI}$), was zur Urangewinnung genutzt wird. Weiterhin löst dieses Bakterium (*Th.ferrooxidans*) anorganischen Schwefel (Sulfid) aus verschiedenen Kohlearten heraus, eine Kohleentschwefelung.

Die Leaching–Verfahren sind gegenwärtig dadurch begrenzt, daß keine exakten Kenntnisse über die ablaufenden kinetischen Prozesse und die Stöchiometrien bekannt sind. Hier stellt wiederum die Wechselwirkung Organismus/Substrat und das umgebende heterogene System einen wichtigen Reaktionsfaktor dar.

### 5.1.2.6
### Polysaccharid–Produktion

Polysaccharide sind mikrobielle Energiequellen, aber gleichzeitig das Material von Zellwänden und extrazellulären Produkten. Eine hohe Konzentration an extrazellulären Polysacchariden (EPS) erhöht die Viskosität von Biofilmen. Wird dieses Phänomen auf die rheologischen Eigenschaften von Flüssigkeiten übertragen, so stehen uns hiermit Viskositätsmodifizierer zur Verfügung, wie sie in Nahrungsmitteln, Pharmaka, Kosmetika sowie der Öl- und Papierindustrie Anwendung finden (Tabelle A5.4). Die mikrobielle EPS–Produktion wird durch die Sauerstofftransportrate in der Nicht–Newtonschen, biologischen Lösung begrenzt, wobei mit zunehmender EPS–Konzentration der Diffusionskoeffizient abnimmt.

Eine technische Möglichkeit zum Ausgleich dieser Beweglichkeitsreduzierung ist zwangsläufig in einer Minimierung der Sauerstofftransportwege zu sehen. Diese Forderung ist gleichbedeutend mit einer Erhöhung der Biofilmoberfläche, womit eine Immobilisierung favorisiert wird. Die Besiedelung von *X.campestris* auf einem hochporösen Celit ergab tatsächlich eine Erhöhung der EPS–Ausbeute gegenüber dem klassischen Verfahren [5.5].

### 5.1.3
### Zellimmobilisierung

Bei fixierten Biofilmen und BSP–Reaktoren wird die Besiedelung der Tropfkörperoberfläche „natürlich", über Adhäsion und Clusterwachstum gesteuert. Die künstliche Immobilisierung unterscheidet sich von der natürlichen dadurch,

- daß zur Immobilisierung ein technisch gesteuerter Prozeß unter Nutzung biophysikalischer/biochemischer Techniken angewendet wird.
- daß ein Wachstum und eine Regeneration der immobilisierten Zellen nicht notwendig und oftmals sogar unerwünscht ist.

Immobilisierte Zellen wirken als Biokatalysatoren, wobei sie folgende Funktionen übernehmen können,

- die Enzymtrennung und -reinigung

- die in-vitro Stabilisierung der Enzymstruktur,
- als Coprozessor bei mehrfachen Enzymreaktionen und
- die Steuerung des Abklingens und die Garantie für die Irreversibilität von Enzymreaktionen.

Die thermodynamischen Grundlagen der Immobilisierung wurden mit der Adhäsion (Kap. 4) bereits vorgestellt. Nimmt man eine Unterteilung nach praktischen Gesichtspunkten vor, dann sind Zellen prinzipiell chemisch oder physikalisch immobilisierbar, wobei das Spektrum von der Ausnutzung spezifischer Bindungsmechanismen bis zur Herausfilterung oder Sedimentation besiedelter Tropfkörper reicht (Bild 5.13). Ein Vergleich der unterschiedlichen Immobilisierungstechniken verdeutlicht, daß nicht jeder Bindungsmechanismus zur Erzielung spezifischer Funktionen der immobilisierten Zellen geeignet ist (Tabelle 5.6). In Abhängigkeit von den jeweiligen zellulären Eigenschaften ist der geeignete Werkstoff für den Tropfkörper nach den genannten Kriterien (Adhäsion, Nährstoffversorgung, Zellaktivität) auszuwählen und eventuell spezifisch zu umhüllen.

**Tabelle 5.6** Verschiedene Immobilisierungstechniken und Umhüllungen [5.14]

| Charakteristik | Vernetzung | Adsorption | Chelatisierung | kovalente Bindung | Einschluß |
|---|---|---|---|---|---|
| Präparat | intermediär | einfach | einfach | schwierig | intermediär |
| Bindungsenergie | stark | schwach | intermediär | stark | intermediär |
| Beständigkeit | niedrig | hoch | intermediär | niedrig | intermediär |
| Regenerierung | unmöglich | möglich | möglich | selten | unmöglich |
| Kosten | mittlere | niedrig | niedrig | hoch | niedrig |
| Schädigung | nein | ja | ja | nein | ja |
| Lebensfähigkeit | nein | ja | ja | nein | ja |

| Adsorptionstechnik | Ionenaustausch = f (Zelloberfläche, Ionenplätze) |
|---|---|
| selektive Bindung | Makromoleküle auf inerten Oberflächen (z.B. Lektin) |
| kovalente Bindung | reaktive Komponenten zur Zelloberfläche, poröse Silikatglaskugeln für *S.carobergensis, Serratia marcescens, S.cerevisiae, S.amurcae* |

| Umhüllung | Eigenschaft |
|---|---|
| Polyacrylamid–Gel | häufig angewendet (*Acrylamid* toxisch, wirkt bereichsverbindend) |
| Kollagen/Gel | für Enzyme, Zellen, Organellen |
| Kollagen/„corragunan" | Seekraut–Polysaccharid (geringe Toxizität, große Diffusionsgeschwindigkeiten für $O_2$ und Energieträger) |
| wäßrige Metalloxide ($Ti^{4+}$, $Zr^{4+}$) | Polymer–Metall–Hydroxid–Ausscheidung, für *Acetobacter spec., Serratia marcescens, E.coli, S.cerevisiae* |
| Agar–Gel | Einschluß ganzer Zellen, *S.cerevisiae* |
| Ionische Netzwerke | Calcium–Alginat+Carboxymethylcellulose, Styrol–Apfelsäure |

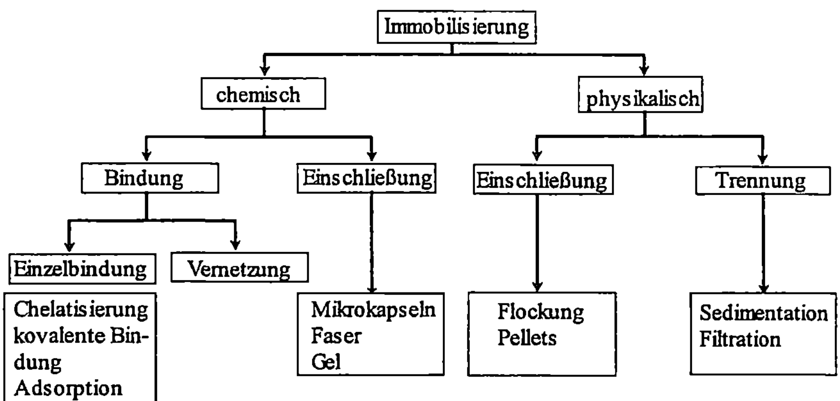


**Bild 5.13** Klassifikation von Immobilisierungstechniken

Künstlich immobilisierte Zellsysteme werden u.a. im Wasserbereich für analytische (Biosensoren) und spezifische Reinigungsaufgaben, in der Pharmaindustrie zur Produktion zellulärer Proteine und in der Säugerzellkulturtechnik angewendet. Säugerzellen können oftmals nur im immobilisierten Zustand gezüchtet werden, da sie im natürlichen auf Fremdoberflächen aufwachsen (Knochen, Gefäßwände, Fremdkörper). Eine realitätsnahe Biomaterialprüfung setzt somit die Kultivierung von Säugerzellen voraus.

### 5.1.3.1
### Analytische Anwendungen (Biosensoren)

Die Aktivität des mikrobiellen Lebens hängt von bestimmten Elementkonzentrationen ab, wie dem Sauerstoff- oder dem Schwermetallgehalt. Da es sich hierbei um elektrisch geladene Teilchen handelt, kann deren Konzentration in einem Biosensor als Veränderung der elektrischen Ladungsdichte gemessen werden. Die Mikroorganismen sind eine kleine Teilmenge des technisch ablaufenden Prozesses oder man setzt eineinen Organismus ein, der aktiv auf Veränderungen im biologischen System reagiert. Diese Verfahren ermöglichen somit in situ–Messungen, vorausgesetzt der Stoffwechselkreislauf der eingesetzten Mikroorganismen ist in Details aufgeklärt.

Eine der ersten Anwendungen war die Bestimmung des Sauerstoffgehaltes von Abwässern [5.12]. Hierzu wurde die Hefe *Trichosporon cutaneum* verwendet, die praktisch als Sandwich zwischen die Kathode und einer porösen Membran (*Dicke* 150 µm, *Porengröße* 0,45 µm, *Durchmesser* 47 mm, *Material* Acetylzellulose) immobilisiert wurde (Bild 5.14). Durch Injektion von Zucker und Aminoglutarsäure in das Sensorsystem wird die Hefe derart aktiviert, daß der Strom seinen Gleichgewichtswert nach 18 Minuten erreicht. Die Lebensdauer dieses Biosensors liegt bei 17 Tagen oder 400 Tests. Die Messung erfolgt gegen eine Standard–Sauerstoff–Elektrode, d.h. man mißt die Atmungsaktivität.

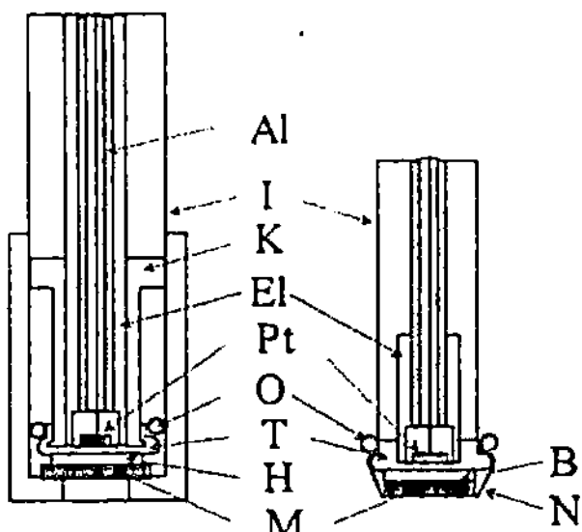


**Bild 5.14** Schematische Darstellung eines Biosensors zur Sauerstoffbestimmung [5.5]
*Al* Al–Kathode, *I* Isolator, *K* Kappe, *El* Elektrolyt, *Pt* Pt–Kathode, *O* Dichtring, *T* Teflon–Membran, *H* Hefe, *M* Acetyl–Zellulose–Membran, *B* Bakterium, *N* Nylon–Netz

**Tabelle 5.7** Anwendung immobilisierter Mikroorganismen für Biosensoren

| gesuchte Substanz | Mikroorganismus | Nachweis | Signal/El. |
|---|---|---|---|
| Glucose | *Pseudomonas fluorescens* | $O_2$ | I/$O_2$–El. |
| Zucker | *Br. lactofermentum* | $O_2$ | I/$O_2$–El. |
| Essigsäure | *Trichosporon brassicae* | $O_2$ | I/$O_2$–El. |
| Ethanol | *Trichosporon brassicae* | $O_2$ | I/$O_2$–El. |
| Glutaminsäure | *Escherichia coli* | $CO_2$ | U/$CO_2$–El. |
| Glutamin | *Sarcina flava* | $NH_3$ | U/$CO_2$–El. |
| Serin | *Clostridium acidiuric* | $NH_3$ | U/$CO_2$–El. |
| Histidin | *Pseudomonas sp* | $NH_3$ | U/$CO_2$–El. |
| Arginin | *Streptococcus faecium* | $NH_3$ | U/$NH_3$–El. |
| Cephalosporin | *Citrobacter freundii* | $H^+$ | U/pH–El. |
| Nystatin | *Saccharomyces cerevisiae* | $O_2$ | U/$O_2$–El. |
| Salpetersäure | *Lactobacillus arabinosus* | $H^+$ | SU/pH–El. |
| Nitrat | *Azotobacter vinelandii* | $NH_3$ | U/$NH_3$–El. |
| Ammoniak | nitrifizierendes Bakterium | $O_2$ | I/$O_2$–El. |
| Phenol | *Trichosporon cutaneum* | $O_2$ | I/$O_2$–El. |
| Methan | *Methanomonas spec* | $O_2$ | I/$O_2$–El. |
| BOD | *Trichosporon cutaneum* | $O_2$ | I/$O_2$–El. |

## Meßprinzip

| | | |
|---|---|---|
| Ionenselektiv. | Potentiometer | Ionen in biologischen Lösungen, Enzyme |
| Gassensitive | Potentiometer | Gase, Enzyme, Organellen, Zellelektrode |
| Feldeffekt | Potentiometer | Ionen, Gase, Enzymsubstrate |
| Optoelektronik/ Fiberoptik | optisch | pH, Enzymsubstrate, immunologische Komponenten |
| Thermistor | Kalorimeter | Enzyme, Organellen, Zellsensor |
| Enzym | Amperemeter | Enzymsubstrate |
| Leitfähigkeit | | Enzymsubstrate |

*EL* Elektrode, *I* Strom, *U* Spannung

Beim Einsatz von Bakterien, wie *Clostridium butyricum*, ist ein anaerobes Arbeiten mit den „Sensororganismus" möglich. Hierbei wird der organische Kohlenstoff in Wasserstoff umgewandelt, der an der Kathode eine Stromstärkeänderung bewirkt, vergleichbar mit der Korrosion in sauren Lösungen. Derartige bakterielle Elektroden haben eine Lebenszeit von 30 bis 40 Tagen.

Zur Messung von Ammoniak können nitrifizierende Bakterien, u.a. *Nitrosomonas europaea*, angewendet werden, wobei wiederum eine Messung gegen die Standard–Sauerstoff–Elektrode erfolgt. Zur Kalibrierung dient der Strom aus der Sauerstoffdifferenz des biologischen Prozesses mit und ohne Ammoniak. Es ergibt sich ein linearer Meßbereich für im Ammoniak gebundene Stickstoffkonzentrationen von 0 bis 1,5 $[gm^{-1}]$ bei einer Elektrodenlebenszeit von 14 Tagen oder 1400 Messungen [5.11]. Auf diese Art und Weise ist es möglich, für spezifische Anwendungsfälle hochsensible Elektroden herzustellen (Tabelle 5.7).

### 5.1.3.2
### Umwelttechnische Anwendungen (Behandlungsmethoden)

Mit Hilfe von Methanobakterien, immobilisiert in Agar–Gel, Polyacrylamid–Gel oder Kollagen, kann bei der Abwasserbehandlung Methangas produziert werden. Hierbei wurde die höchste Gasausbeute $(CH_4)$ von 450 $mMol h^{-1}g^{-1}$ Trockenmasse für die Immobilisierung mit Agar–Gel gemessen.

Mit in Alginat–Gel immobilisierten *Pseudomonas denitrificans* gelang es, Nitrat zu Nitrit zu reduzieren. Dieser Prozeß konnte in Batch–Kulturen und Fermentoren aufrecht erhalten werden. Die Aktivität zur Nitratreduktion wurde durch das regelmäßige Zuführen von organischen Nährstoffen gewährleistet, wie Holzspänen.

*Streptomyces viridochromogenes* und *Chlorella regularis* eingebettet in Polyacrylamid–Gel erlauben die Uranrückgewinnung aus See- und Frischwasser. Diese Uranadsorption ist unabhängig vom pH–Wert, wobei das adsorbierte Uran mit $Na_2CO_3$ desorbiert werden konnte.

Der Phenolabbau wird mittels der Hefe *Candida tropicalis*, eingebettet in Kugeln aus einem ionischen Polymernetzwerk (Styrol–Apfelsäure–Copolymere), realisiert [5.33].

Eine Denitrifikation in Wasser, Reduktion von Nitrat und/oder Nitrit, kann durch Anwendung von *Micrococcus denitrificans* erfolgen, die in Kugeln eingekapselt und deren Oberflächen aus Einzelmolekülen aufgebaut sind (Bild 5.15). Die Geschwindigkeit der Denitrifikation ist diffusionsbegrenzt.

Die Immobilisierung von *Clostridium butyricum* auf einem Glucosesubstrat erlaubt durch eine Potentialverschiebung infolge der Absenkung des pH–Wertes den Aufbau einer Brennstoffzelle (*Stromausbeute* 1,2 [mA] über 15 Tage). Bei Verwendung von alkoholischen Abwässern als Kohlenstoffquelle erhöht sich die Ausbeute auf 8 bis 9 mA über 20 Tage, wobei der Stamm *Cl.butyrium* in einem Polyacrylamide–Gel eingebettet ist. Als Fermentor für die anaerobe $H_2$–Produktion finden Festbettreaktoren Verwendung (Bild 5.16).

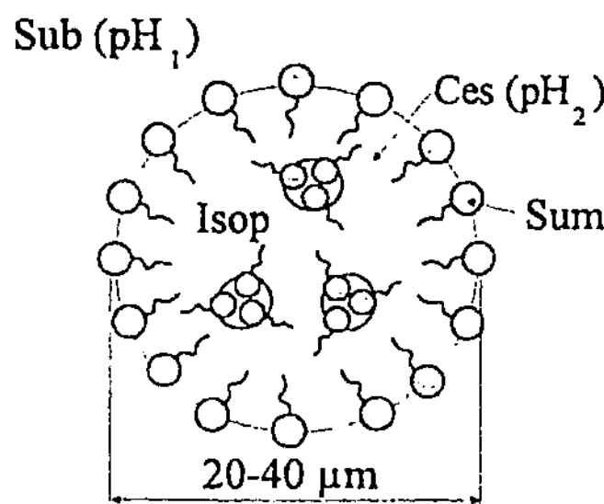



**Bild 5.15** Umhüllung von *Micrococcus denitrificans* mit einer flüssigen Membran [5.22]
*Sub* Substrat und flüssiger Puffer (*pH–Wert* 1), *Ces* Zellsuspension (*pH–Wert* 2), *Sum* Oberflächenmoleküle, *Isop* Isoparaffin

Gegenwärtig liegt das Hauptaugenmerk bei der biologischen Wasserstoffgewinnung, als eine mögliche zukünftige Energiequelle, auf der Erhöhung der Hydrogenase–Ausbeute. Nutzt man zur Wasserstoffgewinnung mit Algen in Symbiose lebende Bakterien, wobei die Algen ihren Stoffwechsel über die Photosynthese aufrechterhalten, so muß man fordern, daß zur Gewährleistung der Lichtdurchlässigkeit die Reaktorwände nicht zuwachsen. Dies ist ein bioadhäsives Problem.

Beim Einsatz von *Lactobacillus casei* zur Aufarbeitung der in der Käseherstellung anfallenden Molke zu Milchsäure, wird das Bakterium auf porösem Sinterglas immobilisiert (Bild 5.17). Hierbei erreicht man einen Lactoseumsatz, dem Hauptbestandteil der Molke, von ca. 90%. Die Fixierung des Bakteriums an porösen Trägermaterialien erhöht die Besiedelungsfläche um ein Vielfaches gegenüber glatten Kugeloberflächen. Derartige Trägerkörper mit Porositäten um 60 % finden sowohl in Festbett- als auch in Wirbelschichtreaktoren Verwendung. Auf die bioadhäsiven Probleme der Besiedelung von porösen Oberflächen wurde bereits im Zusammenhang mit der Immobilisierung von *Escherichia coli* auf SIRAN–Kugeln verwiesen (s. Bild 4.51).

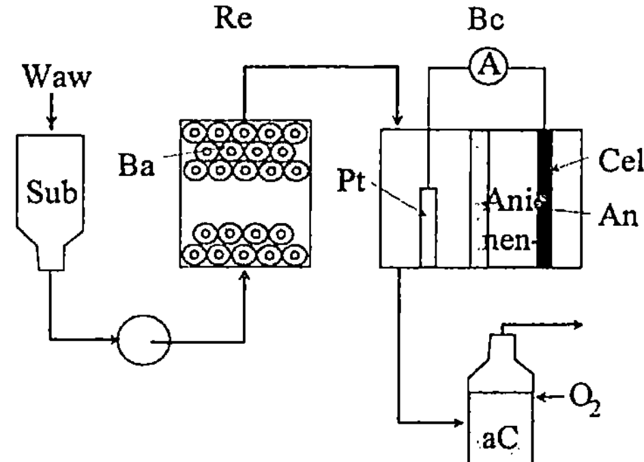



**Bild 5.16** Anaerobe Produktion von H₂ mittels des Bakteriums *Clostridium butyricum* [5.32]
*Waw* alkoholisches Abwasser, *Sub* Substrat, *Ba* im Gel immobilisierte *Cl.butyricum*, *Re* Festbettreaktor, *Bc* Brennstoffzelle, *Pt* Platin–Elektrode, *An* Anionen–Austauscher–Membran, *Cel* Kohlenstoffelektrode, *aC* aerobe Kultur (Endaufbereitung)

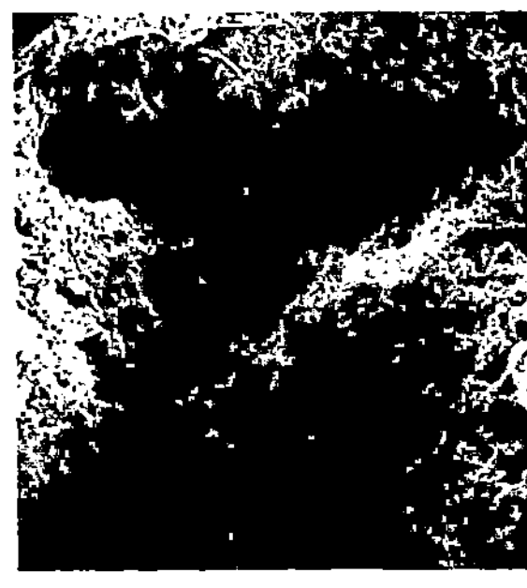 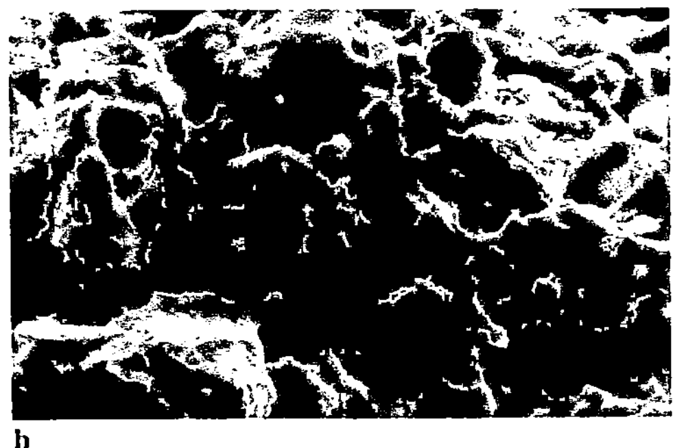

a        b

**Bild 5.17** Rasterelektronenmikroskopische Aufnahme von *Lactobacillus casei* [5.15]
a *L.casei* auf einer Sinterglaskugel, b poröse Kugeloberfläche

### 5.1.3.3
### *Säuger–Zellsysteme*

Säugerzellen, z.B. Lymphozyten, Knochenmarkszellen, ß–Inselzellen, Hepatozyten, oder deren Zellprodukte, u.a. Insulin, Hormone oder monoklonale Antikörper, stellen eine weitverbreitete Anwendung in der medizinischen Diagnostik und Therapie dar. Viele Proteine (Interferon, Insulin) konnten biotechnologisch durch DNA modifizierte Bakterien hergestellt werden. Proteine mit komplexen dreioder vierfachen Strukturvernetzungen sind bakteriell nicht mehr produzierbar. Hierfür müssen Säugerzellen selbst kultiviert und technisch gezüchtet werden. Diese Zellen sind um ein Vielfaches größer als Mikroorganismen, stärker strukturiert und nicht so variabel gegenüber Umweltveränderungen (Kap.2). Zur Zellteilung benötigen sie oftmals die Wechselwirkung mit festen Oberflächen, wobei ionische Zwischenschichten ($Ca^{2+}$, Proteine) eine kovalente Bindung bewirken. Die Biomaterialprüfung setzt ebenfalls die Züchtung von Säugerzellen voraus, z.B. Osteoblasten zur Biokompatibilitätsprüfung von Hartgewebsimplantaten (Kap.8).

Bereits die Zellgröße verursacht Probleme bei der Immobilisierung, womit die Filmbildung sehr stark von Scherspannungen abhängt. Die Zellwände selbst gleichen nur Scherspannungen kleiner als 6 $Nm^{-2}$ aus [5.31], so daß bereits in „maschinentechnischen" Einbauten, wie Pumpen und Ventilen, eine Zellzerstörung möglich ist. Bereits die Scherkräfte der Grenzschicht können zum mechanisch indizierten Zellstreß führen, so daß man zu deren Minimierung die Oberfläche auf Werte unter 0,1 μm poliert. Diese sind mit geflämmten Glasoberflächen, Emailbeschichtungen oder sehr elektrochemisch polierten Stahloberflächen erreichbar.

Darüber hinaus beeinflußt die zelluläre Proteinausschüttung die Strömungseigenschaften. In einer turbulenten Strömung bewirkt die Zugabe von Makromolekülen eine Turbulenzdämpfung, in einer laminaren erhöht sich die Viskosität, so daß bei gleichbleibender Schergeschwindigkeit die Scherkraft ansteigen würde. Die Kultivierung erfolgt in Wirbelschichtreaktoren (Kap. 6).

Neben der Biomaterialprüfung ist eine weitere Anwendungsmöglichkeit der Einsatz besiedelter Trägerkörper als Transplantate. Bei diesem Verfahren setzt man die Trägerkörper nach der Besiedelung, beispielsweise mit Osteoblasten, Fibroblasten oder Leberzellen, als Implantat ein. Ziel ist eine vollständige Einbeziehung des Transplantates im körpereigenen Gewebe. Hier muß das Trägermaterial neben der Besiedelungsfähigkeit im Fermentor auch alle an ein Implantat zu stellenden Anforderungen erfüllen, z.B. eine entsprechende Porosität zum Durchwachsen mit Blutgefäßen, eine minimale Störung des sich neu bildenden Gewebes und nach Möglichkeit eine aktive Beteiligung an der Gewebsbildung. Die Trägerkörper sind abschließend im neuen Gewebe eingebettet. Um Zellreaktionen bei Langzeitimplantaten zu vermeiden strebt man den Einsatz biodegradabler Materialien an.

Das Oberflächenpotential hängt von der Krümmung ab (s. Bild 3.4), womit die Adhäsion an einer konvexen Oberfläche bevorzugt abläuft. Diese Eigenschaft nutzt man beispielsweise bei sphärischen Zellträgern aus (Bild 5.18). Das Transplantat soll schnell an das Blutgefäßsystem angeschlossen werden, womit die Gefäße den Trägerkörper durchwachsen müssen. Die Krümmung am Locheintritt entspricht einer konvexen Oberfläche. Analog strebt man an, daß die sich um das Transplantat ausbildenden Zellschichten von Kapillaren durchdrungen werden. Sie umwachsen die konvexe Oberfläche des besiedelten Trägerkörpers. Im Kapitel 7 (Biomaterialien) wird gezeigt, daß für die sich einstellenden energetischen Bedingungen auch die geometrischen Verhältnisse bedeutungsvoll sind, wie der Loch- oder Poren- zum Gefäßdurchmesser.

Gegenüber Mikroorganismen beobachtet man bei der Adhäsion von Säugerzellen in einem späten Stadium eine Spreitung (Bild 5.19). Die Reaktionschritte sind somit

- eine unspezifische Adhäsion und ein erster Zellkontakt mit der Oberfläche,
- eine reversible Anhaftung der Zellen,
- eine irreversible Adhäsion, insbesondere unter Beteiligung von Proteinen und Kationen (kovalente Bindung) und
- ein Spreiten der adhärierenden Zellen auf der Oberfläche (irreversible Adhäsion).

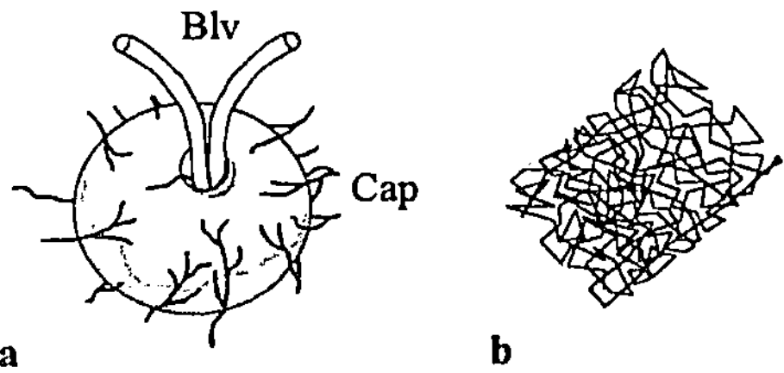


**Bild 5.18** Zellträger für Transplantate
a sphärischer Zellträger, z.B. für Leber- und Nierenzellen (*Material* Keramik aus Al₂O₃, TiO und Glaskeramik), *Blv* Blutgefäße, *Cap* Kapillaren, b Matten, z.B. für Knorpelzellen (*Material* polymerisierte biodegradable Polyglykolsäure oder Polyhydroxybuttersäure, bioinerte Metallgeflechte)

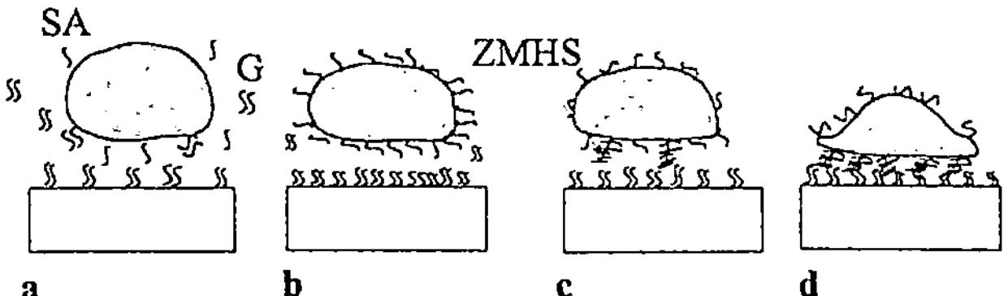



**Bild 5.19** Anhaftung und Spreitung höherer Zellsysteme [5.6]
a Zellpolarisation und Adsorption, b Kontakt, c Anhaftung, d Spreitung, *SA* Serumalbumin/
-proteine, *G* Globuline, auch goldunlösliche (Fibronektin), *ZMHS* zelluläres multivalentes Heparansulfat

Diese einzelnen Prozeßschritte sind untereinander umkehrbar und können von der Zelle mitbeeinflußt werden. Beispiele hierfür sind der Übergang von monolagigen zu mehrlagigen Zellkulturen (Bild 5.20). Bei der monolagigen Kultur diploider Zellen stoßen diese dichtgedrängt auf der Festkörperoberfläche aneinander, ohne übereinander zu wachsen, das Phänomen der reversiblen Kontaktinhibitation. Im Fall von abnormen Tumorzellen beobachtet man diese Erscheinung nicht mehr. Bei normalen Zellen findet ein Wachstum nur dann statt, wenn eine Zelle in nächster Nachbarschaft fehlt. Die Morphogenese besteht somit im Aufbau Drei–dimensionaler Zellstrukturen mit festgefügten Grenzen und Funktionen (Bild 2.28). Dieser gravierende Unterschied zwischen normalen (monolayer) und Tumorzellen wird in der Biomaterialforschung als ein Kennzeichen zur Beurteilung der Biokompatibilität angewendet.

Beim Wachstum abnormer Zellen treten folgende Unterschiede gegenüber normalen auf [5.6],

- Veränderungen der Membranfunktion mit einer erhöhten Permeation an Proteinen und Metaboliten. Durch Pustelbildung wird die Zelloberfläche vergrößert.
- Veränderungen der Adhäsionseigenschaften, wobei eine Verminderung der Adhäsion eine Minimierung der Spreitung bewirkt. Ursache hierfür ist u.a. eine minimierte Zellbeschichtung mit Fibronektin oder eine erhöhte extrazelluläre Proteolyse.
- Abnormitäten des Wachstums infolge sehr hoher Zelldichten, womit die Adhäsionsfähigkeit auf festen Flächen abnimmt.

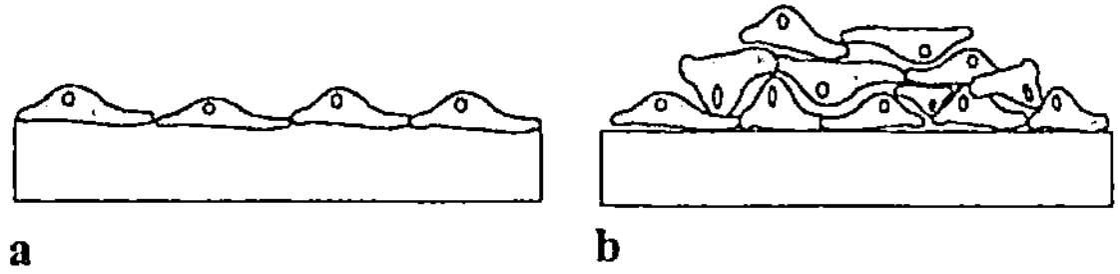



**Bild 5.20** Wachstum normaler und abnormaler Zellen [5.1]
a einschichtiges Wachstum normaler Zellen auf Biomaterialoberflächen, b mehrschichtiges Wachstum abnormaler Zellen

Diese Eigenschaften hängen nicht nur von der Zelle, sondern auch von der Beschaffenheit der Werkstoffoberfläche ab. So können Druckknopf–Mechanismen durch adsorbierte Proteine, Polysaccharide oder zweiwertige Metallionen favorisiert werden (Kap. 4). Diese Stoffe kann man über die Kulturlösung oder durch die Zelle selbst dem System zuführen. Ein Kennzeichen der lebenden Zelle besteht darin, daß sie sich auf der Oberfläche in Abhängigkeit von der Dichteverteilung der Faktoren bewegen kann, die den Stoffwechselkreislauf bestimmen. Eine tote Zelle ist hierzu nicht fähig. Biofilme höherer Zellsysteme bewegen sich somit auf der Werkstoffoberfläche, so daß sie sich der Topographie folgend an diese anschmiegen.

Alle Zellen tragen auf ihrer Oberfläche ungleichmäßig verteilte, negative Ladungen (Zellwand). Die Biofilmbildung höherer Zellsysteme wird somit von

- der Oberflächentopographie,
- der Oberflächenstruktur,
- den Ähnlichkeiten (in–vivo) zur physiologischen Oberfläche im Zellverband,
- der Existenz toxischer Oberflächenelemente, z.B. $Cu^{2+}$ als ein Zellgift,
- dem Oberflächencharakter (hydrophil/hydrophob) und
- der Verteilung positiver und negativer Ladungen unter Ausschluß einer Zellrotation (Dipolbildung)

beeinflußt. Diese Eigenschaften erfüllen insbesondere Materialoberflächen, die mit polaren und unlöslichen bioorganischen Polymeren überzogen sind, wie Kollagen (Gelatine), Elastin oder Fibrin. Derartig „beschichtete" Oberflächen kommen der physiologischen am nächsten.

Zur gezielten bioaktiven Besiedelung von Glas- und Kunststoffoberflächen „pfropft" man in oder auf diese definierte Ladungen unterschiedlicher Polarität auf, wie Beschichtungen mit Polylysin als einen biospezifischen Liganden oder modifiziert die Oberfläche mittels eines Ionenaustausches. Beim Austausch ist die Ladungsdichte und -verteilung wichtiger als die Polarität, wobei ein ausgewogenes Verhältnis an multivalenten (hydrophober) und ionischen (kovalenten) Bindungen angestrebt werden sollte. Darüber hinaus besteht durch eine radioaktive Bestrahlung die Möglichkeit, in Kunststoffoberflächen negativ geladene Oberflächengruppen aufzubauen.

Vorrangig natürliche Substrate können die Adsorption von Bakterien, Hefen und Säugerzellen verbessern (Bild 5.21), wie das Sekret der Seemuschel *Mytilus edulis*, bekannt unter dem Handelsnamen „CELL–TAK". Hierbei treten keine Veränderungen der Zellmorphologie, von Metabolismen oder der Wachstumsgeschwindigkeit auf.

Bereits einzelne Glaschargen können völlig unterschiedliche Besiedelungseigenschaften aufweisen. Eine Vielzahl von Kunststoffoberflächen, z.B. Teflon, muß erst hydrophiler „eingestellt" werden, um besiedelungsfähig zu sein. Viele Ionen metallischer Oberflächen sind toxisch, wie Kupfer, Chrom und Nickel. Eine Ausnahme bildet kolloidales Gold, auf dem die Adhäsionskräfte so beeinflußbar sind, daß die Zellbeweglichkeit auf der Oberfläche minimiert oder vollständig unter-

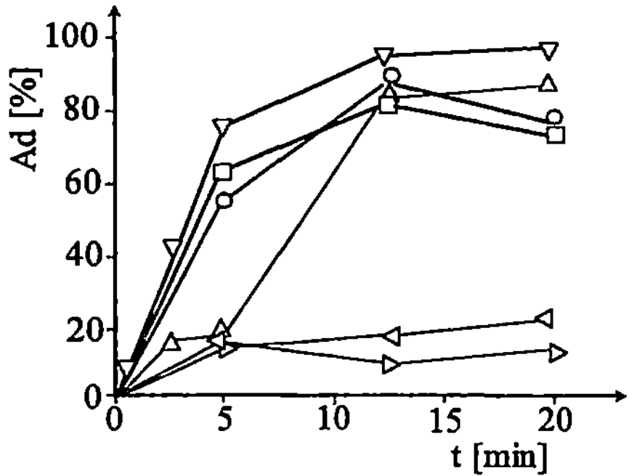


**Bild 5.21** Beeinflussung der Adhäsion von Endothel–Zellen mittels einer Proteinbeschichtung („CELL–TAK") [5.5]
*mit Beschichtung* o Nierenzellen (Hamster), ▽ Knochenzellen, ☐ Lymphozyten, *ohne Beschichtung* ◁ Nierenzellen (Hamster), △ Knochenzellen, ▷ Lymphozyten, *Material* Polyamid, *Ad* Adsorption, *t* Zeit

bunden werden kann. An diesen Kollidteilchen siedeln sich extrem schnell Makrophagen an, hundertmal schneller als Fibroblasten.

In der Zellkulturtechnik und Implantologie hat sich zur „biologischen Anpassung" der Werkstoffoberfläche durchgesetzt, diese für wenige Minuten in die arteigene Lösung einzutauchen. Hierbei überzieht sich die Oberfläche mit einem dünnen Film aus den Komponenten, die für die Adhäsion und Spreitung von Bedeutung sind, wie Albumin oder Fibronektin.

# 5.2
# Biofouling

Biofouling ist die negative, biologisch bedingte Veränderung der Parameter einer technischen Anlage. Der Begriff ist von den Ablagerungen in wasserführenden Systemen abgeleitet. Ein Foulingprozeß kann die Bildung von Biofilmen in Kühlwasserkreisläufen und die damit veränderte Wärmeführung sein. Aber auch das Zuwachsen von Membranen und die Verschlechterung der Produkteigenschaften entspricht diesem Phänomen. Der letztere Fall ist bedeutungsvoll für steriles Spülwasser in der Mikroelektronik. In der Nanotechnologie überdecken Mikroorganismen eine Vielzahl von herausgeätzten Leiterbahnen und führen zum Kurzschluß im beschichteten Endprodukt.

## 5.2.1
## Membranfouling

Das Problem des Mebranfoulings ist insbesondere für Systeme mit einer hohen Trennschärfe relevant, wie in der Medizintechnik, Mikroreaktortechnik und Mi-

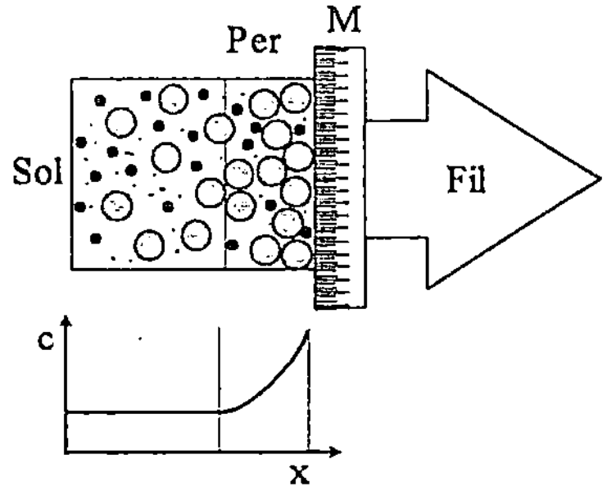


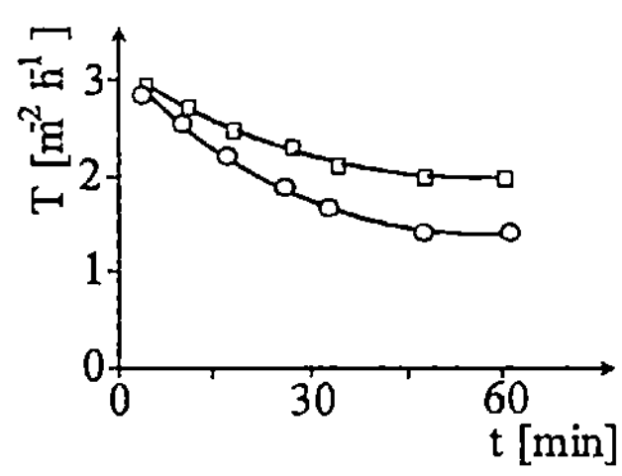


**Bild 5.22** Konzentrationspolarisation an einer Membran
*Sol* Lösung, *Per* Permeat, *M* asymmetrische Membran, *Fil* Filtrat, *c* Konzentration, *x* Weg

**Bild 5.23** Transferrate als Funktion der Zeit [5.6]
*Filtrat* Bovin–Serum, ⊡ modifizierte Membranoberfläche, o unmodifizierte Oberfläche

kroelektronik. Hier zeigen gezielte Anwendungen bioadhäsiver Überlegungen einen Ausweg auf.

Bei der Mikrofiltration (Kap. 6) versucht man, eine hohe tangentiale Anströmgeschwindigkeit zur Vermeidung einer Biofilmbildung an der Membranoberfläche zu erreichen. Oftmals kann diese Wunschvorstellung aus Gründen des mechanischen Zellstresses und aus ökonomischen Überlegungen nicht realisiert werden. Darüber hinaus findet noch eine Adsorption von Proteinen an Membranen mit Porendurchmessern von 0,4 μm statt, so daß allmählich die poröse Membranoberfläche zuwächst. Dieser aufgewachsene Biofilm übernimmt die Funktion einer Sekundärmembran (Konzentrationspolarisation), so daß sich die Konzentration an der Permeatseite erhöht (Bild 5.22). Gleichzeitig führt dies zu einer Reduzierung des effektiven Porendurchmessers, so daß die Produkte mit den erwünschten Durchmessern nicht mehr die Membran passieren können. Eine Proteinadsorption verstärkt diese Effekte.

Eine Möglichkeit zur Minimierung der Adsorption ist die Ausnutzung gleichpoliger elektrischer Wechselwirkungen (s. Bild 4.22) bzw. die Veränderung der hydrophilen/hydrophoben Eigenschaften. In Analogie zur Medizintechnik hat sich als ein „Kompromißwerkstoff" zur Beschichtung der Membranoberfläche pyrolytischer Kohlenstoff erwiesen, der die Proteinadsorption minimiert [5.19]. Der Beschichtungseinfluß auf die Durchlaßfähigkeit einer Ultrafiltrationsmembran ist im Bild 5.23 dargestellt. Im Falle einer Beschichtung stellt sich ein konstanter Durchsatz ein.

## 5.2.2
## Biofilme in Kühlsystemen

Die Verfügbarkeit und der Wirkungsgrad von wärmetechnischen Anlagen hängen unter anderem von der Funktionsfähigkeit der Kühlsysteme ab. In Umlauf- und Durchlaufkühlsystemen besteht ein direkter Kontakt mit der Umwelt, sei es über

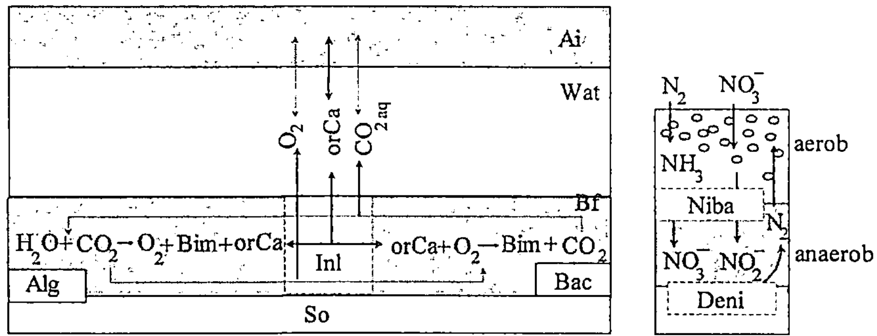


**Bild 5.24** Algen/Bakterien Wechselwirkung in einem Biofilm und aerob/anaerober Schichtaufbau in Oberflächennähe

*Ai* Luft, *Wat* Wasser, *Bf* Biofilm, *Bac* Bakterium, *Alg* Algen, *Inl* wäßrige Zwischenschicht, *So* Festkörper, *Bim* Biomasse, *orCa* organischer Kohlenstoff, *Niba* stickstoffreduzierende Bakterien, *Deni* Denitrifikation, *aerob* sauerstoffreicher Bereich (niedrigmolekulare, gelöste organische Verbindungen), *anaerob* sauerstoffarmer Bereich (hochmolekulare, gelöste organische Verbindungen)

den Kühlturm oder durch den direkten Wasserzufluß. Aber auch beim Befüllen abgeschlossener Systeme treten Kontaminationen auf (Kahmhaut), so daß man in flüssigkeits- oder gasführenden Rohrsystemen immer mit einer biologischen Verunreinigung rechnen muß.

Algen (autotroph) treten bevorzugt in lichtzugänglichen Bereichen auf und nutzen das Licht als Energiequelle zur Oxidation von Sauerstoff und Reduktion von Kohlenstoff, wobei als Kohlenstoffquelle das $CO_2$ dient. Sie sind Primärproduzenten, wohingegen die heterotrophen Bakterien die Algenabbauprodukte (organischer C, $O_2$) als Energie- und Kohlenstoffquelle verwerten.

Die Algen und Bakterien gehen miteinander eine Lebensgemeinschaft ein, die Licht, Wasser und $CO_2$ benötigt (Bild 5.24). Die extrazellulären Produkte der Bakterien bilden eine Gelschicht, womit sich mit zunehmender Dicke des Algen- und Bakterienfilmes an dessen Basis ein anaerober Bereich ausbildet. In diesem liegen beispielsweise ideale Bedingungen für sulfatreduzierende Bakterien vor, womit eine Korrosion an un- und niedriglegierten Stählen, sowie nichtmetallischen Werkstoffen vorprogrammiert ist (s. Kap. 3.7).

### 5.2.2.1
### Wärmeübertragung

Der Biofilm stellt einen zusätzlichen Übergangswiderstand R für den Wärmetransport dar. Die Gesamtbilanz (Q) setzt sich aus einer Wärmeübertragung ($Q_Ü$) an den Grenzflächen und einer Wärmeleitung ($Q_L$) durch die einzelnen Schichten zusammen (Bild 5.25).

Mit den Übertragungswiderständen für die Wärmeleitung $R_L = \delta/\lambda A$ und den Wärmeübergang $R_Ü = 1/\alpha A$ ($\alpha$ Wärmeübergangszahl, $\lambda$ Wärmeleitzahl) ergibt

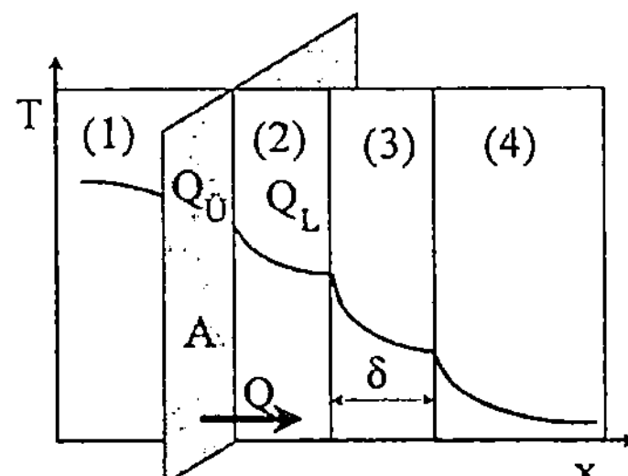


**Bild 5.25** Wärmeübertragung durch parallele Schichten (Reihenschaltung)
$\delta$ Schichtdicke, $A$ Fläche, $Q$ Wärmemenge, *1* wärmetransportierendes Medium, *2* Rohr, *3* Biofilm, *4* Umgebung

sich bei einer Reihenschaltung mit dem Gesamtwiderstand $R = R_{\ddot{U}} + R_L$ der Wärmestrom zu

$$\frac{dQ}{dt} = \frac{\Delta T}{R} = \frac{T_1 - T_2}{R} \tag{5.1}$$

In einem bewachsenen Rohr kommt eine zusätzliche, die Wärmeübertragung hemmende Komponente (3) hinzu, der Biofilm. Der Gesamtwiderstand setzt sich jetzt aus den i Komponenten $R = \Sigma(R_{\ddot{U}} + R_L)$ zusammen, so daß

$$R = R_{\ddot{u}12} + R_{L2} + R_{\ddot{u}23} + R_{L3} + R_{\ddot{u}34} \tag{5.2}$$

gilt.

Das Wärmeleitvermögen ($\lambda = 0,7$ [$Wm^{-1}K^{-1}$]) eines Biofilmes ($\delta = 41$ μm) in einer Titanröhre ($\delta = 1000$ μm, $\lambda = 16,44$ [$Wm^{-1}K^{-1}$]) unterscheidet sich um Größenordnungen von der des Grundwerkstoffes [5.5]. Ein Vergleich mit einem Wärmedämmstoff (*Glaswolle* $\lambda \approx 0,2$ [$Wm^{-1}K^{-1}$]) zeigt, daß Biofilme sich diesen in ihren thermischen Eigenschaften annähern. Dies verdeutlicht auch ein Vergleich von Ablagerungen im Wasser, wie Carbonaten, Phosphaten und Eisenoxiden, den Bestandteilen des Kesselsteines (Tabelle A5.5).

Neben der rigorosen Minderung des Wirkungsgrades thermischer Anlagen ist diese Eigenschaft auch für die Sterilisation und den möglichen thermischen Tod von im Film „überwinternden" Organismen von Bedeutung. Der erste Fall tritt dann ein, wenn bei der thermischen Sterilisation die eingebrachte Wärmemenge nicht ausreicht, die Sterilisationstemperatur am Filmgrund zu gewährleisten. Entsprechendes gilt auch für komplizierte Einbauten mit einer Vielzahl von Ecken und Hohlräumen, wie Rührwellenlagerungen, wo infolge von Turbulenzen der Wärmetransport verringert wird (Nusselt–Zahl). Der zweite Fall wäre beispielsweise an aufgeheizten Rohrwänden zu beobachten, an denen infolge der schlechten Wärmetransporteigenschaften des Biofilmes ein Wärmestau in diesem auftritt.

**Tabelle 5.8** Modifizierte Reynolds–Zahl $Re_r$ für verschiedene Oberflächenzustände

| Oberfläche | $Re_r$ |
|---|---|
| glatt | $< 5$ |
| Übergang | $5 < ... < 70$ |
| völlig rauh | $> 70$ |

In einem angeströmten Biofilm tritt neben der Wärmeübertragung noch ein konvektiver Anteil $dQ_K/dt$ auf, beschrieben durch die Nusselt–Zahl $NU = \alpha L/\lambda$ ($L$ Plattenlänge, $L = d$ für Rohre). Sie ist eine Funktion $Nu = Nu(Pr, Re, Gr)$ der Reynolds– $Re = vL\rho/\eta$, der Prandtl– $Pr = \eta/\rho a$ ($a$ Schallgeschwindigkeit) und der Grasshof–Zahl $Gr = gL^3\rho/\eta^2$ ($\Omega$ relative Dichteänderung). Die beiden Grenzfälle sind die turbulente ($Pr = 0$) und die laminare ($Re = 0$) Strömung.

Die modifizierte Reynolds–Zahl $Re_r = Re(R_a/d)(f/8)^{1/2}$ ($f$ Reibungsfaktor) hängt direkt von der Oberflächenrauhigkeit $R_a$ ab (Tabelle 5.8). Mit zunehmender Rauhigkeit erhöht sich der Turbulenzgrad der Strömung, womit auch der erzwungene konvektive Anteil an der Wärmeübertragung ansteigt. Die Nusselt–Zahl kann nur aus experimentellen Untersuchungen bestimmt werden. Für Rauhtiefen von 2,5 bis 18 µm ($R_a/d = 0,0002$ bis $0,0008$) fand man in experimentellen Untersuchungen die Existenz eines konvektiven Bereiches [5.5]. Berechnet man den Wert $R_a/d$ auf eine fiktive Bakterienkoloniehöhe um, so entspricht dieses Verhältnis in etwa einer Koloniehöhe von 8 bis 30 Bakterien.

### 5.2.2.2
### Biozide

Zur Verhinderung einer biologischen Materialschädigung werden allen möglichen Systemen, seien es Kühlwässer, Papiere, Bieretiketten, Kosmetika usw., Biozide zugesetzt [5.3]. Hierbei kommen u.a.

- oxidierende Mittel ($Cl$, $Cl_2O$, $O_3$, $NaOCl$),
- organische Schwefel- und Stickstoffverbindungen (Ammoniumverbindungen, Triazine, Sulfane),
- organische Bromverbindungen und
- Aldehyde (Acrolein)

zur Anwendung.

Man kann stoßweise oder kontinuierlich dosieren, wobei die Verfahrensweise von den Betriebsbedingungen (Wasserbeschaffenheit, Luftreinheit, Betriebsweise) abhängt. In Wassersystemen können durchaus jahreszeitliche Schwankungen auftreten. So führt die häufig angewandte Chlorung zu Nebenprodukten im Abflutwasser, wie Chloroform, und ist aus ökologischen Gründen nur mit Vorbehalt anzuwenden.

Der Einsatz von Ozon bewirkt die Bildung von physiologisch unbedenklichen Oxidationsprodukten und Sauerstoff mit den Vorteilen

- eines starken Biozids,
- einer großen Zerfallsgeschwindigkeit,
- keine chlororganischen Verbindungen und
- die Herstellung vor Ort.

Ozon wird deshalb seit nahezu einem Jahrhundert in der Trinkwasseraufbereitung angewendet. An unlegiertem Stahl, Kupfer- und Kupferlegierungen kann mit zunehmendem Ozongehalt in salzhaltigen Wässern eine wachsende Korrosionsgeschwindigkeit beobachtet werden, wobei eine Vollentsalzung die Ausbildung von Passivschichten auf unlegiertem Stahl fördert. Ein ähnliches Verhalten kann bei diesen Werkstoffen und hochlegierten CrNi–Stählen in luftgesättigtem Wasser (Ozongehalt 2,1 [$mgl^{-1}$] beobachtet werden. Ozongehalte kleiner als 1 $mgl^{-1}$ bewirken keine Erhöhung der Korrosionsgeschwindigkeit bei nichtrostenden Stählen und Titan. Langzeituntersuchungen an verschiedenen Rohrwerkstoffen zeigten bei einer Ozonkonzentration von 0,05 $gm^{-3}$ lediglich bei der Messinglegierung CuZn26Sn eine beginnende Lochkorrosion, wobei sich der austenitische Werkstoff X5CrNiMoTi17.12.2 gut bewährt hat (Tabelle A5.6).

Im Handel wird ein sehr breites Spektrum an Bioziden angeboten. Im Falle von Farbanstrichen versucht man, diese u.a. gegenüber Pilzbewuchs zu schützen. Hier kommen Verbindungen von Sulfonen, Isothiazolin, Dicyanobutan, Benzimidazol oder Benzoat zum Einsatz. Im Maschinenbau sind die Kohlenstoffverbindungen in Schmier- und Schneidmitteln eine beliebte Kohlenstoffquelle für Mikroorganismen. Als Biozide wendet man u.a. Nitromethane, Nitrotrimethylene, gelöste Zinkpulverzusätze, Dioxane, Phenole, Ethylene, Diazyne und Triazine an. Stickstoffhaltige Verbindungen können durch einige Mikroorganismen denitrifiziert werden, womit die Schutzwirkung aufgehoben würde. Zum anderen ist es möglich, daß durch Einbeziehung mikrobiell gebildeter Produkte, u.a. Methanol, in das Gesamtsystem, Nitrate und Nitrite zu elementaren Stickstoff (gasförmig) reduziert werden. Beispielsweise ist ein an Kupfer beobachteter Schädigungsmechanismus die Korrosion durch biologisch gebildete Ammoniumionen. Hölzer und Zellulose schützt man u.a. durch Isothiazolin, Tetrachlorophenole oder -chloropohenate und Benzothiazole. In Kunststoffen setzt man Diaborinane, Benzothiazole, Chlorophenole und -phenate sowie Phenolarsine ein.

Biozide müssen nicht nur gegenüber Einzelorganismen eines bestimmten Stammes wirksam sein, sondern mit dem Biofilm reagieren, also einem Mikroökosystem. Hierbei gilt es, folgende Reaktionsstufen zu berücksichtigen.

- Das Biozid reagiert mit der Wasserphase, wobei es zu Absenkungen der wirksamen Biozidkonzentration kommt.
- Im Zusammenwirken mit dem Biofilm ist die stöchiometrische Gesamtbilanz, die Reaktionsgeschwindigkeit, die Konzentration, die Einwirkungsdauer und die Temperatur von Bedeutung. Alle diese Faktoren deuten daraufhin, daß es sich um eine diffusionsgesteuerte Reaktion handelt. Das Biozid muß somit auch

im Biofilm beweglich sein, bzw. muß es „Trägersysteme" finden, z.B. Hydroxylionen.

- Sind die Biozidionen am Ort des Geschehens „angelangt", so muß eine Reaktion mit den zu schädigenden Organismen ablaufen. Dies setzt voraus, daß diese nicht resistent sein dürfen, vielleicht infolge veränderter Nahrungs- und Energiesituationen im Biofilm oder in seiner Umgebung.
- Die Abtragung des abgestorbenen Biofilmes erfolgt durch die Scherkräfte der Strömung. Insbesondere Sporen von Hefen oder „überwinternden" Bakterien, die sich in Oberflächenfehlstellen eingesiedelt haben, müssen auch biozidär geschädigt werden.
- Eine erneute Wiederverkeimung sollte nicht eintreten, wobei eine einmalige Biozidanwendung kaum zum längeren Erfolg führen wird.

Die Biozidwirkung muß letztendlich in Langzeitexperimenten erprobt werden, insbesondere wegen der Möglichkeit einer Wiederverkeimung. Neben den werkstoffkundlichen Problemen, wie die Korrosion oder die Beständigkeit von Beschichtungen, sind hierbei ökologische Nebenwirkungen nicht mehr zu vernachlässigen.

# 5.3
# Materialoberflächen und Sterilität

Aus bioadhäsiver Sicht ist der Begriff einer absoluten Sterilität zwar beschreibbar, es dürfen keine lebensfähigen Zellen oder deren Bestandteile an der Oberfläche adhärieren. Wir wissen aber, daß dieser Idealzustand in der Realität nicht auftritt, ansonsten hätte es keine Evolution gegeben. Es gilt somit, eine Zahl an aktiven Zellen experimentell zu finden, die einer gegen Null strebenden Infektionsgefahr entspricht. Hierzu zählen auch die Mikroorganismen, die während der Lagerung oder des Transportes aus der Umgebung adhärieren. Diese Situation verändert sich von Produkt- zu Produktfeld (Bild 5.26). So fordert man in der sterilen Biotechnologie oder Mikroelektronik Keimdichten, die eine Zehnerpotenz unter medizintechnischen Anwendungen liegen.

In der Nanotechnologie überdeckt ein Bakterium eine Vielzahl herausgeätzter Leiterbahnen. In der Pharmaindustrie genügen geringfügige Kontaminationen ganze Chargen zu zerstören. Diesem Problem kann man auch nicht begegnen, indem eine Anlage aufgefüllt und abgeschlossen gefahren wird. Bereits beim Auffüllen der Systeme bildet sich an der immer vorhandenen freien Oberfläche eine Kahmhaut aus, der Ausgangspunkt für eine weitere Besiedelung. Dieser Problemkreis wird dadurch verschärft, daß wirksame Prüfverfahren nicht existieren.

In der Medizin erwuchsen mit der Organtransplantation, der Implantalogie und der Einführung minimalinvasiver chirurgischer Methoden erhöhte Anforderungen an die Sterilität. Zur Abschätzung von Maßnahmen ist der Zeitraum für die Gewährleistung der Sterilität entscheidend. Für einfache Anwendungen (Thermometer, Hautsonden) genügt eine Wischsterilisation mit Alkohol, die auch werk-

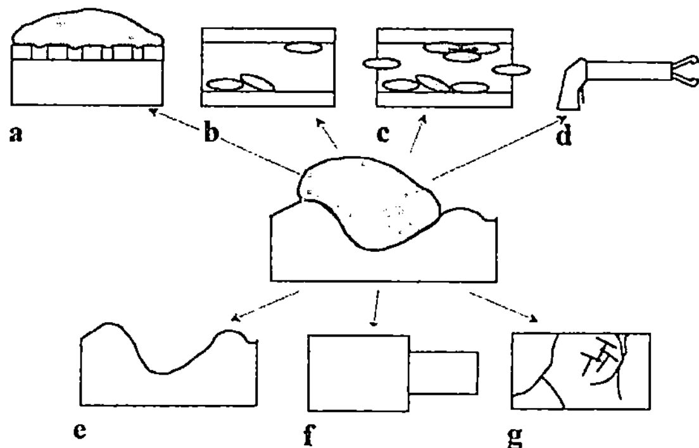


**Bild 5.26** Ausgewählte Problemfälle und deren mögliche Ursachen
a Nanotechnologie (unsteriles Spülwasser), Biosensoren, b Pharma- und Lebensmittelindustrie (mikroskopische Unsterilitäten), c Medizintechnik (wandernde Biofilme, Katheter, Kanülen), d minimalinvasive Chirurgie (mikros- und makroskopische Verunreinigungen), e Topographie (Fertigung, Sterilisation, Struktur), f Konstruktion (Toträume, Strömung), g Materialveränderungen (Korrosion, Ermüdung, Wärmebehandlung)

stoffseitig unproblematisch ist. Die „normalen" Verfahren (Heißdampf, radioaktiv, chemisch) bewirken immer eine Veränderung der Materialoberfläche. Hierfür liegen leider keine durchgängigen Daten vor, sei es für die Veränderung der Oberflächentopographie/-energie oder Wiederverkeimungsraten. Aber auch die Konstruktion ist gefordert. Wiederverkeimungsuntersuchungen an steriltechnischen Rohrverschraubungen zeigten, daß Organismen aus „Toträumen" das System erneut kontaminieren können.

Die hochlegierten Stähle sind aufgrund ihrer thermischen, chemischen und mechanischen Eigenschaften verhähltnismäßig problemlos sterilisierbar. Mit zunehmender Komplexität der technischen Systeme und dem Einsatz einer zwangsläufig breiteren Werkstoffpalette müssen auf die Werkstoffe abgestimmte Anforderungen an die Sterilisationsmethoden gestellt werden. Naturgemäß ergeben sich besondere Probleme beim Kunststoffeinsatz (Dichtungen, Schläuche, Bälge), die aus Strukturveränderungen resultieren (Versprödung, Korrosion).

Die Problemlösung liegt nicht in der Entwicklung eines „sterilen Superwerkstoffes", sondern in einer Überarbeitung der konstruktiven Prinzipien (keine Toträume, Beachtung der Werkstoffeigenschaften, Fertigung) und dem Suchen nach einer Oberflächenqualität (Topographie, Strukturierung, Beschichtungen), die eine noch vertretbare Wiederverkeimungsrate garantiert. Letztendlich gilt es, die Physik der Bioadhäsion zu verstehen und hierfür handhabbare Prüfverfahren zu entwickeln.

Auf die Möglichkeiten mit bioelektrischen Effekten oder definierten Oberflächenstrukturierungen die Besiedelungsfähigkeit der Oberflächen zu minimieren, wurde bereits verwiesen (Kap. 4). Ein vollkommen ungelöstes Problem ist die Reaktion der Zellen auf derartig veränderte Situationen, sei es die Proteinausschüttung und das Verhalten auf ausgewählte Beschichtungen. Beispielsweise basiert die „sterile Fliese" (Japan) auf einer extrem hydrophilen Oberfläche [5.23].

Ähnliche Ergebnisse erzielt man mit Emailbeschichtungen in der Bioverfahrenstechnik. Den Einfluß einer Oberflächenstrukturierung verdeutlichten Experimente mit *Pseudomonas spec.* an elektronen- und chemisch geätzten Siliziumeinkristallen (Bild 4.48). Die unterschiedliche Ätzstruktur bedingt eine völlige andersartige Besiedelung. Hierbei ist nicht geklärt, ob es sich um Veränderungen der Oberflächenenergie oder hydrodynamische Effekte (Besiedelung im Bypaß) handelt. Diese Beispiele verdeutlichen, daß es keinen absolut sterilen Werkstoff geben wird. Vielmehr muß auf die Materialauswahl unter Einbeziehung der biologischen Spezifika ein verstärktes Augenmerk gelegt werden.

Eine Beurteilung der Sterilität schließt die Rheologie der adsorbierten Zellen auf der Oberfläche ein. Neben dem Ausgleich der einzelnen Energiekomponenten (Bild 4.47) an den Clusterrändern oder „Oberflächenbergen" können hierfür auch elektrische Oberflächeneffekte (Phasenunterschiede, Ionenverteilung) verantwortlich sein. Die feldfreie materialseitige Sterilität eines Katheters muß dann nicht mehr über zwei, drei Wochen garantiert werden, die Wirkung bringen die bioelektischen Effekte.

***Mikrosystemtechnik und Bioadhäsion.*** In der modernen Medizin- und Bioverfahrenstechnik bemüht man sich zu Volumina im µl–Bereich überzugehen. Gründe hierfür sind die niedrigen Zellzahlen, das große Verhältnis des Reaktions- zum Gesamtvolumen und die geringen Abmessungen. Infolge der Miniaturisierung arbeitet man mit Strömungsgeschwindigkeiten im laminaren Bereich. Die auch aus bioadhäsiven Gründen interessante Grenzschicht existiert nicht mehr (Zelltransport, Zellstreß).

Derartige Reaktorsysteme setzen voraus, daß von den minimalen Mengenanteilen noch nicht einmal eine Zelle an der Reaktoroberfläche adsorbiert wird. Die Materialoberflächen müssen deshalb derart strukturiert und modifiziert werden, daß eine Adhäsion auszuschließen ist. Infolge Drifteffekten in der Lösung verbieten sich elektrische Felder als Antifoulingmaßnahme. Für orientierende Untersuchungen bieten sich Computersimulationen an, um den Einfluß der verschiedensten Oberflächenveränderungen zu analysieren (s. Kap. 9). Ähnliche Probleme sind auch für Biosensoren zu lösen. Neben den bereits zitierten oberflächenspezifischen Möglichkeiten denkt man an die Nutzung von Prinzipien der Bionik, z.B. von Mikroströmungen an der Oberfläche, ein von den Insekten „übernommenes Geheimnis".

# 5.4
# Biomimetische Anwendungen und Biofilmtechnologien

Gegenwärtig versucht man die Phänomene der Bioadhäsion (Kap.), gepaart mit denen der Biomineralisation (Kap. 2), in technisch handhabbare Prinzipien umzusetzen. Orientiert man sich auf die Nutzung der idealen Strukturbildung der Biomineralisation, dann spricht man von biomimetischen Anwendungen. Gegenwärtig bezieht sich dies vorrangig auf die biomolekulare Gewinnung von Kristallen und deren Einsatz in der Nanoelektronik und Medizin. Eine zweite, bereits mit bioadhäsiven Phänomenen vermischte Anwendungsgruppe ist die Beschichtung fester Oberflächen mit wohlgeordneten Strukturen aus biologischen Bausteinen. Dies können neben Proteinen auch Mikroorganismen sein, die in einem weiterführenden Schritt zur Biomineralisation angeregt werden. Verwendet man keine Mikroorganismen sondern Säugerzellen, dann wurde hierfür in der Medizin der Begriff des „tissue engineering" eingeführt. Nutzt man spezifische Biofilmeigenschaften aus, wie dessen hohe Viskosität oder schlechte Wärmeleitfähigkeit, dann handelt es sich um eine Biofilmtechnologie.

Letztendlich ist von den einzelnen Disziplinen ein eigener Begriff kreiert worden, der auf die beiden grundlegenden Phänomene (Bioadhäsion und -mineralisation) zurückgeführt werden kann. Nachfolgend sollen einige Beispiele vorgestellt werden, um Anwendungsmöglichkeiten und die gemeinsame physikalische Basis aufzuzeigen.

## 5.4.1
## Biomimetische Prinzipien

Eine Hauptanwendung biomimetischer Prinzipien ist die Entwicklung nanoskaliger Beschichtungstechnologien mit Gradienteneigenschaften. Hierbei geht man von einer organischen Basisschicht aus, die das anschließende Kristallwachstum, die Kristallorientierung und die Wachstumsrichtung kontrolliert (Bild 5.27). Vorteile dieses Verfahrens sind völlig neue Möglichkeiten zur Kontrolle des Kristallwachstums und der Strukturen, neuartige Materialverbindungen, wie von Keramiken und Polymeren, die Beschichtung von komplexen 3D–Strukturen aus wäßrigen Lösungen und die Anwendung von Temperaturen in der Größenordnung der Raumtemperatur.

Ein Vergleich dieser Prozesse mit denen der Biofilmbildung (Bild 5.3) läßt unschwer die Gemeinsamkeiten erkennen. Man muß somit alle, die Bioadhäsion beeinflussenden Faktoren berücksichtigen, wie die Topographie, die Wechselwirkungen oder Symmetrien (Bild 5.28). Bereits für sphärische Zellträger (Bild 5.18) wurde die von der Oberflächenkrümmung abhängige Adhäsion ausgenutzt. Dies gilt auch für molekulare Kavernen, so daß hiermit eine Möglichkeit gegeben ist, über deren Verteilung die Haftfestigkeit derartiger Zwischenschichten gezielt zu beeinflussen (Bild 5.29).

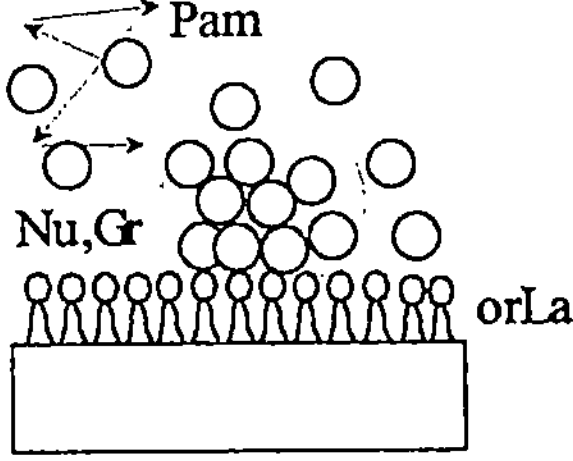

**Bild 5.27** Biomimetische Beschichtung
*Nu, Gr* Keimbildung und Wachstum, *Pam* Teilchenbewegung in der wäßrigen Lösung, *orLa* organische Zwischenschicht

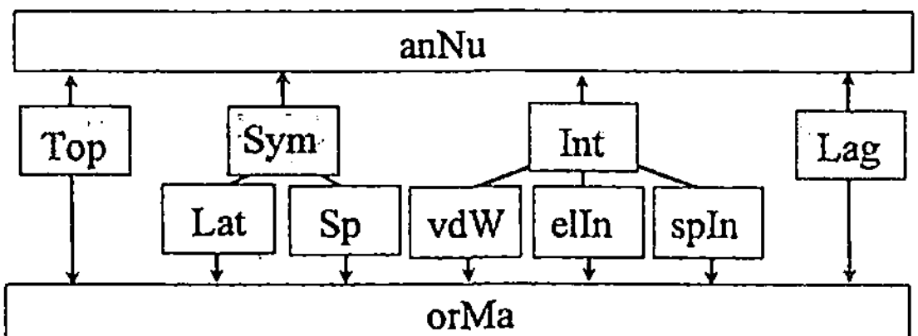

**Bild 5.28** Mögliche Wechselbeziehungen an einer anorganischen/organischen Zwischenfläche *anNu* anorganischer Keim, *orMa* organische Basis, *Top* Topographie, *Sym* Symmetrien, *Lat* Gitterstruktur, *Sp* räumliche Symmetrien (Symmetriegruppen), *Int* Wechselwirkungen, *vdW* van der Waals–Wechselwirkungen, *elIn* elektrische Wechselwirkungen, *spIn* spezifische Wechselwirkungen (kovalente Bindungen, Hydrophilie/Hydrophobie, Deformationen, Ionengruppen)

Eine Anwendung sind Proteintemplate als Haftvermittler für biokompatible Beschichtungen, für Nanotechnologien und Nanosiebe. Das Bild 5.30 zeigt eine Kollagenschicht auf Pyrographit. Hiermit möchte man eine Doppelfunktion für Implantate erreichen. Einerseits soll die Immobilisierung mit Osteoblasten (Einwachsverhalten) verbessert und andererseits wichtige Knochenmineralien (Depotwirkung) bereitgestellt werden. Ein entsprechendes Transplantat wäre bioverträglich und mit einem geschlossenen Osteoblastenfilm besiedelungsfähig, dessen prinzipieller Aufbau im Bild 5.31 dargestellt ist.

Die Verteilung der Löcher im Proteinfilm (Bild 5.30) weißt noch keine allzu große Trennschärfe auf. Zur Herstellung von Nanosieben oder biomimetisch hergestellten nanoskaligen Leiterplatten muß die Varianz der Verteilung minimiert werden. Das Bild 5.32 veranschaulicht die Vorstellungen einer biomimetischen Lithographie.

Kollagen bildet auf einem Substrat keine geschlossenen Schichten sondern Fibrinellen aus (Bild 5.33). Diese Fibrinellen folgen exakt vorgegebenen „energetischen Bahnen", u.a. längs Drehriefen (mechanisches Feld) oder Oberflächendotierungen (Ionenimplantation). Verwendet man diese wohldefiniert aufgebrachten Proteinstränge als Maske, dann sind „arrays" im mesoskopischen Maßstab (< 100 Angstroem) herstellbar (Bild 5.34). Ein ähnliches Verhalten zeigen Proteinausfällungen auf Glas (s. Bild 8.15).

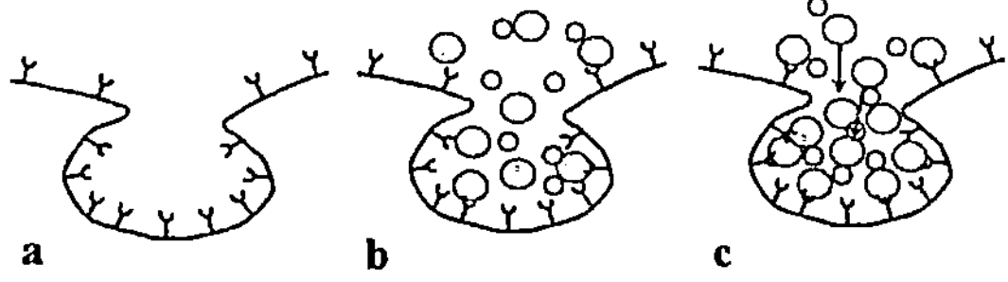



**Bild 5.29** Einfluß einer molekularen Kaverne auf die räumliche Ladungsverteilung und Keimbildung von Mineralien an organischen Materialien [2.16]
a molekulare Kaverne mit einer großen Zahl an Bindungsplätzen, b hohe Kapazität, niedriges Ionenangebot (Diffusion), c Keimbildung an den lokalenPlätzen, ○ Kation, O Anion

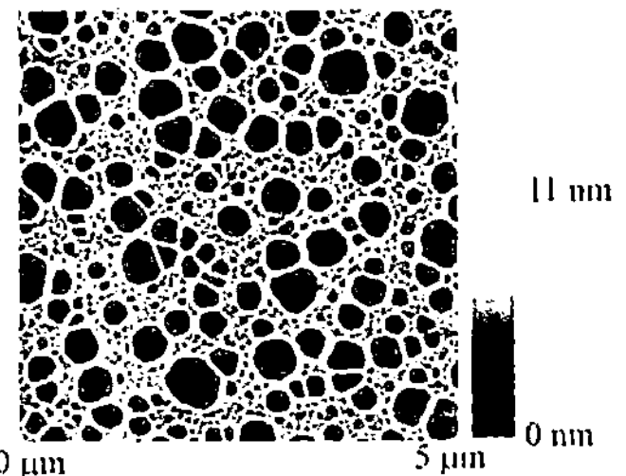



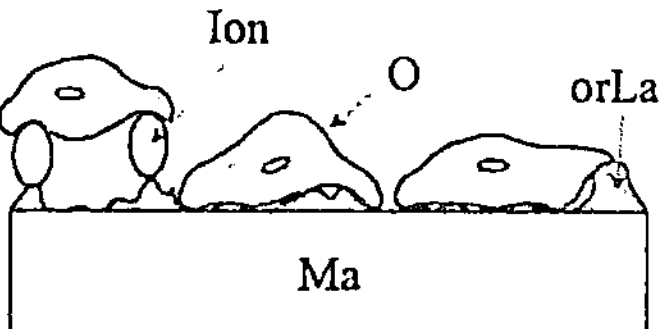



**Bild 5.30** AFM–Abbildung einer Kollagenschicht auf Pyrographit (HOPG)
Tappingmode an Luft, mit freundlicher Genehmigung W.Pompe, TU Dresden

**Bild 5.31** Aufbau eines biomimetischen Transplantates
*Ion* mögliche ionische Vermittler, *Ma* anorganisches Basismaterial, *O* Osteoblast, *orLa* profilierte organische Beschichtung

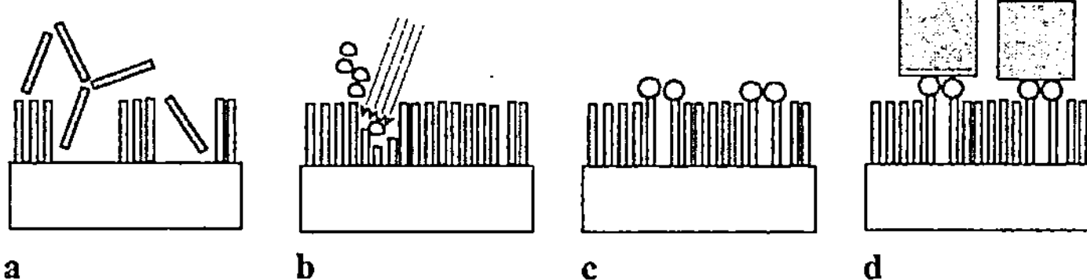



**Bild 5.32** Biomimetische Lithographie [5.18]
**a** Ausbildung einer inerten organischen Schicht, **b** Selektives Ätzen bestimmter Regionen (Laser, Elektronenstrahl), **c** Einbringen einer zweiten organischen Schicht in die herausgeätzten Bereiche, **d** Biomineralisation aus der wäßrigen Lösung an den dotierten organischen Molekülen

Diese Nanotechnologien können einerseits zur Herstellung von „chips", aber auch für Nanosiebe eingesetzt werden, die mit einer hohen Trennschärfe für molekularkinetische Therapien benötigt werden. Beispielsweise immobilisiert man in der Sepsistherapie monoklonale Antikörper in Kapseln mit einer mesoporösen Membran und pflanzt diese als Transplantat dem Patienten ein. Zum Überleben der eingekapselten Kulturen ist eine wohldefinierte Trennschärfe unabdingbar, um eine Virusfiltration zu gewährleisten. Die Abmessungen ausgewählter Viren und Immunglobuline verdeutlicht die hohen Anforderungen an die Porengeometrien, die bisher nur ansatzweise erreicht werden (Tabelle 5.9). So besteht zwischen

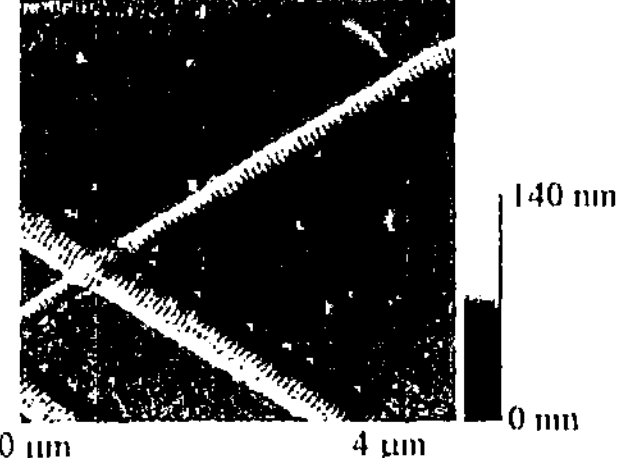



**Bild 5.33** AFM–Abbildung der Mikrostruktur einer Kollagen–I–Fibrinelle
Tappingmode an Luft, mit freundlicher Genehmigung W.Pompe, TU Dresden

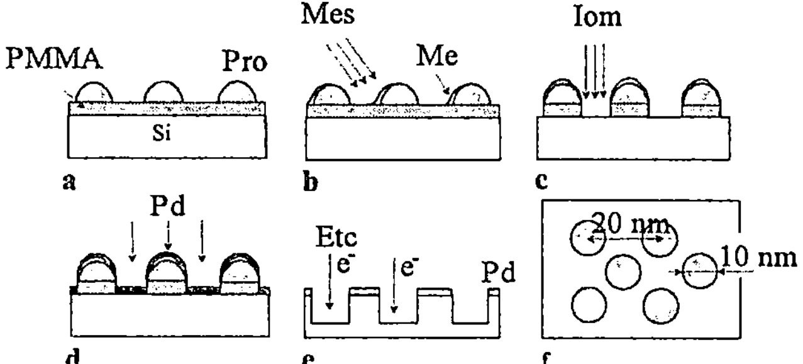


**Bild 5.34** Biomimetisch hergestellte „arrays" [5.18]
a Maskenherstellung (Negativ), *Pro* rekristallisierte Proteinmonomere, b metallische Beschichtung der Maske (Mes) mit Ti (d = 12 µm), das zu TiO$_2$ (d = 35 µm) oxidiert, *Me* metallische Schicht, c Ionenätzen (Iom) des PMMA und Herausätzen des Si, d Bedampfen mit Palladium (Pd), e niedrig energetisches, elektronisches Herausätzen der Positivmaske, f „array"–Feld

dem Protein IgM und Polio–Viren nur eine Differenz von 3 nm. Erschwerend kommt hinzu, daß die Geometrien von der sphärischen oftmals abweichen. Hier könnte u.a. eine „Freund–Feind–Erkennung" über spezifische Wechselwirkungspotentiale zum Ziel führen.

Mit ähnlichen Technologien versucht man organisches Material an anorganisches anzukoppeln, beispielsweise zur Fixierung von Epithelgewebe auf künstlichen Gefäßen. Hier nutzt man spezifische Wechselwirkungen zwischen Proteinen und Säugerzellen. (Bild 5.35).

Die Mikroorganismen können auch in Vesikeln gezüchtet werden, wie bereits in einem viel größeren Maßstab für die Abwassertechnik beschrieben (Bild 5.15). Diese Minifermentoren ermöglichen ein nahezu ungestörte Partikelwachstum, die durch eine Zerstörung der Vesikelmembran gewonnen werden können. Es gibt aber auch die Möglichkeit, diese Kapseln mit dem mikrobiell gewonnenen Endprodukt, z.B. ein bestimmter Kristallit, gezielt in Polymerlösungen einzubauen und

**Tabelle 5.9** Abmessungen von Viren und Antikörpern

| Substanz | Abmessungen [nm] |
| --- | --- |
| Parvovirus B19 | 22 |
| Polio Virus | 25 |
| Hepathitis B Virus | 42 |
| Ebola Virus | 80 |
| HIV | 100 |
| Immunglobuline | |
| IgG | 11 |
| IgM | 22 |

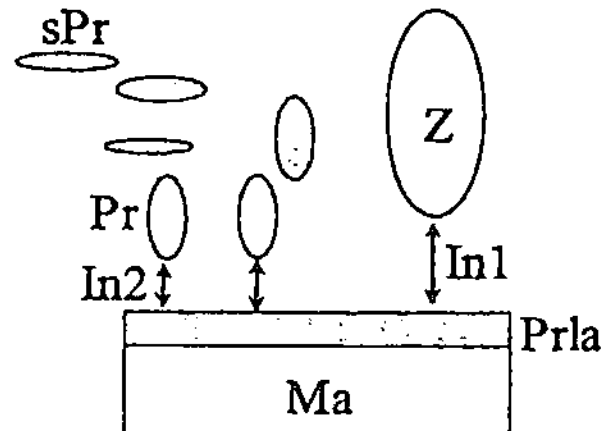



**Bild 5.35** Proteinstrukturen als „Vermittler" zwischen anorganischen Materialien und Säugerzellen [5.21]
Ma anorganisches Material, Prla Proteinschicht, Pr Proteine, Z Säugerzellen, sPr gelöste Proteine (z.B. in Körperflüssigkeiten), In1 Wechselwirkung Säugerzelle/Proteine, In2 Protein/Protein–Wechselwirkung

nach deren Polymerisation an definierten Orten zu fixieren (Bild 5.36). Bisher sind derartige Komposite nur im Labormaßstab herstellbar. Gelingt es diese Technologien sicher zu beherrschen, so ist ein Weg aufgezeigt, über biomimetische Prinzipien Materialien mit funktionsgerechten örtlichen Eigenschaften aufzubauen (Gradientenwerkstoff). Insbesondere für Biomaterialien, die in der minimalinvasiven Chirurgie verarbeitet werden (Injektion), eröffnet eine derartige Art und Weise der Kompositherstellung Möglichkeiten zur Materialherstellung nach Maß im Operationsraum.

## 5.4.2
## „Tissue–Engineering"

Das „tissue engineering" soll es ermöglichen, künstliche Gewebe oder Gewebeersatzsysteme zur Unterstützung oder Substitution kranken Gewebes oder geschädigter Organe zu entwickeln [5.30, 5.16]. Die Anwendung erstreckt sich vom Hautersatz (Verbrennungen), über immobilisierte Trägersysteme (Zelltransplantate) bis zu künstlichen Organen (Leber, Pankreas, Herz).

Die physikalischen Prinzipien unterscheiden sich nicht von denen, die der biomimetischen Materialgestaltung zugrunde liegen. Der Unterschied sind die Säu-

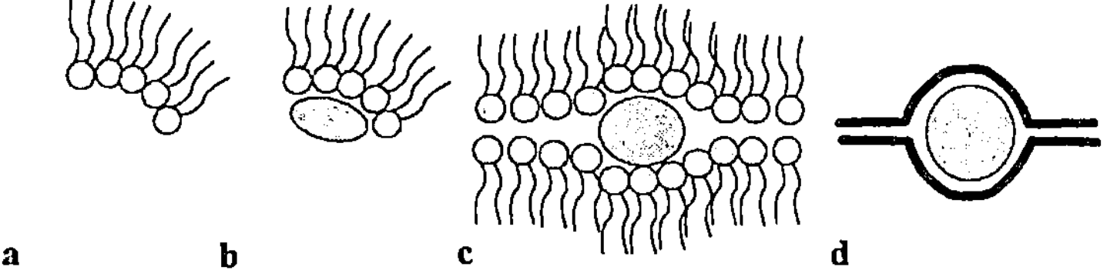



**Bild 5.36** Biomimetische Herstellung von Kompositen
**a** synthetische Vesikel (Polymere), **b** Biomineralisation und gebildete Partikel im Vesikel, **c** gezielter Phasenübergang vom Vesikel in eine flüssigkristalline Phase, **d** Polymerisation der flüssigkristallinen Phase und Einschluß der Partikel (Komposit)

gerzellen als Kultur. Gegenwärtig verfolgt man drei Ansätze [5.16].

- Die Implantation isolierter Zellen im Empfänger zum Ersatz spezifischer Zellfunktionen bzw. zur Veränderung zellulärer Eigenschaften. Eine Anwendung wurde bereits im Zusammenhang mit mesoporösen Kapselmembranen zur Züchtung monoklonaler Antikörper oder von Stammzellen vorgestellt.
- Bioaktive Werkstoffe, die als einwachsfähige Transportsysteme (mesoporöse Kapseln als „carrier") ausgebildet sein können. Hier dienen sie als Dauerinjektion am gewünschten, zu therapierenden Ort, z.B. in einem Tumor. Dies setzt voraus, daß die Oberflächenstrukturierung derart gewählt wurde, daß die Materialien biokompatibel sind und in das Gewebe ohne Bildung einer Bindegewebskapsel einwachsen.
  Bioaktive Materialien sind aber auch Gradientenwerkstoffe für den künstlichen Knochen. Das Material ist so aufgebaut, daß ein günstiges Einwachsverhalten und eine Stimulation des Gewebswachstums durch frei gesetzte Substanzen erfolgt (Bild 5.31).
- Zellträgersysteme, die bereits im Zusammenhang mit der Immobilisierung vorgestellt wurden. In diese Ruprik fallen auch die Arbeiten zur Kollagenbeschichtung. Die Bedingungen, die die zelluläre Struktur beeinflussen, wurden bei der Adhäsion bereits analysiert, wie die Topographie, das Ausschütten zellulärer Proteine oder Oberflächendotierungen.

Die, die Systemausbildung beeinflussenden Komponenten sind der Metabolismus der Zellen und die Vorgabe der Trägerstruktur. Das Letztere kann durch eine extrazelluläre Matrix erfolgen, die künstlich vorgegeben (Zellträger) oder über extrazelluläre Substanzen gebildet wird, wie bei der Blutgerinnung. Letztendlich sind diese Vorgänge mit der Kristallisation vergleichbar. Bereits der Ausgangszustand der Oberfläche bestimmt diese Prozesse, in der Metallphysik als heterogene Keimbildung bekannt.

Aufnahmen mit Proteinbeschichtungen zeigen (Bild 5.37), daß die Oberflächen nicht gleichmäßig belegt sind. Die Adhäsionsbedingungen, somit auch die zur Ausbildung der Gewebsstruktur, sind örtlich veränderlich. Hierfür können die in einem Werkstoff immer vorhandenen Fehlstellen verantwortlich sein, einem in der Biologie nicht definierten Begriff.

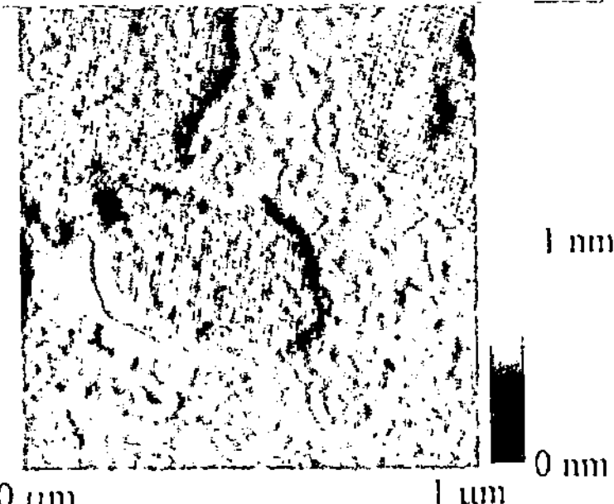


**Bild 5.37** AFM–Abbildung bakterieller Zellhüllenproteine von *Sporosaccina urea* abgeschieden auf Silizium, mit freundlicher Genehmigung W.Pompe, TU Dresden

Eine Möglichkeit der Strukturbeschreibung ist das Zurückführen auf Fraktale (Kap. 9). Ausgehend von einfachen geometrischen Grundelementen ist hiermit die strukturelle Gesamtheit beschreibbar. Die fraktale Charakterisierung des Gewebes ist bisher noch nicht begonnen worden.

Aus den energetischen Betrachtungen zum Einfluß eines mechanischen Feldes ist bekannt (Kap. 4), daß hierdurch die Wechselwirkung zwischen Zellen und Oberflächen grundlegend beeinflußt wird. Dies fand man auch bei Untersuchungen zum Einwachsverhalten von PMMA–Knochenimplantaten. Bei einer Porengröße unterhalb 100 μm trat vorrangig Bindegewebe auf, über 450 μm erfolgte ein Einwachsen von Blutgefäßen und Knochengewebe und für zufällig verteilte Poren war das Zellwachstum unspezifisch [5.7].

Das in der Biomaterialforschung eingeführte Grenzflächenergiekonzept muß für diese Betrachtungen erweitert werden (s. Bild 1.8). Für mesoskopische Interpretationen kann nicht mehr der integrale Wert der Oberflächenenergie herangezogen werden, sondern bei zellulären Anwendungen müssen die mikroskopischen Komponenten (Adhäsion) Berücksichtigung finden.

## 5.4.3
## Biofilmtechnologien

Eine erste technische Anwendung von Biofilmen wurde bereits mit der Immobilisierung und der Abwassertechnik vorgestellt. Hierbei handelte es sich um makroskopische Filme. Es gibt Vorstellungen, Biofilme auch im mesoskopischen Maßstab zu nutzen, wobei eine strikte Trennung zu den biomimetischen Anwendungen kaum möglich ist. Mögliche Anwendungsfälle sind

- die Nutzung der hohen Viskositäten in Gleitlagern der Mikrosystemtechnik,
- die Nutzung der schlechten Wärmeleitfähigkeit zur Isolation in der Mikrosystem- und Mikroreaktortechnik,
- die Herstellung von Masken in der Nanotechnologie,
- der Aufbau von Filmen definierter Eigenschaften in der Biosensorik,
- die Verwendung als Beschichtungsmaterial, z.B. zur Minimierung einer weiteren Besiedelung (Hydrophilie) oder Einstellung gleicher Oberflächeneigenschaften (Mikroreaktortechnik),
- der Einsatz als „biologischer Motor" unter Ausnutzung des Dipolmomentes zwischen gelösten Zellen und Zellclustern und
- als Stellglieder in der Mikrosystemtechnik (Dipolmoment).

Das Anwendungsfeld ist äußerst vielseitig, wobei die biomimetischen Anwendungen zur Nanotechnologie in naher Zukunft Stand der „chip"–Fertigung sein werden. Ebenso schnell entwickelt sich die Mikroreaktortechnik, wofür mesoporöse Membranen mit einer hohen Trennschärfe eine Grundvoraussetzung sind. Die medizinischen Anwendungen werden hiervon profitieren, aber möglicherweise nicht der Innovationsmotor sein.

# Literatur

[5.1] Alberts, B., Bray, D., Lewis, J., Raff, M., Roberts, K., Watson, J.D., eds. (1989): *Molecular biology of the cell*. 2–nd edn., Garland Publ., New York

[5.2] Bitton, G., Marshall, K.C., eds. (1980): *Adsorption of Microorganisms to Surfaces*. Wiley, New York

[5.3] Brill, H., Hrsgb. (1995): Mikrobielle Materialzerstörung und Materialschutz. Gustav Fischer, Jena Stuttgart

[5.4] Cafe, M.C, Robb, I.D. (1982): J.Coll.Interface Sci. **86**, 411

[5.5] Characklis, W.G., Marshall, K.C., eds. (1988): *Biofilms*. Wiley, New York Chichester Brisbane Toronto Singapore

[5.6] Chmiel, H., ed. (1991): *Bioprozeßtechnik 2–Angewandte Bioverfahrenstechnik*. Gustav Fischer, Stuttgart

[5.7] Cima, L.G., Ron, E.S., eds. (1992): *Tissue–Inducing Biomaterials*. Materials Res.Soc., Pittsburgh

[5.8] Cooper, P.F., Atkinson, B., eds. (1981): *Biological Fluidized Bed Treatment of Water and Wastewater*. Ellis–Horwood, Chichester

[5.9] Fletcher, M.C. (1976): Gen.Microbiol. **23**, 400

[5.10] Geroulanos, S. (1985): Bioprothesen–Ihre Veränderungen und deren Bedeutung. Huber, Bern

[5.11] Hikuma, M., Kabok, T., Yasuda, T., Karube, I., Suzuki, S. (1980): Anal.Chem. **52**, 1020

[5.12] Hikuma, M., Suzuki, H., Yasuda, T., Karube, I., Suzuki, S. (1979): J.Appl.Microbiol. Biotechnol. **8**, 289

[5.13] Hoffmann, H. (1990): Werkstoffeinsatz in chemischen Aufbereitungsanlagen von Kraftwerken. VDI–Bericht, No. 773, S.125

[5.14] Kennedy, J.F., Cabral, J.M.S. (1983): Immobilized Living Cells and Their Applications. Ser. Applied Biochemistry and Bioengineering, vol.4, Academic Press, New York

[5.15] Krischka, W., Schröder, M., Trösch, W., Chmiel, H. (1989): Kontinuierliche Milchsäureproduktion mit immobilisierten Lactobacillen. 7.DECHEMA Jahrestagung, Frankfurt Main

[5.16] Langer, R., Vacanti, J.P. (1993): Tissue Engieneering. Science **260**, 920

[5.17] Loeb, G.I., Neihof, R.A. (1975): Marine Conditioning Films. in Baier, R.E., ed.: *Applied Chemistry at Protein Interfaces*. Adv.in Chem. Ser.145, Amer. Chem. Soc., Washington, pp.319– 335

[5.18] Mann, S. (1996): Biomimetic Materials Chemistry. Verlag Chemie, Weinheim

[5.19] McDonogh, R.M., Bauser, H., Stroh, N., Chmiel, H. (1990): Concentration Polarisation and Adsorption Effects in Cross–Flow Ultrafiltration of Proteins. Desalination XX, Elsevier Science Publ., Amsterdam

[5.20] Meadows, P.S. (1971): Arch.Mikrobiol. **75**, 374

[5.21] Missirlis, Y.F., Lemm, W. (1991): Modern Aspects of Protein Adsorption on Biomaterials. Kluwer Academic Publishers, Dordrecht

[5.22] Mohan, R.R., Ki, N.N. (1982): Biotechnol.Bioeng.**17**, 1137

[5.23] Morimoto, M.: Techn.Res.Instit. Tokyo. pers.Mittlg.

[5.24] Pope, D.H., Duquette, D.J., Johnannes, A.H., Wagner, P.C. (1984): Mater.Performance **23**, 14

[5.25] Rammelsburg, J. (1990): Abwasserkanäle aus duktilem Gußeisen. VDI–Bericht No. 773, Düsseldorf, S.51

[5.26] Robb, L.D. (1984): Stereo–Biochemistry and Function of Polymers. in Marshall, K.C., ed.: *Microbiell Adhesion and Aggregation*. Dahlem Konferenzen, Life Science Research Report No.31, Springer, Berlin Heidelberg New York Tokyo

[5.27] Schremmer, H. (1990): Korrosionsfragen bei erdverlegten Abwasserleitungen und –kanälen. VDI–Bericht No. 773, Düsseldorf, S.31

[5.28] Sherwood, T.K., Pigford, R.L., Wilkie, C.R. (1975): Mass Transfer. Mc Graw–Hill, New
York

[5.29] Shilo, M., ed. (1979): *Strategies of Microbial Life in Extreme Environments*. Dahlem
Konferenzen, Life Science Research No. 13, Verlag Chemie, Weinheim

[5.30] Skalak, R., Fox, C.F. (1988): Tissue Engineering, Alan R.Liss Inc., New York

[5.31] Spier, R.E., Griffiths, J.B., eds. (1990): *Animal Cell Biotechnology*. vol. 4, Academic
Press, London

[5.32] Suzuki, S., Karube, I., Matsunaga, T. (1978): Biotechnol.Bioeng. **8**, 501

[5.33] Venktsubramanian, K., ed. (1979): *Immobilized Microbial Cells*. Americ.Chem. Soc.
Symp. Ser. 106, Washington

# 6 Werkstoffe in der Bioverfahrenstechnik

In der Bioverfahrenstechnik werden lebende organische Systeme oder Kleinlebewesen in technischen Prozessen angewandt. Dies ist immer mit einer Übertragung biologischer Erkenntnisse in andere Anwendungsfelder verbunden, u.a. in die Medizin oder Landwirtschaft. In diesem allumfassenden Begriff sind eine Fülle von Einzeldisziplinen integriert, wie die Bionik oder Biomimetrie. Eine biotechnologische Produktion ist aus unserem Alltag nicht mehr fortzudenken, sei es zur Nahrungsmittelherstellung (Brot, Wein, Käse, Yoghurt), in der Umwelttechnik (Abwasser, ökologischer Materialabbau), zur Produktion hochwirksamer Pharmaka (Interferon, Insulin, Penicillin) oder zur „biologischen Produktion" von Werkstoffen (Bakterienzellulose, biomimetische Membranen und Komposite).

Im Zentrum (Bild 6.1) eines mikrobiologischen Produktionsprozesses steht der Fermentor. Vor Einleitung in den Reaktionskreislauf müssen das Rohmaterial sterilisiert und die Substrate (Nährstoffe, Spurenelemente) präpariert werden. Zur Vermeidung der Verschiebung des biologischen Gleichgewichtes sind der Sauerstoff und die Substrate dosiert zuzugeben. Eine homogene Substratverteilung setzt

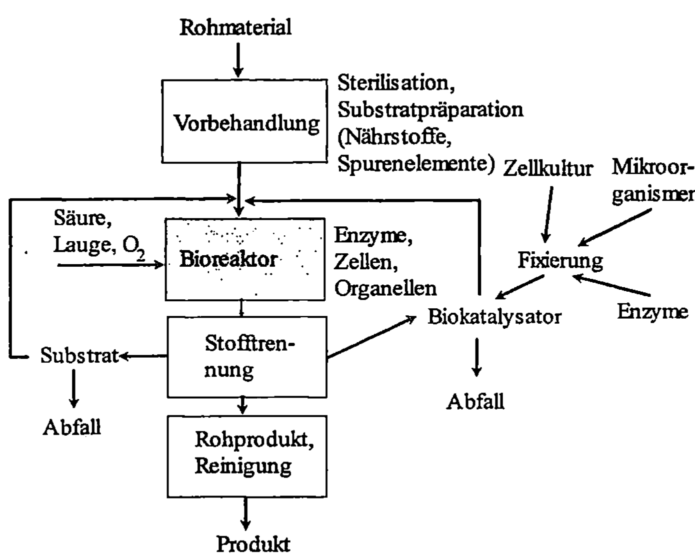


**Bild 6.1** Mikrobiologischer Prozeßablauf

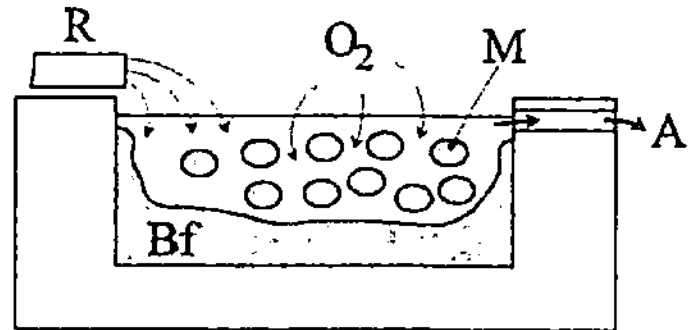

**Bild 6.2** Oberflächenreaktor
*R* Roh- und Nährstoffe, *M* Mikroorganismen, *Bf* Biofilm,
*A* Abfluß

strömungstechnisch optimierte Fermentoren voraus, wobei die Oberflächenqualität eine wesentliche Rolle spielt. Die dritte Stufe ist die Aufarbeitung der Biosuspension bis zur Produktabtrennung.

Der einführende Überblick über die wichtigsten verfahrenstechnischen Komponenten, die eingesetzten Stämme und Reaktortypen soll die Anforderungen an biotechnologische Anlagen und die eingesetzten Werkstoffe verdeutlichen. Die Werkstoffprobleme der chemischen Industrie (hohe Drücke und Temperaturen, aggressive Reaktionspartner) treten in der Bioverfahrenstechnik (Umgebungsdruck, niedrige Temperaturen) nicht auf. Hier liegt der materialwissenschaftliche Schwerpunkt auf der Bioadhäsion, der Biokorrosion (pH ≈ 1 bis 13) und der Sterilisation (Heißdampf, Säuren, Laugen).

# 6.1
# Anlagentechnik

Nachfolgend werden die Bioreaktortypen sowie die Anforderungen in der Steriltechnik und der Zelltrennung aufgezeigt. Diese scheinbar anlagentechnischen Fragestellungen sind für die Biomaterialprüfung (Besiedelungsexperimente) von immanenter Bedeutung (Kap. 8).

## 6.1.1
## Bioreaktoren

Im aeroben Bereich unterscheidet man nach der Art und Weise der Sauerstoffzuhr Oberflächen- und Submersreaktoren. In einem Oberflächenreaktor haftet die Biomasse an einer festen Reaktorfläche oder sie schwimmt auf der Kulturbrühe. Die Sauerstoffzufuhr erfolgt über die Lösungsoberfläche. Diese Reaktoren werden häufig im Abwasserbereich angewendet (Bild 6.2). Demgegenüber leitet man bei einem Submersreaktor den Sauerstoff unterhalb der Oberfläche in die biologische Lösung ein. Für aerobe Kulturen, kultiviert nach dem Submersprinzip, gibt es eine Vielzahl von Reaktortypen (Bild 6.3).

Der Rührkesselreaktor ist einer der geläufigsten Fermentortypen. Aus Wärmebilanzgründen fertigt man wegen des großen Verhältnisses zwischen der Kühlfläche zum Volumen sehr schlanke Reaktoren. Die Druckverteilung kann in diesem Reaktortyp erhebliche Gradienten aufweisen (Bild 6.4). Dieses Verhalten ist insbesondere in Besiedelungsexperimenten und hieraus abgeleiteten kinetischen Unter-

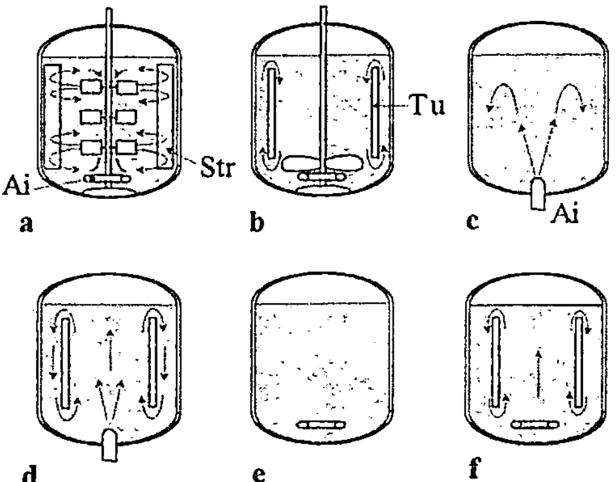

**Bild 6.3** Einteilung der Bioreaktoren
a Rührkesselreaktor, b Propeller–Schlaufen–Reaktor, c Freistrahlreaktor, d Strahl–Schlaufen-reaktor, e Blasensäulenreaktor, f Mammut–Schlaufenreaktor, *Tu* Leitrohr, *Ai* Luft, *Str* Strombre-cher

suchungen nicht mehr vernachlässigbar. Darüber hinaus hängt die Gas- und Sub-stratverteilung vom Strömungsverhalten im Reaktor ab.

Gegenüber dem Rührkessel erzeugt man im Schlaufenreaktor (*Schlaufe* z.B. poröser Schlauch) eine Flüssigkeitsbewegung durch aufsteigende Gasblasen, so daß sich nur kleine Druckgradienten ausbilden. Dieser Reaktortyp eignet sich des-halb besonders zum Züchten streßempfindlicher Säugerzellen. Führt man den Sau-erstoff auf verschiedenen Ebenen zu, dann ist eine gleichmäßige Bewegung der Flüssigkeitsteilchen über eine größere Höhe möglich. Dieser modifizierte Aufbau eignet sich für Mammutausführungen (Bild 6.5). Auf den Zwischenböden sind immobilisierte Zellen einsetzbar, so daß sich eine große, gleichmäßig versorgte Reaktionsfläche ergibt. Diese Ausführung wird u.a. in der Abwassertechnik einge-setzt, wo es gilt, größte Wassermengen aufzuarbeiten. Oftmals schaltet man hier mehrere Reaktoren parallel, z.B. beim BIOHOCH–Reaktor. Dieser Reaktortyp

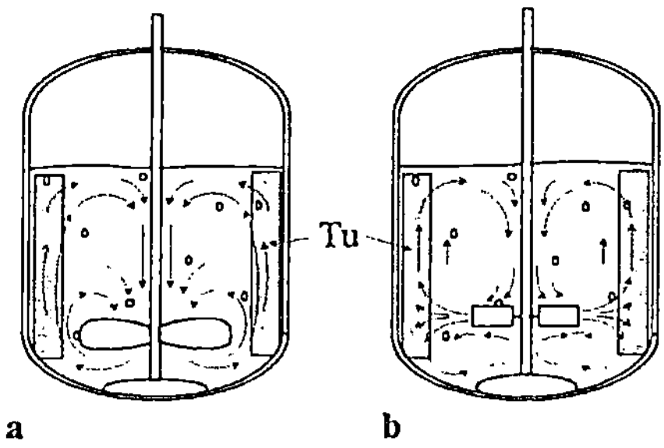

**Bild 6.4** Strömung im Rührkesselreaktor
a axial fördernder Scheibenrotor, b radial fördernden Rotor, *Tu* Leitblech

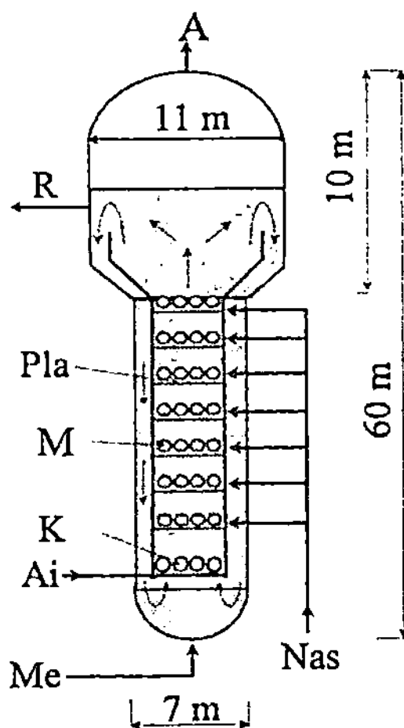



**Bild 6.5** Schema eines Mammut–Schlaufenreaktors (*ICI* Pressure Cycle Fermentors)
*A* Abluft, *R* Rohstoff (Produkt), *Pla* Zwischenböden (Lochplatten), *M* immobilisierte Mikroorganismen, *K* Kühler, *Ai* Zuluft ($\approx$ 9000 bis 9500 [m$^3$h$^{-1}$]), *Me* Medium ($\approx$ 250 [th$^{-1}$]), *Nas* Nährsubstanzen ($\approx$ 14 bis 20 [th$^{-1}$])

neigt aufgrund der günstigen Strömungsbedingungen zur minimalen Schaumbildung.

In Wirbelschichtreaktoren werden Partikel mit immobilisierten Mikroorganismen im Flüssigkeitsstrom fluidisiert gehalten (Bild 6.6). Hiermit sind anaerobe Stämme kultivierbar, wie methanogene Bakterien. Sie eignen sich insbesondere zur Kultivierung langsam wachsender Mikroorganismen bzw. zur Aufarbeitung schlecht abbaubarer Substanzen, wie für Abwässer in der Kohlevergasung (Benzol, Toluol, Phenol, Cyanid, Schwefelwasserstoff) und der Zellstoff- (Ligninsäure, Chlorlignin) oder Textilindustrie (Wollwaschwässer, nitrathaltige Wässer). Auf Grund der geringen Scherkräfte zwischen den einzelnen Tropfkörpern findet dieser Fermentortyp auch in der Zellkulturtechnik Verwendung, z.B. zur Züchtung von Osteoblasten für Biomaterialtests.

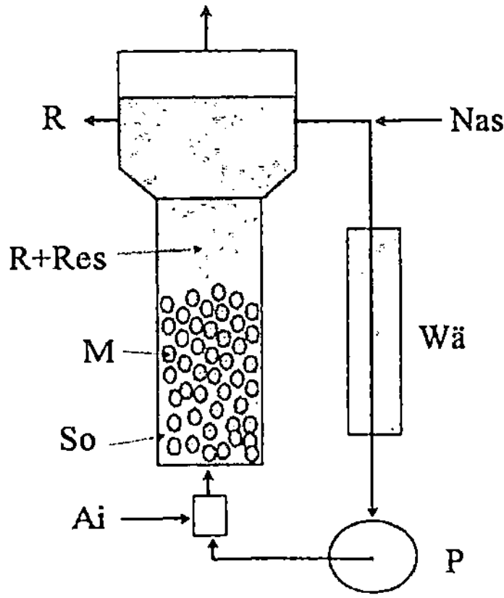



**Bild 6.6** Schema eines Wirbelschichtreaktors [6.15]
*A* Abluft, *R* Rohstoff (Produkt), *M* immobilisierte Mikroorganismen, *Ai* Zuluft, *So* Nährlösung, *P* Pumpe, *Wä* Wärmeaustauscher, *R+Res* Rohstoff und Restnährlösung, *Nas* Nährsubstanzen

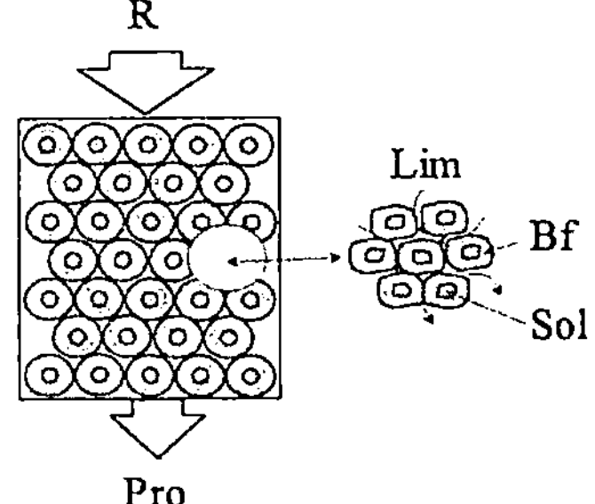

**Bild 6.7** Festbettreaktor
*R* Ausgangsstoff, *Pro* Produkt, *Lim* Flüssigkeitsbewegung, *Bf* Biofilm, *Sol* Trägerkörper zur Immobilisierung (Glas, Kies, Keramik, Holz)

Im anaeroben Bereich, wo zur Abwasserreinigung eine Symbiose zwischen methanbildenden und acetogenen Bakterien aufgebaut wird, muß man im Regelfall zweistufig arbeiten. Die zweite Stufe kann als ein Festbettreaktor (Bild 6.7) ausgelegt werden, wenn es keine zur Sedimentation neigende Bestandteile in der Kulturlösung gibt. Bei den bisher genannten Reaktoren sind zur Vermeidung einer spontanen Zellclusterung (Ausflockung) in der Lösung die Konzentrationen nach oben begrenzt. Beim Festbettreaktor „ruhen" die Zellen im Reaktor, so daß dieser Nachteil vermieden wird.

Reaktoren, in denen ausschließlich immobilisierte Zellen eingesetzt werden, sind definitionsgemäß Oberflächenreaktoren. Die Zellen wachsen auf nicht permeablen, ruhenden Oberflächen auf, wobei die bioadhäsive Fixierung garantiert werden muß (s. Kap. 5.1.3).

In Anlehnung an die Filtration wurden insbesondere zur Kultivierung empfindlicher Zellsysteme Hohlfasermodule als Bioreaktor entwickelt (Bild 6.8) [6.13]. Diese können

- axial (*Membranstrukturen* Ultra-/Mikrofiltrationstechnik, *Immobilisierung* Membranaußenseite, *Ver-/Entsorgung* von der Lösungsseite aus) und
- radial (*Membranstrukturen* Ultra-/Mikrofiltrationstechnik, über die Porengeometrie wird eine Durchmischung der Mediums- und der Produktflüssigkeit verhindert)

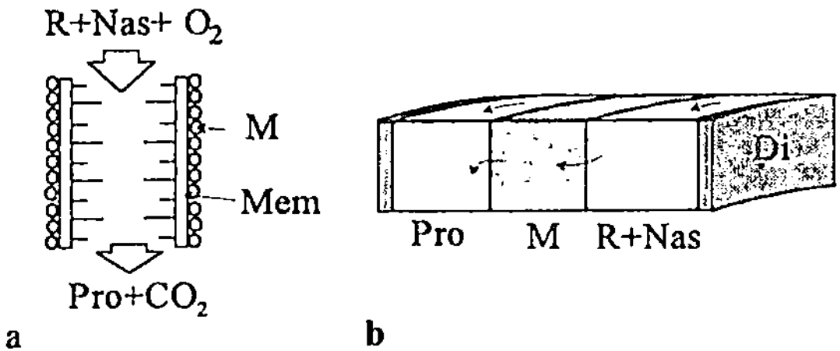

**Bild 6.8** Hohlfaser- und Flachmembran–Modul
a Hohlfaser, b Flachmembran, *R* Ausgangsstoff, *Nas* Nährsubstanzen, *M* Zellen, *Mem* Membran, *Pro* Produkt, *Di* Distanzhalter

durchströmt werden. Hierzu wickelt man eine Vielzahl von Einzelmembranen spiralförmig übereinander, so daß Reaktormodule entstehen.

## 6.1.2
## Steriltechnik

Für Reinstkulturen ist zwingend, daß alle Systemkomponenten sterilisiert werden können. In der Biotechnologie finden vorrangig drei Verfahren Anwendung

- die Sterilfiltration,
- das Sterilisieren mit gesättigtem Heißdampf unter Überdruck (121°C, 1 bar) und
- das Erhitzen (180°C, Atmosphärendruck).

Es gilt eine Gruppe besonders zu beachten, die Sporenbildner. Sporen sind Überlebenskünstler (Dauerstadium), in denen keinerlei Stoffwechselaktivitäten nachweisbar sind, mit reduziertem Wassserhaushalt, Enzymvorrat und sporenspezifischen Substanzen.

Für den Sterilisationserfolg sind die Temperatur (Tabelle A6.1), die Zeit (Tabelle A6.2) und die Art und Menge der abzutötenden Mikroorganismen entscheidend. Bereits im Kapitel 5.3 wurde darauf verwiesen, daß es keine absolute Sterilität gibt. Mit einer gewissen Wahrscheinlichkeit ist eine Wiederverkeimung immer möglich. Für steriltechnische Anlagen erwachsen an die Oberflächenqualität und Konstruktion extreme Anforderungen, die das Risiko einer Wiederverkeimung minimieren sollen. Erwähnt seien die Vermeidung jeglicher Toträume, wie für Wellenlagerungen, und deren sterile Abdichtung gegenüber dem Reaktorraum. Hier werden u.a. mit Dampfsperren gesicherte Gleitringdichtungen eingesetzt. Es finden alle üblichen Werkstoffe des Maschinen- und Chemianlagenbaues Verwendung, z.B. CrNiMo– und Cr–Stähle für Kapseln und Sperren sowie Bronzen, Metallkarbide und Keramiken als Lagerwerkstoff.

Zur chemischen Sterilisation, die vor und/oder nach einer thermischen erfolgt, verwendet man Säuremischungen als Beizlösung, z.B. aus HCl, $HNO_3$, $H_2SO_4$, Fluß- und Zitronensäure. Diese Lösungen erhöhen die Rauhigkeiten der Reaktoroberflächen. Im Bild 6.24 wird der Einfluß auf hochlegierte Stähle und die Wiederverkeimungsrate verdeutlicht.

Bei einer Sterilfiltration (Bild 6.9) werden entweder die Partikel an Membranen abgefangen (absolute Filter) oder infolge stark abweichender Dichteunterschiede zwischen der Kulturlösung und den herauszufilternden Mikroorganismen separiert, wobei sich diese in der Grenzschicht ablagern und durch Diffusionsbewegungen in nächste Nähe zur Festkörperoberfläche abtransportiert werden (Tiefenfilter). Der zweite Mechanismus funktioniert nur bei entsprechenden Masseunterschieden. Hierbei darf die Viskosität, als diffusionsbestimmende Größe, nicht zu große Werte annehmen. Hochviskose Lösungen, wie zellulose- oder feststoffbelastete, lassen sich auf diese Art und Weise nicht trennen. Darüber hinaus ist die Oberflächenrauhigkeit und Biofilmbildung nicht vernachlässigbar, da diese die

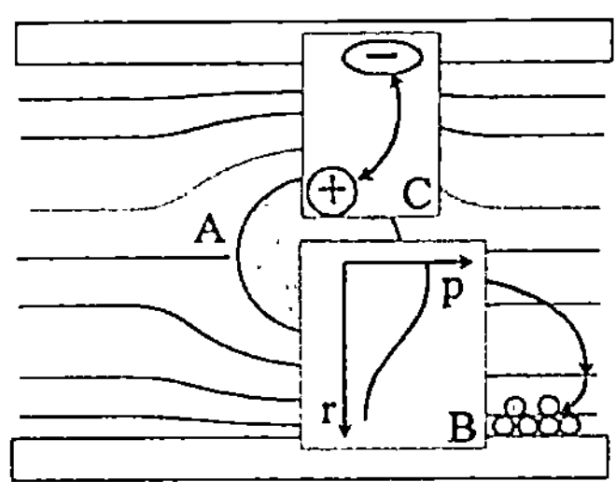

**Bild 6.9** Prinzipien der Separation von Teilchen aus einer Strömung
*A* mechanische Separation, *B* Trägheit und Diffusion zur Oberfläche, *C* elektrische Separation, *p* Druck, *r* radialer Abstand

Diffusion in unmittelbarer Oberflächennähe direkt beeinflussen (Driftbewegung).

Luft wirkt sich negativ auf die Sterilisation aus. So beträgt die Abtötungsgeschwindigkeit ($v_T$ = Organismen/Zeit) für *Bacillus subtilis* in trockener Luft (125°C) $v_T$ = 2,4·10$^{-2}$ [s$^{-1}$] und in Sattdampf (121°C) $v_T$ = (5 bis 9)·10$^{-3}$ [s$^{-1}$] [2.1]. Bedenkt man, daß dreidimensionale Oberflächenfehler (Poren, Mikrorisse) ideale Luftkammern darstellen, in denen sich Organismen und Sporen bevorzugt aufhalten, so tritt an diesen Fehlstellen ein Doppeleffekt auf. Zum einen die Besiedelung mit Mikroorganismen, zum anderen eine Reduzierung der Sterilisationsgeschwindigkeit infolge der Minimierung der Wärmeleitung in luftgefüllten Kammern.

Chemische Sterilisationsmaßnahmen mit Bioziden sind aus ökologischen Gründen bedenklich, wobei im technischen Reaktorbau auch die ökonomische Komponente (große Volumina) nicht außer Acht zu lassen ist.

## 6.1.3
## Zelltrennung

Ein wesentlicher Nachteil biotechnologischer Prozesse besteht darin, daß das Produkt in einer verdünnten wäßrigen Lösung vorliegt und aus dieser abgetrennt werden muß. Liegt es extrazellulär vor, dann ist anzustreben, dieses selektiv zu separieren. Bei einem intrazellulären Produkt müssen die Zellen zuerst „geerntet" und durch Zellaufschluß das gewünschte, in der Zelle enthaltene Produkt erschlossen werden. Erst danach ist eine Aufarbeitung, wie bei extrazellulären Produkten, möglich. Dieses Prinzip wurde bereits bei den biomimetischen Anwendungen benutzt (Kap. 5.4).

Die zelluläre Trennung aus einer flüssigen Suspension kann durch Sedimentation, Separation und Filtration erfolgen. Für die Sedimentation und Separation (Bild 6.10) unterscheiden sich die Werkstoffanforderungen nicht von denen, die an einen Bioreaktor gestellt werden. Bei der Filtration, einer Trennung von Teilchen aus der Gas- oder Flüssigphase, erwachsen spezifische mechanische und biologische Forderungen hinsichtlich der Filterwerkstoffe.

In Abhängigkeit von der Anströmrichtung unterscheidet man zwei Filtrationsprinzipien (Bild 6.11),

- eine senkrechte Anströmung („dead–end"), z.B. die Anschwemmfiltration unter Verwendung von Filterhilfsmitteln (Kieselgur) und die Mikrofiltration, bei der

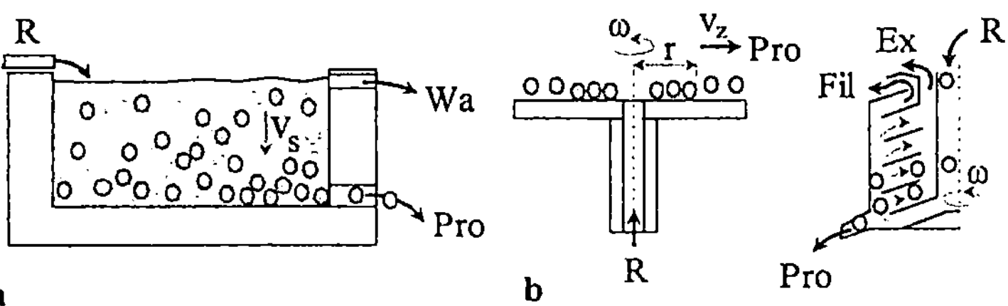

**Bild 6.10** Zelluläre Trennverfahren
a Sedimentation, Re < 0,25, $v_s = (d^2 g \Delta \rho)/(18\eta)$ Sinkgeschwindigkeit, $bv_z = (d^2 r \Delta \rho \omega)/(18\eta)$, $\rho_1 \gg \rho_2$, **b** Separation, $R$ Ausgangsstoff, $Wa$ Abfall, $Pro$ Produkt, $Fil$ Filtrat, $\omega$ Winkelgeschwindigkeit, $v_z$ Zentrifugalgeschwindigkeit, , $Ex$ Extrakt

u.a. mikroporöse Membranen (*Porendurchmesser* 0,1 bis 0,4 μm) zum Einsatz kommen.

- eine tangentiale Anströmung („cross–flow") für die man aus Gründen der Filterselbstreinigung (Membranfouling) eine große Strömungsgeschwindigkeit anstrebt, wobei diese den Membrandruck $p_M = 0,5(p_i-p_o)$ bestimmt. Mit zunehmender Zellkonzentration erhöht sich die Viskosität der Lösung und die Fließeigenschaften sind nicht mehr newtonisch (Bild 6.12), sie werden pseudoplastisch. Eine große Rezirkulationsgeschwindigkeit, die für Säuberungseffekte erforderlich ist, wird nur bei niedrigen Viskositäten erreicht. Eine Konzentrationspolarisation tritt auf (s. Bild 5.22), wenn diese Bedingung nicht erfüllt ist. Die an der Membranoberfläche wirkenden Scherkräfte bestimmen die Anforderungen hinsichtlich der mechanischen Stabilität.

Die Poren in Mikrofiltern sind symmetrisch oder asymmetrisch angeordnet. In asymmetrischen Strukturen erfolgt eine Filtration nur an der Oberfläche, so daß eine Blockierung der Membran mit Zellen minimiert wird. Demgegenüber blockieren isotrope Membranen irreversibel (Bild 6.13).

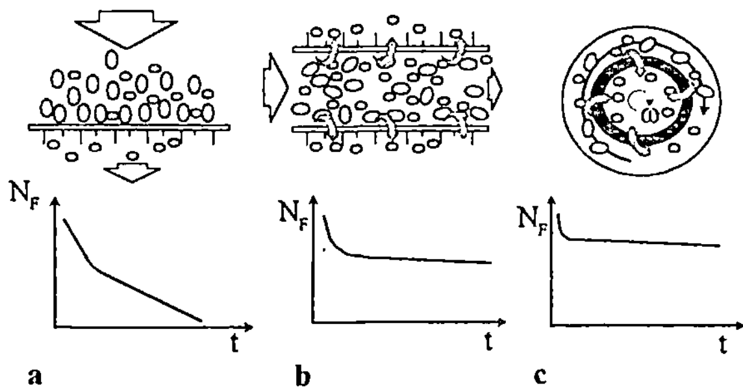

**Bild 6.11** Mechanismen der mechanischen Filtration und zugehörige Filtrationsrate
a „dead–end" Filtration (konventionell) **b** „cross–flow" Filtration, **c** Rotationsfiltration, $N_F$ herausgefilterte Teilchenzahl, $t$ Zeit

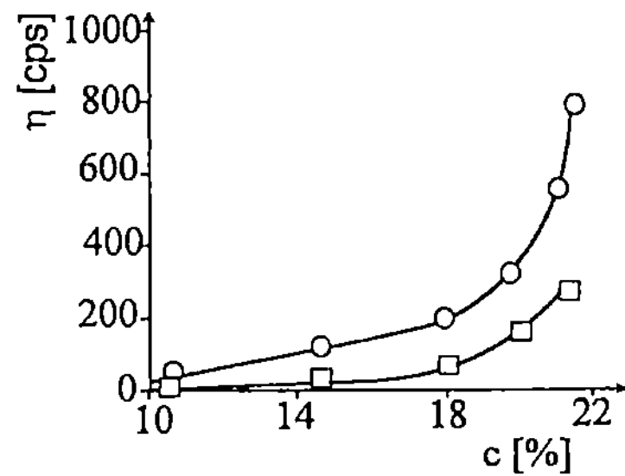

**Bild 6.12** Abhängigkeit der Viskosität einer Hefenährlösung von der Zelldichte für verschiedene Flußraten ($\propto$ Scherkraft) [6.16]
O $dV/dt = 2$ [$s^{-1}$], □ $dV/dt = 100$ [$s^{-1}$], $c$ Zelldichte (Gewichtsprozent), $\eta$ Viskosität

Filter können als Paket, Röhre oder Spirale ausgeführt werden, wobei Röhren zur geringsten Verstopfungsgefahr neigen. Insbesondere bei der Sterilfiltration strebt man eine Filtertiefenwirkung an. Zur Vergrößerung der Filterfläche sind eine Vielzahl von Varianten möglich, wie das Plissieren (Bild 6.14).

Bei einem Porendurchmesser von 0,1 bis 20 nm handelt es sich um eine Ultrafiltration, wobei mit höheren Druckdifferenzen (100 bis 1000 kPa) an der Membranoberfläche gearbeitet wird. Zur Vermeidung von Verblockungen wendet man asymmetrische Membranstrukturen an. Dieses Verfahren findet u.a. zur Aufkonzentrierung von proteinhaltigen Lösungen und zur Abtrennung von Antibiotika aus Fermentationslösungen Anwendung.

In der Nanofiltration arbeitet man mit noch höheren Druckdifferenzen (1 bis 10 MPa) und oberflächenmodifizierten Membranen, z.B. mit fest fixierten Fremdionen. Diese Ionen wirken als „Ventil" für die herauszufilternden Bestandteile, deren „Schaltung" in Abhängigkeit vom isoelektrischen Punkt der jeweiligen Ionensorte erfolgt. Dieser, von der Lösungskonzentration unabhängige Punkt ist die Wasserstoffionenkonzentration, bei der, infolge Gleichheit der örtlichen Anionen- und Kationenkonzentration, ein Ladungsausgleich eintritt. Hiermit ist eine Trennung von Ionen unterschiedlicher Ladungsdichte möglich. Mit der Fixation von Kat- und Anionen an den Membranoberflächen gelingt es bipolare Membranen aufzubauen. Der Trennprozeß führt letztendlich zur Ausbildung einer Säure auf der kationisch und einer Base auf der anionisch modifizierten Seite. Die mechanischen Belastungen, denen Filterwerkstoffe in der Nanofiltration ausgesetzt sind, verdeutlicht der Arbeitsdruck für die Meerwasserentsalzung von p $\approx$ 10 [Mpa].

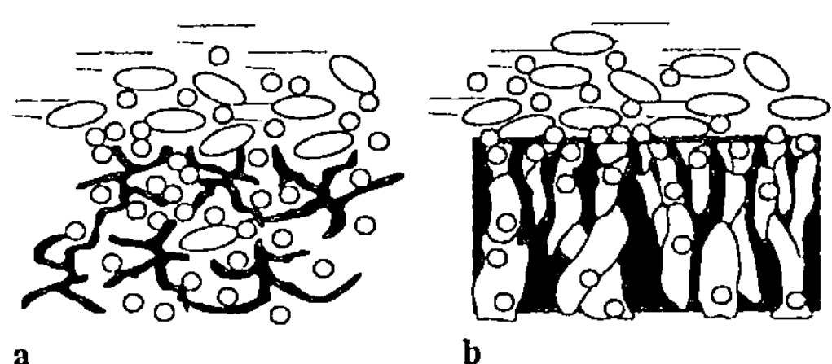

a       b

**Bild 6.13** Struktur von Filtern
a isotrope Filterstruktur, b anisotrope Mikroporenfilter

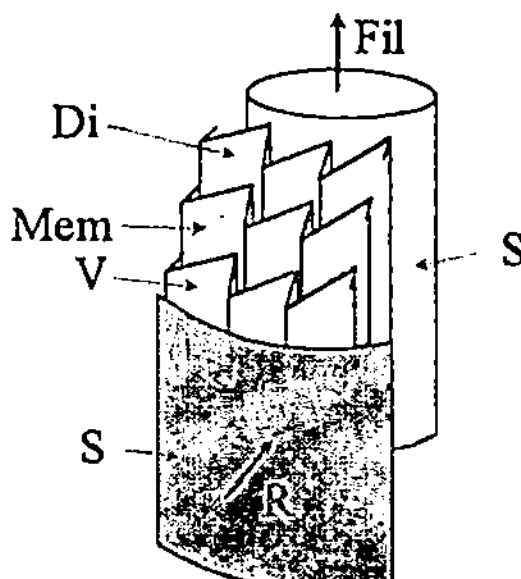


**Bild 6.14** Eine plissierte Filterkerze
*Fil* Filtrat, *R* Rohstoff, *S* Stützkörper, *Di* Stützgewebe (Distanzhalter), *Mem* Membran, *V* Vorfilter

Eine analytische und zugleich technologische Anwendung stellt die Chromatographie dar, mit der auch chemisch sehr ähnliche Stoffe getrennt werden können.
Hierbei nutzt man zwei Eigenschaften von aneinander vorbeiströmenden Phasen
aus, zum einen deren unterschiedliche Löslichkeiten und andererseits die durch
Adsorption beeinflußte Bewegung zwischen einer meist gleichförmig strömenden
und einer stationären Phase. Es gibt drei Konkurrenzprinzipien, die in der Chromatographie auch angewandt werden, die Verteilung (flüssige Phase), die Adsorption (feste Phase) und die Verdrängung (Ionenaustausch). Bei der Verteilungs-
chromatographie strömt über eine an einem Trägermaterial fixierte Flüssigkeit,
meist Wasser, das Laufmittel mit den gelösten, zu analysierenden Substanzen. In
der Adsorptionschromatographie wird die unterschiedlich starke Wechselwirkung
(Adsorption) verschiedener Substanzen ausgenutzt. Dieses Trennverfahren wird
von den (bio-) adhäsiven Energien zwischen einem Festkörper (Adsorbent) und
den gelösten Substanzen bestimmt. Adsorbentien sind organische, u.a. Aktivkohle,
Polymere, und anorganische Materialien, z.B. Kieselgel, Al– und Mg–Oxide.
Mittels eines Ionenaustausches kann man diese Wechselwirkungen gerichtet einstellen und somit die Trennschärfe erhöhen.

Im Chromatographen stellt sich ständig ein Gleichgewicht zwischen den gelösten und abgetrennten Substanzen ein. Jede Substanz hat eine charakteristische
Wellenlänge, so daß anhand der sich entwickelnden Farbbilder die verschiedenen
gelösten Substanzen qualitativ nachgewiesen werden können. Tswett (1903 bis
1910) wandte diese Methode auch hierfür an, indem er die Existenz der Blattfarb-
stoffe Cholorophyll a und b, Karotin und Xantophyll nachwies. Infolge der unter-

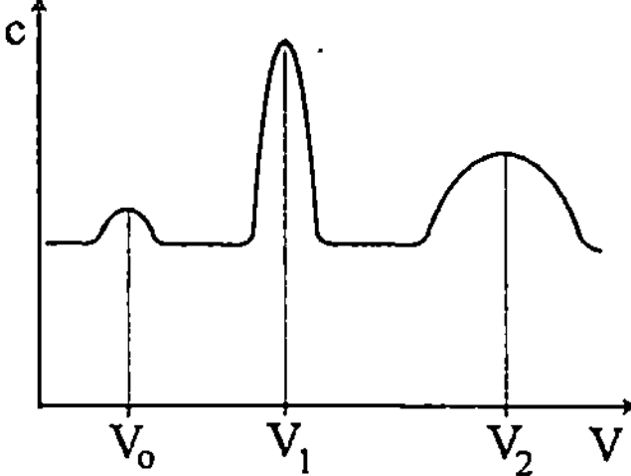


**Bild 6.15** Schematische Darstellung eines Chromato-
gramms
$V_i$ Retentionsvolumen der i–ten Substanz, $V_o$ Totvolumen,
$V' = V_i – V_o$ = Netto–Retentionsvolumen, $c$ Konzentration
der austretenden Substanz, $V$ Volumen

schiedlichen Adhäsionsbedingungen ergeben sich voneinander abweichende Verweilzeiten im Chromatographen, so daß die einzelnen Komponenten diesen zeitlich versetzt verlassen. Fängt man das Eluat nach Substanzen (Farben) geordnet auf, dann sind diese Einzelvolumina proportional zur Konzentration (Bild 6.15). Voraussetzung ist, daß sich eine Sättigung in der Apparatur einstellen konnte (Adsorptions-Isotherme, s. Kap. 4.4).

Auf diese Art und Weise ist eine quantative Trennung in Einzelsubstanzen möglich. Analog hierzu ist auch eine Flächenchromatographie durchführbar. Man mißt beispielsweise im Papierchromatographen die Wanderung der verschiedenen Substanzen (Farbgrenzen) auf einer Vlies–Papierscheibe und bestimmt das Verhältnis der Wanderungsstrecken der jeweiligen Substanzen ($s_i$) zu der des Lösungsmittels (s), dem $R_F$–Wert ($R_{Fi} = s_i/s$). In der Biotechnologie wendet man die Chromatograpie u.a. zur Trennung verschiedener Proteine an.

**Tabelle 6.1** Immobilisierungswerkstoffe für die Chromatographie

| Methode | Materialien | aktive Gruppen |
| --- | --- | --- |
| Adsorptionschromatographie | Aktivkohle, Polymere, Kieselgel, Al–Oxid | SiOH<br>$Al^{3+}$, $O^{2-}$ |
| reversible Phasenchromatographie (hydrophobe Wechselwirkung) | Kieselgel (hydrophil) | $OH \leftrightarrow SiR$<br>Akylgruppe = hydrophob |
| Ionenaustauscher–Chromatographie<br><br>$Na^+ \quad Na^+ - P^+$<br>$SiO_3 \quad SiO_3$<br>$\mid \qquad \mid$<br>Gel, Harz | Harz–Gel–Matrix | $SO_3^-$ (Kation, stark sauer)<br>$COO^-$ (Kation, schwach sauer)<br>$NH_3^+$ (Anion, schwach basisch)<br>$NR_3^+$ (Anion, stark basisch) |
| Affinitätschromatographie<br><br>Koppler   Protein<br>Ligand | Kieselgel, Cellulose, Agarose, Dextron, Polyacryl, poröse Gläser | große Porosität, hohe Festigkeit, chemisch nicht stabil (Alkalien) |
| Metall–Chelat–Chromatographie | Bildung von Komplexen durch Bindung des Metalls mit Kationenaustauschergruppen und Liganden | $Zn^{2+}$, $B^{3+}$, $Al^{3+}$ $Ga^{3+}$, $In^{3+}$, $Ti^{3+}$<br>Amine, Aminosäuren, Phenole, Proteine, Nucleotide |
| Gelfiltration (Klassierung) | | Polyacrylamid, Agarose Porenverteilung, Dextrane, Vinylpolymere |

$R$ Biomolekül

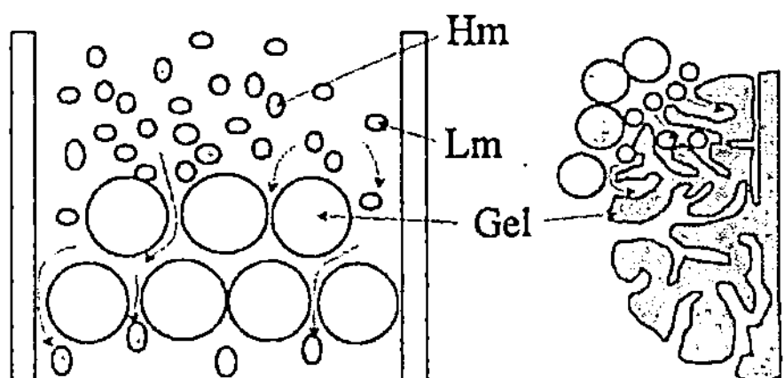



**Bild 6.16** Schema der Gelfiltration
*Gel* Gelpartikel, *Hm* Substanz mit großem Molekulargewicht, *Lm* Substanz mit niedrigem Molekulargewicht

In der Tabelle 6.1 sind die Trägermaterialien für verschiedene chromatographische Verfahren und deren spezifische Wechselwirkungen aufgeführt. Ein interessantes Wechselspiel zeigt die Gelfiltration (Bild 6.16), wo die abzutrennenden Moleküle in die Poren der Gelmatrix diffundieren. Eine Produkttrennung wird hier in Abhängigkeit von der Verweilzeit in den Oberflächenporen bewirkt, so daß eine Separation nur nach Molekülgrößen und nicht nach Wechselwirkungskräften erfolgt. Die Trennschärfe hängt von der Geometrie der Poren ab. Voraussetzungen für dieses Verfahren sind eine definierte Gelstruktur und eine verhältnismäßig scharfe Porenverteilung, da jede Unschärfe die Selektivität des Verfahrens vermindert. Gelmaterialien sind Polyacrylamid, Agarose, Dextran und Vinylpolymere.

Die „Erzeugung" steriler Luft ist für eine Vielzahl hochtechnologischer Bereiche eine Grundvoraussetzung, beispielsweise in der Mikroelektronik, Pharmaindustrie, Medizintechnik aber auch der Umwelttechnik. Neben der Beseitigung von Geruchsbelästigungen gilt es, toxische Stoffe und Fremdkeime zu entfernen. Diese Produkte können herausgewaschen (Biowäscher) und herausgefiltert (Biofilter) werden.

Beim Biowäscher werden die Schadstoffe in der mit Mikroorganismen angereicherten Kulturbrühe gelöst, wobei

- die Stoffaustauschfläche Gas/Flüssigkeit,
- die Verweilzeit,
- die Art und Konzentration der Schadstoffe,
- die Anpassungsfähigkeit der Mikroorganismen,
- die verfügbare Sauerstoffmenge,
- die Temperatur und der pH–Wert

wichtige Einflußgrößen sind.

Beim Biofilter setzt man immobilisierte Zellen ein, wobei die Trägerkörper

- immobilisierbar sein müssen (große Oberfläche, große Adhäsionskräfte),
- eine Reservoirwirkung (Puffer) für Nährstoffe und Feuchtigkeit haben sollten und

- einen geringen und gleichverteilten Strömungswiderstand über die Filterfläche aufweisen.

Als Besiedelungsmaterialien eignen sich in der Umwelttechnik auch Kompost (Hausmüll, Laub, Papier), Reisig, Rindenpellets und -schrot. Die inerten Materialien (Styropor, Lava, Blähton, Keramik, Glas) mit oftmals anwendungsspezifischen Beschichtungen sind über das gesamte Einsatzspektrum der Biofilter einsetzbar. Die Stämme sind nach den abzubauenden Schadstoffen auszuwählen, wobei sich die Werkstoffbelastungen an dem Lebensmilieu und den Sterilisationsbedingungen orientieren.

## 6.2
## Biotechnologisch eingesetzte Stämme

So vielgestaltig wie unsere Natur, so mannigfaltig ist die Anzahl der Stämme, die zur mikrobiologischen Produktion eingesetzt werden. In der Tabelle A6.3 sind einige Stämme, deren „Betriebsbedingungen" und mögliche Immobilisierungswerkstoffe (Tabelle A6.4) aufgeführt.

Das Milieu kann sich während der biologischen Produktion ständig verändern. So erhöht sich bei der Produktion von Xanthan, einem Dickungsmittel, die Viskosität mit zunehmender Produktionszeit, womit sich die Strömungs-, somit auch die Besiedelungsbedingungen, verändern. Darüber hinaus kann eine Verschiebung des pH–Wertes auftreten. Beispielsweise beginnt die Citronensäureproduktion bei Werten um pH $\approx$ 4, nimmt aber mit fortlaufender Reaktion bis auf ca. pH $\approx$ 2 ab. Beim Einsatz von Pilzen werden durch das Myzel hochkonzentrierte organische Säuren ausgeschieden, die silikatische Werkstoffe schädigen (s. Bild 2.21).

Im Boden verlegte Rohrsysteme unterliegen der Schädigung durch Bodenorganismen, wo oftmals eine saure Umgebung durch sulfatreduzierende Bakterien vorliegt. Biokorrosive Reaktionsmechanismen sind ohne Korrosionsschutz vorprogrammiert (Tabelle 6.2).

**Tabelle 6.2** Mikroorganismen in Korrosionsvorgängen

| Metall | Mikroorganismen |
| --- | --- |
| Eisen, Stahl | Desulfurikanten, *Thiobacillus spec.*, Pilze |
| rostfreier Stahl | Desulfurikanten, *Gallionella spec.* |
| Aluminium | *Pseudomonas spec.*, Desulfurikanten, *Leptothrix spec.* |
| Zink | *Cladosporium resinae* |
| Blei | Bakterien |
| Kupfer | Desulfurikanten |
| Aluminiumbronze | *Pseudomonas spec.*, Pilze, Algen, Desulfurikanten |
| Glas | Pilze, Algen, Moose |
| Monel (CuNi) | Desulfurikanten |

# 6.3
# Werkstoffe

Die in der industriellen Bioverfahrenstechnik angewendeten Reaktorgrößen bedingen folgende Materialanforderungen

- eine mechanische Stabilität,
- eine thermische Stabilität, vorrangig während der thermischen Sterilisation,
- eine Bioverträglichkeit,
- eine chemische und korrosive Beständigkeit und
- fertigungstechnisch relevante Eigenschaften (Schweißen, Polieren).

In biotechnologischen Anlagen findet man alle Werkstoffgruppen wieder. Hierbei handelt es sich nicht nur um Anlagen der Lebensmittel- und Pharmaindustrie, sondern auch um steriltechnische Anlagen zur Fertigung mikroelektronischer Bauelemente oder in der Meerestechnologie.

## 6.3.1
## Metalle

Für den Bau von Fermentoren mit einem Volumen größer als 10 bis 20 Liter setzt man normalerweise metallische Werkstoffe ein. Neben deren Beständigkeit gegenüber häufigen Sterilisationszyklen (Temperatur, Säuren, Laugen) ist ein weiterer Grund in der Ausführung steriltechnischer Rohrverbindungen zu sehen. Zur Vermeidung von Toträumen treten konstruktiv bedingt große Kräfte in diesen Schraubverbindungen auf, die von Gläsern nicht mehr aufgenommen werden können. Im Forschungsbereich mit der individuellen Fermentor- und Rohrgestaltung sowie spezifischen Verfahrensbedingungen sind Gläser durchaus üblich.

Hochlegierte CrNi–Stähle sind aufgrund ihrer Passiveigenschaften korrosionsbeständig (s. Kap. 3.7). Liegen Chloridionen vor, wie in Korrekturmitteln für den pH–Wert oder als Komponenten aus biologischen Reaktionen, dann ist mit Durchbrüchen der Passivschicht zu rechnen. Für die medienberührte Seite eines Fermentors werden deshalb CrNiMo–Stähle empfohlen (Tabelle 6.3). Alle Flächen, die mit der Kulturlösung nicht direkt im Kontakt stehen, können aus CrNiTi–Stäh-

**Tabelle 6.3** Metallische Werkstoffe für Bioreaktoren [6.3]

| Einsatz | Werkstoff |
|---|---|
| nichtmedienberührt | X 5CrNi18.9<br>X 2CrNi18.9 |
| medienberührt | X 10CrNiTi18.9<br>X 10CrNiMoTi18.10<br>X 2CrNiMo18.12 |

len gefertigt werden. Diese sind gegenüber chloridhaltigen Medien noch beständig und zeigen eine gute Polierfähigkeit (Tabelle 6.4). Die Bioverfahrenstechnik ist eine „saubere" Technologie, was in der äußeren Anlagengestaltung nicht vernachlässigt werden sollte. Die verminderte Polierfähigkeit bei höheren Titangehalten wird nicht merklich durch verbesserte Sterileigenschaften kompensiert.

Infolge der Nährstoffwirkung und der Sterilisationsmaßnahmen stellt sich nach einigen Jahren der Reaktornutzung eine mittlere, mit dem Perthometer (Kap. 8) gemessene, Rauhtiefe von ca. 0,5 µm ein [6.2]. Dieser orientierende Wert basiert nicht auf systematischen Untersuchungen, sondern wenigen willkürlichen Messungen. Bisher wurden nur einzelne Untersuchungen zur Veränderung der Topographie in Abhängigkeit von den Sterilisationszyklen, der Art der Sterilisation und dem Material durchgeführt. Das Gleiche gilt auch für die Medizintechnik, für die diese Fragestellung mit der Sterilität minimalinvasiver Instrumente in das Blickfeld rückte.

Hochlegierte Stähle sind nur unter Schutzgas (MIG/MAG, WIG) schweißbar, wobei man zur Cr–Stabilisierung Ti, Ta, Nb im Grundwerkstoff und in der Elektrode (Schweißgut) zulegiert. Es ist darauf zu achten, daß Schweißnähte sorgfältig geschliffen und poliert werden. Schweißfehler, insbesondere Einbrandkerben, Risse, Poren und Gefügeinhomogenitäten, müssen für steriltechnische Anlagen ausgeschlossen werden.

Diese Empfehlungen sind für jeden Mikroorganismus neu zu überprüfen. So zeigten Korrosionsuntersuchungen mit *Penicillium* Kolonien auf Kobalt, Kupfer, Zink, Cadmium, Aluminium, Zinn und einem hochlegierten CrNiMo–Stahl auch Schädigungen des Mo–stabilisierten Stahles durch Extraktion von Eisen unter den Fußpunkten der Kolonie [6.12]. Die Korrosionsschädigungen nahmen in der Reihenfolge Zn > Sn > Al > Pb > Cu > Co > Cd ab. Selbst metallische Werkstoffe von toxisch eingestuften Elementen, wie Pb, Cu und Ni, können mikrobiellen Schädigungen unterliegen. Das beteiligte biologische Spektrum reicht von Anaerobiern, z.B. sulfatreduzierenden Bakterien, bis zu aerob wachsenden Vertretern, u.a. *Pseudomonas,* und deren extrazellulären Produkten.

**Tabelle 6.4** Hochlegierte Stähle für Kessel und Verrohrung [6.3]

| Werkstoff | Schweißbarkeit | Polierbarkeit | Chemische Beständigkeit |
|---|---|---|---|
| 1.4571 (Cr,Ni,Ti) | + | - | ++ |
| 1.4301 (Cr,Ni) | + | + | + |
| 1.4435*(Cr,Ni,Mo) | + | + | ++ |
| US–Norm | | | |
| 304 (Cr,Ni) | + | + | + |
| 316L** (Cr,Ni,Mo,Ti) | + | + | + |

* bedingt für chloridhaltige Medien geeignet, ** für Zellfermentation gefordert, + geeignet,

## 6.3.2
## Glas

In kleineren Laborfermentoren und als Schaugläser werden häufig silikatische Werkstoffe eingesetzt, die nicht laugenbeständig sind. Biologische Reaktionen, die in den basischen Bereich abdriften, können eine korrosive Schädigung hervorrufen, wie bei der Fermentation von Aspertase und Xanthan (Tabelle A6.3).

Die Korrosion an Gläsern kann über

- eine selektive Auslaugung,
- eine Verschiebung des pH–Wertes,
- eine Matrixauflösung,
- mögliche Oberflächeninhomogenitäten,
- eine Auskristallisation in der Glasmatrix,
- ein Altern der Oberfläche und
- mögliche Übersättigungseffekte (Phasenumwandlungen)

eingeleitet werden [6.1].

Zur selektiven Auslaugung neigen Alkaliionen in silikatischen Gläsern, die nicht an Sauerstoffionen gebunden sind. Diese werden von ihren Plätzen durch gelöste Wasserstoffionen verdrängt, wodurch es zu einer Anreicherung der Hydroxylionen in unmittelbarer Nachbarschaft der Grenzfläche Glas/Kulturlösung kommt. Der pH–Wert verschiebt sich in den basischen Bereich. Ein sich hieran anschließender Mechanismus ist unter Einbeziehung von Protonen das Herauslösen von Siliziumionen der Sauerstoff–Silizium–Matrix–Bindung [6.1]

$$Si-O-Na+H_2O \rightarrow Si-O-H+Na^++OH^-$$

$$OH^++Si-O-Si \rightarrow Si-O-H+Si-O^-$$

$$Si-O+H_2O \rightarrow Si-O-H+OH^-$$

Es bildet sich eine dealkalisierte Grenzschicht aus. Eine Stabilisierung ist durch Zulegieren von Aluminium, Bor und Erdalkalimetallen möglich. Auf diesen Auslaugungsprinzipien basieren unter anderem die Herstellungsverfahren zur Produktion poröser Gläser, die man zur Immobilisierung von Mikroorganismen einsetzt (Tabelle A6.5).

Bei abgeschwächten Siliziumbindungen führt eine erhöhte Hydroxylionen–Konzentration zur schnellen Schädigung der Glasmatrix. In zur Entmischung neigenden Gläsern, wie Natrium–Borat–Gläsern, ist es durchaus möglich, daß die Mikroorganismen die herausgelösten Alkaliionen zur „Befriedigung" ihres Nährstoffbedarfes nutzen. Stark instabile Gläser können infolge der eingeleiteten Verschiebung der Alkaliionen–Konzentration an der Glasoberfläche zur Entmischung neigen (Bild 6.17).

An der Oberfläche „angelaugter" Gläser liegen eine Vielzahl von Siliziumverbindungen vor. Das Silizium diffundiert aus der Matrix an die Oberfläche. Mögliche Reaktionsprodukte sind Silikate, die sich unter Beteiligung von Eisen, Aluminium, Calcium und Magnesium herausbilden, oder hydratisierte Siliziumverbin-

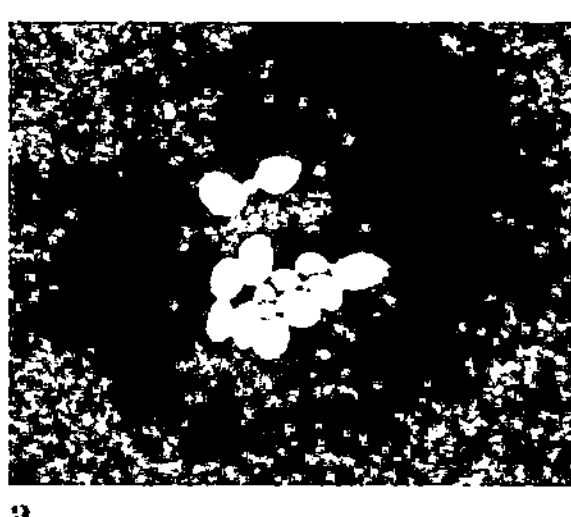
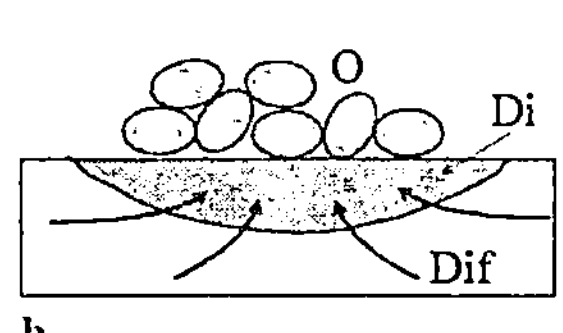


a                                                    b

**Bild 6.17** Mögliche, biologisch indizierte Entmischung an Glasoberflächen
a REM–Aufnahme einer *Saccharomyces cerevisiae* Kolonie auf einem instabilen Boro–Silikatglas, b Modellvorstellung für den Mechanismus, *O* Zellcluster, *Di* Diffusionshof, *Dif* Diffusion von Ionen der Matrix zum wachsenden Zellcluster

dungen und kristallines Silizium selbst (Quartz, Kristobalit). Diese Komponenten haben eine geringere Löslichkeit als amorphes Silizium, so daß sich der pH–Wert an der Glasoberfläche in den sauren Bereich verschieben würde. Die positiven Valenzen des teilweise gebundenen Siliziums sind ein möglicher bioadhäsiver Energieanteil zur elektrisch negativ geladenen Zellmembran. Die häufige Besiedelung von Laborglasgefäßen mit Organismen ist hierfür ein Indiz, insbesondere in Bereichen hoher Konzentrationen und Auslaugungsgefahr (Kolbenöffnung $\equiv$ Konvektion–„Schornsteineffekt").

Erwähnenswert ist nochmals das Anätzen von Glasoberflächen durch biologisch gebildete, organische Säuren (Pilzmycel). Die Oberflächenschädigung kann in Abhängigkeit vom vegetativen Wachstum rhythmisch erfolgen. So bildet *Aspergillus penicilloides* in Ruhestadien vorrangig Säuren. Mit dem umfangreichen Sortenspektrum der Gläser stehen auch biokorrosionsbeständige Vertreter zur Verfügung, wie das Kieselglas ($SiO_2$). Bereits zweiphasige Gläser sind „nur" chemisch widerstandsfähig (Alumino–Borosilikat–Gläser) oder von hoher Resistenz (Kali–Kalk–Gläser).

## 6.3.3
## Filterwerkstoffe

Die Eignung eines Werkstoffes als Filtermaterial zur Zelltrennung hängt ab von

- dessen Porendurchmesser und der Porenverteilung,
- der Standzeit,
- der mechanischen Belastbarkeit, insbesondere bei Ultra- und Nanofiltration,
- der thermischen und chemischen Beständigkeit (Sterilisation, Kulturlösung) sowie
- der mikrobiellen Zersetzbarkeit (Biokorrosion, Nahrungsquelle).

In der Tabelle A6.6 sind einige handelsübliche Filter und deren Sterilisationsbedingungen aufgeführt. Es zeigt sich, daß lediglich Keramik- und Glasfilter mit

Heißdampf sterilisierbar sind. Der klassische Filterwerkstoff ist neben Kieselgur in „dead–end" Filtersystemen die Zellulose, für die Porendurchmesser bis in den Bereich der Ultrafiltration (0,1 bis 20 nm) einstellbar sind. Der Nachteil von Zellulosefiltern ist deren geringe Standzeit und eingeschränkte Sterilisierbarkeit, wie die modifizierte YM–Zellulose zeigt (Tabelle A6.6). Diese weist aber aufgrund ihrer modifizierten Oberfläche gute Eigenschaften gegenüber Membranfouling auf. Die mechanische Stabilität versucht man durch spezielle Filterformen (Spiralen, Flachmembranen, Hohlfasern) zu gewährleisten.

Filter auf Kunststoffbasis ermöglichen eine Erhöhung der Standzeit bei verbesserter Sterilisierbarkeit. Hier finden Polypropylen, PTFE und Polysulfon Verwendung. Besonders zu erwähnen sind die mikroporösen Filter mit asymmetrischen Strukturen (Bild 6.13) auf Polysulfon-, Acryl-, Polyacrylnitril- und Keramikbasis. Bioadhäsive Unterschiede sind bereits beim Kontakt (wenige Minuten) von Polyurethan, Polyamid, Polysulfon und Polyethersulfon mit Wasser zu beobachten, das mit *Pseudomonas vesicularis*, *Acinetobacter calcoaceticus* und *Staphylococcus warneri* kontaminiert ist [6.5]. Im Vergleich werden Polyurethane schwächer besiedelt.

Mit den keramischen Werkstoffen und porösen Gläsern sind Filter hoher Standzeit, guter thermischer und chemischer Beständigkeit, wobei für Gläser deren Anfälligkeit im alkalischen Bereich zu beachten ist, von mechanischer Stabilität und „beliebigen" Porendurchmessern und -verteilungen herstellbar. Der Nachteil dieser Werkstoffgruppe ist, daß die Porengeometrie und deren Verteilung nur im Mittel definiert eingestellt werden kann. Hierdurch nimmt die Trennschärfe ab. Wegen der ansonsten guten Eigenschaften dieser Materialgruppe arbeitet man gegenwärtig verstärkt an der Entwicklung anisotroper Keramikfilter (Bild 6.13). Technologische Möglichkeiten hierzu sind das Ausbrennen von Fasern, die vor dem Sintern eingebracht werden (s. Bild 7.22), oder eine unterschiedlich dichte Abscheidung (Sol–Gel). Ähnliche Technologien finden wir beim Schichtaufbau zementfreier Knochenimplantate wieder (Kap. 7). Für ein gezieltes, materialseitiges Antifouling entwickelt man erst die Grundlagen möglicher Konzepte.

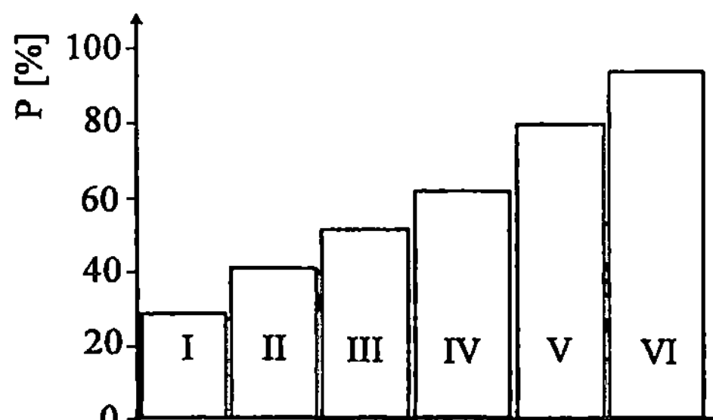

**Bild 6.18** Veränderung der Membranpermeabilität P für verschiedene Filtermaterialien [6.9]
*Substanz* Albumin, *I* Polysulfon, *II* Acryl, *III* Polyacrynitril, *IV* Keramik, *V* Zellulose, *VI* regenerierte Zellulose, $P = P_{ads}/P_o$, $P_o$ maximale Filtrationsrate, $P_{ads}$ Filtrationsrate

Ein wichtiges Kriterium in der Filtrationstechnik ist die Anfälligkeit des Werkstoffes gegenüber einem möglichen Membranfouling. Dieser Prozeß beruht auf einer falschen Filtergeometrie und bioadhäsiven Wechselwirkungen, wofür insbesondere organische und teilweise silikatische Werkstoffe anfällig sind.

Bei einer Dominanz elektrischer Wechselwirkungen können an der Oberfläche gegenpolige Ionen eingebaut werden, die eine abstoßende Wirkung auf mögliche Blockersubstanzen ausüben. Hierbei müssen zur Kompensation der Zellmembranladung für Bakterien und Mitochondrien Potentiale bis zu 200 mV (tierische Zellen, Gewebe $\approx$ 100 mV) von diesen implantierten Ionen aufgebracht werden. Wichtige Filterblocker sind Proteine. Das Bild 6.18 veranschaulicht die Permeabilität nach Adsorption von Albumin, wobei die mit Ionen fixierte YM–Zellulose sehr gute Antifoulingeigenschaften zeigt. Der umgekehrte Effekt kann aber auch zur gezielten Adhäsion an Filterwerkstoffen genutzt werden, z.B. zur bakteriellen Adhäsion an Cellulose–Diacetat Membranen.

Der Einsatz von Polyvinylacetaten im aeroben Bereich kann zur Besiedelung mit verschiedenen Schimmelpilzarten führen. Besonders gefährdet sind nichtplastifizierte Acetate, etwas weniger Dispersionen mit Dibutylpthalat. Hier hat sich ein biologischer Korrosionsschutz mit *Penicillium* und *Aspergillus* als Fungizidzusätze bewährt.

Werden Ionenaustauscher mit unsterilem Wasser betrieben, so ist immer mit einer Verkeimung zu rechnen. Deren Grad hängt von den Betriebsbedingungen ab, wobei die Keimzahl im Stillstand größer gegenüber der während des Anlagenbetriebes ist. Zur Desinfektion setzt man u.a. Silberionen, Formaldehyde, Halogenverbindungen und Peressigsäure ein. Insbesondere Halogenverbindungen setzen Chloridionen frei, womit Schädigungen an hochlegierten Stählen zu erwarten sind. Es ist somit immer ein Kompromiß zu suchen, zwischen der Komplexität des biologischen Prozesses (Wachstum, Kontamination, Adhäsion, Biokorrosion) und den Materialeigenschaften.

### 6.3.4
### Kunststoffe

Kunststoffe finden im Fermentorbau Anwendung als Schläuche, Filter und Dichtungen, aber auch für Laborsysteme als Verteilerblöcke, Gewinderohre, Strömungsplatten und -abstandhalter. Diese müssen beständig sein gegenüber chemischen Einflüssen, wobei die Tabelle 6.5 einen Überblick über das Verhalten verschiedener Kunststoffe vermittelt. Für die mikrobielle Schädigung gilt diese allgemeine Feststellung nicht mehr. Bereits die vor 30 Jahren durchgeführten, systematischen Untersuchungen mit Bakterien und Pilzen an verschiedenen Kunststoffen und deren Einzelkomponenten zeigten, daß deren Bestandteile von Mikroorganismen in ihren Stoffwechselkreislauf als C– und/oder N–Quelle eingebaut werden können [6.10].

Setzt man Materialien dieser Werkstoffgruppe in der Bioverfahrenstechnik ein, dann müssen sie die nachfolgenden Anforderungen erfüllen, die geprägt sind von den Mechanismen der Bioadhäsion und -korrosion.

**Tabelle 6.5** Verhalten von Kunststoffen gegenüber chemischen Einwirkungen [6.4]

| Material | Verhalten gegenüber | | | | | |
| --- | --- | --- | --- | --- | --- | --- |
| | Wasser | n.org.Lsg. | Salzen | Alkalien | n.o.Säuren | o.Säuren |
| Polyäthylen | + | - | + | + | + | + |
| Polyäthylenglykol | - | + | - | - | - | - |
| PVC | + | +, (-) | + | + | + | + |
| Polyninylacetat | +, (-) | - | + | - | - | - |
| Polystyrol | + | - | + | + | + | - |
| Asphalt | + | - | + | + | + | - |
| Kohlenteer–Pech | + | - | + | + | + | - |
| Polyurethan | + | +, (-) | + | - | - | - |
| nat.Kautschuk | + | - | + | + | + | - |
| Neopren | + | - | + | + | + | - |
| Melamin–Harz | + | + | + | + | +, (-) | - |
| Phenol–Harz | + | + | + | - | + | - |
| Epoxid–Harz | + | +, (-) | + | +, (-) | + | - |

T < 40°C, + geeignet, - ungeeignet, (-) Tendenz zu, *n.org.Lsg.* nichtpolare organische Lösungsmittel, n.o. nichtoxidisch, o. oxidisch

- Sie müssen beständig sein gegenüber allen auftretenden Belastungen (biologisch, thermisch, chemisch, mechanisch).
- Die Dichte der freien, ein Biofouling fördernden Oberflächenvalenzen sollte
  minimal sein (Kontamination von Chips, Kontaktlinsen, Implantaten).
- Sie müssen formstabil sein, z.B. auch durch eine indirekte Schädigung seitens
  mikrobieller Stoffwechselprodukte hervorgerufen.
- Während des Betriebes dürfen keine Strukturveränderungen auftreten (Kristallisation, Phasenumwandlungen).

Häufig eingesetzte Materialien sind PVC, Polyethylen, Polysulfon, Teflon, Silikon, PTFE, Epoxidharze, Polystyrol und Polypropylen. Ein Pauschalurteil über
die Beständigkeit gegenüber mikrobieller Korrosion und das bioadhäsive Verhalten kann nicht gegeben werden. In den Tabellen A6.7 und A6.8 ist ein Überblick
zur mikrobiellen Beständigkeit von Kunststoffen zusammengestellt. Einer mikrobiellen Schädigung geht eine Biofilmbildung voraus, die sich mit zunehmendem
Molekulargewicht abschwächt. Dieses Verhalten wurde bereits vor Jahrzehnten für
die Besiedelung von Polyäthylen mit Pilzstämmen beobachtet (Tabelle A6.9). Ein
entsprechendes Verhalten ist auch für die Anlaufphase (14 Tage) der Besiedelung
mit einer bakteriellen Mischkultur festzustellen (Bild 6.19), danach klingt die
bakterielle Aktivität ab.

Beim Polyvinylchlorid (PVC) wird insbesondere Weich–PVC von Pilzen besiedelt und von Bakterien abgebaut (Tabelle A6.10), so daß neben dem Verlust der
Viskoelastizität an der Oberfläche Kavernen entstehen (Bild 6.20). Eine Ursache
hierfür ist die mikrobielle Instabilität der Weichmacher.

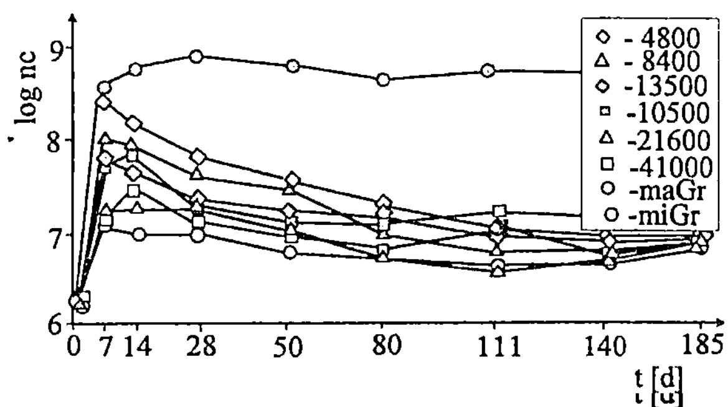

**Bild 6.19** Verhalten von Polyäthylen unterschiedlichen Molekulargewichtes (*Mol–Gew.* 4800 bis 41000) im Bakterientest [6.10]

*t* Zeit, *nc* Keimzahl, *maGr* maximales Wachstum, *miGr* minimales Wachstum

Interessante Effekte zeigen sich beim Vergleich von Natur- und künstlichem Kautschuk. Naturkautschuk (roh und vulkanisiert) wird sehr schnell von *Streptomyces* Stämmen, Schimmelpilzen und Bakterien besiedelt, wobei oftmals die begleitenden Substanzen und Verunreinigungen die auslösenden Faktoren sind. Das biokorrosive Verhalten künstlichen Kautschuks ist sortenabhängig. So zeigt Butylkautschuk und Neopren eine geringfügige Anfälligkeit gegenüber Bakterien, wohingegen die Pilzbesiedelung bei der ersten Sorte sehr kräftig ist (Tabelle A6.8).

Die Widerstandsfähigkeit der Polyurethane hängt entscheidend von deren Struktur ab. So erwies sich ein Polyether–PUR bei Erdeingrabungen als beständig, im Vergleich zu einem Polyester–PUR [6.11]. Bei Anwesenheit von Pilzen können auch phenolische Stoffwechselprodukte zum Strukturabbau des PURs führen.

Neben der direkten Schädigung durch Mikroorganismen, indem aus dem breiten Spektrum der in jedem Kunststoff vorhandenen Additive (Tabelle 6.6) spezifische verwertet werden, ist auch eine indirekte möglich. Bereits ein mikrobieller Bewuchs auf den Oberflächen, ohne daß eine korrosive Schädigung auftritt, führt zu Kurzschlüssen (Pilzmycel), beeinflußt die Lebensmittel- und Pharmaqualität (Trinkwasser, Milch, Säfte, Yoghurt, steriles Wasser) und erhöht das Seuchenrisiko durch Vermehrung pathogener Keime (*Pseudomonas aeruginosa*). Oftmals ist

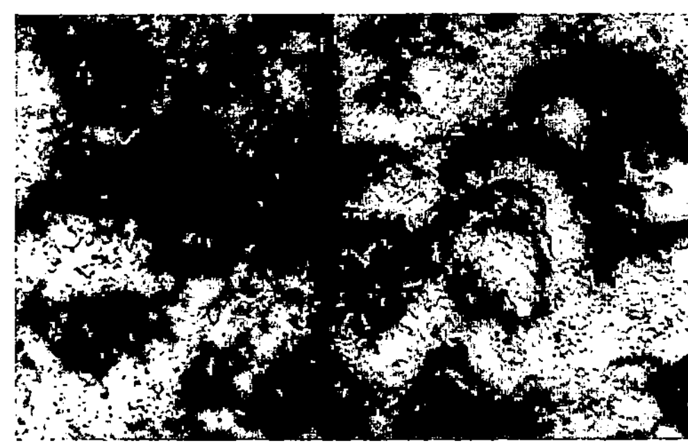

**Bild 6.20** Mikrobiell geschädigtes PVC (weich) nach 12 und 48 Wochen [2.3]

**Tabelle 6.6** Auswahl von Additiven in Kunststoffen

| Additiv | Vertreter | c [%] |
|---|---|---|
| Weichmacher | Ester (Phtalsäure, Dicarbonsäure, Fettsäure, Zitronen-säure), Epoxide, Phosphate | $\leq 60$ |
| Stabilisatoren | Blei, Zinn, Barium, Kadmium, Phenole | |
| Antioxidantien | Phenole, Amine, Phosphite | 0,01 bis 2 |
| Antistatika | Alkylphosphate, Glykolether | |
| Lichtschutzmittel | Ni–Verbindungen, Phenone, Amine | 0,1 bis 1 |
| Flammschutzmittel | Br–Verbindungen, Paraffine, Phosphate, Phosphor-säureester | $\leq 30$ |
| Biozide | Cu– und Zn–Verbindungen, N–Phtalimid | 0,3 bis 5 |
| Gleitmittel | Wachse, Fettsäureverbindungen, Stearate | |
| Beschleuniger | Thiazole, Sulfide | |
| Pigmente | Ruße, $TiO_2$, FeO, Chromgelb | 0,02 bis 5 |
| Füllstoffe | AlOH, BaS, $CaCO_3$, ZnO, Glasfasern, Kaolin, Tal-kum | $\leq 30$ |

$c$ Konzentration

eine absolute Trennung zwischen diesen Phänomenen nicht möglich. Einer anfänglichen Besiedelung kann die nachfolgende Nutzung der Additive folgen, insbesondere von Weichmachern. Zu dieser Gruppe gehören vorrangig Esther, deren Abbau durch das Exoenzym Esterase bewirkt wird. Die Spaltprodukte der Ester werden von den Zellen als Kohlenstoffquelle erschlossen.

Bisher wurden über 250 Spezies isoliert, die Kunststoffe befallen können. Die wichtigsten Vertreter sind Pilze der Gattungen *Aspergillus*, *Penicillium*, *Fusarium* und *Trichoderma*, wobei auch Vertreter von *Alternaria tenius*, *Chaetomium globosum*, *Paecilomyces varioti* und *Stachybotrys atar* häufig angetroffen werden. Bei den Hefen handelt es sich vor allem um *Saccharomyces spec.*, weniger *Candida* und *Rhodotorula*. Bakterielle Vertreter, die sich auf Kunststoffen vorrangig ansiedeln, sind *Pseudomonas aeruginosa*, *Serratia marcescens* und *Micrococcus spec.*, *Bacillus spec.* sowie *Streptomyces spec.*

Neben einer Optimierung des biologischen System und einer hierauf basierenden gezielten Auswahl der Monomere und Additive (*Minimierung* C, N, P–Quelle), ist ein wichtiger Korrosionsschutzfaktor die Beachtung der Umweltfaktoren (Temperatur, pH–Wert, Sterilisierung, Verhinderung der Biofilmbildung). „Zulegierte" Biozide stellen einen vorbeugenden, aber keinen Dauerschutz dar.

## 6.3.5
## Dichtungswerkstoffe

Dichtungen sind eine nicht zu unterschätzende Schadensquelle in bioverfahrenstechnischen Anlagen. Im Zusammenhang mit der Sterilisation wurde bereits eine

Grundvoraussetzung angeführt, die Gestaltung von Führungsnuten für Dichtringe. Hier dürfen keine Toträume entstehen und ein konstruktiv bedingtes Abquetschen ist zu vermeiden. Wie alle anderen, bioverfahrenstechnisch eingesetzten Materialien müssen auch Dichtungswerkstoffe (Tabelle 6.7) beständig gegenüber den auftretenden Belastungen sein. Insbesondere im Bereich der Steriltechnik, wo mit Heißdampf gearbeitet wird, werden an die thermische Stabilität besondere Anforderungen gestellt (Tabelle A6.11). Hierbei ist zur Vermeidung thermischer Überbelastungen die Wärmekapazität und das Wärmeleitvermögen des der Dichtung benachbarten Werkstoffes mit zu berücksichtigen.

Eine der wichtigsten Eigenschaften ist das viskoeleastische Verhalten, das sich durch Quellerscheinungen oder Versprödungseffekte derart negativ verändern kann, z.B. beim Silikon (Tabelle 6.7), daß die Dichtungsfunktion nicht mehr erfüllt wird. Versprödungen treten neben indirekten Einflüssen (Säureangriff), auch infolge eines Bewuchses und der nachfolgenden direkten Schädigung durch Herauslösen von Additiven (Weichmacher, Gleitmittel) auf. Es verbleibt dann nur noch das spröde Grundgerüst des Materials. Bereits Schwartz [6.10] zeigte, daß eine Depotwirkung „zulegierter" Mikrobiozide gering ist.

Ein nach extremeres Verhalten zeigt Polysulfid, das im Abwasserbereich wegen mikrobieller Zerstörung nicht eingesetzt werden darf. Silikon ist in seiner Grundform wahrscheinlich mikrobiell sehr beständig. Es kann aber sehr gut von Biofilmen besiedelt werden (Schleimabsonderungen, Verfärbungen).

Auch im Bereich der Dichtungswerkstoffe versucht man durch Ausnutzung bioadhäsiver Prinzipien ein materialseitiges Antifouling einzustellen. Eine Möglichkeit ist die Veränderung der Hydrophilie bzw. Hydrophopbie der Oberfläche. Eine Hydrophobisierung von Kunststoffen erreicht man u.a. durch Propfung mit Alkylsilanen und einer anschließenden thermischen Vernetzung. Bei einer radikalisch initiierten Reaktion wird ein Pfropfungsgrad von etwa 3 [Ma%] erreicht. Eine Hydrophilisierung ist über eine Autoxidation der Oberfläche möglich. Aber auch der Einbau polarer Gruppen zeigt einen realisierbaren Weg auf (s. Bild 4.11).

**Tabelle 6.7** Eigenschaften von Dichtungswerkstoffen [6.3]

| Werkstoff | Chemische Beständigkeit | Thermische Beständigkeit | Heißwasser- und Dampfbeständigkeit | Sonstiges |
|---|---|---|---|---|
| PTFE | + | + | + | Kaltfluß |
| VITON | + | + | - | neigt zu Sprödigkeit |
| SILIKON | + | + | + | Quellverhalten, scherempfindlich |
| Ethyl–Propylen | + | + | + | |

+ geeignet, - ungeeignet

## 6.3.6
## Beschichtungen

Beschichtungen sind oftmals die einzige Möglichkeit die Eigenschaften der medienberührten Oberfläche nach Maß einzustellen. Insbesondere bei großen Reaktoren ist es aus ökonomischen Gründen sinnvoll, zu derartigen Materialkombinationen überzugehen. Die Materialanforderungen entsprechen den schon mehrmals erwähnten, wie die chemische und thermische Beständigkeit, die oberflächenenergetischen Eigenschaften, die mechanische Belastbarkeit und Abreißfestigkeit, die Anwendbarkeit unter Baustellenbedingungen und eine einfache Handhabbarkeit bei Reparaturen.

Den Aufwand hinsichtlich des Korrosionsschutzes verdeutlicht die Entwicklung der Beschichtungen für die BIOHOCH–Reaktoren (Abwassertechnik, *pH*–*Wert* 5 bis 7,5, $T_{Max} = 35°C$, aerob). Im Vorfeld sind einundzwanzig Beschichtungssysteme untersucht worden, davon zehn Harzkombinationen, acht Gummierungen (Chloropren- und Butylkautschuk) und drei Linings (Glasmatten und -vlies fixiert mit Harz) [6.14]. Die Gummierungen zeigten bereits nach kurzer Zeit Ablösungen und gasgefüllte Aufblähungen. Die Linings wurden ebenfalls verhältnismäßig schnell angegriffen. Durch Herauslösen der Harze (Isophtalsäurebasis) war das verbleibende Gerüst nicht mehr abriebfest und kreidete aus. Die heißaufgetragene, aminhärtende lösemittelfreie Epoxidharzbeschichtung erwies sich als die Beständigste (Bild 6.21). Rohrleitungen, Pumpen und Rinnen sind schwer zu beschichten, so daß diese auch für derartige Großreaktoren aus CrNiMo–Stählen gefertigt werden müssen. Abriebgefährdete Einbauten, wie Düsen und Ablenkkegel, wurden aus verschleißfesten korrosionsbeständigen Kobaltbasisgußlegierungen hergestellt.

Eine weitere, im Chemieanlagenbau häufig angewendete Methode, ist das Plattieren mit Zirkonium, Tantal oder Titan. Diese Werkstoffe sind gegenüber korrosiven Schädigungen sehr gut beständig. Inwieweit gelöste Ionen Zellschädigun-

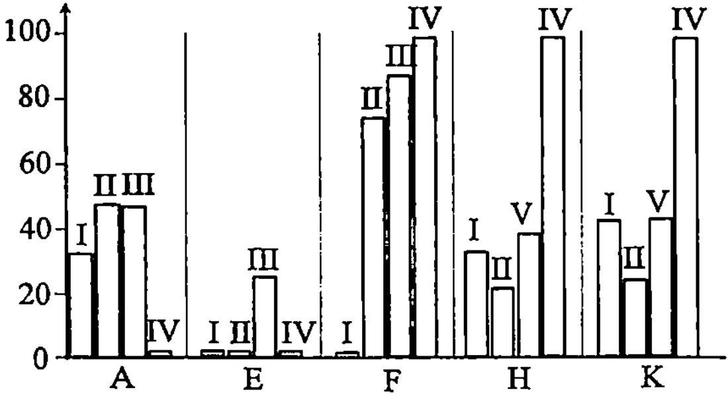

**Bild 6.21** Schadenshäufigkeit einzelner Beschichtungen des BIOHOCH-Reaktors [6.14]
*E* Epoxidharz, *F* Isophtalsäureharz, *A* Lining (*Grundbeschichtung* reaktiver Zinkstaub), *H* Gummierung (Chloropren), *K* Gummierung (Butylkautschuk), *I* Ablösungen, *II* Pigmentumwandlung, *III* Verfärbung, *IV* Unterrostung, *V* Erweichungszonen

gen, der in der Bioverfahrenstechnik eingesetzten Stämme, hervorrufen ist bisher nicht geklärt. Zu beachten ist aber, daß diese Werkstoffe empfindlich gegenüber einer Wasserstoffversprödung reagieren. Eine Schädigung durch nichtoxydierende Säuren, wobei Wasserstoff entwickelt wird („Säurekorrosion"), kann im bioverfahrenstechnischen Bereich nicht ausgeschlossen werden (Tabelle A6.3). Besonders problematisch sind eine biologisch bedingte Absenkung des pH–Wertes während der Kultivierung und die ablaufenden Reaktionen unter Biofilmen.

Bei plattierten Blechen ist ein wichtiges Anwendungskriterium die Abreißfestigkeit der plattierten Schicht gegenüber dem Grundwerkstoff. Hierfür sind vor allem betrieblich bedingte thermische Spannungen verantwortlich, womit man ein Verhältnis der thermischen Ausdehnungskoeffizienten nahe Eins anstrebt (Tabelle A6.12). Temperaturen um 200°C treten nicht während des Betriebes der Anlagen auf, sondern in der Sterilisationsphase. Darüber hinaus sind insbesondere für mehrphasige Beschichtungen, Schäden aus einer möglichen Spannungsrißkorrosion zu bedenken.

Physikalische Beschichtungsverfahren (Dünnschichttechnik, Ionenimplantation, Laserbehandlung) sind in der großtechnischen Bioverfahrenstechnik nicht anwendbar, da die Anlagengrößen mit derartigen Verfahren (Vakuum, Abmessungen) gegenwärtig nicht beschichtbar sind. Eine interessante Variante ist die Behandlung von Kleinteilen, z.B. von Ventilen, Pumpenflügeln und Dosiereinrichtungen. Insbesondere mit der sich entwickelnden Mikroreaktor- und Mikrosystemtechnik (Gentechnik) und der minimalinvasiven Chirurgie erlangen diese Verfahren eine größere Bedeutung. Hierfür können die Ergebnisse aus dem Bereich beschichteter Biomaterialien genutzt werden, wie die Modifikation von bioaktiven Glas- und Keramikoberflächen und die Kohlenstoff- oder Titannitridbeschichtung (Kap. 7).

Emailbeschichtungen sind aufwendig, aber in ihren bioadhäsiven Oberflächeneigenschaften oftmals herausragend. In Besiedelungsexperimenten mit *Escherichia coli* findet man eine merklich reduzierte Besiedelung gegenüber hochlegierten Stahloberflächen. Die hydrophilen Emailbeschichtungen weisen nahezu ideale Sterilitätseigenschaften auf. Die Proben unterscheiden sich hinsichtlich der Rauhigkeit und der Oberflächenenergie (Tabelle A6.13). Aus den energetischen Betrachtungen zur Bioadhäsion ergibt sich ein linearer Zusammenhang zwischen der Oberflächenenergie $\gamma$ und der Adhäsionskraft $F_{ad}$ (Gleichung 4.8), die direkt proportional zur Zellzahl n ist (Bild 6.22).

Bereits im Kapitel 4 zur Bioadhäsion wurde gezeigt, daß diese von der Oberflächenrauhigkeit mitbestimmt wird. Diese beiden, die Bioadhäsion beeinflussenden Größen, die Oberflächenenergie und -rauhigkeit, stehen in einem engen Wechselspiel zueinander, das in seiner Komplexität gegenwärtig nicht beschreibbar ist. Für das Bakterium *Escherichia coli* mit einer hydrophilen Zellmembran nimmt die Zahl an adhärierenden Zellen mit abnehmender Oberflächenenergie zu, beispielsweise auf elektrolytisch polierten, hochlegierten Stahlproben (Bild 6.23). Gleichzeitig verschieben sich die Anteile der Oberflächenenergie von polaren zu dispersen, so daß wahrscheinlich unspezifische Adhäsionsmechanismen beim Stahl aktiviert werden.

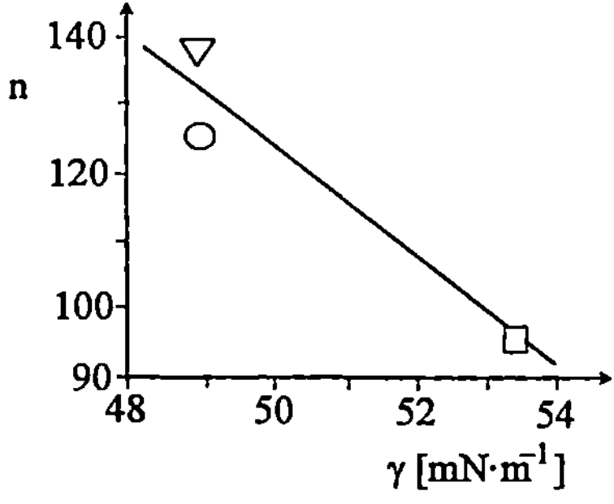

**Bild 6.22** Extrapolierte Abhängigkeit der adsorbierten Zellzahl zur Oberflächenenergie verschiedener Emailbeschichtungen
*Stamm* genmodifizierte grün–fluoreszierende *Escherichia coli*, $t$ 72 h, $\nabla$ BF weiß 1010, O Cobaltblau 1350, □ Wt–Email REA3, $n$ Zellzahl, $\gamma$ Oberflächenenergie

Während des Betriebes wird die Materialoberfläche auf Verschleiß beansprucht, zum einen infolge Abrasion und andererseits durch die Sterilisation. Abrasive Veränderungen treten vorrangig in umwelttechnischen Anlagen durch sedimentöse Verunreinigungen auf. In der Steriltechnik ist viel gravierender, daß sich mit zunehmender Zahl an Sterilisationszyklen die Rauhigkeit erhöht. Bereits geringfügige Variationen in der Topographie bewirken aber eine veränderte Bioadhäsion. Zur Beurteilung dieses technologischen Einflusses auf die Sterilität interessieren die bioadhäsiven Bedingungen nach bestimmten Betriebszeiträumen. Das Bild 6.24 zeigt die zeitliche Veränderung der Zellzahl auf Stahlproben, die einer Sterilisationsprozedur nach jedem Besiedelungsexperiment unterzogen und anschließend wiederum besiedelt wurden. Derartige, das Systemverhalten beeinflussende Veränderungen der Rauhigkeit treten bei Emailbeschichtungen nicht auf. Im Vergleich zum Bild 6.24 ist eine größere Adhäsionsrate zu beobachten. Diese betriebsbedingten Oberflächenveränderungen sind in einer sterilen Medizin- und Verfahrenstechnik nicht mehr vernachlässigbar.

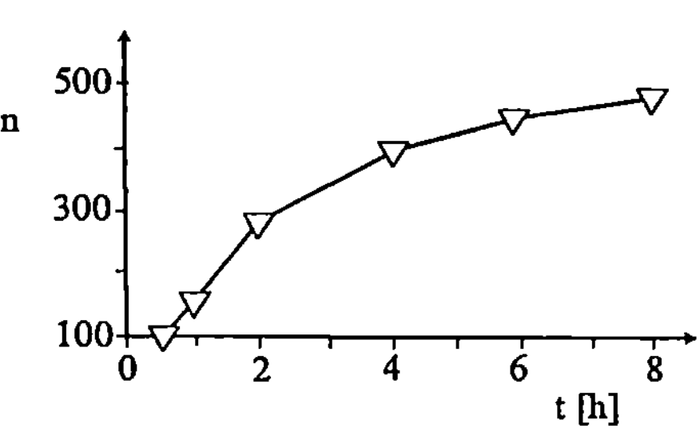

**Bild 6.23** Zeitliche Änderung der Zellzahl auf einer polierten CrNiMo–Stahloberfläche
*Stamm Escherichia coli*, $\gamma = 40{,}1$ [mNm⁻¹], $\gamma_d = 31{,}6$ [Nm⁻¹], $\gamma_{nd} = 8{,}5$ [mNm⁻¹], $n$ Zellzahl, $t$ Besiedelungszeit, $R_a = 0{,}11$ [μm],

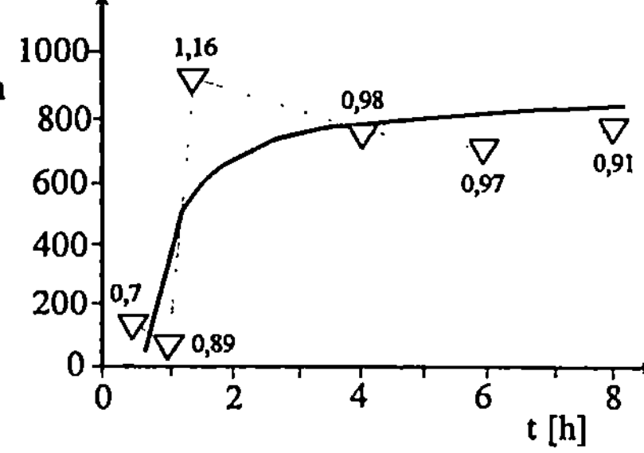

**Bild 6.24** Zeitliche Änderung der Zellzahl auf sterilisierten CrNiMo–Stahloberflächen
*Sterilisation* mechanisch gebürstet, 24 [h] in NaOH und V2A–Beize gelagert, abschließend gespült, $n$ Zellzahl, $t$ Besiedelungszeit, *Zahlen an den Symbolen* Rauhigkeitswerte [μm]

# Literatur

[6.1] Barkatt, A., Gibson, B.C., Macedo, P.B., Montrose, C.J., Sousanpour, W., Barkatt, A., Boroomand, M.A., Rogers, V., Penafiel, M. (1986): Nuclear Technology **73**, 140

[6.2] Crueger, W. (1988): Betriebserfahrungen und -anforderungen in der Biotechnologie. DECHEMA–Monographie, Bd.113, Verlag Chemie, Weinheim

[6.3] Deckerer, K.D., Luttmann, R., Reng, H.J., Yonsel, S. (1987): Bioreaktoren–Ein Leitfaden für Anwender. GBF–Texte, Bd. 4, Braunschweig

[6.4] Domininghaus, H. (1998): Die Kunststoffe und ihre Eigenschaften. 5.völlig neu bearb. u. erw. Auflg., Springer, Berlin Heidelberg

[6.5] Flemming, H.C., Schaule, G. (1988): Desalination **70**, 95

[6.6] Jandel, A.S. (1989): Umwelt **19**, 459

[6.7] Janowski, F., Heyer, W. (1982): Poröse Gläser. Verlag für Grundstoffindustrie, Leipzig

[6.8] Kroner, K.H. (1988): Filtrationstechnik in der Biotechnologie. DECHEMA–Monographie, Bd.113, Verlag Chemie, Weinheim

[6.9] Ridgway, H.F., Rigby, M.G., Argo, D.G. (1984): Appl.Envirom.Microbiol. **47**, 61

[6.10] Schwartz, A. (1963): *Mikrobielle Korrosion von Kunststoffen und ihren Bestandteilen.* Akademie Verlag, Berlin

[6.11] Seal, K.J., ed. (1985): *Biodeterioration and Biodegradation of Plastiscs and Polymers.* Biodeter. Soc., Cranfield, Bedford

[6.12] Siegel, S.M., Siegel, B.Z., Clark, K.E. (1983): Water Air Soil Pollut. **19**, 229

[6.13] Spier, R.E., Griffiths, J.B., eds. (1988): *Animal Cell Biotechnology.* vol.4, Academic Press, London

[6.14] Stoll, F., Grein, A. (1984): Zeitschr.f.Werkstofftechnik **15**, 230

[6.15] Trick, I., Schneider, W., Sternad, W., Henkel, H.J., Trösch, W. (1989): Abwasserreinigung mit immobiliiserten Mikroorgansimen unter Verwendung von porösen kugeligen Sinterglasträgern. DECHEMA–Jahrestagung, Frankfurt

[6.16] Tutunjian, R.S., Sewing, R. (1984): Hollow Fiber Ultrafiltration in der Biotechnologie. Biotech–Forum **1**, 3

# 7 Biomaterialien

Biomaterialien unterstützen bzw. ersetzen Zell- oder Gewebsfunktionen im Menschen. Die Voraussetzung für eine medizinische Anwendung ist die Biokompatibilität, die die „Funktionsfähigkeit eines Materials mit angemessener Gewebsreaktion bei einer spezifischen Anwendung im Körper" charakterisiert [7.10]. Die Implantation solcher „Fremdkörper" in lebendes Gewebe setzt voraus, daß der Werkstoff nicht von den Körperflüssigkeiten oder von körpereigenen Abwehrstoffen geschädigt und in seiner Struktur verändert wird, so daß die Materialanforderungen vom Implantationsort und der gewünschten Funktionalität abhängen.

Die Beeinflussungen der zellulären Umgebung durch Implantate sind (Bild 7.1)

- physikochemischer Natur (1), die in den ersten Sekunden oder Minuten nach dem Kontakt an der Grenzfläche Biomaterial/Gewebe ablaufen (Bioadhäsion, Biofilme).
- Langzeiteinflüsse (2), die über Monate und Jahre wirken und zur großvolumigen Zellschädigung führen, wie der Gewebsabbau durch eine falsche Einleitung der mechanischen Spannungen an der Grenzfläche oder eine Zellschädigung durch biokorrosiv freigesetzte, toxische Ionen.
- sich zeitlich verändernde Bedingungen an der Grenzfläche Werkstoff/Gewebe infolge von Werkstoffveränderungen im Laufe der Implantationszeit (3), u.a. infolge einer Biokorrosion, Ermüdung oder Phasenumwandlung.
- weitreichende Wirkungen chemisch und tribologisch gelöster Oberflächenionen (4), die über die Körperflüssigkeiten im Organismus verteilt werden (Metallose, Thrombose, Allergien, Vergiftungs- und Lähmungserscheinungen).

Es ist bekannt, daß es beim Einsatz gewebsfremden Materials zu Zellreaktionen kommt. Unerwünschte Empfängerreaktionen sind

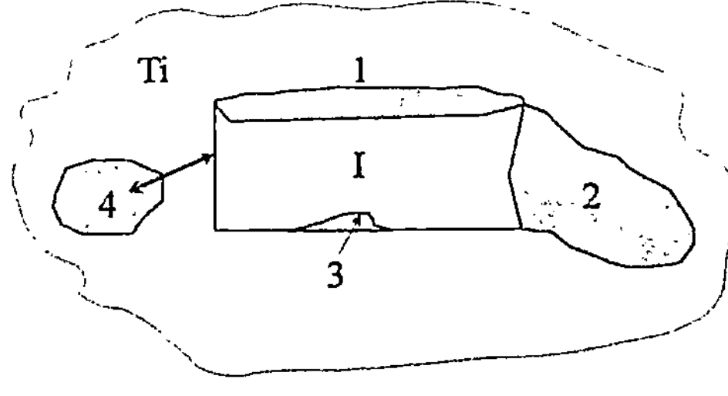


**Bild 7.1** Komponenten der Bioverträglichkeit
*1* Oberflächenreaktionen, *2* Langzeitwirkungen, *3* Werkstoffveränderungen, *4* weitreichende Schädigung des Gewebes, *I* Implantat, *Ti* Gewebe

- Reizungen, die beim Haut- bzw. Schleimhautkontakt durch physikalische oder chemische Reize ausgelöst werden. Diese äußern sich in Form leichter Schmerzen, eines Juckreizes oder Brennens.
- Entzündungen als eine Abwehrreaktion, die eine Überwärmung, Rötung, Schwellung oder einen Schmerz hervorrufen. Entzündungsfolgen, wie die Narbenbildung, können erwünscht sein, z.B. zur Fixation von Herzschrittmachersonden (Einwachsen). Akute Entzündungsformen sind aber zu vermeiden, da dann das Implantat von einem nicht erwünschten Entzündungsgewebe eingekapselt wird.
- die Pyrogenität, worunter man die Wirkung fieberverursachender Substanzen versteht. Nachfolgereaktionen von Pyrogenen sind Hautreaktionen und ein Abfall des Blutdruckes.
- die systemische Toxizität, einer toxischen Wirkung von Ionen, die aus dem Implantat herausgelöst werden, oder von Abriebpartikeln. Dieser Begriff bezieht sich auf die Gesamtveränderungen, wozu auch Nachfolgereaktionen infolge einer unzureichenden Sterilisation des Implantates zählen (s. Kap. 3).
- die Sensibilisierung durch eine allergene Stimulierung des Immunsystems. Beispielsweise können Patienten mit einer Chrom–Nickel–Allergie nicht mit hochlegierten Stählen versorgt werden.
- die Mutagenität, d.h. eventuelle genetische Veränderungen durch das Biomaterial.
- die Kanzerogenität, als eine mögliche Langzeitantwort des Körpers auf das Implantat. Die Unsicherheit, auch seitens der Genehmigungsbehörden, begründet sich darin, daß tierexperimentelle Ergebnisse nicht bedenkenlos auf den Menschen übertragen werden können. So reagieren Ratten durch die Ausbildung eines Bindegewebstumors auf Kunststoffe, ein Phänomen was beim Menschen bisher nicht beobachtet wurde. Infolge der großen Zeiträume sind meistens eine Vielzahl von Probanten bereits mit diesen Materialien versorgt worden. Zu bedenken sind auch wirtschaftliche Konsequenzen, wie die Umsatzeinbußen der Silikonerzeuger nach dem Nachweis der krebserregenden Substanz 2–Toluen–Diamin im Urin einiger, der eine Million Trägerinnen von Silikon–Brustimplantaten in den USA.

Es ist äußerst schwierig, diese Gesamtkomplexität bei der Entwicklung von Biomaterialien zu berücksichtigen. Die Aussage, ein Werkstoff ist bioverträglich, setzt immer Informationen über die angewandten Testmethoden voraus. Hieraus abgeleitete Begriffe, wie bioinert, bioaktiv oder biounverträglich, wurden bereits im Kapitel 1 erläutert. Nach diesen Definitionen reagiert ein inertes Implantat nicht mit seiner Umgebung und es bildet sich um dieses eine dünne granulöse Gewebskapsel aus. Demgegenüber übernehmen bioaktive Materialien einen eigenständigen Anteil beim Heilungsprozeß. Diese Eigenschaft strebt man beim künstlichen Knochen oder Organersatz an [7.39].

Oftmals faßt man diese Vielzahl an Eigenschaften in zwei Oberbegriffen zusammen, der Körperverträglichkeit und -beständigkeit [7.24]. Ein Werkstoff ist körperbeständig, wenn dieser auch von den aggressivsten Bestandteilen des Orga-

**Tabelle 7.1** Materialspezifische Eigenschaften für biomedizinische Konstruktionen

| Eigenschaft | Bedeutung für Biomaterialien |
|---|---|
| **mechanisch** | belastungsabhängig |
| • Streckgrenze, Zug-/Druckfestigkeit, Bruchdehnung/-einschnürung | • wichtig |
| • Bruchzähigkeit ($a_K$–Wert, Verformungsverhalten) | • wichtig |
| • Dauerfestigkeit (Wöhler-/Rißfortschrittsversuch) | • sehr wichtig |
| • Elastizitätsmodul | • sehr wichtig |
| **physikalisch** | spezifische Anwendungen |
| • Struktur | • Spannungen an Grenzflächen |
| • Dichte, Porosität | • Einwachsverhalten, Depotwirkung |
| • akustische Eigenschaften | • Gehörimplantate |
| • elektrische Eigenschaften | • Herzschrittmacher, Biosensoren, Bioadhäsion |
| • magnetische Eigenschaften | • NMR–Detektoren |
| • optische Eigenschaften | • Biosensoren, Starlinsen, Spiegel |
| • Wärmeausdehnung | • Knochenzement, Verbundwerkstoffe |
| **chemisch** | |
| • Oxidation, Korrosion, Verschleißfestigkeit | • sehr wichtig |
| **biologisch** | |
| • Bioadhäsion, Biokompatibilität, Biokorrosion | • sehr wichtig |

nismus in seinen chemischen und physikalischen Eigenschaften nicht verändert wird. Nur korrosionsstabile Materialien erfüllen diese Forderung, wie passivierbare Metalle, nicht zur Entmischung neigende Gläser und Kunststoffe mit minimaler Wasseraufnahme. Werden die Zellen weder durch freigesetzte Produkte (Korrosion, Abrieb) oder vom Werkstoff selbst geschädigt bzw. in ihrer Funktion eingeschränkt, definiert man dieses Material als körperverträglich. Diesen Begriff unterteilt man in eine Oberflächen- und Strukturverträglichkeit (s. Kap. 1).

# 7.1
# Mechanische Biomaterialanforderungen

Ein Biomaterial muß in seinen Eigenschaften an die gewünschte Funktion angepaßt werden. Diese materialspezifischen Eigenschaften unterscheiden sich grundlegend für ein künstliches Gelenk, eine Augenlinse oder ein künstliches Blutgefäß (Tabelle 7.1).

Die statischen Belastungen sind um ein Vielfaches kleiner gegenüber den dynamischen. Bereits beim normalen Gehen unterliegt das Hüftgelenk eines Menschen mit 77 kg Körpergewicht einer Wechsellast ($v = 0{,}9\,\mathrm{m\,s^{-1}}$) von ca. 91 Newton, wobei eine Meile (1 bis 2,5)$10^6$ Lastwechseln pro Jahr entspricht. Rechnet man dies für einen zwanzigjährigen Patienten über eine Lebenserwartung von 70 Jahren hoch, so muß das Hüftgelenk $\approx 1,3 \cdot 10^8$ Lastwechsel aufnehmen. Dieser Wert liegt oberhalb der Grenzlastspielzahl ($\approx 10^6$) von Stählen. In der Tabelle 7.2 (s. auch Tabelle 3.10) sind die Belastungen infolge von Alltagstätigkeiten zusammengestellt, die nochmals die Kräfte in Implantaten verdeutlichen.

Die Anforderungen an die mechanischen Eigenschaften sind somit sehr hoch. Es werden eine große Dauerfestigkeit ($\geq 400$ [Nmm$^{-2}$]), Bruchdehnung ($\geq 15$ [%]), Streckgrenze ($\geq 600$ [Nmm$^{-2}$]) und Zugfestigkeit ($\geq 900$ [Nmm$^{-2}$]) gefordert. Das Dilemma zeigt sich aber bereits beim Elastizitätsmodul. Große E–Modulwerte ($E \geq 2 \cdot 10^5$ [Nmm$^{-2}$]) sind günstig für die Elastizität und das dynamische Verhalten. Zur Vermeidung von Spannungsspitzen in der Grenzfläche Implantat/Gewebe (s. Kap. 3.8) sollten aber beide Elastizitätsmoduln miteinander korrespondieren (*Knochen* $< 10^5$ [Nmm$^{-2}$], Tabelle A7.1), so daß man zwangsläufig einen Kompromiß eingehen muß. Dies ist eine wichtige Komponente der Strukturverträglichkeit, reduziert auf ein biomechanisches Problem.

Spannungsspitzen treten in der Grenzfläche zum Implantat dann auf, wenn die Verschiebungen verschieden von Null sind (Kap. 3.8). Unter Vernachlässigung der Querschittsfläche sind diese proportional zu $\sigma \approx F/E$. In Analogie hierzu wurde als Bewertungskriterium die „Biofunktionalität" eingeführt (Tabelle A7.2). Wie beim Grenzflächenenergiekonzept versucht man, eine Korrelation zu biologischen Ergebnissen herzustellen, wobei sich die Größe dem Wert Eins nähern sollte.

Säugerzellen, die natürliche Wundheilung, das Blut und das Immunsystem wurden bereits im Kapitel 2 behandelt, so daß nachfolgend nur die von einem Implantat ausgelösten Reaktionen erörtert werden sollen.

**Tabelle 7.2** Belastungen von Gelenkimplantaten

| Aktivität | Last [N] | Zyklen/Jahr | Gesamtzyklen |
|---|---|---|---|
| **Treppen steigen** | | | |
| • aufwärts | 67 | $4,2 \cdot 10^4$ | $1,7 \cdot 10^6$ |
| • abwärts | 133 | $3,5 \cdot 10^4$ | $1,4 \cdot 0^6$ |
| **schiefe Ebene laufen** | | | |
| • aufwärts | 107 | $3,7 \cdot 10^3$ | $1,5 \cdot 10^5$ |
| • abwärts | 485 | $3,7 \cdot 10^3$ | $1,5 \cdot 10^5$ |
| **andere Belastungen** | | | |
| • Sitzen und aufstehen | 173 | $7,6 \cdot 10^4$ | $3,0 \cdot 10^6$ |
| • undifferenziert | $< 210$ | $9,1 \cdot 10^5$ | $3,6 \cdot 10^7$ |
| • Ebene gehen | 210 | $2,5 \cdot 10^6$ | $1,0 \cdot 10^8$ |
| • Jogging | 630 | $6,4 \cdot 10^5$ | $2,6 \cdot 10^7$ |
| • Boxen | 700 | $1,8 \cdot 10^3$ | $7,2 \cdot 10^4$ |
| **gesamt** | | $4,2 \cdot 10^6$ | $1,7 \cdot 10^8$ |

*angenommene Operation* 35 bis 48 Jahre, *angenommene Lebensdauer* 75 bis 88 Jahre

# 7.2
# Zwischenfläche Implantat/Weichgewebe

Ein Implantat kann eine Vielzahl von „Irritationen" (Entzündungen, Allergien) auslösen oder auf das umgebende Gewebe stimulierend wirken. Zur Beurteilung des Verhaltens dieser Grenzfläche ist es sinnvoll, vom natürlichen Wundheilungsprozeß auszugehen (Kap. 2). Infolge der Operation handelt es sich anfänglich um eine Grenzfläche zwischen einem Festkörper und dem Blut. Hierbei bestimmt die Adhäsion von Proteinen den zeitlichen Ablauf aller nachfolgenden Reaktionen. Die Oberfläche von Polymeren ist bereits nach wenigen Sekunden der Exposition mit Proteinen überzogen [7.14], wofür drei Reaktionen verantwortlich sind [7.29],

- die Energieveränderungen infolge der Proteinadhäsion bedingt eine Verstärkung der anziehenden Komponenten (überkritische Konzentration, Bild 4.6),
- die polare/nicht–polare Energieverteilung der Proteine favorisiert eine Adhäsion (Kopf/Schwanz–Verhältnis, Bild 2.5) und
- ansonsten unlösliche Proteine werden gelöst, so daß die Wahrscheinlichkeit für eine Adhäsion steigt.

Die Proteinadsorption hängt von den Oberflächeneigenschaften ab (hydrophob, hydrophil). In–vitro Untersuchungen zeigten eine verstärkte Proteinadhäsion mit zunehmender Hydrophobie der Oberfläche (Tabelle 7.3). Die Adhäsion an hydrophilen Polymeroberflächen basiert auf einer Veränderung der Proteinstruktur während der Reaktion [7.7]. Demgegenüber beruht die Proteinwechselwirkung mit einer hydrophoben Implantatoberfläche auf einem mit der Wasserstoffbindung vergleichbaren Mechanismus (hydrophil/hydrophob, Kap. 4.2.5). Bei der Adhäsion von Proteinen auf reinen Metallen wurden keinerlei Abweichungen hinsichtlich der Reaktionsgeschwindigkeit gegenüber Kunststoffen beobachtet, wohingegen eine vielfach erhöhte Adhäsion auf Gold, Silber und Kupfer auftritt [7.40].

## 7.2.1
## Wundheilung mit Implantat

Bei einem monolithischen nichttoxischen Implantat laufen die Wundheilungs- und Infektionsabwehrmechanismen ohne Störung ab (Bild 7.2). Die gewebsseitigen Mechanismen entsprechen denen der natürlichen Wundheilung (Bild 2.26),

**Tabelle 7.3** Proteinadsorption an Polymeroberflächen [7.3]

| Protein | adsorbierte Menge [$\mu g\,cm^{-2}$] | |
| --- | --- | --- |
| | hydrophil | hydrophob |
| Albumin | 0,02 | 0,57 |
| Fibrinogen | 0,034 | 1,09 |

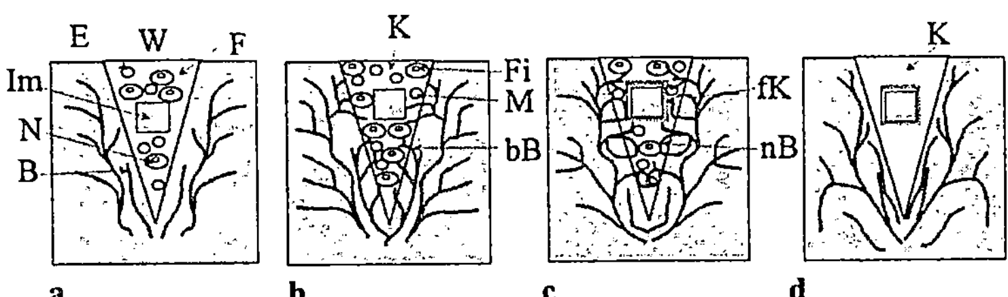

**Bild 7.2** Wundheilung um ein Implantat
*W* Wunde, *E* Erythrozyten, *Im* Implantat, *F* Fibrin, *Fi* Fibroblasten, *N* Neutrophile, *B* Blutgefäße, *K* Kollagen, *M* Makrophagen, *bB* sich bildende Blutgefäße, *fK* fibröse Kapsel, *nB* neu gebildete Blutgefäße

- das Ausfüllen des Raumes um das Implantat mit Blut (Bild 7.2a).
- die Bildung eines Fibrinnetzwerkes, wobei eine erste Wechselwirkung zwischen dem Implantat und dem Blut erfolgt, indem Plasmaproteine an der Festkörperoberfläche adsorbieren (Bild 7.2b).
- Makrophagen und Fibroblasten werden aktiviert, Blutgefäße durchwachsen das sich um das Implantat ausbildende Granulationsgewebe (Bilder 7.2c und d). Trotz einer komplikationslosen Gewebsentwicklung verlängert sich der Heilungsprozeß auf vier bis acht Wochen, gegenüber zwei bis vier Wochen bei einer Heilung ohne Fremkörpereinschluß [7.37].

Die fibröse Einkapselung des Implantates ist nur dann minimal, wenn ein bioinertes Material verwendet wird. Die häufig eingesetzten Werkstoffe Titan, hochreines Aluminium, Polytetrafluorethylen, hochmolekulares Polyethylen, Silikon und $Al_2O_3$–Keramik erfüllen normalerweise diese Erwartungen. Unter spezifischen Bedingungen, wie eine Schädigung der Passivschicht eines Titanimplantates unter Sauerstoffmangel, muß dies nicht mehr gelten.

Es gibt mehrere Möglichkeiten die Einkapselung zu beeinflussen (Bild 7.3), wie

- die Verwendung nicht inerter Biomaterialien, um die Ausbildung von Fibrinkapseln zu fördern und zu stabilisieren (Bild 7.3a).
- eine extensiv geförderte Reaktion infolge einer gezielten chronischen Anregung. Der Prozeß der Gewebsbildung beginnt zu einem früheren Zeitpunkt, erfordert aber einen größeren Heilungszeitraum. Das Ergebnis ist eine fibröse Kapsel differenzierter Größe und Charakteristik mit Variationen in der Zellzusammensetzung, Blutgefäßbildung und Gewebsbildung (Bild 7.3b).
- eine minimale akute Anregung, womit der Prozeß der Gewebsneubildung effektiviert wird. Durch Langzeitwechselwirkungen (Korrosion, Abrasion, Materialzerstörung) wird das Implantat zu einem chronischen Infektionsherd. Das Gewebe versucht über die Phagozytose diese Reaktionsprodukte des Implantates zu beseitigen. Das Langzeitergebnis ist ein Granulationsgewebe mit einer Vielzahl eingeschlossener Fremdkörper, die u.a. als Ödeme sichtbar sein können. Das Endergebnis ist ein abgestorbenes (nekrotisches) Gewebe (Bild 7.3c).

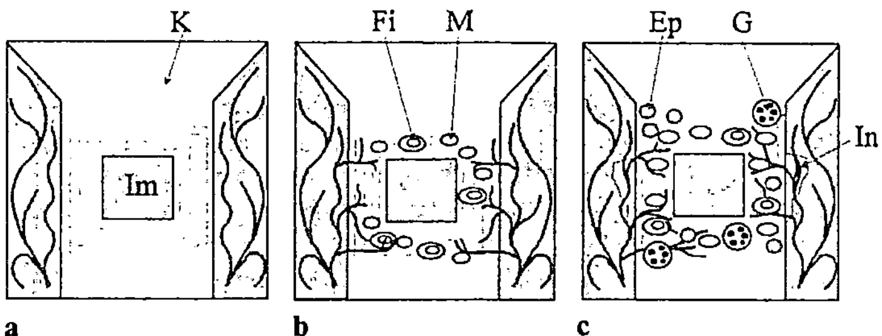


**Bild 7.3** Verstärkte Gewebsreaktionen in Verbindung mit einem Implantat
a dickere Kapsel, b dickere und zelluläre Kapsel, c chronische Entzündung, *K* Kollagen, *Im* Implantat, *Fi* Fibroblasten, *M* Makrophagen, *Ep* Epithelzellen, *G* Riesenzellen mit zellulär eingeschlossenen Fremdkörpern infolge einer Phagozytose, *In* Entzündung im umgebenden, ursprünglich nicht operativ geschädigten Gewebe

Das „ideale" Biomaterial bewirkt die minimalste Zellanregung. Andererseits bedeutet eine minimierte Fibrinkapsel, daß das Implantat vom Gewebe ignoriert wird. Im Idealfall sollte eine Wechselwirkung zwischen den Zellen und dem Werkstoff, sowie ein „aktives" Einwachsen angestrebt werden. Eine hierauf orientierte Modifizierung kann

- durch eine Beeinflussung der physikochemischen Oberflächeneffekte,
- durch physikalische Faktoren (Topographie, mechanische Spannungsverhältnisse) und
- durch eine Beeinflussung der biologischen Faktoren (Geometrie des Implantates, Alter, Gesundheitszustand, pharmakologisch)

erfolgen.

## 7.2.2
## Physikochemische Oberflächeneffekte

Im Zusammenhang mit der Bioadhäsion wurden die Wechselwirkungen zwischen einer Festkörperoberfläche und Zellen bereits erörtert (Kap. 4). Charakteristische Größen sind die Oberflächenenergie, die elektrischen Eigenschaften und das Lösungsverhalten von Oberflächenionen. Insbesondere die beiden ersten Effekte beeinflussen die Proteinadsorption an einer Implantatoberfläche.

In–vitro Untersuchungen an Reinstmaterialien, die im Rattengewebe implantiert wurden, zeigten im Langzeitverhalten, daß neben der Zellaktivität, auch die Diffusion von Metallionen aus dem Implantat in das umgebende Gewebe das Gesamtsystem entscheidend mitbeeinflußt [7.23]. Dieser Prozeß kann sich aus mehreren Schritten zusammensetzen, wie der Diffusion durch mögliche Deckschichten, dem Übergang in das umgebende Gewebe und der Diffusion im Gewebe selbst. Darüber hinaus ist ein weiträumiger Transport über das Körpergefäßsystem möglich. Diese Experimente [7.23] an Ratten ergaben verblüffende Ergebnisse hinsichtlich der toxischen Beurteilung von Werkstoffen, u.a. von Kobalt, Vanadium, Blei, Aluminium, Kupfer und Titan.

In der Umgebung des Implantates fand man analog zur fibrösen Kapsel einen Bereich, der das Implantat vom übrigen Muskelgewebe abgrenzt (Bild 7.4). Diese Kapsel variiert in ihren Abmessungen und ihrem biologischen Aufbau, wobei sich direkt um dieses eine nekrotische Zone ausbildete, die von einem chronisch infektiösen Bereich umgeben war. Zwischen dem traumatisch geschädigten und dem normalen Muskelgewebe entwickelte sich ein Kollagenbereich, der mechanische Spannungsgradienten vermittelte und als Diffusionssperre wirkte.

Die Ergebnisse zeigen eine mehr oder weniger stark ausgeprägte Kapsel, wobei korrosiv freigesetzte Ionen eine Verfärbung der Zellen hervorrufen können (Tabelle 7.4). Ein ähnliches Verhalten beobachtete man auch im Dentalbereich (Zahnfleischverfärbungen) an infolge Spaltkorrosion geschädigten Brückenkonstruktionen. Diese Untersuchungen verdeutlichen, daß die Diffusion nichtzellspezifischer Metallionen in das umgebende Gewebe zu dessen Schädigung führen kann, der Metallose. Infektiöses Gewebe ist sauer, gesundes basisch. Vergleicht man dieses Verhalten mit der Wirkung metallischer Ionen, dann verschiebt sich der pH–Wert bei toxisch wirkenden Ionen zu Werten von $\leq 5{,}3$, aber im Bereich metallischer Hydroxide von pH $\approx 7{,}38$ bis $7{,}42$ [7.19]. Hieraus ergeben sich auch kinetische Verschiebungen hinsichtlich der Korrosionsreaktionen.

Darüber hinaus tritt bei Reibpaarungen eine Abrasion auf, z.B. in künstlichen Gelenken. Die aus den Werkstoffoberflächen herausgerissenen Partikel werden im umgebenden Gewebe verteilt und in Abhängigkeit von ihrer Größe als Fremdkörper oder gelöste Ionen seitens des Immunsystems erkannt. Die nachfolgenden Gewebsreaktionen stehen im direkten Zusammenhang zur Bioverträglichkeit der verwendeten Werkstoffe. Beispielweise tritt für Metall/Metall–Paarungen (CoCrMo/CoNiCrMo) in Ellenbogen- und Handgelenken ein starker Abrieb auf, der zur Metallose führt [7.35]. Im Vergleich zur Legierungszusammensetzung fand man in den Verschleißprodukten eine Chromanreicherung bei einem verminderten Kobaltgehalt, begleitet von einem nekrotischen Gewebe. Kobalt tendiert nicht zur Kapselbildung (Tabelle 7.4), so daß keine Diffusionshemmung auftritt. Dies könnte die Reduzierung dieses Elementes im Verschleißprodukt erklären. Die Chromanreicherung wäre die Konsequenz einer möglichen Reiboxidation, wobei diese Vermutung durch Verfärbungen des Kapselgewebes verstärkt wird.

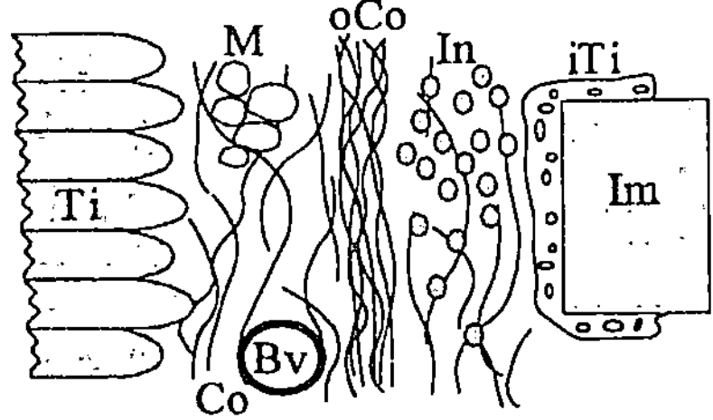


**Bild 7.4** Fibröse Kapsel um ein intramuskuläres Implantat
*Ti* ungestörtes Muskelgewebe, *Co* lose miteinander verwobene Kollagenstränge, *Bv* Blutgefäß, *M* Inseln aus Muskelfasern, *oCo* orientierter Kollagenstrang, *iIn* zelluläre Infektion (Entzündung), *iTi* nekrotischer Bereich, *Im* Implantat

**Tabelle 7.4** Gewebsausbildung um Reinstmaterialien, implantiert im Rattengewebe (*Ergebnisse nach* [7.23])

| Material | Ergebnis |
|---|---|
| Aluminium | • ausgeprägter nekrotischer Bereich mit einer kompakten Kapsel<br>• kleiner geschädigter Bereich des Muskelgewebes<br>• nicht ausgeprägte Kollagenschicht<br>• im normalen Gewebe kleine nekrotische Bereiche mit einer Vielzahl von Makrophagen und aktiv sekrezierenden, hydrolytischen Enzymen<br>• im allgemeinen nichttoxisch |
| Blei | • hochtoxisches Element<br>• sehr schnelle Bildung von Fibroblasten und einer Kollagenschicht<br>• kein nekrotisches Gewebe |
| Kupfer | • ein mögliches Langzeitzellgift<br>• Blutgefäßbildung korreliert zur Verteilung der Kupferionen<br>• Verfärbungen des Gewebes (Korrosion), eine progressive Vakuolenbildung und eine Rückbildung des Muskelgewebes |
| Kobalt | • keine abgegrenzte Kapselbildung<br>• graduelle Veränderungen im umgebenden Gewebe<br>• signifikantes Auftreten lymphatischen Gewebes (Plasmazellen), d.h. Ablauf immunologischer Aktivitäten<br>• große Korrosionsgeschwindigkeit, Korrosionsprodukte in der umgebenden Reaktionszone auffindbar<br>• gestörte Chemotaxis (Zellabstoßung) |
| Titan | • sehr niedrige Korrosionsgeschwindigkeit (bei vollständiger Repassivierung)<br>• lokale Titankomplexe (Verfärbung des Gewebes) |
| Vanadium | • stört radikal die für die Infektionsabwehr verantwortliche Enzymaktivität der Zellen<br>• kein Wundheilungsprozeß um Vanadiumimplantate |

## 7.2.3
## Oberflächentopographie

Die Oberflächentopographie ist ein wesentlicher Faktor zur Beeinflussung der Bioadhäsion (Kap. 4), somit auch des Zellgewebserholungsprozesses. So bildet sich um „glatte", im Weichgewebe implantierte Kunststoffoberflächen, wie Silikongummi, eine Fibrinkapsel aus. Es liegen aber keine adhäsiven Bindungen mit dem nicht geschädigten Gewebe vor. Konventionelle poröse Implantate, u.a. Textilien, haben Porendurchmesser in der Größenordnung von $\geq 20$ µm. Hier werden oftmals chronische Gewebsinfektionen beobachtet [7.6], eine mögliche Reaktion auf den mechanischen Zellstreß.

Definierte Oberflächenstrukturen eröffnen somit eine Möglichkeit, die Aktivitäten der umgebenden Zellen gezielt zu beeinflussen. So zeigten Kunststoffe (PTFE), deren Oberfläche mittels Ionenstrahlen strukturiert wurde (*Rasterma-*

*schenweite* 4 μm, *Strukturtiefe* 12 μm), eine bevorzugte Zelladhäsion und eine Aktivierung der Enzyme [7.20]. Darüber hinaus sind die sich ausbildenden Fibrinkapseln um ca. 30 % kleiner gegenüber glatten Oberflächen.

Ebenso verändert sich die Adsorption von Proteinen an glatten und strukturierten Flächen. Es kann aber keine Aussage darüber getroffen werden, ob es sich nur um einen Effekt infolge einer Oberflächenvergrößerung oder um Veränderungen der Oberflächenenergien handelt. Diese Phänomene, deren „technische" Nutzung bereits im Kapitel 5.4. vorgestellt wurde, sind eine Grundlage für die medizinische Anwendung von Werkstoffen.

Poren und deren Verteilung beeinflussen auch die Adhäsion einzelner Blutbestandteile. Histologische Studien an einem PVC/PAN–Copolymer zeigten eine eindeutige Abhängigkeit der Adhäsion vom Porendurchmesser (Tabelle 7.5). Zur Vermeidung von Wechselwirkungen zwischen den beiden Materialkomponenten und Zellen wurde die hydrophobe Materialoberfläche mittels Silikonbeschichtungen hydrophil gestaltet. Man beobachtete minimale Gewebsreaktionen unabhängig von den Oberflächeneigenschaften (hydrophob/hydrophil) für Porengrößen zwischen 1 und 3 μm, vergleichbar mit denen des Titans, Kohlenstoffs oder Hydroxylapatits. Nur an Poren mit einem spezifischen Durchmesser können Fibroblasten adsorbieren, begleitet von einer Kollagenadhäsion [7.6]. Dieser Prozeß wird durch ausgeschiedene extrazelluläre Produkte unterstützt.

Die Bildung von Zahnbelag auf Kunststoffen verdeutlicht den Einfluß der Oberflächenenergie und die Schwierigkeit einer Interpretation experimenteller Ergebnisse (Tabelle 7.6). Zahnbelag ist eine Ausfällung von Kalksalzen aus der kolloidalen Speichelflüssigkeit und den Stoffwechselprodukten der Fadenbakterien im Mund. Bereits Werte zur Oberflächenenergie des Speichels auf Zähnen sind nicht trivial. Geht man vom (hydrophilen) Wasser aus, versetzt mit Proteinen und Bakterien, dann ist eine hydrophile Oberfläche zu erwarten. Erfolgt eine Besiedelung am Grund von Oberflächentälern, dann wird mit zunehmender Rauhigkeit der hydro-

**Tabelle 7.5** Charakteristische histologische Ergebnisse in Abhängigkeit von der Porengröße für ein hydrophiles PVC/PAN–Copolymer (VERSAPOR®) nach einer 12–wöchigen Implantation in Hunden [7.6]

| Histologischer Parameter | Porendurchmesser [μm] | | | | |
| --- | --- | --- | --- | --- | --- |
| | 0,42 | 1,42 | 1,83 | 3,33 | 3 bis 14 |
| Gewebskapsel | | | | | |
| Dicke [μm] | 210 | 5 bis 25 | 5 bis 30 | 115 bis 350 | 120 |
| Qualität | granulös | fibrös | fibrös | granulös | granulös |
| Oberflächenkontakt mit | | | | | |
| Makrophagen und Riesenzellen | ja | nein | nein | ja | ja |
| Fibroblasten | nein | ja | ja | nein | nein |
| Kollagen | nein | | | | |
| aktive Oberflächenpunkte | nein | ja | ja | nein | nein |
| Kapselkontraktion | ja | nein | nein | ja | ja |

**Tabelle 7.6** Bildung des Zahnbelages in Abhängigkeit von der Oberflächenenergie und der Rauhigkeit [7.27]

| Oberfläche | mittlere besiedelte Fläche A [%] | |
| --- | --- | --- |
| | dicker Belag | dünner Belag |
| FEP (glatt) | 16,2 | 3,2 |
| CA (glatt) | 35,77 | 3,65 |
| FEP (rauh) | 79,5 | 17,25 |
| CA (rauh) | 97,84 | 0,4 |

*Besiedelungsdauer* 6 Tage, $\gamma$ Oberflächenenergie, $R_a$ mittlere Rauhigkeit, *FEP* Fluorethylenpropylen ($\gamma = 20$ [mJ m$^{-2}$]), *CA* Celluloseacetat ($\gamma = 58$ [mJ m$^{-2}$]), *glatt* $R_a = 0,1$ [µm], *rauh* $R_a = 2,2$ [µm], $A = (A_{Belag}-A_o)100/A_o$, $A_o$ Gesamtfläche

phobe Einfluß auf die Adhäsion noch verstärkt (Gleichung 3.5). Das hydrophobe Material FEP würde mit zunehmender Rauhigkeit am Adhäsionsort noch hydrophober, also stärker vom hydrophilen Speichel besiedelt. Nach dieser Modellvorstellung ist die Ausbildung dünner Zahnbeläge aus der Wechselwirkung zwischen hydrophoben und hydrophilen Komponenten erklärbar. Ein ähnliches Verhalten wurde auch an (hydrophilen) Emailbeschichtungen beobachtet (Kap. 6.3.6). Für das hydrophobe Material ist anzunehmen, daß eine Vielzahl möglicher Proteinbindungen bereits aus der Adhäsion abgesättigt sind. Die haft- und strukturvermittelnde Wirkung der beim Aufbau des Zahnbelages ausfallenden Kationen kann hier nicht mehr in dem Maße genutzt werden, wie bei der hydrophilen/hydrophilen Wechselwirkung (CA/Speichel). Diese Interpretation setzt zur Klärung der Mechanismen Strukturuntersuchungen voraus. Mit der Kariesforschung und dem wachsenden Interesse an Korrosionserscheinungen prothetischer Versorgungen werden derartige Phänomene interessant. Wahrscheinlich wird der Impuls aber aus der Mikroelektronik kommen (Biokorrosion, Biomimetrie).

Einen ähnlichen Einfluß der Oberflächentopographie fand man auch für Osteoblasten. Diese ordnen sich in zentrisch strukturierten Oberflächen (Drehriefen) in den Rillen an (Bild 7.5, Fall b). Neben dem Einfluß der Oberflächenenergie ist hierfür wahrscheinlich auch die extreme Zellverformung (Fall a) bei einer Besiedelung quer zu den künstlich hergestellten Rillen verantwortlich. Die Aufnahmen (Bilder 8.9 und 8.10) mit dem Laserscanningmikroskop zur Osteoblastenbesiedelung auf Titan verdeutlichen dieses Verhalten nochmals.

Osteoblasten beginnen in poröse Strukturen einzuwachsen, wenn die Poren einen Durchmesser von mindestens 15 µm haben. Dies ist nach den energetischen Überlegungen zur Bioadhäsion (Kap. 4) eine Konsequenz aus der Zellverformung. In kleinen Poren wird die Zelle extrem deformiert, was sie durch einen erhöhten Zellstoffwechsel versucht zu kompensieren. Dies hat auch Konsequenzen für die anschließende Biomineralisation (Bild 2.18), also die zelluläre Entscheidung für das Hart- oder Weichgewebe. Infolge dieser energetischen Abstufungen bildet sich ein Knochengewebe in Poren mit einem Durchmesser > 100 µm aus, in Poren von

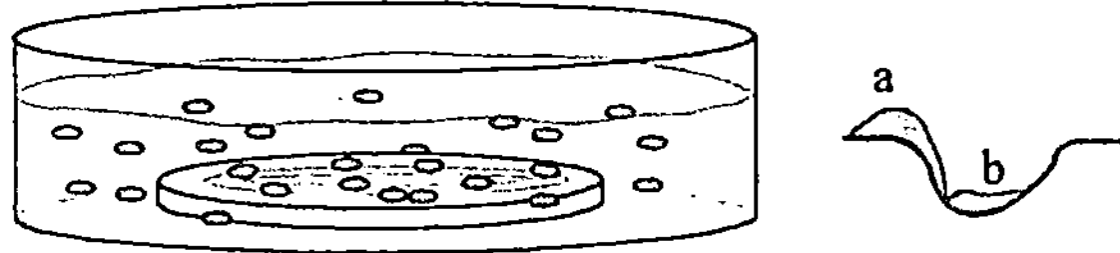

**Bild 7.5** Besiedelung von künstlichen Rillen (Drehriefen) mit Osteoblasten in einer Batch–Kultur (skizziert nach Ergebnissen von [7.13])
*a* nicht beobachtete, hypothetische Besiedelung an einer konvexen Oberfläche, *b* bevorzugte Besiedelung mit Osteoblasten an einer konkaven Oberfläche

50 bis 100 μm baut sich ein hartgewebsähnliches, unstrukturiertes Gewebe auf, das nur teilweise mineralisiert ist, und in Poren unter 50 μm wächst Weichgewebe mit einzelnen eingelagerten Osteoblasten ein. Dies ist ein Grund für die thermische Beschichtung von Implantaten des Hartgewebes mit porösem Titan.

# 7.3
# Grenzfläche Implantat/Knochen

Die an der Grenzfläche Implantat/Knochen ablaufenden Gewebsreaktionen können durch unterschiedliche Faktoren ausgelöst werden (Bild 7.6), rufen aber immer die Ausbildung eines Granulationsgewebes hervor. Dessen Struktur wird von den auslösenden Faktoren (Korrosion, Abrasion, mechanische Spannungsspitzen) bestimmt. An Hand dieser strukturellen Unterschiede kann aus histologischen Untersuchungen eine mögliche Schadensquelle verifiziert werden, z.B. für Endoprothesen (Tabelle 7.7).

**Tabelle 7.7** Granulationsgewebe um Endoprothesen (zusammengestellt nach [7.36])

| Mechanismus | Merkmal | Werkstoff | Ursache |
| --- | --- | --- | --- |
| bakterieller Infekt | Leukozyten | | Überempfindlichkeit, Infektion |
| Korrosion, Verschleiß | Riesenzellen (Fremdkörpergranulationsgewebe) | PMMA, PA | chemische und mechanische Schädigung, Alterung, Korrosionsprodukte |
| Abrieb | äußeres Kapselgewebe, Bindegewebe und Knochenmark (stark ausgebildetes Granulationsgewebe) | | Verschleiß |
| mechanisch nicht stabil | stark ausgebildetes Granulationsgewebe, fibröses Narbengewebe | | |

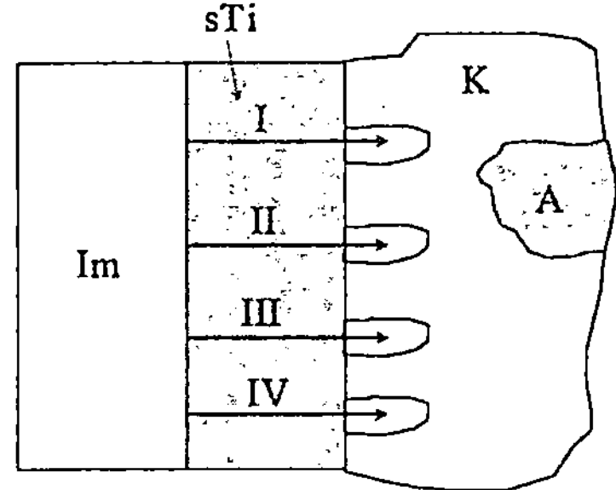


**Bild 7.6** Reaktionsursachen an der Grenzfläche Implantat/Knochen
*I* Infekt, *II* dynamische Überbelastung (Ermüdung), *III* Korrosion, *IV* Abrasionsrodukte, *Im* Implantat, *sTi* Kontaktgewebe (Kapsel), *K* Knochengewebe (Implantatlager), *A* Atrophie

Ein bioaktives Implantat unterstützt den Adhäsions- (s. Kap. 1) und Mineralisationsprozeß (s. Kap. 2) derart, daß sich kein unmineralisiertes Weichgewebe (Kapsel) bildet. Dieses angestrebte Biomaterialverhalten setzt die Lösung zweier Probleme voraus, das biophysikalische Verständnis der ablaufenden Mechanismen und die materialseitige Gestaltung der aktiven Oberflächenbereiche (Bild 7.7.). Wie bereits dargestellt, bildet sich demgegenüber um ein bioinertes Material immer eine fibröse Kapsel aus.

Titan verdeutlicht den Zwiespalt bei der Eingruppierung eines Materials in den jeweiligen Begriff. In dessen Umgebung tritt kein infektiöses Gewebe auf, so daß es per Definition bioinert ist. Makroskopisch bildet sich auch keine fibröse Kapsel aus. Elektronenmikroskopische Untersuchungen zeigten aber in unmittelbarer Oberflächennähe (20 nm) ein zufällig angeordnetes Kollagennetzwerk (Proteoglycan), das teilweise mineralisiert war. Zelluläre Prozesse, als Kennzeichen eines bioaktiven Materials, unter Beteiligung von Osteoblasten liefen in diesem Bereich jedoch nicht ab. Infolge der mechanischen Spannungsverteilung sind die Knochenzellen in nächster Nachbarschaft zur Grenzfläche in Richtung des Implantates

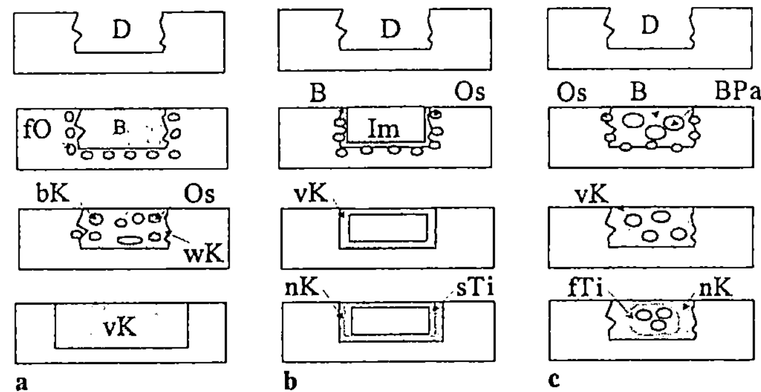


**Bild 7.7** Mechanismen der Knochenheilung
**a** natürliche Wundheilung (s. Bild 2.26), **b** bioinertes Implantat, **c** bioaktives Implantat, *D* Defekt, *B* Blutkuchen, *fO* Bildung von Osteoblasten, *Os* Osteoblast, *bK* beginnende Knochenneubildung, *wK* weiteres Knochenwachstum, *vK* vollständige Knochenregeneration, *Im* Implantat, *nK* neuer Knochen, *sTi* Weichgewebskapsel, *Bpa* Biomaterialpartikel, *fTi* Fasergewebe

orientiert (Kraftschluß). Die herausragende Stellung des Titans in Verbindung mit dem Knochengewebe ist wahrscheinlich in dessen Oxidschicht (Passivschicht) begründet. Möglicherweise bewirkt diese Schicht irreversible elektrostatische Wechselwirkungen mit dem Knochen, einer Möglichkeit des angestrebten Einwachsens zementlos implantierter Titanendoprothesen. Vergleichsweise bildet sich um andere Metalle (hochlegierte Stähle) eine bei weitem breitere Kollagenzone (50 bis 500 nm) aus, die für Polymethacrylat und Glaskeramiken Werte von 300 bis 2000 nm annehmen kann.

Nicht zu vernachlässigen ist der Einfluß mechanischer Spannungen auf das Wachstum von Knochenzellen. Der Spannungsübergang an der Fläche Implantat/ Knochen bewirkt eine Veränderung der Zug- und Druckspannungen in Richtung und Betrag. Neben der konstruktiven Gestaltung ist der Elastizitätsmodul eine nicht zu vernachlässigende Größe (Kap. 3.8). Massivimplantate haben einen merklich größeren E–Modul als der Knochen selbst (Tabellen 3.9, A7.1 und A7.2). An Orten mit einer lokalen (Zug-) Spannungsüberhöhung kommt es infolgedessen zur Knochenverdichtung (Sklerose) und im Bereich einer Spannungsabsenkung (Druckspannungen) zum Knochenschwund (Atrophie). Auf diesem Phänomen basiert die Lockerung eines Zahnimplantates oder einer Endoprothese.

Drei typische Anwendungsfälle für Biomaterialien als Hartgewebsimplantate sind deren Verwendung

- zur Fixation (Nägel, Schrauben, Platten) von Knochenbrüchen, wobei das Implantat die Knochenteile derart annähern soll, daß ein Heilungsprozeß in vertretbaren Zeiträumen abläuft. Die Werkstoffe haben keinen merklichen Einfluß auf den Knochen selbst.

- zum Schließen größerer Knochendefekte (bakterieller Einfluß, Tumor, Alterungsprozesse). Man benötigt den Werkstoff zum Ausheilen großvolumiger Knochenschäden, womit das biologische Werkstoffverhalten von viel größerer Bedeutung gegenüber der obigen Situation ist.

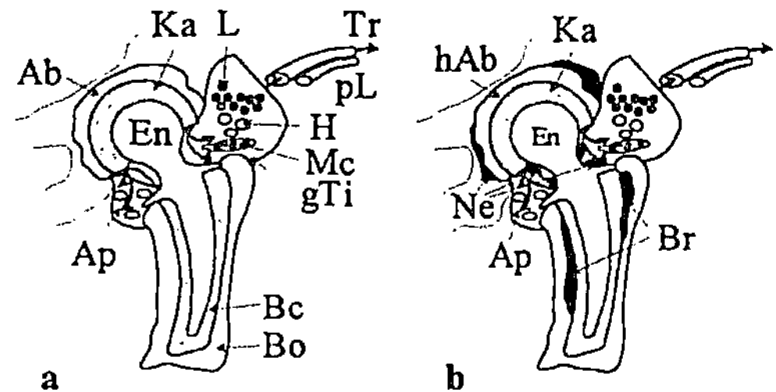


**Bild 7.8** Materialverschleiß und Gewebsreaktionen für Endoprothesen [7.34]
a Gleichgewicht zwischen Verschleiß und Kapselreaktion, b Implantatlockerung durch übermäßigen Verschleiß, *Ab* Abrieb, *Ap* Abriebprodukte, *En* Endoprothese, *Ka* Kapsel, *L* Lymphozyten, *Tr* Abtransport von Reaktionsprodukten über Körperflüssigkeiten, *pL* perivaskuläre Lymphspalten, *H* Histiziden, *Mc* Fremdkörper–Riesenzellen, *gTi* Granulationsgewebe, *Bc* Knochenzement, *Bo* Knochen, *hAb* erhöhter Abrieb, *Ne* Nekrosen, *Br* Knochenresorption

- zum Aufbau nicht mehr funktionsfähiger Knochensubstanz (Prothesen, Knochen- und Zahnersatz). Das sich bildende Knochengewebe muß das Implantat durchwachsen können, womit eine filamentöse Gestaltung gefordert wird, u.a. nach dem Wachsausgießverfahren.

Den Einfluß anfänglich sekundärer Wechselwirkungen verdeutlicht die Lockerung von Endoprothesen durch übermäßigen Abrieb (Bild 7.8). Für eine Metall/ Kunststoff– Paarung wird angestrebt, daß die aus der Werkstoffoberfläche herausgelösten Partikeln in die Kunststoffpfanne eingebettet werden können. Die wenigen austretenden Teilchen nehmen die Fremdkörperriesenzellen auf oder sie werden über die Lymphspalten abtransportiert (Bild 7.8a). Beim Herauslösen größerer Partikelmengen kommt es zur verstärkten Bildung von Fremdkörpergranulationsgewebe mit der Tendenz zur Nekrose. Die zeitlich nachgeschaltete Abdeckung der Kapselflächen mit Nekrosemassen blockiert die Phagozytose, die jetzt von anderen Gewebspartien übernommen wird. Letztendlich bewirkt das stark wachsende Fremdkörpergranulationsgewebe eine Knochenresorption, die zur Lockerung des Implantates führt (Bild 7.8b).

# 7.4
# Grenzfläche Implantat/Blut

Der Blutkontakt von Werkstoffen begann mit der Bluttransfusion, wurde aber zum gravierenden Problem in der Herzchirurgie, dem Arterienersatz und der Schaffung künstlicher Organe. Deshalb bekam die Hämokompatibilität im letzten Jahrzehnt eine völlig neue Bedeutung. Eine entscheidende Rolle beim Kontakt von Festkörperoberflächen mit Blut spielt die Proteinadhäsion und die weitere Clusterbildung (Koagulation). Diese Prozesse sind vergleichbar mit der Biofilmbildung in wäßrigen Lösungen (Kap. 5.1), so daß die Strömungsgeschwindigkeit des Blutes eine nicht zu vernachlässigende Größe ist. Die Struktur und Topographie der Materialoberfläche beeinflußt die rheologischen Eigenschaften des Blutes, was bis zur Zerstörung von Blutbestandteilen infolge von Scherspannungen führen kann.

Die Thrombogenität eines Materials ist somit ein bioadhäsives Problem. Zu deren Beurteilung werden die klinischen Standardmethoden zur Charakterisierung der Blutgerinnung modifiziert angewandt. Die methodischen Veränderungen betreffen vor allem die hydrodynamischen Bedingungen, wie die Fließgeschwindigkeit, das Strömungsprofil und das Verhältnis des Blutvolumens zur Materialoberfläche.

Bei einer Implantation zerstört man eine Vielzahl von Mikrogefäßen, so daß der Blutfluß in diesem Bereich stagniert. Blut ist viskoser als Wasser und „überschwemmt" das umgebende Gewebsgebiet. Einzelne Bestandteile bewirken eine schnelle Gerinnung, wobei die Leukozyten und Plasmaproteine in die umgebenden Zellen diffundieren. Diese Veränderungen des Zelltransportes rufen die Ausschüttung von Histamin hervor, einer Substanz, die schnell zur Zellschädigung führen kann. Gleichzeitig wirkt es aber als Katalysator für die Diffusion über die Zellmembran, so daß dieser Effekt mit der Zeit verstärkt wird. Diese chemischen Indikatoren, wozu auch Enzyme zählen, können zur Beschleunigung infektiöser Reaktionen beitragen.

Bei der Blutgerinnung, die nur bei der Zerstörung eines Blutgefäßes oder krankhaften Veränderungen eintritt, werden eine Vielzahl von Platten und Fibrin an der zerstörten Stelle deponiert, verbunden durch Plasmaproteine. Normalerweise können die Platten an der Gefäßwand nicht adsorbieren. Im ersten Schritt, der Platten–Kollagen–Wechselwirkung, verändert sich aber die Plattenmembran derart, daß diese miteinander koagulieren und großvolumige Massen bilden. Ein anderer Weg besteht über eine Koagulationskaskade des Plasmaproteins, die als Endprodukt zu einer Polymerisation des Fibrinogens führt, ausgelöst durch Thrombin. Die Fibrinstränge beginnen die Plattenmasse mechanisch zu verbinden, so daß letztendlich ein „Verbundwerkstoff" aufgebaut wird.

Negativ geladene Oberflächen begünstigen die Koagulation. Für die Adhäsion von isolierten Proteinen gilt das elektrische Wechselwirkungen beschreibende Langmuir–Modell (s. Bild 4.15), womit Albumin adsorbierende Oberflächen im allgemeinen thromboresistent sind, aber jene, die Fibrinogen, Gammaglobulin und Fibronectin adsorbieren zur Thrombozytose neigen [7.1].

Die Beurteilung der Adhäsion von Platten an Festkörperoberflächen ist bisher nicht geklärt. So findet man zum einen höhere Adhäsionsraten mit steigender Oberflächenenergie, aber auch umgekehrt. Die adsorbierten Proteine spielen wahrscheinlich eine dominierende Rolle. An natürlichen Blutgefäßwänden, woran sich Platten nicht von selbst anlagern und koagulieren, findet man Substanzen (Prostacyclin), die Proteine abstoßen [7.9]. Die Fertigung von Materialien mit hämokompatiblen Eigenschaften ist dann möglich, wenn es gelingt Oberflächenkonzepte zu entwickeln, die diese abstoßende Wechselwirkung realisieren. Diese Konzepte sind vergleichbar mit den Strategien zum materialseitigen Antifouling von Festkörperoberflächen (Kap.5).

# 7.5
# Werkstoffe in der Medizin

Bereits in der Tabelle 1.2 wurde ein geschichtlicher Überblick zur Anwendung von Biomaterialien gegeben. In unserem Jahrhundert fanden metallische Implantate vorrangig in der Zahnmedizin und Orthopädie Verwendung. Mit der neueren Werkstoffentwicklung steht ein breitgefächertes, auch medizintechnisch nutzbares Spektrum an Materialien zur Verfügung. Es ist aber nicht möglich, die Werkstoffeigenschaften hinsichtlich gewünschter Wechselwirkungen mit einer biologischen Umgebung gezielt zu beeinflussen. Im Zusammenhang mit der Bioadhäsion wurde mehrmals darauf verwiesen, daß bereits die Frage; 'Warum wird eine Zellkultur an einem Ort adsorbiert, aber nicht am benachbarten?' gegenwärtig nicht beantwortet werden kann.

In Abhängigkeit von der Implantationsdauer unterscheidet man Ultrakurzzeit-, Kurzzeit- und Langzeitimplantate. Ein Ultrakurzzeitimplantat wird nur wenige

Stunden eingesetzt, beispielsweise chirurgische Instrumente. Mit sich verändernden Operationstechniken, wie der minimalinvasiven Chirurgie, werden u.a. solche Fragestellungen, wie die Sterilität (Bioadhäsion), interessant. Kurzzeitimplantate finden von Tagen bis Monaten Verwendung, z.B. Nahtmaterial, Katheter oder Osteosynthesesysteme. Langzeitimplanate sollen per Definition für den Rest des Lebens im Organismus verbleiben (künstliche Gelenke und Organe, plastische Chirurgie). Es gibt aber eine Fülle von künstlichen Gelenken, die bereits nach Jahren reimplantiert werden müssen. Die Gründe hierfür reichen vom Knochenabbau durch eine falsche Spannungsübertragung bis zur großvolumigen, korrosiv beeinflußten Gewebsschädigung.

Nachfolgend werden die verschiedenen Werkstoffgruppen, deren Vertreter und Einsatzsituationen als Biomaterial vorgestellt. Eine detaillierte materialwissenschaftliche Darstellung der einzelnen Materialien würde den Rahmen dieses Kapitels völlig sprengen, so daß der Leser auf die zitierte Literatur verwiesen sei.

## 7.5.1
## Metallische Biomaterialien

Metalle werden in der Orthopädie (Nägel, Platten, Gelenke, Korrekturteile), der Stomatologie (Füllungen, Brücken, Klammern, Gebißteile), der Therapie (Isotope, Elektroden) und der Chirurgie (Instrumente) eingesetzt (Tabelle 7.8).

**Tabelle 7.8** Einsatzgebiete metallischer Implantatwerkstoffe

| Anwendungen | eingesetzte Metalle |
| --- | --- |
| Osteosynthese | 316L (rostfreier Stahl), CoCr–, CoCrNi–Legierungen, cp–Ti (Reintitan), Ti–Legierungen |
| Orthopädische Implantate (Gelenkersatz) | 316L, CoCr–, CoCrNi–, CoCrMoNi–Legierungen, cp–Ti, Ti–, TiNi (Memory)–Legierungen |
| Dentalbereich | CoCr–, Ti–Legierungen |
| Elektroden | PtIr–, Ti–Legierungen, Reinplatin |
| Herzklappen | CoCrMo–, CoCrWNi–Legierungen |
| Wirbelsäulenkorrektur | Ti–Legierungen |

Einsatz in der Hüftendoprothetik [7.24]

| Legierung | Pfanne | Kappe | Kugel | Schaft |
| --- | --- | --- | --- | --- |
| FeCrNiMo (Schmiedestahl) | | x | xx | xx |
| CoCrMo (Gußlegierung) | xx | xx | xx | xx |
| CoCrMo (Schmiedelegierung) | | | x | x |
| CoNiCrMo (Schmiedelegierung) | | | | xx |
| TiAlV (Schmiedelegierung) | | | x | xx |

*x* in klinischer Erprobung, *xx* langjährig klinisch eingeführt

Der Einsatz von Metallen begann im vorigen Jahrhundert, wobei der Durchbruch mit der Einführung der aseptischen Chirurgie kam. Die vorherigen sporadischen Versuche waren vor allem wegen der postoperativen Wundinfektionen äusserst gefährlich. In der Tabelle 7.9 ist ein historischer Überblick zur Anwendung von Metallen als Implantatwerkstoff zusammengestellt, der den Zusammenhang zwischen der Entwicklung der Operationstechniken und der Metalle verdeutlicht, insbesondere mit der Verbesserung ihrer mechanischen und korrosiven Eigenschaften.

Die Korrosion stellt ein gravierendes Problem dar, insbesondere in Verbindung mit mechanischen Belastungen (Schwingungs- und Spannungsrißkorrosion, Reibkorrosion) und an der Oberfläche adhärierenden Zellen (Biokorrosion). Zur Ver-

**Tabelle 7.9** Historischer Überblick über metallische Implantate

|  | Jahr | Einsatz |
|---|---|---|
| Petronius | 1565 | Gaumenspaltenverschluß mit einer Goldplatte |
| Hieron. Fabricius | 17. Jhdt. | Eisen, Gold- und Bronzedrähte als Nahtmaterial |
| Lapeyode, Sicre | 1775 | Oberarmknochen–Fixation mit Metalldrähten |
| Bell | 1804 | Korrosion an Silbernadeln mit Stahlspitzen |
| Levert | 1829 | Au, Ag, Pb, Pt implantiert in Hunden (Verträglichkeit von Platin, Toxizität von Blei) |
| Malgaigne | 1849 | ausrichtbare Häkchen zur Bruchfixation |
|  | 1846 bis 70 | Einführung Antisepsis und von Anästhesiemitteln |
| Lister | 1860 bis 83 | Antisepsis, Kniescheiben–Fixation mit Ag–Draht |
| Hansmann | 1886 | Knochenplatten und Schrauben (Stahl mit Ni–Überzug) |
| Gluck | 1890 | erstes Kniegelenk (Elfenbein) |
| Jones | 1895 | Goldfolie als Transplantat im Hüftgelenk |
| Lambotte | 1909 | Knochenplatten aus Al, Ag, Cu und deren Legierungen |
| Lane | ~ 1900 | Frakturfixation (Stahlschrauben und -platten) |
| Sherman | 1912 | erste Legierung für medizinischen Einsatz (C–reicher mit Vanadium legierter Stahl) |
| Hey, Groves | 1913 | Gewebetoleranz verschiedener Legierungen (schnelle Auflösung von Mg, Beständigkeit von Ni–Stahl), Bewegung zwischen Implantat und Knochen (Knochenresorption) |
| Zierold Stellite® | 1924 | CoCrMo–Legierung in Gewebeuntersuchungen |
| Large | 1926 | CrNi18.8–Stahl eingeführt |
|  | 1929 | Vitallium® (CrNi19.9) als Dentallegierung |
| Smith, Peterson | 1938 | Vitallium als Hüftkappenprothese |
| Wiles | 1938 | erste totale Hüftgelenkprothese |
| Burch, Carnay | 1939 | Tantal |
| Judet | 1946 | biomechanisch konzipierte Hüftprothese |
| Cotton | 1947 | Titan– und Ti–Legierungen (Orthopädie) |
| McKee, Farrar | 1956 | erste Totalendoprothese |
|  | 60er Jahre | NiTi–Memory Legierungen (ab Ende 70–er Jahre in der Osteosynthese, NiTi55.45) |
|  | 70er Jahre | CoNiCrMo–, CoCrMo–Legierung |

meidung von Korrosionsschäden und zur Garantie der Bioverträglichkeit muß man somit passivierende, geschlossene Deckschichten fordern (Kap. 3.7). Darüber hinaus fördern alle bereits im Kapitel 3.7 beschriebenen Faktoren die Korrosion, wie unterschiedliche Materialpaarungen (*Prothetik* Brückenaufbau, Lötverbindungen, *künstliche Gelenke* Reiboxidation), die Schädigung instabiler Passivschichten (Chloridionen, Sterilisation, Fehlstellen), technologisch aufgebaute Lokalelemente an der Oberfläche (Ausscheidungen, plastische Verformungen, Abrieb von unedleren chirurgischen Instrumenten) oder zeitlich und örtlich schwankende pH–Werte (Cl⁻, $O_2$, Enzymaktivität). Folgeerscheinungen sind eine Metallose, die sich in Embolien, Allergien oder einer Atrophie äußern, und chronische Gewebsreaktionen, die ebenfalls Embolien oder eine Hämolyse auslösen. Das Korrosionspotential beeinflußt die Zellaktivität, wobei u.a. Potentialwerte von $U \approx 100\,mV$ antithrombogen wirken (z.B. CoCr–Legierungen). Heutzutage setzt man als Biomaterialien die Reinstmetalle Tantal, Platin und Iridium in Herzschrittmachern, Niob in der Schädelchirurgie und die korrosionsbeständigen Eisen-, Kobalt- und Titanlegierungen ein.

### 7.5.1.1
### Stähle

Die korrosionsbeständigen austenitischen CrNiMo–Stähle (Tabelle 7.10) werden hauptsächlich im Gelenkersatz (Endoprothese) eingesetzt. Eine Endoprothese ist ein orthopädisches Ersatzstück, das einem erkrankten oder zerstörten Teil nachgebildet und implantiert wird. Hüftgelenke sind einer hohen Wechsellast ausgesetzt, die bereits beim normalen Gehen das Drei- bis Vierfache des Körpergewichtes beträgt (Tabelle 7.2).

Auf Grund der hohen Festigkeit, bei einer gleichzeitigen großen Zähigkeit, werden diese austenitischen Stähle vorrangig für den hochbelasteten Schaft oder als Kugel verwendet (Tabelle 7.8). Die geforderte Korrosionsbeständigkeit setzt einen homogenen Mischkristall und einen stabilen Austenit (Ni ≥ 12 bis 14 %) voraus. Niedrige Kohlenstoffgehalte (≤ 0,03 %) erschweren die Bildung von Kar-

**Tabelle 7.10** Hochlegierte Stähle in der Medizin

| Norm | Legierung | Bezeichnung |
| --- | --- | --- |
| ISO 5832–1A, B<br>ASTM F 55–82 | X3CrNiMo18.14 | AISI 316L, rostfreier Stahl |
| ISO 5832–1C<br>ASTM F 138–86 | X3CrNiMoN18.14.3 | |
| ISO–Vorschlag | X2CrNiMnMoNbN21.9.4.3<br>X2CrNiMoN25.7.4 | Otron 90<br>Duplex–Stahl |

*Eigenschaften* Tabelle A7.3, *chemische Zusammensetzung* Tabelle A7.4

**Tabelle 7.11** Elementgehalte im umgebenden Gewebe von V4A–Endoprothesen [7.19]

| Element | Kapselgewebe | | Fascia lata | |
|---|---|---|---|---|
| | I | II | I | II |
| Cr [ng g$^{-1}$] | 4092 | 146 | 806 | 463 |
| Fe [µg g$^{-1}$] | 332 | 176 | 157 | 238 |
| Co [ng g$^{-1}$] | 2032 | 49 | 114 | 150 |
| Ni [ng g$^{-1}$] | 572 | 162 | 270 | 376 |

*Werkstoff* X7CrNiMo18.11, *Reibpaarung* Metall/Metall, *I* Trägergruppe, *II* Vergleichsgruppe

biden (Cr, Ti, Nb) und des Verformungsmartensits. Hiermit minimiert man die Gefahr von Durchbrüchen der Passivschicht. Molybdängehalte größer als 2 % gewährleisten die Lochfraßbeständigkeit. Eine Verbesserung der Korrosionsbeständigkeit erzielt man auch durch Zulegieren von Stickstoff. Dieses Legierungselement stabilisiert gleichzeitig das Austenitgebiet und trägt zur Erhöhung der Festigkeitswerte bei.

Untersuchungen an reoperierten CrNiMo–Stahlgelenken der Legierung X7CrNiMo18.11 zeigten erhöhte Metallionenkonzentrationen in verschiedenen Bereichen des umgebenden Gewebes (Tabelle 7.11). Höhere Chromkonzentrationen sind noch in einer Tiefe von 4 bis 8 cm nachgewiesen worden, wobei die Korrosionsprodukte über die Lymphbahnen bis in die Lymphknoten des Beckenraumes transportiert worden sind. Bei diesen Stählen ist zu bedenken, daß Nickel nicht nur ein Allergieauslöser ist. Es ruft auch Leber- und Nierenschäden hervor und beeinflußt den Spurenelementehaushalt der Zellen.

Für chirurgische Instrumente, wie Skalpelle, Scheren und Nadeln, wird eine Korrosionsbeständigkeit bei einer gleichzeitig hohen Härte gefordert. Auf Grund ihrer Duktilität sind hierfür die austenitischen Stähle ungeeignet. Deshalb verwendet man häufig die korrosionsbeständigen ferritischen Chromstähle X7Cr14, X20Cr13 oder den gut spanbaren Automatenstahl X12CrMoS17, die eine höhere Festigkeit und Härte aufweisen.

### 7.5.1.2
### Kobaltlegierungen

Kobaltlegierungen werden vorrangig in der Dentalchirurgie und der Orthopädie eingesetzt (Tabelle 7.8). Die ersten Bioverträglichkeitsuntersuchungen gehen auf das Jahr 1924 zurück (Tabelle 7.9). Kobaltbasislegierungen weisen bei einem Chromgehalt von 25 bis 30 % eine sehr gute Korrosionsbeständigkeit auf. Diese ist in der stabilen Passivschicht ($CrO_3$) begründet, die spontan repassivieren kann. Problematisch ist die sich ausbildende Cr–reiche σ–Phase bei einer beschleunigten Abkühlung unterhalb 1000°C. Molybdän (4 bis 7,5 %) bewirkt eine Verfestigung durch Mischkristallhärtung.

**Tabelle 7.12** Kobaltlegierungen in der Medizin

| Norm | Legierung | Bezeichnungen |
|------|-----------|---------------|
| ISO 5832–4 <br> ASTM F 75–82 (C) | CoCr28Mo6 | Vitallium cast, Protasul, Endocast |
| ASTM F90–82 (W) <br> (Schmiede-/pulvermetal-<br>lurgische Legierung) | CoCr28Mo6 | Vitallium Fhs, Endocast–5L, Pro-<br>tasul–21 WF, Zimaloy–Micro–Grain <br> (Pulverlegierung) |
| ISO 5832–5 (W) | CoCr25W15Ni10 | Haynes Stellite 25 (HS 25) |
| ISO 5832–6 (W, C) <br> ASTM F562–78 (W) | CoNi35Cr20Mo10 | MP 35N, Protasul 10 (Sulzer) |
| ISO 5832–7 (W, C) | CoCr20Ni17Mo7 | Phynox, Biophase |
| ASTM F 563 (W) | CoNi22Cr22Fe5Mo4W4 | Syntacoben |

*Eigenschaften* Tabelle A7.5, *chemische Zusammensetzung* Tabelle A7.6, *W (wrought)* gewalzt, *C (cast)* gegossen

Häufig verwendet werden CoCrMo– und CoNiCrMo–Guß– und Knetlegierungen (Tabelle 7.12). Die CoCrMo–Legierungen haben ein feinkörniges Gefüge mit feinverteilten Karbiden, so daß man diese aufgrund der höheren Festigkeitswerte gegenüber den CoCr–Legierungen in der Hüftgelenksendoprothetik einsetzt. Die CoCrWNi–Legierungen sind feinkörnig mit einem kfz–Gitter, einem Gittertyp, dessen Festigkeit erheblich durch Kaltverformung gesteigert werden kann, z.B. eine Oberflächenverfestigung durch Sandstrahlen. Das Hauptanwendungsgebiet sind chirurgische Instrumente und Endoprothesen. Die Legierung Protasul 10 (kfz–Gitter) hat eine hohe Festigkeit und Zähigkeit, genügt aber nicht den an Endoprothesenköpfe gestellten Verschleißanforderungen, so daß sie ausschließlich für Schäfte genutzt wird. Die härtere Kugel (CoCrMo) wird mit dem Schaft verschweißt.

Insbesondere im abrasiv belasteten Bereich von Endoprothesen kommt es zum Herauslösen von Oberflächenpartikeln (0,5 bis 35 µm). Die hier beobachteten Schäden sind spontane und traumatische Lockerungen, Metallose und Hautnekrose [7.35]. Spektroskopische Ergebnisse zeigen eine Zunahme des Chromgehaltes im Gewebe, aber eine Abnahme der Kobaltkonzentration. Die herausgelösten Metallionen können mit anorganischen (Gase, Salze, Säuren) und organischen Bestandteilen (Proteine, Enzyme) des Gewebes Komplexe bilden oder abtransportiert werden. So wies man bei Trägern von Metallimplantaten Kobalt in den Haaren und im Urin nach [7.18]. Dies weist auf die mögliche Mitwirkung des gesamten Organismus am Transport von korrosiv freigesetzten Metallionen hin. Tierexperimente bestätigen dies, in denen man Chrom und Kobalt in den inneren Organen (Milz, Leber, Lunge, Nieren, Gehirn) nachwies [7.30]. Ist der Einbau konstruktiv so gelöst, daß die Passivschicht nicht zerstört wird, dann sind Kobaltbasis-legierungen auch für zementfrei implantierte Endoprothesen einsetzbar.

**Tabelle 7.13** Kobaltbasislegierungen in der Prothetik

| Bezeichnung | Legierung | Einsatz |
|---|---|---|
| Vitallium cast, Endocast | CoCr28Mo6 | a |
| Vitallium | CoCr31Mo6 | d, e |
| Remanium 380 | CoCr29Mo4N | a, b, c |
| Wisil M plus | CoCr29Mo6W | a, b, c |
| Dentitan | CoCr24Mo4Ti | f, g |
| Remanium CD | CoCr28Mo4LaCe | f, g |

*Eigenschaften* Tabelle A7.7, *a* klammerverankerte gegossene Prothesen, *b* hochbeanspruchte Prothesengerüste, *c* Stift–Stumpfaufbauten, *d* Fertigteile, Halbzeuge, *e* Implantate, *f* Metallkeramik–Kronen und Brücken, *g* Geschiebe, Teleskope, Stege

Im Dentalbereich finden Kobaltlegierungen u.a. als Stifte, Brückengerüste und für Metallkeramik–Kronen Verwendung (Tabelle 7.13). Im Bild 3.57 sind die Durchbruchspotentiale und die sich ausbildenden Bindegewebskapseln für verschiedene Kobaltlegierungen gegenübergestellt. Diese Legierungen weisen eine Passivierung mit Durchbruchspotenialen um 850 mV (Remanium CD) auf, die in der Größenordnung hochgoldhaltiger Legierungen liegen. Es ist aber viel geringer als das von Reintitan, Niob oder Tantal. Dentale Kobaltlegierungen sind in sauren NaCl–Lösungen gut repassivierungsfähig und schließen die Gefahr einer Spaltkorrosion aus (Bild 3.39). Um diese Legierungen bildet sich gegenüber dem Titan eine ausgeprägtere Bindegewebskapsel aus, d.h. die Bioverträglichkeit ist unter den simulierten korrosiven Bedingungen minimiert (Kap. 3.7.5).

### 7.5.1.3
### Reintitan und Titanlegierungen

Die hohen Festigkeitswerte, der kleinere E–Modul gegenüber Stahl und die gute Korrosionsbeständigkeit und Bioverträglichkeit lassen Titan als ein nahezu ideales Biomaterial erscheinen. Kommerziell angewandt werden Reintitan (*cp* commercialy pure) und die Legierungen TiAl6V4 bzw. TiAl6Nb7 (Tabelle 7.14). Die Anwendung erfolgt vor allem als Schaft für Endoprothesen, in der Wirbelsäulenchirurgie (Bild 7.9) und der zahnärztlichen Prothetik (Tabelle 7.8).

Reintitan hat bei Raumtemperatur eine hexagonale Struktur ($\alpha$) und oberhalb 882°C ist es kubisch–raumzentriert ($\beta$). Legierungszusätze wie Aluminium, Zinn oder Sauerstoff begünstigen die $\alpha$–Phase, Vanadium, Chrom und Eisen die $\beta$–Phase. Die für Implantate verwendete Legierung TiAl6V4 ist bei Raumtemperatur zweiphasig ($\alpha+\beta$). Die Oxidschicht von Titanlegierungen ist um ein Vielfaches dicker gegenüber der des Reintitans, aber auch anfälliger gegenüber Passivierungsdurchbrüchen. Eine thermische Verdichtung minimiert die Gefahr des Herauslösens von Oberflächenionen.

**Tabelle 7.14** Biomaterialien aus Titan

| Legierung | Norm | $\alpha$ [$\mu$mmK$^{-1}$] 20 bis 200°C | a [WmK$^{-1}$] | Q [Jkg$^{-1}$K$^{-1}$] |
|---|---|---|---|---|
| cp–Ti | ASTM F67–83 | 9 | 17 | 520 |
| TiAl6V4 | ASTM F136–79 | 8,6 | 6,5 | 560 |
| TiAl5Fe2.5 | | 9,3 | | |

*Eigenschaften* Tabelle A7.8, *chemische Zusammensetzung* Tabelle A7.9, $\alpha$ thermische Ausdehnung, *a* Wärmeleitfähigkeit, *Q* spezifische Wärme

Hinsichtlich der Besiedelungsfähigkeit mit Osteoblasten gibt es keinen Unterschied zwischen cp–Titan und seinen Legierungen. Für die Legierungen TiAl6V4 und TiAl5Fe2.5 mit Oberflächenrauhigkeiten von $R_a > 22$ $\mu$m fand man eine meßbare Adhäsion mit Osteoblasten [7.4, 7.33]. Auf Grund der elektrisch leitenden Oxidschicht wird eine Coulombesche Wechselwirkung mit Proteinen vermutet, die als Haftvermittler zwischen den Osteoblasten und der Oberfläche wirken. Dies ist, neben dem niedrigen Elastizitätsmodul ein Grund für den Einsatz als zementfrei implantierte Endoprothese.

In neuerer Zeit versucht man zur Minimierung des Risikos einer eventuellen toxischen Wirkung des Vanadiums, die Legierung TiAl6V4 durch die niobhaltige TiAl6Nb7 (IMI 367) zu ersetzen. Entscheidend für das Verhalten ist die Repassivierungszeit, die für Titan und Titanlegierungen zwischen 35 und 40 ms liegt (Tabelle A7.10). Unter dem Gesichtspunkt, daß Metalle in bestimmten Zeiträumen generell nicht korrosionsstabil sind, versucht man (Tabelle A76.11), generell nicht–toxische Legierungselemente auszuwählen. Als Toxizitätstests haben sich „batch"–Kulturen (Kap. 8) auf Metallpulvern (*Partikeldurchmesser* $< 20$ $\mu$m) bewährt. Der Grenzwert toxisch/nicht–toxisch ist für eine Überlebenswahrscheinlichkeit von 50% festgelegt [7.17]. Besiedelungstests zeigen zwar keinen Unter-

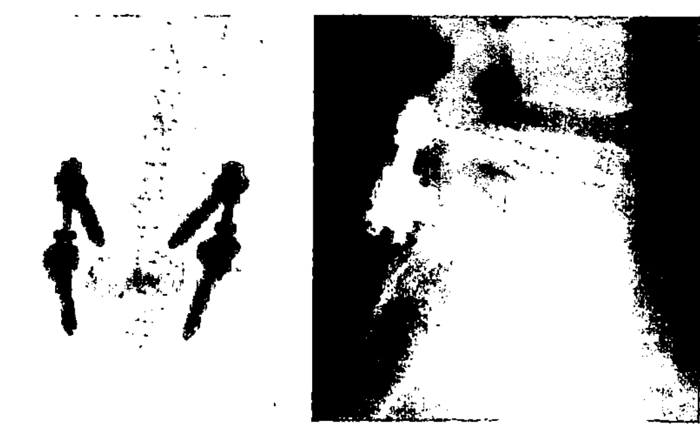

**Bild 7.9** Titanschrauben zur Kraftumlenkung im Wirbelsäulenbereich

schied zwischen TiAl6V4 und TiAl6Nb7 (Tabelle A7.12), aber eine mögliche Freisetzung von Ionen durch Reibkorrosion kann hiermit nicht ausgeschlossen werden.

Der niedrige Elastizitätsmodul des Titans minimiert bei gleichzeitig hohen Dauerfestigkeitswerten die Gefahr der Spannungsüberhöhung an der Grenzfläche Implantat/Knochen, somit der Knochenresorption durch eine falsche Spannungseinleitung. Er weicht aber immer noch um eine Größenordnung von dem des Gewebes ab (Tabelle A7.1). Die Dauerfestigkeit wird maßgeblich vom Volumenverhältnis der beiden Phasen ($\alpha$ und $\beta$) und deren Morphologie bestimmt [7.39]. Zur Bildung und zum Wachstum von Mikrorissen muß für große Körner und $\alpha/\beta$–Zwischenflächen eine größere Energie aufgebracht werden als für feinkörnige. Dieses Verhalten ist völlig entgegengesetzt zum allgemein bekannten, wofür wahrscheinlich die nicht ebene Gleitbewegung verantwortlich ist (Kap. 3.8).

Bei der Verarbeitung (Gießen, Schweißen, Löten) muß man die Reaktionsfreudigkeit mit Sauerstoff, Kohlenstoff oder Stickstoff beachten. Wegen der hohen Festigkeiten ist die Kaltumformbarkeit generell schlecht, so daß man neben dem Gießen zu Warmumformungen übergeht.

### 7.5.1.4
### Poröse Metallbeschichtungen auf Kobalt- und Titanbasis

Aus zwei Gründen strebt man poröse Strukturen an, einerseits zur Vergrößerung der Oberfläche, um ein verbessertes Einwachsverhalten zu erzielen, und anderseits zur Reduzierung des Elastizitätsmoduls an der Grenzfläche Implantat/Gewebe. Die Oberfläche vergrößert sich durchschnittlich um das 5 bis 10–fache gegenüber einer glatten. Beispielsweise beschichtet man deshalb zementfrei implantierte Langzeit–Endoprothesen, vorrangig für junge Patienten.

Das Beschichten ist vergleichbar mit dem Aufsintern (Kap. 3.6). Für eine inhomogene poröse Oberfläche verwendet man Kobalt- oder Titanpulver mit einem Teilchenradius von 100 bis 300 µm. Die Sintertemperaturen liegen für CoCrMo–Legierungen zwischen 1200 und 1300°C (1 bis 3 h), wobei die Bindung durch ein lokales Aufschmelzen erfolgt. Die Aufbrenntemperaturen für TiAl6V4 betragen 1200 bis 1400°C, so daß vorrangig die Diffusion die Bindung innerhalb der Schicht bestimmt.

Beschichtungen erniedrigen die Dauerfestigkeit beider Legierungen, was teilweise durch eine anschließende Feinung der beim Sintern entstandenen CoCrMo–Struktur ausgeglichen werden kann [7.39]. Die Ursache hierfür ist für Titanimplantate in Spannungsüberhöhungen an der Grenzfläche Basis/Überzug, Strukturveränderungen beim Sintern und Oberflächenreaktionen zu sehen.

Beide Legierungen sind als Aufbrennmaterial in der Dentaltechnik geeignet (Metallkeramikverbunde). Wegen des feinkörnigen Gefüges ist dem Dentitan (Tabelle 7.13) aus der Gruppe der Kobaltbasismaterialien der Vorzug zu geben. Die als Haftvermittler ungeeignete hexagonale $\alpha$–Phase der Titanlegierungen, die am Gußrand infolge der dort größeren Abkühlrate auftritt, kann durch eine geeignete Wahl der Gußform minimiert werden. Die Reaktionsschicht mit Sauerstoff beträgt ca. 30 μm. Diese störende Randzone von gegossenen Titanteilen wird bei der üblichen mechanischen Behandlung der Gußstücke abgearbeitet.

### 7.5.1.5
### Nickellegierungen

Nickellegierungen verwendet man vorrangig in der Prothetik (Tabelle 7.15) und als Kurzzeitimplantat. Das relativ „weiche" Nickel läßt sich gut verarbeiten, eine Eigenschaft, die für prothetische Brückenkonstruktionen genutzt wird. Die Wärmeausdehnung erlaubt die Verwendung in Metallkeramikverbunden, u.a. mit Kobaltlegierungen. Die Korrosionsbeständigkeit beruht auf dem zulegierten Chrom (> 12%) und der Stabilisierung mit Molybdän. Anodische Polarisationsmessungen zeigen eine Passivität im basischen und eine geringere Passivierung im neutralen Bereich (Bild 3.57). In stark sauren Lösungen bricht bei Anwesenheit von Chloridionen die Passivschicht durch, so daß diese Nickelwerkstoffe zur Spaltkorrosion neigen. Aus diesem Grund empfiehlt man neuerdings [7.22], Nickellegierungen als Prothetikwerkstoff nicht mehr zu verwenden.

Aus dem System Fe–Ni ist bekannt, daß bei Konzentrationen zwischen 6 und 30 % die Legierungen irreversibel sind. Derartige Legierungen können bei einer bestimmten Temperatur in zwei stabilen Zuständen vorliegen, je nachdem, ob man erwärmt oder abkühlt. Beide Phasen unterscheiden sich in ihren physikalischen Eigenschaften, wie der Gitterkonstanten. Diese irreversiblen Legierungen nehmen somit bei der gleichen Temperatur zwei unterschiedliche Volumina ein, lediglich davon abhängig, ob man sich von oben oder unten der gewünschten Temperatur nähert. Mit den intermetallischen NiTi–Verbindungen gibt es Materialien, die diesen Effekt und ein quasilastisches Werkstoffverhalten (Pseudoelastizität) in sich vereinen.

Beim Einweg–Formgedächtniseffekt wird eine, bei einer konstanten Temperatur aufgebrachte Verformung durch eine Temperaturerhöhung wieder vollständig abgebaut. Hierbei beschreiben drei Parameter das Werkstoffverhalten, die Spannung, die Dehnung und die Temperatur. Demgegenüber wird beim Zweiweg–Effekt das Dehnungsverhalten nur von der gewählten Temperatur beeinflußt, so daß über eine Erwärmung und Abkühlung bestimmte Volumenänderungen gezielt eingestellt werden können [7.32].

**Tabelle 7.15** Nickelbasislegierungen für prothetische Anwendungen

| Bezeichnung | Legierung | Einsatz |
|---|---|---|
| Wiron S | Ni70Cr16Mo6 | f |
| Wiron 88 | Ni64Cr24Mo10Ce | f |
| Remanium CS | Ni59Cr26Mo11 | f |

*Eigenschaften* Tabelle A7.13, *f* Metallkeramik–Kronen und Brücken

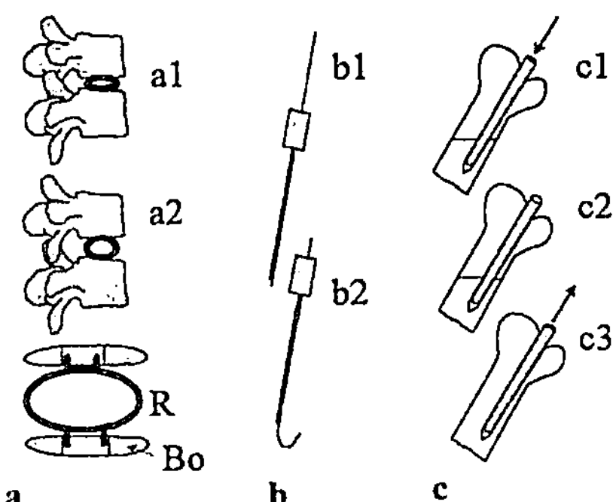


**Bild 7.10** Anwendungsmöglichkeiten von NiTi–Legierungen mit Formgedächtniseffekt
a Wirbelstabilisation, *a1* vor der Erwärmung (krankhaftbedingter Wirbelabstand), *a2* nach der
Erwärmung (korrigierter Wirbelabstand), *Bo* Wirbel, *R* NiTi–Ring mit Einwegeffekt (die Führungstifte dienen zur Fixation im Markkanal), b Tumormarkierung, *b1* eingezogen, *b2* hochelastische TiNi–Nadel zur Markierung ausgefahren, c Knochennagel, *c1* Einbringen des Knochennagels, *c2* Erwärmen (Ausdehnung des Nagels), *c3* Abkühlen (Ziehen des Nagels)

Anwendung findet der Einwegeffekt für Implantate zur Korrektur von Wirbelsäulen–Distraktionen. Hierbei bringt man ein vorverformtes „Rohrstück" durch
Erwärmung in seine ursprüngliche Gestalt zurück, so daß der natürliche Wirbelabstand fixiert wird (Bild 7.10a). In Abhängigkeit von der Wärmezufuhr kann man
zu einem bestimmten Zeitpunkt den Prozeß unterbrechen, genau dann, wenn die
Wirbelabsenkung ausgeglichen ist. Wegen der enormen Elastizität treten bei konstanter Temperatur keine Rückverformungen auf, so daß sich eine fest fixierte
Form auch nach einer Deformation wieder einstellt (Bild 7.10b), genutzt für Tumormarkierungen. Eine weitere Einsatzmöglichkeit ist die Verwendung als Nagel
zur Fixation von Röhrenknochen (Bild 7.10c), die man ohne äußere Kraftaufwendungen (Gefahr von Fettembolien) implantieren und reimplantieren kann. Wegen
Problemen mit der Stabilität der Passivschicht, werden diese NiTi–Werkstoffe nur
als Ultrakurzzeit- (Instrumente) oder Kurzzeitimplantat eingesetzt.

### 7.5.1.6
### *Edelmetall–Dentallegierungen*

Zu dieser Materialgruppe gehören die hochgoldhaltigen, goldreduzierten und Palladiumbasislegierungen (Tabelle 7.16). Die Charakterisierung der Bioverträglichkeit erfolgt mittels elektrochemischer Korrosionsuntersuchungen [7.22] in Verbindung mit der Beurteilung der Kapselausbildung im Tierexperiment (Bilder 3.56
und 3.57). Die Tabelle 7.17 verdeutlicht den Einsatzbereich metallischer Dentalmaterialien. Die Eingruppierung erfolgte an Hand der Korrosionsbeständigkeit,
wobei das Durchbruchspotential ein wesentliches Kriterium ist, der Verarbeitbarkeit und der mechanischen Eigenschaften.
Die Passivschicht hochgoldhaltiger Legierungen ist in sauren, Chloridionen ent-

**Tabelle 7.16** Dental–Edelmetallegierungen

| Typ | Name | Legierung | Eigenschaften |
|---|---|---|---|
| hochgoldhaltig Au > 75 % | | AuPt | Aufbrennlegierung, zum Aufbau der Haftoxide für den Keramikaufbrand dienen In, Fe und Zn |
| | Herador | AuPtPd | aufbrennfähig |
| | | AuAgPt | klassische Dentallegierung, nicht aufbrennfähig |
| goldreduziert Au < 75 % | | AuPd | aufbrennfähig |
| | | AuAgCu | nicht aufbrennfähig |
| Pd–Basis | Depalor | PdAu | |
| | Albabond B | PdAgAu | |
| | Albabond | PdAg | |
| | | PdCuGa | |

*chemische Zusammensetzung* Tabelle A7.12, *Aufbrennen* Aufsintern auf ein Trägermaterial

haltenden Elektrolyten beständig. Die Durchbruchspotentiale liegen über 750 mV und entsprechen denen der klinisch bewährten Kobaltbasislegierungen (Bild 3.57, Tabelle A7.14). Ein sehr hoher Goldgehalt führt zu keiner weiteren Erhöhung der Korrosionsbeständigkeit. Die Durchbruchspotentiale der goldreduzierten Legierungen entsprechen nahezu denen der hochgoldhaltigen, vorausgesetzt die Konzentration der elektrochemisch unedleren Legierungselemente ist gering. Beispielsweise beeinflussen Silber und Kupfer die Korrosionsbeständigkeit negativ, wobei zu bedenken ist, daß Kupferionen hochtoxisch sind.

Die Legierungen vom Typ PdAu unterscheiden sich in ihrem Korrosionsverhalten erheblich von den Goldlegierungen, wobei sich nach einer Hochtemperaturbehandlung die elektrochemischen Eigenschaften nicht wesentlich verändern. Demgegenüber sind die PdAg–Legierungen auf Grund ihres niedrigen Palladiumgehaltes als nicht mehr korrosionsbeständig für den Dentalbereich einzuschätzen.

**Tabelle 7.17** Indikationen für Dentallegierungen

| Indikation | Goldlegierungen | Kobaltlegierungen | Titan |
|---|---|---|---|
| Füllungen | ++ | - | |
| Kronen | ++ | + | ++ |
| Brücken | ++ | ++ | ++ |
| Adhäsivbrücken | - | ++ | - |
| Gußprothesen | (+) | ++ | + |
| Stifte/Schrauben | + | ++ | ++ |

++besonders geeignet, + geeignet, (+) bedingt geeignet, - ungeeignet

Die PdCuGa–Legierungen sind ebenfalls extrem anfällig gegenüber sauren Lösungen (Spaltkorrosion). Im Mund muß man aber immer mit einer Spaltkorrosion rechnen (Bild 3.39). Darüber hinaus ist diese Legierung als Aufbrennmaterial ungeeignet.

### 7.5.1.7
### *Reinmetalle*

Titan wurde bereits ausführlich beschrieben. Auf Grund ihrer extremen Korrosionsbeständigkeit sind diese Metalle als bioinert einzustufen.

Tantal ist bisher im Tierexperiment getestet und als sehr bioverträglich eingestuft worden. Auf Grund der schlechten mechanischen Eigenschaften und der hohen Dichte wird dieses Material kommerziell bisher nicht eingesetzt.

Die Edelmetalle Platin und Iridium finden in Herzschrittmachern als Drähte und Elektroden Verwendung. Hier ist die höchste Korrosionsbeständigkeit erwünscht, trotz der hohen Dichte ($Pt$ $\rho = 21,4$ [$g\,cm^{-3}$], $Ir$ $\rho = 22,41$ [$g\,cm^{-3}$]) und Sprödigkeit.

Die mechanischen Eigenschaften des Niobs ähneln denen des Tantals. Die niedrigere Dichte ($Nb$ $\rho = 8,6$ [$g\,cm^{-3}$]) ermöglicht einen Einsatz in der Schädelchirurgie.

**Tabelle 7.18** Biokeramiken und Biogläser

| Werkstoff | Anwendung | Bioverträglichkeit |
| --- | --- | --- |
| Aluminiumoxid–Keramik $Al_2O_3$ | künstliche Gelenkkugeln, Mittelohrimplantate, Dentalimplantate, plastische chirurgische Implantate, | bioinert, gute Röntgenfestigkeit |
| Zirkonoxid–Keramik $ZrO_2$ | künstliche Gelenkkugeln, Herzklappen | bioinert, wenige klinische Ergebnisse |
| Trikalziumphosphat–Keramik (TCP), $Ca_3(PO)_4$ | Kieferorthopädie, Wiederherstellungschirurgie (Platzhalter) | besonders körperverträglich |
| Hydroxylapatit–Keramik (HA), $Ca_5(PO_4)_3(OH)$ | alle chirurgischen Disziplinen (Orthopädie, Prothetik, Knochenersatz, HNO–Bereich) | bioaktiv, resorbierbar, meistens als Beschichtung ausgeführt |
| Biogläser und Glaskeramiken | plastische Chirurgie, Prothetik, Knochenersatz, Orthopädie (Gelenkersatz, Platten, Stifte) | bioinert und bioaktiv |
| Kohlenstoffwerkstoffe | Orthopädie, plastische Chirurgie, Prothetik | wenig klinische Erfahrungen, Beschichtung, Fasern, Faserverbunde |

## 7.5.2
## Anorganisch/nichtmetallische Biomaterialien

Das Spektrum der amorphen und keramischen Biowerkstoffe ist breit gefächert und reicht von inerten, über bioaktive mit spezifischen Oberflächeneigenschaften bis zu resorbierbaren Materialien, so daß es Vertreter für nahezu jede medizinische Anwendung gibt. Zu dieser Werkstoffgruppe gehören Keramiken, Gläser, Glaskeramiken und Kohlenstoffwerkstoffe (Tabelle 7.18). Kurzzeitimplantate sind aber auch Brillengläser, Haftschalen oder die Lichtleitkabel in Endoskopen.

### 7.5.2.1
### *Bioinerte Oxidkeramiken*

Als Biomaterialien werden $Al_2O_3-$ und in neuerer Zeit auch $ZrO_2$–Keramiken verwendet. Es handelt sich entwicklungsseitig um Funktionskeramiken des Maschinenbaues, deren Anwendungsspektrum auf den Biomaterialbereich ausgedehnt wurde, so daß sich die Herstellungstechnologien eng an die dort eingeführten Methoden anlehnen.

*Aluminiumoxidkeramik.* Aluminiumoxid tritt in der Natur als Bauxit auf, wobei die Farbedelsteine Saphir und Rubin die größten natürlich vorkommenden $Al_2O_3$–Kristalle sind. Die auch in der Biomaterialfertigung angewandten technologischen Schritte sind die Formgebung, das Sintern und die Endbearbeitung. Trotz eines dichten und feinkörnigen Gefüges kann das Bruchrisiko einer Keramikhüftgelenkpfanne nicht ausgeschlossen werden. Neben des Einwachsverhaltens ist dies ein Grund für den Übergang zu Metall/Keramik–Verbundkombinationen (Bild 7.11).

Auf Grund der hohen Härte und des feinen Kornes sind $Al_2O_3$–Keramiken sehr gut polierbar. Für Köpfe von Hüftgelenksendoprothesen werden Rauhigkeitswerte unter $R_a \approx 0,2\ \mu m$ erreicht. Der Abrieb, eine für künstliche Gelenke wichtige Größe, ist minimal (Tabelle 7.19). Die Keramik zeigt eine sehr gute Benetzbarkeit, so daß sich der infolge des minimalen Abriebes ausbildende Schmierfilm gleichmäßig über die Oberfläche verteilt. Der niedrige Reibungskoeffizient ($\mu \approx 0,3$ bei $R_a \approx 0,06\ \mu m$) bewirkt lediglich einen „Einlaufverschleiß", wobei die sphärische Abweichung $\leq 1\ \mu m$ beträgt.

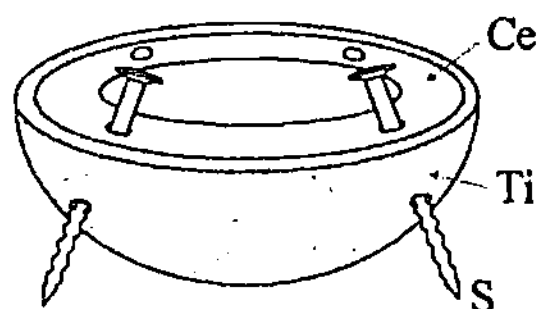


**Bild 7.11** Verbundaufbau von Hüftgelenkspfannen
*Ce* Keramik, *Ti* Titanschale (außen oftmals aufgerauht–Einwachsverhalten), *S* Schrauben zum Befestigen am Beckenknochen

**Tabelle 7.19** Abrieb für verschiedene Biomaterialpaarungen [7.11]

| System | Abtrag [$\mu$m a$^{-1}$] |
|---|---|
| Metall/PE | 200 |
| Keramik/PE | 20 |
| Keramik/Keramik | 2 |

In der Tabelle A7.15 sind die Eigenschaften unterschiedlich gesinterter Keramiken zusammengestellt. Die optimale Korrosionsbeständigkeit, somit Bioverträglichkeit, wird nur für hochreine Qualitäten (ISO 6474) gewährleistet. Verunreinigungen führen zur Korrosion der Korngrenzen.

Trotz der guten tribologischen Eigenschaften wendet man wegen des schlechten Dämpfungsverhaltens einer dicht gesinterten Keramik kaum Keramik/Keramik–Paarungen für Endoprothesen (Kopf/Pfanne) an. Die gegenwärtig in der Orthopädie angewandte Kombination eines Metallschaftes mit einer Keramikkugel und einer Kunststoffpfanne ist aus Sicht der Bewegungsdynamik für künstliche Gelenke sinnvoller.

Der große Elastizitätsmodul, der bei einem pfannenseitigen Gewebskontakt (Knochenresorption) unerwünscht ist, kann durch eine Öffnung der Porosität reduziert werden (Tabelle 7.20). Das Problem ist die abnehmende Festigkeit. Um dieser Situation Rechnung zu tragen, gibt es Konzepte zur Entwicklung eines Gradientenwerkstoffes, der in Abhängigkeit von der Funktionalität der jeweiligen Schicht unterschiedlich gesintert wird (Bild 7.12). Im tragenden Mittelteil sollte er sehr dicht gesintert sein mit einer hohen Festigkeit, an der Knochenkontaktseite Porositäten aufweisen, die ein Einwachsen des Knochengewebes ermöglichen, und an der tribologisch beanspruchten Seite Poren haben, in denen ein „Festschmierstoff" eingelagert werden kann. Hiermit kann auch das Dämpfungsverhalten verbessert werden.

Auf Grund der überwiegend elastischen Verformungsanteile ist Keramik bruchempfindlich, so daß sich zur Lebensdauerabschätzung die linear elastische Bruchmechanik anbietet (Kap. 3.8). Um Fehler und ein Implantatversagen auszuschließen, wurde der „proof"–Test entwickelt. Das Bauteil, z.B. ein Gelenkkopf, wird über die zu erwartende Implantatbelastung beansprucht, wobei die Prüfspan-

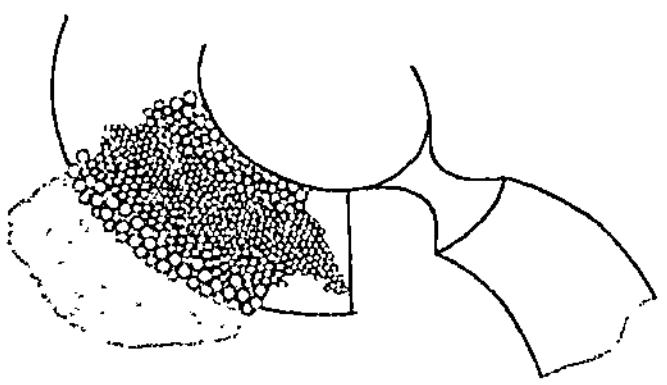

**Bild 7.12** Konzept einer Hüftendoprothesenpfanne, aufgebaut als Gradientenwerkstoff

**Tabelle 7.20** Elastizitätsmodul E und Porosität für eine $Al_2O_3$–Keramik

| Porosität [%] | E–Modul [GPa] | Dichte [$g\,cm^{-3}$] |
|---|---|---|
| $\rightarrow 0$ | 380 bis 400 | 3,93 bis 3,95 |
| 25 | 150 | 2,8 bis 3,0 |

nung zur Vermeidung von Fehlern unter der Zugfestigkeit bleiben muß. Anschliessend untersucht man die Bauteiloberfläche auf eventuell entstandene Risse (Mikroskopie, Penetrierverfahren). Mit diesem einfachen Test werden vorhandene Risse geöffnet und sichtbar gemacht.

In wäßrigen Medien büßen im Langzeitbetrieb $Al_2O_3$–Keramiken ihre Festigkeitseigenschaften ein. Diese beträgt nur noch 60 % nach einer 100–stündigen Lagerung in Wasser [7.39]. Inwieweit hier Körperflüssigkeiten Veränderungen hervorrufen, ist nicht geklärt.

*Zirkonoxidkeramik.* In jüngerer Zeit interessiert man sich zunehmend für das Zirkonoxid ($ZrO_2$) als Biomaterial. Es ist polymorph mit einer monoklinen Struktur bis 1170°C, einer tetragonalen von 1170 bis 2370°C und einer kubischen von 2370 bis 2680°C. Oxide, wie CaO, MgO und $Y_2O_3$, stabilisieren die kubische Struktur, so daß diese partiell auch bei Raumtemperatur auftreten kann. Darüber hinaus ist eine spannungsinduzierte Phasenumwandlung (Kap. 3) von der tetragonalen in die monokline Struktur möglich. Hierfür genügen die Spannungsüberhöhungen des Rißgrundes. Die sich infolge dieser Phasenumwandlung einstellenden Druckspannungen verschließen den Riß. Einen ähnlichen Effekt nutzt man auch bei oberflächenverfestigten Gläsern aus. Hierdurch ist die stabilisierte Keramik bruchunempfindlicher als $Al_2O_3$ (Tabelle A7.16).

Die Korngröße ist unter 1 µm mit einer sehr engen Größenverteilung. Dies bewirkt, daß erst ab einer Porosität von 28 % eine merkliche Dichteabnahme (3,9 bis 4,1 $g\,cm^{-3}$) auftritt, die mit dem E–Modul korreliert. Die Angaben über den Abrieb für die Paarung $ZrO_2$/PE weichen stark voneinander ab. Einerseits soll dieser der Paarung $Al_2O_3$/PE entsprechen, andererseits trat unerwünschter Abrieb und Reibung auf. Ein Vergleich der Reibkoeffizienten favorisiert die zweite Aussage (Tabelle 7.21). Die mechanischen Eigenschaften verschlechtern sich durch eine Gammabestrahlung oder eine Auslagerung in physiologischer Kochsalzlösung [7.4].

**Tabelle 7.21** Reibkoeffizient µ für unterschiedliche Biomaterialpaarungen

| Paarung | $Al_2O_3$/PE | $ZrO_2$/PE | $Si_3N_4$/PE |
|---|---|---|---|
| µ | 0,079 | 0,114 | 0,107 |

**Tabelle 7.22** Anteile der Oberflächenenergie für verschiedene Biomaterialien

| Material | $\gamma_d$ [mNm$^{-1}$] | $\gamma_{nd}$ [mNm$^{-1}$] | $\gamma$ [mNm$^{-1}$] |
|---|---|---|---|
| $ZrO_2$ | 29 | 12 | 41 |
| LTIC | 27 | 11 | 37 |
| $Si_3N_4$ | 27 | 10 | 37 |

$\gamma$ Oberflächenenergie, $d$ disperser Anteil, $nd$ nichtdisperser Anteil

Neben dem Einsatz in der Gelenkprothetik wird diese Keramik auch als Material für mechanische Herzklappenprothesen verwendet. Hier ist die Benetzbarkeit (Bioadhäsion) eine charakteristische Größe. Zur Minimierung der Gefahr einer spezifischen Adhäsion strebt man eine Minimierung des polaren Anteiles ($\gamma_{nd}$) der Oberflächenenergie an (Kap. 4). Der gegenwärtig verwendete, pyrolytisch abgeschiedene Kohlenstoff (LTIC) hat ähnliche Energieanteile wie $ZrO_2$ oder $Si_3N_4$ als alternative Beschichtungen (Tabelle 7.22). Diese Werte sind noch günstiger als die der Email (Tabelle 6.20), einer oftmals in der sterilen Bioverfahrenstechnik verwendeten Beschichtung.

### 7.5.2.2
### *Bioaktive Kalziumphosphatkeramik*

Das Konzept der Bioaktivität wurde mit den bioaktiven Gläsern entwickelt. Man erweiterte den Begriff der Biokompatibilität dahingehend, daß sich unter aktiver Beteiligung des Biomaterials an der Zwischenfläche ein „normales" Gewebe ausbildet [7.39]. Gelingt dies, dann wird das Material in das Gewebe integriert. Unstetigkeiten, beispielsweise ein diskontinuierlicher Übergang der mechanischen Spannungen, sind nicht mehr zu beobachten.

Bereits beim „tissue–engineering" (Kap. 5.4) sind die Kriterien zur „Konstruktion" derartiger Werkstoffe vorgestellt worden, wie die Struktur, die chemische Zusammensetzung oder die Topographie. Für Knochenimplantate versucht man

**Tabelle 7.23** Chemische Zusammensetzung des Hartgewebes

| Gewebe | Ca | P | $CO_2$ | Mg | Na | K | Cl | F |
|---|---|---|---|---|---|---|---|---|
| | | | | Element [%] | | | | |
| Zahnschmelz | 36,1 | 17,3 | 3,0 | 0,5 | 0,2 | 0,3 | 0,3 | 0,016 |
| Dentin | 35,0 | 17,1 | 4,0 | 1,2 | 0,2 | 0,07 | 0,03 | 0,017 |
| Knochen | 26,7 | 12,5 ($PO_4^{3-}$) | 3,48 ($CO_3^{2-}$) | 0,436 | 0,73 | 0,055 | 0,08 | 0,07 |

**Tabelle 7.24** Löslichkeitsrate verschiedener Kalziumphosphate in Ringer–Lösung im Verhältnis zum dicht gesinterten Hydroxylapatit

| Material | Formel | Ca/P | n [7.28] |
|---|---|---|---|
| Hydroxylapatit (HA) | $Ca_5(PO_4)_3(OH)$ | 1,67 | |
| • dicht gesintert | | | 1 |
| • beschichtet | | | 2,1 bis 8,8 |
| Trikalziumphosphat (TCP) | $Ca_3(PO_4)_2$ | 1,5 | |
| • dicht gesintert | | | 25 |
| • beschichtet | | | 218 |
| Gips | $CaSO_4 \cdot 2H_2o$ | | 667 |

*n* Löslichkeitsrate

deshalb Materialien zu entwickeln, deren chemische Zusammensetzung der des Knochens ähnelt (Tabelle 7.23). Ein wichtiger Knochenbestandteil ist Kalzium, so daß die besondere Körperverträglichkeit von Keramiken aus Trikalziumphosphat (TCP) und Hydroxylapatit (HA) nicht überrascht. Diese Implantate wachsen nach kurzer Heilungsphase fest in das Hartgewebe ein.

***Trikalziumphosphat (TCP).*** Trikalziumphosphat ist ein oberflächenaktives resorbierbares Biomaterial mit einem dem Knochen ähnlichen Verhältnis zwischen Kalzium und Phosphor. Die Festigkeitswerte sind im Vergleich zu Oxidkeramiken stark reduziert, so daß diese Keramik hauptsächlich als Pulver oder Beschichtung zum Aufbau oder zur Reparatur von Kieferknochen und als Platzhalter in der plastischen und Wiederherstellungschirurgie angewendet wird. Auf Grund der Einsatzzeit (Resorption) handelt es sich um ein Kurzzeitimplantat.

Knochendefekte größer als ein Millimeter können nicht allein durch primäre Knochenneubildung überbrückt werden. Die Auffüllung dieser traumatisch geschädigten Hartgewebsbereiche ermöglicht eine schnelle Ausheilung. Die Resorptionsgeschwindigkeit ist materialseitig über das Ca/P–Verhältnis einstellbar. Darüber hinaus wird sie vom pH–Wert, der Konzentration in der umgebenden Lösung (Gewebe, Körperflüssigkeit) und der Temperatur beeinflußt (Tabelle 7.24). Die Auflösungsraten zeigen deutlich den Oberflächeneinfluß. Eine Beschichtung ist poröser als ein dicht gesinterter Körper, so daß deren Oberfläche größer ist. Demgegenüber sind die unterschiedlichen Bindungs- und Oberflächenenergien bisher nicht erfaßte Größen.

***Hydroxylapatit (HA).*** Bioaktive resorbierbare Hydroxylapatitkeramiken enthalten 39,9 % Kalzium, 18,5% Phosphor und 3,38% OH–Gruppen. Der Aufbau, die stöchiometrische Zusammensetzung und Kristallstruktur entsprechen dem anorganischen Aufbau des Knochens. Wie beim TCP sind die Festigkeitswerte gering (Tabelle 7.25), so daß es als Pulver zum Auffüllen von Knochendefekten oder in

Kompositen und als Beschichtungsmaterial Verwendung findet. Die klinischen Ergebnisse mit Pulver sind kontrovers [2.19].

Hydroxylapatit zeigt beim Einwachsen in das Knochengewebe keine Entzündungs- oder Abkapselungserscheinungen. Aus diesem Grund (Bioverträglichkeit) verwendet man es als Beschichtungsmaterial für Gelenkprothesen, um ein verbessertes Einwachsen zementlos implantierter, künstlicher Gelenke zu gewährleisten. Zum Einwachsen in den Knochen sollte die Dicke der Beschichtung so groß als möglich, aber zur Garantie der Haftfestigkeit so gering als möglich sein. Der Kompromiß aus diesen beiden Forderungen liegt bei ca. 200 µm. Mit einer typischen Porosität von 20 % und einem Porendurchmesser von 200 µm weist die Keramik eine Druckfestigkeit zwischen 30 und 170 GPa auf, einem Wert in der Grössenordnung des Knochens (Tabelle A7.1). Wegen der fehlenden, einen Verstärkungseffekt hervorrufenden Faserstruktur des Kollagens wird aber dessen Biegefestigkeit nicht erreicht.

Hydroxylapatit wird auf Implantate mittels des Plasmaspritzens, des Ionensputterns, der elektrophoretischen Abscheidung und des Aufbrennens (Sinterns) aufgebracht, wobei

- die Porosität, mit Werten zwischen 100 bis 200 µm zum Einwachsen des Knochengewebes,
- die Rauhigkeit, mit Werten um 75 µm zur mechanischen Verankerung des eingewachsenen Implantates mit dem Knochengewebe und
- die Kristallinität (70 bis 95 %)

wichtige technologische Endgrößen sind (Kap. 3.9.3). Mit zunehmender Kristallinität erhöht sich die Bindungsenergie in der Beschichtung, so daß die Resorptionsrate des Hydroxylapatits abnimmt.

Darüber hinaus beeinflussen die geringen thermischen und elektrischen Leitfähigkeiten, die denen des Knochens ähneln, die mechanischen Schichteigenschaften und der kontrollierte in–vivo Abbau sowie die Funktionalisierung der Keramikschicht die Haftfestigkeit und die Bioverträglichkeit. Es ist zu beachten, daß mit einer poröseren Beschichtung bzw. einer Verschiebung des Ca/P–Verhältnisses fort vom Wert des Knochens (1,67) eine erhöhte Resorption durch das Knochengewebe stattfindet. Die Beschichtung wird dann frühzeitiger abgebaut, so daß das Implantat nicht mehr stabil einwächst. Während der Synthetisierung sind spezifische Polyelektrolyte in die Oberfläche einbaubar, die bioaktive Zentren darstellen, wie Ca/P–Inseln oder Ionengruppen.

**Tabelle 7.25** Kenngrößen des Hydroxylapatits [7.28]

| | $\rho$ [gcm$^{-3}$] | E–Modul [GPa] | $R_m$ [MPa] | $\sigma_{bw}$ [MPa] |
|---|---|---|---|---|
| HA | 3,05 bis 3,15 | 80 bis 120 | 40 bis 200 | 100 bis 120 |

Diese Mechanismen werden insbesondere aus energetischer Sicht bisher nicht verstanden [7.39]. Hier erwachsen dieselben Probleme, die bereits ausführlich bei der Bioadhäsion (Kap.4) und der Biofilmtechnologie (Kap.5) diskutiert wurden. Darüber hinaus fehlen Korrelationen zwischen den Eigenschaften und technologischen Parametern der Beschichtung, wie der Pulverkörnung und -größe, der Kristall- und Korngröße oder der Porosität mit der Bioadhäsion und dem nachfolgenden Einwachsverhalten. Die Probleme beginnen bereits bei der Charakterisierung der Pulver.

### 7.5.2.3
### Gläser und Glaskeramik

Bioaktive Gläser wurden erstmals von Hench und Mitarbeitern entwickelt, indem sie verschiedene Chargen mit unterschiedlichen Prozentgehalten an $SiO_2$, $Na_2O$, $P_2O_5$ und $CaO$ herstellten und hinsichtlich ihrer Bioverträglichkeit testeten. Silizium und Phosphor bilden das amorphe Glasnetzwerk und Natrium und Kalzium sind als Netzwerkwandler eingelagert. Vordergründig ging es um die Entwicklung von Glassystemen, in denen das Ca/P–Verhältnis dem Knochen angepaßt werden konnte.

Infolge der stabilen Phasen ist die Diffusionsgeschwindigkeit der Netzwerkwandler aus dem Volumen an die Oberfläche sehr gering, so daß das Reaktionsgeschehen an der Oberfläche (300 bis 500 µm) praktisch unbeeinflußt vom Volumen abläuft. Durch Herauslösen des oberflächennahen Natriums verschiebt sich das thermodynamische Gleichgewicht. Die Si–O Bindungen der Glasmatrix brechen auf, verbunden mit einer Erhöhung der Diffusionsgeschwindigkeit der Volumenbestandteile. Infolgedessen bewegen sich die Kalzium- und Phosphorionen gerichtet in diesen oberflächennahen Bereich und bilden eine $CaO–P_2O_5$–reiche Schicht aus. Das Ca/P–Verhältnis ist somit über die Glaskorrosion und die Stabilität der Glasmatrix einstellbar.

Die Korrosion ist schwierig zu steuern, so daß man versucht über den $SiO_2$–Gehalt die Eigenschaften der Glasmatrix zu beeinflussen. Für eine $SiO_2$–Konzentration oberhalb 60 Mol–% ist die Matrix so stabil, daß sich eine Ca/P–reiche Schicht erst nach vielen Wochen ausbildet. Diese Gläser sind nicht mehr bioaktiv (Bild 3.7). Eine Stabilisierung der Glasmatrix erreicht man auch mit dem Glasbildner $B_2O_3$ bzw. einer Erhöhung der Ca–P Bildungsrate durch Austausch des $CaO$ mit der beweglicheren Kalziumionenform, z.B. $CaF$.

Unter dem Aspekt genügend Kalzium- und Phosphorionen zur Verfügung zu stellen, gibt es Gläser mit einem reduzierten $SiO_2$–Anteil und erhöhten $CaO$– sowie $P_2O_5$–Konzentrationen, das Ceravital (Tabelle A7.17). Wie beim Bioglass®, vermutet man die Ausbildung einer carbonatreichen Hydroxylapatitschicht mit einer nachfolgenden Kollagenadsorption, woran sich die Knochenmineralisation anschließt [7.16]. Es ist unklar, ob die Proteine zuerst in den ausgelaugten Oberflächenbereich eindringen und dann die Auskristallisation der Hydroxylapatitkristalle einleiten.

Wegen der schlechteren statischen und dynamischen Festigkeitswerte gegenüber Keramiken verwendet man Biogläser vorrangig als Knochenfüllmaterial, Knochenplatten, Zahnstifte, Mittelohrimplantate und in der Gesichtschirurgie. Weiterhin finden diese Gläser als Beschichtungsmaterial zur Verbesserung des Einwachsverhaltens Verwendung. Mit einem mehrfachen Abscheiden kann die materialseitige Schicht eine gute Haftung und die gewebeseitige eine gute Bioaktivität aufweisen. Ein derartiges Gradientensystem verwendet man beispielsweise zur Beschichtung bioinerter $Al_2O_3$–Keramiken.

*Glaskeramik.* Gläser sind thermodynamisch instabil (Bild 3.1), so daß man eine Vielzahl von Glassystemen über eine Keimbildung und ein Keimwachstum in den thermodynamisch stabilen, kristallinen Zustand überführen kann. Mit steigenden kristallinen Phasenanteilen tendieren die mechanischen Eigenschaften zu denen des entsprechenden kristallinen Systems.

Ein $SiO_2$–$P_2O_5$–CaO Glas ist in diesen teilkristallinen Zustand überführbar. Die Zusammensetzung zeigt gegenüber den Gläsern eine niedrigere Konzentration am Bildner des Glasnetzwerkes, dem $SiO_2$ (Tabelle A7.18). Diese Keramik ruft eine Bindung zum Knochen durch eine dünne carbonatreiche Hydroxylapatitschicht hervor, die sich an der Oberfläche der Keramik bildet. Deren Struktur und Zusammensetzung entspricht der des Knochens [7.39].

Die Anwendung dieser maschinenbearbeitbaren Keramik erfolgt äquivalent zum Glassystem (CaO–$P_2O_5$), vorrangig zum Auffüllen von Knochendefekten, in der Gesichtschirurgie, dem Dentalbereich und als Ohrimplantate. Die teilkristalline Struktur verändert auch die Oberflächeneigenschaften, so daß Ionen mit einer niedrigen Ladungsstärke bevorzugt aggregieren. Vergleichbar mit der interkristallinen Korrosion in hochlegierten Stählen kann es zum Aufbau von Konzentrationsgradienten in den Korngrenzen kommen.

Das System $SiO_2$–$Al_2O_3$–MgO ist höher auskristallisierbar (Tabelle A7.19). Die mechanischen Eigenschaften dieser bioinerten Glaskeramik sind derart verbessert, daß der Chirurg vor Ort eine mechanische Bearbeitung vornehmen kann. Dies ist beim „Einpassen" eines Ohrimplantates äußerst vorteilhaft. Bioverit® findet vorrangig im HNO– und Dentalbereich sowie der Gesichtschirurgie Anwendung, u.a. als Gehörknöchelchen, Zahninlays und -stifte, Einzelkronen, Schädelkalotten oder als Zahnkäppchen (Bild 7.13). Die gute maschinelle Bearbeitbarkeit ermöglicht den Einsatz von CNC–Systemen zur Herstellung kompliziertester Bauteile, die vorher mittels Computertomographie vermessen werden können. Durch Zugabe färbender Oxide ist es möglich, die Implantate an die Farbnuancen der Umgebung anzupassen, z.B. in der Prothetik.

Ein nicht zu unterschätzender Fertigungsvorteil von Glaskeramiken ist deren geringer thermischer Ausdehnungskoeffizient und geringe Wärmeleitfähigkeit, ein Erbe des Ausgangsglases. Es treten deshalb beim Gießen und der anschließenden Umkristallisation kaum Schrumpfungen auf. Dies ist für eine paßgenaue Fertigung (Zahn, Ohr) ein unschätzbarer Vorteil. Das schlechte Wärmeleitvermögen minimiert Knochenreizungen, wie sie u.a. bei metallischen Zahninlays auftreten.

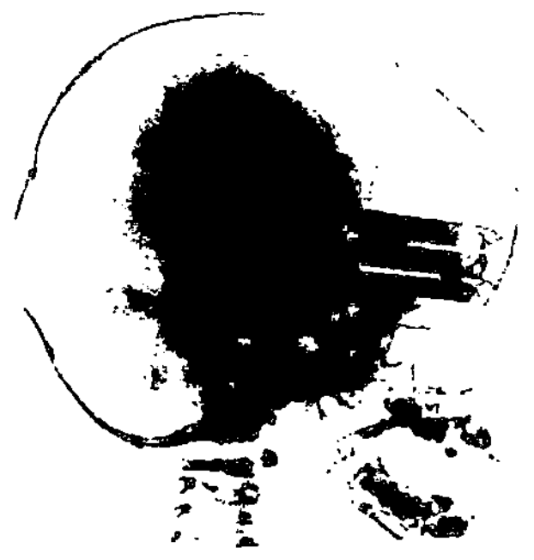

**Bild 7.13** Bioverit® in der Kopfchirurgie als Abdeckung von Operationsfeldern und als Zahnstift

## 7.5.3
## Kunststoffe

Das breite Anwendungsspektrum der Kunststoffe, wobei eine Implantation immer mit einem Blutkontakt verbunden ist, reicht von Endoprothesen (Polyäthylen) und Vorderschädelpartien (Silikonkautschuk), über Arterien (*hydrophob* PTFE, Silikonkautschuk) und großflächige Bauchwand- und Zwerchfellbrücken (Netze aus PTFE, Silikon), bis zum Ausfüllen von Hohlräumen (Polyamid, Polyurethan) und als Nahtmaterial (Polyester). Neben der Vielfalt an Forderungen, wie

- keine freien und toxischen Monomere,
- keine Verunreinigungen und löslichen Additive,
- eine mechanische und thermische Stabilität oder
- hydrophobe Oberflächen,

muß die Polymerisation abgeschlossen sein. Vergleichbar mit Gläsern ist der kristalline Zustand der thermodynamisch stabile (Bild 3.1), so daß eine Energiezufuhr (Röntgen, UV–Strahlung) zur weiteren Polymerisation anregt, verbunden mit einer, die Zellen schädigenden Wärmetönung und Eigenschaftsveränderung.

Es gibt kaum Kunststoffe, die speziell für den medizinischen Einsatz entwickelt wurden. Im Normalfall wendet man kommerzielle Werkstoffe im medizinischen Reinheitsgrad („medical grade") an. Dies bezieht sich, vergleichbar mit der sterilen Bioverfahrenstechnik, vorrangig auf Additive. Es gilt die Grundregel, was als karzinogen bekannt ist, darf nicht verwendet werden. Wahrscheinlich wurde 1894 der erste Kunststoff von Frankel im Menschen zum Verschluß von Defekten an der Schädelkalotte implantiert (Tabelle 7.26).

Wichtige Vertreter sind Polyethylen (PE), Polypropylen (PP), Polyvinylchlorid (PVC), Polytetrafluorethylen (PTFE), Polydimethylsiloxan (PDMS), Polyurethan (PUR), Polymethylmethacrylat (PMMA) und Silikonkautschuk (SIR). Die einzige Materialentwicklung für medizinische Anwendungen wurde mit den Polyurethanen durchgeführt. Hier synthetisierte man bestimmte Gruppen speziell für den kardiovaskulären Einsatz. In der Tabelle 7.27 ist eine Übersicht zur medizinischen Anwendung von Kunststoffen zusammengestellt.

**Tabelle 7.26** Überblick über den Einsatz von Kunststoffen in der Medizin

| Jahr | Kunststoff | Einsatz |
|------|------------|---------|
| 1895 | Celluloid | Defektverschluß an der Schädelkalotte (Frankel) |
| 1940 | Acrylate | Kornea–Ersatz (Dorzee und Franceschetti) |
| 1946 | PMMA | Femurkopf (Gebrüder Judet) |
| 1948 | PE | plastische Chirurgie (Rubin) |
| 1951 | PMMA | Dentalbereich (Haboush) |
| 1955 | Silikon | Hydrocephalus |
| 1958 | PMMA | Knochenzement (Charnley) |
| 1959 | Silikon | Urethra–Prothese (de Nicola) |
| 1959 bis 1963 | PTFE | Pfanne im künstlichen Gelenk (Charnley), großes Problem mit rostfreiem Stahl als Partner (Abrieb) |
| 1959 | PDMS | Fingergelenkendoprothese (Swanson) |
| 1960 | Silikon | Herzklappenersatz/Kugelklappe (Starr und Edwards) |
| 1970 | PUR | Kunstherz (Kolff) |
| 1981 | PUR | erstes klinisch eingesetztes Kunstherz (Cooley) |

## 7.5.3.1
### Bio- und Hämokompatibilität

Die bereits vorgestellten Kriterien zur Bioverträglichkeit gelten uneingeschränkt auch für Kunststoffe (Kap.1.2). Auf Grund der spezifischen Eigenschaften dieser Materialklasse ergeben sich einige gravierende Unterschiede zu den Metallen, wie

**Tabelle 7.27** Medizinischer Einsatz von Kunststoffen [7.12, 7.16]

| Kunststoff | Anwendung |
|------------|-----------|
| Polyethylen (PE) | Pfannen (Hüftendoprothese), Knieprothesen, Sehnen, Bänder, Katheter, Spritzen, Verpackungen |
| Polypropylen (PP) | Fingergelenkprothesen, Herzklappen, Nahtmaterial, Spritzen, Dialysesysteme, Verpackungen |
| Polytetrafluorethylen (PTFE) | Gefäßimplantate |
| Polymethylmethacrylat (PMMA) | Knochenzement, Zahnfüllungen, künstliche Zähne, Augen- und Kontaktlinsen |
| Polyurethan (PUR) | künstliche Gefäße, Herzklappen,, Hautimplantate, Dialysemembranen, Infusionssysteme |
| Polysiloxan | Brustimplantate, Sehnen, Herzklappen, Dialysesysteme, Blasenprothesen, kosmetische Chirurgie, Haut |
| Polyethylenterephtalat (PET) | Blutgefäße, Sehnen und Bänder, Nahtmaterial |
| Polyvinylchlorid (PVC) | Einwegartikel |
| Polyamide (PA) | Nahtmaterial, Katheter, Spritzen, Dialysekomponenten |
| Polysulfon (PSU) | Dialysemembranen, Matrix für Verbunde |
| Zelluloseacetate | Membranen |

deren geringe thermische Beständigkeit und Tendenz zur Wasseraufnahme. Als Sterilisationsverfahren kommen deshalb nur die Gas (EO)- oder Strahlensterilisation in Frage, wobei das Ethylenoxid (EO) noch nach 3,5 Jahren als Restgröße nachgewiesen wurde. Ein weiteres Problem ist die unzureichende Sterilisationsrate beider Verfahren. Die Frage, inwieweit häufig beobachtete Infektionen auf eine unzureichende Sterilisation zurückzuführen sind, kann gegenwärtig nicht beantwortet werden. Aus Tierexperimenten weiß man, daß ca. 1/3 der Probanden mit einem implantierten künstlichen Herzen wegen Sepsisproblemen starben.

Ein Antifouling durch biozidäre Additive verbietet sich im Säugerzellbereich, wie in der Steriltechnik. Eine kurzzeitige Wirkung stellen antiseptische Spülungen von Kathetersystemen aus Silikonkautschuk dar. Beispielsweise fand man auf Urinkathetern u.a. *Citrobacter diversus*, *Pseudomonas aeruginosa*, *Enterococcus faecalis* und *Escherichia coli*. Als Antiseptikum erwies sich eine Lösung aus Mandel- und Fruchtsäure sehr wirksam. Eine Langzeitwirkung ist aber nur durch Klärung der bioadhäsiven Mechanismen und eine gezielte Veränderung der Materialoberfläche möglich.

Die Eigenschaften der Kunststoffe verändern sich mit dem Herstellungsverfahren (Spritz- oder Strangguß, Filamente), den Technologien zur Reinigung der Monomere und den hierfür angewandten Lösungsmitteln sowie den Polymerisationsverfahren. Bisher ist eine systematische Untersuchung und Klassifizierung dieser Größen in Beziehung zu in–vitro und in–vivo Testverfahren nicht erfolgt.

Die wichtigste Materialeigenschaft in Verbindung mit dem Blut ist die Hämoverträglichkeit. Hierunter versteht man, [7.39]

- daß keine toxischen oder karzinogenen Bestandteile herausgelöst werden können.
- daß eventuell gelöste Komponenten nicht biologisch unverträglich sind (bioinert oder bioaktiv).
- daß der Kunststoff keine chronischen Reaktionen auslöst, wozu auch Oberflächenreizungen gehören (Strukturverträglichkeit).

Ein zentrales Problem ist die Thrombogenität des Materials. Diese beschreibt die Wechselwirkungen der Materialoberfläche mit dem Blut und dessen Bestandteilen sowie eventuelle Nachfolgereaktionen, wie Koagulationen oder Zellzerstörungen. Die verschiedenen Einflüsse wurden bereits ausführlich in den Kapiteln 4 und 5 erörtert, wie die Topographie, die Strömungsgeschwindigkeit oder die Beteiligung von Proteinen.

Die Blutströmung ist gepulst und kann deshalb nicht mehr mit dem Poiseuilleschen Gesetz beschrieben werden. Die Schwierigkeit besteht in der Nachbildung der Strömungsverhältnisse, dem Verhältnis der Materialoberfläche zum Blutvolumen und der Zeit, letztendlich in der realitätsnahen Gestaltung der Meßanordnung. Das Bild 7.14 zeigt die Wirkung unterschiedlicher Kunststoffe auf das Blutgerinnungsverhalten, wobei Schweineblut als Referenzflüssigkeit zur Minimierung des Frischblutbedarfes diente. Die Mechanismen sind nahezu unbekannt, so daß man sich zur Beurteilung der Biomaterialien der Parameter bedient, die in der klini-

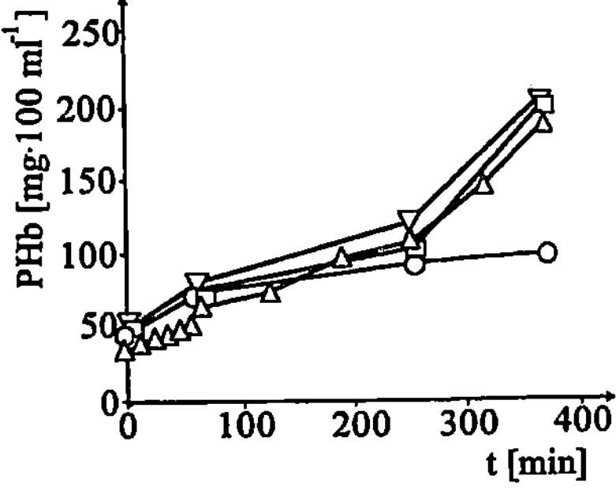

**Bild 7.14** Blutgerinnungszeiten von Human- und Schweineblut auf verschiedenen Materialien [7.15] *Humanblut* △ UF1®, *Schweineblut* o Glas, ▽ UF1®, □ PVC, *t* Blutgerinnungszeit, *PHb* Plasmahämoglobin

schen Praxis genutzt werden, wie der Vollblutgerinnungszeit und dem Hämolyseindex. Die Vollblutgerinnungszeit ist die Zeit, die nach der Entnahme bis zur völligen Erstarrung des Blutes erforderlich ist. Der Hämolyseindex beschreibt das Verhältnis des festgestellten Blutfarbstoffes (Hämoglobin) zur Erythrozytenzahl, der aus der Hämolyserate (*PHb* Veränderung des Hämoglubingehaltes) bestimmt werden kann. Hieran zeigt sich ein Problem der Biomaterialprüfung, die Abschätzung möglicher Veränderungen der Testflüssigkeit (Blut) von der Entnahme bis zum Beginn der Messung.

Die Oberflächenenergie ist eine der charakteristischsten Größen zur Beurteilung der Bioadhäsion (Kap. 4). Die hierzu durchgeführten Untersuchungen erlauben aber ohne ein Modell keine eindeutige Interpretation der Mechanismen. Einerseits sieht man hinsichtlich der Thrombogenität eine negativ geladene Werkstoffoberfläche als ideal an, andererseits bestimmte Oberflächenenergien oder die in der Oberfläche enthaltenen Hydrogele. Interpretiert man die Oberflächenenergie als ein Kriterium, dann wird ein Wert von $\gamma \approx 20$ bis $30\,\text{mNm}^{-1}$ als bioverträglich postuliert [4.3]. Nach Korrelationen zur Vollblutgerinnungszeit sind PVC, PE, aber auch Silikonkautschuk blutverträgliche Materialien (Bild 7.15), ebenso wie Kohlenstoff und Titan.

Äquivalent zu den Dichtungswerkstoffen in der Bioverfahrenstechnik nimmt man an, daß hochmolekulare Kunststoffe keine Tendenz zur Schädigung zeigen. Die Mehrzahl der Schädigungsprozesse basiert auf der Adsorption von Fremdmolekülen. Hierbei spielen eine Vielzahl von möglichen Veränderungen der Oberfläche eine nicht zu vernachlässigende Rolle, wie der Wechsel hydrophil/hydrophob, mögliche Kristallisationsprozesse, die Oberflächenladungen oder reaktive Gruppen. Darüber hinaus beschleunigen elektrische und mechanische Störfelder diese Prozesse. Als stabil erwiesen sich Polyolefine, Acryle und halogenierte Kohlenwasserstoffe. Eine Vielzahl von Kunststoffen besitzen an ihrer Oberfläche Gruppen, die hydrolisieren können. An diesen Plätzen beginnt die Zerstörung der Werkstoffoberfläche durch Adsorption von Molekülen aus der Umgebung, insbesondere Wasser. Hierzu zählen u.a. Polyester, Polyamide und einige Polyurethane. Die Wasseraufnahme ist somit ein Kriterium zur Beurteilung der Korrosionsbeständigkeit der Kunststoffe (Tabelle A7.20). Bestimmte Gewebsenzyme leiten hydrolytische Prozesse ein, so daß diese regelrecht Polymerzerstörungen initiieren.

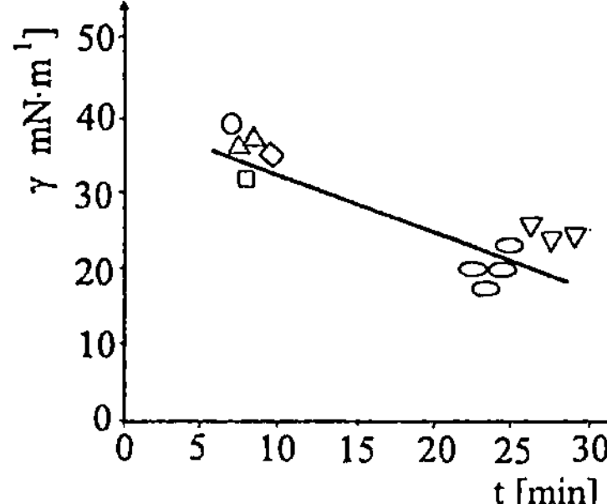

**Bild 7.15** Oberflächenenergie $\gamma$ und Vollblutgerinnungszeit für Kunststoffe [7.15]

□ PE, ◇ PS, △ PMMA, ▽ Silikon, ○ Paraffin, O PVC

Kunststoffe mit hydrolisierbaren Estherverbindungen, wie Polyurethane und aromatische Polyester, die bei Normaltemperatur nicht hydrophil sind, können durch adsorbierte Enzyme über eine Sekundärreaktion geschädigt werden [7.26, 7.31].

Um PTFE, PE, Silikonkautschuk, PMMA und PUR bilden sich dünne Fibrinkapseln aus [7.41]. Polyurethane können bei Anwesenheit von Metallionen oxidieren. Die hierdurch eingeleitete Kettenreaktion fördert die Kristallisation (Kalzifizierung), gleichbedeutend mit einer Abnahme der Korrosionsbeständigkeit. Diese Reaktion wird beispielsweise in Gegenwart von Blut–Proteinen und einer anodischen Spannung eingeleitet (Herzschrittmacher). Eine zunehmende Dehnung oder ein ansteigender pH–Wert beschleunigen die Kalzifizierung [7.26].

### 7.5.3.2
### Synthetische Kunststoffe

Die nachfolgende Beschreibung der Eigenschaften und der Einsatzgebiete erhebt nicht den Anspruch auf Vollständigkeit. Jedes Material für sich, kann auf Grund seiner vielfältigen Modifikationsmöglichkeiten viele Seiten füllen. Untersuchungen an Copolymeren (Hydroxyethylmethacrylat/Ethylmethacrylat, Hydroxystyren/Styren) zeigten, daß die Adhäsion von Makrophagen nicht sofort als irreversible Verbindung zwischen Protein und Implantat abläuft [7.21]. In Abhängigkeit von der Hydrophobizität der Polymeroberfläche kann eine mehr oder weniger ausgeprägte, reversible Adhäsionsphase beobachtet werden, die vergleichbar ist mit den Frühstadien der Biofilmbildung (Kap. 5).

**Polyethylen (HDPE, LDPE, UHMWPE).** Polyethylen ist der am häufigsten eingesetzte Elastomer. Hochdichtes Polyäthylen (UHMWPE) findet für tribologisch beanspruchte Prothesenbauteile Verwendung, wie Pfannen von Hüftendoprothesen oder in Finger- und Kniegelenkimplantaten. Weitere Anwendungen sind als Osteosyntheseschienen zur Fixation von Knochenbrüchen, für Spritzen, Schläuche, Infusionsbeutel (LDPE), als Katheter für den Harnleiter, Gallengang oder die Trachea (HDPE, UHMWPE) sowie als excellenter Knochenfüllstoff. Mit zunehmendem Molekulargewicht steigen der Kristallisationsgrad und die Festigkeitswerte an

(Tabelle A7.21). Polyethylen wird als bioinert eingestuft, obwohl die sich ausbildende Kapsel dicker (Tendenz zur Fibrose) gegenüber dem bioinerten Material Titan ist.

Die Sterilisation mit hochenergetischen Teilchen ($\gamma$–Strahlung, Elektronen) verändert den Vernetzungsgrad, der produktbezogen während dieses Procederes eingestellt wird. Ungeklärt sind die Wechselwirkungen nach der Implantation und die Besiedelungskinetik von Mikroorganismen (Sterilität). Dies ist insbesondere ein grundlegendes Problem für Katheterimplantate im Langzeitbereich.

Eine Hauptanwendung des UHMWPE ist als Pfanne in Hüftgelenkendoprothesen. Hier nutzt man die guten tribologischen Eigenschaften mit Metallen und Keramiken aus. Darüber hinaus bietet PE die Chance, Abriebpartikel in die Pfanne einzulagern. Problematisch ist aber die begrenzte Lebenszeit. Bei einem Drittel der Patienten treten nach ca. 10 bis 11 Jahren Komplikationen auf [7.39]. Die Schäden betreffen zum einen den Pfannenbruch, u.a. durch das Kriechverhalten des PE's ausgelöst, und andererseits mögliche Nachfolgeraktionen infolge Abrasion. Die UMHWPE–Partikel indizieren die Ausbildung eines Granulationsgewebes (Nekrose) und im Nachgang die infektiöse Lockerung der Endoprothese (Osteolyse). Obwohl in–vitro Untersuchungen nur eine Abrasionsrate von 0,2 bis 0,9 $\mu$m a$^{-1}$ ergaben ist die in–vivo bestimmte Rate (150 bis 200 $\mu$m a$^{-1}$) um ein Vielfaches grösser [7.35].

***Polypropylen (PP).*** In jüngerer Zeit setzt man Polypropylen nur noch für spezifische Anwendungen ein, u.a. als Basismaterial für Gefäßtransplantate (Bild 5.18) oder als gebondete „Stents" auf Implantaten [7.39]. Die klassischen Anwendungsfelder sind vergleichbar mit denen des Polyethylens, z.B. für Fingergelenke, Herzklappenprothesen, Blutfilter oder als Nahtmaterial.

Die Bioverträglichkeit ist akzeptabel, verbunden mit einer verhältnismäßig hohen Steifigkeit, Härte und Festigkeit (Tabelle A7.22). Demgegenüber ist PP nicht hämokompatibel, so daß es als blutseitiges Material nicht einsetzbar ist. Ein Problem stellt die geringe Beständigkeit gegenüber energiereichen Teilchen dar (Sterilisation).

***Polytetrafluorethylen (PTFE).*** PTFE hat wegen seines symmetrischen Aufbaues einen hohen Kristallisationsgrad ($\approx$ 90 %). Es ist hornartig zäh, hat eine geringe Härte und Festigkeit, neigt leicht zum Kriechen, ist extrem hydrophob (antiadhäsiv) und zeigt keine Neigung zur Spannungsrißbildung und Wasseraufnahme (Tabelle A7.23). Wegen der schlechten Benetzbarkeit und hohen chemischen Beständigkeit verwendet man PTFE hauptsächlich als Gefäßersatz (*Innendurchmesser* 5 bis 30 mm), Gehörknöchelchen- und Harnleiterprothesen. Gegabelte Hohlgefäße werden bis zu einem Innendurchmesser von > 7 mm gefertigt. Für kleine Gefäße (< 6mm) hat sich PTFE nicht bewährt. Man arbeitet hier an der Verwendung als Verstärkungsmaterial für arterielle Bypässe [7.39].

Die gute Hämokompatibilität beruht auf der Hydrophobie dieses Materials. Künstliche Gefäße aus PTFE müssen deshalb nicht mit einem anderen Material beschichtet werden. Der Burstdruck liegt bei 3600 mmHg. Ein Nachteil ist der schlechte Verschluß von Mikronadeleinstichen im Material. Hier zeigen mikrobielle Klebstoffe einen möglichen Ausweg auf, z.B. mittels des Bakteriums *Acetobacter spec.* gewonnene Zellulose.

Auf Grund der schlechten mechanischen Eigenschaften eignet sich PTFE nur begrenzt als tragendes Biomaterial. Die guten Verschleißeigenschaften versuchte man für Hüftgelenkpfannen auszunutzen. Infolge der relativ hohen Belastungen des Hüftgelenkes trat jedoch eine große Abrasion bei der Paarung PTFE/Stahl auf. Diese Partikel verursachen starke Gewebsreaktionen, die letztendlich zur Reoperation der Implantate führten. PTFE wird deshalb in künstlichen Gelenken nicht mehr eingesetzt.

*Polymethylmethacrylat (PMMA).* Acrylate, vor allem Polymethylmethacrylat, werden in der Prothetik, der Orthopädie, der plastischen Chirurgie und der Augenheilkunde eingesetzt, u.a. als Zahnersatz und -füllungen, Knochenzement und Knochenfüllstoff, harte Kontaktlinsen, implantierbare Linsen oder Hornhautprothesen. PMMA hat eine hohe Härte, Steifigkeit, Festigkeit und splittert nicht. Die Wasseraufnahme ist gering, es ist spannungsrißgefährdet und nicht beständig gegen Alkohol, so daß eine chemische Sterilisation nur begrenzt möglich ist (Tabelle A7.24).

In der Endoprothetik wird PMMA als Knochenzement (Bild 7.16) verwendet, womit man größere Spalträume zwischen dem Implantat und dem Knochen überbrückt. Die luftaushärtenden Acrylate gehen aber keine Verbindung mit dem Knochen ein, so daß die Kraftübertragung nur über einen Formschluß gewährleistet werden kann. Zur Verbesserung der Formschlüssigkeit strebt man strukturierte rauhe Implantatoberflächen im einzuzementierenden Bereich an. Vorteil des Einzementierens ist die sofortige Mobilität des Patienten, wohingegen zementfrei implantierte Endoprothesen (Einwachsprozeß) lange Liegezeiten erfordern.

Abhängig vom Zementtyp, der Herstellungsart, der Partikelgröße und deren Verteilung schwanken die mechanischen Eigenschaften des Knochenzementes. Eine ungleichmäßige Verteilung nichtpolymerisierter PMMA–Perlen in der auspolymerisierten Matrix ruft örtliche Spannungsspitzen im Zement hervor, die bis zur Ausbildung von Rissen führen können [7.34]. Darüber hinaus treten bei der Polymerisation Schrumpfungen auf. Alle diese Faktoren wirken sich negativ auf die Verankerung aus, so daß an diesen Orten erhöhter mechanischer Spannungen der Knochenzement zu „zerbröseln" beginnt. Neben den Abriebpartikeln aus der Paarung Kopf/Pfanne findet man jetzt auch großvolumigere Zementpartikel im Ge-

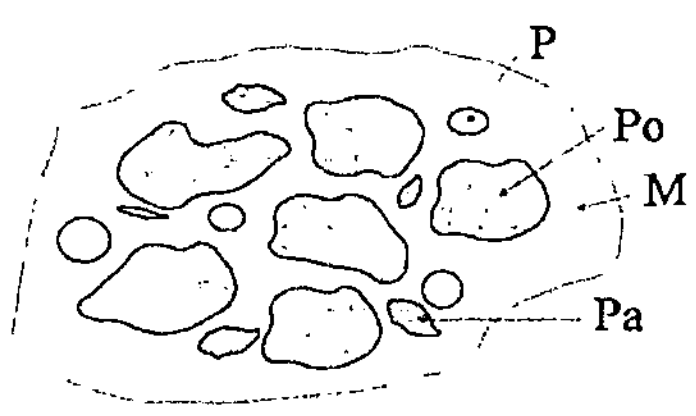


**Bild 7.16** Struktur von PMMA–Knochenzement
*P* Poren, *Po* Polymerteilchen, *M* umgebende Matrix (flüssiges Monomer), *Pa* opale Partikel (BaSO₄)

webe (Partikeldurchmesser $\leq$ 100 µm [7.35]). Die Wechselfestigkeit des PMMA beträgt 5 bis 25 MPa. Diese Nachteile versucht man durch eine zementfreie Implantation oder Verfestigung der Knochenzemente zu minimieren, z.B. mit dem Komposit PMMA/Glaskeramikpartikel.

Die Polymerisation ist hochexotherm mit Spitzentemperaturen bis 124°C [7.39]. Gewebsschädigungen beugt man durch ein Verlegen dieser Temperatur in die Vorphase außerhalb des Patienten und eine anschließende Kühlung mit Ringerlösung vor. Nach der Polymerisation können bis zu 10 Vol–% Luftblasen im Zement enthalten sein. Infolge der kurzen Reaktionszeiten verbleiben dem Chirurgen nur 10 bis 12 Minuten zur Verarbeitung, wobei die ersten 4 bis 5 Minuten (Vorphase), wegen der toxischen Wirkung der Monomere, der Knochen nicht kontaktiert werden sollte. Die Polymerisation verläuft unvollständig, so daß die Gefahr der Nekrose auch während des Tragens des Implantates nicht vollständig gebannt ist, da die Monomere im Laufe der Zeit aus dem Zement herausdiffundieren. Diesen Gewebsreaktionen beugt man durch Zumischen von Antibiotika vor, wobei zur Röntgendiagnostik zusätzlich Kontrastmittel zugefügt werden. Das Fließverhalten ist nicht–newtonisch und pseudoplastisch, Eigenschaften die zur Beurteilung des Auffüllens des Spaltes berücksichtigt werden müssen.

Die guten optischen und mechanischen Eigenschaften favorisieren PMMA als Augenlinsen. Sie sind gut schneidbar, können mit Diamantpulver poliert werden und haben gute optische Eigenschaften. Beispielsweise besteht der optische Teil einer intraokularen Linse aus PMMA und die Fassung aus Polypropylen.

Auf Grund der Bioverträglichkeit beginnt sich ein neues Anwendungsfeld für poröses PMMA zu eröffnen, die Immobilisierung mit Pharmaka („drug delivery system"). Spritzt man diese immobilisierten Kugeln in ein System, das eine körpereigene Flüssigkeit führt, dann werden diese Kapseln an den Behandlungsort „gespült" und es erwächst die Chance einer Vororttherapie. Hierauf wird spezifisch auch bei anderen Polymeren verwiesen. Die physikalischen Grundlagen bilden die Bioadhäsion, der biologisch initiierte Polymerabbau (Biokorrosion) und die diffusionskontrollierte Freisetzungsrate in diesen Schichtstrukturen (Bild 7.17).

*Polyamide (PA).* Polyamide sind teilkristalline Thermoplaste. Durch Wasseraufnahme erhalten sie ihren zähharten Zustand, so daß der Feuchtigkeitsgehalt die mechanischen Eigenschaften bestimmt. Sie sind dynamisch hoch beanspruchbar, haben ein hohes Dämpfungsvermögen, eine sehr gute chemische Beständigkeit, gute Gleiteigenschaften und einen hohen Verschleißwiderstand (Tabelle A7.25).

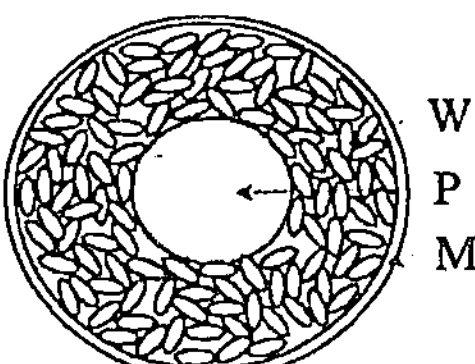


**Bild 7.17** Immobilisierte Trägerkapsel (s. Bilder 4.52 und 5.15)
*W* immobilisierter Wirkstoff, *P* Trägersubstanz (biologisch abbaubar), *M* Membran (biologisch abbaubar)

**Tabelle 7.28** Eigenschaften von PVC

| PVC–hart (PVC–U) | PVC–weich (PVC–P) |
| --- | --- |
| • hohe mechanische Festigkeit, Steifigkeit und Härte | • einstellbare Flexibilität |
| • schlagempfindlich (Kälte) | • Zähigkeit nach Weichmachergehalt |
| • sehr gute chemische Beständigkeit | • Additiv abhängige Chemikalien- und Temperaturbeständigkeit |

Als Kurzzeitimplantat (Dialysemembranen) können die Polyamide als bioverträglich, PA 66 sogar als hämokompatibel, eingestuft werden. Nach längeren Zeiten beginnt deren Abbau, wobei keine mutagenen und toxischen Aktivitäten auftreten sollen [7.24]. Seit Jahrzehnten verwendet man bereits Nylon® als chirurgisches Nahtmaterial.

***Polyvinylchlorid (PVC).*** PVC ist ein amorpher Kunststoff mit kristallinen Anteilen (ca. 5%). Durch die vielfältigen Wahlmöglichkeiten an Addititven und bei der Polymerisation ist ein breites Spektrum an Produkten mit spezifischen Eigenschaften herstellbar (Tabelle 7.28).

Der am häufigsten verwendete Weichmacher ist Dioctylphthalat (DOP). Infolge der guten chemischen Beständigkeit ist PVC unempfindlich gegenüber einer Spannungsrißkorrosion (Tabelle A7.26). Es ist ein preiswertes, als Langzeitimplantat ungeeignetes Massenprodukt, woraus weltweit ca. 25 % aller plastischen Medizinprodukte gefertigt werden. Das Anwendungsspektrum reicht von Blutbeuteln, Infektionsbehältern, Schläuchen, Dialyse- und Infusionssystemen über Komponenten von Beatmungsgeräten, Schläuchen für die künstliche Ernährung und Kathetern bis zu Tracheatuben und OP–Handschuhen.

Das größte Problem stellt das Herausdiffundieren der Weichmacher dar. Das DOP kann von fett- und lipidhaltigen Lösungen extrahiert werden. Lipide befinden sich aber auch im Blut, u.a. als Cholesterin, Phospholipide und freie Fettsäuren. Beim Blutkontakt ist eine direkte intravenöse Zufuhr von Pthalsäureestern möglich, woraus durch Hydrolyse Monoester entstehen können, die toxischer sein sollen als DOP. Beispielsweise findet man nach einer fünfstündigen Dialyse ca. 150 mg DOP im Blut. Auch eine Übertragung über die Haut oder Atemluft ist möglich. Das DOP sammelt sich in stark durchbluteten Organen an, wie der Lunge, Leber, Milz oder dem Fettgewebe. Über Schädigungen liegen kaum Ergebnisse vor, so daß man versucht, einen Ausweg über die Verwendung anderer Weichmacher zu finden.

***Polyethylenterephtalat (PETP).*** Polyethylenterephtalate sind als lineare gesättigte Polymere thermoplastische Kunststoffe mit einer großen Härte und Festigkeit sowie einer hervorragenden Steifigkeit. Teilkristallines PETP ist naturfarben (weiß), amorphes glasklar. Eine Amorphisierung erreicht man durch Abschrecken. Es neigt zur geringen Wasseraufnahme und ist aufgrund der großen Festigkeit spannungsrißbeständig (Tabelle A7.27). PETP ist auch beständig gegenüber Alkohol und stabil bis zu 2,5 Mrad bei einer $\gamma$-Bestrahlung ($Co^{60}$), so daß man es gut sterilisieren kann.

Polyethylenterephtalat ist eines der am häufigsten angewandten Polyester in der Medizin, u.a. als Blutgefäße, Sehnen, Bänder, Nahtringe bei Herzklappenprothesen und Nahtmaterial. Es zeigt in-vivo eine gute Blutverträglichkeit. Um poröses flexibles PETP bildet sich nach ca. 28 Tagen eine Bindegewebskapsel auf der blutabgewandten Seite aus, so daß derartige künstliche Blutgefäße auch einwachsen. Der Materialabbau ist proportional zur Implantationszeit, beispielsweise reduzierte sich das Molekulargewicht nach einer Implantation von 162 Monaten und infolgedessen sank die Berstfestigkeit um 25% [7.18]. In-vitro wurde ebenfalls ein Abbau durch Enzyme beobachtet, u.a. Esterasen.

Zur Verbesserung der Hämokompatibilität geht man von hochporösen PETP aus, dessen Poren mit Fibrin beschichtet werden. Hierzu läßt man Frischblut durch das Gefäß laufen und auf der Oberfläche adsorbieren [7.39]. Andere Antikoagulationsmittel sind Kollagen und Polyurethan, mit denen Gefäße mit einem Innendurchmesser < 4 mm beschichtet werden, z.B. Herzklappen und die blutberührte Seite künstlicher Organe.

***Polysulfon (PSU).*** PSU ist ein linear vernetzter, amorpher, aber kerbempfindlicher Thermoplast mit einer hohen Härte, Festigkeit und Temperaturbeständigkeit (Tabelle A7.28). Die gute Hydrolysestabilität erlaubt oftmalige (ca. 1000–mal) Temperaturschocks um 120°C, so daß das Material mit Heißluft und Dampf problemlos sterilsierbar ist.

Es wird in der Medizintechnik als Matrixmaterial für Dialysemembranen aus Kompositen mit apolaren Strukturen angewandt (Bild 6.13). Der Einbau von „Legierungspolymeren" minimiert die Wechselwirkungsenergie mit Blut und maximiert diese mit Proteinen, so daß über diese gezielte Beeinflussung der adhäsiven Bedingungen eine hohe Trennschärfe erreicht wird. Dieses Membran–„manufactoring" erlaubt auch hydrophile und hydrophobe Segmente auf der Membran einzustellen, vergleichbar mit den biomimetischen Prinzipien (Bild 5.27).

***Polysiloxane (Silikone).*** Polysiloxane und Silikonkautschuk sind Materialien für Schläuche, Fluide oder den Weichgewebsersatz. Verwendung finden sie u.a. in Herzlungenmaschinen, als Thorax-, Gallen- und Nierendrainagen, in der plastischen und rekonstruktiven Chirurgie, als Führungen für künstliche Bänder und Sehnen, als Schläuche für Hydrocephalus, künstliche Speiseröhren, Tracheatuben und Katheter, als Isolationen für Herzschrittmacherelektroden oder Fingergelenkprothesen. Weitere Anwendungsgebiete sind künstliche Gefäße und Augenimplantate.

Silikone sind hämokompatibel, haben eine hohe Langzeitbeständigkeit gegen einen hydrolytischen und enzymatischen Abbau und sind dauerwarmbeständig bis 250°C, kurzzeitig bis 400°C, so daß man sie autoklavieren kann. Bereits bei

Raumtemperatur sind die elektrischen Eigenschaften vergleichbar mit denen der besten Isolierstoffe. Sie sind hydrophob und wirken deshalb antiadhäsiv, einer der Gründe für die gute Blutverträglichkeit. Frühe Silikonsorten (um 1960) konnten aus dem Blut Lipide adsorbieren, wodurch es zum Quellen des Implantates kam. Hierdurch zerbrachen u.a. Kugelklappenprothesen (Herz), an denen eine Gewichtszunahme von 0,27% pro Monat nach der Implantation auftrat [7.39]. Die Folge ist eine von diesen Bruchstücken ausgelöste Embolie. Neuere Silikone zeigen diese Tendenz nicht mehr.

Silikonelastomere haben den Vorteil, daß für ihre Herstellung keine Weichmacher benötigt werden. Der Einsatz von Gelen wird aber nur in beschichteter Form empfohlen. Beim Fehlen dieser Gelumhüllungen werden Restmonomere freigesetzt, die eine Phagozytose hervorrufen [7.39]. Flüssige Silikone finden auch als Penetrationsmittel für „Einwegnadeln" Verwendung, deren Oberflächen um ein Vielfaches rauher sind gegenüber „Mehrwegnadeln". Diese Gleitmittel sollen den Schmerz beim Durchstechen der Haut bzw. des Gewebes mit derartigen rauhen Nadeln minimieren. Auch bei häufigen Injektionen beobachtete man keine Fremdkörperreaktionen [7.38].

Für spezifische Implantate, wie im harnableitenden System, sind Silikone polymerisierbar, in denen sich in der Kettenstruktur des Elastomers nicht auspolymerisierte gelartige Bereiche befinden. Die Festigkeit kann durch Glasfüller (Silikat), die eine kovalente Bindung mit dem Silikon eingehen, erhöht werden. Diese verstärkten Silikone verwendet man u.a. für Membranen, wobei die gute Permeabilität ausgenutzt wird. Ein Blutkontakt sollte mit verstärkten Silikonen vermieden werden [7.39]. Die Silikone werden langsam von den Polyurethanen in der Medizintechnik verdrängt.

*Polyurethan (PUR)*. Die Polyurethane gehören zu einer Kunststoffgruppe, die man aus einer Vielfalt an Ausgangsstoffen herstellen kann. Neben den chemischen Kombinationsmöglichkeiten ist der Kristallisationsgrad einstellbar, so daß sich ein breit gefächertes, „maßgeschneidertes" Spektrum an Eigenschaften ergibt. Die Struktur (Bild 7.18) unterteilt sich in harte (polare Urethangruppen) und weiche Segmente (unpolare Kettenreste der Polyole). Die Wasserstoffbrücken in den Hartsegmenten bilden sich nach einer Zerstörung sofort wieder aus, worauf die gute Bruchdehnung, Weiterreißfestigkeit und Bruchfestigkeit basiert.

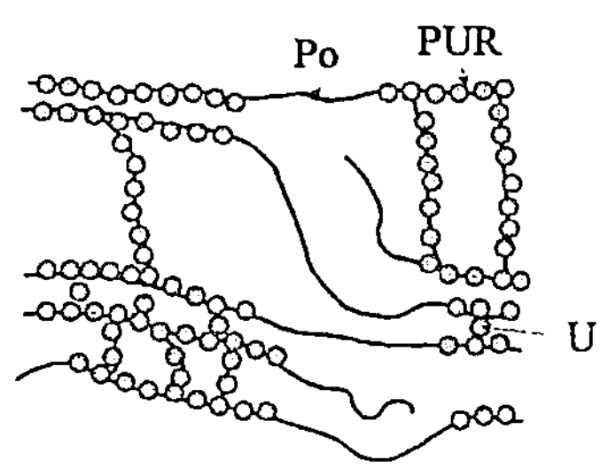


**Bild 7.18** PUR–Hartelastomer mit relativ unverformbaren PUR–Blöcken und flexiblen Polyesterbrücken
*PUR* Polyurethanblock, *Po* Polyesterbrücke, *U* eine Urethangruppe

PUR–Sorten mit einem großen Polyesteranteil unterliegen einer starken Hydrolyse, so daß sie als Biomaterial ungeeignet sind. Dieses Problem trat bei älteren Herzschrittmachern auf, ausgelöst durch HOCl, das von neutrophilen Granulocyten des Blutes gebildet wird. Hier kam es zur hydrolytisch ausgelösten Spannungsrißkorrosion, der man mit einer zusätzlicher Temperung begegnen kann.

Enzyme, wie Esterase, Papain oder Trypsin, bewirken nur einen geringen Abbau infolge einer enzymatischen Spaltung. Polyurethane neigen zur Bildung von Metallionenkomplexen, wodurch sich die mechanischen und chemischen Eigenschaften verschlechtern. Dieses Problem der metallindizierten Oxidation tritt in Gegenwart von freien Körperproteinen auf, u.a. an Herzschrittmachern. Ein Anodenstrom von ca. 0,7 V fördert diesen Prozeß durch Freisetzung von Metallionen aus den Elektroden. PUR–Hartelastomere sind unbeständig gegenüber heißem Wasser und Wasserdampf, so daß eine Autoklavierung nicht möglich ist.

In Verbindung mit der Spannungsrißkorrosion kalzifizieren Polyurethane. Zur Minimierung der Kalziumbildung sollten die Bauteile frei von Eigenspannungen sein und während der Anwendung nur geringe Verformungsspannungen und Dehnungen auftreten. Metallische Korrosionsprodukte beschleunigen den Kalzifizierungsprozeß, der eine Veränderung der Leitfähigkeit bewirkt, einem Problem bei Herzpumpen.

Die Blutverträglichkeit ist über das Verhältinis der harten zu den weichen Polymerkettensegmenten beeinflußbar. Harte Segmente verbessern die Thrombogenität. Hinter diesem Phänomen verbirgt sich die Abnahme der Grenzflächenenergie, d.h. die Tendenz zur hydrophoben Oberfläche mit einer minimierten Adhäsion von Blutblättchen. Einen ähnlichen Effekt erzielt man durch Verwendung von Polypropylenoxid (PPO) anstatt Polytetramethylenoxid (PTMO) zur PUR–Herstellung, durch eine Copolymerisation von Silokonelastomeren, eine Propfung von Polyethylenoxid (PEO)–Ketten oder eine Beschichtung mit Heparin.

**Tabelle 7.29** Handelsnamen und Anwendungen von Polyurethanen [7.13, 7.39]

| Handelsname | PUR–Sorte | Anwendung |
|---|---|---|
| Tecoflex HR® | linear segmentiert, Polyetherbasis | Herzpumpen, Katheter, Hautersatz |
| Angioflex® | segmentiertes Urethan–Silikon–Co polymer | Herzklappen, Herzpumpen |
| Cardiothane® | vernetztes Urethan–Silikon–Copolymer | Ballonkatheter |
| | nicht mehr auf dem Markt | |
| Biomer® | linear segmentiert, Polyetherbasis | Herzklappen, künstliches Herz |
| Pellethane® | linear segmentiert, Polyetherbasis | Katheterschläuche |

Die Polyuretheane entwickeln sich zu den wichtigsten Elastomeren im medizinischen Bereich. Das Anwendungsspektrum reicht von Pumpenmembranen in Herzunterstützungssystemen oder dem Herztotalersatz über Katheter, Dialysemembranen, Herzklappen, Blutgefäße, Bänderersatz, Darm-, Harnblasen- und Speiseröhrenprothesen bis zu Ummantelungen von Herzschrittmacherelektroden (Tabelle 7.29). Die Materialien sind texturiert oder glatt bzw. zur Verbesserung der Festigkeit teilweise mit Kohlenstoff–Fasern verstärkt (Herzklappen, Gefäße, Prothesenschläuche). Auf Grund der höheren Festigkeiten im Vergleich zum Silikon können künstliche Gefäßwände dünner ausgeführt werden, so daß auch kleinere Durchmesser möglich sind (< 4mm). Darüber hinaus ist der Reibungskoeffizient zwischen dem Blut und der Gefäßwand gering. Dies ist neben der verminderten Adhäsion ein weiterer Grund für die gute Blutverträglichkeit (minimierter Scherstreß).

*Hydrogele.* Hydrogele sind durch Wasser aufgequollene, aber wasserunlösliche Polymernetzwerke. Mit dem Wasserangebot bestimmt man die Eigenschaften, wie die Permeabilität, das mechanische Verhalten und die Oberflächeneigenschaften. Der Wassergehalt des Polyhydroxyethylmethacrylates (pHEMA) schwankt von 30 bis 90 %. Das Wasser kann in den Poren des Gels deponiert sein, es kann im Gel an OH–Gruppen gebunden vorliegen oder in einem Zwischenzustand. Der Austausch durch das Gel wird wahrscheinlich über die Poren gesteuert.

Hydrogele werden als Wundauflagen, Kontaktlinsen, gepfropft mit Trägerpolymeren als Transplantat, z.B. künstliche Haut, und als Beschichtung für Nahtmaterialien eingesetzt.

### 7.5.3.3
### Biologisch abbaubare Polymere

Biodegradable Materialien werden einerseits in der Medizin als temporäre Implantate, z.B. Fäden, Membranen, Osteosyntheseplatten, und in der Pharmazie als Trägermaterialen oder Einkapselungen für immobilisierte Trägersysteme eingesetzt. Zum einen muß das Material bioverträglich sein, andererseits kommen spezifische Eingenschaften hinzu, wie die Immobilisierung als „Medikamententräger" und der gezielte Abbau. Die Abbauprodukte müssen derart beschaffen sein, daß sie in den biologischen Kreislauf aufgenommen und nach Möglichkeit ausgeschieden werden.

Bereits bei der Korrosion (Kap. 3.7.4) wurde die Komplexität eines biokorrosiven Reaktionsablaufes vorgestellt. Der Trick für einen zeitlich definierten Abbau von Biomaterialien besteht „lediglich" darin, die biokorrosiven Prozesse zu kennen und gesteuert ablaufen zu lassen. Polymere können durch vier Mechanismen korrosiv geschädigt werden,

- einer Auflösung durch Spaltung der kovalenten Polymerbindungen,
- einer Hydrolyse,
- einer enzymatischen Reaktion, wobei Enzyme die Ketten direkt spalten können

oder eine Nachfolgeraktion einleiten, z.B. eine Hydrolyse, und
- einer Zerstörung von Polymerkomplexen, wie die Herausdiffusion und der anschließende Abbau von Weichmachern.

Enzyme sind wahrscheinlich immer am Abbauprozeß beteiligt, die man auch im gereizten Gewebe findet.

Der Prozeß beginnt wahrscheinlich mit einer Proteinbeschichtung, hieran dokken sich Zellen an und nach der Adhäsion beginnt die Ausschüttung und Aktivierung der Enzyme [7.39]. Dieser Prozeß ist direkt mit den Arbeiten zu biomimetischen Beschichtungen vergleichbar (Kap. 5.4). Das erste, im Organismus eingesetzte abbaubare Polymer war eine polymerisierte Polyglykolsäure (PGA), die als Nahtmaterial angewendet wurde (Dexon®). In der Tabelle 7.30 sind in der Medizin eingesetzte biodegradable Kunststoffe zusammengestellt.

Eine hydrolytische Reaktion setzt eine hydrophobe Oberfläche voraus. Mit zunehmendem Molekulargewicht erhöht sich der Kristallisationsgrad der Polymere und sie werden thermodynamisch stabiler, so daß sich der Abbau verlangsamt. Das Verhältnis dieser beiden Größen zueinander bestimmt die Degradationsgeschwindigkeit. Lactide (LA) kommen im Organismus natürlich vor und lösen als Implantat nur geringe Entzündungsreaktionen aus. Nach ca. 4 Wochen soll es zur stabilen Ausbildung einer Bindegwebskapsel kommen, wobei Abbauprodukte weder im Urin noch in Organen nachgewiesen werden konnten [7.12]. Es wird vermutet, daß diese Produkte als $CO_2$ über die Lunge den Körper verlassen. Nahtmaterialien aus PGA–Fasern zeigen eine geringere Entzündungsneigung als Katzendarm (Catgut®) [2.22].

Aus der Gruppe der Polyhydroxyalkanate (PHA) sind die Poly (β–hydroxy) butyrate (PHB) mit einem Copolymer aus Hydroxybutyrat und Hydroxylvalerat (PHV) als biologisch abbaubares Verpackungsmaterial bekannt geworden (Bio-

**Tabelle 7.30** Biologisch abbaubare Polymere

| Polymer | Abbau | Anwendung |
| --- | --- | --- |
| Polylactide (PLA) Polyglykolide (PGA) | hydrolytisch, späterer Zeitpunkt enzymatisch | Trägerwerkstoffe, Nahtmaterial |
| Polyhydroxyalkanoate (PHA), Biopol® (PHA/PHV) | | Mikrokapseln, Nahtmaterial, Wundabdeckungen, Gefäßimplantate |
| Polycaprolacton (PCL) | hydrolytisch, 2 bis 4 Jahre vollständiger Abbau | Trägerwerkstoffe |
| Polyanhydride | hydrolytisch, von der Oberfläche ausgehend | Trägermaterialien für subkutane therapeutische Systeme |
| Polyorthoester | hydrolytisch, sehr langsam | |

*Eigenschaften* Tabelle A7.27

pol®). Diese Polymere mit einem hohen Kristallisationsgrad sind spröde und instabil gegenüber Temperaturschwankungen.

Polyanhydride bauen sich ausgehend von der Oberfläche ab. Dieses Reaktionsverhalten stellt sich nur dann ein, wenn die Diffusionsgeschwindigkeit des Wassers in das Material minimal ist. Dies ist eine nahezu ideale Voraussetzung für die kontrollierte Freisetzung von Pharmaka (drug delivery). Ein weiterer Vorteil besteht in der additivfreien Verarbeitung. Das Molekulargewicht kann in einem breiten Spektrum variiert werden, von unterhalb 12.000 bis zu 240.000 gmol$^{-1}$, wobei man für den oberen Bereich, ab 90.000 gmol$^{-1}$, Katalysatoren einsetzen muß.

Die Polyorthoester wurden als Trägersystem, immobilisiert mit Pharmaka, subkutan implantiert. Wegen lokaler Entzündungen (Alzamer®) sind diese Produkte gegenwärtig nicht mehr verfügbar [2.22].

Aus natürlichen Proteinen lassen sich bioverträgliche und in Abhängigkeit von der Struktur auch biologisch abbaubare Materialien fertigen. Kollagen, von dem fünfzehn Typen existieren, ist biokompatibel und biologisch abbaubar. Es wird verwoben als Bänder- und Sehnenprothesen oder als Beschichtung von Implantaten zur Verbesserung der Adhäsion eingesetzt. Das aus Flügeln von Maikäfern, Pilzen und Garnelenschalen gewonnene Polysaccharid Chitin setzt man u.a. in Salben, Pulvern, als Dialysemembranen, Fasern, Kontaklinsen, Hautersatz, Nahtmaterial und zur Wundabdeckung ein. Das Fibrin wird vorrangig als bioverträglicher Klebstoff genutzt. Derartige Klebverbindungen minimieren, insbesondere in der Gefäßchirurgie, mögliche Gewebsreizungen und -entzündungen. Infolge des Herstellungsprozesses besteht beim Einsatz von Fibrin eine erhöhte Infektionsgefahr, auch mit HIV−Viren. Ein sich zukünftig abzeichnender Entwicklungsweg könnte bakteriell gewonnene Zellulose (*Acetobacter spec.*) sein.

## 7.5.4
## Kohlenstoff

Kohlenstoff liegt als (isotrope) Diamant- oder (anisotrope) Graphitstruktur vor, wobei die graphitische die thermodynamisch stabilere ist. In Abhängigkeit von den Kristallisationsbedingungen (Abkühlgeschwindigkeit, Druck) dominiert die Diamant- oder Graphitstruktur. Kohlenstoff hat eine gute elektrische und thermische Leitfähigkeit, eine gute Temperaturwechselfestigkeit und Korrosionsbeständigkeit. Die exzellente Hämo- und Bioverträglichkeit basiert auf der hydrophoben Oberfläche. Diese Körperverträglichkeit gepaart mit der hohen Festigkeit, auch gegenüber Ermüdung, bei einem niedrigem Elastizitätsmodul macht Kohlenstoff zum Beschichtungsmaterial der Wahl, um einen abgestuften Spannungsübergang (Gradientenwerkstoff) zwischen dem Implantat und Gewebe zu gewährleisten.

Kohlenstoff setzt man in der Medizintechnik hauptsächlich als Beschichtungswerkstoff ein. Da sein elektrochemisches Potential dem der Edelmetalle entspricht, kann es zur Ausbildung von Lokalelementen mit dem Trägerwerkstoff kommen. Hiervon sind auch die rostfreien Stähle betroffen. Die Abscheidung isotropen Kohlenstoffs ist pyrolitisch, in einem Sol/Gel−Prozeß oder im Vakuum (PVD) möglich. Pyrolitisch abgeschiedener Kohlenstoff hat eine hohe Härte, die durch $SiO_2$-Einlagerungen noch erhöht werden kann. Das Sol/Gel–Verfahren basiert auf einer Beschichtung infolge Diffusion in einer gesättigten Lösung, so daß sich Schichten mit großen amorphen Anteilen aufbauen. In einem zweiten Behandlungsschritt werden diese thermisch verdichtet. Die Abscheidung aus der Dampfphase im Vakuum liefert sehr dünne kristalline Schichten (ca. 1 µm).

Kohlenstoff als Beschichtungsmaterial wendet man für blutkontaktierte Flächen an, wie Herzklappen, Gefäße, Prothesen (Omnicarbon®, Pericarbon®), wobei wegen deren Hydrophilie die amorphe Form nicht mehr eingesetzt wird. Die zweite Anwendungsgruppe ist als Elektrodenmaterial für Herzschrittmacher oder implantierte Biosensoren. Die Korrosion ist im Vergleich zu Platin oder Iridium gering.

## 7.5.5
## Komposite und Faserverbunde

In Abhängigkeit von der Geometrie des Verstärkungsmaterials unterscheidet man Komposite und Faserverbunde (s. Kap. 3.8). Bei einem Komposit wird die verstärkende Komponente als Partikel der Matrix zugesetzt. Das Ziel beider Methoden ist es, über einen Verstärkungseffekt die Festigkeitseigenschaften und den Elastizitätsmodul gezielt zu verändern. Mit der Verteilung der verstärkenden Komponente sind anisotrope Materialien mit definierten Eigenschaften herstellbar. Es gibt Biomaterialkonzepte, in denen die anisotrope Faserstruktur des Knochens zur Minimierung der Spannungsunterschiede an der Grenzfläche Biomaterial/Gewebe nachgebildet wird (Strukturverträglichkeit). Ein erwünschter diagnostischer Nebeneffekt ist die bessere Kontrastierung durch Zugabe von Röntgenkontrastmitteln, ein bereits in Kunststoffen angewandtes Verfahren. Entscheidend für die Eigenschaften des Verbundes ist die Haftfestigkeit zwischen den einzelnen Komponenten. Alle Modellansätze, auch die für den E–Modul, setzen eine ideale Haftung voraus. Die elektronenmikroskopischen Aufnahmen von flüssigphasenverstärkten Polymeren zeigen, daß diese Forderung nicht trivial ist (Bild 7.19).

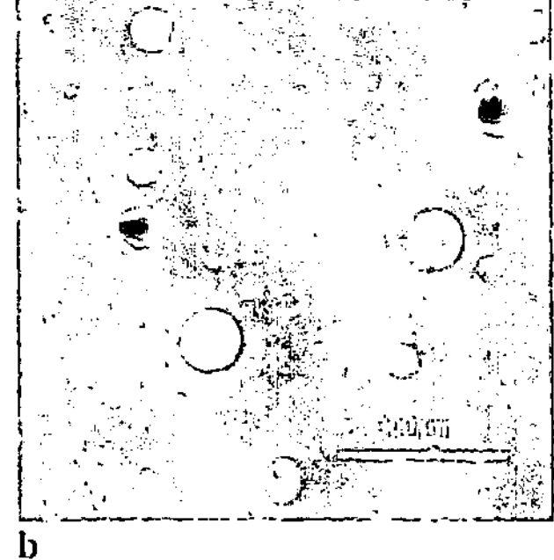

a          b

**Bild 7.19** Verformungsabhängige Ausbildung einer Flüssigphase im Polymer
a hoher Druck, b niedriger Druck, *Anwendung* Verstärkungswirkung während der Fertigung

Die Haftfestigkeit wird von zwei Faktoren bestimmt, dem Formschluß (Verhakungen) und den Wechselwirkungsmechanismen, deren Thermodynamik der bereits ausführlich behandelten Adhäsion von Teilchen an Festkörperoberflächen entspricht (Kap. 4). Vergleichbar mit der Immobilisierung von Mikroorganismen oder Proteinen strebt man kovalente Bindungen an. Dies gelingt nur beim Einbau reaktiver Komponenten, z.B. von Kunststoffen oder oberflächenmodifizierten Gläsern. Diese Bindungen können oftmals hydrolytisch gespalten oder der Formschluß durch Quellerscheinungen verschlechtert werden. Die Stabilität gegenüber Feuchtigkeit ist somit ein wichtiges Kriterium zur Beurteilung des Langzeitverhaltens. Beispielsweise verliert faserverstärktes PMMA nach einem Monat Wasserlagerung seine Festigkeitssteigerung [7.39]. Zur Verbesserung des Formschlusses werden die Fasern häufig aufgerauht, wobei Kohlenstoff, CrNiMo–Stähle und CoCr– bzw. Titanlegierungen im Biomaterialbereich als Fasermaterialien Anwendung finden.

Weichen die thermischen Ausdehnungskoeffizienten der Matrix und der Faser stark voneinander ab, dann kann es infolge thermischer Spannungen bei der Autoklavierung (ca. 120°C) zum Aufbrechen der Verbindung kommen. Der Einfluß des Fasergehaltes wurde bereits beim Elastizitätsmodul (Kap. 3.8) verdeutlicht. Entscheidend ist aber deren Größe und Verteilung. Das Verhältnis zwischen der Haftung und der Faserfestigkeit, d.h. der Auslastung der Faser, kann mit der kritischen Faserlänge $l_{cr} = (d/2)/(\sigma/\tau)$ abgeschätzt werden ($d$ Faserdurchmesser, $\sigma$ Faserfestigkeit, $\tau$ übertragene Schubspannung in der Grenzfläche Faser/Matrix). Die Faserlängen im Biomaterialbereich reichen vom Mikro- bis zum Millimeterbereich.

Für spezifische Anwendungen, wie flexible Abdeckungen, nutzt man gewirkte Strukturen. Durch die Gestaltung einer entsprechenden Permeabilität oder sogar Porosität wird zum einen der Gasaustausch realisiert bzw. sind Medikamenteneinlagen möglich. Auf diesem Prinzip basiert jedes Wundpflaster.

Komposite und Faserverbunde erfordern eine ausgefeilte Herstellungstechnologie. Die Fertigung bestimmt letztendlich die Eigenschaften des Verbundes. Prinzipiell kann man diese Spritzen oder Gießen. Bereits beim Gießen von Kompositen ist infolge der viskositätsabhängigen Sinkgeschwindigkeit eine homogene Verteilung der Partikel nicht mehr gewährleistet. Um ein Vielfaches komplexer sind die Vorgänge beim Spritzgießen. Hier bestimmt das rheologische Verhalten, d.h. die Druckverteilung im Spritzkörper, die Orientierung und Verteilung des Verstärkungsmaterials. Das Bild 7.20 zeigt diese Verhältnisse an der unterschiedlichen Verformung einer flüssigphasigen Verstärkungskomponente.

Das gleiche rheologische Problem muß auch beim Verspritzen von sich selbstverstärkenden Polymeren in der minimalinvasiven Chirurgie gelöst werden. Hier gilt es, über den Druckaufbau in der Injektionskanüle eine homogene Verteilung der verstärkenden Komponenten (Partikel, Kurzfasern) am Operationsort zu realisieren (Bild 7.21).

Dentalkomposite bestehen aus einer Polymermatrix, die thermisch oder mittels UV–Strahlung ausgehärtet wird. Keramische Füller, wie $SiO_2$, $Al_2O_3$ oder Glas, bewirken eine Zunahme der Steifigkeit, Festigkeit und Härte, d.h. eine Minimierung des Abriebes von Zahnfüllungen. Die Partikeldurchmesser liegen im Bereich

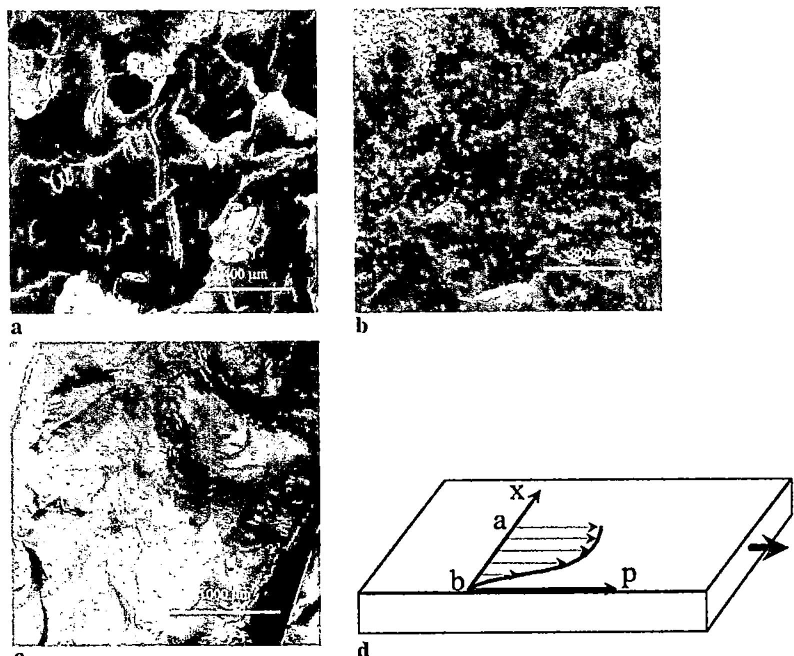

**Bild 7.20** Verformung von Flüssigphasen–Verstärkungskomponenten im spritzgegossenen Polyamid über die Probendicke
a Probenmitte, b Probenrand, c Längsbruch der Probe, d Druckverteilung im Spritzguß (proportional der Temperaturverteilung)

zwischen 50 und 100 µm. Bei Partikelgrößen unter 20 µm gibt es wegen der zu hohen Festigkeiten erhebliche Probleme mit der Endbehandlung (Politur). Mit Mikrofüllern ($\varnothing \approx 0{,}05$ µm), die einen Volumenanteil von 50 bis 60 % ausfüllen, erzielt man reaktive Oberflächen von 50 $m^2g^{-1}$ [7.39]. Diese Komposite mit hohen Härten sind aber extrem schwierig zu mischen.

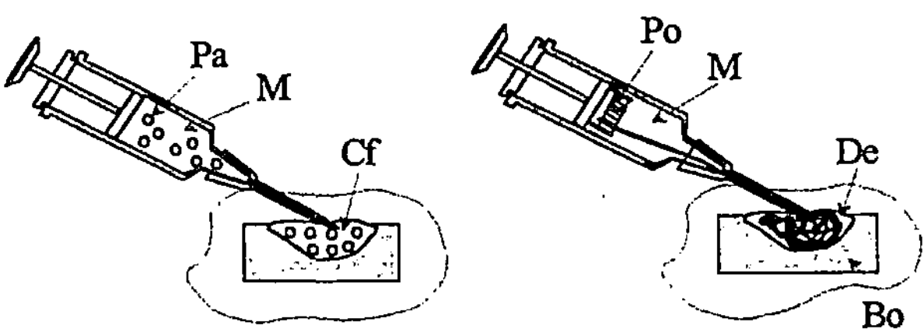

**Bild 7.21** „Spritzen" sich selbstverstärkender Komposite und Fadeninjektion von Polymeren in einen Gewebsdefekt
*M* Monomerflüssigkeit, *Cf* verstärkter Polymer, *Po* Polymerfaden, *Pa* Teilchen zur Kompositverstärkung, *M* Monomerflüssigkeit, *De* Defekt, *Bo* Knochen

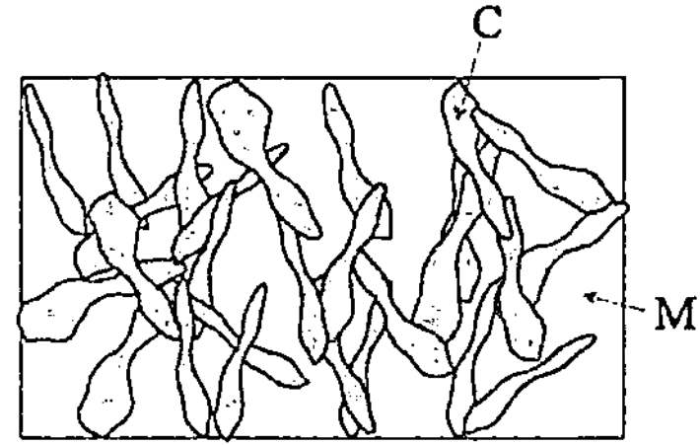


**Bild 7.22** Konzept zur Herstellung von Keramiken mit definierten Porenstrukturen durch Ausbrennen *C* Kohlenstoff–Fasern, deren Verteilung nach dem Ausbrennen die Porenstruktur bestimmt, *M* Keramikmatrix

Mit Oxidkeramiken erprobt man die Herstellung definierter Porositäten. Hier werden Kohlenstoff–Fasern in die keramische Matrix eingebracht und anschliessend ausgebrannt. Ziel ist es, Porositäten im hartgewebsnahen Bereich einzustellen, die ein Einwachsen des Knochengewebes garantieren (Bild 7.22).

# Literatur

[7.1] Andrarde, J. (1985): Surface and Interfacial Aspects of Biomedical Polymers. vol.2, Plenum Press, New York

[7.2] Black, J. (1992): Biological Performance of Materials. Marcel Dekker, New York

[7.3] Brash, J.L., Uniyal, S. (1976): Trans.Amer.Soc.Artif.Int.Organs 22, 753

[7.4] Breme, J. (1991): Metalle als Biomaterialien. Fachverlag Schiele&Schön, Berlin

[7.5] Breme, J., Biehl, V., Schulte, W., deHoedt, B., Donath, K. (1993):Biomaterials 14, 887

[7.6] Campbell, C.E., von Recum, A.F. (1989): J.of Investigative Surgery 2, 51

[7.7] Castello, E.J., König, J.L., Anderson, J.M. (1986): Biomaterials 7, 89

[7.8] Cuckey, H.A., Kubli, F. (1983): Titanium Alloys in Surgical Implants. ASTM STP 796

[7.9] Culbertson, B.M., Mc Grath, J.E. (1985): Advances in Polymer Synthesis. vol.31, Plenum Press, New York

[7.10] de Putter, C., ed. (1988): *Implant Materials in Biofunction.* Elsevier, Amsterdam

[7.11] Dörre, E. (1992): Medizinische Anwendungen für keramische Werkstoffe. Handbuch Technische Keramik, Vulkan Verlag, Essen

[7.12] Dumitriu, S., ed. (1994)): *Polymeric Biomaterials.* Marcel Dekker, New York

[7.13] Eisenbarth, E., Meyle, J., Nachtigall, W., Breme, J. (1996): Biomaterials 17, 1399

[7.14] Gendreau, R.M., Leininger, R.L., Jakobsen, R.J., eds. (1980): *1st World–Congress on Biomaterials.* Wiley, New York

[7.15] Glasmacher–Seiler, B., Reul, H., Rau, G. (1992): J.Long–Term Effects of Medical Implants 2, 113

[7.16] Hench, L.L., Ethridge, E.C. (1982): Biomaterials–An Interfacial Approach. Academic Press, New York

[7.17] Hildebrand, H.F. (1995): Sécurité des implants métalliques. in „*Rapport sur l'état des recherches concernant les risques associés à l'utilisation à des fins theérapeutics de produits dòrigine humainer ou de produits et procédés de substitution".* INSERM Edit., Paris, pp.241–250

[7.18] Hildebrand, H.F., Champy, M., eds. (1988): *Biocompatibility of CoCrNi–Alloys.* Plenum Press, New York

[7.19] Hofmann, J. (1981): Thesis, Univ.Köln

[7.20] Korman, N.J., Sudhovsky, O., Gibbons, D.F. (1984): J.Biomed.Mater.Res. 18, 225

[7.21] Lentz, A.J., Horbett, T.A., Hsu, L., Ratner, B.D. (1985): J.Biomed.Mater.Res. 19, 1101

[7.22] Lenz, E. (1993): dental–labor, XLI (1), 75

[7.23] Mc Namara, A., Willams, D.F. (1984): J.Biomed.Mater.Res. **18**, 185

[7.24] Morscher, E., Hrsgb. (1983): *Die zementlose Fixation von Hüftendoprothesen*. Springer, Berlin Heidelberg

[7.25] Müller, H., Breme, J. (1995): Metallische Biomaterialien. 1. DGM–Hochschulseminar „Biomaterialien", Saarbrücken

[7.26] Planck, H., Dauner, M., Renardy, M., eds. (1992): *Degradation Phenomena on Polymeric Biomaterials*. Springer, Berlin

[7.27] Quirynen, M., Marechal, M., Busscher, H.J., Weerkamp, A.H., Darius, P.L., van Steenberghe, D. (1990): J.Clin.Periodontol. **17**, 138

[7.28] Ravaglioli, A., Krajewski, A. (1992): Bioceramics–Materials, Properties, Applications. Chapmann & Hall, London

[7.29] Salzmann, E.W., ed. (1981): *Interaction of the Blood with Natural and Artifical Surfaces*. Marcel Dekker, New York

[7.30] Schniewind, E.O., Kasperek, K., Ohnsorge, J. (1975): Z.Orthop. **113**, 209

[7.31] Smith, R., Williams, D.F. (1985): J.Mater.Sci.Lett. **4**, 547

[7.32] Stöckel, D., Hornbogen, E. (1988): Legierungen mit Formgedächtniseffekt. Kontakt & Studium, vol.259, Expert Verlag

[7.33] Wilke, H.J., Claes, L., Steinemann, S. (1990): The Influence of Various Titanium Surfaces on the Interface Shear Strength Between Implants and Bone. Elsevier, Amsterdam

[7.34] Willert, H.G., Buchhorn, G., Hrsgb. (1987): Knochenzement. Huber, Bern

[7.35] Willert, H.G., Buchhorn, G., Semlitsch, M. (1980): Orthopädie **9**, 94

[7.36] Willert, H.G., Lintner, F. (1987): Morphologie des Implantatlagers bei zementierten und nichtzementierten Gelenkimplantaten. Langenbecks Arch. Chir. 372, Springer, S.443–455

[7.37] Williams, D.F., ed. (1981): *Biocompatibility in Clinical Practice*. vol.2, CRC, Boca Rota

[7.38] Williams, D.F., ed. (1990): *Concise Encyclopedia of Medical and Dental Materials*. Pergamon Press, Oxford

[7.39] Williams, D.F., ed. (1992): *Medical and Dental Materials*. Verlag Chemie, Weinheim

[7.40] Williams, D.F., Askill, I.N., Smith, R. (1985): J.Biomed.Mater.Res. **19**, 313

[7.41] Winter, G.D., Leray, J.L., de Groot, K., eds. (1980): *Evaluation of Biomaterials*. Wiley, London

# 8 Biologisch orientierte Werkstoffprüfung

Eine biologisch orientierte Werkstoffprüfung bedeutet gegenwärtig, daß die in den Materialwissenschaften etablierten Methoden angewandt werden, wobei die „Umgebung" ein komplexes, sich ständig veränderndes biologisches Systems ist. Bereits die eindeutige Charakterisierung einer Kultur ist oftmals nicht möglich (Kap.2), so daß eine strikte Einordnung der Ergebnisse bzw. ein Vergleich immense Probleme bereitet. Die Situation wird dadurch verschärft, daß spezifische standardisierte Verfahren nur im begrenzten Umfang für den Biomaterialbereich vorliegen, worüber bereits in den Kapiteln 2, 3 und 7 berichtet wurde.

Im Zusammenhang mit der Beschreibung der einzelnen Phänomene in den vorangegangenen Kapiteln sind eine Vielzahl von Methoden und deren Aussagekraft behandelt worden, wie die Chromatographie (Kap.6), der Nachweis von Zellzahlen (Tabelle 2.5), die Proliferation zur Beurteilung der Kanzerogenität (Kap. 2), die elektrochemischen Meßverfahren zur Korrosion, die Spezifik von Elektrolyten in der Dentalforschung (Kap. 3.7) oder das dynamische Verhalten (Kap. 3.8). Diese werden nachfolgend nur noch erwähnt.

## 8.1
## Prüfprobleme, welche Größen?

Eine grundsätzliche Forderung der Materialprüfung ist die realitätsnahe Ermittlung des Werkstoffverhaltens. In einer biologischen Umgebung gilt es, alle drei Systembestandteile und ihre Wechselwirkungen miteinander in die Untersuchungen einzubeziehen,

- die Kulturlösung,
- die nächstbenachbarte zelluläre Umgebung,
- den Werkstoff und seine Veränderungen.

Die Tabelle 8.1 soll einen Einblick in die zu prüfenden Phänomene vermitteln, die von den Gesetzmäßigkeiten der Bioadhäsion und der Zellbesiedelung auf Festkörpern, über biokorrosive Fragestellungen bis zu Veränderungen in der Kulturlösung reichen. Aus biologischer Sicht müssen die Werkstoffe in erster Linie bioverträglich sein. Darüber hinaus ist die Übertragung von Laborergebnissen auf die natürliche Realität sehr problematisch. Aufbauend auf einer Fülle von Ergebnissen liegen für den Biomaterialbereich lediglich, die in der Tabelle 8.2 zusammengefaßten Empfehlungen vor.

**Tabelle 8.1** Probleme einer biologischen Werkstoffprüfung

| Komponente | Probleme |
| --- | --- |
| Kulturlösung | • standardisierte Lebens- und Wachstumsbedingungen<br>• standardisierte Teststämme<br>• Testlösungen für Korrosionsuntersuchungen (Elektrolyt)<br>• zuverlässige Bestimmung der Lebend- und Totzellzahlen |
| Biofilm und nächste zelluläre Umgebung | • Biochemie der Zelle<br>• Quantifizierung von Zellclustern und Biofilmen<br>• Adhäsionsmechanismen und deren Thermodynamik<br>• mechanische und rheologische Eigenschaften |
| Werkstoff | • Mechanismen der Biokorrosion, biologisch initiierte Alterungsprozesse<br>• biologisch orientierter Korrosionsschutz<br>• Veränderung der mechanischen, optischen und elektrischen Eigenschaften<br>• Strukturveränderungen<br>• Charakterisierung von Oberflächen |
| Zentrale Forderungen | • Entwicklung von Simulationsanlagen<br>• standardisierte Testmethoden<br>• Risikoabschätzungen<br>• Ausbildung |

# 8.2
# Oberflächenrauhigkeit

Die Oberflächentopographie ist eine der wichtigsten Kenngrößen zur Interpretation der Bioadhäsion. Die Charakterisierung der Rauheit (Tabelle 8.3), einer mehr oder weniger regelmäßigen Wiederkehr von Gestaltsabweichungen der Oberfläche, ist hinsichtlich der historischen Entwicklung eine fertigungstechnische Größe. Die verschiedenen Werte sind zugeschnitten auf das Tastschnittverfahren, bei dem die Oberfläche mit einer Spitze abgetastet und die Gestaltsabweichungen registriert werden, z.B. als analoges elektrisches Signal.

Die Topographie einer Oberfläche ist aber vielgestaltiger als es diese Werte beschreiben. Ein für Adhäsionsexperimente gravierender Nachteil dieser Verfahren ist es, daß infolge des Spitzendurchmessers nicht exakt das Profil abgetastet wird. Man versucht diesen Fehler mit Korrekturfaktoren auszugleichen. Feinheiten, wie angeätzte Korngrenzen, in denen sich Zellen orientiert anordnen können (Bild 8.2), finden keine Berücksichtigung.

Eine realitätsnahere Wiedergabe der Oberfläche ist mit einer Laserabtastung möglich (Bild 8.3). In Abhängigkeit von der Reflexion erreicht man Auflösungen von bis zu 50 bis 100 nm. Infolge der Lichtstreuung ist die Abbildung von Kanten und Oberflächenfehlstellen problematisch.

**Tabelle 8.2** Testgrößen für Biomaterialien

| Testkomponente | Empfehlung |
| --- | --- |
| Gestalt und Größe der Implantate | • undefinierte und geometrisch einfache Formen<br>• spezielle Formgebungen ohne biomechanische Funktionalität<br>• anwendungsbezogene, biomechanisch funktionale Formen unter Beachtung der Anatomie, der Beanspruchung und des Werkstoffes |
| Staubpartikel | • Grenze der Phagozytose ($\varnothing \leq 5\ \mu m$)<br>• Grenze des Abtransportes ($\varnothing \leq 20\ \mu m$) |
| Milieu | • Form des Implantates<br>• geplante Anwendung<br>• Anzahl der Implantationen |
| Testmedien | • in–vitro (Hemmhof-, Zell-, Organ- und Embryonalkulturen)<br>• in–vivo (Versuchstiere, Mensch) |
| Implantationsdauer | • Kurzzeittest<br>• Langzeittest<br>• Dauerverweiltest |
| Untersuchungsmethoden | • makroskopisch, mikroskopisch<br>• gesamtes festkörperanalytisches Spektrum<br>• Gewebsuntersuchungen und Organe, die Fernwirkungen anzeigen |
| Schadensfälle | • klinische und röntgenologische Dokumentation<br>• werkstoffkundliche Analysen<br>• morphologische und analytische Untersuchungen des Implantatbettes |

**Tabelle 8.3** Rauheitswerte

| Wert | Berechnung | Bedingung/Größen | Bild |
| --- | --- | --- | --- |
| Mittenrauhwert $R_a$ | $$R_a = \frac{1}{l}\int_{x=0}^{x=l} |h(x)|\,dx$$ $$R_a \cdot l \doteq \sum_i (A_o + A_u)_i$$ | Länge der Meßstrecke l | Bild 8.1a |
| Einzelrauhtiefe $Z_i$ | $$Z_i = \big[|h_o| - |h_u|\big]$$ | | Bild 8.1b |
| gemittelte Rauhtiefe $R_z$ | $$R_z = \frac{1}{n}\sum_{i=1}^{n} Z_i$$ | $n = 5$ | |
| maximale Rauhtiefe $R_{max}$ | $$R_{max} = Max(Z_i)$$ | größte Einzelrauhtiefe | Bild 8.1b |

*l* Meßstrecke, *h(x)* Abweichung des Profils von der mittleren Linie, *n* aufeinanderfolgende Einzelmeßstrecken

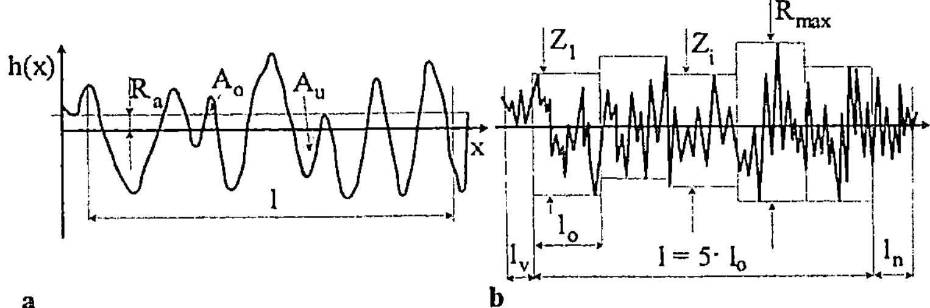

a    b

**Bild 8.1** Mittenrauhwert und gemittelte Rauhtiefe
a Definition des Mittenrauhwertes, b Meßprinzip zur Bestimmung der gemittelten Rauhtiefe,
$l_v$ Vorlaufstrecke, $l_n$ Nachlaufstrecke, $l_o$ Meßlänge, $A$ Fläche

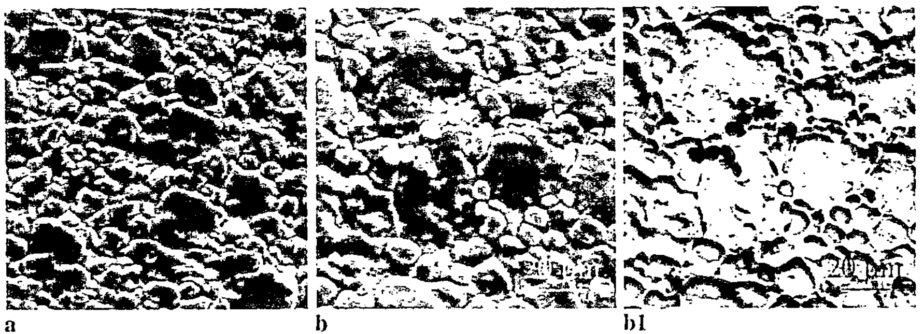

a    b    b1

**Bild 8.2** Elektrochemisch polierte Oberfläche eines hochlegierten Stahles (1.4435) und bevorzugte Ansiedelung von Mikroorganismen in den angeätzten Korngrenzen
a polierte Oberfläche, b besiedelt mit *Saccharomyces cerevisae*, b1 Kontrastieurng (b invers)

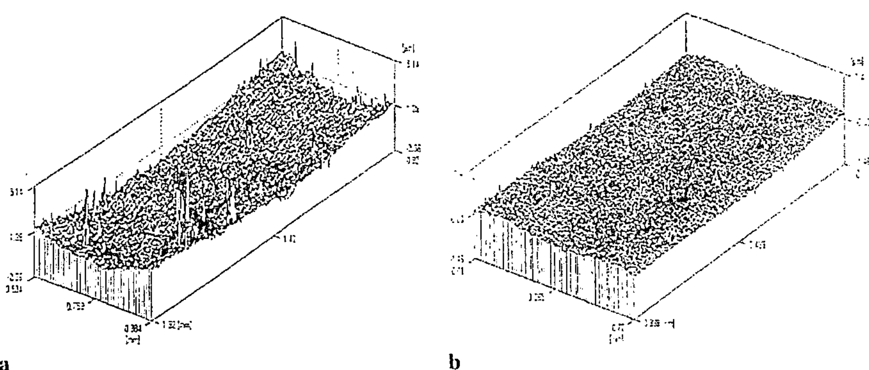

a    b

**Bild 8.3** Einfluß der Sterilisation auf die Rauheit einer hochlegierten Stahloberfläche (1.4435)
a polierte Ausgangsfläche, b Oberfläche nach 10 Sterilisationszyklen, *Sterilisation* mechanisch gebürstet/0,5 [h] in NaOH/0,5 [h] in Säurebad (48 [Vol−%] HCL, 4,8 [Vol−%] HNO₃, Rest Wasser), *Meßverfahren* Laserabtastung

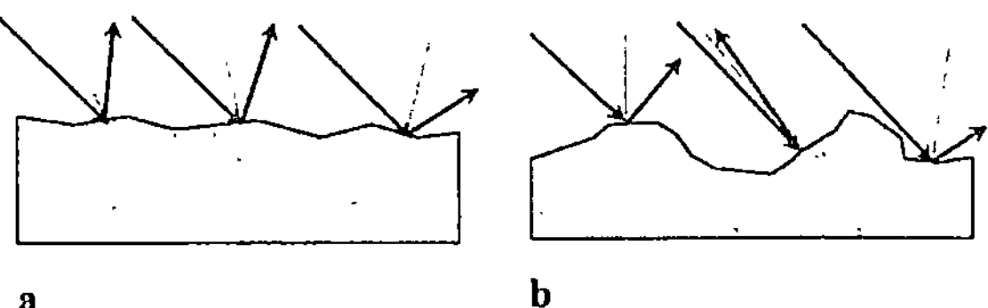

**Bild 8.4** Reflexionsverhalten in Abhängigkeit von der Rauheit
a poliert, b rauh

Ein weiteres berührungsloses Verfahren ist die Interferenzmethode, mit der auch Oberflächendefekte abbildbar sind. Die oftmals industriell genutzte Glanzmessung ist zur Beurteilung von bioadhäsiv beeinflußten Prozeßveränderungen (Sterilität, Biokorrosion, Biofouling) nur eingeschränkt anwendbar. Neben der Rauheit hängt der Reflexionsanteil auch von der Legierung ab. So erzielt man auf Titan legierten Stählen oder auf Titanbasismaterialien infolge der Titanoxidschicht keinen metallischen Hochglanz. Ein mittlerweile in der Bioadhäsionsforschung fest etabliertes Verfahren zur Charakterisierung der Oberflächenflächentopographie ist die Atomkraftmikroskopie (AFM), in der mit einer nanoskalig abgedünnten Spitze die Oberfläche abgetastet und in ein Bild „übersetzt" wird (Bilder 5.30, 5.33, 5.37). Zur Angabe der Rauheit gehört somit immer die Benennung des Verfahrens, wie einige Ausführungsklassen in der Tabelle 8.4. zeigen.

# 8.3
# Mikroskopie

In der Biomaterialforschung nutzt man licht- und elektronenoptische Methoden. Das Entscheidende für die Auswahl des jeweiligen Verfahrens ist das Untersuchungsziel und die erforderlichen Präparationstechniken. In in–situ Untersuchungen sollte man auf Einfärbetechniken verzichten, da diese die Zellvitalität verändern. Einen Ausweg stellen primär fluoreszierende oder genmodifizierte Organismen dar, z.B. grün–fluoreszierende (gfp) *Escherichia coli* oder *Bacillus subtilis*

**Tabelle 8.4** Ausführungsklassen von hochlegierten Stahloberflächen

| Klasse | Oberflächenbearbeitung | $R_a$ [µm] |
| --- | --- | --- |
| I | kaltgezogen, wärmebehandelt, gebeizt | 3 |
| II | kaltgezogen, wärmebehandelt, gebeizt, feinst geschliffen | 1 |
| III | kaltgezogen, ziehpoliert, wärmebehandelt | 0,5 |
| Sonderausführung | kaltgezogen, wärmebehandelt, gebeizt | 0,1 |

*Meßverfahren* Tastschnittverfahren

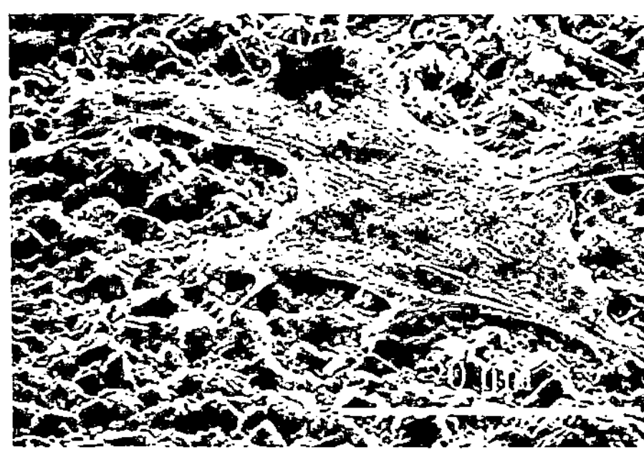

**Bild 8.5** Hühnchen–Osteoblast auf einer BaTi–Keramik mit Kalziumzusatz (REM–Aufnahme, mit freundlicher Genehmigung des NMI Reutlingen)
$R_a \approx 5$ [µm], gefriergetrocknet (ca. 80 % geschrumpft)

Bakterien. Eine elektronenoptische Probenpräparation verfälscht das Bild, da Zellen entwässert (Alkohol) oder gefriergetrocknet werden müssen, wobei diese schrumpfen. Das Bild 8.5 zeigt einen, durch Gefriertrocknung um etwa 80% geschrumpften Osteoblasten.

In der Lichtmikroskopie wendet man zur Darstellung des Endzustandes Färbemittel an. Deren Wirkung hängt von den Diffusions-, Adsorptions, Aziditäts- und Löslichkeitsverhältnissen ab. Häufig angewandte Präparate sind basische Anilinfarbstoffe. So kann man mit einer Tintenstift–Notfärbung oder mit verdünnten Karbolfuchsin eine Übersichtsfärbung vornehmen. Farbverstärkungen sind mittels Phenol, Anilin, Alkalien oder durch Erhöhung der Temperatur und Verlängerung der Färbezeit möglich, wohingegen Alkohol, Salzsäure und Schwefelsäure eine Farbschwächung bewirken. Diese Methode benutzt man u.a. auch zur Identifikation der Zellmembran (*Gramfarbstoff* Kap. 2). Manche Bakterien enthalten wachsartige Substanzen, so daß sie nur schwer anfärbbar sind. Durch Erhitzen oder Phenolzugaben können aber auch hier Farbstoffe in den Zellen aufgenommen werden.

Durch Anwendung verschiedener Farbstoffe mit Zwischenspülungen ist es unter Nutzung der unterschiedlichen Löslichkeiten und Diffusionsbedingungen möglich, eine Kontrastierung zwischen einzelnen Bakterienstämmen oder bestimmten Zellbestandteilen vorzunehmen. So bewirkt Karbolfuchsin beim Erhitzen die Einfärbung (rot) von säurebeständigen Bakterien, wobei eine Gegenfärbung mit Methylenblau die übrigen Bakterien und den Untergrund blau einfärbt. Eine derartige Kontrastierung erlaubt auch die Darstellung von extrazellulären Substanzen, z.B. die Anfärbung von bakteriellen Schleimen in einer Mischkolonie aus Hefen und Milchsäurebakterien mit Methylenblau. Eine fünfminütige Anwendung von 5%–iger Amidoschwarzlösung würde aber nur die Hefe (*Saccharomyces cerevisiae*) blau einfärben.

## 8.3.1
## Lichtoptische Methoden

In der Phasenkontrastmikroskopie nutzt man die Phasenverschiebung in Abhängigkeit von der optischen Dichte aus. In üblichen mikroskopischen Untersuchungen wird diese nicht bemerkt, sondern es treten nur Veränderungen in der Ampli-

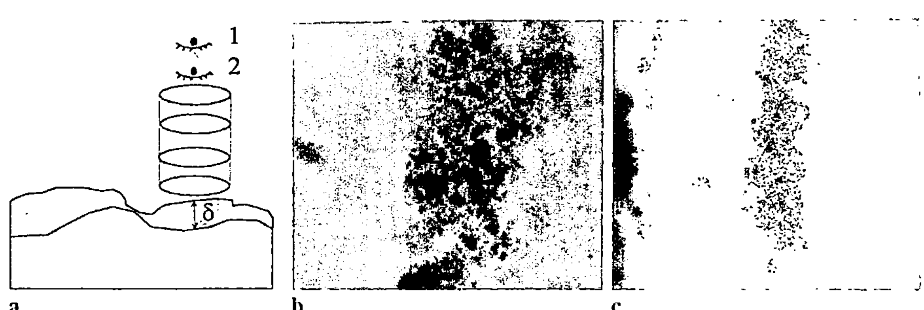

**Bild 8.6** Prinzip der lichtmikroskopischen Dickenmessung eines Biofilmes
a Meßprinzip, b Oberflächenberg der Mischkultur, c benachbartes Tal, $\delta$ Filmdicke, *Kultur* Milchsäurebakterien und *Saccharomyces cerevisiae*, *Werkstoff* hochlegierter Stahl (1.4435)

tude der Lichtschwingungen auf (hell/dunkel). Eine Phasenplatte im Strahlengang (*Phasenverschiebung* 90°) ruft aber einen Hell/Dunkel–Effekt hervor. Hiermit sind ungefärbte lebende Objekte kontrastreich abbildbar, wie Bakterien, Pilze und Protozoen. Diese Methode wendet man u.a. zur Kontrastierung in in–situ Zählungen von Bakterien auf transparenten Proben (Glas, Kunststoff) an.

In der Dunkelfeldbeleuchtung werden die unmittelbar auf das Objekt fallenden Lichtstrahlen ausgeblendet, so daß das Objekt nur noch von den Randstrahlen beleuchtet wird. Es erscheint hell auf dunklem Untergrund, wobei die natürlichen Farben besser „herausgearbeitet" werden. Diese Darstellungsweise wird u.a. zur Lebenddarstellung von Bakterien und Protozoen genutzt.

Im Lichtmikroskop nimmt man bereits geringfügige Höhenunterschiede durch Veränderung der Tiefenschärfe $T = (V+1)/(14AV^2)$ ($A$ Apertur, $V$ Vergrößerung) wahr. Die Dicke eines aufwachsenden Biofilmes ist somit im Fehlerbereich des Mikroskopes meßbar, indem von einer unbesiedelten Referenzfläche ausgegangen wird (Bilder 8.6a–c).

In der Fluoreszenzmikroskopie regt man Teilchen durch kurzwelliges Licht derart an, daß sie längerwelliges aussenden (Fluoreszenz). Diese können selbst zur Energieumformung befähigt sein (Primärfluoreszenz) oder es wird ein aufgenommener Fluoreszensfarbstoff (Sekundärfluoreszenz) angeregt. So weist man mit einer Fluorochromierung Antikörper in verschiedenen Bakterien und Viren nach. In neuerer Zeit hat sich ein in Bakterien transponiertes grünfluoreszierendes Protein bewährt [8.5], daß nur geringfügige Vitalitätsveränderungen hervorruft. Hiermit ist eine Kontrastierung auf nichttransparenten Oberflächen möglich, so daß die Kinetik frühester Adhäsionszustände des ansonsten transparenten Bakteriums *Escherichia coli* analysiert werden können (Bild 8.7).

Zur Identifizierung von Teilchen bestimmter optischer Dichte eignet sich polarisiertes Licht. Die jeweilige Polarisationsebene ist charakteristisch für die verschiedenen Substanzen (Stoffkonstante). Diese Methode ermöglicht somit das Aufsuchen spezifischer Teilchen in einem Zellverband, z.B. von Abriebpartikel eines Hüftgelenkes oder extrazellulären Substanzen, wie bakteriellen Schleimen.

**Bild 8.7** In–situ Zellzahlmessung (Bypaß) auf einer nichttransparenten Stahloberfläche
a nach 8 Stunden, b nach 45 Stunden, *Stamm* (pBAD)*Escherichia coli*, *Werkstoff* hochlegierter
Stahl (1.4435), *Strömungsrichtung* links → rechts, *Bilddarstellung* invers

Die Laserscanningmikroskopie ermöglicht Aufnahmen im µm–Maßstab unter
Verwendung der bekannten lichtoptischen Techniken und Komponenten. Das Arbeiten unter atmosphärischen Bedingungen erlaubt in–situ Beobachtungen, so daß
die aufwendige und bildverfälschende Präparation der Elektronenmikroskopie ent-
fällt. Es ist möglich, mittels Fluoreszenz bestimmte Zelltypen nachzuweisen, z.B.
mit Fluorescein–ATC markierte Fibroblasten (Sekundärfluoreszenz) in einem Polyurethanvlies (Bild 8.8). Die große Auflösung erlaubt es, eine organische Beschichtung „schichtweise" abzuscannen, vergleichbar mit einem Computertomo-
graph. Auf diese Art und Weise gelang es, durch sukzessives Zusammenfügen der
einzelnen Flächenscans die räumliche Struktur von Biofilmen darzustellen [8.2].

## 8.3.2
## Elektronenoptische Methoden

Zum Einsatz kommen alle Verfahren, z.B. Transmissions- (TEM) und Scanning-
elektronenmikroskopie (SEM). Mittels TEM wurde die Adsorption von Proteinen
auf Zahnstein in einer durchströmten Meßzelle untersucht [8.4]. Hierzu exponierte

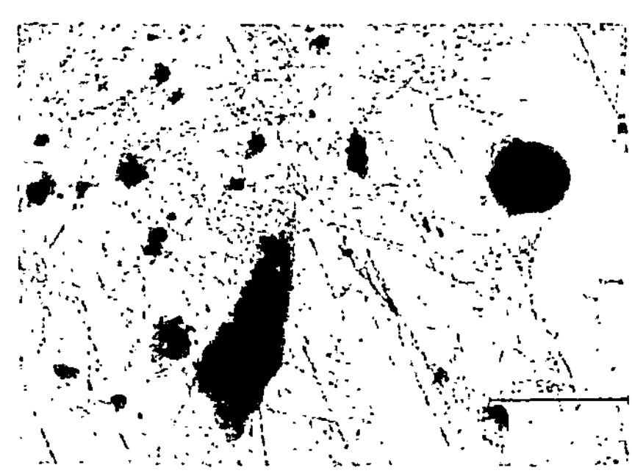

**Bild 8.8** Laserscan–Aufnahme eines Fibroblasten
in einem Polyurethanvlies (mit freundlicher Genehmigung des NMI Reutlingen)
*Wellenlänge* 488 [nm], *Zellmarkierung* Fluorescein–ATC (*Fluorescens* 515 bis 545 [nm])

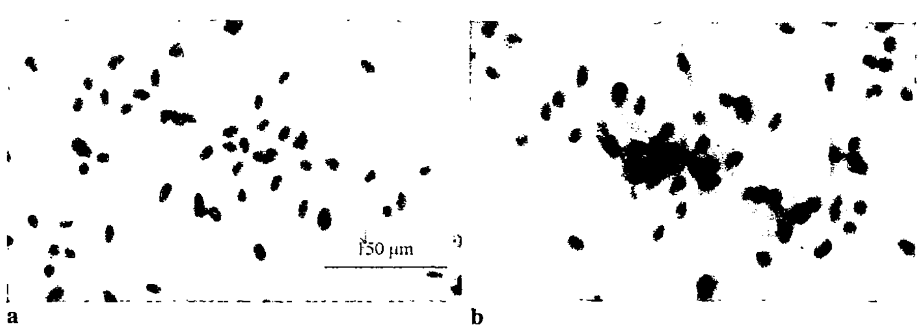

**Bild 8.9** Monolagiger Osteoblasten–Film auf Titan (*Besiedelung* NMI Reutlingen)
a nur Zellkerne sichtbar (schwach adhärierend), b stark adhärierende Osteoblasten, *Bilddarstellung* invers, *Zellkernnachweis* Fluoreszens

man die Proben in der Adsorptionsmeßzelle, wobei bereits nach einer Sekunde eine beginnende Proteinbeschichtung zu beobachten war.

Für kontrastreiche Abbildungen von „Endzuständen" ist die Rasterelektronenmikroskopie (REM/SEM) immer noch die Methode der Wahl, wobei die unterschiedlichen Streuanteile an verschiedenen Metallkomplexen auch für analytische Untersuchungen nutzbar sind, u.a. der Nachweis von Goldkomplexen mit Sekundär- oder Rückstreuelektronen. Diese Komplexe bilden sich in der Zelle aus kolloidalem Gold (*Teilchengröße* 1 bis 150 nm), einem nichttoxischen Marker in immunocytochemischen Reaktionen, das in Abhängigkeit von der Zellaktivität nichtspezifische Bindungen mit reaktiven Gruppen eingeht [8.7]. Nimmt man als Antwort auf zelluläre Veränderungen (Zelldeformation, Nährstofflimitation) am Adhäsionsort eine Immunreaktion an, dann eröffnet sich mit der Immunogoldtechnik eine Möglichkeit, die Adhäsionsorte zu fixieren.

Das Bild 8.9 zeigt Laserscanning–Aufnahmen von Osteoblasten auf geschmirgelten Titanblechen, die mit REM–Aufnahmen (Immunogoldtechnik) korrelieren. Die adhärierenden Zellen in diesem monolagigen Film sind durch fluoreszierende Zellkerne nachweisbar. Man bekommt eine Information über die Orte der Zelladsorption und die Proliferation. Im Bild 8.10 beginnt sich ein mehrlagiger Film von

**Bild 8.10** Teilweise mehrlagiger Osteoblastenfilm auf einer grob geschmirgelten Titanscheibe (*Besiedelung* NMI Reutlingen)

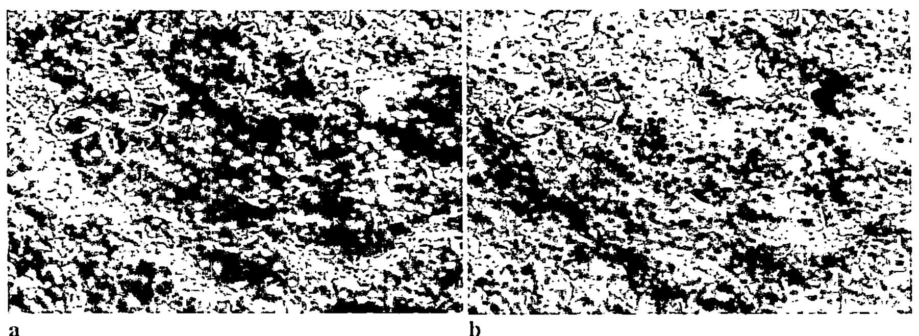

a                                    b

**Bild 8.11** „Hell/Dunkelfeld" Darstellung einer Mischkultur (*Saccharomyces cerevisiae* und Milchsäurebakterien) auf einem grob geschliffenen, hochlegierten Stahlblech (1.4435)
a Dunkelfeld, b Hellfeld, *Zeit* 1 Besiedelungstag, *Schatten* bakterieller Schleim

der Oberfläche abzulösen. Die Zellkerne sind hier nicht mehr erkennbar, aber die Orientierung der Osteoblasten in den kreisförmigen Schleifriefen der Titanscheibe (s. Bild 7.5).

Die Bilder 8.11 bis 8.16 vermitteln nochmals eindrucksvoll die Adhäsionsorte und das Wachstum von biologischen Clustern auf festen Oberflächen. Es ist möglich, für alle im Nachhinein eine Interpretation zu geben. Die Entwicklung von Modellen, die möglicherweise eine Trendaussage ermöglichen, befindet sich aber erst in den Anfangsstadien (Kap. 9). Es sei auch auf die Bilder in den vorangegangenen Kapiteln verwiesen (Bild 2.20, 4.30, 4.43, 4.44, 5.17, 6.20). Die Unterschiede zwischen der Besiedelung eines amorphen (Glas) und eines kristallinen Festkörpers (Stahl) sind an Hand der strukturell bedingten Verteilung der Oberflächenenergien deutbar (Kap. 9).

In Mischkulturen müssen die Zellen von möglichen extrazellulären Produkten unterschieden werden, wie bakteriellen Schleimen. Durch Auswertung der verschiedenen Rückstreuelektronen ist auch in der Elektronenmikroskopie ein Phasenkontrastverfahren anwendbar (Bild 8.11). Beispielsweise können in einer bakteriell kontaminierten Hefekultur die Zellen (schwarz) und der bakterielle Schleim, der den Besiedelungsbereich wolkenartig überzieht, voneinander unterschieden werden. Es zeigt sich, daß diese extrazellulären Produkte die Hefezellen regelrecht auf der Oberfläche festkleben. Gegenüber reinen Hefekulturen beginnt eine fest haftende Filmbildung bereits nach einer Stunde. Mit diesem „Kontrastverfahren" läßt sich das Herauswachsen eines Biofilmes aus einem Oberflächental eindrucksvoll darstellen (Bild 8.12). Deutlich sind die einzelnen, in der Schleimschicht eingebetteten Zellen zu erkennen. Die darunter liegenden Zellschichten erscheinen in abgestuften Grautönen. Im Vergleich zum Bild 4.43 sind die bakteriellen Schleimbereiche kontrastreich abgebildet. Mit zunehmender Filmdicke bewirken hydrodynamische Einflüsse eine Erosion der Filmoberfläche (Bild 8.13).

Zellkolonien auf Festkörperoberflächen müssen nicht zwangsläufig monolagig aufwachsen (Bild 8.14). Sind die adsorbierten Zellen teilungsfähig, dann laufen

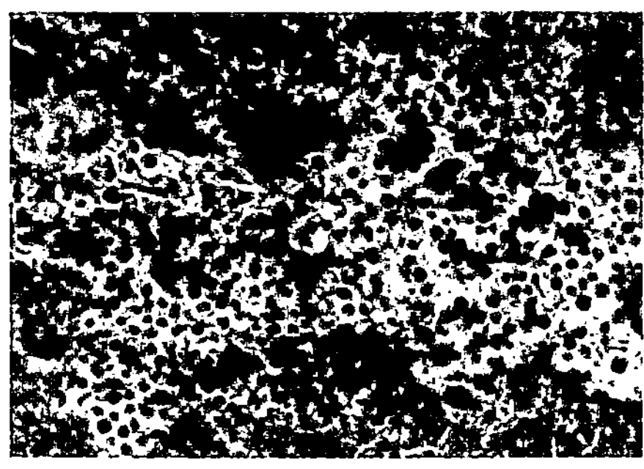

**Bild 8.12** Aus einem Oberflächental herauswachsender Hefefilm
*Mischkultur* Milchsäurebakterien und *Saccharomyces cerevisiae*, *Zeit* 1 Besiedelungstag, *Werkstoff* hochlegierter Stahl (1.4435)

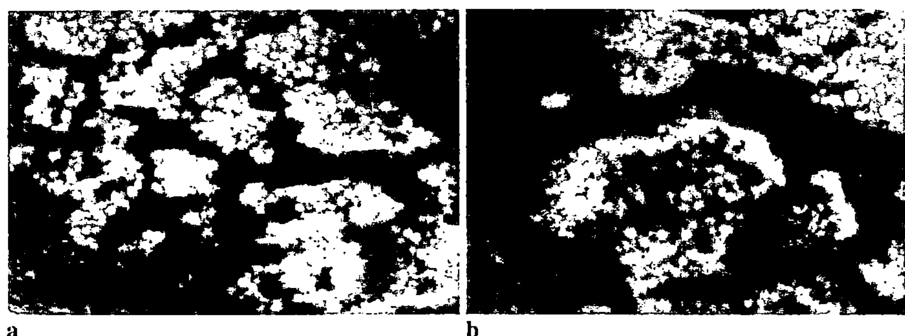

a                                                b

**Bild 8.13** Ein aus einem Oberflächental herauswachsender und erodierender Biofilm
a nach 10 Besiedelungstagen (aus Oberflächental wachsend, beginnende Erosion), b nach 15 Besiedelungstagen (dicker zerklüfteter Biofilm), *Mischkultur* Milchsäurebakterien und *Saccharomyces cerevisiae*, *Werkstoff* hochlegierter Stahl (1.4435), $R_a \approx 35$ [µm] (Tastschnittverfahren, Materialoberfläche)

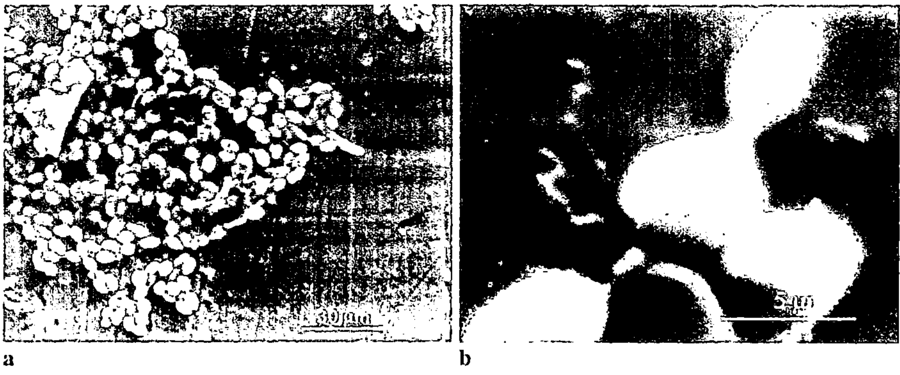

a                                                b

**Bild 8.14** Eine durch Adsorption und Teilung wachsende Hefekultur
a Hefekolonie, b sich teilende („sprossende") Zelle in der Kolonie, *Kultur Saccharomyces cerevisiae*), *Werkstoff* geflämmtes Quarzglas

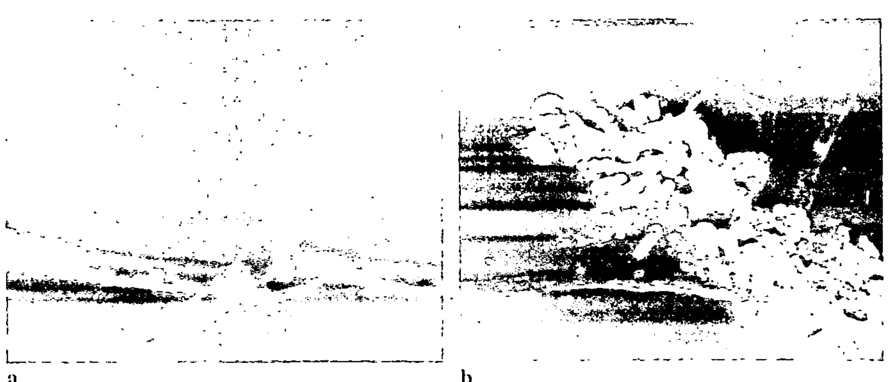

**Bild 8.15** Proteinstränge und ein hieran orientiert gewachsener Hefecluster
a spontan, aus der Lösung adsorbierte Proteinstränge, b heterogen adsorbierter Organismencluster, *Kultur Saccharomyces cerevisiae, Werkstoff* geflämmtes Quarzglas

neben der Adhäsion aus der Lösung auch Wachstumsprozesse in der aufgewachsenen Kolonie ab. An diesen Orten der Oberfläche, wo eine Zellteilung und -adhäsion stattfindet, wächst der Organismenfilm mehrlagig. Diese Situation verändert sich sofort bei Anwesenheit von schleimbildenden Bakterien (s. Bild 8.13).

Die nachfolgenden Bilder mögen noch einmal die Faszination der Bioadhäsion vermitteln, aber auch die Fülle an ungelösten Problemen. Im Bild 8.15 sind spontan aus der Lösung ausgefallene Proteinstränge und ein Cluster aus Hefezellen *(Saccharomyces cerevisiae)* auf einer Glasoberfläche abgebildet, der heterogen längs eines solchen Stranges wächst. Die nachfolgenden Bilder 8.16a–h zeigen, daß es zwei bevorzugte Wachstumsrichtungen gibt, längs und quer zu Oberflächenriefen. Möglicherweise ist der Energiegewinn unter Ausnutzung des quer zur Oberflächenstörung (Riefe) verlaufenden Proteinstranges größer. Dieses Phänomen ist auch für die sprossende Hefezelle zu beobachten (Bild 8.14b). Die modellmäßige Lösung dieser Fragestellungen entscheidet auch über zukünftige biomimetische Beschichtungen (s. Kap. 5).

In tiefe Oberflächentäler (Bild 8.16a) werden die Zellen im Regelfall hineingespült und beginnen dort zu wachsen. Demgegenüber gibt es an „technisch ebenen" Flächen interessante Effekte (Wachstumsrichtung, Proteine), die gegenwärtig nicht interpretiert werden können (Bilder 8.16b bis 8.16h). Hierbei handelt es sich aber um den technologisch bedeutungsvollen Problemkreis der Sterilität und Biomimetrie. Man versucht mit Monte–Carlo–Experimenten diese Phänomene zu erklären (Kap. 9).

## 8.3.3
## Zellzahlmessung

In der Tabelle 2.5 wurden bereits in der Mikrobiologie gebräuchliche Methoden zur Identifizierung und Auszählung aufgeführt. Für kinetische Untersuchungen, d.h. zur Beantwortung der Frage: ‚Aus welchem Grund siedelt sich was, wo an?',

möchte man die zeitliche Änderung der Anzahl adhärierender Zellen an ausgewählten Oberflächenorten bestimmen. Das Bild 8.17 zeigt hierfür ein Meßprinzip.

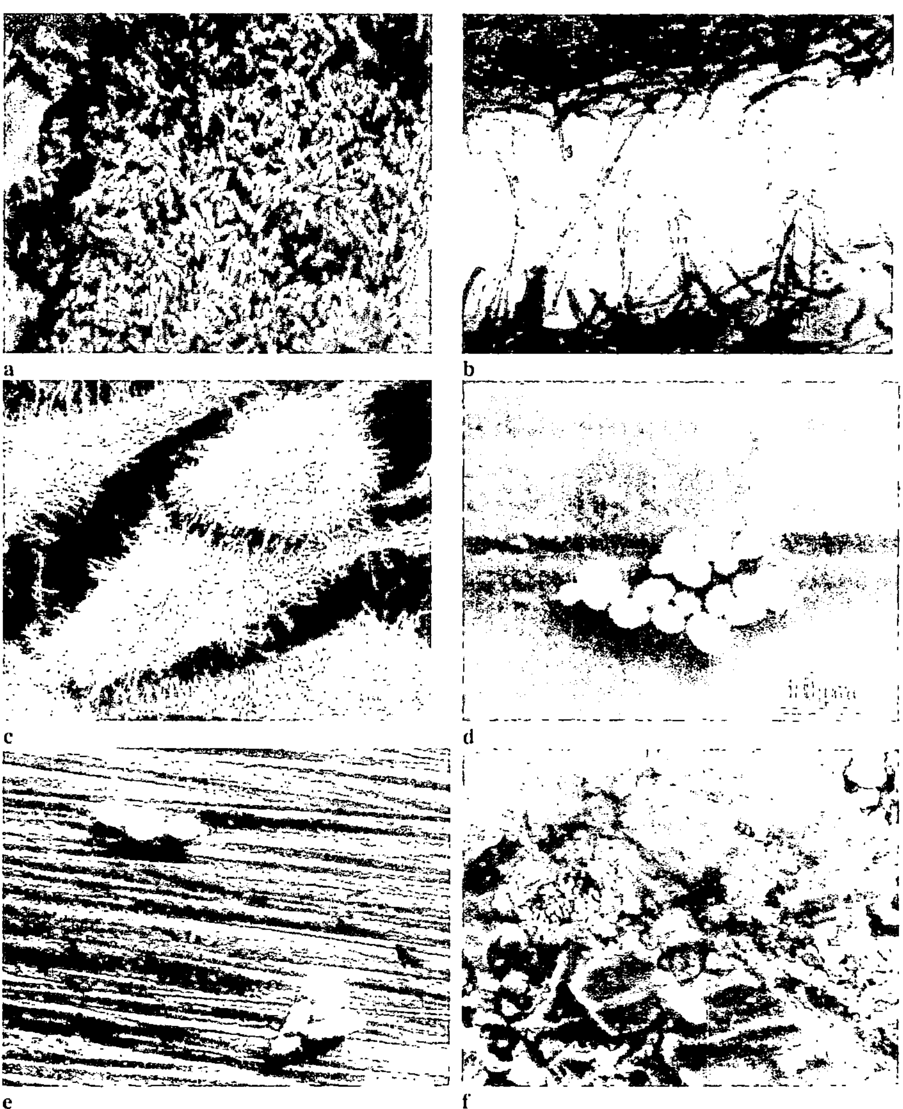

**Bild 8.16** Eine Auswahl an Ergebnissen von Besiedelungsexperimenten
a Sinterglaspore mit *Zymonas mobilis*, b Proteinstränge zwischen einem Fibroblast und einer
hydrophoben Kunststoffoberfläche (PHB), c Besiedelung von PHB mit Fibroblasten, d *Saccharomyces cerevisiae* auf einem gezogenen Quarzglas, e *Saccharomyces cerevisiae* auf einem
gewalzten Stahlblech (1.4435, *Tastschnitt* $R_a \approx 30$ [μm]), f *Saccharomyces cerevisiae* an elektrochemisch angeätzten Korngrenzen eines hochlegierten Stahles (1.4435) adhärierend

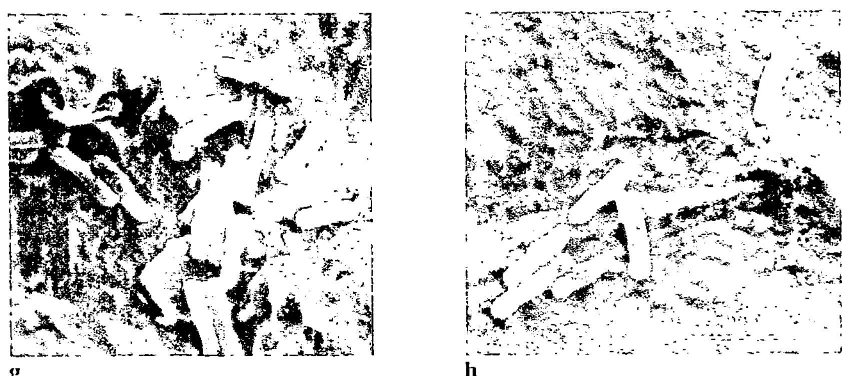

g    h

**Fortsetzung** Bild 8.16 g, h *Escherichia coli* (pBAD) auf einem mehrmals sterilisiertem Stahl-blech (1.4435), *Sterilisation* s Bild 8. 3

Die Probleme dieser Meßtechnik sind

- die Meßkammer,
- die Auswertesoftware, die eine Subtraktion zur zeitlichen Verfolgung der Ände-rung der Zellmuster beinhalten sollte und
- vor allem die Kontrastierung der Organismen für nichtransparente Oberflächen.

Zur Vermeidung von Druckschwankungen über die Probe sollten Besiedelungs-experimente im Bypaß durchgeführt werden (s. Kap. 6.1). Die Kammern sind so auszuführen (*Vorlaufstrecke* s. Kap. 4.7.2), daß in ihr eine laminare Strömung vorliegt.

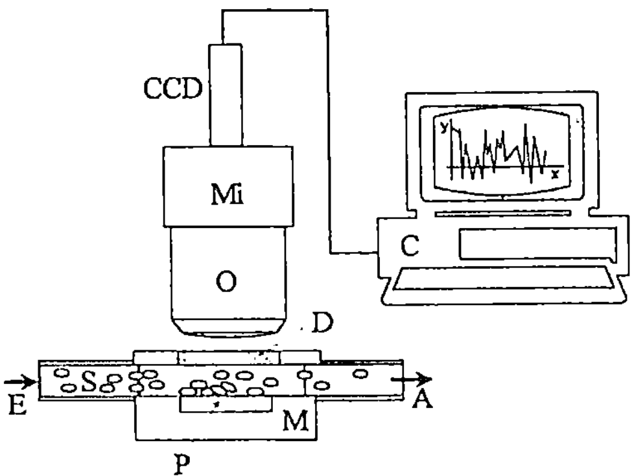


**Bild 8.17** Meßprinzip zur in–situ Ermittlung der zeitlichen Änderung der Zellzahl
*P* Probe (zur Vermeidung von Druckveränderungen in der Strömung sind die Proben in die Kammer eingepaßt), *Mi* Mikroskop, *CCD* Digitalkamera, *C* Bildauswertesystem, *E* Eintritt in die Meßkammer (vom Fermentor), *A* Austritt, *O* Objektiv (z.B. „long distance"), *D* Deckglas, *S* Kulturlösung

Die Bedeutung der Werkstoffauswahl zeigten Untersuchungen zur Wechselwirkung von toxischen Metallen mit Biofilmen, wobei der Einfluß von Blei auf das
Bakterium *Pseudomonas atlantica* in künstlichem Seewasser untersucht wurde
[8.8]. Infolge der geringen, zu untersuchenden Bleikonzentrationen mußten auch
im Spurenbereich ($\approx 10^{-6}$ bis $10^{-8}$ Mol $l^{-1}$) bleifreie Materialien verwendet werden,
z.B. Teflon für Strömungsgitter, Pumpenteile aus Polypropylen und Silikonschläu-
che. Kationen werden aber in Glas- und Kunststoffoberflächen immer eingebaut,
so daß in Vergleichsexperimenten (ohne Besiedelung) die Bleiadsorption als Korrekturwert zu ermitteln war. Darüber hinaus sollte ein dünner bakterieller Film auf
einem Trägermaterial unter Ausschluß der Reaktorwände aufwachsen. Eine hydrophobe Reaktorwand (hochverdichtetes hochmolekulares Polyethylen) war über
mehrere Wochen bewuchsresistent, wobei auf Quarzglasplatten eine bakterielle
Monolage durch eine geeignete Wahl der Strömungsgeschwindigkeit stabilisiert
werden konnte.

Den Einfluß der Strömungsgeschwindigkeit auf den Besiedelungsprozeß verdeutlichen Experimente mit eigenbeweglichen Zellen. So zeigten sich für $\text{Mot}^+$
(begeißelte) und $\text{Mot}^-$ (unbegeißelte) *Pseudomonas fluorescens* abnehmende Unterschiede in der Besiedelungsrate mit einer zunehmenden Fließgeschwindigkeit
(Bild 8.18). Gleichzeitig veranschaulichen die Ergebnisse den Einfluß der eigenen
Zellbeweglichkeit bei kleinen Strömungsgeschwindigkeiten.

Die Fülle an Einzelinformationen müssen für reaktionskinetische Berechnungen
und als Vergleich für Simulationen aufbereitet werden. Eine Möglichkeit stel-len
Paarverteilungsfunktionen dar. Hierzu zerlegt man die besiedelte Fläche in Kreise
(radiale Verteilung) oder Sektoren (Winkelverteilung) und berechnet die
Verteilungsfunktionen (Bild 8.19). Phasenkontrastuntersuchungen mit *Streptococcus salivarius* und *Streptococcus mutans* zeigten in der radialen Verteilung ein
Maximum in nächster Nähe zum Clusterzentrum (Bild 8.20a), wobei dieses für
*Streptococcus salivarius* ausgeprägter ist gegenüber *Streptococcus mutans*. Beim
ersten Bakterium scheint die Wechselwirkung der Zellen untereinander größer zu
sein. Der gleiche Effekt wird auch in der Winkelverteilung (Bild 8.20b) beobachtet, wo für *Streptococcus salivarius* Häufungen in den angeströmten Winkelberei-
chen auftreten. Demgegenüber liegt für *Streotococcus mutans* nahezu eine Gleichverteilung vor. Diese zeitliche Veränderung der Organismenmuster dient als direkter Vergleich für Monte–Carlo–Simulationen (Kap. 9).

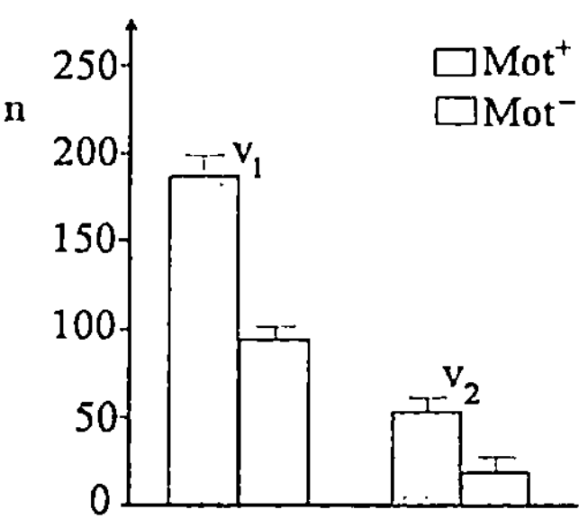


**Bild 8.18** Einfluß der Fließgeschwindigkeit auf die Zahl
der adsorbierten Zellen [8.9]
*n* Zellzahl, *Mot$^+$* eigenbewegliche Zellen, *Mot$^-$* nicht selbst
bewegliche Zellen, $v_1 < v_2$. *v* Strömungsgeschwindigkeit,
*Kultur Pseudomonas fluorescens*

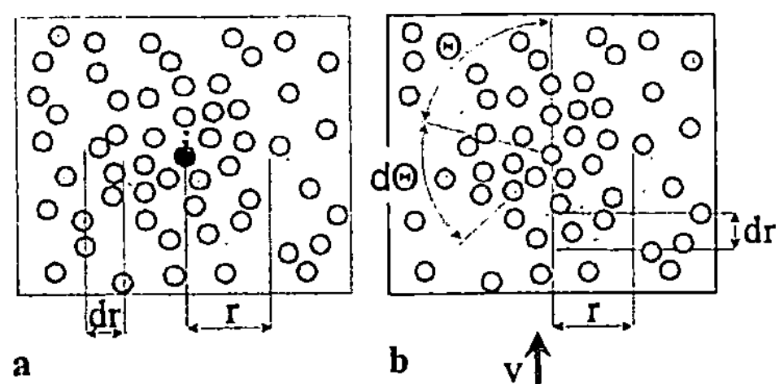

**Bild 8.19** Bestimmung der radialen und Winkelpaarverteilungsfunktion
a radiale Paarverteilungsfunktion, b Winkelpaarverteilungsfunktion, $i$ Bezugsbakterium zur Berechnung der Verteilungsfunktion, $v$ Anströmrichtung der Probe in den Besiedelungsexperimenten, $\sigma$ Teilchendichte, $g(r) = \sigma(r,dr)/\sigma_0$, $g(\Theta) = \sigma(r,dr,\Theta,d\Theta)/\sigma_0$

Eine äquivalente Möglichkeit zur phänomenologischen Beschreibung der sich ausbildenden Organismencluster auf Materialoberflächen ist die Auswertung der besiedelten Fläche (Bild 8.21). Hierbei ist aber zu berücksichtigen, daß die Besiedelung nicht gleichverteilt über die gesamte Bildfläche $A_{oi}$ erfolgt. In n voneinander unabhängigen Stichproben ist das Verhältnis $\delta A = A_{bes}/A_{oi}$ zu bestimmen. Der Stichprobenumfang sollte so groß gewählt werden, daß im Grenzwert die Beziehung $(1/n)\Sigma\delta A_i = \Sigma A_{oij}/A_o$ erfüllt ist ($i = 1...n$, $j = 1...m$, $m$ alle besiedelten Teilflächen).

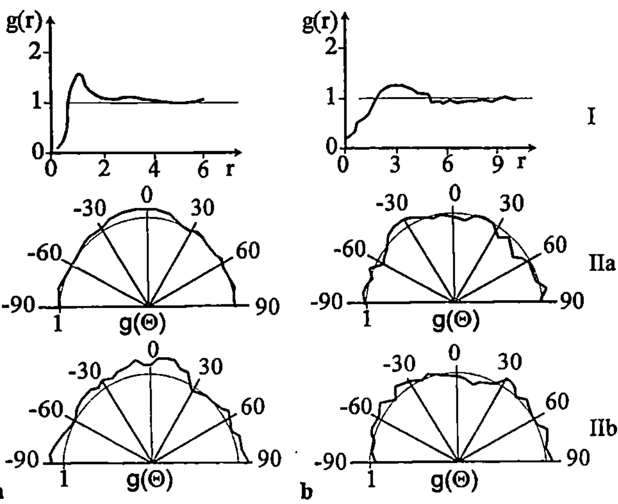

**Bild 8.20** Paarverteilungsfunktionen für die bakterielle Adhäsion auf Glas [8.13]
a *Streptococcus salivarius*, b *Streptococcus mutans*, $I$ radiale Verteilung, $IIa$ Winkelverteilung für einen weit entfernten Bereich, $IIb$ Winkelverteilung für einen nächstbenachbarten Bereich, $g(r)$ radiale Paarverteilungsfunktion, $g(\Theta)$ Winkelpaarverteilungsfunktion, $r$ Entfernung, einem Vielfachen des bakteriellen Durchmessers

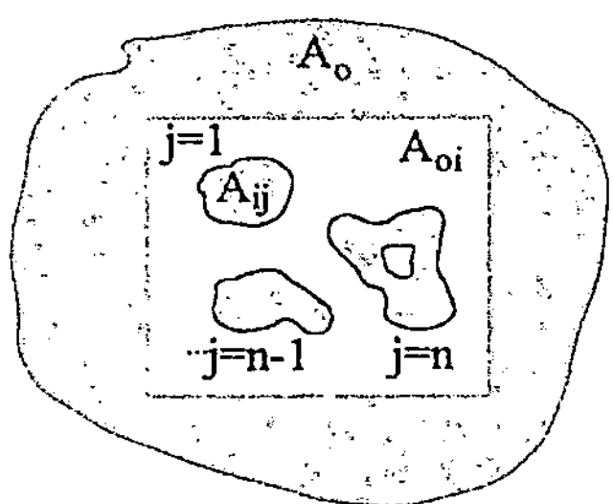

**Bild 8.21** Flächenauswertung in Besiedelungsexperimenten $A_o$ Gesamtfläche der Probe, $A_{oi}$ Gesamtfläche in der i–ten Stichprobe, $A_{bes} = \Sigma A_{besi} = \Sigma\Sigma A_{ij}$ besiedelte Gesamtfläche, $A_{bes,i}$ besiedelte Fläche in der i–ten Stichprobe, $P(A_{bes}/A_o) = \Sigma A_{bes,i}/A_o$ Wahrscheinlichkeit für die Besiedelung der Probe

Eine Minimierung von Turbulenzen im Prüfsystem (Fermentation, Bypaß, Leitungen, Pumpen) erreicht man mit Schlauchdüsen oder Strömungsgittern. In Rührwerken und begrenzt auch im Schlaufenreaktor ist immer mit, die Experimente verfälschenden Druckunterschieden zu rechnen.

# 8.4
# Oberflächenanalytik und –energie

Die Vielzahl an oberflächenanalytischen Methoden [8.1, 8.20] versucht man nach Begriffspaaren zu ordnen, wie

- ex–situ (spektroskopisch, mikroskopisch auflösend) und
- in–situ (nicht–spektroskopisch, makroskopisch mittelnd).

Im allgemeinen strebt man in–situ Messungen an, die es erlauben, unter realen Bedingungen dynamische Strukturveränderungen an/in Oberflächen zu untersuchen. Erst wenn dieses Spektrum ausgeschöpft ist, sollte der Weg in das Ultrahochvakuum (ex–situ) gegangen werden. Nachteil aller Ultrahochvakuumverfahren (UHV) ist, daß sie nur für wohldefinierte und kontrollierbare Bedingungen eine eindeutige Charakterisierung erlauben.
Spektroskopische Verfahren sind im Regelfall nur im UHV anwendbar, womit biologische Proben immer präpariert werden müssen. Im Gegensatz hierzu mittelt man mit nichtspektroskopischen Methoden über große Oberflächenbereiche, wie beim Zeta–Potential. Hier ist eine quantitative Interpretation nur mit einem theoretischen Modellansatz möglich, wohingegen in der Spektroskopie das System „lediglich" zu eichen ist.

## 8.4.1
## Elektronen- und Ionenspektroskopie

Biologische Proben müssen wie für die Elektronenmikroskopie präpariert werden. Hierfür bietet sich eine Gefriertrocknung an. So gelingt es, mikrotomgeschnittene Zellen (Dicke $\approx$ 4 bis 40 µm), z.B. menschliches Gewebe, auf mit Aluminium oder Gold bedampftem Kunststoff zu fixieren und mit einer leitenden Schicht (Al, Au)

**Tabelle 8.5** Elektronen- und Ionenspektroskopische Verfahren

| Verfahren | Auflösung | Prinzipielles | Anwendung |
|---|---|---|---|
| Sekundärmassenspektroskopie (SIMS) | im sub–µm Bereich | | Adhäsionsorte |
| Photoelektronenspektroskopie (XPS) | | Vergleich XPS–Peak mit einem bekanntem, z.B. chemische Bindungen | Bindungsveränderungen, z.B. Cetylpyridinium–Chlorid–Adsorption durch Proteine (redu-ziert Zahnbelagsbildung [8.18]) |
| Auger–Spektroskopie | *Erfassungsgrenze* ca. 1 Mol–% | *Kernladungszahlen* Z < 20 | kein spurenanalytisches Verfahren (Konzentrationsprofile/Tiefenprofile) |
| Spektralanalyse/ Atomabsorption | relative Prozentangaben | *Proben* Pulver (Veraschung) | s. Tabelle 8.6 |
| NMR–Spektroskopie | | nichtporöse Oberflächen | spezifische Zellfunktionen, z.B. die Veränderungen von Nickelkomplexen während der Hydrogenase |
| IR–Spektroskopie | Molekülstrukturen, Grenzflächenbindungen, Submonolagen | | molekulare Oberflächenzusammensetzung, z.B. *Streptococcus spec.* |

nochmals zu bedampfen (Dicke ≈ 0,01 µm). Der Objektträger muß eine gute Wärmeleitfähigkeit aufweisen, um thermische Zellveränderungen zu verhindern. Im Gewebe eingelagerte Metallpartikel, z.B. Abriebteilchen eines Implantates, sind dann spektroskopisch nachweisbar. In der Tabelle 8.5 sind die einzelnen Verfahren zusammengestellt. Aus einem Vergleich der Konzentrationen des Kapselgewebes um ein Implantat mit den Normalwerten (Tabelle 8.6) kann man somit schließen, inwieweit eine Schädigung (arthritisches Gewebe) eingetreten ist.

Mit der IR–Spektroskopie konnte u.a. die Oberflächenzusammensetzung von *Streptococcus spec.* analysiert werden (Bild 8.22). Aus der Adsorption folgt eine Dominanz der C=O Bindung (Tabelle 8.7) des Proteins und von Polysacchariden (PII). In diesem Spektrum fehlt aber vollständig die Bande der Karboxylgruppen (1740 cm⁻¹), wie sie bei *Bacillus subtilis, Methylobacterium organophilium* und *Nitrobacter winogradski* beobachtet wird [8.17]. Im Gegensatz zu diesen sind *Streptococcus spec.* mit einer dicken, für gram–positive Zellen charakteristischen Peptidoglycan– Schicht überzogen (s. Bild 2.9).

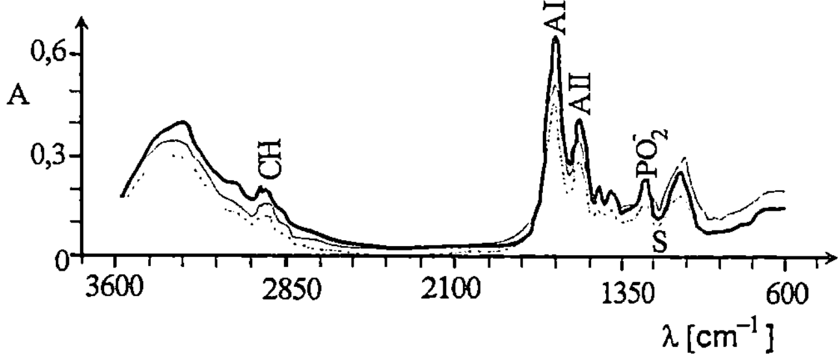


**Bild 8.22** IR–Spektrum für *Streptococcus mitis*, *Streptococcus sangius* und *Streptococcus mutans* [8.17]
dicke Linie *Streptococcus mitis*, dünne Linie *Streptococcus mutans*, dünne Linie/strichpunktiert *Streptococcus sangius*, $A$ Adsorption, $\lambda$ Wellenlänge, $CH$ $\lambda = 2930$ [cm⁻¹], $AI$ $\lambda = 1653$ [cm⁻¹], $AII$ $\lambda = 1541$ [cm⁻¹], $PO_2^-$ $\lambda = 1236$ [cm⁻¹]

**Tabelle 8.6** Standardwerte für normales Knochengewebe [8.19]

| Spektralanalyse [relative %] | | | Element | Atomadsorption [Gewichts–%] | | |
|---|---|---|---|---|---|---|
| Min. | Max | Mittel | | Min. | Max. | Mittel |
| 0,3 | 1,2 | 0,6 | Al | | | |
| 4,1 | 35,2 | 17,3 | Ca | 0,018 | 0,25 | 0,094 |
| | | | Cr | 0,0 | 0,0011 | 0,0001 |
| 0,04 | 0,8 | 0,3 | Cu | 0,0 | 0,0023 | 0,0014 |
| 4,2 | 10,8 | 7,2 | Fe | 0,0075 | 0,045 | 0,0203 |
| 0,8 | 19,7 | 5,0 | Mg | 0,002 | 0,058 | 0,0112 |
| 0,0 | 0,1 | 0,02 | Mn | | | |
| 0,0 | 0,6 | 0,04 | Na | | | |
| 0,0 | 0,3 | 0,04 | Ni | 0,0 | 0,0063 | 0,001 |
| 43,7 | 88,3 | 68,6 | P | 0,012 | 0,23 | 0,137 |
| 0,3 | 1,9 | 0,9 | Si | | | |
| | | | Zn | 0,0 | 0,0019 | 0,0005 |

*Elemente* Ba, Co, Mo, Sn, Ti, Zr nicht analysierbar

## 8.4.2
## Zeta–Potential (Diffusionsspannung)

Die elektrische Potentialdifferenz zwischen einer Doppelschicht und dem Flüssigkeitsvolumen, das Zeta–Potential (s. Kap. 4.3), wird von der Dissoziation der Molekülgruppen und der Adsorption von Anionen oder Kationen aus der wäßrigen Lösung bestimmt. Hiermit ist u.a. die Beschreibung des Einflusses adsorbierender Substanzen, wie Wasser, Elektrolyte oder Proteine, auf die Adhäsionsvorgänge und die Stabilität von Dispersionen möglich. Mit abnehmenden pH–Wert kompen-

**Tabelle 8.7** IR–Absorptionsbandenverhältnis für *Streptococcus spec.* und *Leuconostoc mesenteroides* normiert auf die Bande CH, $CH_2$–$CH_3$ ($\approx$ 2930 cm$^{-1}$) [8.3, 8.17]

| Art | AmI/CH | AmII/CH | PI/CH | PII/CH |
|---|---|---|---|---|
| *S.thermophilius* | 9,5±0,4 | 3,2±0,4 | 1,9±0,1 | 7,2±0,1 |
| *S.mutans* | 5,7 | 1,8 | 1,3 | 6,1 |
| *S.salivarius HB* | 6,3 | 2,0 | 1,7 | 5,9 |
| *S.salivarius HBC12* | 5,6 | 1,6 | 1,5 | 5,3 |
| *S.sangius* | 6,1 | 2,0 | 1,1 | 3,7 |
| *S.mitis BA* | 7,1 | 2,4 | 1,7 | 5,0 |
| *S.mitis BMS* | 6,7 | 2,3 | 1,5 | 4,7 |
| *Leuconostoc mesenteroides* | 6,9±0,4 | 2,1±0,4 | 1,0±0,3 | 15,3±1,7 |

*AmI* C=O Bindung im Protein (1654 cm$^{-1}$), *AmII* N–H Bindung im Protein (1542 cm$^{-1}$), *PI* Phosphatgruppe (1237 cm$^{-1}$), *PII* Polysaccharidgruppe (1070 cm$^{-1}$)

sieren die Wasserstoffionen in einem immer stärkeren Maße die Anionen der Lösung, so daß die Doppelschicht abgebaut wird. Am isoelektrischen Punkt (U = 0) existiert keine Hemmung mehr und die Reaktion schlägt von einer anionisch gesteuerten in eine kationisch dominierte um (s. Kap. 6).

Veränderungen in der Proteinstruktur können durch Abspalten eines Molekülteiles, u.a. durch Proteasen (Enzyme), die Spaltreaktionen katalysieren, oder durch Ladungsvariationen von Proteinseitenketten hervorgerufen werden. So spalten sich mit zunehmendem pH–Wert Wasserstoffionen von den Seitenketten ab, womit der basische Anteil und somit die Anzahl negativ geladener Ketten zunimmt. In Abhängigkeit von den ionisierbaren Seitenketten und dem pH–Wert der Lösung ergibt sich die Nettoladung des Proteins. Am isoelektrischen Punkt ($U_D = \zeta = 0$) hat das Molekül gleich viele positive und negative Ladungen, so daß es in einem elek-

**Tabelle 8.8** Elektrokinetische Werte für *Streptococcus species* mit und ohne Proteinbeschichtung [8.16]

| Art | $\zeta$ [mV] | pH–Wert | $\delta$IEP | $\gamma$ [mNm$^{-1}$] | $\delta\gamma$ [mNm$^{-1}$] |
|---|---|---|---|---|---|
| *S.mutans* | −21,6±2,2 | 2,4±0,1 | −0,1 | 117 | +6 |
| *S.salivarius* HB | −21,6±0,8 | 2,9±0,2 | +0,4 | 102 | −6 |
| *S.salivarius* HBC12 | −16,8±3,8 | 1,3±0,1 | +0,2 | 125 | −6 |
| *S.sangius* | −24,9±2,0 | 2,4±0,2 | +0,9 | 95 | +14 |
| *S.mitis* BA | −24,2±2,4 | 3,7±0,1 | 0,0 | 38 | +23 |
| *S.mitis* BMS | −17,1±3,5 | 3,7±0,1 | +0,1 | 37 | +23 |

*IEP* isoelektrischer Punkt (ohne Proteinbeschichtung), *δIEP* Verschiebung des IEP infolge einer Proteinbeschichtung, *γ* Oberflächenenergie (ohne Proteinbeschichtung), *δγ* Verschiebung von *γ* infolge einer Proteinbeschichtung, pH–Wert am IEP

trischen Feld nicht wandert. Normalerweise ist hier die Löslichkeit am kleinsten und in kolloidalen Lösungen erfolgt eine spontane Ausfällung.

In der Tabelle 8.8 sind für *Streptococcus spec.* die pH–Werte am isoelektrischen Punkt, die Zeta–Potentiale in der Kulturlösung und die Oberflächenenergien in Abhängigkeit von einem Proteinüberzug aufgeführt. Hierbei gibt es keinen eindeutigen Zusammenhang zwischen dem Zeta–Potential, dem isoelektrischen Punkt und der Oberflächenenergie. Der entscheidende Effekt basiert wahrscheinlich auf Veränderungen des Hydratisierungszustandes der bakteriellen Oberfläche. Gegenwärtig kann man aber nur jeden Stamm an Hand seiner spezifischen physikochemischen Eigenschaften interpretieren. So wird im Mundraum *Streptococcus salivarius* vorrangig an Weichgewebe und *Streptococcus mutans* bzw. *Streptococcus sangius* an Hartgewebe adsorbiert [1.1].

### 8.4.3
### Oberflächenenergie

Die Oberflächenenergie, die verschiedenen Modellansätze zu deren Berechnung und die Fehlereinflüsse wurden im Kapitel 4.5 bereits behandelt. Im Gleichgewichtsfall (Bild 8.23) gilt an einer festen Oberfläche $\gamma_{12}+\gamma_{23}\cos\Theta = \gamma_{13}$ (s. Gleichung 4.45). Nachfolgend sollen die hierauf basierenden Meßverfahren vorgestellt werden, der liegende Tropfen, die Kapillare und die Wilhelmy–Platte (Bild 8.24). Alle drei Methoden beruhen auf der Adhäsion an einer Grenzfläche und der Berechnung des Spannungsgleichgewichtes.

Die Gleichungen zur Auswertung der Ergebnisse sind in der Tabelle 8.9 zusammengestellt. Die Auswertung des Tropfens basiert zum einen auf dem Kraftgleichgewicht, wobei die fehlenden Energien aus einer homologen Reihe bestimmt werden müssen, und andererseits aus einer Lösung der Laplace–Gleichung für flüssige Oberflächen. In einer homologen Reihe werden Flüssigkeiten bekannter Oberflächenenergie genutzt, für die die Bedingung ($\theta = 0$, $\gamma_{12}+\gamma_{23} = \gamma_{13}$) erfüllt sein muß. Aus diesem Vergleich folgen die beiden unbekannten $\gamma$–Werte. Für die Ka-

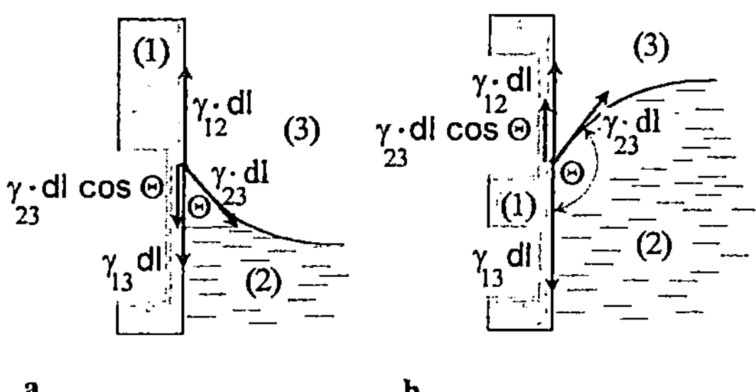



**Bild 8.23** Gleichgewicht einer benetzenden und einer unbenetzenden Flüssigkeit an einer Wand
**a** benetzende Flüssigkeit, **b** nichtbenetzende Flüssigkeit, *1* Festkörper, *2* Flüssigkeit, *3* Luft, *γ* Oberflächenenergie, *dl* Länge

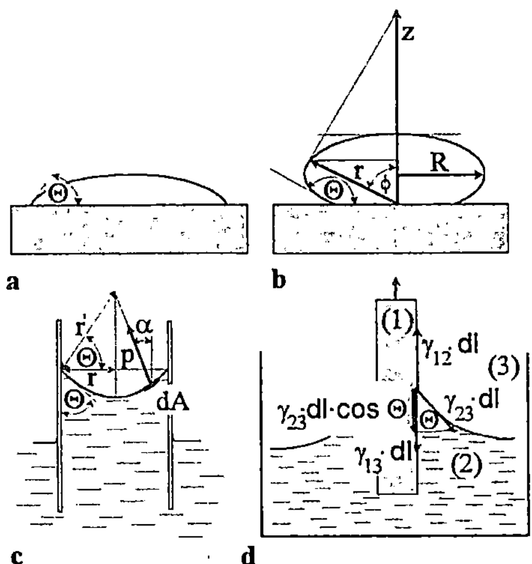

**Bild 8.24** Methoden zur Messung der Oberflächenenergie über den Randwinkel
a Tropfen (hydrophil), b Tropfen (hydrophob), c Kapillare, d Wilhelmy–Platte, *1* Festkörper,*2* Flüssigkeit, *3* Umgebung (z.B. Luft)

pillare bestimmt man das Kräftegleichgewicht zwischen der Flüssigkeitssäule und der Adhäsion. Die Wilhelmy–Platte basiert auf der Definition der Oberflächenenergie $\gamma = \Delta G/\Delta S$ ($\Delta G$ Arbeit zur Bildung einer neuen Oberfläche, $\Delta S$ neue Oberfläche), wobei die Arbeit F beim Herausziehen ($\Delta x$ Weg) der Platte aus der Flüssigkeit aufgebracht werden muß (Tabelle 8.9). Auf eine mögliche Hysterese, z.B. infolge der Rauheit, wurde bereits verwiesen (Kap. 4). Darüber hinaus verdampft ein Flüssigkeitstropfen, so daß sich der Kontaktwinkel $\Theta$ ändert (Bild 8.25). Diese Winkelveränderung bedingt große Streuwerte, so daß nach längerer Exposition im Meßsystem physiologisch relevante Untersuchungen kaum möglich sind.

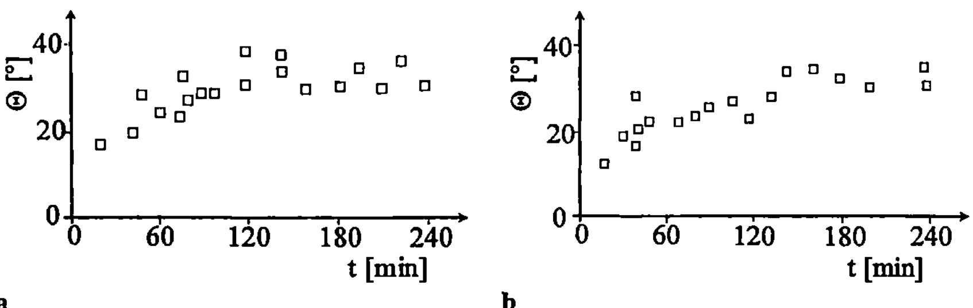

**Bild 8.25** Abhängigkeit des Kontaktwinkels von der Trocknungszeit [8.3]
a *Streptococcus thermophilius;* b *Leuconostoc mesenteroides, t* Meßzeit, $\Theta$ Kontaktwinkel, *Bemerkung* Einen Ausweg zeigen Winkelmessungen im Phasenkontrast mit dem Laserscanningmikroskop auf, wobei in einer Flüssigkeitsmeßzelle gearbeitet wird. Hiermit minimiert man die Austrocknung und erhält außerdem Informationen über Hystereseeffekte.

**Tabelle 8.9** Auswertung der Messungen über den Randwinkel

| Fall | Formel | Bedingung |
|---|---|---|
| Tropfen (Bild 8.24a) | $\cos\Theta = \dfrac{\gamma_{13} - \gamma_{12}}{\gamma_{23}}$ | $\gamma_{13}$ und $\gamma_{23}$ aus einer homologen Reihe bestimmen |
| Tropfen (Bild 8.24b) | Näherungslösung (Basford, Adams) $\gamma = \dfrac{g\cdot\rho\cdot b^2}{\beta} = \dfrac{g\cdot\rho\cdot R^2}{V^2\cdot R^2\cdot\beta}$ | Laplace–Gleichung $\gamma = \left(\dfrac{1}{r_1} + \dfrac{1}{r_2}\right) = \rho\cdot g\cdot z + C$ $r_1 = r,\ r_2 = x/\sin\phi,\ C = 2\gamma/b$ für $z = 0,\ x = 0,\ r_1 = r_2 = r = b$ |
| Kapillare (Bild 8.24c) | $\gamma = \dfrac{h\cdot r\cdot\rho\cdot g}{2}$ | $p = \dfrac{2\cdot\gamma_{23}}{r'},\ r' = r\cdot\cos\Theta$ *vertikale Kraftkomponenten* $\sum\dfrac{2\gamma}{r}\cos\Theta\ dA\ \cos\alpha =$ $\dfrac{2\gamma}{r}\cos\Theta\sum dA\ \cos\alpha$ $\sum dA\ \cos\alpha = \pi\cdot r^2$ |
| Wilhelmy–Platte (Bild 8.24d) | $\gamma = \dfrac{F}{2\cdot l}$ | $\gamma = \dfrac{\Delta G}{\Delta S} = \dfrac{F\cdot\Delta x}{2\cdot\Delta x\cdot l}$ |

$\rho$ Dichte, $g$ Erdbeschleunigung, $\beta$ Parameter, $V$ Vergrößerung (Tropfenaufnahme), $h$ Steighöhe, $p$ Druck, $r'$ Krümmungsradius, $F$ Arbeit, $l$ Plattenbreite, $\gamma$ Oberflächenenergie, $dA$ Flächenelement, $\Theta$ Kontaktwinkel

# 8.5
# Messung von Adhäsionskräften

Die Bildung eines Biofilmes weist zwei Stadien auf, die primäre Anlagerung von Zellen auf dem Substrat und die Stabilisierung des Filmes selbst (Kap. 5). Die Kinetik hängt vom ersten Prozeßschritt ab, der von den energetischen Verhältnissen zwischen allen beteiligten Partnern bestimmt wird, wie der Zelle, dem Festkörper und der Lösung. Über die adsorbierten Zellzahlen, direkte Kraftmessungen an adhärierenden Einzelzellen oder Zellclustern und hydrodynamische Abschälversuche versucht man diese Energien zu ermitteln.

Setzt man besiedelte Probekörper ein, so erwächst sofort Frage: 'Welche Zellen sind wirklich adsorbiert und welche nicht?' Mit einer „definierten" Scherkraft wird versucht, die nur lose adhärierenden Zellen von der Oberfläche abzulösen. Eine übliche Labormethode ist das Abspülen der Proben nach der Besiedelung, wobei

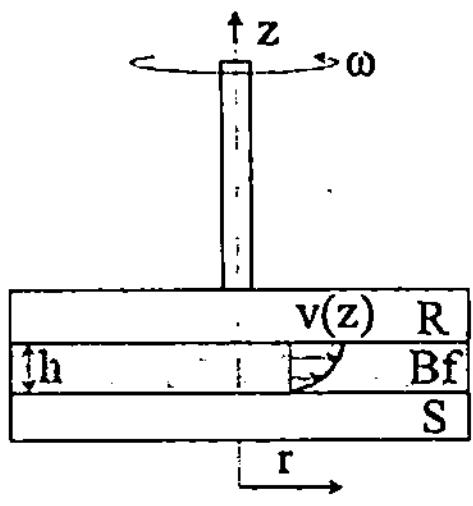

**Bild 8.26** Messung der Adhäsionskraft nach dem Prinzip eines Rotationsviskosimeters

$R$ rotierende Scheibe, $Bf$ Biofilm, $S$ fest stehende Scheibe, $h$ Dicke des Biofilms, $v$ Geschwindigkeit, $\omega$ Winkelgeschwindigkeit

man postuliert, daß die nicht abgespülten Zellen auf der Oberfläche fest anhaften. Das Problem ist die hydrodynamische Beschreibung eines „Wasserstrahles". Diese Methode ist mit großen Unwägbarkeiten behaftet und nur für orientierende Experimente geeignet. Mit der Fokussierung des Strahles durch eine Mikrodüse, die gezielt auf Oberflächenabschnitte gerichtet werden kann, gelingt es, die Streuung zu minimieren. Hiermit wurde nachgewiesen, daß sich die Adhäsionskräfte der einzelnen Zellen in einem Biofilm infolge deren extrazellulärer Polysaccharide kaum unterscheiden.

Man übertrug auch rheologische Prinzipien zur Interpretation der Scherspannungen und der Viskosität in Biofilmen. Beim Plattenrheometer wird eine besiedelte, fest stehende und eine auf dem Biofilm rotierende Platte eingesetzt, so daß sich die Scherkraft auf den Biofilm überträgt (Bild 8.26). Die Geschwindigkeit im Film $v_\Theta(r,z) = (r\omega z/h)$ ist die zugehörige Schergeschwindigkeit $d\tau(r)/dt = r\omega/h$, woraus sich die Schubspannungen $\tau = (M/2\pi R^3)[3+(d\ln M)/(d\ln d\tau_R/dt)]$ und $\tau_N = (2M)/(\pi R^3)$ für eine Newtonsche Flüssigkeit ergeben [8.10].

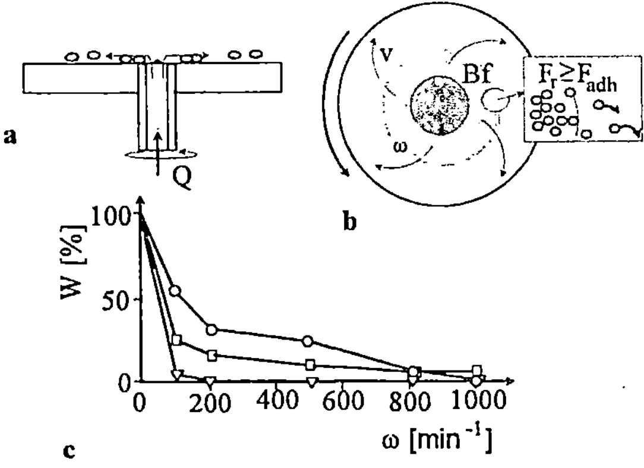


**Bild 8.27** Adhäsionsmessungen mit einer rotierenden Scheibe (*Messungen* IBA Heiligenstadt)
a Meßanordnung, b Meßprinzip, c Meßergebnisse mit 3T3–Maus–Fibroblasten auf verschiedenen Materialien, o Stahl 316L ($\gamma = 18$ [mNm$^{-1}$]), □ Al$_2$O$_3$ ($\gamma = 27$ [mNm$^{-1}$]), ∇ PTFE ($\gamma = 33$ [mNm$^{-1}$]), $v$ Fluß, $Bf$ Biofilm, $F_r$ Radialkraft, $F_{adh}$ Adhäsionskraft, $\gamma$ Oberflächenenergie, $W$ adhärierende Zellzahl [%] (*Ausgangszellzahl* 10.000 [cm$^{-2}$]), $\omega$ Drehzahl, $Q$ Kulturlösung

Prinzipiell sind alle möglichen Rheometer einsetzbar, wobei ein grundsätzliches Problem die Beschreibung der Viskosität ist. Eine sich noch entwickelnde Methode stellt die Atomkraftmikroskopie dar, in der man analog zur Mikropipette versucht, kleine Zellcluster oder sogar Einzelzellen an die Abtastspitze des Atomkraftmikroskopes fest zu adsorbieren, z.B. mit Latexkügelchen. Man kann nun, wie bei der Wilhelmy–Platte oder einem Abreißversuch zur Testung von Beschichtungen, die Zelle abziehen und die Adhäsionskraft direkt messen.

In vielen technischen Systemen oder künstlichen Organen möchte man wissen, ob sich bei einer bestimmten Strömungsgeschwindigkeit ein Biofilm bildet oder ein bereits vorhandener abschält. Ein sehr einfaches Prinzip ist eine rotierende Scheibe (Bild 8.27). Bei einer gleichförmigen Bewegung wirkt mit der Radialbeschleunigung $a_r = \omega v = \omega^2 r = v^2/r$ ($v = \omega r$, $\omega = 2\pi/T$) die Radialkraft $F_r = ma_r$. Der Biofilm reißt von der Scheibe ab, wenn für die Kräfte die Bedingung $F_r \geq F_{adh}$ erfüllt ist. Die Gesamtfläche entspricht einer maximal möglichen Zellzahl $N_{Max}$, so daß das Verhältnis $W = N/N_{Max}$ ($N$ Zellzahl auf der rotierenden Scheibe) ein Maß für die adhäsionsabhängige Besiedelung darstellt. Diese Wahrscheinlichkeit $W$ kann als Funktion von spezifischen Systemparametern, wie der Zellkonzentration in der Lösung, aufgetragen werden. Fehlerquellen sind u.a. Masse- und Viskositätsschwankungen im Film, infolgedessen sich der Filmschwerpunkt ständig verlagert. Im Bild 8.27c ist die Zahl an adhärierenden Fibroblasten für verschiedene Materialien und Winkelgeschwindigkeiten dargestellt, wobei eine vorbesiedelte Scheibe eingesetzt wurde. In Übereinstimmung mit der Adhäsionstheorie zeigt sich, daß das hydrophobe PTFE die geringste Adhäsionsneigung im Vergleich zum Stahl und einer $Al_2O_3$–Keramik zeigt.

Zur Untersuchung der Biofilmbildung in Rohrsystemen wendet man Druckrheometer an (Bild 8.28). Mit der Strömungsgeschwindigkeit $v = [(3Q)/(4\pi rh)]$ und der Reynolds–Zahl Re ist der Abstand h unter der Voraussetzung einer laminaren Strömung festgelegt (Re < 2100). Die Scherspannung ist am Strömungseintritt am größten, so daß ab einem kritischen Radius $R^*$ eine Zelladhäsion zu beobachten ist. Dieser Wert muß experimentell bestimmt werden. Die Schubspannung $\tau$ beim

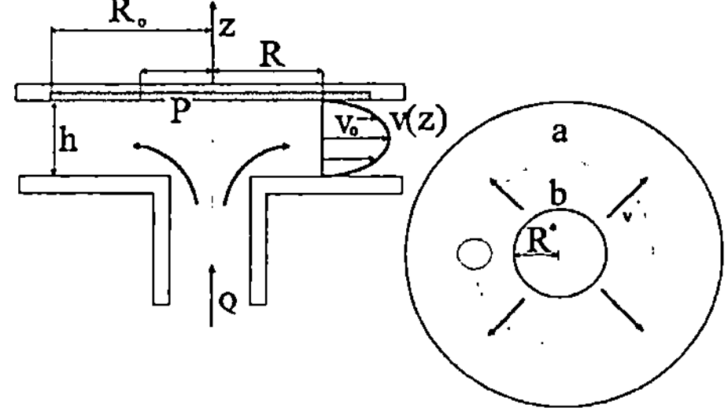

**Bild 8.28** Adhäsionsmessungen mit einem Druckrheometer
*a* starker Bewuchs, *b* schwacher Bewuchs, *h* Plattenabstand, *Q* Kulturlösung, *v* Strömungsrichtung, *P* Probe, *v(z)* Geschwindigkeit, $R^*$ Korrekturradius durch Aufprallen der Strömung auf die Probenplatte

**Tabelle 8.10** Ergebnisse Druckrheometer–Messungen für *Klebsiella aerogenes* [8.6]

| Q [l min$^{-1}$] | $R_c$ [mm] | | | |
| --- | --- | --- | --- | --- |
| | Pyrex–Glas | Flachglas | silikonisierte Glasoberfläche | korrosionsbeständiger Stahl |
| 2,0 | 7,0 | 9,0 | 12,0 | 6,0 |
| 2,5 | 9,0 | 11,0 | 15,0 | 7,5 |
| 3,0 | 10,5 | 13,5 | 18,5 | 8,5 |
| 3,5 | 12,5 | 15,5 | 21,5 | 10,5 |

$R_c = R-R^*$, $R^* = 7$ [mm], $R$ gemessener Radius, $R_c$ korrigierter Radius infolge Turbulenzen am Strömungseintritt, $\tau = (3Q\mu)/(\pi rh^2)$, $Re = (3Q\rho)/(2\pi\eta h) = (3Q)/(2\pi\mu h)$ Reynolds–Zahl

Wechsel des Bewuchses (schwach/stark) ist proportional zur Adhäsionskraft. Die Ergebnisse mit dem aus Öl isolierten Bakterium *Klebsiella aerogenes* zeigen, daß die Adhäsionskraft am niedrigsten auf hydrophilen Flächen ist, wie der silikonisierten Oberfläche oder auf Glas selbst (Tabelle 8.10). Es ist der gleiche Effekt zu beobachten, wie bei einer Emailbeschichtung (Kap. 6.3).

# 8.6
# Elektrochemische Korrosionsmessungen

Die Korrosionsmechanismen und elektrochemischen Grundlagen, wie die Strom–Potential–Kurve (I–U), die Passivierung oder die Biokorrosion, wurden bereits im Kapitel 3.7 behandelt. Zur Untersuchung der elektrochemischen Reaktionen wendet man Potential-, Strom- und Polarisationsmessungen mit Gleich- und Wechselstrom an (äußere Spannungsquelle). Ein Ergebnis aus Gleichstrommessungen ist die I–U–Kurve, an Hand derer man charakteristische Eigenschaften des Materials ermitteln kann, wie die Passivierung, das Durchbruchspotential oder die Korrosionsgeschwindigkeit. Demgegenüber liefern Wechselstrommessungen Informationen zum dynamischen Elektrodenverhalten, zu Adsorptionsvorgängen oder zur Differenzierung von Polarisationsmechanismen, wobei die Impedanz ein Meßergebnis ist.

Gleichstrommessungen werden mit einem Galvanostaten, Spannungsteiler und Potentiostaten durchgeführt (Bild 8.29). Hierbei kann mit dem Galvanostaten und dem elektrischen Spannungsteiler die Strom–Spannungs–Kurve wegen möglicher Instabilitäten nicht vollständig gemessen werden kann.

Zur Bestimmung des Elektrodenpotentials mißt man die Potentialdifferenz zu einer Bezugselektrode, häufig der Wasserstoffnormalelektrode. Über eine Außenschaltung ist die Elektrode polarisierbar, wobei die Meßzelle und die Außenschaltung einen elektrischen Zweipol bilden. Bei einer homogenen Mischelektrode (flächenhafter Abtrag) genügt es, die Bezugselektrode in die Elektrolytlösung ein-

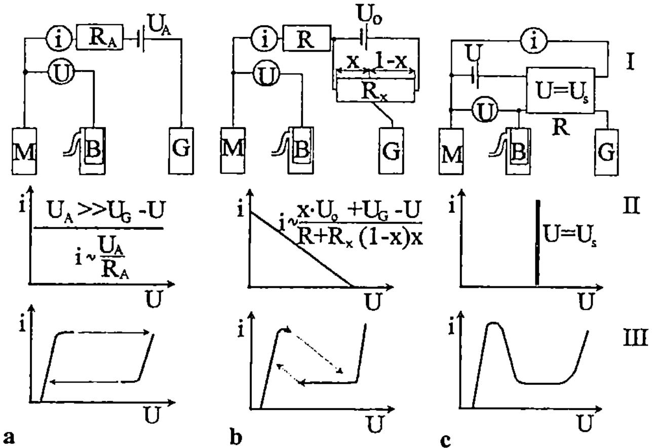

**Bild 8.29** Außenschaltung für Polarisationsmessungen
a Galvanostat, b Spannungsteiler, c Potentiostat, *I* Schaltung, *II* Widerstandsverlauf, *III* Strom–Potential–Kurve, *M* auszumessende Elektrode, *B* Bezugselektrode mit Haber–Lugginscher–Kapillare, *G* Gegenelektrode, *R* Regler

zutauchen. Demgegenüber muß man bei heterogenen Mischelektroden (lokaler Abtrag) örtlich messen. Zur Minimierung des Ohmschen Spannungsabfalls zwischen Sondenspitze und Elektrodenoberfläche $U = j\Omega x$ ($j$ Stromdichte, $\Omega$ spezifischer Elektrolytwiderstand, $x = 2d$ Sondenabstand, $d$ Sondendurchmesser) im Elektrolyten bringt man die Bezugselektrode so nah wie möglich an die auszumessende Elektrode heran (Haber–Lugginsche–Kapillare). Die Größe U ist als Korrekturwert im Meßergebnis zu berücksichtigen.

Die Strom–Potential–Kurve einer heterogenen Mischelektrode, z.B. Eisen in einer sauren Lösung $Fe(I)+2H^+(II) \leftrightarrow Fe^{2+}(II)+H_2\uparrow$, setzt sich aus zwei Teilreaktionen zusammen (Bild 8.30), wobei die gehemmte Reaktion geschwindigkeitsbestimmend ist. Im Beispiel ist dies die kathodische Teilreaktion $2H^++2e^- \leftrightarrow H_2$. Die Korrosionsgeschwindigkeit hängt in diesem Fall von der Wasserstoffionenkonzentration ab, dem pH–Wert (Bild 8.31a). Im neutralen und basischen Milieu sind

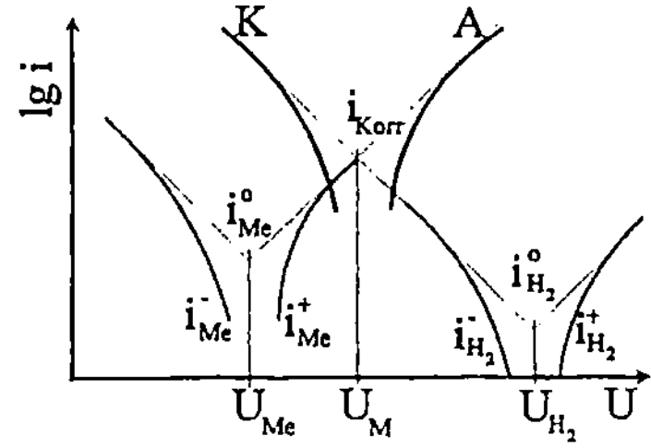

**Bild 8.30** Strom–Potential–Kurve einer Mischelektrode mit unabhängig voneinander ablaufenden Teilreaktionen
*A* Anode $Me \rightarrow Me^{2+}+2e^-$, *K* Kathode $H^++2e^- \rightarrow H_2\uparrow$, $i_{Korr}$ Korrosionsstrom der Mischelektrode, $i_{H2} = (i^+)_{H2}+(i^-)_{H2}$, $(i^+)_{Me} = (i^-)_{Me}$

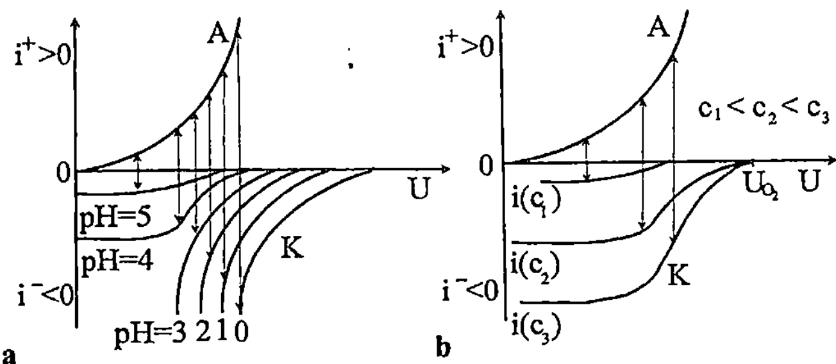



**Bild 8.31** Abhängigkeit der Korrosionsgeschwindigkeit vom pH–Wert und der $O_2$–Diffusion
a pH–Wert Abhängigkeit, $A$ Anode Me $\rightarrow$ Me$^{2+}$+2e⁻, $K$ Kathode H⁺+2e⁻ $\rightarrow$ H₂↑, b $O_2$–Diffusion Abhängigkeit, $A$ Anode Me $\rightarrow$ Me$^{2+}$+2e⁻, $K$ Kathode $O_2$+2H₂O+2e⁻ $\rightarrow$ 4OH⁻, $U_{O2}$ Potential der Diffusionsgrenzstromdichte für die $O_2$–Reaktion, $i_{Korr}$ Korrosionsstromdichte, $i_{Korr} \approx v_{Korr} = f(pH)$

die Bedingungen ähnlich, nur das jetzt die kathodische Reaktion vom Sauerstoffangebot $O_2$+4H⁺+2e⁻ $\leftrightarrow$ 2H₂O beeinflußt wird (Bild 8.31b). Dieses Prinzip erlaubt die Messung des pH–Wertes und des Sauerstoffgehaltes.

Für Messungen in Biofilmen eignen sich Mikrosonden (Bild 8.32), womit die räumliche Verteilung des Sauerstoffs und des pH–Wertes bestimmt werden kann (Bild 8.33). Über Biofilme sind kaum verläßliche Daten bekannt. Seine elektrischen Eigenschaften beschreibt man mit denen des Wassers, die u.a. zur Berechnung des Ohmschen Spannungsabfalles benötigt werden. Mit abnehmender Lichtintensität verringert sich der Sauerstoffgehalt und das biologische System verschiebt sich in den anaeroben Bereich, d.h. der pH–Wert nimmt ab. Vergleicht man diese Bereiche mit dicken, EPS verklebten Clustern, dann kann mit derartigen Messungen eine auf den teilkristallinen Strukturmodellen basierende Filmstruktur entwickelt werden (s. Bild 9.14). Die sauerstoffreichen Gebiete entsprächen in diesem betrachteten Fall einer geringen sauerstoffverbrauchenden Organismendichte, interpretierbar als Sauerstofftransportwege. Im Vergleich zum Glas (s. Bild 3.2) wären diese sauerstoffreichen Filmgebiete die Hohlräume in einer amorphen Struktur. Diese Vorstellungen sind vom jeweiligen biologischen Milieu abhängig.

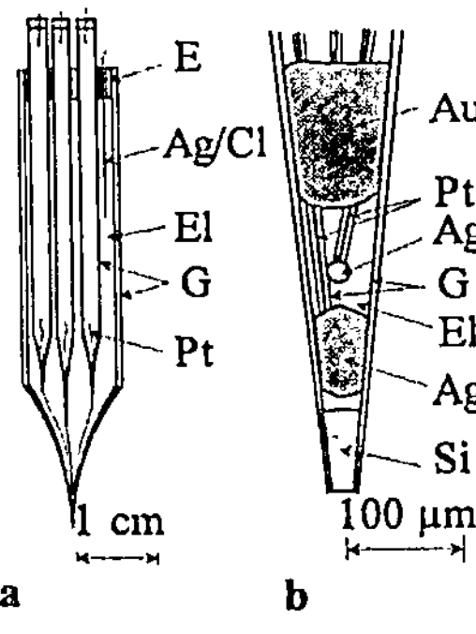



**Bild 8.32** Mikrosonden für simultane Messungen
a für N₂O und O₂, $E$ Epoxidharz, $Ag/Cl$ Ag/AgCl–Anode, $El$ Elektrolyt, $G$ Glas, $Pt$ Pt–Draht, b für O₂, pH–Wert und Sulfide, $Au$ poröses Gold, $Ag$ Silber, $Si$ Silikongummi

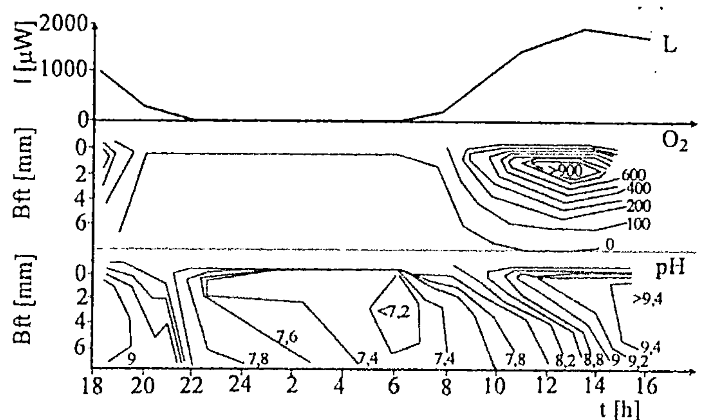

**Bild 8.33** Isokurven eines Schnittes durch einen Biofilm für $O_2$ und den pH–Wert [8.6]
$L$ Lichtintensität, $Bft$ Biofilmdicke, $t$ Zeit

Im Kapitel 3.7.4 wurde bereits der Einfluß sulfatreduzierender Bakterien (SRB) auf den Korrosionsprozeß erläutert. Polarisationsmessungen (Bild 8.34) zeigen, daß sich mit anhaltender mikrobieller Aktivität der Korrosionsstrom erhöht bei einer gleichzeitigen Verschiebung des Korrosionspotentials (Bild 8.34a). Inaktive Bakterien (Bild 8.34b) rufen diesen Effekt nicht hervor.

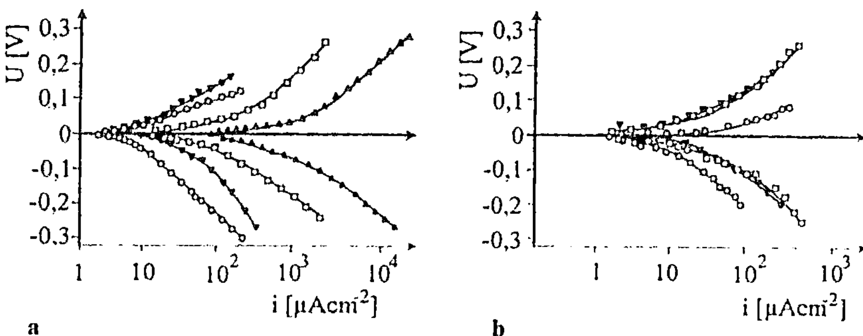

**Bild 8.34** Polarisationskurven für Weicheisen bei Anwesenheit von sulfatreduzierenden Bakterien [3.11]
a aktive Kultur, b inaktive Kultur, *Kultur Dv.desulfuricans*, $U_{Korr}$ Korrosionspotential (gemessen gegen Cu/CuSO₄)

| | $U_{Korr}$ [mV], Fall a | | | | $U_{Korr}$ [mV], Fall b | | |
|---|---|---|---|---|---|---|---|
| Symbol | o | x | □ | Δ | o | x | □ |
| Zeit [Tage] | 0 | 1 | 2 | 10 | 0 | 253 | 436 |
| $U_{Kor}$ [mV] | −790 | −779 | −741 | −792 | −768 | −728 | −756 |

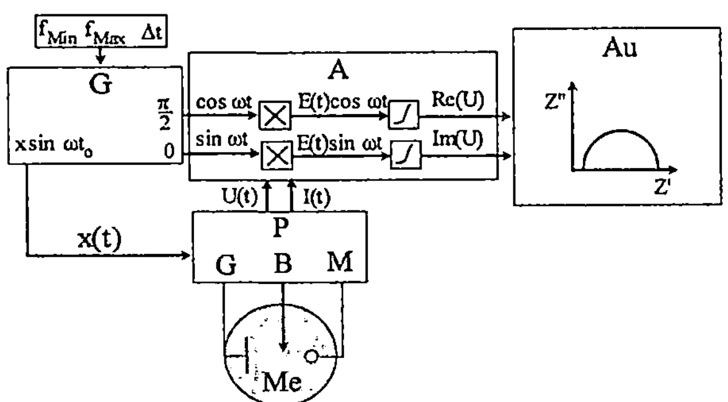


**Bild 8.35** Prinzipschaltbild zur Frequenzanalyse (Impedanzspektroskopie)
*G* Generator, *A* Analysator, *Au* Auswertung, *P* Potentiostat, *G* Gegenelektrode, *B* Bezugselektrode, *M* auszumessende Elektrode, *Me* Meßzelle

Die Frequenzanalyse (*Impedanzspektroskopie* Bild 8.35) ermöglicht Aussagen über das dynamische Systemverhalten, wobei das System fremd (Störungsfunktion) oder selbst (Eigenrauschen) angeregt werden kann. In Anlehnung an einen Analogrechner muß man zur Interpretation der Ergebnisse seine Modellvorstellung über den Reaktionsablauf in einem Ersatzschaubild entwickeln, das aus Induktivitäten und Kapazitäten zusammengesetzt ist. Im Wechselstromkreis erhöht eine Induktivität L den Ohmschen Widerstand um den Betrag $\omega L$, wobei der Strom $i = I_m \sin(\omega t - \alpha)$ der Spannung mit der Phasenverschiebung $(-\alpha)$ nachhingt. Entsprechend bewirkt ein Kondensator (Kapazität C) ein Vorauseilen des Stromes $(+\alpha)$ und eine Widerstandsabnahme um $1/\omega C$. In der komplexen Darstellung der Wechselspannung $U = U_x + iU_y$ ($\tan \alpha = U_y/U_x$) bzw. $U = Ue^{i\alpha}$ ($e^{i\alpha} = \cos\alpha + i\sin\alpha$) ist der Betrag des scheinbaren Widerstandes (Impedanz) $Z = R + (\omega L - 1/\omega C)$ ($\tan \alpha = [\omega L - \omega^{-1}C^{-1}]/R$) stets größer oder gleich dem Ohmschen (Wirkwiderstand) $R = Z\cos\alpha$. Die Differenz $R_B = Z\sin\alpha = \omega L - 1/\omega C$ ist der Blindwiderstand (Reaktanz).

Im Bild 8.36a ist eine elektrochemische Meßzelle und das elektrische Ersatzschaubild dargestellt. Nach diesem Modell setzt sich der Widerstand an der Meßelektrode aus der Faraday–Impedanz $R_F$ und dem kapazitiven Widerstand $R_C$ infolge einer elektrischen Doppelschicht zusammen. Mit der Annahme, daß sich die Eigenschaften des Elektrolyten zeitlich nicht ändern (Diffusionspolarisation), ist er ein konstanter Ohmscher Vorschaltwiderstand $R_E$. Im Helmholtz–Modell nimmt man an (Bild 8.36b ), daß der Widerstand $R_Z$ der Meßzelle gleich Null ist, womit für die Impedanz $Z_F = R_E + (R_F - i\omega^{-1}C_D^{-1})$ gilt. Aus der im Bild 8.36d skizzierten Zeigerdarstellung für diese idealisierte Meßzelle $Z = Z' + iZ''$ ergeben sich zwei Grenzfälle.

- Der Blindwiderstand strebt gegen unendlich $R_c = -1/\omega C \to \infty$, d.h. die Kapazität C der Doppelschicht strebt gegen Null. In diesem Fall ist die Doppelschicht nicht vorhanden, somit auch keine Polarisation. Die Korrosion würde ohne Hemmung ablaufen.

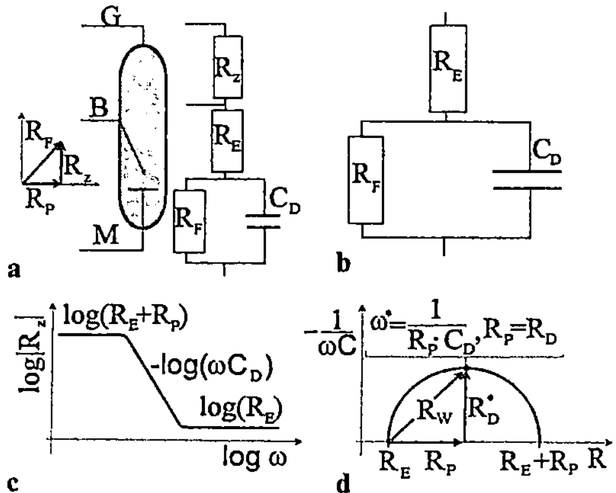

**Bild 8.36** Impedanzspektroskopische Auswertung einer elektrochemische Meßzelle
a Ersatzschaubild, b Helmholtz–Modell, c–d Impedanzschaubilder, c Bode–Diagramm, d Nyquist–Diagramm, $R_Z$ Zellwiderstand, $R_E$ Elektrolytwiderstand, $R_F$ Faradayimpedanz, $R_P$ Polarisationswiderstand, $C_D$ Kapazität der Doppelschicht, B Bezugselektrode, G Gegenelektrode, M auszumessendes Metall

- Der Blindwiderstand strebt gegen Null $R_C = -1/\omega C \to 0$, so daß die Kapazität gegen unendlich strebt. Dies entspricht einer sehr dicken Doppelschicht, infolgedessen ein Ladungsträgertransport nicht mehr stattfindet.

Impedanzmessungen (Nyquistdiagramm) zur Korrosion von Weicheisen in einer SRB–Kultur zeigten eine Abnahme des Blindwiderstandes in den ersten zehn Kulturtagen (Bild 8.37). Es ist anzunehmen, daß die Bakterien die Doppelschicht

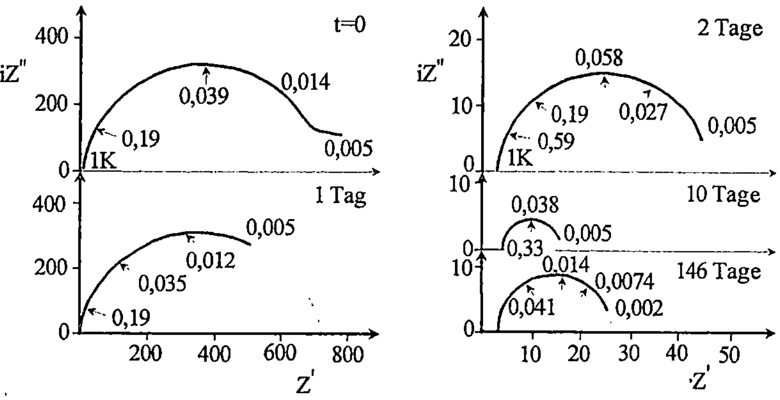

**Bild 8.37** Impedanzkurven für die Korrosion von Weicheisen durch sulfatreduzierende Bakterien [3.11]
$Z'$ Realteil von Z ($\omega$), $iZ''$ Imaginärteil von Z ($\omega$), *Kultur Dv.desulfuricans*

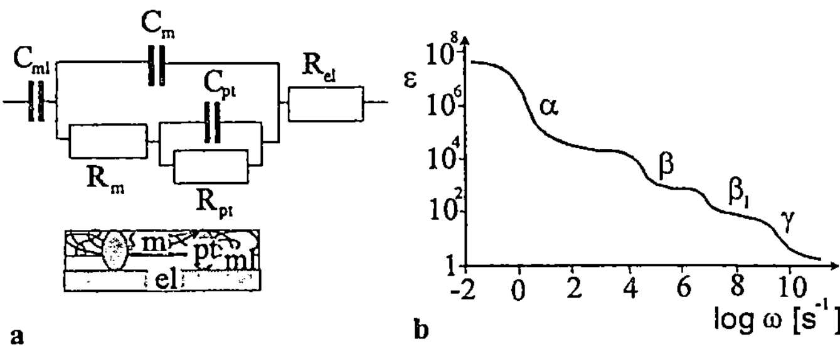

**Bild 8.38** Ersatzschaubild für eine Lipidschicht mit kanalbildenden Proteinen [8.12, 8.14]
a Ersatzschaubild und Modell, b dielektrisches Spektrum einer Zelloberfläche, *ml* Monolayer (Ankopplung), *el* Elektrode, *m* Lipidschicht, *pt* kanalbildende Proteine, $\varepsilon = \varepsilon_r\varepsilon_0$ Dielektrizitätskonstante, $\varepsilon_r$ Permitivität (stoffabhängig), $\alpha$ tangentialer Elektronenfluß entlang der Zelloberfläche, $\beta$ Ladungsspeicherung an der Zellmembran, $\beta_l$ Proteinrotation, $\gamma$ Rotation von Molekülen mit kleinem Molekulargewicht

abbauen. Infolgedessen kommt es zur Abnahme des Elektrodenwiderstandes, dies ist gleichbedeutend mit einer verstärkten Korrosion. Diese mikrobiellen Aktivitäten wirken auch noch nach 146 Tagen. Die Ergebnisse zeigen eindrucksvoll die aktive Beeinflussung der Korrosion durch Mikroorganismen. Es gibt ähnliche Experimente im mikrobiell nachgebildeten Mundmilieu (Kap. 3.7), in denen durch eine Driftbewegung der eingesetzten Mikroorganismen (*Staphylococcen*, *Streptococcen*) im elektrischen Prüffeld Meßverfälschungen nicht auszuschließen sind.

Das Bode–Diagramm liefert eine frequenzabhängige Darstellung der Widerstände (Bild 8.38 ). Im Kapitel 7 wurde über Bemühungen berichtet, Schichten auf Implantaten abzuscheiden, die ein Einwachsen von Knochengewebe aktiv begleiten. Der zelluläre Kontakt und das nachfolgende Zellwachstum wird durch präformierte Proteinstränge entscheidend beeinflußt. In Impedanzmodellen werden diese, das System zeitlich verändernden Reaktionen, durch Kapazitäten berücksichtigt. So zeigt das Bild 8.38a ein Modell zur Beschreibung von Lipidschichten mit kanalbildenden Proteinen, einer Modellvorstellung für Zellmembranen (s. Bild 2.15). Reduziert man das Modell auf die Veränderungen, d.h. die Kapazität $C = \varepsilon_r\varepsilon_0 A/d$ (*A* Fläche, *d* Plattenabstand, $\varepsilon_r$ Permitivitätszahl, $\varepsilon_0$ elektrische Feldkonstante, $\varepsilon = \varepsilon_r\varepsilon_0$ Dielektrizitätskonstante), dann liefert das dielektrische Spektrum eine Information über die Vorgänge an der Schicht (Bild 8.38b). Dies ist ein Versuch, bioverträgliche Schichten mit elektrochemischen Größen zu charakterisieren, in denen sich auch die adhäsiven Anteile verbergen.

# 8.7
# Kultivierung

In den jeweiligen Kapiteln wurde bereits auf die Notwendigkeit von Besiedelungsexperimenten zur Interpretation von Wachstums- und Korrosionsprozessen an festen Oberflächen verwiesen, sei es als Bioverträglichkeitstest, zur Untersuchung der Adhäsionsmechanismen oder in der Biokorrosion. Die Mikroorganismen können auf Nährböden, in Batch–Kulturen oder in Fermentorsystemen gezüchtet werden. Eine Voraussetzung, aber auch prinzipielle Schwierigkeit, ist die Nichtbeeinflussung der Kultur durch die verwendeten Werkstoffe und Meßsysteme. Beispielsweise bewegen sich Zellen im elektrischen Feld einer Korrosionsmeßzelle. In wissentlich mit Bakterien kontaminierten Elektrolyten zur Untersuchung der bakteriellen Spezifik, u.a. in der Prothetik, kann dies zu völlig veränderten Bedingungen in der Doppelschicht führen.

Die Züchtung auf Nährböden bietet sich insbesondere zur Zellidentifizierung an. Grundsätzlich sollte für die mikrobiologische Diagnostik die Isolierung der verantwortlichen Keime angestrebt werden, wobei je nach Wachstumsbedingungen unterschiedliche Kulturmedien zu beimpfen sind. So wachsen Bakterien, Pilze und Protozoen heterotroph, wodurch sie einen bestimmten Bedarf an organischen Stoffen haben, welche den Nährlösungen oder Nährböden zuzufügen sind. Die Bebrütungszeit reicht von 1 bis 2 Tagen bis zu 2 bis 8 Wochen (Pilze). Demgegenüber vermehren sich Viren nur intrazellulär, so daß man hierfür Zellkulturen anlegen muß. So wurde die mikrobielle Zusammensetzung des Zahnbelages durch Anwendung verschiedener Agarböden bestimmt, wie dem GSTB–Agar für *Streptococcus mutans*, dem Miltis–Salivarius–Agar für *Streptococcus species* und Rogosa–Agar für *Lactobacillus* [8.11]. Anaerobe Bedingungen stellt man u.a. mit einem Gasgemisch aus $N_2$, $H_2$ und $CO_2$ (85:10:5) ein. In der Biomaterialtestung wendet man spezifische biotechnologische Verfahren an, u.a. zur Isolation und Züchtung von Osteoblasten aus bebrüteten Hühnereiern (Proliferationstest) oder die Züchtung von Endothelzellen als Modell für die Gefäßwand [8.15].

Batch–Kulturen, gezüchtet in Petrischalen, Petrikolben oder einer Warburg–Apparatur, erlauben Besiedelungsexperimente ohne einer hydrodynamischen Beeinflussung. Man muß aber beachten, daß in abgeschlossenen Gefäßsystemen die Nährbestandteile verbraucht werden. Die anzustrebenden konstanten Wachstumsbedingungen, eine Voraussetzung für kinetische Betrachtungen, sind nur über eine ständige Kontrolle der aktuellen Wachstumssituation und ein Nachpuffern der verbrauchten Nährstoffe realisierbar. Mögliche Störungen der ruhenden Flüssigkeit sind zu vermeiden, beispielsweise durch Zirkularströmungen beim Pipettieren.

Die Entnahme von Biofilmen erweist sich oftmals um ein Vielfaches schwieriger. Dieser müßte vollständig von der Oberfläche abgelöst werden, was bei den mikrobiellen Abmessungen kaum gelingt. Am einfachsten ist immer noch die Verfahrensweise, das gesamte besiedelte Teil auszubauen und in das Labor zu überführen. Insbesondere beim Auftreten unbekannter Mikroorganismen ist ein Vorgehen nach den Henle–Kochschen Postulaten unerläßlich, die besagen,

- daß ein Bakterium mikroskopisch nachgewiesen werden muß,
- daß es mit gleicher Morphologie in Nährlösungen vermehrt werden kann,
- daß es in einem Versuchstier, hier Laborexperiment, unter den Bedingungen der Schadensstelle die gleichen Schädigungen herrufen muß und
- daß die Kultur (Rückisolierung) letztendlich wieder nachweisbar ist.

Indirekte Hinweise auf die Beteiligung von Mikroorganismen, meistens bei Besichtigung eines Schadens, können Veränderungen des pH–Wertes, der $CO_2$–Konzentration, des $O_2$–Verbrauches, der Wärmetönung, des Trübungsgrades, der elektrischen Leitfähigkeit oder infektiöse Gewebspartien sein. Es sind aber auch direkte Materialveränderungen beobachtbar, wie Verfärbungen, insbesondere bei Kunststoffen, Gewichtsvariationen oder Veränderungen der mechanischen, optischen und elektrischen Eigenschaften.

## 8.8
## Prüftechnische Unterschiede in Biotechnologie und Medizin

Die Unterschiede basieren insbesondere auf den anzuwendenden Kulturen und den sich hieraus ergebenden Kultivierungsbedingungen (Tabelle 8.11), wobei die Untersuchungsmethoden und physikalischen Interpretationen oftmals nur unwesentlich voneinander abweichen.

Die Kultivierung in der Bioverfahrenstechnik erfolgt als Batch–Kultur oder im Fermentor unter Echtzeitbedingungen. Hierbei handelt es sich oftmals um Langzeitexperimente. Zur Verkürzung der experimentellen Meßzeiten und zur Minimierung des Meßfehlers infolge zeitlicher Kulturschwankungen ist die Entwicklung von Modellösungen anzustreben. Die Ausgangsstufe für Materialentwicklungen in der Medizin sind ebenfalls Batch–Experimente, die in fortgeschrittenen experimentellen Stadien durch Tierversuche und letztendlich dem Einsatz im menschlichen Organismus selbst abgelöst werden. Hier ist die Entwicklung von biologischen Modellsystemen unerläßlich. Erwähnt sei das Blut, dessen Fließverhalten in künstlichen Gefäßen mit wäßrigen Lösungen nur unvollkommen nachvollzogen werden kann (Schlierenaufnahmen). Mögliche Ablagerungen und Reaktionen von Blutbestandteilen sind hiermit nicht simulierbar. Man weicht deshalb auf Schweineblut als Frischblut aus (Kap. 7). Im Blut mittransportierte Huminstoffe oder Proteine setzen den Organismus als ständig produzierendes System voraus, vergleichbar mit einem kontinuierlich arbeitenden Fermentor in der Bioverfahrenstechnik.

Zur Untersuchung von Grenzflächenphänomenen können in der Biotechnologie prinzipiell Mikroelektroden in sich bildende Biofilme einwachsen. Demgegenüber verbietet sich in medizinischen Anwendungen die Implantation derartiger Meßsysteme. Insbesondere für diesen sensiblen Bereich ist ein tieferes theoretisches Verständnis der Grenzflächenphänomene unerläßlich. Aus physikalischer Sicht ist hier eine engere Verflechtung zwischen der Bioverfahrenstechnik und der Medizin wünschenswert.

Die mechanische Belastung in bioverfahrenstechnischen Anlagen ist ingenieurtechnisch beherrschbar. Es handelt sich hierbei um klassische, verfahrenstechnische Konstruktionen. Um ein Vielfaches komplexer sind die mechanischen Anforderungen an ein Implantat. Erinnert sei nur an den, vom Bewegungsablauf abhängigen Spannungsverlauf in einem Hüftgelenk oder die dynamischen Belastungen einer Herzklappe. Hier führen nur dem Bewegungsablauf angepaßte Experimente zu Beurteilungskriterien. In diese Aufgabe muß die Biomechanik zwingend einbezogen werden, mittlerweile Alltag in der Endoprothesenfertigung.

Kritische Bereiche sind in beiden Anwendungen die Verbindungsgefüge und Beschichtungen. Hier liegen, insbesondere unter biokorrosiven Bedingungen, keine verwertbaren Ergebnisse vor. Die topographischen Veränderungen an der Werkstoffoberfläche, sei es durch tribologische Effekte oder Korrosion, bewirken in der Bioverfahrenstechnik sich verändernde Sterilisations- und Besiedelungsbedingungen, wobei in der Medizin zusätzliche Gewebsreaktionen infolge der Verschleißprodukte auftreten.

Hinsichtlich der physikalischen Interpretationen besteht Klärungsbedarf für die Bioadhäsion, das rheologische Verhalten von Biofilmen, über die Grenzflächendiffusion und die Korrosionsmechanismen. Diese Grundlagenaussagen unterscheiden sich nicht in beiden Branchen, aber in den Auswirkungen auf die verschiedenen Zellarten.

**Tabelle 8.11** Unterschiede zwischen medizinischen und biotechnologischen Anforderungen

| Prozeß | Medizin | Biotechnologie |
|---|---|---|
| Kultivierung | Batch–Experimente, Tierversuche, Mensch | Batch– Experimente, Fermentor |
| Elektrolyt | Reallösungen in größeren Mengen kaum verfügbar (Blut, Speichel, Lymphe); Modellösungen nur begrenzt entwickelt | technisch relevantes Produkt<br><br>Modellösungen sind die aktuellen Kulturlösungen |
| Grenzflächenphänomene | nur in Modellsystemen meßbar oder nach Reoperation, Entwicklung von Modellexperimenten | vielfältige Oberflächenverfahren, Entwicklung von Simulationsanlagen, Messung unter Biofilmen/in und an lebenden Organismen |
| mechanische Belastung | komplizierte Belastungsfälle (Spannungsrißkorrosion, technologische Einflüsse); Simulationsanlagen | einfachere Belastungsfälle, aber Korrosion und technologische Einflüsse, Simulationsanlagen |
| Biophysik | Bioadhäsion, Biokorrosion, Diffusion, Rheologie bakterieller Filme (Sterilität) und von Säugerzellen, Charakterisierung von Oberflächen und Zellclustern, Zellphysiologie, Beschreibung von Grenzflächen, Clusterstrukturen, Simulation | Bioadhäsion, Biokorrosion, Diffusion, Rheologie von Biofilmen, Abbaumechanismen, Zellphysiologie, Struktur von Biofilmen und adhärierenden Cluster, Beschreibung von Grenzflächen, Simulation |

# 8.9
# Qualitätssicherung und Risikoabschätzung

Die Abschätzung möglicher Risiken beim biologisch indizierten Versagen von Werkstoffen, somit auch die Qualitätsgarantie, ist untrennbar mit der Werkstoffprüfung verknüpft. Mit zunehmenden Emissionen, wie Schwefeldioxid und Stickoxiden aus Industrie, Verkehr und Haushalt, von Ammoniak aus der Landwirtschaft und der Rauchgasentschwefelung oder von organischen Verbindungen infolge der Erdöl- und Erdgasförderung, steigen die anthropogenen Belastungen. Die grundsätzlichen Zusammenhänge zwischen diesen Belastungen und dem Werkstoffverhalten sind nicht geklärt. Der gegenwärtige Materialschutz bezieht sich nur auf Einzelmaßnahmen.

Bereits eine Werkstoffprüfung unter bekannten, zusätzlichen Belastungen, sei es eine Temperaturbeeinflussung oder durch Korrosion, erfordert den Aufbau von Simulationsanlagen und eine in diese integrierte Werkstoffprüfung. So sind die für die Qualitätssicherung bedeutungsvollen Prozesse am Rißgrund bei einer Schwingungsrißkorrosion nahezu unbekannt, einem Problem in der Kraftwerks- und Meerestechnik, dem Flugzeugbau aber auch der Implantologie.

Der medizinisch indizierte Materialeinsatz hat ein viel größeres öffentliches Interesse, da es sich um ein Problem handelt, das jeden betrifft, und seien es nur die Zähne. Die Dichtungswerkstoffe verdeutlichen aber, daß dieser Problemkreis der mikrobiellen Materialveränderung auch im häuslichen Alltag bedeutungsvoll sein kann. Die heutigen Elastomere in Abwasseranlagen werden mit Bioziden gegenüber einer mikrobiellen Schädigung geschützt. Mit dem erhöhten Einsatz von Wasch- und Spülmitteln sind diese bereits nach kurzer Zeit herauslösbar. Es kommt zum Abbau der Weichmacher und die Dichtungen verspröden mehr oder weniger schnell, so daß die Rohrverbindungen letztendlich undicht werden.

Im Zusammenhang mit Biofilmen ist bereits auf die vielfältigen Wechselwirkungen zwischen diesem und den Werkstoffen verwiesen worden. Er stellt aber auch ein Depot dar, welches die angrenzende Lösung in Abhängigkeit von der Zeit kontaminieren kann. Dies ist ein gravierendes Problem in der Reinstraumtechnik und Hygiene, u.a. zur Garantie der Qualität des Trinkwassers oder der Antsepsis in Krankenhäusern.

Qualitätssicherung heißt aber auch Materialschutz und dessen Beständigkeit, z.B. mit physikalischen oder chemischen Methoden, Beschichtungen und Eingriffe in das biologische Milieu. Alle Maßnahmen, die in das biologische System korrigierend eingreifen, wie die Temperatur, der pH–Wert, der Nährstoffgehalt, sind nur dann hinsichtlich eines Materialschutzes veränderbar, wenn die mikrobiologische Produktion nicht im Vordergrund steht. Beim Materialeinsatz in der Medizin ist das Milieu zwangsläufig festgelegt. Entsprechendes gilt für chemische Verfahren, insbesondere beim Einsatz von Bioziden. Darüber hinaus ist ein Biozideinsatz, wie in der Papier- und Textilindustrie, immer eine Umweltbelastung. Einen Erfolg verspricht man sich durch die gezielte Veränderung der Oberflächeneigenschaften, einem materialseitigen Antifouling.

Materialschutz schließt auch die Konservierung eines Produktes ein. Konservierungsmittel sind chemische Substanzen oder Substanzgemische, die in geringer Konzentration Mikroorganismen abtöten oder sie in ihrer Entwicklung hemmen können und eine gute Verträglichkeit mit dem zu schützenden Produkt zeigen. Hierbei sind die Auswirkungen auf Mensch und Umwelt abzuschätzen. Die Frage nach dem Konservierungsmittel bei der Entwicklung eines Produktes entscheidet bereits über dessen zukünftige Qualität und mögliche Risiken. Der Test erfolgt oftmals mit nicht standardisierten Methoden, so daß ein Vergleich untereinander kaum möglich ist.

Risikoabschätzungen bezüglich des Gesamtsystems, Werkstoff und möglicherweise freigesetzte Oberflächenionen, Veränderungen im biologischen System und eingesetzte Chemikalien, können nur an Hand toxikologischer und ökotoxikologischer Tests durchgeführt werden. Da sich hierfür „Freilandexperimente" nahezu verbieten, erwächst die Forderung nach Simulationsanlagen. Qualitätssicherung und Risikoabschätzungen setzen eine Standardisierung der Prüfverfahren voraus. Hier besteht ein immenser Nachholebedarf.

# Literatur


[8.1]  Block, J., Bradshaw, A.M., Gravelle, P.C., Huber, J., Hansen, R.S., Roberts, M.W., Sheppard, N., Tamaru, K. (1990): J.Pure Appl.Chem. **62**, 2297

[8.2]  Bryers, J.D. (1994): Colloids and Surfaces B–Biointerfaces 2, 9

[8.3]  Busscher, H.J., Bellon–Fontaine, M.N., Mozes, N., van der Mei, H.C., Sjollema, J., Léonard, A.J., Rouxhet, P.G., Cerf, O. (1990): J.Microbiol.Methods **12**, 101

[8.4]  Busscher, H.J., Uyen, H.M.W., Stokroos, I., Jongebloed, W.L. (1989): Archs.oral Biol. **34**, 803

[8.5]  Crameri, A.., Whitehorn, E.A., Tate, E., Stemmer, W.P.C. (1996): Nature Biotechnology **14**, 315

[8.6]  Fowler, H.W., Mc Kay, A.J. (1978): *The Adhesion of Cells to Surfaces*. Chemical Symposium, Applications of Chemical Engineering to Medicine and Health Care

[8.7]  Hodges, G.M., Carr, K.E. (1990): Europ.Microsc.&Analysis **July**, 17

[8.8]  Hsieh, K.M., Lion, L.W., Shuler, M.L. (1985): Appl.&Env.Microbiology **50**, 1155

[8.9]  Korber, D.R., Lawrence, J.R., Sutton, B., Caldwell, D.E. (1989): Microbial Ecology **18**, 1

[8.10] Macosko, C.W. (1994): Rheology. Verlag Chemie, Weinheim

[8.11] Perdok, J.F., Busscher, H.J., Weerkamp, A.H., Arends, J. (1988): Clinical Preventive Dentistry **10** (5), 3

[8.12] Pethig, R., Kell, D.B. (1987): Physics in Medicine and Biology **32**, 933

[8.13] Sjollema, J., van der Mei, H.C., Uyen, H.M., Busscher, H.J. (1990): FEMS Microbiol. Lett. **69**, 263

[8.14] Steinem, C., Janshoff, A., Ulbrich, W.B., Sieber, M., Galla, H.J. (1996): Biochimica et Biophysica Acta **1279**, 169

[8.15] Thilo–Körner, D.G.S. (1989): BioEngineering **5**, 32

[8.16] van der Mei, H.C., Genet, M.J., Weerkamp, A.H., Rouxhet, P.G., Busscher, H.J. (1989): Archs. oral Biol. **34**, 889

[8.17] van der Mei, H.C., Noordmans, J., Busscher, H.J. (1989): Biochemica&Biophysica Acta **991**, 395

[8.18] van der Mei, H.C., Perdok, J.F., Genet, M., Rouxhet, P.G., Busscher, H.J. (1990): Clinical Preventive Dentistry **12**, 1

[8.19] Willert, H.G., Buchhorn, G.H., Semlitsch, M. (1981): Recognition and Identification of Wear Products in the Surrounding Tissues of Artifical Joint Protheses. in Dumbleton, J.H. ed.: *Tribology of Natural and Artifical Joints*. Elsevier, Amsterdam, pp.381–419

[8.20] Yates, J.T., Madey, T.E., eds. (1988): *Methods of Surface Characterization*. Plenum Press, New York

# 9 Mathematische Methoden

Das Wunschbild eines jeden Werkstoffwissenschaftlers besteht darin, das Materialverhalten unter den jeweiligen Anwendungsbedingungen zu prognostizieren. Der Wandel in der modernen Werkstoffwissenschaft, vom Experiment zur theoretischen Beschreibung, kommt dieser Vorstellung entgegen. Die hierbei erwachsenden Probleme sind zum einen die Unkenntnis der ablaufenden Reaktionen und andererseits nur wenige Informationen über die wirkenden Energien und deren Verteilung.

Bereits für solche „einfachen" Prozesse, wie die Bildung von Ausscheidungen, gelingt es lediglich für binäre Legierungen Modellansätze zur Vorhersage der Ausscheidungskinetik aufzustellen [3.19]. In Verbindung mit biologischen Systemen, also lebenden Zellen, wofür die Zellreaktionen oftmals unbekannt sind, existieren nur wenige Ansätze, vorrangig zum Strömungsverhalten, zur Wärmeleitung und zur Adhäsion. Voraussetzung ist aber immer die experimentelle Bestimmung der wirkenden Energien, ausgedrückt in spezifischen Kenngrößen, wie der Wärmeleitzahl, der Dichte, der Viskosität etc. Letztendlich bedeutet dies nichts anderes, als eine Anpassung der Modelle an die Realität. Nachfolgend soll ein kleiner Ausblick über die Möglichkeiten „numerischer Experimente" und die Anwendung bekannter materialwissenschaftlicher Modelle gegeben werden.

## 9.1
## Kinetische Modelle

Das Bild 9.1 zeigt biologische Wachstumskurven (Batch–Kultur) als typische experimentelle Verläufe in Besiedelungsexperimenten. Zur Auswertung und Beschreibung sind kinetische Modelle unerläßlich. Hierbei reicht das Spektrum von einfachen, den experimentellen Zusammenhang beschreibenden Funktionen bis zu komplexen Simulationen.

### 9.1.1
### Exponentieller Ansatz

Der Exponentialansatz $dn/dt = \beta n$ beschreibt die log–Phase in Batch–Kulturen (Petrischale). Untersuchungen von bakteriellen Mischkulturen im Trinkwasser zeigten im Gleichgewichtszustand ebenfalls dieses einfache exponentielle Verhalten [9.8]. Die Lösung (Bild 9.2)

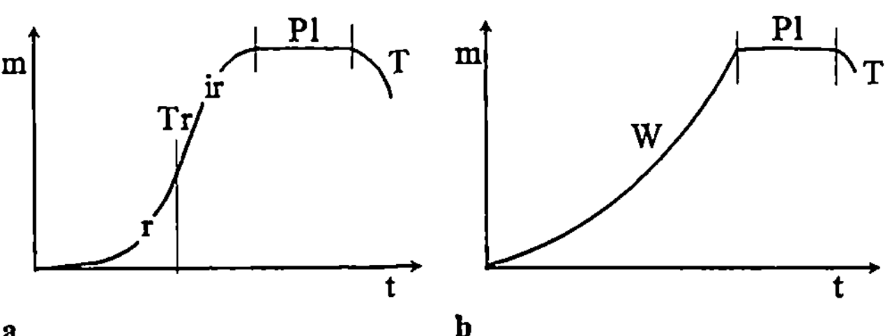


**Bild 9.1** Charakteristische Wachstumskurven
a für Hefen, Bakterien, b für mycelbildende Mikroorganismen, *m* Biomasse, *t* Zeit, *T* Zelltod,
*Pl* Plateau (stationäres Wachstum, die absterbenden Zellen werden durch lebende ersetzt), *Tr*
Übergang lag–(*r* reversibel)/log–(*ir* irreversibel) Phase, *W* nur log–Phase (stabiles Wachstum)

$$n = n_0 \cdot \exp(-\beta \cdot t) \tag{9.1}$$

*β* Konstante

ist die zeitliche Änderung der Zellzahl n auf der Oberfläche unter der Voraussetzung, daß maximal $n_0$ Zellen adsorbiert werden können. Vergleicht man die Wahrscheinlichkeit w = n/$n_0$ für die Besiedelung einer Probe mit der statistischen Definition der Entropie S = k ln w, dann gilt für die, die Kinetik beschreibende Konstante

$$\beta = -\frac{S}{k}\frac{1}{t} \tag{9.2}$$

Die Zellzahl $n_0 = n_{0,Ads} + n_{0,D}$ hängt von der adsorptionsfähigen Oberfläche (Ads) und der Diffusion (D) der Organismen in der Lösung ab. Der erste Term setzt detaillierte Kenntnisse zur Adhäsionskinetik voraus. So wurde für Bakterien des Mundraumes (*Streptococcus spec.*) aus einem Vergleich der Adhäsionsarbeit $F_{adh}$ (Gleichung 4.8, Kugel/Platte Modell) mit experimentell beobachteten Besiedelungszahlen die empirische Beziehung [9.3] $n_{0,Ads} = a^*(F_{adh}-23,1)+1,2$ für das Gleichgewicht gefunden. Die Konstante $a^*$ beschreibt alle im Kugel/Platte Modell nicht erfaßten Phänomene zwischen den Zellen und der Oberfläche, wie spezifische Wechselwirkungen. Die diffusionsbeeinflußte Zellzahl $j_0 = n_{0D}kT(m\beta)^{-1}$ bzw.

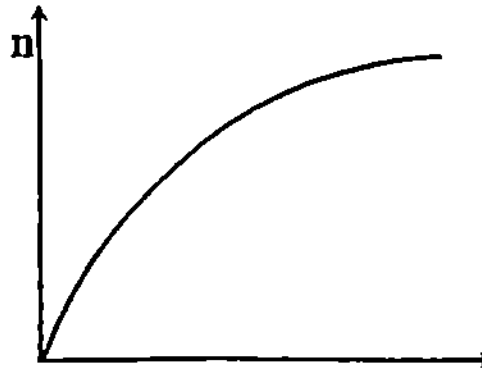


**Bild 9.2** Exponentielle Wachstumsfunktion

**Tabelle 9.1** Konstanten ß und ß* für Cluster von *Streptococcus sanguis* in Abhängigkeit von der Schergeschwindigkeit $\tau$ und der Konzentration c [9.3]

| Material | c [mM] | $\tau$ [s⁻¹] | $\beta$ [$10^{-4}$s⁻¹] | $\beta^*$ (t = 1000 s) [$10^{-4}$s⁻¹] | $\beta^*$ (t = 5000 s) [$10^{-4}$s⁻¹] |
|---|---|---|---|---|---|
| FEP | 80 | 10 | 5,9 | 4,1 | 1,0 |
| (hydrophob) | | 90 | 2,7 | 5,3 | 1,5 |
| | | 200 | 0,7 | 5,8 | 1,1 |
| | 10 | 90 | 0,7 | 2,2 | 2,4 |
| Glas | 80 | 10 | 0,3 | 5,7 | 2,9 |
| (hydrophil) | | 90 | 1,6 | 1,0 | 0,2 |
| | | 200 | 0,4 | 1,4 | 0,2 |
| | 10 | 90 | 0,5 | 2,0 | 0,4 |

$\tau$ mittlere Wahrscheinlichkeit für die Anlagerung eines Teilchens

$j_0 = BkTn_{oD}$ ($B$ Beweglichkeit, s. Gleichung 3.21) kann mittels des Fickschen Gesetzes unter Berücksichtigung einer Diffusion in der Grenzschicht berechnet werden (Gleichung 4. 68). Mit der Annahme, daß die Vorgänge in der Randschicht den Prozeß dominieren, gilt $j_{oD} = (DcE_D)/(kTx)$ ($x$ Länge in Strömungsrichtung, $E_D$ Potential in der Grenzschicht). Die für den Transport verantwortliche Kraft in der Grenzschicht beschreibt der Strömungswiderstand $W = C^*Re\rho v^2\pi R^2/2$ (*Re* Reynoldszahl, $R$ Rohrradius, $C^*$ Konstante, $\delta$ Grenzschichtdicke), woraus sich das Potential $E_D = W\delta$ ergibt. Repräsentativer für Transportprozesse in Grenzschichten ist die stoffabhängige Péclet–Zahl (Pe = Re$\eta$/D, Kap. 4.7.2.), die das Verhältnis der Strömung zur Diffusion charakterisiert und in biologischen Lösungen auch zeitabhängig ist (Zellen, Proteine).

Interpretiert man die Konstante ß im Sinne einer Desorption (ß*), so beschreibt die Gleichung (9.1) auch den Zerfall eines Zellclusters. Dieser Ansatz ist vergleichbar mit dem Euckenschen Zerfallsgesetz (dm/dt = –mt). Die experimentell zu bestimmenden Konstanten (ß, β*) sind unter anderem eine Funktion der Temperatur T, des pH–Wertes und der Konzentration c (Tabelle 9.1).

## 9.1.2
## Logistische Funktion

Beim Wachstum von Kolonien in Batch–Kulturen beobachtet man oftmals einen S–förmigen Verlauf der adsorbierten Zellzahl n in Abhängigkeit von der Adhäsionszeit (Bild 9.3). Mit der zeitlichen Änderung der Teilchenzahl

$$\frac{dn}{dt} = k^* \cdot n \cdot \left(1 - k^\circ \cdot n\right) \tag{9.3}$$

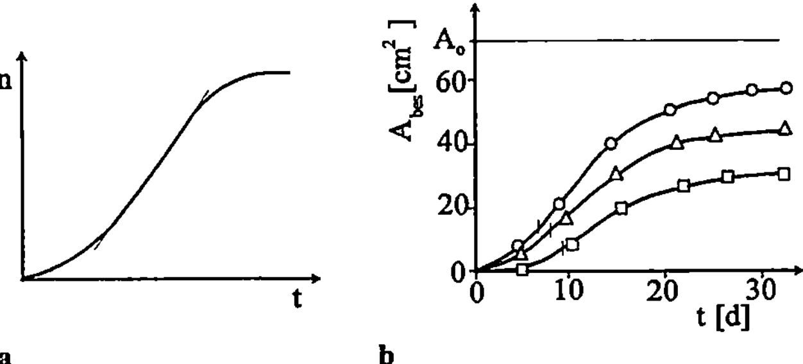


**Bild 9.3** Logistische Funktion und experimentelle Ergebnisse der Besiedelung von *Saccharomyces cerevisiae* auf einem hochlegierten Stahl (1.4435) unterschiedlicher Rauhigkeit
a logistische Wachstumsfunktion, b experimentelle Ergebnisse, *t* Besiedelungszeit (Tage), $A_{bes}$ besiedelte Fläche ($\propto$ n), $A_o$ gesamte Probenoberfläche, $R_a$ Rauheit (*gemessen* Tastschnittverfahren), $\triangle$ $R_a$ = 6 [µm], $\square$ $R_a$ = 3,5 [µm], o $R_a$ = 0,3 [µm]

erhält man die Lösung n = $(n_o e^{k^* t})[1-k^* n_o(1-e^{k^* t})]^{-1}$ ($k^*$, $k^\circ$ Reaktionskonstanten für Adhäsion und Desorption). Die Erosion einer Biofilmoberfläche ist eine strömungsbedingte Desorption, die mit dem zweiten Term der Gleichung (9.3) beschrieben werden kann. Hierfür zeigt sich eine gute Anpassung an Erosionsexperimente (Bild 9.4). Äquivalent hierzu ist der Ansatz $v_{Ero} = -k_{Ero}d^2\rho_{Bf}$ ($d$ Biofilmdicke, $\rho_{Bf}$ Biofilmdichte, $k_{Ero}$ Konstante) indem man annimmt, daß die hydrodynamischen Effekte proportional zur Biofilmdicke und die, den Biofilm zusammenhaltenden Kräfte proportional zu dessen Dichte sind [9.15].

## 9.1.3
## Monod–Modell

In der Mikrobiologie hat es sich bewährt, die Wachstumsgeschwindigkeit v = dn/dt eines Zellclusters gegenüber der Zellkonzentration c = n/V (*n* Zellzahl, *V* Volumen) aufzutragen (Bild 9.5). Es gilt

$$v = \frac{v_{Max} \cdot c}{K_s + c} \qquad (9.4)$$

$v_{Max}$ Gleichgewichtswert, $K_s$ Konstante

Dieser Ansatz ist vergleichbar mit der Abhängigkeit der Keimbildung von der Übersättigung (Kap. 3.5). Für sehr große Konzentrationen (übersättigte Lösung) erfolgt eine spontane Clusterbildung (v = $v_{Max}$ für c >> $K_s$), wohingegen für sehr kleine Konzentrationen v = $v_{Max}c/K_s$ (c << $K_s$) gilt. Die Sättigungskonstante $K_s$ ist als die Konzentration bei der „Halbwertszeit" ($v_{Max}$/2) interpretierbar. Bilden sich bereits in der Lösung Zellcluster, so ist nur der $\alpha^*$–te Teil der Wachstumsgeschwindigkeit v zu beobachten. Die Wahrscheinlichkeit $\alpha^*$ ist das Verhältnis aus

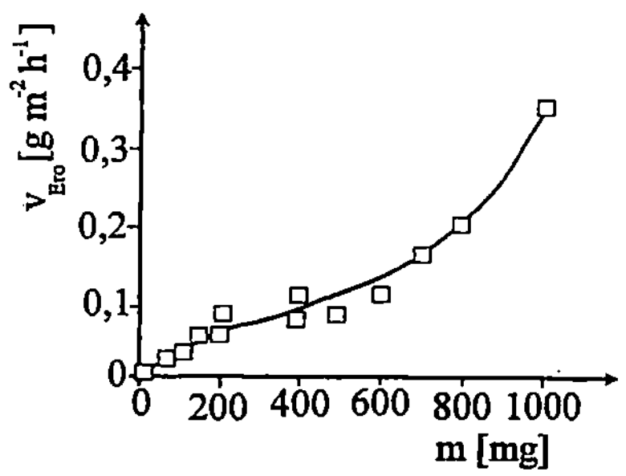

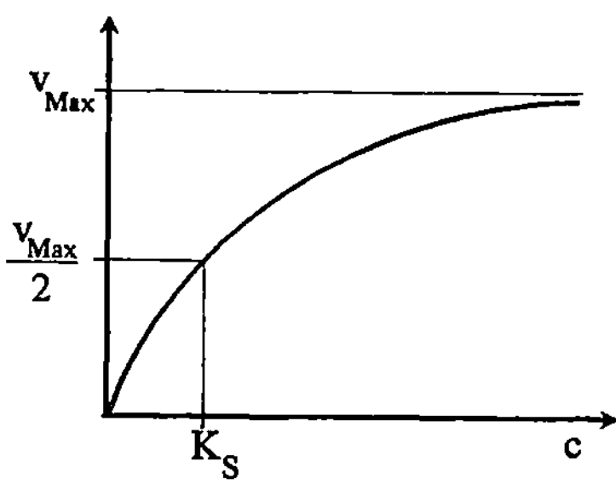

**Bild 9.4** Einfluß der Biofilmmasse auf die Erosionsgeschwindigkeit [5.1]
*m* Biofilmmasse, $v_{Ero}$ Erosionsgeschwindigkeit, *Reaktorfläche* 0,2 m²

**Bild 9.5** Monod–Modell

der Zahl der adsorbierten Zellen zur Zahl der transportierten, so daß sich die Wachstumsgeschwindigkeit v des Biofilmes zu $v^* = \alpha^* v$ ergibt.

Der Ansatz (9.4), u.a. für die Zelladsorption von *Pseudomonas aeruginosa* und die Enzymkinetik angewandt [5.1], enthält mehrere Teilgeschwindigkeiten, die den Gesamtprozeß bestimmen. So gilt für den reversiblen $v_{rev} = v_{ads} - v_{des} - v_{trans}$ ($v_{ads}$ Adsorptions-, $v_{des}$ Desorptions-, $v_{trans}$ Umwandlungsgeschwindigkeit reversibel/irreversibel) und den irreversiblen Fall $v_{irr} = v_{trans} + k^{**} n_{cl}$, wobei cl die Größe eines reversiblen Clusters beschreibt, der mit der Wahrscheinlichkeit $k^{**}$ wieder zerfallen kann. Die Gesamtgeschwindigkeit beträgt dann $v = v_{rev} + v_{irr}$. Eine Analyse der Geschwindigkeitsanteile ist nur durch gezielte Experimente möglich, indem man eine Komponente bevorzugt.

## 9.1.4
## Reaktionskinetische Modelle

Die Änderung der Zellzahl folgt den kinetischen Gleichungen $n_1 + n_1 \xleftrightarrow{k_1,k_1^*} n_2$, $n_1 + n_2 \xleftrightarrow{k_2,k_2^*} n_3$, $n_{c-1} + n_1 \leftrightarrow n_c$ wobei $n_1$ eine Zelle und $n_i$ einen Zellcluster mit i Zellen (i = 2...m) beschreibt. Für die Reaktionskonstanten (Wahrscheinlichkeiten) gelten die Beziehungen

| Ereignis | Konstante | Gleichung | Grenzfall |
|---|---|---|---|
| Adsorption | $k_j$ | $k_i = k_{io} \exp(-E/kT)$ | $k_j = 0$, Erosion |
| Desorption | $(k_j)^*$ | $(k_i)^\circ = (k_{io})^\circ \exp(-E/kT)$ | $(k_j)^* = 0$, stabil wachsend |

Die Konstanten beinhalten alle den Prozeß beeinflussende Größen, wie die Entropie (Struktur), den pH–Wert und eventuelle EPS-, Druck- oder Konzentrationsschwankungen. Der Wendepunkt in der Funktion $n_1 = f(t)$ beschreibt den Übergang zwischen einem instabil und einem stabil wachsenden Cluster (*c* kritische

Zellzahl). Ohne Störungen (Oberflächeninhomogenitäten, Turbulenzen, Rauheiten) ergibt sich für einen instabil wachsenden Cluster (lag–Phase, $j < c$, Adsorption und Desorption)

$$\frac{dn_1}{dt} = k_1 \cdot n_1^2 + k_1^° \cdot n_2 - \sum_{j=2}^{m-1} k_j \cdot n_j \cdot n_1 + \sum_{j=2}^{c-2} k_j^° \cdot n_{j+1} \tag{9.5}$$

und für die stabile Phase (log–Phase, $j \geq c$, Adsorption)

$$\frac{dn_1}{dt} = - \sum_{j=c-1}^{m-1} k_j \cdot n_j \cdot n_1 \tag{9.5a}$$

woraus sich mit der Annahme, daß energetische Variationen in der Umgebung des Zellclusters nicht auftreten ($k = k_c = ... = k_{m-1} = $ const.), die Beziehung

$$\frac{dn_1}{dt} = -k_c \cdot n_1 \sum_{j=c}^{m-1} n_j - k_{c-1} \cdot n_{c-1} \cdot n_1 \tag{9.5b}$$

ergibt. Die Lösung dieses Differentialgleichungssystems ist

$$\left(\frac{1}{n_1}\right)^{c/2} = \left(\frac{1}{n_{o1}}\right)^{c/2} \cosh\left(\sqrt{\left(\frac{1}{2} k \cdot k_c \cdot k_{c-1} \cdot (n_{o1})^c \cdot c\right) \cdot t}\,\right) \tag{9.6}$$

bzw.

$$\left(\frac{n_{o1}}{n_1}\right)^{c/2} = \cosh(\alpha \cdot t) \tag{9.6a}$$

Für große Zeiten gilt $(n_1/n_{o1}) = (2)^{2/c} \exp(-2\alpha t/c)$ mit $\cosh(\alpha t) \approx (1/2)\exp(\alpha t)$, so daß sich die kritische Zellzahl zu

$$c = \frac{2 \cdot \ln 2}{\ln \dfrac{n_1}{n_{o1}}\bigg|_{t=0}} \tag{9.7}$$

ergibt. Der Faktor

$$\alpha = \frac{\Delta}{\Delta t} \left\{ \ln 2 - \frac{c}{2} \ln\left(\frac{n_1}{n_{o1}}\right) \right\} \tag{9.7a}$$

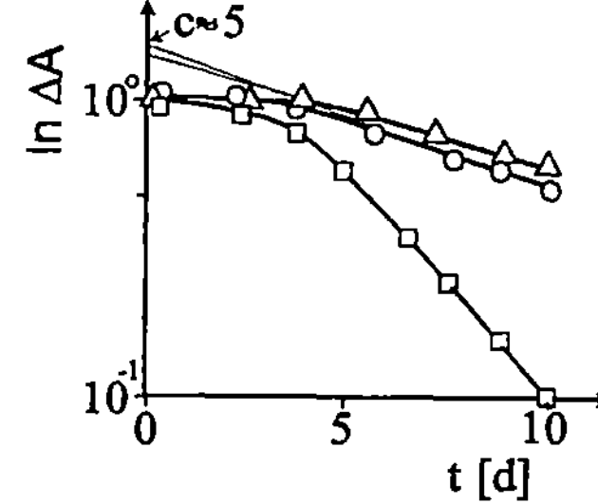


**Bild 9.6** Funktion $\ln \Delta A = \ln(1-A/A_0) = f(t)$ für verschiedene Rauheiten $R_a$ [9.11] (s. Bild 4.46)
△ $R_a = 6$ [µm], o $R_a = 3{,}5$ [µm], □ $R_a = 0$ [µm] (auf ideal eben extrapoliert)

kann aus der experimentell bestimmten Kinetikkurve $\ln(n_1/n_{01}) = f(t)$ ermittelt werden.

Dieses aus der Festkörperphysik [3.19] übernommene Modell wurde zur Beschreibung der Besiedelung von *Saccharomyces cerevisiae* (Reinstkultur) auf hochlegierten Stahloberflächen (1.4435) angewendet [9.11]. Da es sich um den Anfangszustand der Kolonisierung handelte, sind hauptsächlich nur monolagige Zellschichten beobachtet worden. Die Zellzahl $\Sigma n_i$ ist dann proportional der Besiedelungsfläche $A = \pi r^2 \Sigma n_i$ (*r* Zellradius), so daß diese zur Auswertung herangezogen wurde (Bild 9.6).

Diese kinetische Interpretation ergibt, daß sich mit zunehmender Besiedelungsrate die kritische Größe vermindert (Tabelle 9.2). Es wird eine größere Zahl an kleineren Clustern gebildet, die verhältnismäßig schnell stabil wachsen können (kleine lag-, große log-Phase). Diese Aussagen sind in Übereinstimmung mit Monte-Carlo-Experimenten [9.12, 3.19]. Eine Auswertung der Energiedifferenz $\delta E = E-E^*$ verdeutlicht, daß mit abnehmender Clustergröße die Adsorption gegenüber der Desorption zu dominieren beginnt, gleichbedeutend mit einer Vergrößerung von $\partial E$ (Tabelle 9.2). In den Experimenten mit *Saccharomyces cerevisiae* ist dies insbesondere für größere Rauhigkeiten ($R_a = 6$ µm) zu beobachten.

## 9.2
## Monte-Carlo-Simulation

Oftmals spricht man bereits von der Monte-Carlo-Methode, wenn man zur Lösung eines mathematischen Problems Zufallszahlen anwendet. Dies ist auch nachvollziehbar, denn Pate für den Begriff stand die einfachste mechanische Einrichtung zu deren Erzeugung, das Roulette. Der Grundgedanke wurde bereits bei der statistischen Behandlung der Diffusion formuliert, der Suche nach einem Zusammenhang zwischen wahrscheinlichkeitstheoretischen Größen (Zufallsvariablen) und der Lösung des zu untersuchenden Problems, wie die Bewegung eines „Betrunkenen" (Brownsche Molekularbewegung). Das Anwendungsspektrum ist sehr breit gefächert, es reicht von der Trefferwahrscheinlichkeit von Neutronen auf Atomkerne oder deren Abbremsung in Schutzwänden, über die Keimbildung in kristallinen und amorphen Festkörpern bis zur Bildung von biologischen Clustern.

**Tabelle 9.2** Kritische Größe von Hefeclustern in Abhängigkeit von der Rauheit $R_a$ [9.11]

| $R_a$ [µm] | 0,3 | 1,0 | 3,5 | 4,7 | 6,0 |
|---|---|---|---|---|---|
| $\dfrac{\partial E}{c}$ (eV) | 0,044 5 | 0,043 15 | 0,043 14 | 0,047 8 | 0,051 5 |

$R_a$ mittlere Rauheit (*Meßverfahren* Tastschnitt), $c$ kritische Clustergröße (Teilchenzahl), *Material* hochlegierter Stahl (1.4435), *Kultur Saccharomyces cerevisiae, Ergebnisvergleich.* Bild 4.46

Prinzipiell unterscheidet man zwei Gruppen von Aufgaben, deterministische und stochastische. Deterministische Probleme sind die Berechnung von bestimmten Integralen oder die Lösung linearer Gleichungssysteme, von Differentialgleichungen und Randwertproblemen. Stochastische Aufgaben sind das Verhalten in Warteschlangen, Probleme zur Lagerhaltung und Zuverlässigkeit oder das „Betrunkenenproblem" (Diffusion). Hier ist eine Schwierigkeit die „Unkenntnis" der ablaufenden Zufallsprozesse. Beispielsweise muß man zur Simulation der Diffusion gedanklich ein aktuelles Teilchen werden und mit diesem durch die Struktur „reisen" und alle möglichen Erlebnisabläufe (Reaktionen) erahnen, einem „Modellexperiment" [3.19, 9.6].

Ein enormer Vorteil dieser Methode ist deren einfache Handhabung, wie das Beispiel der Berechnung eines Integrals zeigt. Hierzu wird die zu integrierende Funktion in das Intervall (0, 1) transformiert (Bild 9.7). Aus jeweils zwei Zufallszahlen bildet man die Koordinaten eines Punktes. Der Wert des bestimmten Integrals ist die Fläche unter der Kurve, die somit proportional der Zahl n der erfolgreichen Versuche im Vergleich zur Gesamtzahl N aller Computerversuche ist. Je größer man die Anzahl der zufällig ausgewählten Punkte wählt, umso besser nähert sich das Ergebnis dem realen an. Markant ist nun, daß dieser Rechenfehler $f \propto (D_R/N)^{1/2}$ dem Quadrat der Anzahl aller Versuche N proportional ist. Die Verbesserung des numerischen Ergebnisses um eine Größenordnung erfordert den hundertfachen Aufwand, wobei die Konstante $D_R$ von der Qualität des benutzten Zufallszahlengenerators abhängt.

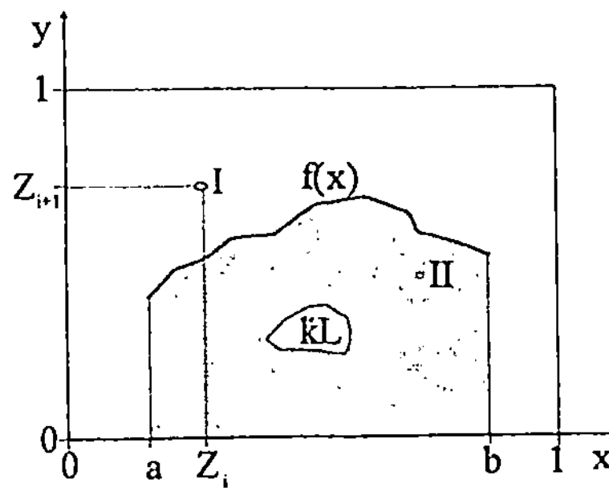


**Bild 9.7** Lösung eines Integrals mit der Monte–Carlo–Methode
*f(x)* Funktion, *a, b* Grenzen, *I* kein erfolgreicher Treffer (N = N+1), *II* erfolgreicher Treffer (n = n+1, N = N+1), $Z_i$ = Zufallszahlen, *kL* Unstetigkeit (keine geschlossene Lösungsfläche)

## 9.2.1
## Teilchenbewegung

Die Simulation von Prozeßabläufen erfordert die ständige Auslosung von Ereignissen, die durch eine Wahrscheinlichkeitsverteilung und den Wertebereich der Zufallsgrößen bestimmt sind, dem zentralen Problem. Die Zufallsgröße kann stetig oder diskret sein. So ist die Auswahl der Sprungmöglichkeiten im Kristall diskret, charakterisiert durch eine endliche Anzahl an möglichen Sprungrichtungen. Bei einer stetigen Zufallsgröße wären alle Richtungen möglich, wie für die Teilchenbewegung in Flüssigkeiten, Gasen oder amorphen Strukturen (Netzwerktheorie). Bei einer diskreten Auslosung wird die

$$\text{Wahrscheinlichkeitstabelle} \quad X = \begin{pmatrix} x_1 & x_2 \cdots & x_g \\ p_1 & p_2 \cdots & p_g \end{pmatrix}$$

numerisch nachvollzogen, so daß die Größe $X_i$ mit der Wahrscheinlichkeit $p_i = p\{X = x_i\}$ den Wert $x_i$ annimmt (Bild 9.8). Hierbei müssen die Nebenbedingungen $p_i > 0$ und $\Sigma p_i = 1$ ($i = 1\ldots g$) erfüllt sein.

Im Falle einer Gleichverteilung ist die Wahrscheinlichkeit für das Eintreten des j–ten Ereignisses gleich der Länge $\sum_{i=1}^{j-1} p_i < Z_i \le \sum_{i=1}^{j} p_i$ ($Z_i$ Zufallszahl aus dem Intervall $\{0, 1\}$) des dazugehörigen Teilintervalls, z.B. $p_i = 1/6$ für eine isotrope Diffusion im kubisch primitiven Gitter (*Koordinationszahl* 6). Anisotropien bedingen unterschiedliche Intervallängen, die sich nach dem Ansatz $p_i = p_{io}\exp(-\Delta G_i/kT)$ berechnen ($\Delta G_i$ Enthalpiedifferenz in der i–ten Richtung) [3.19].

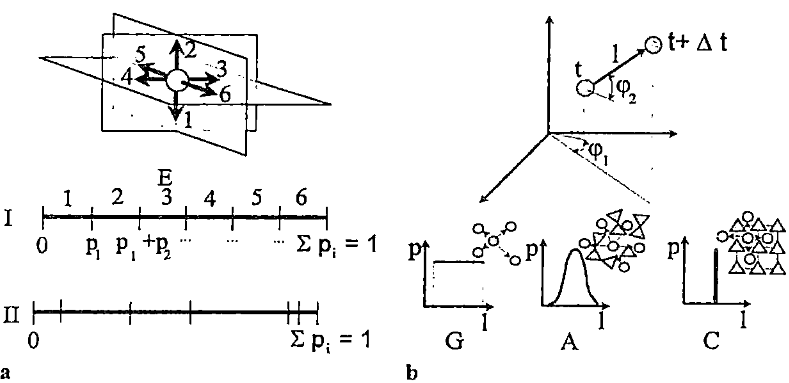



**Bild 9.8** Prinzip eines Monte–Carlo–Modells für die Teilchenbewegung
a Prinzip der Auslosung in einem kubisch primitiven Gitter ($g = 6$), *I* isotrope Diffusion, *II* anisotrope Diffusion, *p* Wahrscheinlichkeit, *g* Anzahl der Sprungrichtungen, *E* eingetretenes Ereignis im aktuellen Versuch (*Bedingung für das 3–te Ereignis* $\Sigma p_i < Z_i \le \Sigma p_j$, $i = 1,2$, $j = 1$–3), $Z_i$ Zufallszahl, **b** Verteilung der Sprunglänge in verschiedenen Strukturen, *G* gasförmig, *A* amorph, *C* kristallin, *t* Zeit (vor der Bewegung), *t+Δt* Zeit (nach der Bewegung), $\varphi_i$ auszulosender Winkel (Richtung)

Für eine stetige Zufallsgröße muß die Gleichung $Z_i = \int_{-\infty}^{X_i} p(x)\,dx$ durch Integration nach $X_i$ aufgelöst werden. So gilt für den Kundenstrom in einem Warenhaus $p(x) = a\exp(-a^+x)$, $x > 0$, so daß sich aus $Z_i = \int_0^{X_i} a^+ \cdot e^{-a^-x}\,dx$ der Ausdruck $Z_i = 1 - \exp(a^+ X_i)$ bzw. $X_i = \ln(1 - Z_i)/a^+$ ergibt ($a^+$ Intensität der Verteilung). Oftmals sind die Verteilungsfunktionen nicht mehr integrierbar. Hierfür existieren Transformationsverfahren, wie die stückweise Approximation oder die Diskretisierung der Dichtefunktion und Zurückführung der Auslosung auf eine diskrete [3.19]. Das j–te Ereignis tritt nach der Diskretisierung dann ein, wenn die Bedingung $\sum_{i=1}^{j-1} p(l_i) \cdot \Delta l_i < Z_i \leq \sum_{i=1}^{j} p(l_i) \cdot \Delta l_i$ erfüllt ist ($p(l_i)$ Wahrscheinlichkeit des i–ten Intervalls, $\Delta l_i$ dessen Breite) [3.19].

Eine atomare Simulation setzt somit konkrete Vorstellungen über die Struktur voraus, wobei eine Möglichkeit darin bestände, diese mit all ihren Fehlstellen im Rechner fest vorzugeben. Hierbei würde man schnell an die Leistungsgrenzen eines Computers stoßen. In der Regel werden aus Strukturmodellen die „Stützstellen" in unmittelbarer Umgebung des sich bewegenden Teilchens berechnet. In den Bildern 3.14 und 9.8 sind verschiedene Wahrscheinlichkeitsverteilungen zur Beschreibung unterschiedlicher Strukturen dargestellt.

Das Modell, wenn es auf einem Rechner simuliert wird, verändert schrittweise seinen Zustand. Der Prozeß Q, beginnend vom Ausgangszustand $q_0$ bis zum Endzustand $q_E$, der in praxi endlich ist, wird durch den Markoffschen Prozeß $q_0 \to q_i \xrightarrow{p_{ij}} q_j \to q_E$ beschrieben. Der Übergang vom Zustand $p_i$ nach $p_j$ erfolgt mit der Wahrscheinlichkeit $p_{ij}$, die man mit den richtungsabhängigen Energien berechnen kann, z.B. aus der Diffusionstheorie (Kap. 3.4) oder der Adhäsionstheorie (Kap. 4). Verfolgt man die Bewegung von Teilchen, so ist deren räumlicher Weg ein Polygonzug, der sich zufällig aus einer Zahl unabhängiger diskreter Sprünge zusammensetzt (Bild 9.8).

Die Sprünge der Teilchen erfolgen über Stützstellen im Modell. In Kristallen sind dies Gitter- oder Zwischengitterplätze, beziehungsweise Fehlstellen. Demgegenüber bewegen sich diese in amorphen Strukturen in einem Netzwerk (Hohlräume), die prinzipiell auch auf Biofilme übertragbar sind (Bilder 3.14 und 9.8). Um zu verhindern, das Teilchen aufeinander oder in „verbotene" Bereiche springen, z.B. bereits vorhandene Agglomerate, wird vor Ausführung des aktuellen Sprunges geprüft, ob dieser ausgeloste Ort bereits belegt ist und der entsprechende Wert der Booleschen Variablen $\delta$ zugeordnet

$\delta = 0$    Sprung kann nicht ausgeführt werden (ein verbotener oder bereits belegter Platz)

$\delta = 1$    Sprung kann ausgeführt werden (der Platz ist nicht belegt)

Das Ergebnis im i–ten Modellexperiment ist die Schrittzahl $N_i$. Zur Minimierung des Rechenfehlers wird über n unabhängige Modellexperimente gemittelt. Unabhängig heißt, daß sich die Folgen der Zufallszahlen nicht wiederholen dürfen, wobei die physikalischen Größen, wie Enthalpien und Verteilungen, unverändert bleiben. Mit der mittleren Schrittzahl $N^* = 1/n\sum N_i$ und dem Zeitelement $\Delta t = \Gamma^{-1}$ (s.

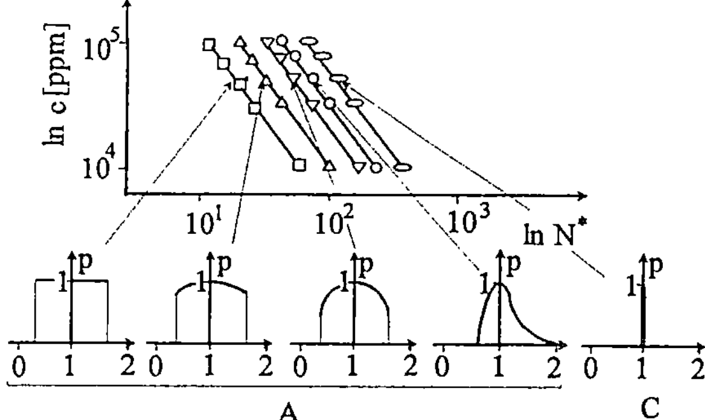


**Bild 9.9** Modellergebnis ln c = f(ln N*)für verschiedene Verteilungen der Sprunglänge [3.19] *Modell* Senke (s. Bild 9.10), *A* amorpher Körper (Netzwerktheorie), *C* Kristall, *l* Sprunglänge, *Idealkristall* l = a, *a* Gitterkonstante, *p* Wahrscheinlichkeit von l, *c* Modellkonzentration, *N** gemittelte Modellschrittzahl

Gleichung 3.19) beträgt die Modellzeit für einen stationären Prozeß t = N*Δt.

Den Einfluß der Struktur auf die Diffusion zeigten Modellrechnungen mit für Gläser repräsentative Verteilungen im Vergleich zum Idealkristall (Bild 9.9). In aufgelockerten Strukturen ist die Diffusionsgeschwindigkeit größer gegenüber gepackten. Dieses Ergebnis kann aber auch mit der Viskosität verglichen werden, da diese proportional zur Dichte ist. Letztendlich besagt es nichts anderes, als das in zähviskosen Flüssigkeiten eine größere Zeit benötigt wird.

## 9.2.2
## Clustermodelle

Für Festkörper wurden solche komplexen Reaktionen, wie die Keimbildung des Ferrits, Austenits und Perlits (FeC) an bewegten und unbewegten Phasengrenzen, aber auch Keimbildungsrechnungen in Gläsern simuliert [3.19]. Diese Modellvorstellungen sind übertragbar auf Reaktionen von Organismen miteinander oder an Oberflächen.

Im einfachsten Modell (*Senke* Bild 9.10a) aggregieren die nächst benachbarten Teilchen sofort miteinander und der sich bildende Cluster kann nicht mehr zerfallen. Das Ergebnis ist der lineare Zusammenhang ln c = m ln N*+C* (*C** Konstante) zwischen der Konzentration c der freien Teilchen und der Zahl der Modellschritte N* bis zum Auffüllen eines Clusters bestimmter Größe $c_K$. Experimente zur Besiedelung auf festen Oberflächen zeigen (Bild 9.3), daß man eine Keimbildungsphase und ein stabiles Wachstum unterscheiden kann. Diesen Übergang beschreibt der Wendepunkt in der Funktion [3.19]. In der ersten instabilen Phase (*biologischer Cluster* lag–Phase) ist es durchaus möglich, daß der Cluster teilweise oder vollständig wieder zerfällt (Bild 9.10b). Zur Beschreibung dieser Phänomene muß in den Simulationen eine Wahrscheinlichkeit $p_z = p_{z0}\delta\exp(-B/kT)$ für den möglichen Zerfall eingeführt werden.

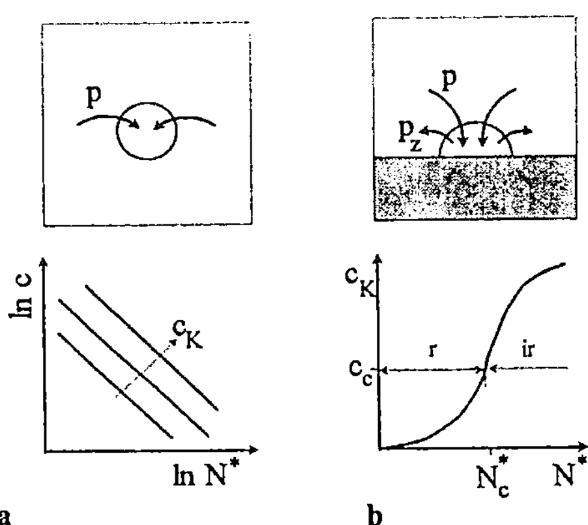


**Bild 9.10** Monte–Carlo–Modelle zur Clusterbildung und prinzipielle Modellergebnisse
a Modell einer Senke, $c_K$ vorgegebene Clustergröße, $p$ Wahrscheinlichkeit für die Bewegung zur Senke, $c$ Modellkonzentration, $N^*$ gemittelte Modellschrittzahl, b Keimbildungs- und Wachstumsmodell, $c_K$ aktuelle Teilchenzahl im Cluster, $c_c$ Teilchenzahl im kritischen Cluster, r reversibles Wachstum, ir irreversibles Wachstum, p Wahrscheinlichkeit für die Bewegung zum Cluster (Diffusionsenergie+anziehendes Potential G), $p_z = p_{zo}\delta\exp(-B/kT)$ Zerfallswahrscheinlichkeit, $B$ Bindungsenergie des sich bildenden Clusters, $p_{zo}$ größte mögliche Zerfallswahrscheinlichkeit, $\delta$ Boolesche Variable, die von der aktuellen Konzentration an freien Plätzen in nächster Nachbarschaft des Clusters abhängt, *Zerfall* p < $p_z$, *reversibles Wachstum* p ≥ $p_z$, *irreversibles Wachstum* p >> $p_z$ ($c_K$ > $c_c$)

Zur Bildung eines Clusters kommt es nur dann, wenn sich um die anfänglich formierten Teilchen im Laufe der Zeit eine erhöhte Teilchenkonzentration einstellt (Bild 9.11). Der Übergang vom instabilen zum stabilen Wachstum wird somit vom Verhältnis der belegten zu den freien Plätzen in dessen unmittelbarer Umgebung bestimmt. Letztendlich hängt der Reaktionsablauf von den Wahrscheinlichkeiten p und $p_z$ ab, wobei diese von der Ausgangskonzentration, der Temperatur, den wirkenden Energien und der Konzentration an belegungsfähigen Plätzen beeinflußt werden [3.19, 9.12]. Die Fluktuationen in der Konzentration spiegeln sich im Wert der Booleschen Variablen wider, $\delta$ gleich Eins oder Null. Dasselbe Modell kann auch für Computersimulationen zur Untersuchung des Einflusses mittlerer und großer Konzentrationen verwendet werden. Aus der Adhäsionstheorie ist bekannt (Kap. 4), daß hierfür eine spontane Aggregation von gleichpoligen oder neutralen Teilchen auftreten kann (Bild 4.6). Dieses Verhalten wird zumindest prinzipiell von Monte–Carlo–Simulationen bestätigt (Bild 9.12).

Untersucht man die Aggregation von Reinstkulturen auf kristallinen und amorphen Festkörpern, dann findet man für *Saccharomyces cerevisiae* eine materialabhängige Geometrie der sich bildenden Cluster. Auf Metallen (kristallin) kommt es zum Aufbau massiver Formationen, wohingegen dieselbe Kultur zur Ausbildung von bienenwabenartigen Strukturen auf Gläsern neigt (Bild 9.13). Eine mögliche Erklärung hierfür sind die unterschiedlichen, strukturabhängigen Verteilungen der Oberflächenenergien. Derartige Simulationen erlauben auch die Untersuchung des

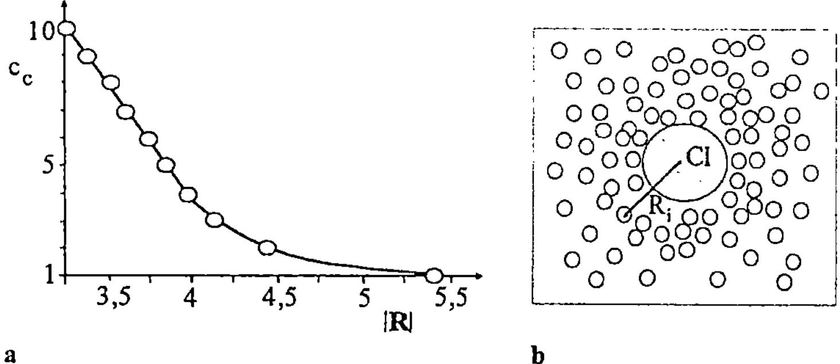

a                        b

**Bild 9.11** Kritische Teilchenzahl $c_c$ in Abhängigkeit vom Betrag des mittleren Abstandsvektors
**a** Minimierung von $|R|$ mit zunehmender kritischer Clustergröße, $|R| = (n_c)^{-1}\Sigma R_i$ $(i = 1...n_c)$
mittlerer Abstandsvektor über alle „freien" Teilchen, $c_c$ Teilchenzahl im kritischen Cluster,
**b** Prinzip der Berechnung von $|R|$, $Cl$ Cluster, $R_i$ Betrag des Abstandsvektors zum i–ten
Teilchen, *Modell* Bild 9.10b, *Modellparameter* $C^+ =$ Konstante, $B = 0,14$ [eV], $G(R) = C^+/r^2$,
$T = 127$ [°C], $c_o = 29 \cdot 10^3$ [ppm]

Einflusses von Fremdfeldern (s. Bild 4.24) oder Dipolwechselwirkungen (s. Tabelle 4.1) bei Annäherung geladener Teilchen an bereits gebildete Cluster. In diesen einfachen Überlegungen sind Einflüsse der Oberflächentopographie bisher
nicht berücksichtigt. Infolge des bevorzugten Wachstums längs und quer zu Oberflächenriefen wird sich die Geometrie der Cluster zwar verändern, der strukturelle
Einfluß des zu besiedelnden Festkörpers bleibt nach den zur Zeit bekannten Ab-
schätzungen aber erhalten.

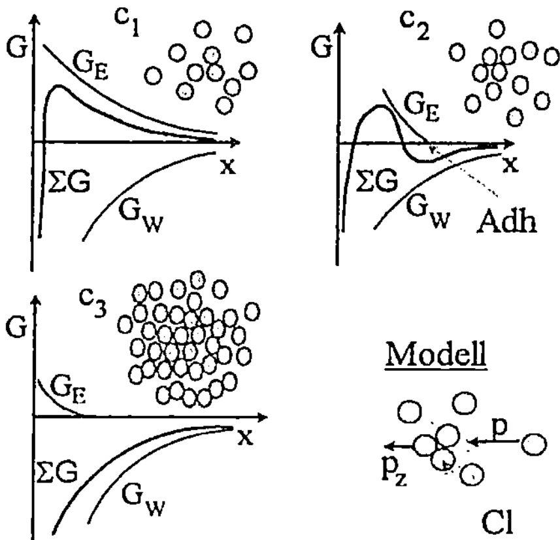

**Bild 9.12** Die energetischen Beziehungen (s. Bild 4.6) für neutrale oder gleichpolige Teilchen
und die Simulation dieser Bedingungen mit dem Keimbildungsmodell des Bildes 9.10b
*Bedingung* $c_1 < c_2 < c_3$, $G$ Gesamtenthalpie, $G_E$ elektrische Wechselwirkung, $G_W$ van der Waals–
Wechselwirkung, *Adh* spontane Adhäsion, $Cl$ sich bildender Cluster, $p$ Wahrscheinlichkeit

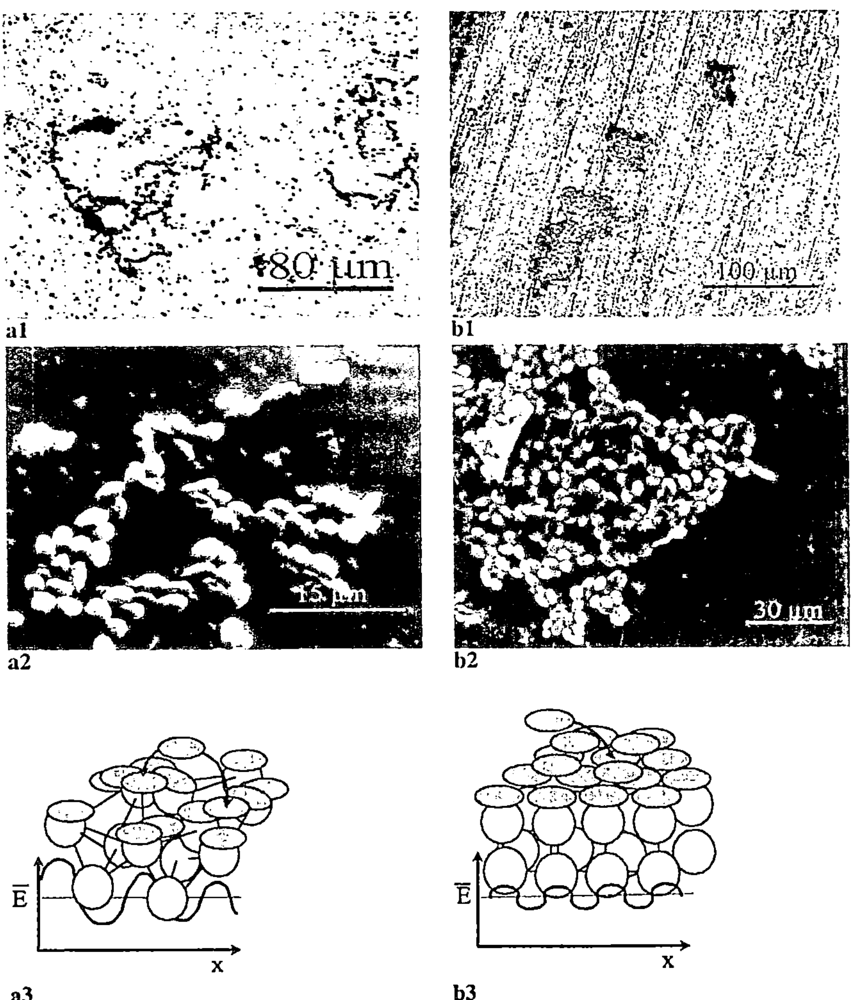

**Bild 9.13** Bildung von Hefeclustern auf amorphen und kristallinen Werkstoffen und Monte–Carlo–Modelle zur Simulation einer strukturabhängigen Bildung biologischer Cluster [9.12]
a Geräteglas (*Modell* amorph), a1 Übersichtsaufnahme zur Clusterausbildung (invers), a2 Detailaufnahme, a3 Modellvorstellung zur Verteilung der Energie an einer amorphen Oberfläche, b hochlegierter Stahl 1.4435 (*Modell* kristallin), b1 Übersichtsbild (invers), b2 Clusterausschnitt, b3 Modellvorstellung zur Energieverteilung an einer kristallinen Oberfläche, *Kultur Saccharomyces cerevisiae*, *E* Energie

Mit derartigen Modellen wird man nicht die komplexen Abläufe der Adhäsion in allen Details simulieren können, wie die Wirkung des sich ausbildenden und verändernden Fibrinnetzes an Fibroblasten. Man erhält aber Trendaussagen zur Adhäsion und den wirkenden Energieanteilen. Das Hauptanwendungsgebiet liegt gegenwärtig in der Beurteilung der Sterilität und der Biomimetrie.

# 9.3
# Strukturmodelle

Im Kapitel 8.6 zeigte das Bild 8.32 eine Mikrosonde zur Messung des Sauerstoffgehaltes und pH–Wertes in Biofilmen (Bild 8.33). Für Stämme, deren Stoffwechselbeziehungen bekannt sind, ist diese Verteilung repräsentativ für die der Mikroorganismen im Film. Derartige Messungen erlauben es somit, eine makroskopische Struktur des Biofilmes nachzubilden (Bild 9.14). Auf diese Art und Weise gelang es, einen ersten Eindruck über die Konsistenz von Biofilmen zu erhalten. Das gleiche Verfahren, vergleichbar mit der Computertomographie, wendet man auch in Verbindung mit der Laserscanning–Mikroskopie an. Der Vorteil ist hier die höhere Auflösung.

In der Biomaterialentwicklung geht man zur Beurteilung der Karzogenität von monolagigen Schichten der jeweils zur Materialprüfung genutzten Säugerzellen aus. Hier ist die Zellverteilung entscheidend, die letztendlich auf die Zellkerne reduziert werden kann (s. Bild 8.9). Die bereits erwähnten, strukturabhängigen Simulationen (Bild 9.13) sind eine hilfreiche Ergänzung. Zur Charakterisierung struktureller Unterschiede bietet sich eine fraktale Beschreibung an. Über Fraktale gibt es excellente Bücher [9.7, 9.9, 9.16], die nicht wiedergegeben werden sollen. Der nachfolgende Abschnitt vermittelt nur einen Eindruck, was für eine Faszination sich hinter diesen verbirgt und vor allem, welche Chancen sich für die Grenzflächenforschung eröffnen.

Was ist ein Fraktal? Fraktale sind für den Materialwissenschaftler in erster Linie faszinierende Muster von unendlicher Struktur und Komplexität. Das Bild 9.15 zeigt die Entwicklung einer fraktalen Schneeflocke, die man mit nur einem Grundelement auf einem Rechner erzeugen kann. Ein Fraktal verfügt also über eine detaillierte Struktur, egal mit welcher Vergrößerung man es sich ansieht. Seine Eigenschaften sind eine fraktale Dimension D, eine in allen Maßstäben komplexe Struktur, eine unendliche Verzweigung, eine Selbstähnlichkeit und eine chaotische

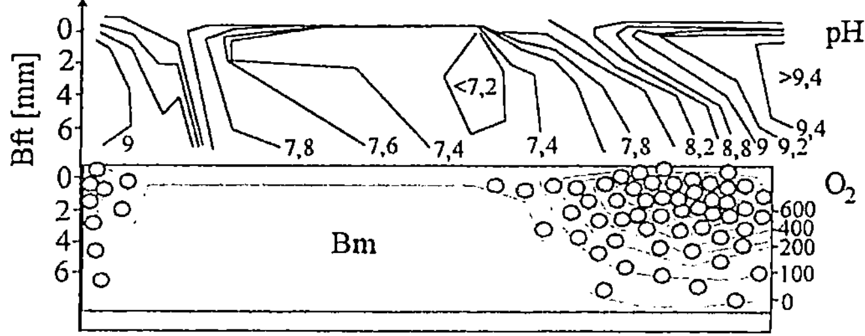



**Bild 9.14** Schematische Darstellung der Entwicklung einer Biofilmstruktur unter Nutzung des Bildes 8.33

**Fall 1** Aerobier, *Kolonie* sauerstoffreiche Gebiete, *Bm* Biomasse (abgestorbene Zellen, EPS, Fremdstoffe), *Bft* Biofilmdicke, **Fall 2** Anaerobier, *Kolonie* sauerstoffarme Gebiete, *Bm* Biomasse (Mikroorganismen, EPS), *Bft* Biofilmdicke, **Problem** fakultativ atmende Organismen

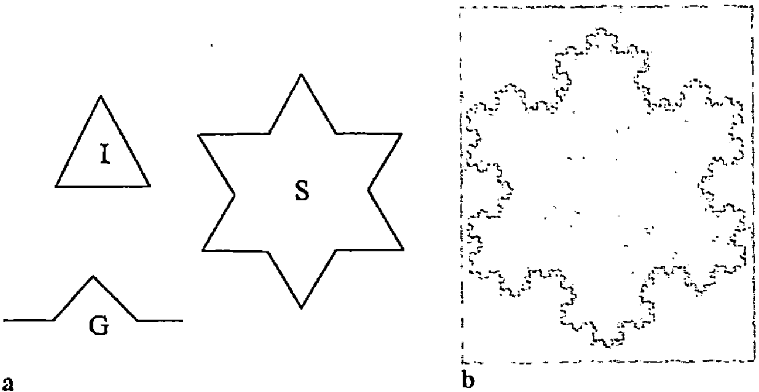

**Bild 9.15** Koch–Schneeflocke
*Erzeugung* In jedem Schritt wird eine passend verkleinerte Kopie des Generators ersetzt, wobei die Zacken immer nach außen zeigen. *S* Schneeflocke, *G* Generator, *I* Initiator (S = drei kongruent, geometrisch ähnliche Mengen, m = 4, c = 1/3, $\sum (1/3)^c = 1$, D = log 4/log 3 = 1,26)

Dynamik. Eine wichtige Größe ist die fraktale Dimension. Üblicherweise kennen wir Punktsysteme mit der Dimension Null, Kurven mit Eins usw. Diese topologischen Dimensionen gelten nicht mehr, wenn man zu Kurvensystemen übergeht, die in endlichen Gebieten eine unendliche Länge haben. Ein einprägsames Beispiel (Mandelbrot) ist die Abschätzung der Länge der britischen Küste. Das einfachste Prinzip ist das Abmessen mit einer Meßlatte, wie ein älterer Landvermesser. Je feiner man das Maß wählt, um so länger wird die Küste (Tabelle 9.3)

Wird die geschätzte Länge einer Kurve größer, je kleiner der Maßstab ist, dann handelt es sich um eine fraktale Kurve. Wir erahnen schon, daß die fraktale Dimension nicht mehr ganzzahlig ist. Geht man von einer selbstähnlichen Menge an Teilmengen aus, die zum Zusammensetzen des Fraktals genügen (Ähnlichkeitsprinzip), dann gilt $\Sigma (c_i)^D = 1$ (i = 1...m, *D* fraktale Ähnlichkeitsdimension, *m* Anzahl der Teilmengen, *c* Faktor). Beispielsweise kann man ein Quadrat aus vier Einzelquadraten (m = 4) mit der halben Kantenlänge (c = 1/2) zusammensetzen, so daß die fraktale Dimension D = 2 beträgt (Tabelle 9.4). Es ist nicht möglich, selbst wachsende biologische Strukturen voraus zu berechnen. Man muß aus dem experimentellen Bild die fraktale Dimension abschätzen, wozu es eine Fülle empirischer Verfahren gibt [9.14]. In der Tabelle 9.4 ist die Vorgehensweise zur Bestimmung der fraktalen Dimension für ein Quadrat und einen Quadratstaub illustriert.

**Tabelle 9.3** Schätzung der Länge der britischen Küste [9.16]

| Maßstab | Küstenlänge |
| --- | --- |
| 200 Meilen | 1600 Meilen |
| 25 Meilen | 2550 Meilen |

**Tabelle 9.4** Fraktale Dimension für ein Quadrat und den Quadratstaub

Quadrat (zusammengesetzt aus vier Einzelquadraten der Kantenlänge c = 1/2)

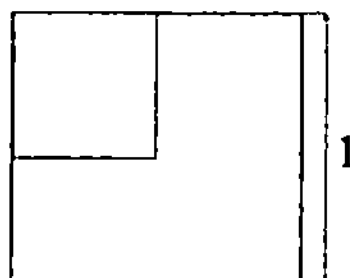

$$c = \tfrac{1}{2},\ m = 4,\ \sum (1/2)_i^? = 1,\ D = 2$$

Quadratstaub Q (in jedem Verfeinerungschritt wird jedes Quadrat durch vier kleinere ersetzt)

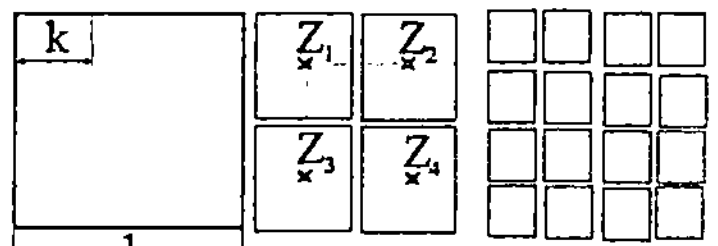

$$m = 4,\ c = k\ (\textit{Beispiel}\ k = 1/3),\ i = 1...4,\ \sum (1/3)_i^? = 1,$$
$$D = \log 4/\log 3 = 1{,}26$$

Nachfolgend soll für die mit Osteoblasten (s. Bild 8.5) besiedelte BaTi–Keramik die Quadratzählmethode angewandt werden, die für beliebige ebene Strukturen gilt. Hierzu unterteilt man das experimentell gewonnene Bild in eine Vielzahl von Pixeln und zählt (Bild 9.16)

- alle Pixel, die zu einer Struktur gehören (Menge $q_1$).
- alle Pixel, der quadratisch aneinander gepackten 4–er Gruppen, wobei mindestens ein Pixel der Struktur angehört {Menge $q_2$ (A)}.
- alle Pixel, der 3x3, 4x4, 5x5 Quadrate etc. (Mengen $q_3$ [□], $q_4$ [○], $q_5$ [∇]).

Der Anstieg b in der doppellogarithmischen Darstellung $\ln G = a + b \ln q$ ($G$ jeweilige Gruppe) der Wertepaare $(1,q_1)$, $(2,q_2)$, $(3,q_3)$, $(4,q_4)$,...ist ein Schätzmaß für die fraktale Dimension. Stellt man diese Größe D für die verschiedensten Besiedelungsexperimente in einem Histogramm zusammen, dann sind hieraus mögliche Veränderungen gegenüber einem Vergleichswert ablesbar, z.B. der Proliferation zur Beurteilung der Bioverträglichkeit oder der Zellformen zur Charakterisierung der Sterilisation.

Dem Leser sei es überlassen, das Histogramm für die unterschiedlich gespreiteten Fibroblasten aufzustellen (Bild 9.17). Hierbei handelt es sich um Untersuchungen zur Beurteilung der Bioverträglichkeit oberflächenmodifizierter und unmodifizierter PHB, ergänzt mit Messungen des Zeta–Potentials und des Randwinkels. Die fraktale Dimension D repräsentiert den Gesamtprozeß der Besiedelung, so daß sie um ein Vielfaches aussagekräftiger sein dürfte als das Grenzflächenenergiekonzept (s. Bild 1.8). Möglicherweise ist es eine zukünftige Kenngröße zur Beurteilung der Eigenschaften von Grenzflächen zwischen Zellen und Festkörpern.

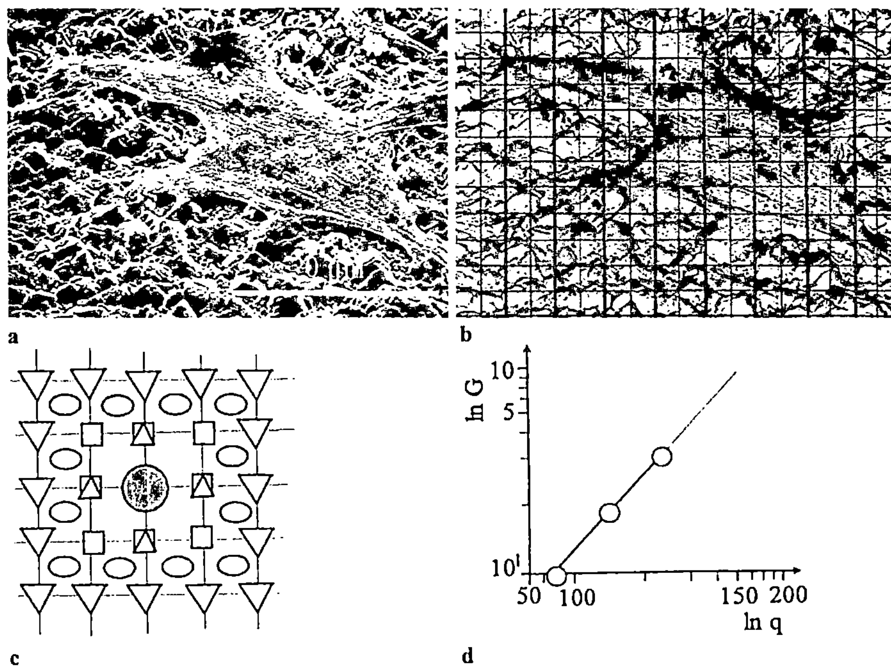

Bild 9.16 Bestimmung der fraktalen Dimension adhärierender Zellen
a Ergebnis eines Besiedelungsexperimentes, b eingefügtes Raster zur Auszählung, c Prinzip der Grupppierung zur Auszählung der Mengen $q_i$, d Ausgleichsgerade ln G = a+b ln q, G Gruppe, $q_i$ Anzahl der Pixel der i–ten Menge, $q_1$ alle Pixel der Struktur (des Randes,•), $q_2$ Pixel der 2x2 Gruppe (mindestens ein Pixel gehört zur Struktur, Δ), $q_3$ 3x3 Gruppe (□), $q_4$ 4x4 Gruppe (○), $q_5$ 5x5 Gruppe (∇), Beispiel Osteoblast auf BaTi–Keramik (s.Bild 8.5), geschätzte fraktale Dimension b ∝ D = 1,42 (bis G = 3, $q_3$ ausgezählt)

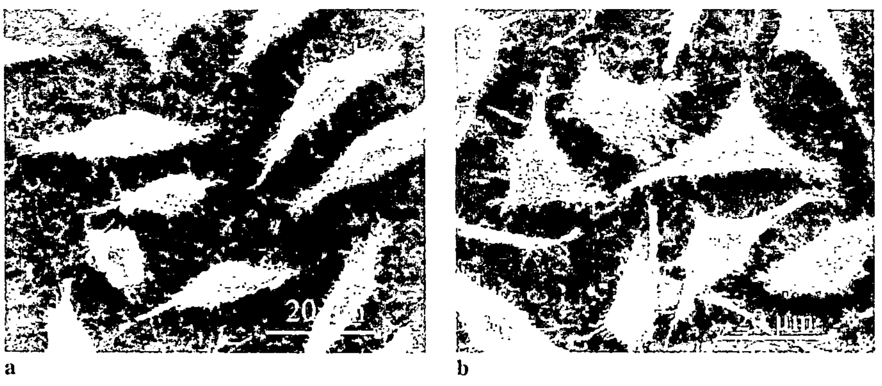

Bild 9.17 Mausfibroblasten (L 929) auf unterschiedlich behandelter PHB
a radioaktiv bestrahlt (sterilisiert), unbeschichtet, b unbestrahlt, fibronektinbeschichtet, PHB Polyhydroxylbuttersäure

Für Säugerzellkerne und Bakterien muß man mit Punktmengen arbeiten. Hierfür gibt es eine ausgefeilte Statistik [9.14], die über die Paarverteilungsfunktionen hinausreicht (s. Bild 8.19) und in der Metallographie angewandt wird. Diese etwas anderen Methoden der Auswertung haben bisher noch nicht den Siegeszug in der Biomaterialforschung angetreten. Mit dem Trend zur physikalischen Interpretation, als eine Voraussetzung für eine zielgerichtete Materialentwicklung, müssen aber Vergleichsgrößen gesucht werden, die aussagekräftiger sind als der Randwinkel oder das Zeta–Potential.

## 9.4
## Diffusion und Wärmeleitung

Das zweite Ficksche Gesetz (Gleichung 3.13) beschreibt die zeitliche Änderung der Konzentration im Biofilm (Bild 9.18). Berücksichtigt man neben der Diffusion auch andere Reaktionen, wie die Adhäsion, so gilt mit dem volumenbezogenen Reaktionsstrom $qc^*$ (*Modell* Senke, $c^*$ Konzentration des interessierenden Elementes in der Biomasse, $q$ spezifische Aufnahmerate des Biofilmes)

$$\frac{\partial c}{\partial t} = D\frac{d^2c}{dx^2} - q \cdot c^* \qquad (9.8)$$

Im stationären Zustand ($\delta c/\delta t = 0$) ergibt sich unter Anwendung des Monod–Modells $D(d^2c/dx^2) = q_{Max}cc^*/(K_s+c)$ mit dem Modul $\Phi = q_{Max}c^*/(DK_s)$ die Gleichung

$$\frac{d^2c}{dx^2} = \Phi\frac{c}{(1+\dfrac{c}{K_s})} \qquad (9.9)$$

Für einen geringen spezifischen Verbrauch $c^*$ und einen großen Diffusionskoeffizienten D ist der Wert von $\Phi$ klein, womit sich kein merklicher Gradient im Biofilm einstellt. Es kann jeder Ort ausreichend mit dem interessierenden Element, z.B. Sauerstoff, versorgt werden. Der andere Extremfall ist, daß ein großer spezifischer Verbrauch vorliegt, aber nur ein kleiner Diffusionskoeffizient im Biofilm. Hierfür ist $\Phi$ sehr groß, gleichbedeutend mit einem extremen Konzentrationsgradienten, so daß nur ein schmaler Randbereich in der Nähe der Filmoberfläche ausreichend versorgt werden kann.

Zur Beschreibung des homogenen Aufwachsens neuer Schichten (Bild 9.18a) auf einem vorhanden Biofilm kann die auf der Diffusion basierende Kontinuitätsgleichung (s. Gleichung 3.18, $m^- = m^+ = J_b(t) = v(c_1-c_2) = D(dc/dx)$) angewandt werden. Die Lösung ist das bekannte Wachstumsgesetz $c = c_o\exp(\Delta x^2/2D\,\Delta t)$, wobei c die Konzentration der für das Wachstum verantwortlichen Komponente (Mikroorganismen, pH–Wert, Nährstoffe, Stoffwechselprodukte) beschreibt.

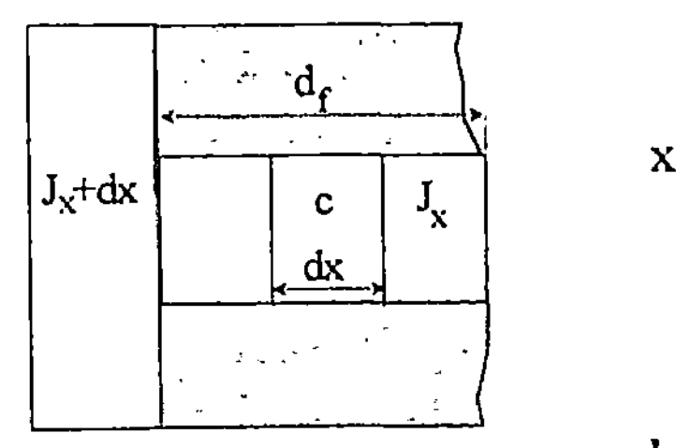
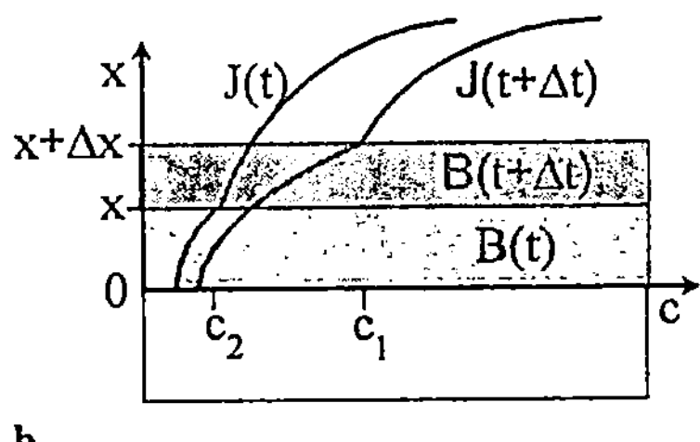

a        b

**Bild 9.18** Diffusionsmodelle für Biofilme
a Diffusionsstrom in einem Gleichgewichtselement eines Biofilmes, *J* Diffusionsstrom, $d_f$ Biofilmdicke, *c* Konzentration, b Diffusionsmodell zum Schichtwachstum, *B(t)* Biofilm vor dem Wachstum, *B(t+Δt)* Biofilm nach dem Wachstum

Mit dem Koeffizienten $k_D$ des Stofftransportes können die grenzflächennahen Eigenschaften des Mediums berücksichtigt werden, so daß für den Übergang an einer Grenzfläche (Bild 9.19)

$$j = -D_f \frac{dc}{dx} = k_D \cdot (c_b - c_1)$$
(9.10)

gilt. In dimensionsloser Form lautet die Beziehung

$$Sh = \frac{k_D \cdot d_f}{D} = -\frac{dc}{(1 - c_1^*) \cdot dx}$$
(9.11)

*Sh* = Stoffübergang/Diffusion Sherwoodzahl, $d_f$ Biofilmdicke, $c_1^*$ dimensionslose Konzentration

Äquivalent zum Vorgehen in der Wärmetechnik versucht man, die Sherwoodzahl Sh in Abhängigkeit von den anderen wirkenden Systemgrößen darzustellen, wie der Grashoff–Zahl (Gr = Auftrieb/Zähigkeit = Konvektion), der Schmidt–Zahl (Sc = Zähigkeit/Diffusion), der Reynolds–Zahl (Strömung) und der Péclet–Zahl (Strömung/Diffusion). So gilt für eine laminare Strömung Sh = f(Re,Sc) oder beim überwiegend konvektiven Stofftransport Sh = f(Gr,Sc). Diese Zusammenhänge sind experimentell zu bestimmen. So fand man für den Teilchentransport eine

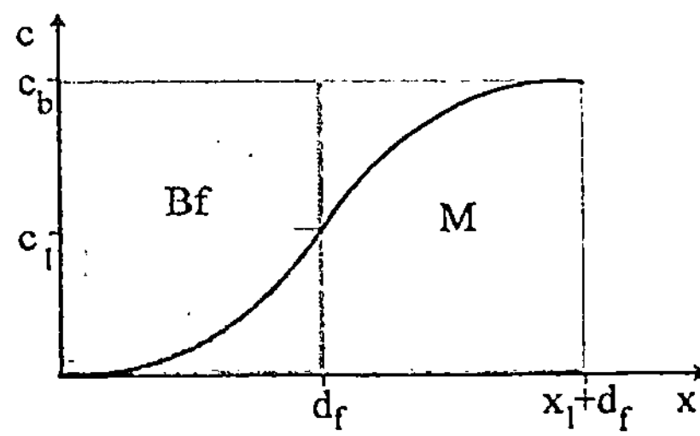

**Bild 9.19** Stoffübergang an einer Biofilmoberfläche
*Bf* Biofilm, *M* Medium, *x* Weg, *c* Konzentration

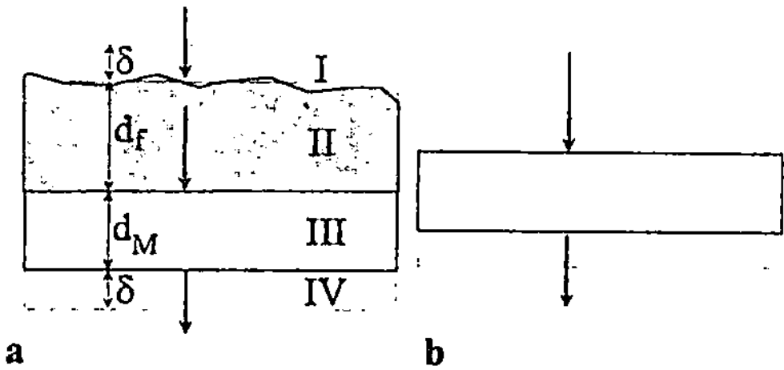

**Bild 9.20** Eine mit einem Biofilm blockierte und eine unverblockte Membran
a „verblockte" Membran, b Membran ohne Biofilm, *I* laminare Strömung (große Zellen), *II* Biofilm, *III* Membran, *IV* laminare Strömung (kleine Zellen; Permeat), $d$ Dicke, $\delta$ Grenzschichtdicke ($\delta_l \approx 0$ für $d_f > 100$ μm [9.13])

ebene Oberfläche die Beziehung $k_D = 0{,}678(d/L)\mathrm{Re}^{1/2}\mathrm{Sc}^{1/3}$ ($L$ Länge der angeströmten Platte) [9.4]. Für den Sauerstofftransport in wäßrigen Lösungen hat die Schmidt–Zahl Sc einen Wert um 1000. In einer turbulenten Strömung an rauhen Oberflächen kann sich deren Betrag verdreifachen, z.B. gilt in aufgerauhten Rohren $\mathrm{Sh} = a^* \mathrm{Re}\, \mathrm{Sc}^{1/2}(R_a/d)^{0{,}15}$ ($a^*$ Konstante, $d$ Rohrdurchmesser, $R_a$ mittlere Rauheit) [9.2].

Führt man in Analogie zum Wärmeübergang (s. Gleichung 5.1) den Übergangswiderstand $R_D = 1/k_D$ ein, so läßt sich in einem Membransystem die Veränderung des Transportes (Bild 9.20) infolge des Aufwachsens eines Biofilmes abschätzen. Aus der Gleichung (9.11) ergibt sich bei einer Schichtdicke d und dem Diffusionskoeffizienten D der Einzelwiderstand $R_D = d/D$, wobei für eine Reihenschaltung $R = \Sigma R_i$ gilt. Für ein System mit (f) und ohne Biofilm und einer laminaren Strömung gilt die Differenz der Widerstände $R_{Df} - R_D = 1/k_{Df} = d_f/D_f$. Mit zunehmender Filmdicke treten Turbulenzen auf, so daß die Abnahme der laminaren Grenzschicht in der Widerstandsänderung berücksichtigt werden muß. Für einen Film dicker als $d_f > 100$ μm liegt nur noch eine turbulente Strömung vor, so daß mit der Grenzschichtdicke $\delta$ jetzt $R_{Df} - R_D = (d_f/D_f) - (\delta/D_f^*)$ gilt. Im Regelfall weicht der Diffusionskoeffizient $D_f^*$ in der Grenzschicht von $D_f$ ab.

Der Massetransport wird auch durch äußere Felder beeinflußt, die im Potential U der Gleichung (3.17) zur Beschreibung der Driftdiffusion Eingang finden. Die-

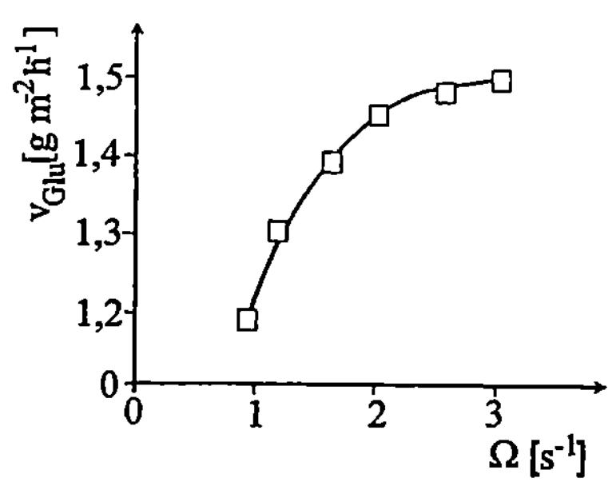

**Bild 9.21** Einfluß der Rotationsgeschwindigkeit auf den Glucosetransport $v_{Glu}$ in einem Biofilm [9.10]
$d_f = 112$ μm Filmdicke, $\Omega$ Drehgeschwindigkeit, $v_{Glu}$ Glucosetransportrate

ses Phänomen einer gerichteten Bewegung beeinflußt ebenfalls den Transportkoeffizienten $k_D$. Für die Diffusion in einem dünnen Biofilm auf einer mit der Winkelgeschwindigkeit $\Omega$ rotierenden Scheibe (Bild 8.27, $d_f \approx 5$ bis 8 µm) fand man $k_D = 5{,}33 \cdot 10^{-6} \Omega^{0{,}66}$ (Bild 9.21) [9.5].

# 9.5
# Rheologie

Das Fließverhalten von biologischen Suspensionen, bestehend aus Zellen, deren extrazellulären Produkten und der wäßrigen Nährlösung, beeinflußt den gesamten Stoff-, Strömungs- und Wärmetransport. Über die Rheologie adhärierender, zellulärer Schichten gibt es nur wenige Ansätze für Biofilme [9.1]. Dies ist aber entscheidend für eine zeitliche Veränderung der Sterilität von Kathetern, Sonden oder Implantaten. Infolge der sehr dünnen, nur monolagigen Schichten im Säugerzellbereich, versagen die klassischen Rheometer. Einen Ausweg zeigt die kinetische Auswertung von dynamischen Adhäsionsmessungen auf (definierte Strömung im Bypaß).

Bewegt man zur Beschreibung einer stationären Strömung zwei planparallele Platten mit der Geschwindigkeit v gegeneinander, zwischen denen sich ein Flüssigkeitsfilm befindet, so bildet sich im Film ein linearer Geschwindigkeitsgradient aus. Die aufzubringende Schubspannung $\tau$ ist proprotional diesem Gradienten dv/dx, wobei als Proportionalitätskonstante die dynamische Viskosität $\eta$ eingeführt wurde, so daß $\tau = \eta(dv/dx)$ gilt. Bei einer Newtonschen Flüssigkeit ändert sich die Schergeschwindigkeit linear, für eine Nicht–Newtonsche weicht der Geschwindigkeitsverlauf hiervon ab. Die Viskosität ist dann keine Stoffkonstante mehr, sondern sie ist strömungsabhängig.

Für eine Rohrströmung (Bild 9.22) hängt die Schubspannung $\tau$ linear vom Rohrdurchmesser ab (Newtonsche Flüssigkeit), wofür sich mit dem Volumenstrom dV/dt das Hagen–Poiseuillesche Gesetz $\tau_w = (4\eta V)/(\pi R^3)$ ergibt. Diese Überlegungen gelten nur für eine laminare Strömung (Re $\leq 2300$). In Flüssigkeiten mit einem viskoelastischen Verhalten wird durch die elastischen Wechselwirkungen der Widerstand mit zunehmender Lösungskonzentration und abnehmenden Rohrdurchmesser stark gedämpft, so daß es einen fließenden Übergang zwischen einer laminaren und turbulenten Strömung gibt. Insbesondere für Kulturlösungen, in denen sich Mikroorganismen (*Xanthomonas campestris*) befinden, die einen größeren Anteil an extrazellulären Produkten abscheiden, gilt nach der Exkretion der EPS diese Voraussetzung nicht mehr.

Im Kapitel 8.4.3. wurden Platten- und Druckrheometer für Adhäsionsmessungen vorgestellt. Die Untersuchung von zellulären Suspensionen kann mit einem Rotationsviskosimeter (Couette–Strömung) erfolgen (Tabelle 9.5). Man versetzt einen Zylinder (hier der äußere) in eine Drehbewegung, wobei über die Strömung ein meßbares Drehmoment auf den inneren Zylinder übertragen wird. Es gilt der Zusammenhang $M = 2Hr^2\tau = $ const., woraus mit den Bedingungen $\beta^* = \tau_{ra}/\tau_{ri}$ bzw.

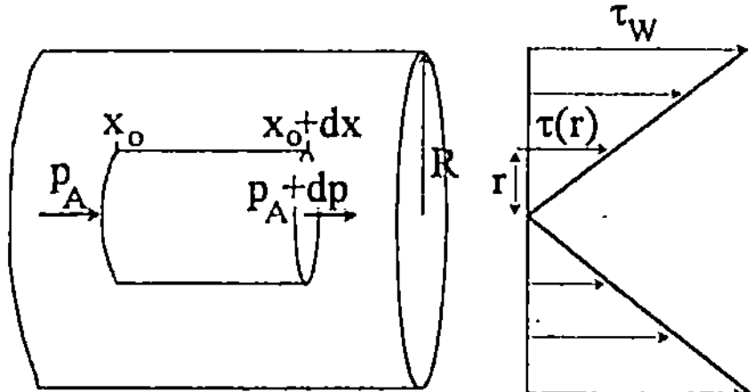

**Bild 9.22** Stationäre Rohrströmung und die an der Oberfläche eines Volumenelementes wirkenden Schubspannungen $\tau$

$\beta^* = (r_i/r_a)^2$ der Verdrehwinkel $\Omega$ und die Schubspannung $\tau$ berechnet werden kann.

Beim Kegel/Platte Modell (Tabelle 9.5), anwendbar für dicke Biofilme, dreht sich der Kegel ($\Omega = $ const) und es stellt sich bei einem kleinen Winkel $\alpha$ ($\alpha \approx 1°$) eine stationäre parallele Schichtströmung ein. Unter dieser Voraussetzung folgt aus der Schergeschwindigkeit das Verhältnis $v_\beta/h$ und $\tau$. Aus der Messung des Drehmomentes M und der zugehörigen Drehzahl $\Omega$ kann somit ein Wertepaar der Fließkurve $dv/dx = f(\tau)$ berechnet werden.

**Tabelle 9.5** Zwei Viskosimeter für Untersuchungen an Biofilmen

| Zylinder (Couette–Strömung) | Kegel/Platte |
|---|---|

$$\Omega = \frac{\tau(r_i)}{2\cdot\eta}(\beta^* - 1), \quad \tau(r_i) = \frac{M}{2\cdot\pi\cdot H\cdot r_i^2},$$

$$\beta^* = \frac{\tau(r_a)}{\tau(r_i)} = \left(\frac{r_i}{r_a}\right)^2$$

$$\frac{v_\beta}{h} = \frac{\Omega\cdot r\cdot\cos\alpha}{r\cdot\sin\alpha} = \frac{\Omega}{\tan\alpha},$$

$$\frac{v_\beta}{h} = \frac{\Omega\cdot r\cdot\cos\alpha}{r\cdot\sin\alpha} = \frac{\Omega}{\tan\alpha},$$

$$\frac{v_\beta}{h} = \frac{\Omega\cdot r\cdot\cos\alpha}{r\cdot\sin\alpha} = \frac{\Omega}{\tan\alpha} \quad \text{bzw.} \quad \tau = \frac{3M}{2\pi R^3}$$

$\eta$ Viskosität, $\tau$ Schubspannung, $M$ Drehmoment, $F$ Kraft

Bei einem zeitlich veränderlichen, viskoelastischen Verhalten erfolgt nicht sofort eine Rückantwort auf die Deformation eines Flüssigkeitselementes. Das Schubspannungsgesetz $\tau = \tau_o \sin\omega t = \eta(dv/dx)\sin\omega t$ ($\omega$ Kreisfrequenz) beschreibt im einfachsten Fall das viskose Verhalten. Demgegenüber charakterisiert die elastische Rückantwort $\tau = G\Theta \sin\omega t$ ($\Theta$ Verdrehwinkel) das Verformungsverhalten der Flüssigkeit, womit sich die Antwort um den Phasenwinkel $\alpha$ verschiebt. Es gilt $\tau = \tau_o \sin(\Omega t + \alpha) = \tau_o(\cos\alpha\sin\Omega t + \sin\alpha\cos\Omega t)$ bzw. $\tau = \eta(dv/dx) + G\,\Theta$. Berücksichtigt man die komplexe Darstellung der Winkelfunktionen dann ergibt sich $\tau = \tau_o\exp\{i(\omega t - \alpha)\}$ bzw. für die Schergeschwindigkeit $dv/dx = (dv/dx)_o\exp(i\omega t)$, woraus sich eine komplexe Viskosität $(\eta)^* = \tau^*/(dv/dx)^* = (\eta^*)' - i(\eta^*)''$ und ein komplexer Gleitmodul $G^* = \tau^*/\Theta^*$ bzw. $G^* = G' + iG''$ ableitet. In Abhängigkeit von der Dominanz der flüssigen oder festen Bestandteile überwiegt $\eta^*$ oder $G^*$. Für Biofilme mit ihrem sehr großen Festanteil dürfte der Gleitmodul wichtige Informationen enthalten, worüber bisher keine detaillierten Untersuchungen vorliegen.

Diese Meßmethoden (Zylinder, Kegel/Platte) eignen sich auch zur Bestimmung der komplexen Größen. Für ein Rotationsviskosimeter $\tau^* = eM$ ergibt sich mit $\tau^* = G^*\Theta^*$ und der Konstanten b das Drehmoment zu $M^* = bG^*\Theta^*$, wobei für die Konstante b des rotierenden Zylinders $b = (4\pi r^2_i r^2_a h)/(r^2_a - r^2_i)$·und des Kegel/Platte Modells $b = (2\pi R^3)/3\alpha$ gilt (Couette–Strömung). Die Komponenten $G^* = G' + iG''$ des Gleitmoduls betragen $G' = (1/b)|M^*/\Theta^*|\cos\beta$ bzw. $G'' = (1/b)|M^*/\Theta^*|\sin\beta$, woraus sich die Viskositätsanteile zu $G' = \Omega(\eta^*)'$ und $G'' = \Omega(\eta^*)'$ bestimmen. Diese kontinuumsmechanische Beschreibung der Viskosität müßte mit Angaben zur Konzentration, zur Morphologie und zur Struktur ergänzt werden.

## Literatur

[9.1] Characklis, W.G., Wilderer, P.A., eds.(1990): *Structure and Function of Biofilms.* J.Wiley, New York Chichester Brisbane Toronto Singapore

[9.2] Davies, J.D. (1972): Turbulence Phenomena. Academic Press, New York

[9.3] Doyle, R.J., Rosenberg, M., eds. (1990): *Microbial Cell Surface Hydrophobicity.* Amer. Soc. for Microbiology, Washington

[9.4] Friedlander, S.K. (1977): Smoke, Dust and Haze. J.Wiley, New York

[9.5] La Motta, E.J., (1976): Biotechn.Bioeng. **18**, 1359

[9.6] Lapeyre, B., Pardoux, E., Sentis, R. (1998): Methodes de Monte–Carlo pour les equations de transport et de diffusion. Springer, Heidelberg

[9.7] Mandelbrot, B.B. (1988): Die fraktale Geometrie der Natur. Birkhäuser, Basel Boston

[9.8] Pedersen, K. (1990): Wat.Res. **24**, 239

[9.9] Peitgen, H.O., Saupe, D., eds.(1988): The Science of Fractal Images. Springer, Berlin Heidelberg New York Tokio

[9.10] Trulear, M.G., Characklis, W.G. (1982): J.Wat.Poll.Contr.Fed. **54**, 1288

[9.11] Schmidt, R. (1992): Acta Biotechnologica **12**, 237

[9.12] Schmidt, R. (1998): Intern. J. Biodeterioration and Biodegradation. **40**, 29

[9.13] Siegrist, H., Gujer, W. (1985): Water Res. **19**, 1369

[9.14] Stoyan, D., Stoyan, H. (1992): Fraktale, Formen, Punktfelder. Akademie Verlag, Berlin

[9.15] Wanner, O., Gujer, W. (1986): Biotechn.Bioeng. **28**, 314

[9.16] Wegene, T., Peterson, M. (1992): Fraktale Welten. te–wi Verlag, München

# Sachverzeichnis

# Anhang

# Tabellen Kapitel 5

**Tabelle A5.1** Existenzmöglichkeiten von Biofilmen

| Milieu | Bereich | Vorkommen | Organismen |
|---|---|---|---|
| Temperatur | 12°C bis > 200°C | kalte Salzlösungen, heiße Schwefelquellen | *St.thermophilius* |
| pH–Wert | 0 bis 12 | | *Th.ferrooxidans, Plectonema nostocorum* |
| hydrostatischer Druck | 0 bis > 1000 [bar] | | verschiedene und barophile Bakterien |
| Redoxpotential | –450 bis 850 [mV] | | methanogene Bakterien, Eisenbakterien |
| Salinität | 0 bis gesättigt | | *Hyphomycrobium*, obligat halophile Bakterien |
| Kohlenstoff | < 10 [$\mu$g l$^{-1}$], hochreines Wasser | | oligotrophe Bakterien |
| | Leben direkt in C–Quellen | | copiotrophe Bakterien |
| Strahlenbelastung | auf UV–Lampen, in AKWs, auf Gammastrahlern | | *Deinococcus spec., Mycococcus radiodurans* |
| Biozide | gechlortes Trinkwasser, Desinfektionsleitungen | | *Legionella* |

**Tabelle A5.2** Biofilmdicke und Dichte [5.5]

| Filmtyp | I | II | III | I | II(2) | II(2) | II | IV(3) | IV |
|---|---|---|---|---|---|---|---|---|---|
| Dicke [$\mu$m] | 160 bis 210 | 30 bis 1300 | 150 bis 580 | 100 | 119 bis 126 | 0 bis 125 | 10 bis 124 | 36 bis 47 | 0 bis 60 |
| Dichte [kg m$^{-3}$] | 66 bis 130 | 20 bis 105 | 42 bis 109 | 50 | 52 | 52 | 10 bis 65 | 17 bis 473 | 27 |

*1* unter der Annahme berechnet, daß der Biofilm 80 % verdampfungsfähige Substanz enthält, *2* unter der Annahme berechnet, daß der Film 50 % Kohlenstoff enthält, *3* berechnet aus einer gemessenen und korrigierten Biofilmdicke (Refraktionsindex), *I* Gleichgewichtszustand, heterotrophe Mischkultur, *II* heterotrophe Mischkultur, *III* Gleichgewichtszustand, nitrifizierte Mischkultur, *IV* Gleichgewichtszustand, *Kultur Pseudomonas aeruginosa*

**Tabelle A5.3** Biofilmzusammensetzung [5.5]

| Trockengewicht [%] | | verdampfungsfähige Anteile [%] | | | Filmtyp |
| Asche | verdampft | C | H | N | |
|---|---|---|---|---|---|
| | | Biofilme | | | |
| 13,3 | 86,7 | 53,1 | 6,1 | 12,4 | I |
| 8 | 92 | 29,2 | 6,1 | 9,8 | II |
| 20 | 80 | 42,8 | | 10 | III |
| | | 6 bis 14 | | 0,5 bis 3 | III |
| | | aufgeschlämmte Biomasse | | | |
| 3 | 97 | 45,6 | 6,7 | 12,7 | IV |
| 3,6 | 96,4 | 48,9 | 7,1 | 12,3 | V |

*I* Laborbiofilm, *Pseudomonas aeruginosa*, *II* Laborbiofilm, heterotrophe Mischkultur, *III* natürlicher Biofilm, heterotrophe Mischkultur, *IV* natürlicher Biofilm, *Pseudomonas aeruginosa*, *V* natürlicher Biofilm, *Klebsiella aerogenes*

**Tabelle A5.4** Mikrobielle extrazelluläre Polysaccharide [5.5]

| Polysaccharid | Mikroorganismus | Anwendung |
|---|---|---|
| Xanthan | *Xanthomonas campestris* | Viskositätsmodifizierer, Gel–Komponente, kosmetische Emulsionen |
| Dextran | *Aerobacter spec* | Plasma–Substitution (Blut) |
| | *Streptococcus bovis* | Polyelektrolyt, Trennmittel, Verbrennungs- |
| | *Streptococcus viridans* | therapie |
| | *Leuconostoc mesenteriodes* | |
| Alginat | *Pseudomonas aeruginosa* | Yogurtstabilisator, Lebensmitteleinicker |
| | *Acetobacter vinelandii* | |
| Gellan-Gummi | *Acetobacter vinelandii* | Gelkomponente in mikrobiologischen Lösun- |
| | *Pseudomonas elodea* | gen |
| Zanflo | *Erwinia tahitica* | Farbeneindicker |
| Polytran | *Sclerotium glucanicum* | Stabilisierer für Bohrschlämme, Keramik, Viskositätserhöhung von Ölen |
| Curdlan | *Alcaligenes faecalis* | Gelkomponenten in Lebensmitteln, Enzym- aktivität |
| Pullulan | *Aureobasidium pullulans* | Flockungsmittel |
| Heteroglycan | *Flavobacterium uliginosum* | Markierer (Tumortherapie) |

**Tabelle A5.5** Wärmeleitfähigkeit von Biofilmen und Carbonaten

| Substanz | Dicke [$\mu$m] | relative Rauhigkeit | Wärmeleitvermögen [$W\,m^{-1}K^{-1}$] | Literatur |
|---|---|---|---|---|
| Biofilm | 45 | 0,003 | 0,63 | 5.5 |
| | 100 | | | 5.5 |
| | 165 | 0,014 | | 5.5 |
| | 300 | 0,062 | | 5.5 |
| | 500 | 0,157 | | 5.5 |
| $CaCO_3$ | 165 | 0,0001 | | a |
| | 224 | 0,0002 | | a |
| | 262 | 0,0006 | | a |
| | | | 2,26 bis 2,93 | 5.28 |
| $CaSO_4$ | | | 2,31 | 5.28 |
| $Ca_3(PO_4)_2$ | | | 2,6 | 5.28 |
| $Mg_3(PO_4)_2$ | | | 2,16 | 5.28 |
| $Fe_2O_3$ | | | 2,88 | 5.28 |
| Analcit | | | 1,27 | 5.28 |

a berechnet aus der Wärmeleitfähigkeit des $CaCO_3$ von 2,6 [$Wm^{-1}K^{-1}$] [5.5]

**Tabelle A5.6** Untersuchte Werkstoffe im ozonhaltigen Wasser [5.13]

| Material | C | Cu | Zn | Ni | Al | Sn | Fe | As | Cr | Mo |
|---|---|---|---|---|---|---|---|---|---|---|
| CuZn28Sn | | 70,6 | 28,3 | | | 1,08 | 0,03 | 0,026 | | |
| CuZn20Al | | 70,6 | Rest | | 2,05 | | 0,03 | 0,026 | | |
| CuZn20AlNi | | 70,6 | Rest | 0,93 | 20,1 | | 0,02 | 0,06 | | |
| X5CrNiMo | 0,07 | | | 12 | | | Rest | | 17,5 | 2,3 |
| X5CrNiMo1 | 0,07 | | | 12 | | | Rest | | 17,5 | 3,0 |
| X1CrNiMoN | 0,015 | | | 3 | | | Rest | | 26,0 | 1,8 |
| Titan | | | | 0,007 | | | 0,2 | | | |

*Ozonkonzentration* 0,05 [$g\,m^{-3}$]

**Tabelle A5.7** Isolierte Bakterien aus Erzlagerstätten [5.5]

| Organismus | Wachstumstemperatur | Energiequelle | Kohlenstoffquelle |
|---|---|---|---|
| *Thiobacillus ferrooxidans* | mesophil | $Fe^{2+}$, $V^{4+}$, $CO_2$ | $CO_2$ |
| *Leptospirillum ferrooxidans* | mesophil | $Fe^{2+}$ | $CO_2$ |
| *Thiobacillus thiooxidans* | mesophil | $S^°$ | $CO_2$ |
| *Sulfolobus spec.* | thermophil | $S^°$, $Fe^{2+}$, organ. C | $CO_2$, organ.C |
| *Acidophilium cryptum* | mesophil | organ.C | organ.C |

# Tabellen Kapitel 6

**Tabelle A6.1** Überlebenswahrscheinlichkeit (%) bei thermischer Sterilisation [6.12]

| Mikroorganismus | | | T [°C] | | |
|---|---|---|---|---|---|
| | 115 | 121 | 127 | 133 | |
| *Bacillus stearothermophilius* | 10 bis 24 | 1,5 bis 4 | 0,15 | 0,0015 | |
| *Bacillus subtilis* | 2,2 | 0,4 bis 0,7 | | | |
| *Bacillus megaterium* | 0,025 | 0,04 | | | |
| *Clostridium sporogenes* | 2,8 bis 3,6 | 0,8 bis 1,4 | | | |
| Sporen (Heißdampf) | 120 | 140 | 150 | 160 | 180 |
| *Bacillus subtilis* | 30 | 3 bis 5 | 2 | 1 | 0,217 |
| *Bacillus stearothermophilius* | | | | | 0,05 |
| *Clostridium sporogenes* | | | 6 | 2 | 0,25 |

**Tabelle A6.2** Sterilisationsparameter für *Bacillus stearothermophilius* [6.3]

| T [°C] | 100 | 115 | 118 | 121 | 130 | 140 | 150 |
|---|---|---|---|---|---|---|---|
| k [min$^{-1}$] | 0,019 | 0,666 | 1,307 | 2,538 | 17,524 | 135,9 | 956,1 |

$v_T =$ kt Abtötungsrate, $k$ Konstante der spezifischen Abtötungsrate

**Tabelle A6.3** Stämme in der Biotechnologie

| Produkt | Stamm | Bedingungen | | C - Quelle |
|---|---|---|---|---|
| | | T (°C) | pH | |
| Citronensäure | *Aspergillus niger* | 30 | 2 bis 4 | Melasse, Stärke |
| Milchsäure | *Lactobacillus helveticus, L..casei, Streptococcus* | 30 bis 42 | 5,5 bis 6,5 | Lactose |
| Biotenside | *Pseudomonas aeruginosa* | | | Glucose |
| Penicillin | *Penicillium chrysogenum* | 26 | 6,8 bis 7,1 | Glucose, Lactose |
| Glutamat | *Corynebacterium gluta-micum* | 30 | 7,2 | Glucose |
| Lysin | *Brevibacterium flavum* | | | |
| Xanthan | *Xanthomonas campestris (Optimum)* | 28 bis 30<br>25 | 7 bis 7,5<br>5 | Glucose |

**Fortsetzung** Tabelle A6.3

| | | | | |
|---|---|---|---|---|
| Aspartase | *Pseudomonas putda,* | 30 bis 37 | 7 bis 7,5 | Glutamin |
| | *Ps.fluoreszenz, E coli* | | | |
| Alkohol | *Saccharomyces cere-visiae, S.* | 30 bis 35 | 4 bis 4,5 | Glucose, |
| | *uvarum, S.carlsbergensis* | | | Melasse |
| Essigsäure | *Acetobacter aceti* | | | Ethanol |
| Propionsäure | *Propionibacterium* | | | |
| Butanol, Aceton, | *Clostridium acetobutylicum* | | | |
| Buttersäure | | | | |
| Ethanol | *Zymomonas mobilis* | | | |
| Aminosäuren | *Corynebacterium glutamicum* | | | Glucose |
| Amylase | *Bacillus amylolique-faciens,* | | | Melasse- und |
| | *B.subtilis* | | | Hefeextrakt |
| Lactat | *Lactobacillus delbrückli* | | | Glucose |
| Prednisolon | *Arthrobacter simplex,* | | | Hydrocorti- |
| | *A.globiformis* | | | son |
| Methan | *Methanbakterien, Meth.* | | | Abwasser, |
| | *barkeri* | | | Methanol |
| Kokereiabwässer | *Pseudomonas spec.* | | | |
| | *Cryptococcus, Candida* | | | |
| Benzolaufspaltung | *Pseudomonas putida* | | | |
| Phenolaufspaltung | *Candida tropicalis* | | | |

**Tabelle A6.4** Immobilisierungswerkstoffe für technisch eingesetzte Stämme

| Produkt | Stamm | Immobilisierungsmaterial |
|---|---|---|
| Penicilin | *Penicillium chrysogenum* | Celit (Si–Oxid), Latexkugeln, Alginat |
| Citronensäure | *Aspergillus niger* | Alginat, Polyacrylamid, Polypropylen |
| Milchsäure | *Lactobacillus* | Polysulfon |
| | *Streptococcus* | PTFE, poröses Glas |
| Glutamat | *Corybacterium glutamicum* | Polyacrylamidgel |
| | *Brevibacterium flavum* | Kollagen |
| Essigsäure | *Acetobacter spec.* | Ti(IV)–Hydroxid |
| Lactat | *Lactobacillus delbrückli* | Ca–Alginat |
| Prednisolon | *Arthobacter simplex* | Polyacrylamid–Gel, Ca–Alginat |
| | *A.globiformis* | Polyacrylamidgel |
| Amylase | *Bacillus subtilis* | Polyacrylamidgel |
| Alkohol | *Saccharomyces spec.* | Al–, Ca–Alginat, gelatineüberzogene Raschingringe |
| Methan | *Methanbakterien* | Agar |

**Tabelle A6.5** Poröse Gläser [6.7]

| Klassifizierung | submikroporös | mikroporös | mesoporös | makroporös |
|---|---|---|---|---|
| Porendurchmesser $d_p$ [nm]<br>Ausgangsgläser | < 0,6<br>$SiO_2$–reiche<br>$Na_2O$–$SiO_2$<br>$B_2O_3$–$SiO_2$ | > 0,6 < 1,5<br>$Na_2O$–$B_2O_3$–<br>$SiO_2$ | > 1,5 < 10 | > 10<br>$B_2O_3$–reiche<br><br>$Na_2O$–$B_2O_3$ |

**Tabelle A6.6** Angaben zur Dampfsterilisierbarkeit und Validierung von „cross–flow" Filtrationsanlagen und Membranen [6.8]

| Hersteller | Membrantyp | Gestaltung | Temperatur/Zeit [°C]/[min] | Bemerkungen |
|---|---|---|---|---|
| Amicon | PM/YM | Spirale | 121/15 | nur UF/besser autoklavierbar |
|  | MP | Hohlfaser |  | begrenzt einsetzbar |
| Filtron | Sigma | Kassette | 121/30 | UF, bis 100 kD |
| Millipore | Durapore | Platte | 130/30 | 50 Zyklen, FF/BP |
| Sartorius | Mikrosart | Kassette | 121/30 | FF/BP |
| Seitz | PP | Rohr/Kapillare | 121/30 | FF/BP |
| DDS | Mikrofilter | Platte | 121 | Heißwassersterilisation (95°C) |
| New Brunswick | Megaflow/PP | Kassette |  | Dampf |
| Gore | PTFE/PP | OEM | 135 |  |
| Pall | UltiporN66 | Kerze | 125 | Standzeit 15h, FF/BP |
| Asahi | VIP/SIP UF | Hohlfaser | 121 | Heißwasser(90°C) empfohlen |
| Domnick | Asypor | Kerze | 126 | FF/BP |
| Tecnomara | Krosflo | Hohlfaser | 121/30 | FF/BP |
| Sulzer/MBR | PTFE, PS, PC | Rotor | Dampf | auch UF |
| Norton | Ceraflow, Keramik | Rohr | 140 | Mikrofilter, hohe Standzeit |
| Ceraver | Keramik ($Al_2O_3$) | Rohr | Dampf | UF/MF, hohe Standzeit |
| SFEC | Kohlenstoff, Zirkondioxid | Rohr | Dampf | UF/MF, hohe Standzeit |
| Schott | Glas (porös) | Kapillare | Dampf | UF/MF |

**Tabelle A6.7** Beständigkeit von Kunststoffen gegenüber Mikroorganismen [6.11]

| Kunststoff | Beständigkeit | Merkmale |
|---|---|---|
| Polyethylen, Polypropylen | 1 bis 2 | Pilzbewuchs, Verfärbung |
| PVC–Weichmacher | 2 bis 3 | Verfärbung |
| PVC (hart) | 1 bis 2 | Biofilm |
| Vinylchlorid/Vinyacetat | 1 bis 3 | |
| Copolymer, Polyvinylfluorid | 1 | |
| Polytrifluorethylen | 1 | |
| Polytetrafluorethylen | 3 | |
| Polyvinylalkohol, Polyurethane | 1 | Pilzbewuchs |
| Polystyrol | 1 bis 3 | extrazelluläre Hydrolase |
| Polyester | 1 bis 2 | Pilzbefall bei Weichmachern |
| Polymethylmethacrylat | 1 bis 2 | Pilzbewuchs |
| Polyamide | 3 | Esterase, Verfärbungen, Risse |
| Epoxidharze, Butylkautschuk | 1 bis 2 | |
| glasfaserverstärkte Polyester | 1 bis 3 | |
| Phenol–Formaldehyd–Harze | 1 bis 3 | |
| Harnstoff–Formaldehyd–Harze | 2 bis 3 | |
| Melamin–Formaldehyd–Harze | 2 bis 3 | |
| Cellulosederivate | 2 bis 3 | Pilzbefall |
| Naturgummi | 2 bis 3 | |
| Butadien–Styrol–Kautschuk | 2 bis 3 | |
| Butadien–Acrylnitril–Kautschuk | 1 | |
| Polychloroprenkautschuk | 2 bis 3 | |
| Polysulfidkautschuk | 2 bis 3 | |

*1* sehr gut beständig, *2* durchschnittlich beständig, *3* wenig beständig

**Tabelle A6.8** Tendenz des Pilzbewuchses beziehungsweise der bakteriellen Schädigung von Kunststoffen [6.10]

| Werkstoff | bakterielle Schädigung | Pilzbewuchs |
|---|---|---|
| Polyäthylen, Polystyrol, Silicon* | 0 | 0 |
| Polyacrylsäure–Derivate | 0 | 0 |
| PVC (hart) | (+) | (+) |
| PVC (weich) | ++, (+) | ++, (+) |
| Polyvinylacetat, Polyamid | +++ | +++ |
| natürlicher Kautschuk*, Phenoplaste | +++ | +++ |
| Polyester | (+) | 0 |
| Butylkautschuk | + | +++ |
| Neopren | + | + |
| Beschleuniger | 0 | |
| Stabilisator, Weichmacher | +++ | |

o keine Schädigung, + schwache Schädigung, ++ mittlere Schädigung, +++ starke Schädigung, ( ) Tendenz zu..., * nach 56 bis 150 Tagen Inkubationszeit

**Tabelle A6.9** Verhalten von Pilzstämmen gegenüber Polyäthylen nach 80 Tagen [6.10]

| Stamm | Polyäthylen [Molekulargewicht] | | | |
| --- | --- | --- | --- | --- |
| | 4800 | 13500 | 41000 | HD |
| *Penicillium rugulosum* | ++ | +, (+) | (+) | 0 |
| *Pen.frequentans* | + | + | 0 | 0 |
| *Pen.charlesii* | + | + | 0 | 0 |
| *Pen.chrysogenum* | ++, (+) | +, (+) | (+) | 0 |
| *Pen.steckii* | ++ | + | 0 | 0 |
| *Pen.spinulosum* | (+) | (+) | 0 | 0 |
| *Pen.piscarium* | (+) | (+) | 0 | 0 |
| *Pen.citrinum* | +++ | ++ | (+) | 0 |
| *Pen.cyclopium* | +, (+) | + | 0 | 0 |
| *Pen.brevicompactum* | + | (+) | 0 | 0 |
| *Asymmetrica–Gr.* | 0 | 0 | 0 | 0 |
| *Aspergillus fumigatus* | ++ | + | 0 | 0 |
| *Asp.versicolor, Asp.sydowi* | + | + | (+) | 0 |
| *Asp.nidulans, Asp.niger* | (+) | (+) | 0 | 0 |
| *Asp.amstelodami* | (+) | (+) | 0 | 0 |
| *Trichoderma glaucum* | + | (+) | 0 | 0 |
| *Glicocladium roseum* | 0 | (+) | 0 | 0 |
| *Chaetomium globosum* | (+) | 0 | 0 | 0 |
| *Stachybotrys atra* | (+) | 0 | 0 | 0 |
| *Paecilomyces varioti* | (+) | (+) | 0 | 0 |

o kein Bewuchs, + schwacher Bewuchs, ++ mittelstarker Bewuchs, +++ starker Bewuchs, ( ) Tendenz zu...

**Tabelle A6.10** Verhalten von Pilzstämmen gegenüber Weich - PVC [6.10]

| Stamm | PVC (weich) |
| --- | --- |
| *Penicillium rugolosum* | ++++ |
| *Pen.charlesii* | ++, (+) |
| *Pen.chrysogenum, spinulosum, citrinum* | +++ |
| *Pen.frequentans* | (+) |
| *Pen.steckii* | ++ |
| *Pen.piscarium* | + |
| *Pen.cyclopium* | +, (+) |
| *Aspergillus fumigatus, Aspergillus versicolor* | ++, (+) |
| *Aspergillus sydowi* | +, (+) |
| *Aspergillus nidulans* | ++ |
| *Aspergillus niger, Trichoderma glaucum, Gliocladium roseum, Chaetomium globosum* | (+) |
| *Paecilomyces varioti* | + |

+ schwacher Bewuchs, ++ mittelstarker Bewuchs, +++ starker Bewuchs, ++++ sehr starker Bewuchs, o kein Bewuchs, ( ) Tendenz zu...

**Tabelle A6.11** Dichtungswerkstoffe für die Steriltechnik [6.3]

| Werkstoff | Temperaturbereich [°C] |
|---|---|
| PTFE/VITON | -5 bis 175 |
| PTFE/Hypalon | -10 bis 120 |
| PTFE/Butyl | -20 bis 150 |
| VITON | -5 bis 150 |
| Hypalon | -10 bis 100 |
| Neopren | -30 bis 100 |
| Nitrilkautschuk | -20 bis 100 |
| Butylkautschuk | -30 bis 130 |
| Naturkautschuk | -40 bis 100 |
| EPDM | -40 bis 140 |

**Tabelle A6.12** Wärmeausdehnungskoeffizienten

| Werkstoff | $\alpha_i \times 10^{-6}$ [K$^{-1}$] | $\alpha_i/\alpha_{St}$ |
|---|---|---|
| Zirkonium | 5,8 | 0,5 |
| Titan | 8,5 | 0,74 |
| Stahl | 11,5 | 1 |

**Tabelle A6.13** Charakteristische Oberflächengrößen für Email

| Email | BF weiß | Cobaltblau | Wt–Email |
|---|---|---|---|
| $R_a$ [µm] | 0,33 | 0,23 | 0,15 |

| Testlösung | $\Theta$ [°] | | |
|---|---|---|---|
| Wasser | 44,6° | 46,6° | 33,8° |
| Dijodmethan | 43,0° | 45,5° | 35,5° |
| Ethylglykol | 30,4° | 31,2° | 30,8° |
| Formamid | 35,0° | 29,9° | 23,4° |
| Anilin | 28,7° | 27,9° | 22,7° |

| | $\gamma$ [mNm$^{-1}$] | | |
|---|---|---|---|
| gesamt | 49,0 | 49,0 | 53,3 |
| disperser Anteil | 29,6 | 29,2 | 30,7 |
| polarer Anteil | 19,4 | 19,8 | 22,7 |

$R_a$ mittlere Rauheit, $\gamma$ Oberflächenenergie, $\Theta$ Kontaktwinkel

# Tabellen Kapitel 7

**Tabelle A7.1** Mechanische Eigenschaften menschlichen Muskel- und Knochengewebes [7.2]

| Merkmal | Bindegewebe | Hyalinknorpel | elastisches Gelenk-band |
|---|---|---|---|
| Zugfestigkeit [$N\,mm^{-2}$] | 137,3 | 2,8 | 3,1 |
| Dehnung [%] | 1,49 | 18,2 | 100 bis 160 |
| E–Modul [GPa] | 15 bis 18 | | |
| Druckfestigkeit [$N\,mm^{-2}$] | 176,5 | | |
| Biegefestigkeit [$N\,mm^{-2}$] | 156,9 | | |
| Torsionsfestigkeit [$N\,mm^{-2}$] | 53 | 5,4 | |
| Scherfestigkeit [$N\,mm^{-2}$] | 77,5 | | |
| Torsions–Modul [$N\,mm^{-2}$] | 3138 | | |
| Härte | | | |
| HRB | 40 | | |
| HB | 24 | | |
| HV | 26,5 | | |

**Tabelle A7.2** Die „Hilfsgröße Biofunktionalität BF" für verschiedene Biomaterialien [7.25]

| Werkstoff | Dauerfestigkeit* [$N\,mm^{-2}$] | $E\times10^3$ [$N\,mm^{-2}$] | $BF\times10^{-3}$ |
|---|---|---|---|
| Metalle | | | |
| FeCrNiMo (316L) | 250 | 210 | 1,2 |
| CoCr (gegossen) | 300 | 200 | 1,5 |
| CoNiCr (geschmiedet) | 500 | 220 | 2,3 |
| Ti–Legierungen ($\alpha+\beta$) | 550 | 105 | 5,2 |
| Ti, technisch rein | 200 | 100 | 1,8 |
| Nb, technisch rein | 150 | 120 | 1,3 |
| Ta, technisch rein | 200 | 200 | 1,3 |
| Keramiken | | | |
| $Al_2O_3$ | 0 bis 400 ** | 380 | 0 bis 1,05** |
| $ZrO_2$ | 0 bis 450 ** | 170 | 0 bis 2,6** |
| Polymere | | | |
| PMMA | 30 | 25 | 1,2 |
| UHMWPE | 16 | 1,2 | 13,3 |

* Biegewechselfestigkeit, ** Druckschwellfestigkeit, $BF \propto FE^{-1}$ Biofunktionalität, $F$ Dauerfestigkeit, $E$ Elastizitätsmodul

**Tabelle A7.3** Eigenschaften medizinisch angewendeter, hochlegierter Stähle

| Name | Zustand | E [GPa] | $R_{po,2}$/$R_M$ [MPa] | $\rho$ [g cm$^{-3}$] | A [%] | HV |
|---|---|---|---|---|---|---|
| 316 L, ASTM F55–82 | normalisiert | 200 | 170/465 | 7,9 | 40 | 183 |
| | kaltverfestigt | 200 | 690/ 850 | 7,9 | 12 | 320 |
| 316L, ASTMF138–86 | normalgeglüht | 200 | 170/480 | 7,9 | 40 | |
| | kaltverfestigt | 200 | 750/950 | 7,9 | 10 | 350 |
| | geschmiedet | 200 | 240/550 | 7,98 | 55 | |
| X2CrNiMoN25.7.4 | normalisiert | | 550/– | | | |
| | geschmiedet | | 785/945 | | 34 | |

*E* Elastizitätsmodul, $R_{p0,2}$ Streckgrenze, $R_M$ Zugfestigkeit, *A* Bruchdehnung, *HV* Vickershärte, $\rho$ Dichte

**Tabelle A7.4** Chemische Zusammensetzung der hochlegierten Stähle für medizinische Anwendungen

| Element | Zusammensetzung [Gew.–%] | | |
|---|---|---|---|
| | X3CrNiMo18.14 (316 L, ASTM F55–82) | 316L (ASTM F138–86) | X2CrNiMoN25.7.4 |
| C | ≤ 0,03 | ≤ 0,03 | ≤ 0,02 |
| Mn | ≤ 2 | ≤ 2 | |
| P | ≤ 0,03 | ≤ 0,025 | |
| S | ≤ 0,03 | ≤ 0,01 | |
| Si | ≤ 0,75 | ≤ 0,75 | |
| Cr | 17 bis 20 | 17 bis 19 | 25 |
| Ni | 12 bis 14 | 13 bis 15,5 | 7 |
| Mo | 2 bis 4 | 2 bis 3 | 4 |
| N$_2$ | ≤ 0,1 | | 0,25 |
| Cu | ≤ 0,5 | | |
| Fe | Rest | Rest | Rest |

**Tabelle A7.5** Eigenschaften medizinisch angewendeter Kobaltlegierungen (normalisiert und kaltverfestigt)

| Name | Legierung | E [GPa] | $R_{p0,2}/R_M$ [MPa] | $\rho$ [gcm$^{-3}$] | A [%] | HV |
|---|---|---|---|---|---|---|
| Endocast (ASTM F75–82) | CoCr28Mo6 (C) | 200 | 455/665 | 7,8 | 10 | 300 |
| Vitallium Fhs (ASTM F90–82) | CoCr28Mo6 (W) | 230 | 390/880 | 9,15 | 30 | 240 |
|  | kaltverfestigt | 230 | 1000/1500 | 9,15 | 9 | 450 |
| Syntacoben (ASTM F563–83) | CoNi22Cr22Fe5 Mo4W4 (W) |  | 275/600 |  | 50 |  |
| (ASTM F563–83) | kaltverfestigt |  | 825 bis 1310/1000 bis 1585 |  | 8 bis 18 |  |
| Protasul 10 (ASTM F562–78) | CoNi35Cr20Mo10(W) |  | 240 bis 450/795 bis 1000 |  | 50 |  |
|  | kaltverfestigt |  | 1585/1795 |  | 8 |  |

*W* (wrought) gewalzt, *C* (cast) gegossen, *E* Elastizitätsmodul, $R_{p0,2}$ Streckgrenze, $R_M$ Zugfestigkeit, $\rho$ Dichte, *A* Bruchdehnung, *HV* Vickershärte

**Tabelle A7.6** Chemische Zusammensetzung der Kobaltlegierungen

| Element | Zusammensetzung [Gew.–%] | | |
|---|---|---|---|
|  | CoCrMo (C) (ASTM F75-82) | CoCrWNi (W) (ASTM F90-82) | CoNiCrMo (W) (ASTM F562-78) |
| Cr | 27 bis 30 | 19 bis 21 | 19 bis 21 |
| Mo | 5 bis 7 |  | 9 bis 105 |
| Ni | ≤ 1 | 9 bis 11 | 33 bis 37 |
| Fe | ≤ 0,75 | ≤ 3 | ≤ 1 |
| C | ≤ 0,35 | 0,05 bis 0,15 | ≤ 0,025 |
| Si | ≤ 1 | ≤ 0,4 | ≤ 0,15 |
| Mn | ≤ 1 | 1 bis 2 | ≤ 0,15 |
| P |  | ≤ 0,04 | ≤ 0,015 |
| S |  | ≤ 0,03 | ≤ 0,01 |
| W |  | 14 bis 16 |  |
| Ti |  |  | ≤ 1 |
| Co | Rest | Rest | Rest |

**Tabelle A7.7** Eigenschaften von Kobaltlegierungen der Prothetik (normalgeglüht)

| Name | Legierung | E [GPa] | $R_{p0,2}$ [MPa] | $\alpha$ [$\mu$m m$^{-1}$K$^{-1}$] | HV10 |
|---|---|---|---|---|---|
| Vitallium cast, Endocast | CoCr28Mo6 | 220 | 700 bis 1400 | | 350 bis 550 |
| Vitallium | CoCr31Mo6 | 200 | 585 | | 395 |
| Remanium 380 | CoCr29Mo4N | 220 | 650 | 14,5 | 420 |
| Wisil M plus | CoCr29Mo6W | 230 | 750 | - | 410 |
| Dentitan | CoCr24Mo4Ti | 220 | 370 | 14,7 | 300 |
| Remanium CD | CoCr28Mo4LaCe | 210 | 520 | 14,7 | 310 |

$E$ Elastizitätsmodul, $R_{p0,2}$ Streckgrenze, $\alpha$ Wärmeausdehnungskoeffizient, $HV$ Vickershärte

**Tabelle A7.8** Eigenschaften medizinisch angewandter Titan und Titanlegierungen

| Name | Zustand | E [GPa] | $R_{p0,2}/R_M$ [MPa] | $\rho$ [g cm$^{-3}$] | A [%] | HV |
|---|---|---|---|---|---|---|
| cp–Ti (ASTM F67–83) | normalisiert | 127 | 430 bis 465/ 550 bis 575 | 4,5 | 18 | 240 bis 280 |
| TiAl6V4 (ASTM F136–79) | normalisiert | 127 | 830/900 | 4,4 | 8 | ≈330 |
| | geschmiedet | 127 | 850/1120 | 4,4 | ≈12 | |
| TiAl5Fe2.5 | normalisiert | | 815/965 | 4,45 | 16 | |
| | geschmiedet | | 900/ 985 | 4,45 | 13 | |
| TiAl6Nb7 (IMI 367) | geschmiedet | 105 | 800 bis 900/ 900 bis 1000 | 4,52 | 10 bis 12 | - |

$R_M$ Zugfestigkeit, $\rho$ Dichte, $A$ Bruchdehnung

**Tabelle A7.9** Chemische Zusammensetzung der Titanlegierungen

| Element | Zusammensetzung [Gew.–%] | |
|---|---|---|
| | cp–Ti (ASTM F67–83) | TiAl6V4 (ASTM F136–79) |
| $N_2$ | ≤ 0,03 | ≤ 0,05 |
| C | ≤ 0,1 | ≤ 0,08 |
| $H_2$ | ≤ 0,0125 | ≤ 0,012 |
| Fe | ≤ 0,02 | ≤ 0,25 |
| $O_2$ | ≤ 0,18 | ≤ 0,13 |
| Al | | 5,5 bis 6,5 |
| V | | 3,5 bis 4,5 |
| Ti | Rest | Rest |

**Tabelle A7.10** Durchbruchspotentiale und Repassivierungszeit metallischer Biomaterialien [7.8]

| Material | $U_D$ (V) | Repassivierungszeit [ms] | | | |
|---|---|---|---|---|---|
| | | $t_e$ | | $t_{0,05}$ | |
| | | −0,5 [V] | +0,5 [V] | −0,5 [V] | +0,5 [V] |
| FeCrNiMo (316L) | +0,2 bis 0,3 | > 72000 | 35 | >> 72000 | 6000 |
| CoCr (gegossen) | +0,42 | 44,4 | 36 | >> 6000 | > 6000 |
| CoNiCr (geschmiedet) | +0,42 | 35,5 | 41 | >> 6000 | 5300 |
| TiAl6V4 | +2,0 | 37 | 41 | 43,3 | 45,8 |
| cp–Ti | +0,4 | 43 | 44,4 | 47,4 | 49 |
| Ta | +2,25 | | | | |
| Nb | +2,5 | 47,6 | 43,1 | 47 | 85 |

$U_D$ Durchbruchspotential (gemessen gegen Kalomelelektrode), $t_e$ die Zeit, nach der eine Stromdichte von 1/e im aktivierten Zustand erreicht wird, $e$ = 2,718 Eulerzahl, $t_{0,05}$ die Zeit, bei der eine Reststromdichte von 5% gemessen wird, $t$ Repassivierungszeit

**Tabelle A7.11** Toxisch wirkende Legierungselemente

| Element | toxisch | Übergang<br>toxisch → inert | inert |
|---|---|---|---|
| Cr, Co, Ni, V | x | | |
| Fe, Mo, Al, Au, Ag, 316L, CoCrMoNi | | x | |
| Ti–Legierungen, Ti, Pt, Ta, Nb, Kohlefasern | | | x |

*Übergang* in aufsteigender Reihenfolge

**Tabelle A7.12** Überlebensrate von Nierenzellen auf Metallpulvern unterschiedlicher Konzentration für verschiedene Biomaterialien [7.25]

| Werkstoff | c [mgl⁻¹] | r [%] | c [mgl⁻¹] | r [%] |
|---|---|---|---|---|
| Co | 25 | 45 | 50 | 18 |
| Cr | 200 | 65 | 400 | 62 |
| Ni | 200 | 0,9 | 400 | 0,1 |
| CoCr20Ni35Mo10 | 200 | 25 | 400 | 14 |
| CoCr20W15Ni10 | 200 | 33 | 400 | 23 |
| TiAl6V4 | > 400 | > 80 | | |
| TiAl15Fe2.5 | > 400 | > 80 | | |
| TiTa30 | > 400 | > 80 | | |
| TaNb30 | > 400 | > 80 | | |
| cp–Ti | > 400 | > 80 | | |

$c$ Pulverkonzentration, $r$ Überlebensrate

**Tabelle A7.13** Eigenschaften von Nickellegierungen der Prothetik

| Name | Legierung | E [GPa] | $R_{p0,2}$ [Mpa] | $\alpha$ [$\mu$m m$^{-1}$K$^{-1}$] | HV10 |
|---|---|---|---|---|---|
| Wiron S | Ni70Cr16Mo6 | 220 | 790 | 14,3 | 380 |
| Wiron 88 | Ni64Cr24Mo10Ce | 200 | 360 | 14,1 | 200 |
| Remanium CS | Ni59Cr26Mo11 | | 340 | 14,1 | 210 |

$E$ Elastizitätsmodul, $R_{p0,2}$ Streckgrenze, $\alpha$ Wärmeausdehnungskoeffizient, $HV$ Vickershärte

**Tabelle A7.14** Chemische Zusammensetzung von Edelmetall–Dentallegierungen

| Legierung | Au | Pt | Pd | Ir | Ag | Cu | sonst. | $U_D$ [mV] |
|---|---|---|---|---|---|---|---|---|
| | | | **Hochgoldhaltige Legierungen** | | | | | |
| AuPt | 86,0 | 10,4 | | | | | In, Ta, Rh | 740 |
| | 87,5 | 11,0 | | | | | In, Fe | 740 |
| | 77,0 | 19,9 | | 0,1 | | | Zn, Ta | 760 |
| | 78,0 | 19,3 | | 0,5 | | | In, Zn, Ta | 770 |
| AuPtPd | 92,5 | 2,9 | 3,5 | | | | | 790 |
| | 74,5 | 10,3 | 10,0 | 0,1 | 1,7 | 0,1 | In, Sn | 770 |
| | 78,0 | 9,0 | 9,0 | | 1,0 | | In, Sn, Fe | 790 |
| | 84,4 | 8,0 | 5,0 | | | | In, Ta | 730 |
| AuAgPt | 78,0 | 5,0 | | | 11,0 | 4,0 | Zn | 750 |
| | 78,0 | 8,0 | 1,0 | | 7,0 | 4,0 | Zn | 780 |
| | 73,8 | 9,0 | | 0,1 | 9,2 | 4,4 | Zn, In | 710 |

| Legierung | Au | Pt | Pd | In | Ag | Cu | sonst. | |
|---|---|---|---|---|---|---|---|---|
| | | | **Goldreduzierte Legierungen** | | | | | |
| AuPd | 51,5 | | 38,4 | 8,5 | | | Ga, Ir | 700 |
| | 51,0 | | 38,0 | 8,0 | | | Ga | 710 |
| AuAgCu | 59,0 | 1,0 | 4,0 | | 23,0 | 13,0 | Zn | 680 |

| Legierung | Au | Pd | Ag | Cu | Ga | In | Sn | sonst. | |
|---|---|---|---|---|---|---|---|---|---|
| | | | **Palladiumbasis–Legierungen** | | | | | | |
| PdAu | 17,0 | 69,4 | | | 6,0 | 2,0 | 4,0 | Pt, Ru | 580 |
| PdAgAu | 15,0 | 52,3 | 20,0 | | 1,0 | 6,0 | 5,5 | Pt | 580 |
| | 5,0 | 75,0 | 5,0 | | 4,0 | 2,0 | 8,0 | Pt | 480 |
| PdAg | | 60,0 | 28,0 | | | 7,0 | 3,0 | | 380 |
| | | 60,0 | 19,0 | 7,0 | | 9,0 | 3,0 | | 380 |
| PdCuGa | 1,5 | 78,5 | | 11,5 | 8,5 | | | Ir | 430 |
| | 2,0 | 78,0 | | 11,0 | 7,0 | 2,0 | | | 400 |
| | 2,0 | 75,0 | | 9,0 | 3,0 | 7,0 | 3,0 | | 380 |

$U_D$ Durchbruchspotential, *Konzentration* der Elemente in [Gew.–%]

**Tabelle A7.15** Eigenschaften von $Al_2O_3$–Keramik (ISO 6474)

|  | hoch belastbare (Typ A) | gering belastbare (Typ B) |
|---|---|---|
| Dichte [$g\,cm^{-3}$] | $\geq 3,94$ | $\geq 3,9$ |
| Zusammensetzung | | |
| $Al_2O_3$ | $\geq 99,5\,\%$ | $\geq 99,5\,\%$ |
| Sinteradditiv (MgO) | $\leq 0,3\,\%$ | $\leq 0,3\,\%$ |
| Verunreinigungen ($SiO_2$, CaO, Metalloxide) | $\leq 0,1\,\%$ | $\leq 0,1\,\%$ |
| Mikrostruktur | | |
| mittlere Korngröße [$\mu m$] | 4,5 | 7,0 |
| Standardabweichung [$\mu m$] | 2,6 | 3,5 |
| Biegefestigkeit [MPa] | $\geq 250$ | $\leq 150$ |
| Abriebvolumen [$mm^3$] (Keramik/Keramik) | $\geq 0,1$ | |
| nicht genormte Werte | | |
| HV | 2400 | |
| Elastizitätsmodul [GPa] | 380 bis 420 | |
| Zugfestigkeit [$N\,mm^{-2}$] | 350 | |

**Tabelle A7.16** Eigenschaften von $ZrO_2$–Keramik

| Eigenschaft | Wert |
|---|---|
| Dichte [$g\,cm^{-3}$] | 6,05 bis 6,09 |
| mittlere Korngröße [$\mu m$] | 0,2 bis 0,4 |
| Zusammensetzung | |
| $ZrO_2$ [%] | 95 bis 97 |
| $Y_2O_3$ [%] | 3 bis 5 |
| Abriebvolumen [$mm^3$] (Keramik/Keramik) | $\geq 0,1$ |
| HV | 1200 |
| Elastizitätsmodul [GPa] | 150 bis 210 |
| Zugfestigkeit [$N\,mm^{-2}$] | 650 |
| Biegefestigkeit [MPa] | 900 bis 1300 |

**Tabelle A7.17** Zusammensetzung bioaktiver Gläser [7.17]

| Komponente [Gew.–%] | 45S5 | 45S5–F | Glas 45S5–B5 | 52S4.6 | Ceravital | stabilisiertes Ceravital |
|---|---|---|---|---|---|---|
| $SiO_2$ | 45,0 | 45,0 | 45,0 | 52,0 | 40 bis 50 | 40 bis 50 |
| $P_2O_5$ | 6,0 | 6,0 | 6,0 | 6,0 | 10 bis 15 | 7,5 bis 12 |
| $CaO$ | 24,5 | 12,3 | 24,5 | 21,0 | 30 bis 35 | 25 bis 30 |
| $Na_2O$ | 24,5 | 24,5 | 24,5 | 21,0 | 5 bis 10 | 3,5 bis 7,5 |
| $B_2O_3$ | | - | 5,0 | | - | - |
| $CaF_2$ | | 12,3 | | | - | - |
| $K_2O$ | | | | | 0,5 bis 3,0 | 0,5 bis 2,0 |
| $MgO$ | | | | | | 1,0 bis 2,5 |
| $Al_2O_3$ | | | | | | 5 bis 15 |
| $TiO_2$ | | | | | 2,5 bis 5,0 | 1,0 bis 5,0 |
| $Ta_2O_3$ | | | | | | 5 bis 15 |

**Tabelle A 7.18** Chemische Zusammensetzung der A–W Glaskeramik [7.17]

| Komponente | $SiO_2$ | $P_2O_5$ | $CaO$ | $CaF_2$ | $MgO$ |
|---|---|---|---|---|---|
| Anteil [Gew.–%] | 34,2 | 16,3 | 44,9 | 0,5 | 4,6 |

**Tabelle A 7.19** Chemische Zusammensetzung der Glaskeramik BIOVERIT®

| Komponente | $SiO_2$ | $Al_2O_3$ | $MgO$ | $K_2O$ | $Na_2O$ | F | Zusätze |
|---|---|---|---|---|---|---|---|
| Anteil [Gew.–%] | 40 bis 50 | 25 bis 30 | 10 bis 15 | ≈ 5 | ≈ 5 | ≈ 5 | färbende Oxide |

**Tabelle A7.20** Wasseraufnahme verschiedener Kunststoffe [7.15]

| Material | PE | PP | PVC | UF | PUR |
|---|---|---|---|---|---|
| Wasser [Gew.–%] | 1,4 | 1,3 | 0,2 bis 0,4 | 0,7 bis 1,6 | 0,3 bis 0,5 |

**Tabelle A7.21** Eigenschaften von Polyethylen

| Eigenschaft | LDPE | HDPE | UHMWPE |
|---|---|---|---|
| Dichte [$g\,cm^{-3}$] | 0,9 bis 0,93 | 0,92 bis 0,97 | 0,93 bis 0,94 |
| Molekulargewicht [$g\,mol^{-1}$] | $(3\ bis\ 4)10^3$ | $5{\cdot}10^5$ | $(1\ bis\ 4)10^6$ |
| Kristallisationsgrad [%] | 40 bis 55 | 60 bis 80 | 50 bis 90 |
| Zugfestigkeit [MPa] | 4 bis 16 | 21 bis 40 | 37 bis 46 |
| Elastizitätsmodul [MPa] | 96 bis 260 | 410 bis 1240 | 800 bis 2500 |
| Schubmodul [MPa] | 100 bis 200 | 700 bis 1000 | $\approx 300$ |
| Kugeldruckhärte [MPa] | 20 | 50 | |
| lineare Wärmedehnzahl [$K^{-1}$] | $20^{x}10^{-5}$ | $15^{x}10^{-5}$ | |
| Handelsnamen | Hostalen, Lupolen, Vestolen, Alathon, Stamylan | | |

**Tabelle A7.22** Eigenschaften von Polypropylen

| Eigenschaft | Elastizitäts-modul [MPa] | Dichte [$g\,cm^{-3}$] | Kugeldruck-härte [MPa] | lineare Wärme-dehnzahl [$K^{-1}$] |
|---|---|---|---|---|
| Wert | 1200 bis 1400 | 0,91 | 60 bis 80 | $17^{x}10^{-5}$ |
| Handelsnamen | Hostalen PP, Novolen, Vestolen P, Propathene, Stamylan P | | | |

**Tabelle A7.23** Eigenschaften von PTFE

| Eigenschaft | Elastizitäts-modul [MPa] | Dichte [$g\,cm^{-3}$] | Zugfestig-keit [MPa] | Wasserauf-nahme [%] t = 24 h |
|---|---|---|---|---|
| Wert | 350 bis 750 | 2,15 bis 2,2 | 20 - 40 | 0 |
| Handelsnamen | Teflon®, Gore - Tex®, Impra®, Vitagraft® | | | |

**Tabelle A7.24** Eigenschaften von PMMA

| Eigenschaft | Elastizitäts-modul [MPa] | Dichte [gcm$^{-3}$] | Zugfestig-keit [MPa] | Wasserauf-nahme [%] 23°C, 50% rLF |
|---|---|---|---|---|
| Wert | 3300 | 1,18 | 80 | 0,35 |
| | Zugfestig-keit [MPa] 24 bis 48 | Knochenzement Druckfestig-keit [MPa] 77 bis 92 | Elastizitäts-modul [MPa] 2000 bis 5000 | Schermo-dul [GPa] 2410 bis 2760 |
| Handelsnamen | Plexiglas, Resarit, Degalan, Lucril, Drakon | | | |

*rLF* relative Luftfeuchtigkeit

**Tabelle A7.25** Eigenschaften von Polyamid

| Eigenschaft | PA 6 (Perlon) | PA 66 (Nylon) |
|---|---|---|
| Elastizitätsmodul [MPa] | 1400 | 2000 |
| Dichte [gcm$^{-3}$] | 1,13 | 1,14 |
| Kugeldruckhärte [MPa] | 70 | 90 |
| Zugfestigkeit [MPa] | 64 | 65 bis 85 |

**Tabelle A7.26** Eigenschaften von PVC

| Eigenschaft | PVC–U | PVC–P |
|---|---|---|
| Wasseraufnahme [%] (24h in Wasser gelagert) | 0,2 | 0,5 |
| Dichte [gcm$^{-3}$] | 1,38 bis 1,4 | 1,29 |
| Zugfestigkeit [MPa] | 50 bis 60 | 10 bis 15 |

**Tabelle A7.27** Eigenschaften von PET

| Eigenschaft | E–Modul [GPa] | Dichte [g cm$^{-3}$] | Wasseraufnahme [%] (23°C, 50% rel. Luft-feuchte) |
|---|---|---|---|
| Wert | 2,8 | 1,38 | 0,1 |
| Handelsname | Dacron | | |

**Tabelle A7.28** Eigenschaften von PSU

| Eigenschaft | E–Modul [GPa] | Zugfestigkeit [MPa] | Dichte [g cm$^{-3}$] | relative Wasseraufnahme (24h im Wasser gelagert) |
|---|---|---|---|---|
| Wert | 2,5 | 70 | 1,24 | 0,3 |

**Tabelle A7.29** Eigenschaften biodegradabler Polymere

| | M [g mol$^{-1}$] | E–Modul [MPa] | R$_m$ [MPa] | Dichte [g cm$^{-3}$] | Bemerkungen |
|---|---|---|---|---|---|
| PHB | | 3500 | 40 | 1,25 | |
| PHB/PHV | > 100.000 | 1200 | 32 | 1,2 | Biopol$^{®}$ |
| PCL | 15.000 bis 50.000 | | | | Degradation von innen |
| Polyanhydrid | < 12500 bis 240000 | | | | Degradation von aussen |
| Polyorthoester (Alzamer$^{®}$) | 10.000 bis > 200.000 | | | | lokale Entzündungen |
| L–PLA | 50.000 | 1200 | 28 | | |
| L–PLA | 300.000 | 3000 | 48 | | |
| DL–LPA | 107.000 | 1900 | 29 | | |
| PGA | 50.000 | | | | *Abbau* 70 bis 80 Tage |